唐崇惕文集

翁道东题

（卷三）

唐崇惕　著

科学出版社

北　京

内 容 简 介

本文集（卷三）收录了唐崇惕院士在2012～2018年发表的7篇科研论文和已出版文集（卷一、卷二）遗漏的1篇论文；记述了唐崇惕院士毕生经历中不能忘怀的人和事，包括父女信、对亲人及往事的怀念文章、求学成长路程、教学与科学研究历程，其中，详细阐述了作者在从事科学研究遇到问题时如何想方设法攻坚克难，表达了作者感恩家人、老师、同学和曾经帮助过自己的所有国内外友人的真情实感。

本文集可供与生命科学、医学及畜牧兽医有关的大专院校及科学研究机构的学生、教师及研究人员阅读和参考。

图书在版编目（CIP）数据

唐崇惕文集（卷三）/ 唐崇惕著. —北京：科学出版社，2022.3
ISBN 978-7-03-067740-2

Ⅰ. ①唐…　Ⅱ.①唐…　Ⅲ. ①人畜共患病–寄生虫病–文集
Ⅳ.①S855.9-53

中国版本图书馆 CIP 数据核字（2021）第 001869 号

责任编辑：王　静　李　迪 / 责任校对：郭瑞芝
责任印制：吴兆东 / 封面设计：刘新新

科学出版社 出版
北京东黄城根北街 16 号
邮政编码：100717
http://www.sciencep.com
北京中科印刷有限公司 印刷
科学出版社发行　　各地新华书店经销
*
2022 年 3 月第　一　版　　开本：787×1092 1/16
2022 年 3 月第一次印刷　　印张：43 1/2
字数：1 028 000
定价：658.00 元
(如有印装质量问题，我社负责调换)

前　言

我的《唐崇惕文集》已在2012年出版“卷一”和“卷二”两卷，当时是为纪念自己从1953年开始从事科学研究工作整六十年而为，但在文集中没有将此意言明。这两卷文集中的100多篇论文，不是按发表年份编排，而是将它们分门别类地归类整理刊出。我所研究的“慢性地方病”种类为数不多，而且在每一寄生虫群类中仅涉及几种，可见这些病害对人类危害性之大。

本卷文集是为纪念父母亲115周年诞辰而作的。所含科研论文只有2012～2018年的工作成果和“卷一”“卷二”遗漏的1篇与父亲合作的工作成果，共8篇论文。文集内容主要是记述作者毕生经历中不能忘怀的人和事，含有科学文章、父女信（由于年代久远，个别信件有些模糊，现已无法取得清晰图片）、对亲人及往事的怀念、求学成长路程、教学与科学研究历程等。回顾从出生至今九十年，能有今日的生活和地位，许多往事涌上心头、盘旋脑海，心藏无限感恩之情。我感谢母亲，她没有重男轻女的思想，在医院出生当天在护士手中匆匆地见了我一面，就记住我额上一小红点印记，当我出生第二天被抱错时，她就把我从别人怀中抱回，不然就不知今日的我会在何方；我感谢外婆，在我出生不久父亲重病住院医治，母亲照顾父亲期间，我在外婆身边长大；我感谢父亲对我的教育，以及对我所学专业的引导；我感谢诸多师辈对我的教育，增加了我的知识；我感谢父亲的朋友和学生对我的关爱和帮助；我感谢不同求学期间好友同学给我的帮助；我感谢参加工作后遇到的国内外同专业的专家、朋友对我的友好帮助；等等。同时，1954年大学毕业至2019年整65年，我的教学工作经历和科学研究经历，许多也难以忘怀。书写有限，难以表达于万一。

非常感谢我的母校福建协和大学[①]校友会的秘书长兼理事长、书法家、师兄翁迈东教授，为《唐崇惕文集》题写书名（见扉页）。

① 福建协和大学创建于1915年，是一所教会大学，是今福建师范大学和福建农林大学的主要前身。

目　　录

II 父女信

III 对亲人及往事的怀念

IV 求学成长路程

V　教学及科学研究历程

I　科研论文

一、2012～2018年发表的科研论文（7篇）

先感染外睾吸虫的钉螺其分泌物和血淋巴细胞对日本血吸虫幼虫的反应*

唐崇惕[1]，郭　跃[1]，卢明科[1]，陈　东[2]

摘　要：目的　单独感染外睾吸虫的湖北钉螺，螺体分泌物和血淋巴细胞剧烈增加；螺体表分泌物含大小不等颗粒及晶体状物，体内分泌物为金黄色或褐色小颗粒，各颗粒团附近均有极小细胞核。双重感染外睾吸虫和日本血吸虫的钉螺，体内外分泌物和血淋巴细胞等产物同样大量产生；体内分泌物颗粒及其附近小细胞核、3种血淋巴细胞及副腺细胞，出现在血吸虫幼虫周围并进入虫体内；所有血吸虫幼虫结构异常，停止发育并死亡。阴性钉螺和单独感染日本血吸虫的钉螺，它们体内外分泌物及血淋巴细胞的数量均少；分泌物颗粒和血淋巴细胞虽有在血吸虫幼虫附近，但都没有进入虫体内。

关键词：日本血吸虫；外睾吸虫；湖北钉螺；分泌物；血淋巴细胞

中图分类号：R383.3　**文献标识码**：A

Reactions of snail secretions and lymphocytes to *Schistosoma japonicum* larvae in *Oncomelania hupensis* pre-infected with *Exorchis* trematode

TANG Chong-ti, GUO Yue, LU Ming-ke, CHEN Dong

(1. *Parasitology Research Laboratory, Xiamen University, Xiamen 361005, China*;
2. *Synthetic Bio-manufacturing Center, Utah State University, Logan, Utah 84341, USA*)

ABSTRACT: The objective was to understand the reactions of snail secretions and lymphocytes to the larval *Schistosoma japonicum* in *Oncomelania hupensis* snails pre-infected with *Exorchis* sp. and they were compared with the conditions of negative *O. hupensis* snails, snails singly infected with *Exorchis*, and singly infected with *S. japonicum*. In the snails at 12-105 d after infection with *Exorchis*, snail secretions and lymphocytes increased much. Those situations were also found in the *O. hupensis* snails dual infected with *Exorchis* and *S. japonicum*. Thick secretion with granular and crystal structure on snail body surface and in snail inner tissue were much small secretive granules with some small cell nuclei, lymphocyte with spherical nuclei of 3 varying sizes and accessory gland cells, some of which were found in the bodies of all abnormal *S. japonicum* larvae. In the negative *O. hupensis* and snails singly infected by *S. japonicum* the secretions and lymphocytes were very few. Neither secretive granule nor lymphocytes was found in any bodies of *S. japonicum* larvae in *O. hupensis* snail singly infected by *S. japonicum*.

KEY WORDS: larval *Schistosoma japonicum*; *Exorchis* trematode; *Oncomelania hupensis*; secretions; lymphocytes

外睾吸虫（*Exorchis* spp.）阳性螺有血淋巴细胞及特殊分泌物大量增生的现象，经外睾吸虫幼虫先感染的湖北钉螺（*Oncomelania hupensis*）能击毙再进入其体内全部日本血吸虫（*Schistosoma japonicum*）早期母胞蚴（1-5、16）。近年，国外许多学者报道曼氏血吸虫（*S. mansoni*）幼虫与其中间宿主双脐螺（*Biomphalaria glabrata*）复杂的相互作用，涉及螺类宿主血淋巴细胞的生理生化、蛋白酶、免疫应答通路以及基因等诸多情况（6-15、17）。我们在外睾吸虫和日本血吸虫双重感染的钉螺体中，观察到螺体内血淋巴细胞、分泌颗粒与其附近小细胞核及副腺细胞存在于异常血吸虫幼虫体内，而在单独感染血吸虫的钉螺体中无此情况。估计钉螺体内的血淋巴细胞及分泌物中某些物质对入侵的血吸虫幼虫有重要防御作用。为了要对它们深入研究，我们先对不同条件的钉螺其体内外分泌物和血淋巴细胞

*国家科学技术部863项目（No. 2006AAZZ407）、国家自然科学基金项目（No. 30872200）及公益性行业（农业）科研专项项目（No. 200903036）联合资助

通讯作者：唐崇惕，Email：cttang@xmu.edu.cn
陈东，Email：dongc@cc.usu.edu

作者单位：1. 厦门大学寄生动物研究室，厦门　361005；
2. Synthetic Bio-manufacturing Center, Utah State University, Logan, Utah 84341, USA

本文刊登于：中国人兽共患病学报. 2012. 28(2): 97-102.

种类，及它们对血吸虫幼虫反应情况，进行了观察。结果介绍如下。

1　材料与方法

人工感染日本血吸虫的阳性小白鼠和从湖南汉寿西洞庭湖岸边采集的一批湖北钉螺都在实验室内饲养备用。用从实验小白鼠肝脏取得日本血吸虫虫卵孵化毛蚴，每粒钉螺与 40 个毛蚴接触，钉螺在感染后 5～52 d 间分别用 10%福尔马林溶液固定保存；从湖南汉寿西洞庭湖捕捉的鲶鱼肠管收集外睾吸虫，取其虫卵和少量面粉相拌饲食感染钉螺，感染后 16～19 d 分别用 10%福尔马林溶液固定保存；感染了外睾吸虫的另一些钉螺，分别在感染后 21 d 将它们再重复感染日本血吸虫，每粒外睾吸虫阳性钉螺接触日本血吸虫毛蚴数分别为 20～90 条，在感染血吸虫毛蚴后 4～82 d 间不同时间用 10%福尔马林溶液固定保存。上述 3 组实验钉螺和一些天然阴性钉螺，全部经石蜡连续切片染色制片，显微镜油镜检查各切片的所有断面，比较观察各组钉螺体内外分泌物结构和血淋巴细胞种类及其出现情况，以及它们与螺体内日本血吸虫幼虫接触情况；显微照相储存于电脑。实验钉螺经连续切片观察均无其它吸虫幼虫天然感染。

2　结　果

在外睾吸虫阳性钉螺的循环系统和螺体组织中观察到细胞核大小不同 3 种血淋巴细胞，细胞核均是圆球状，具中等大细胞核的血淋巴细胞数目最多。大、中、小 3 种血淋巴细胞核的直径分别为：8～8.7 μm、5.2～5.9 μm、4.2～4.7 μm。在螺体组织切片中，见到体表外有粘液状分泌物，体内有金黄色微小颗粒状分泌物，各颗粒团都伴有一个坚实圆形深色极小细胞核（直径 1.9～2.6 μm）（图 8、9、11）。在螺体内脏团上端侧方的副腺（Accessory gland）部位，有许多大小不同副腺细胞，细胞核直径 6.6～10.6 μm。这些细胞和分泌物颗粒可通过循环管道被输送到身体各处。但是钉螺体内外分泌物结构、血淋巴细胞及副腺细胞的数目，在不同条件的实验钉螺体上表现的情况有所不同。

2.1　阴性钉螺分泌物和血淋巴细胞的表现情况　在没有任何吸虫幼虫寄生的阴性正常钉螺，它们体表的分泌物稀薄，全部为黏液状结构，稍厚部位如重叠的云层（图 1）。在螺体头足靠边缘部位的组织中，散布若干淡黄色小颗粒状分泌物，颗粒大小和形状不规则，各颗粒团边沿见有一粒深色极小的细胞核（图 2）。在螺体内脏团各部位中的循环系统管道非常微细，均不易查见。在消化腺部位组织中只见到数目极少的中等大血淋巴细胞和小血淋巴细胞（图 3）。在生殖腺部位的组织中，血淋巴细胞数稍多一些，可见大、中、小 3 种血淋巴细胞核（图 4）。

2.2　单独感染日本血吸虫的钉螺其分泌物和血淋巴细胞的表现情况　单独感染日本血吸虫的钉螺，其体外稀薄黏液状分泌物、体内为数不多血淋巴细胞和颗粒状分泌物等情况，均和阴性钉螺无大差别（图 5-8）。感染后 5～8 d 的钉螺（5-6 图），在血吸虫早期幼虫附近的螺组织中，有少量金黄色小颗粒状分泌物；感染后 10～52 d 的钉螺（图 7-8），在血吸虫母胞蚴附近螺组织中，有一些血淋巴细胞及较多颗粒分泌物，在有的胞蚴体壁上有许多细小黑色颗粒（图 7），它们都没有进入胞蚴体内（图 7-8）。血吸虫幼虫的发育没有受到影响。

2.3　单独感染外睾吸虫的钉螺其分泌物和血淋巴细胞的表现情况　单独感染外睾吸虫的钉螺已实验确认，96%（157/163）都有体表分泌物和血淋巴细胞增加现象（图 9-12）。在感染后 16～19 d 的钉螺体组织中很容易找到 3 种血淋巴细胞，中大血淋巴细胞的数量较多；螺体组织中着许多金黄色细小颗粒状分泌物，它们散布无论稀疏或浓密都伴随有尚未知晓的极小细胞核（图 9、11）。螺体整个体表分泌物增厚，在分泌物黏液膜上密布着大小及形状不同的各种颗粒，并有许多晶体结构的物质（图 10）。在螺体内脏团的消化腺区域，循环系统所有血淋巴管都明显扩大。管内含有各种血淋巴细胞、螺体分泌物小颗粒及与其在一起的小细胞核（图 11），副腺细胞在管内亦清晰可见（图 12）。

2.4　外睾吸虫和日本血吸虫双重感染的钉螺其分泌物和血淋巴细胞表现情况　外睾吸虫和日本血吸虫两者间隔 21 d 先后感染的钉螺，后感染的血吸虫虫体刚进入螺体，立即出现异常。虫体附近出现许多含极小细胞核的分泌物小颗粒、各种血淋巴细胞和副腺细胞，并进入 4 d 的异常虫体体内（图 13-14）。异常虫体内常有 1～3 个未知的大红色球团（图 13），它们表面密布暗淡小颗粒。这红团块可持续存在数十天。血吸虫感染后 16～21 d（图 15-16）和 38～39 d（图 17-18）的钉螺组织中许多含极小细胞核的小颗粒分泌物、各种血淋巴细胞和副腺细胞，亦见于所有异常血吸虫附近及其体内。感染后 82 d（图 19-20）的异常血吸虫幼虫在螺体不同部位，虫体生长情况不同，但螺体的反应和后果是相同的。如在螺体围心腔附近的一个大的异常母胞蚴（图 19），螺体各种血淋巴细胞和含极小细胞核的咖啡色颗粒分泌物等大量包围并侵入虫体，它中间的一团已近解体；在螺体外套膜上的小异常母胞蚴（图 20），螺组织中血淋巴细胞和含极小细胞核的金黄色颗粒分泌物数量不多，同样也有少量侵入到虫体内，虫体同样受影响。

3　讨　论

血吸虫病是没有疫苗可以控制的疾病，世界上70多个国家约2亿人受威胁。其传播媒介是螺类，血吸虫和螺类宿主的相互关系(schistosoma-snail host interaction)是预防此病害需要了解的知识。国外对曼氏血吸虫(*Schistosoma mansoni*)幼虫与媒介双脐螺(*Biomphalaria glabrata*)的相互关系，进行了大量研究工作[6]。螺体有保护自己不受病原感染的内在防御系统(internal defense system)，其免疫反应涉及血液中的血淋巴细胞、蛋白质组学、基因组学及多方面生理生化问题。血浆携带酶(plasma-borne-enzymes)、调理素(opsonins)、血淋巴细胞产生Cu/Zn超氧化歧化酶、过氧化氢(H_2O_2)、具反应性氧种类(reactive oxygen species)产物、氮氧化物(nitric oxide)等的参与，以及醣类特异性和某些蛋白质酶，

先感染外睾吸虫的钉螺其分泌物和血淋巴细胞对日本血吸虫幼虫的反应

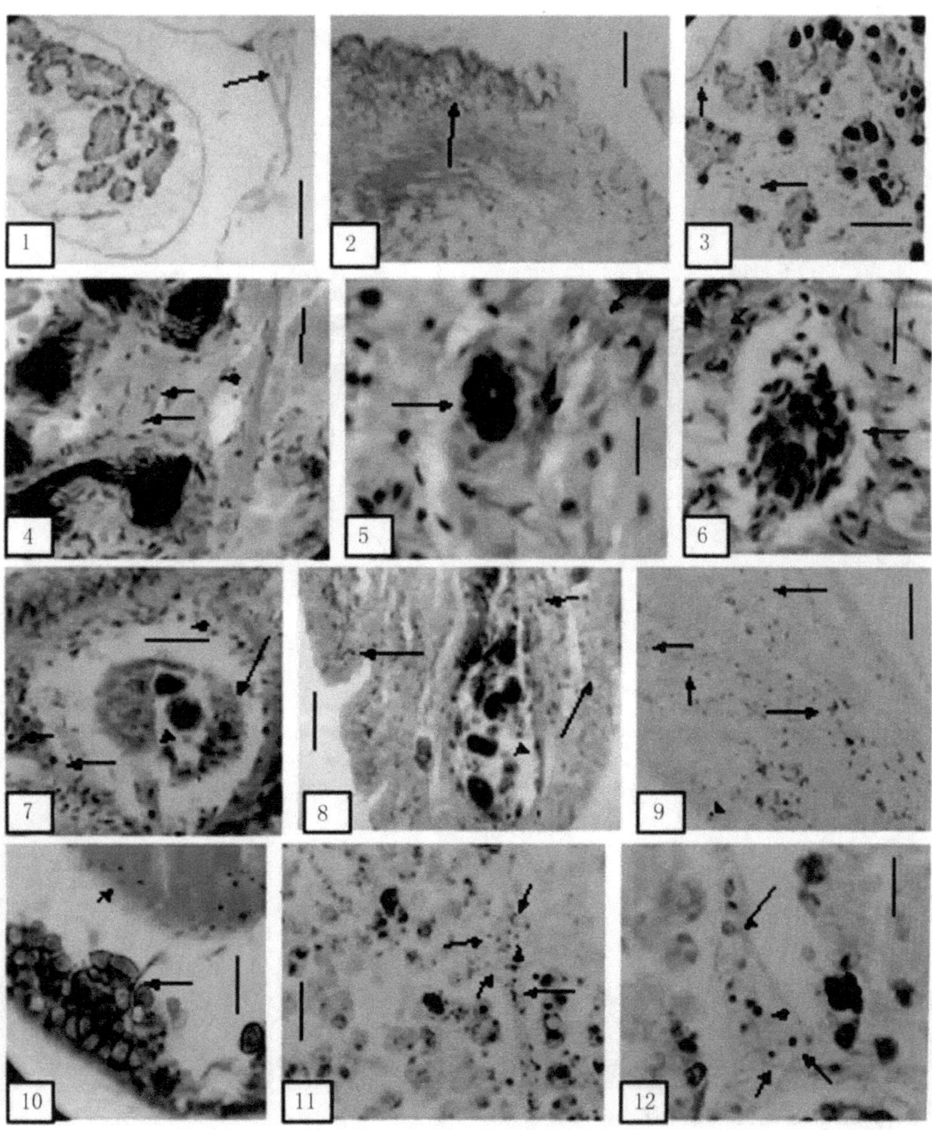

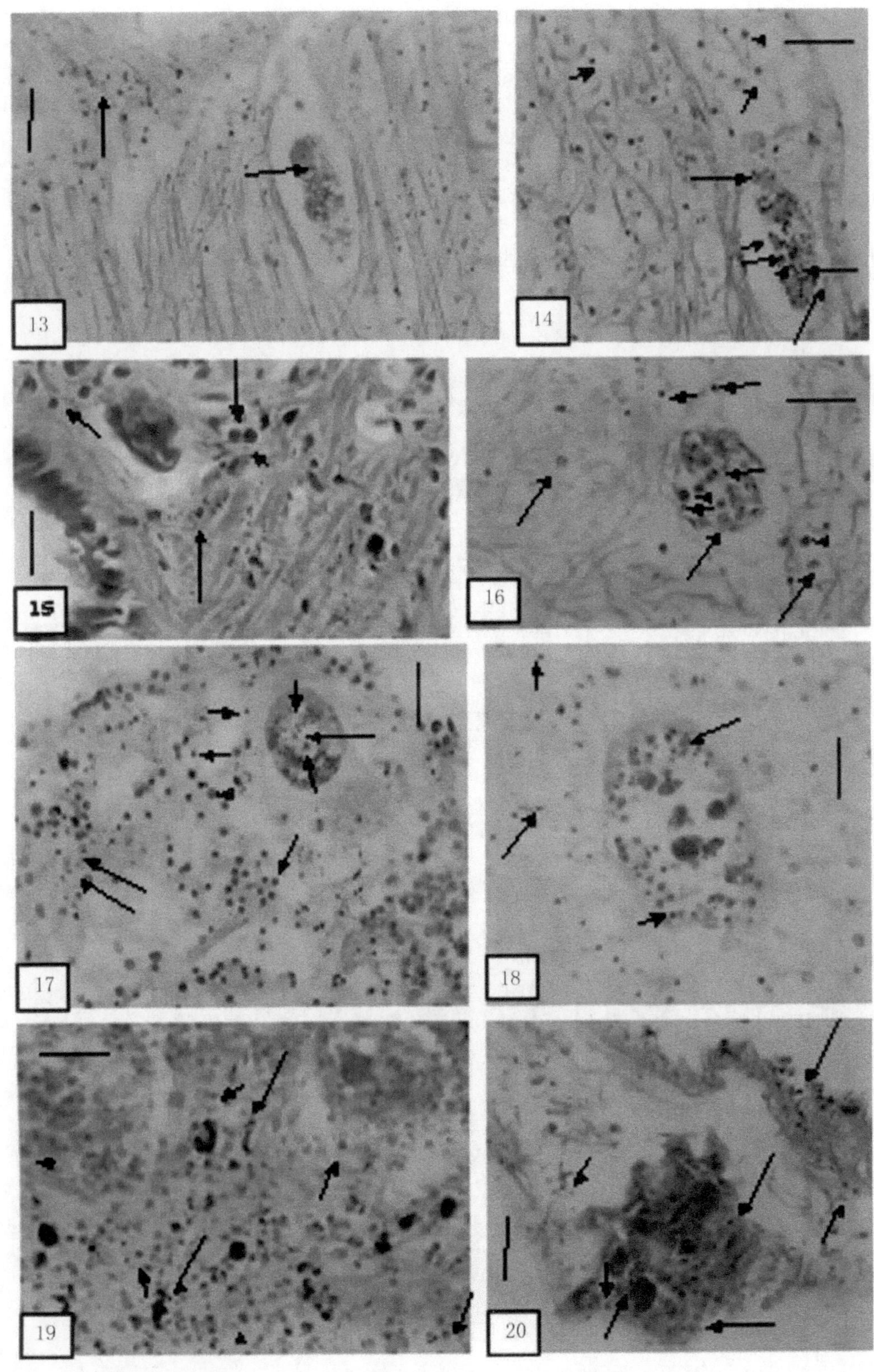
13
14
15
16
17
18
19
20

图 1-4 阴性湖北钉螺切片,示螺体表分泌物、体内金黄色颗粒状分泌物和血淋巴细胞

Figs. 1-4 Sections of negative *Oh* snails, showing snails body surface secretion, secretive granules in body and lymphocytes

图 5-8 单独感染日本血吸虫幼虫的湖北钉螺切片,示螺体分泌物和血淋巴细胞,及其对血吸虫幼虫的反应

Figs. 5-8 Sections of *Oh* snails singly infected by *Sj*, showing snail secretions, lymphocytes and their reactions to *Sj* larvae

图 9-12 单独感染外睾吸虫的湖北钉螺切片,示螺体分泌物及血淋巴细胞

Figs. 9-12 Sections of *Oh* snails singly infected with Ex trematode, showing the snail's secretion and lymphocytes

图 13-20 外睾吸虫与血吸虫间隔 21 天双重感染湖北钉螺切片,示螺体分泌物及血淋巴细胞等对血吸虫幼虫的反应

Figs. 13-20 Sections of *Oh* snailsd ually infected by Ex sp. and *Sj* at 21d intervals, showings the snail secretions, lymphocytes and accessory gland cells, and their reactions to the post-infected Sj larvae

图 1 在阴性钉螺体表的少而稀薄的分泌物(scale bar = 0.15mm)

Fig. 1 Few and thin secretion on body surface of negative *Oh* snail

图 2 阴性钉螺体内金黄色分泌物颗粒(scale bar = 0.06mm)

Fig. 2 Golden yellow secretive granules inner body of negative *Oh* snail

图 3 少数中大和小的血淋巴细胞在阴性钉螺消化腺部位(scale bar = 0.08mm)

Fig. 3 Some middle and smallest lymphocytes in the digestive gland area of negative *Oh* snail

图 4 少数大、中、小的血淋巴细胞在阴性钉螺精巢部位(scale bar = 0.049mm)

Fig. 4 Some large, middle and smallest lymphocyte in testes area of negative *Oh* snail

图 5 螺体一些金黄色分泌物颗粒在 5d 血吸虫幼虫附近(scale bar = 0.023mm)

Fig. 5 Some yellow golden secretive granules of snail were nearby the 5d old early larva of Sj

图 6 螺体一些金黄色分泌物颗粒在 8d 血吸虫幼虫附近(scale bar = 0.023mm)

Fig. 6 Some yellow golden secretive granules of snail were nearby the 8d old Sj larva

图 7 螺体少数血淋巴细胞在 10d 血吸虫母胞蚴附近,分泌物小颗粒在母胞蚴体表上,不见于血吸虫体内 (scale bar = 0.049mm)

Fig. 7 Some large, middle and smallest lymphocytes in snail were nearby the 10d old *Sj* mother sporocyst, small black secretive granules on the mother sporocyst surface, which have not been in sporocyst coeloma

图 8 螺体少数血淋巴细胞和金黄色分泌物颗粒在 52d 血吸虫母胞蚴附近,它们不见于血吸虫体内(scale bar = 0.054mm)

Fig. 8 Some lymphocytes, many golden yellow secretive granules with small cell nucleus in snail were nearby 52d old *Sj* mother sporocyst, which have not been in the sporocyst coeloma

图 9 16d 外睾吸虫阳性钉螺体内许多大、中、小血淋巴细胞及具小细胞核金黄色分泌物颗粒(scale bar=0.065mm)

Fig. 9 Many large, middle and small lymphocytes and much golden yellow secretive granules with small cell nucleus in the body of *Oh* snail infected with Ex sp. for 16d

图 10 晶体结构分泌物在 22d 外睾吸虫阳性钉螺体表(scale bar=0.03mm)

Fig. 10 Secretion with crystal structure on the body surface of *Oh* snail infected by Ex sp. for 22d

图 11 许多血淋巴细胞及分泌物颗粒在 19 d 外睾吸虫阳性钉螺消化腺区扩大的血淋巴管中 (scale bar = 0.099mm)

Fig. 11 Many large, middle and small lymphocytes, and secretive granules with small cell nucleus in the enlarged lymphatic ducts at digestive gland area of *Oh* snail infected by Ex sp. for 19d

图 12 大、中、小血淋巴细胞和副腺细胞在 19 天外睾吸虫阳性钉螺消化腺区扩大淋巴管中 (scale bar=0.039mm)

Fig. 12 Large, middle and small lymphocytes, and accessory gland cells in the enlarged lymphatic duct at digestive area of *Oh* snail infected by Ex sp. for 19d

图 13 具小细胞核的金黄色分泌物颗粒在螺体组织中及红色球体在 4 d 异常血吸虫幼虫体内 (scale bar = 0.041mm)

Fig. 13 Much golden yellow secretive granules with small cell nucleus in snail tissue and a large red sphere in the body of 4d old abnormal *Sj* larva

图 14 血淋巴细胞及具小细胞核的金黄色分泌物颗粒在螺体组织中及 4 d 异常血吸虫幼虫体内 (scale bar = 0.06mm)

Fig. 14 Many large, middle and small lymphocytes and much golden yellow secretive granules with small cell nuclei in snail tissue and in the body of 4d old abnormal *Sj* larva

图 15 具小细胞核的分泌物颗粒和血淋巴细胞在螺体组织及 16 d 的异常血吸虫母胞蚴附近 (scale bar=0.029mm)

Fig. 15 Much yellow golden secretive granules with small cell nucleus and many large, middle and small lymphocytes in the snail tissue and nearby the body of 16d old abnormal mother sporocyst of *Sj*

图 16 大、中、小血淋巴细胞及副腺细胞在螺体组织中及 21 d 异常血吸虫母胞蚴体内 (scale bar = 0.046mm)

Fig. 16 Large, middle and small lymphocytes and the accessory gland cells in the snail tissue and the body of 21d old abnormal mother sporocyst of *Sj*

图 17 血淋巴细胞及具小细胞核的黑色分泌物颗粒在螺体组织中及 38 d 常血吸虫母胞蚴体内 (scale bar = 0.051mm)

Fig. 17 Many large, middle and small lymphocytes and black secretive granules with small cell nucleus in the snail tissue and in the body of 38d old abnormal mother sporocyst of *Sj*

图 18 血淋巴细胞和具小细胞核分泌物颗粒在螺体组织及 39 d 异常血吸虫母胞蚴体内 (scale bar = 0.046mm)

Fig. 18 Some lymphocytes and golden yellow secretive granules with small cell nucleus in the snail tissue and in the body of 39d old abnormal mother sporocyst of *Sj*

图 19 血淋巴细胞及具小细胞核的分泌物在螺体围心腔组织及 82 d 异常血吸虫母胞蚴体内（scale bar = 0.040mm）

Fig. 19 Many large, middle and small lymphocytes, and much black secretion with small cell nucleus in the pericardial tissue of snail and in the body of 82d old abnormal mother sporocyst of *Sj*

图 20 血淋巴细胞和具小细胞核的分泌物颗粒在螺体外套膜组织中及 82 d 异常血吸虫母胞蚴体内（scale bar = 0.045mm）

Fig. 20 Some lymphocytes and golden yellow secretive granules with small cell nucleus in the tissue of snail mantle membrane and in the body of 82d old abnormal mother sporocyst of *Sj*

在螺宿主抵抗血吸虫早期幼虫和胞蚴都发挥作用[8-12,17]。发现在双脐螺中对曼氏血吸虫具抗性的螺(*S. mansoni* resistant snails)相对于对血吸虫敏感的螺(*S. mansoni* susceptible snails)会产生更多可杀死血吸虫胞蚴的过氧化氢(H_2O_2)[7]。有的学者对双脐螺的血淋巴细胞表面受体(surface receptor)、基因、相关的免疫应答通路等都开展深入工作[13-15,17]。

有关日本血吸虫和媒介钉螺的相互作用问题欠缺科学资料。在先感染外睾吸虫的钉螺，再侵入螺体的血吸虫幼虫立即被击毁，钉螺有大量血淋巴细胞和各种分泌物产生[1-2,4,16]。本文实验证明不同条件的钉螺产生分泌物和血淋巴细胞及其对血吸虫的反应情况有很大差异，它们的血淋巴细胞和分泌物对血吸虫幼虫产生不同防御机理，是如何起变化，有待深入研究。

参考文献：

[1]唐崇惕，卢明科，陈东，等. 日本血吸虫幼虫在钉螺及感染外睾吸虫钉螺发育的比较[J]. 中国人兽共患病学报，2009，25(12)：1129-1134.

[2]唐崇惕，郭跃，陈东，等. 日本血吸虫幼虫在先感染外睾吸虫后不同时间钉螺体内被生物控制效果的比较[J]. 中国人兽共患病学报，2010，26(11)：989-994.

[3]唐崇惕，彭晋勇，郭跃，等. 湖南目平湖钉螺血吸虫病原生物控制资源调查及感染试验[J]. 中国人兽共患病学报，2008，24(8)：689-695.

[4]唐崇惕，舒利民. 外睾吸虫幼虫期的早期发育及贝类宿主淋巴细胞的反应[J]. 动物学报，2000，46(4)：457-463.

[5]唐崇惕，唐仲璋. 中国吸虫学[M]. 福州：福建科学技术出版社，2005：298-822.

[6]Bayne CJ. Successful parasitism of vector snail *Biomphalaria glabrata* by the human blood fluke (trematode) *Schistosoma mansoni*: A 2009 assessment [J]. Mol Biochem Parasitol, 2009, 165: 8-18.

[7]Bender RC, Broderick EJ, Bayne CJ, et al. Respiratory burst of *Biomphalaria glabrata* hemocytes: *Schistosoma mansoni* resistant snail produce more extracellular H_2O_2 than susceptible snails [J]. J Parasitol, 2005, 91: 275-279.

[8]Boemhler A, Fryer SE, Bayne CJ. Killing of *Schistosoma mansoni* sporocysts by *Biomphalaria glabrata* hemolymph in vitro: alteration of hemocyte behavior after poly-L-lysine treatment of plastic and the kinetics of killing by different host strains [J]. J Parasitol, 1996, 82: 332-335.

[9]Goodall CP, Bender RC, Bayne CJ, et al. Constitutive difference in Cu/Zn superoxide dismutase mRNA levels and activity in hemocytes of *Biomphalaria glabrata* (Mollusca) that are either susceptible or resistant to *Schistosoma mansoni* (Trematoda) [J]. Mol Biochem Parasitol, 2004, 137(2): 321-328.

[10]Hahn UK, Bender RC, Bayne CJ, Production of reactive oxygen species by hemocytes of *Biomphalaria glabrata*: carbohydrate-specific stimulation [J]. Dev Comp Immunol, 2000, 24: 531-541.

[11] Hahn UK, Bender RC, Bayne CJ, Involvement of nitric oxide in killing of *Schistosoma mansoni* sporocysts by hemocytes from resistant *Biomphalaria glabrata* [J]. J Parasitol, 2001, 87(4): 778-785.

[12]Humphries JE, Yoshino TP, Regulation of hydrogen peroxide release in circulating hemocytes of the planorbid snail *Biomphalaria glabrata* [J]. Dev Comp Immunol, 2008, 32(5): 554-562.

[13]Mitta G, Galinier R, Tisseyre P, et al. Gene discovery and expression analysis of immune-relevant genes from *Biomphalaria glabrata* hemocytes [J]. Dev Comp Immunol, 2005, 29(5): 393-407.

[14]Plows LD, Cook RT, Davies AJ, et al. Integrin engagement modulates the phosphorylation of focal adhesion kinase phagocytosis and cell spreading in molluscan defence cells[J]. Acta, 2006, 1763(8): 779-786.

[15]Renwrantz LR, Richards EH. Recognition of beta-glucuronidase by the calcium-independent phosphoman-nosyl surface receptor of hemocytes from the gastropod mollusk, *Helix pomatia* [J]. Dev Comp Immunol, 1992, 16(2-3): 251-256.

[16]Tang CT, Lu MK, Chen D. et al. Development of larval *Schistosoma japonicum* was blocked in *Oncomelania hupensis* by pre-infection with larval *Exorchis* sp[J]. J Parasitol, 2009, 95(6): 1321-1325.

[17]Zelck UE, Gege BE, Schmid S, Specific inhibitors of mitogen-activated protein, kinase and P13-K pathways impair immune responses by hemocytes of trematode intermediate host snails [J]. Dev Comp Immunol, 2007, 31(4): 321-331.

收稿日期：2011-11-17；**修回日期**：2011-12-03

日平外睾吸虫日本血吸虫不同间隔时间双重感染湖北钉螺螺体血淋巴细胞存在情况的比较

唐崇惕[1],卢明科[1],陈 东[2]

摘 要:目的 外睾吸虫与日本血吸虫双重感染湖北钉螺,后进入螺体的血吸虫幼虫全部被击毁,双重感染间隔时间愈长,血吸虫幼虫被击毁的效力愈强烈。为要了解钉螺血淋巴细胞在所有螺体存在及进入血吸虫幼虫体内情况是否相同,开展了本实验观察。**方法与结果** 共检查双重感染间隔时间21 d、37 d、55 d、70 d、85 d 5组不同时龄的血吸虫幼虫50条。50条血吸虫幼虫周围螺组织大中小3种血淋巴细胞总数:大143粒、中386粒、小219粒;血吸虫幼虫体内3种血淋巴细胞总数:大40粒、中65粒、小60粒;两者总数:大183粒、中451粒、小279粒;每条血吸虫幼虫体及其周围的平均数为:大3.7粒、中9粒、小5.6粒。5组每种血淋巴细胞平均数及百分比情况如下:间隔21 d:9(45%)、15.9(35%)、7.4(27%);间隔37 d:4.1(21%)、11(24%)、7.8(29%);间隔55 d:3.6(18%)、8.6(18%)、5.2(19%);间隔70 d:2(10%)、7.9(17%)、3.4(13%);间隔85 d:1.2(6%)、2.9(6%)、3.1(11%)。**结论** 显示间隔时间愈长,大中小3种血淋巴细胞数均逐步下降。

关键词:日本血吸虫;湖北钉螺;日平外睾吸虫
中图分类号:R383 **文献标识码**:A **文章编号**:1002-2694(2013)08-0735-08

Comparison between the existence states of the hemo-lymphocytes in *Oncomelania hupensis* snails dually infected by larval *Exorchis mupingensis* and *Schistosoma japonicum* at different intervals

TANG Chong-ti[1], LU Ming-ke[1], CHEN Dong[2]

(1. *Parasitology Research Laboratory, Xiamen University, Xiamen* 361005, *China*;
2. *Synthetic Bio-manufacturing Center, Utah State University, Logan, Utah* 84341, *USA*)

ABSTRACT: Present manuscript reports the result of comparison between the numbers of hemo-lymphocytes in snail tissue and abnormal larval *Schistosoma japonicum* body in *Oncomelania hupensis* which were dually infected with larval *Exorchis mupingensis* (Jiang, 2011) and *S. japonicum* for different intervals. The total number of 3 types(large, medium and small) hemo-lymphocytes in snail tissue around 50 *S. japonicum* larvae were respectively 143, 386, 219; and the total number of 3 types of hemo-lymphocytes in 50 *S. japonicum* larval bodies respectively were 40, 65, 60; their total number were respectively 183, 451, 279 and their total average number in snail of each *S. japonicum* larva were respectively 3.7, 9, 5.6. Each type of hemo-lymphocytes number and its percentage in 5 dually infected snails with different interval are as follows: 21 days interval: 9 (45%), 15.9 (35%), 7.4 (27%); 37 days interval: 4.1 (21%), 11 (24%), 7.8 (29%); 55 days interval: 3.6 (18%), 8.6 (18%), 5.2 (19%); 70 days interval: 2 (10%), 7.9 (17%), 3.4 (13%); 85 days interval: 1.2 (6%), 2.9 (6%), 3.1 (11%). The result indicated that hemo-lymphocytes numbers and their percentage in *O. hupensis* snails dually infected for longer intervals were fewer and lower than that for shorter intervals.

KEY WORDS: *Schistosoma japonicum*; *Oncomelania hupensis*; *Exorchis mupingensis*

Jointly supported by the National Natural Science Foundation of China (No. 31270938), and the Special Foundation for Agro-scientific Research in the Public Interest (No. 200903036)

Corresponding authors: Tang Chong-ti, Email: cttang@xmu.edu.cn; Chen Dong, Email: dongc@cc.usu.edu

国家自然科学基金项目(No. 31270938)及公益性行业(农业)科研专项项目(No. 200903036)联合资助
通讯作者:唐崇惕,Email: cttang@xmu.edu.cn
陈 东,Email: dongc@cc.usu.edu
作者单位:1. 厦门大学寄生动物研究室,厦门 361005
2. Synthetic Bio-manufacturing Center, Utah State University, Logan, Utah 84341, USA

人兽共患的血吸虫病(schistosomiasis)和其他

本文刊登于:中国人兽共患病学报. 2013. 29(8): 735-742.

寄生虫病一样，尚无有效疫苗进行预防，都需采取综合性防治措施来控制疾病的流行，其中最重要措施之一就是要消灭和控制病原的中间宿主(传播媒介)。在南美洲和非洲，近年许多学者大力开展对曼氏血吸虫(*Shistosoma mansoni*)与其中间宿主双脐螺(*Biomphalaria grabrata*)相互关系问题的研究(Bayne，2009；Bergquist et al.，2008；McManus et al.，2008)，其中涉及螺宿主防御系统的血淋巴细胞(hemo-lymphocytes)(Goodall et al.，2004)。螺体血淋巴细胞是软体动物免疫系统细胞，能抵抗和攻击入侵的病菌和寄生虫等外来物保卫身体。双脐螺血淋巴细胞遇到曼氏血吸虫早期幼虫，也会立即移动到虫体附近伸出伪足抗击曼氏血吸虫幼虫(Bayne，2009；Goodall et al.，2004；Loker et al.，2001)；对曼氏血吸虫幼虫具抗性和敏感性的两组双脐螺，它们血淋巴细胞表现的反应情况不同(Schneider et al.，2001)。在体外培养条件下，对曼氏血吸虫幼虫具抗性的双脐螺及椎实螺(*Lymnaea stagnolis*)的血淋巴细胞，能通过氧的反应作用杀死曼氏血吸虫胞蚴，其作用强度与氧的种类亦有关系(Dikkeboom et al.，1988；Hahn et al.，2001)。双脐螺血淋巴细胞的不同基因表达，对曼氏血吸虫的感染会产生影响(Miller et al.，2001)。促进细胞有丝分裂的蛋白酶抑制剂被激活，会减少螺宿主血淋巴细胞的免疫反应(Zelck et al.，2007)。

湖北钉螺(*Oncomelania hupensis*)吞食了鲶鱼(*Parasilurus asota*)外睾吸虫的虫卵后，螺体循环系统及组织中很快增生大量血淋巴细胞；钉螺血淋巴细胞有大、中、小3种，其中以中大的血淋巴细胞数量最多；日本血吸虫(*Schistosoma japonicum*)毛蚴侵入外睾吸虫阳性钉螺体内，立刻会受螺体分泌物和血淋巴细胞等的围攻，全部幼虫结构出现异常、停止发育并死亡；外睾吸虫和日本血吸虫双重感染的钉螺，两者间隔时间愈长，血吸虫幼虫被螺体击毁的情况愈强烈(唐崇惕等，2000－2012)。为要了解两种吸虫不同间隔时间双重感染钉螺，螺体3种血淋巴细胞，在螺组织及血吸虫幼虫体内存在的数量是否相同，而进行本项实验，结果间隔时间长度和3种血淋巴细胞出现数量均成反比，情况如下。

1　材料与方法

人工感染日本血吸虫阳性小白鼠和从湖南汉寿西洞庭湖岸边采集的湖北钉螺都在实验室内饲养备用。从湖南西洞庭湖的鲶鱼肠管收集目平外睾吸虫(*Exorchis mupingensis* Jiang，2011)，取其虫卵和少量面粉相拌饲食感染钉螺后，亦在实验室内饲养备用。感染了外睾吸虫的钉螺分5组，分别在感染后21 d、37 d、55 d、70 d、85 d，每粒钉螺与实验小白鼠肝脏日本血吸虫虫卵孵化的毛蚴(40～90个)接触；各组钉螺在感染日本血吸虫毛蚴后4～82 d之间不同时间，用10%福尔马林溶液固定。单独感染日本血吸虫毛蚴后不同时间的钉螺，也用10%福尔马林溶液固定。各组钉螺均经石蜡连续切片染色制片。显微镜油镜检查各切片所有断面，比较观察3种血淋巴细胞在各组钉螺体组织及异常血吸虫幼虫体内的数量情况，并数码相机显微照相储存于电脑。实验钉螺经连续切片观察均无其它吸虫幼虫天然感染。当时研究生郭跃和王逸难同学协助感染工作，在此致谢。

2　结　果

和笔者以往实验一样，本实验单独感染日本血吸虫的钉螺，螺体组织中3种血淋巴细胞不多，它们均无进入血吸虫幼虫体内(图1-2)。外睾吸虫感染钉螺后分别间隔21 d、37 d、55 d、70 d、85 d再感染血吸虫，随着间隔时间增加螺体内血吸虫幼虫被击毁速度和程度也都愈强烈；各钉螺体内的大中小3种血淋巴细胞，亦都以中大血淋巴细胞居多。本实验双重感染间隔时间增加，螺体组织及不同虫龄异常血吸虫幼虫体内，3种血淋巴细胞数均逐渐递减(见表1)。情况如下。

2.1　双重感染的各组钉螺情况　隔21 d的钉螺：异常血吸虫幼虫周围螺组织及虫体内都出现较多3种血淋巴细胞(见表1；图3-5，7，8)。已解体无结构的虫体，其体内血淋巴细胞数目常多过螺组织(图4、5、7、8)。具异常胚球的中期母胞蚴体内血淋巴细胞较稀少(Fig. 6)。螺副腺细胞(图3、7、8)及分泌物颗粒(图5、6)常见于虫体内外。间隔37 d的钉螺：螺体组织和血吸虫内出现的血淋巴细胞数与间隔21 d的相比，稍少些(见表；图9-11)。早期异常血吸虫幼虫体内常出现尚不了解的红团结构(图9-10)。虫体内除血淋巴细胞之外，尚有许多和螺体分泌物颗粒在一起的很小的细胞核(Fig. 10)。间隔55 d的钉螺：无结构及已解体的血吸虫幼虫体内外血淋巴细胞又更少些(见表1；图12-14)。虫体中有螺分泌物颗粒。间隔70 d的钉螺：已解体仍含有红团的血吸虫幼虫体内外3种血淋巴细胞为数很少(见表1；图15-17)，仍有红团及很小的细胞核。间隔85 d的钉螺：血吸虫感染后5d钉螺，其体外分泌物中有3种血淋巴细胞和体内分泌物及很小的细胞

表 1　目平外睾吸虫日本血吸虫不同间隔时间双重感染钉螺其体内血淋巴细胞存在情况比较

Tab. 1　Comparison between the existence states of the hemo-lymphcytes in *Oncomelania hupensis* snails dually infected by larval *Exorchis mupingensis* and *Schistosoma japonicum* at different intervals

Group Age of larvae of *Schistosoma japonicum*, snails' tissue, and number of various types of blood lymphocytes in the worms	21 days for *Oncomelania hupensis* infected with *Exorchis mupingensis* (No. blood lymphocytes)			37 days for *Oncomelania hupensis* infected with *Exorchis mupingensis* (No. blood lymphocytes)			55 days for *Oncomelania hupensis* infected with *Exorchis mupingensis* (No. blood lymphocytes)			70 days for *Oncomelania hupensis* infected with *Exorchis mupingensis* (No. blood lymphocytes)			85 days for *Oncomelania hupensis* infected with *Exorchis mupingensis* (No. blood lymphocytes)		
	Large	Medium	Small	Large	Medium	Small	Large	Medium	Small	Large	Medium	Small	Large	Medium	Small
5−7 days, tissues of snails				18	68	41				11	31	7	5	14	12
Larvae of *Schistosoma japonicum*				2	4	7				4	10	7	0	0,	5
Subtotal: No. blood lymphocytes/no. worm		/		20/6	72/6	48/6		/		15/6	41/6	14/6	5/3	14/3	17/3
Average number of lymphocytes in each worm				3.3	12	8				2.5	6.8,	2.3	1.7	4.7	5.7
8−10 days, tissues of snails				19	60	51				1	3	1	5	10	6
Larvae of *Schistosoma japonicum*				2	8	6				0	0	1	0	0	3
Subtotal: No. blood lymphocytes/no. worm		/		21/6	68/6	57/6		/		1/1	3/1	2/1	5/3	10/3	9/3
Average number of lymphocytes in each worm				3.5	11.3	9.5				1	3	2	1.7	3.3	3
11−20 days, tissues of snails				16	38	17	3	7	5	2	15	8	2	2	1
Larvae of *Schistosoma japonicum*				12	8	11	0	1	1	0	3	1	0	0	1
Subtotal: No. blood lymphocytes/no. worm		/		28/5	46/5	28/5	3/1	8/1	6/1	2/2	18/2	9/2	2/1	2/1	2/1
Average number of lymphocytes in each worm				5.6	9.2	5.6	3	8	6	1	9	4.5	2	2	2
21−26 days, tissues of snails	13	19	9				5	14	10	2	15	8	1	5	5
Larvae of *Schistosoma japonicum*	4	7	2				1	6	1	0	2	1	0	1	1
Subtotal: No. blood lymphocytes/no. worm	17/3	26/3	11/3		/		6/2	20/2	11/2	2/1	17/1	9/1	1/4	6/4	6/4
Average number of lymphocytes in each worm	5.7	8.7	3.7				3	10	5.5	2	17	9	0.25	1.5	1.5
33−39 days, tissues of snails	35	72	31				5	13	7						
Larvae of *Schistosoma japonicum*	11	13	10				4	2	2						
Subtotal: No. blood lymphocytes/no. worm	46/4	85/4	41/4		/		9/2	15/2	9/2		/			/	
Average number of lymphocytes in each worm	11.5	21.3	10.3				4.5	7.5	4.5						
Total no. *Schistosoma japonicum*, 5 − 39 days		7			17			5			10			11	

Total number of 3 types of lymphocytes:															
Inside the tissues of snails	48	91	40	53	166	109	13	34	22	16	64	24	13	31	24
Inside the larvae of *Schistosoma japonicum*	15	20	12	16	20	24	5	9	4	4	15	10	0	1	10
No. lymphocytes/no. worms	63/7	111/7	52/7	69/17	186/17	133/17	18/5	43/5	26/5	20/10	79/10	34/10	13/11	32/11	34/11
Average number of lymphocytes in each worm	9	15.9	7.4	4.1	11	7.8	3.6	8.6	5.2	2	7.9	3.4	1.2	2.9	3.1
Average number of lymphocytes in each worm / total average number of lymphocytes in each worm	9/20	15.9/46	7.4/27	4.1/20	11/46	7.8/27	3.6/20	8.6/46	5.2/27	2/20	7.9/46	3.4/27	1.2/20	2.9/46	3.1/27
%	45%	35%	27%	21%	24%	29%	18%	18%	19%	10%	17%	13%	6%	6%	11%
Total amount of *Schistosoma japonicum* larvae detected in this study								50							
			Large					Medium					Small		
Total amount of 3 types of blood lymphocytes inside snails' surrounding tissue of 50 larvae of Schistosoma japonicum			143					386					219		
Total amount of 3 types of blood lymphocytes inside 50 larvae of *Schistosoma japonicum*			40					65					60		
Total amount of 3 types of blood lymphocytes / no. worms			183/50					451/50					279/50		
Average amount of 3 types of blood lymphocytes detected inside or around each worm			3.7					9					5.6		

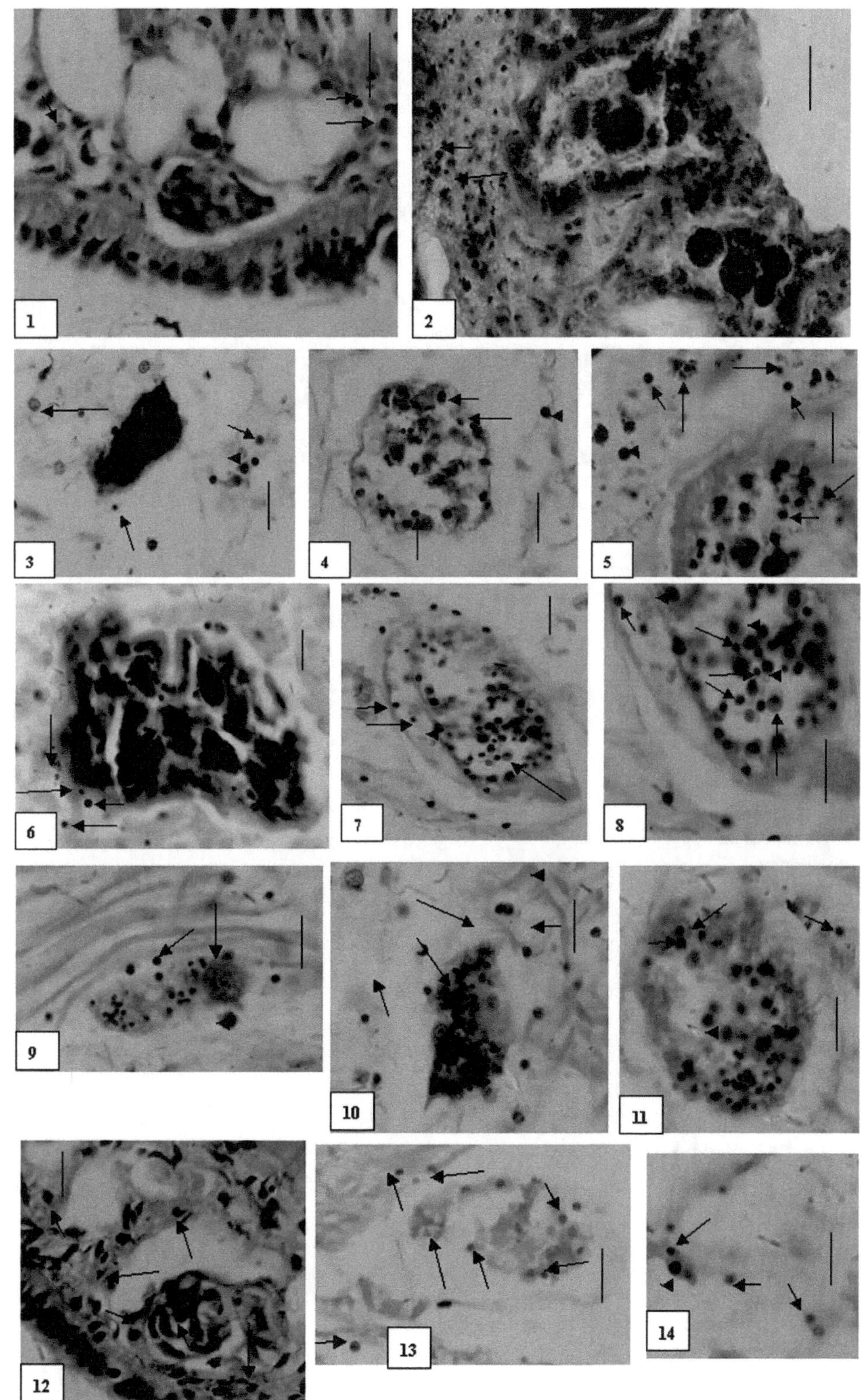
1
2
3
4
5
6
7
8
9
10
11
12
13
14

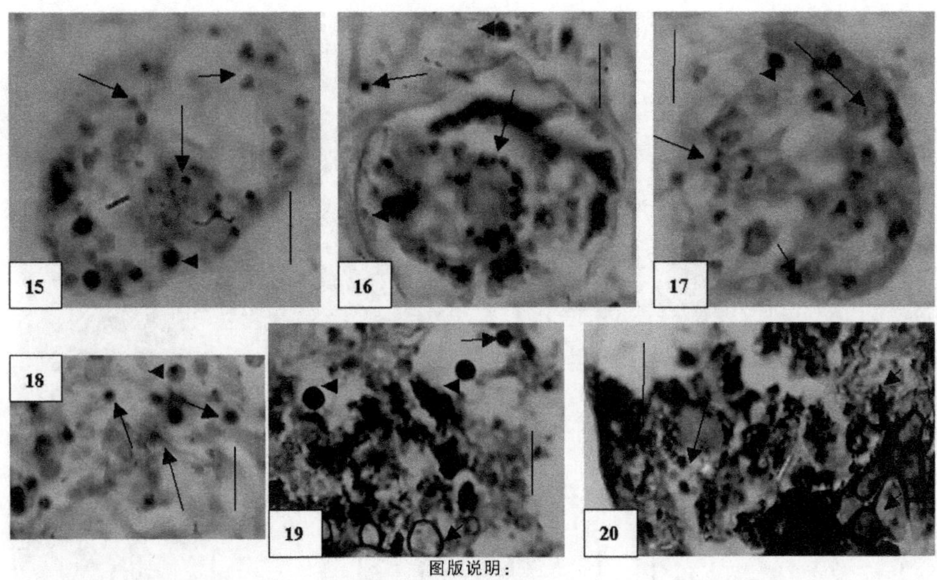

图版说明：

图 1-2 单独感染日本血吸虫阳性螺

Figs. 1-2 Positive *Oncomelania hupensis* snails single infected with *S. japonicum*

图 3-20 湖北钉螺双重感染目平外睾吸虫和日本血吸虫

Figs. 3-20 *Oncomelania hupensis* snails dually infected by larval *Exorchis mupingensis* and *Schistosoma japonicum* at different intervals

图 3-8 间隔 21 d

Figs. 3-8 Interval for 21 d

图 9-11 间隔 37 d

Figs. 9-11 Interval for 37 d

图 12-14 间隔 55 d

Figs. 12-14 Interval for 55 d

图 15-17 间隔 70 d

Figs. 15-17 Interval for 70 d

图 18-20 间隔 85 d

Figs. 18-20 Interval for 85 d

◀箭矢说明(Arrow illustrate)：

◀大血淋巴细胞(big hemo-lymphocyte)，↗中血淋巴细胞(medium hemo-lymphocyte)，↖小血淋巴细胞(small hemo-lymphocyte)，↖螺体外分泌物（snail body outer secretion），↙螺体内分泌物及小核(snail inner secretion and very small nucleus)，↖螺副腺细胞（snail accessory gland cell).

图 1 3 d 血吸虫早期幼虫(scale bar=0.048 μm)

Fig. 1 3-day-old *S. japonicum* early larva

图 2 17 d 血吸虫母胞蚴(scale bar=0.048 μm)

Fig. 2 17-day-old *S. japonicum* mother sporocyst

图 3 3 种血淋巴细胞及副腺细胞在钉螺 8 d 异常血吸虫幼虫周围（scale bar=0.035 μm)

Fig. 3 Three types of hemo-lymphocytes and accessory gland cells around the 8-day-old abnormal *S. japonicum* larva in *O. hupensis* snail

图 4 3 种血淋巴细胞在钉螺 21 d 血吸虫幼虫残骸体内（scale bar=0.026 μm)

Fig. 4 Three types of hemo-lymphocytes in 21-day-old larval *S. japonicum* wreckage in *O. hupensis* snail

图5 3种血淋巴细胞及分泌物颗粒在钉螺及21 d血吸虫幼虫残骸内(scale bar=0.026 μm)

Fig. 5 Three types of hemo-lymphocytes and secretory granules in *O. hupensis* snail and the 21-day-old larval *S. japonicum* wreckage

图6 血淋巴细胞、分泌物及极小细胞核在钉螺及39 d异常血吸虫幼虫内(scale bar=0.030 μ)

Fig. 6 Hemo-lymphocytes, secretion and very small cell nucleus in *O. hupensis* snail and the 39-day-old abnormal *S. japonicum* larva

图7 3种血淋巴细胞和副腺细胞在钉螺及39 d血吸虫幼虫残骸内(scale bar=0.045 μm)

Fig. 7 Three types of hemo-lymphocytes and accessory gland cells in *O. hupensis* snail and the 39-day-old larval *S. japonicum* wreckage

图8 3种血淋巴细胞和副腺细胞在钉螺及39 d血吸虫幼虫残骸内(scale bar=0.036 μm)

Fig. 8 Three types of hemo-lymphocytes and accessory gland cells in *O. hupensis* snail and the 39-day-old larval *S. japonicum* wreckage

图9 小血淋巴细胞和红团在钉螺5 d血吸虫幼虫残骸体内(scale bar=0.026 μm)

Fig. 9 Small hemo-lymphocytes and red round mass in the 5-day-old larval *S. japonicum* wreckage in *O. hupensis* snail

图10 3种血淋巴细胞及2红团在钉螺5d血吸虫幼虫残骸体内(scale bar=0.026 μm)

Fig. 10 Three types of hemo-lymphocytes and 2 red round masses in the 5-day-old larval *S. japonicum* wreckage in *O. hupensis* snail

图11 3种血淋巴细胞在钉螺12 d血吸虫幼虫残骸体内(scale bar=0.026μm)

Fig. 11 Three types of hemo-lymphocytes in 12-day-old larval *S. japonicum* wreckage in *O. hupensis* snail

图12 血淋巴细胞和分泌物颗粒在钉螺与11d异常血吸虫幼虫体内(scale bar=0.030μm)

Fig. 12 Hemo-lymphocytes and secretory granules in *O. hupensis* snail and the 11-day-old abnormal *S. japonicum* larva

图13 血淋巴细胞、分泌物与极小细胞核在钉螺24 d血吸虫幼虫残骸内(scale bar=0.035μm)

Fig. 13 Hemo-lymphocytes, secretory granules and very small cell nucleus in the 24-day-old larval *S. japonicum* wreckage in *O. hupensis* snail

图14 3种血淋巴细胞在36 d血吸虫幼虫残骸周围的钉螺组织中(scale bar=0.026 μm)

Fig. 14 Three types of hemo-lymphocytes around the 36-day-old larval *S. japonicum* wreckage in the tissue of *O. hupensis* snail

图15 3种血淋巴细胞及红团在钉螺6d血吸虫幼虫残骸内(scale bar=0.030 μm)

Fig. 15 Three types of hemo-lymphocytes and red round mass in the 6-day-old larval *S. japonicum* wreckage in *O. hupensis* snail

图16 大血淋巴细胞、红团与极小细胞核在钉螺14 d血吸虫幼虫残骸内(scale bar=0.026 μm)

Fig. 16 Large hemo-lymphocytes, red round mass and very small cell nucleus in the 14-day-old larval *S. japonicum* wreckage in *O. hupensis* snail

图17 3种血淋巴细胞及副腺细胞在钉螺25 d血吸虫幼虫残骸内(scale bar=0.030 μm)

Fig. 17 Three types of hemo-lymphocytes and accessory gland cells in the 25-day-old larval *S. japonicum* wreckage in *O. hupensis* snail

图18 血吸虫感染后5 d钉螺体内3种血淋巴细胞和体内分泌物(scale bar=0.026 μm)

Fig. 18 Three types of hemo-lymphocytes and inner secretion in *O. hupensis* snail after infection with *S. japonicum* for 5 days

图19 血吸虫感染后5d螺体外分泌物中的结晶及血淋巴细胞(scale bar=0.022 μm)

Fig. 19 Crystal and hemo-lymphocytes in the outer secretion of *O. hupensis* snail after infection with *S. japonicum* for 5 days

图20 血吸虫感染后5d钉螺体表分泌物中结晶及体内分泌物极小细胞核(scale bar=0.018 μm)

Fig. 20 Crystal and very small cell nucleus of inner secretion in the outer secretion of *O. hupensis* snail after infection with *S. japonicum* for 5 days

核(图18-20);螺体中全部血吸虫都已解体,血淋巴细胞稀少。

2.2 五组实验螺 3种血淋巴细胞总数及平均数的统计(见表):观察了五组双重感染实验钉螺中不同时龄异常血吸虫幼虫共50条,它们所在血腔周围螺组织及血吸虫体中的大中小3种血淋巴细胞总数各为:大183粒、中451粒、小279粒;每条血吸虫幼虫体及其周围3种血淋巴细胞平均数为:大3.7粒、中9粒、小5.6粒。不同间隔时间双重感染实验钉螺各组平均每条血吸虫及其周围的3种血淋巴细胞平均数和百分比,随间隔时间的增加均逐渐递减如下:间隔21 d:大9粒(45%)、中15.9粒(35%)、小7.4粒(27%);间隔37 d:大4.1粒(21%)、中11粒(24%)、小7.8粒(29%);间隔55 d:大3.6粒(18%)、中8.6粒(18%)、小5.2粒(19%);间隔70d:大2粒(10%)、中7.9粒(17%)、小3.4粒(13%);间隔85 d:大1.2粒(6%)、中2.9粒(6%)、小3.1粒(11%)。

3 讨　论

外睾吸虫和日本血吸虫双重感染钉螺，两者间隔时间愈长，后进入螺体的血吸虫幼虫被击毁的速度愈快；在间隔时间较长的实验钉螺，许多血吸虫体在很早期就已解体成残骸（唐崇惕等，2010）；在间隔21 d双重感染的钉螺，82 d血吸虫母胞蚴尚被大量血淋巴细胞包围和侵入（唐崇惕等，2012），本次实验所表现的情况与此相似。但3种血淋巴细胞数目，在双重感染不同间隔时间的钉螺中每条血吸虫及其周围的平均数和百分比，随间隔时间的增加均逐渐递减。与全部50条血吸虫幼虫体内外的3种血淋巴细胞总平均数作比较，间隔时间在21～37 d，3种血淋巴细胞数比各总平均数大；间隔时间在50～85 d，3种血淋巴细胞数比各总平均数小；全部均呈逐渐下降趋势。这说明外睾吸虫阳性螺体内血淋巴细胞对再侵入的血吸虫虽有攻击作用，但除血淋巴细胞因素之外，钉螺免疫系统在其体液中尚有某些物质能使螺体免疫机能随着时间延伸而增强，会不断更强烈地击毁外来物。究竟在外睾吸虫阳性钉螺攻击再侵入的血吸虫幼虫的现象中，钉螺体内3种血淋巴细胞和体内外分泌物的蛋白质组学和基因组学等的具体性能情况如何，均有待继续探讨。

参考文献：

[1]Tang CT, Shu LM. Early larval stages of *Exorchis ovariolobularis* in its molluscan hosta and the appearance of lymphatic cellulose reaction of host[J]. Acta Zoologica Sinica, 2000, 46(4): 457-463. (in Chinese)
唐崇惕，舒利民. 外睾吸虫幼虫期的早期发育及贝类宿主淋巴细胞的反应[J]. 动物学报，2000, 46(4): 457-463.

[2]Tang CT, Lu MK, Guo Y, et al. Comparison between the developments of larval *Schistosoma japonicum* in *Oncomelania hupensis* with and without pre-infection by larval *Exorchis*[J]. Chin J Zoonoses, 2009, 25(12): 1120-1134. (in Chinese)
唐崇惕，卢明科，郭跃，等. 日本血吸虫幼虫在钉螺及感染外睾吸虫钉螺发育的比较[J]. 中国人兽共患病学报，2009, 25(12): 1120-1134.

[3]Tang CT, Lu MK, Guo Y, et al. Comparison among the biocontrol effects on larval *Schistosoma japonicum* in *Oncomelania hupensis* with pre-infection by larval *Exorchis trematodes* at different intervals[J]. Chin J Zoonoses, 2010, 26(11): 989-994. (in Chinese)
唐崇惕，卢明科，郭跃，等. 日本血吸虫幼虫在先感染外睾吸虫后不同时间钉螺体内被生物控制效果的比较[J]. 中国人兽共患病学报，2010, 26(11): 989-994.

[4]Tang CT, Guo Y, Lu MK, et al. Reactions of snail secretions and lymphocytes to *Schistosoma japonicum* larvae in *Oncomelania hupensis* pre-infected with *Exorchis* trematode[J]. Chin J Zoonoses, 2012, 28(2): 97-102. (in Chinese)
唐崇惕，郭跃，卢明科，等. 先感染外睾吸虫的钉螺其分泌物和血淋巴细胞对日本血吸虫幼虫的反应[J]. 中国人兽共患病学报，2012, 28(2): 97-102.

[5]Bayne CJ. Successful parasitism of vector snail *Biomphalaria glabrata* by human blood fluke (trematode) *Schistosoma mansoni*: A 2009 assessment[J]. Mol Biochem Parasitol, 2009, 165(1): 8-18. DOI: 10.1016/j.molbiopara.2009.01.005

[6]Goodall CP, Bender RC, Broderick EJ, et al. Constitutive differences in Cu/Zn superoxide dismutase mRNA levels and activity in hemocytes of *Biomphalaria glabrata* (Mollusca) that are either susceptible or resistant to *Schistosoma mansoni* (Trematoda)[J]. Mol Biochem Parasitol, 2004, 137(2): 321-328. DOI: 10.1016/j.molbiopara.2004.06.011

[7]Dikkeboom R, Bayne CJ, van der Knaap WP, et al. Possible role of reactive forms of oxygen in vitro killing of *Schistosoma mansoni* sporocysrs by hemocytes of *Lymnaea stagnolis*[J]. Parasitol Res, 1988, 75(2): 148-154.

[8]Hahn UK, Bender RC, Bayne CJ. Killing of *Schistosoma mansoni* sporocysts by hemocytes from resistant *Biomphalaria grabrata*: role of reactive oxygen species[J]. J Parasitol, 2001, 87(2): 292-299. DOI: 10.1645/0022-3395(2001)087%5B0292:KOSMSB%5D2.0.CO;2

[9]McManus DP, Loukas A. Current status of vaccines for schistosomiasis[J]. Clin Microbiol Rev, 2008, 21(1): 225-242. DOI: 10.1128/CMR.00046-07

[10]Miller AN, Raghavan N, FitzGerald PC, et al. Differential gene expression in hemocytes of the snail *Biomphalaria glabrata*: effects of *Schistosoma mansoni* infection[J]. Int J Parasitol, 2001, 31(7): 687-696. DOI: 10.1016/S0020-7519(01)00133-3

[11]Schneider O, Zelck UE. Differential display analysis of hemocytes from schistosome-resistant and schistosome-susceptible intermediate hosts[J]. Parasitol Res, 2001, 87(6): 489-491.

[12]Tang CT(唐崇惕), Lu MK, Guo Y, et al. Development of larval *Schistosoma japonicum* blocked in *Oncomelania hupensis* by pre-infection with larval *Exorchis* sp[J]. J Parasitol, 2009, 95(6): 1321-1325. DOI: 10.1645/GE-2055.1

[13]Zelck UE, Gege BE, Schmid S. Specific inhibitors of mitogen-activated protein kinase and PI3-K pathways impair immune responses by hemocytes of trematode intermediate host snail[J]. Dev Comp Immunol, 2007, 31(4): 321-331. DOI: 10.1016/j.dci.2006.06.006

收稿日期：2013-03-04；**修回日期：**2013-04-16

湖北钉螺被目平外睾吸虫与日本血吸虫不同间隔时间感染后分泌物的检测与分析

唐崇惕[1]，黄帅钦[1]，彭午弦[1]，卢明科[1]，彭文峰[1]，陈 东[2]

摘 要：观察被目平外睾吸虫和日本血吸虫双重感染钉螺后钉螺体内外分泌物及其血吸虫幼虫被击毁的关系。**方法** 观察钉螺感染外睾吸虫 21 d、37 d、55 d、70 d 和 85 d 后再感染血吸虫，经 4～82 d 后，取钉螺软体组织作埋蜡连续染色制片。**结果与结论** 无论单独感染目平外睾吸虫或两种吸虫双重感染，均可在螺软体发现多种分泌物，随时间延长分泌物数量逐渐增多。螺体内含小细胞核的分泌物和螺副腺细胞都出现在各时期的血吸虫残骸体内。

关键词：日本血吸虫；湖北钉螺；生物控制

中图分类号：R383 **文献标识码**：A **文章编号**：1002－2694(2014)11－1083－07

Detection and analysis on the secretions of *Oncomelania hupensis* snails dually infected by larval *Exorchis mupingensis* and *Schistosoma japonicum* at different intervals

TANG Chong-ti[1], HUANG Shuai-qin[1], PENG Wu-xian[1], LU Ming-ke[1], PENG Wen-feng[1], CHEN Dong[2]

(1. *Parasitology Research Laboratory*, *Xiamen University*, *Xiamen* 361005, *China*;
2. *Synthetic Bio-manufacturing Center*, *Utah State University*, *Logan*, *Utah* 84341, *USA*)

ABSTRACT: The attack degrees on larval *S. japonicum* in *O. hupensis* snails dually infected by *Exorchis mupingensis* and *S. japonicum* with longer intervals were stronger than that of shorter intervals, and snail haemo-lymphocytes numbers were more few in that of shorter intervals. Present experiment would like to observe how about the actions of secretions of *O. hupensis* with different intervals took place to the larval *S. japonicum* wreckages. To examine snails' secretion status, all experimental snails were processed by paraffin-embedding methods, sectioned and stained with hemotoxilin and eosin; sectioned snails were examined using light microscopy. Although the numbers of 3 species hemo-lymphocytes were fewer in *O. hupensis* snails dually infected with longer intervals than that of shorter intervals, the secretions of snails were thicker and more in *O. hupensis* snails dually infected with longer intervals than that of shorter intervals. How about the effect of snail's secretions on the *S. japonicum* larvae and how about the change of snail's immunological defencing system in *O. hupensis* snails dually infected by *Exorchis* spp. and *Schistosoma japonicum* require more detailed further investigation.

KEY WORDS: *Schistosoma japonicum*; *Oncomelania hupensis*; biological control

Funded by the National Natural Science Foundation of People's Republic of China (No. 31270938)

Corresponding authors: Tang Chong-ti: cttang@xmu.edu.cn; Chen Dong: Email: dongc@cc.usu.edu

湖北钉螺(*Oncomelania hupensis*)被外睾吸虫(*Exorchis* spp.)感染后很快产生大量血淋巴细胞和分泌物并能杀害再进入其体内的日本血吸虫(*Schistosoma japonicum*)幼虫[1,3,11]。外睾吸虫和日本血吸虫先后双重感染钉螺间隔时间愈长，血吸虫被杀害的效果愈强，但钉螺血淋巴细胞的数目却是逐渐减少[2,4]，钉螺体内还有什么东西在起作用？近年许多学者在南美洲和非洲大力开展曼氏血吸虫(*Shistosoma mansoni*)与其中间宿主水生双脐螺(*Biomphalaria* spp.)的相互关系问题的研究[5]。探讨感染曼氏血吸虫的双脐螺体内血浆中的蛋白质

国家自然科学基金(No. 31270938)资助

通讯作者：唐崇惕，Email: cttang@xmu.edu.cn
陈 东，Email: dongc@cc.usu.edu
作者单位：1. 厦门大学寄生动物研究室，厦门 361005
2. Synthetic Bio-manufacturing Center, Utah State University, Logan, Utah 84341, USA

本文刊登于：中国人兽共患病学报. 2014. 30(11): 1083-1089.

组学（proteomics），有关它们的多态性、多态黏蛋白（polymorphic mucins）[8-9]，与血纤维源有关的蛋白质（fibrinogen-related proteins）等的特性、免疫应答基因家族情况[13-14]，有关软体动物防御细胞中激活酶（kinase）多方面作用情况[10]。有学者研究棘口吸虫（*Echinostoma caproni*）和曼氏血吸虫幼虫在双脐螺中的排泄和分泌的蛋白质组（proteome）[7]，棘口吸虫寄生的双脐螺血浆及血淋巴细的不同蛋白质的特性[6,12]。有关曼氏血吸虫与双脐螺相关的螺体血浆中物质的研究报告无数，可见其中复杂程度。笔者从外睾吸虫和日本血吸虫双重感染的钉螺体上观察到有复杂的分泌物增多，它们在不同间隔时间感染的钉螺体内外表现情况有所不同，兹将观察结果简单介绍于下。

1　材料与方法

用从湖南西洞庭湖鲶鱼肠管收集的目平外睾吸虫（*Exorchis mupingensis* Jiang，2011）的虫卵拌以少量面粉饲食从西洞庭湖采集的湖北钉螺，外睾吸虫感染后的钉螺分为5组，分别在感染后21 d、37 d、55 d、70 d、85 d，每粒钉螺与实验室日本血吸虫阳性小白鼠肝脏血吸虫虫卵孵化的毛蚴（40～90个）接触；各组钉螺均在感染血吸虫毛蚴后4～82 d之间不同时间，用10%福尔马林溶液固定。钉螺单独感染外睾吸虫后20 d，也用10%福尔马林溶液固定。所有实验钉螺均经石蜡连续切片及用苏木精与洋红染色制片。显微镜油镜检查各切片所有断面，比较观察各组无其它吸虫天然感染的钉螺其体内外分泌物的数量及它们的结构情况，并数码相机显微照相储存于电脑。

2　结　果

在不同间隔先后双重感染目平外睾吸虫和日本血吸虫的钉螺体内分泌物详细情况的本实验观察中，同样见到间隔时间长短与螺体杀害血吸虫幼虫的效力成正比，而与在螺体及异常血吸虫幼虫体内的3种血淋巴细胞数量成反比的现象。但钉螺体内外的分泌物密度没有减少，有增多并且更加复杂化。情况分述如下。

2.1　单独感染外睾吸虫的钉螺体表分泌物结构　作为吸虫类的中间宿主贝类，其体表都有一层分泌物。切片观察单独感染日本血吸虫的钉螺，其体表的分泌物仅一层黏液性薄膜，而被外睾吸虫感染的钉螺其体表分泌物增厚[11]。本实验观察单独感染外睾吸虫后21 d的钉螺，其体表也有较厚的分泌物（图1），在油镜下可见它们由排列不规则、大小和形状各异、透明或不透明的晶体状结构所密布，其中及边缘有些微黏液样物质（图2～3）。

2.2　钉螺体内分泌物　在钉螺体中部、肉足和鳃的下方有一大团副腺组织（图6），许多副腺细胞游离在螺体各组织中。在所有双重感染外睾和血吸虫的钉螺，副腺细胞亦可见于阔张的血管中[3]。在不同间隔双重感染外睾和血吸虫的钉螺，所有被击毁的血吸虫幼虫残体内外都可见到这些细胞（图7、9、22等）。

单独感染外睾吸虫的钉螺体内血淋巴细胞和分泌物也比单独感染日本血吸虫的多，明显的金黄色颗粒团状分泌物（图4～5）出现在钉螺体内一些区域。双重感染外睾和血吸虫的钉螺，双重感染间隔时间加长体内分泌物有增无减，分泌物颗粒和血淋巴细胞经常一起出现在被击毁的异常血吸虫幼虫体内外（图8、10、13、17、19等）。有时它们会呈褐色团状大量地分布在螺体组织及异常血吸虫体内，以间隔55 d双重感染后56 d（即外睾吸虫感染后111 d，血吸虫残体为6 d）的照片（图14）为例，大团褐色物占据血吸虫残体大部，虫体所在血腔外的螺体组织中密布许多小褐色团。如此情况时常可见。

前此在外睾和血吸虫双重感染的钉螺体内，已见到在金黄色分泌物颗粒每团边缘都有一个比小血淋巴细胞核更小的细胞核，其直径只有1.9～2.6 μm[3]。此次用油镜观察，仍然是此情况，而且在核的外围都可见到有一圈白色外围，它应该是其细胞质部位。说明它们确有细胞的结构，双重感染时间愈长此极小细胞愈明显（图8、11～12、16、18～20）。

2.3　钉螺体内分泌物颗粒在异常血吸虫幼虫体内的异样产物　在外睾和血吸虫双重感染的钉螺体内，尚有奇怪现象：在很早期被击毁的异常血吸虫幼虫体内会出现一个大红色球团，它整个表面布满颗粒小点，球团边缘围绕甚多与上述分泌物颗粒上极小细胞同样大小的胞核和细胞样的结构（图8～10、17）。双重感染间隔时间愈长的钉螺，异常血吸虫幼虫体内此红球团数常会增到2～4个，而且历久不退，如间隔70 d后的6 d和25 d异常血吸虫幼虫的样品（图15、21）。

2.4　外睾吸虫和日本血吸虫双重感染的钉螺体表分泌物结构　外睾吸虫和日本血吸虫双重感染的钉螺，它们体表分泌物均有增无减，其厚度可达单独感染外睾吸虫钉螺体表分泌物厚度数倍（图23）。两吸虫感染间隔时间增长，其体表分泌物不仅增多，而且其内容更加复杂化。其中晶体状物体逐渐呈有规则地成条成片地排列（图26～27），在许多晶体样物质之间除了有更多粘液样物体之外还有许多原本是在钉螺体内的物质。两吸虫间隔85 d双重感染，在血吸虫感染后 5 d～25 d 的钉螺，它们体中都只能查到已完全解体的血细虫幼虫残骸。在血吸虫感染后 5 d 的钉螺体表分泌物(图 23)中在许多成片条状晶体物质之间除有许多粘液状物质之外还夹杂着许多原来在钉螺体内的血淋巴细胞和含极小细胞的分泌物颗粒(图 24～28)。

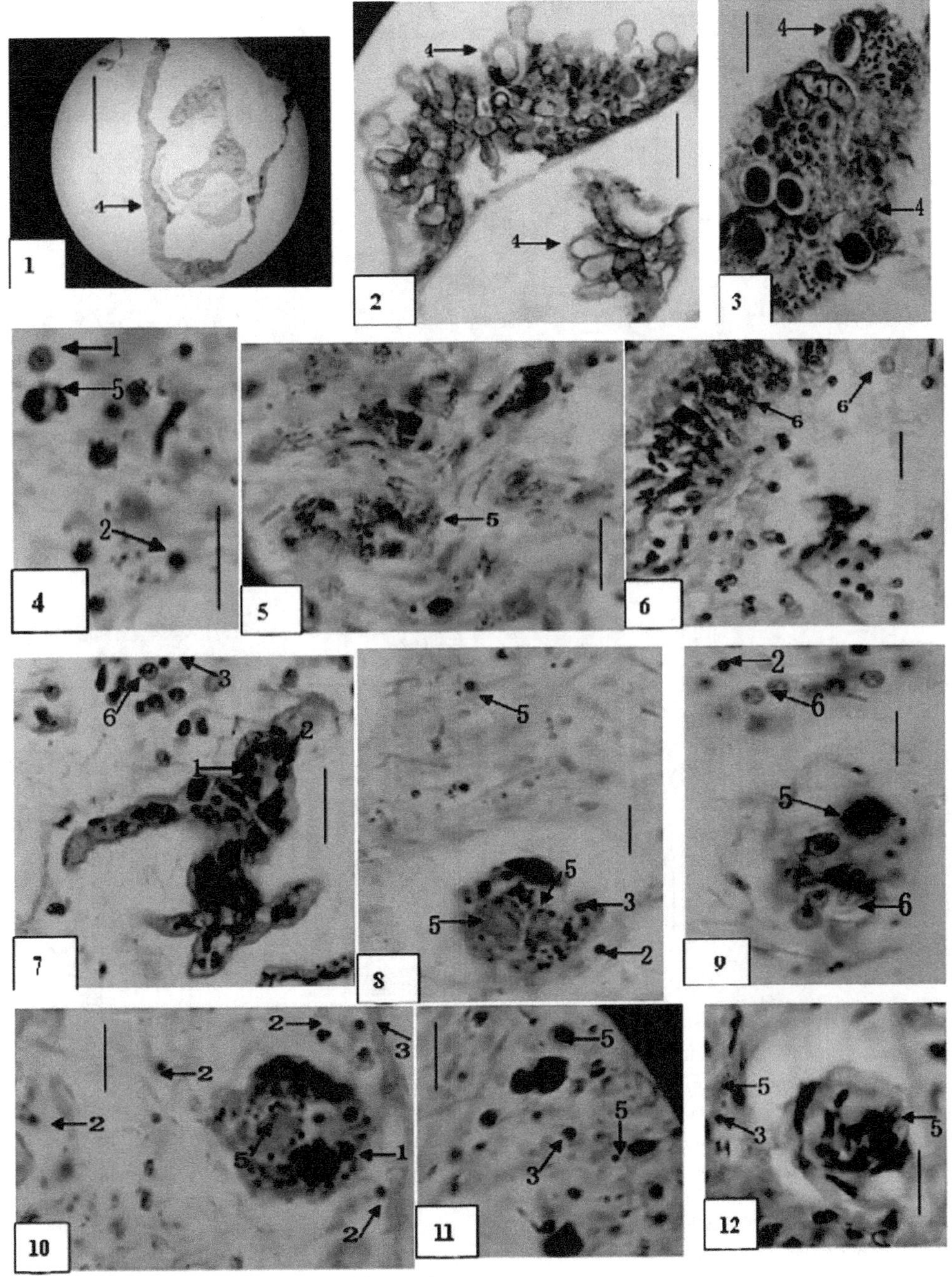

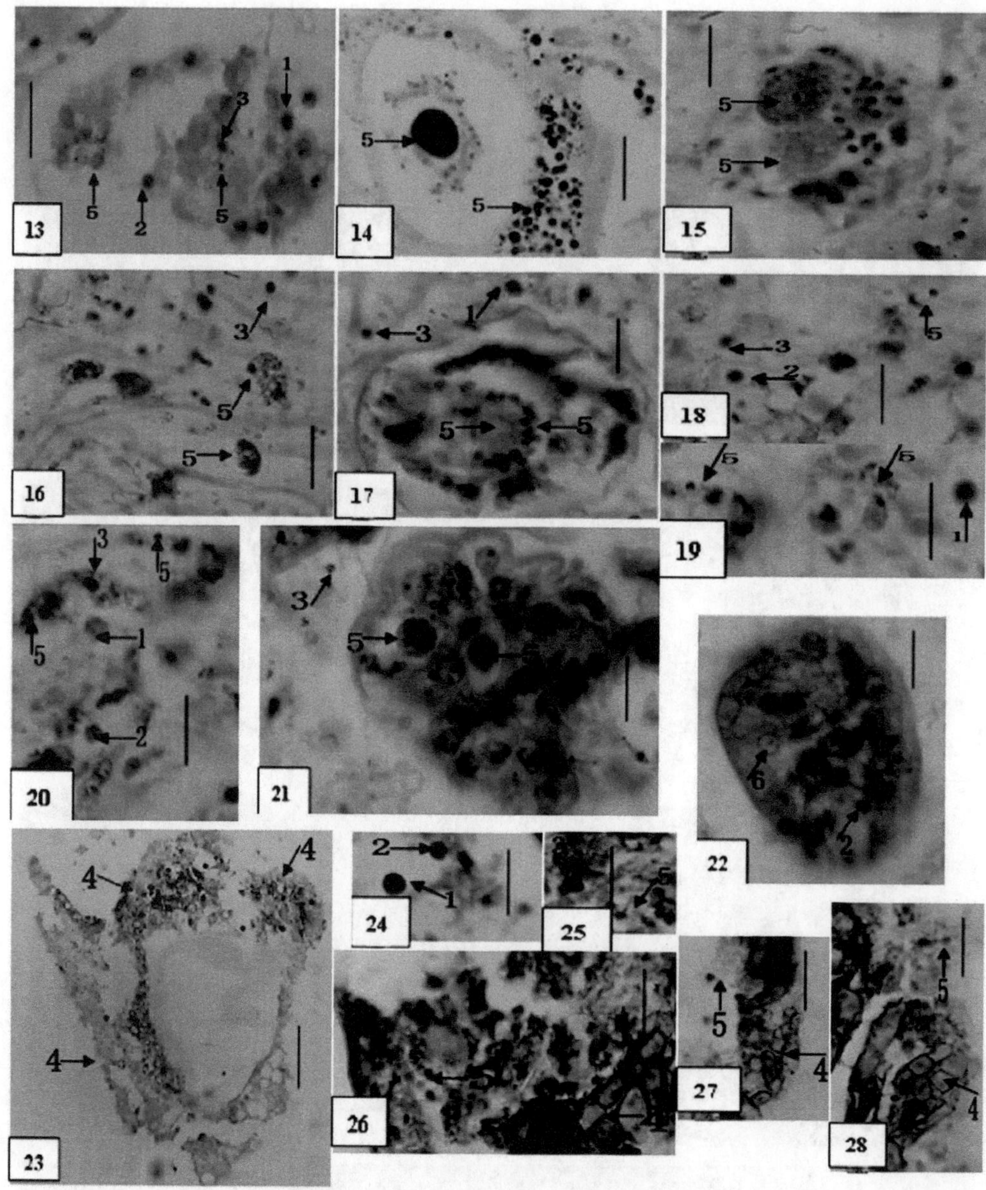

图版箭矢数字说明(Arrow numbers illustrate)：

1=大血淋巴细胞(big hemo-lymphocyte)；2=中血淋巴细胞(mediate big hemo-lymphocyte)；

3=小血淋巴细胞(small hemo-lymphocyte)；4=螺体外分泌物 (snail body outer secretion)；

5=螺体内分泌物及小核(snail inner secretion and very small nucleus)；

6=螺副腺细胞(snail accessory gland cell)。

图说明 (*Em*=*Exorchis mupingensis*；*Oh*=*Oncomelania hupensis*；*Sj*=*Schistosoma japonicum*)

图 1～6 被 *Em* 感染的 *Oh* 其分泌物及副腺细胞

Figs. 1-6 Secretions and accessory gland cells of *Oh* snails infected by *Em* trematodes

图 7 间隔 21d 双重感染 *Em* 和 *Sj* 的 *Oh* 示其体内分泌物和血淋巴细胞，及其对 *Sj* 幼虫的反应

Fig. 7 *Oh* snail dually infected by *Em* and *Sj* for 21 d interval, showing the snail's secretions, lymphocytes and their reactions to *Sj* larvae

图 8～11. 间隔 37d 双重感染 *Em* 和 *Sj* 的 *Oh* 示其体内分泌物和血淋巴细胞，及其对 *Sj* 幼虫的反应

Figs. 8-11 *Oh* snails dually infected by *Em* and *Sj* for 37 d interval, showing the snail's secretions, lymphocytes and their reactions to *Sj* larvae

图 12～14 间隔 55d 双重感染 *Em* 和 *Sj* 的 *Oh* 示其体内分泌物和血淋巴细胞，及其对 *Sj* 幼虫的反应

Figs. 12-14 *Oh* snails dually infected by *Em* and *Sj* for 55 d interval, showing the snail's secretions, lymphocytes and their reactions to *Sj* larvae

图 15～22 间隔 70 d 双重感染 *Em* 和 *Sj* 的 *Oh* 示其体内分泌物和血淋巴细胞，及其对 *Sj* 幼虫的反应

Figs. 15-22 *Oh* snails dually infected by *Em* and *Sj* for 70 d interval, showing the snail's secretions, lymphocytes and their reactions to *Sj* larvae

图 23～28. 间隔 85d 双重感染 *Em* 和 *Sj* 的 *Oh* 示其体内分泌物和血淋巴细胞，及其对 *Sj* 幼虫的反应

Figs. 23-28 *Oh* snails dually infected by *Em* and *Sj* for 85 d interval, showing the snail's secretions, lymphocytes and their reactions to *Sj* larvae

图 1 *Oh* 体外分泌物 (Scale bar＝0.15 mm)

Fig. 1 Outer secretions of *Oh* snail

图 2 *Oh* 体外分泌物 (Scale bar＝0.03 mm)

Fig. 2 Outer secretions of *Oh* snail

图 3 *Oh* 体外分泌物(Scale bar＝0.023 mm)

Fig. 3 Outer secretions of *Oh* snail

图 4 *Oh* 体内分泌物(Scale bar＝0.034 mm)

Fig. 4 Inner secretions of *Oh* snail

图 5 *Oh* 体内分泌物(Scale bar＝0.030 mm)

Fig. 5 Inner secretions of *Oh* snail

图 6 *Oh* 体内副腺细胞(Scale bar＝0.022 mm)

Fig. 6 Accessory gland cells of *Oh* snail

图 7 *Em* 感染后 37 d *Oh* 体中 3 种血淋巴细胞在 16 d 异常 *Sj* 幼虫体内外(Scale bar＝0.034 mm)

Fig. 7 Three species hemo-lymphocytes in 16-d-old abnormal *Sj* larva and tissue of snail post-infected by *Em* for 37 d

图 8 含极小细胞核的分泌颗粒散布在感染 *Em* 后 42 d 的 *Oh* 体组织中，具分泌物颗粒的球形红团在 5d 异常 *Sj* 幼虫体内(Scale bar＝0.022 mm)

Fig. 8 The secretion granules with very small cell nucleus spreading in the tissue of *Oh* post-infected by *Em* for 42 d and a spherical red mass with secretions granules in 5-d-old abnormal *Sj* larva

图 9 *Em* 感染后 42 d 的 *Oh* 示其体中 5d 异常 *Sj* 幼虫含副腺细胞及具分泌物颗粒的红团(Scale bar＝0.027 mm)

Fig. 9 Body of *Oh* post-infected by *Em* for 42 d showing the 5-d-old abnormal *Sj* larva containing the accessory gland cells and a spherical red mass with secretions granules

图 10 *Em* 感染后 42 d 的 *Oh* 示其体中血淋巴细胞及具红团的 5d 异常 *Sj* 幼虫 (Scale bar＝0.030 mm)

Fig. 10 Body of *Oh* post-infected by *Em* for 42 d showing the hemo-lymphocytes and 5-d-old abnormal *Sj* larva with hemocytes, red mass and secretion granules

图 11 带有微小细胞核的分泌物颗粒团散布在 *Em* 感染后 42 d 的 *Oh* 组织中 (Scale bar＝0.028 mm)

Fig. 11 Secretion granules with small cell nucleus spreading in the tissue of *Oh* post-infected by *Em* for 42 d

图 12 *Em* 感染后 66 d 的 *Oh* 和 11 d 异常 *Sj* 幼虫体中的具微小细胞核的分泌物颗粒(Scale bar＝0.030 mm)

Fig. 12 Secretion granules with small cell nucleus in *Oh* post-infected by *Em* for 66 d and the body of 11-d-old abnormal *Sj* larva

图 13 *Em* 感染后 79 d 的 *Oh* 示 24 d 异常 *Sj* 幼虫残骸内的血淋巴细胞和具微小细胞核的分泌物颗粒 (Scale bar＝0.025 mm)

Fig. 13 *Oh* post-infected by *Em* for 79 d showing the hemo-lymphocytes and secretion granules with small cell nucleus in the 24-d-old abnormal *Sj* larva wreckage

图 14 大量分泌物团在 *Em* 感染后 111 d 的 *Oh* 及 56 d 异常 *Sj* 幼虫残骸内 (Scale bar＝0.033 mm)

Fig. 14 Much secretions masses in *Oh* post-infected by *Em* for 111 d and the 56-d-old abnormal *Sj* larva wreckage

图 15 *Em* 感染后 76 d 的 *Oh* 示 6 d 异常 *Sj* 幼虫残骸内的具分泌物颗粒 2 个红团(Scale bar＝0.016 mm)

Fig. 15 *Oh* post-infected by *Em* for 76 d showing two red masses with secretion granules and small cell nucleuses in the 6-d-old abnormal *Sj* larva wreckage

图 16 间隔 70 d 双重感染 *Em* 和 *Sj* 后 6 d 的 *Oh* 体中散布许多具微小细胞核的分泌颗粒(Scale bar＝0.028 mm)

Fig. 16 Many secretion granules with small cell nucleus in the *Oh* at the 6 d after dual infections of *Em* and *Sj* with 70 d intervals

图 17 *Em* 感染后 84 d 的 *Oh* 示 14 d 异常 *Sj* 幼虫残骸内的红团和微小细胞核(Scale bar＝0.027 mm)

Fig. 17 *Oh* post infected by *Em* for 84 d showing a red mass with small cell nucleuses in the 14-d-old abnormal *Sj* larva wreckage

图 18 间隔 70 d 双重感染 *Em* 和 *Sj* 后 25 d 的 *Oh* 体中的许多具微小细胞核的分泌颗粒 (Scale bar=0. 027 mm)

Fig. 18 Many secretion granules with small cell nucleus in the *Oh* at the 25 d after dual infections of *Em* and *Sj* with 70 d intervals

图 19 *Em* 感染后 84 d 的 *Oh* 示 25 d 异常 *Sj* 幼虫残骸内外的具微小细胞核分泌物颗粒 (Scale bar=0. 028 mm)

Fig. 19 *Oh* post-infected by *Em* for 84 d showing the secretion granules with small cell nucleus inside and outside of 25d old abnormal *Sj* larva wreckage

图 20 间隔 70 d 双重感染 *Em* 和 *Sj* 后 25 d 的 *Oh* 体内许多具微小细胞核的分泌颗粒 (Scale bar=0. 025 mm)

Fig. 20 Many secretion granules with small cell nucleus in the *Oh* at the 25 d after dual infections of *Em* and *Sj* with 70 d intervals

图 21 *Em* 感染后 95 d 的 *Oh* 示 2 个具分泌物颗粒的红团在 25 d 异常 *Sj* 幼虫残骸内 (Scale bar=0. 027 mm)

Fig. 21 *Oh* post-infected by *Em* for 95 d showing two red masses with secretion granules in the 25-d-old abnormal *Sj* larva wreckage

图 22 *Em* 感染后 95 d 的 *Oh* 示副腺细胞在 25d 异常 *Sj* 幼虫残骸内 (Scale bar=0. 030 mm)

Fig. 22 *Oh* post-infected by *Em* for 95 d showing the accessory gland cells in the 25-d-old abnormal *Sj* larva wreckage

图 23 间隔 85 d 双重感染 *Em* 和 *Sj* 后 5 d 的 *Oh* 示体外分泌物(Scale bar=0. 15 mm)

Fig. 23 *Oh* at the 5 d after dual infections of *Em* and *Sj* with 85 d intervals showing its thick body secretion

图 24 间隔 85 d 双重感染 *Em* 和 *Sj* 后 5 d 的 *Oh* 示体外分泌物中的体内血淋巴细胞(Scale bar=0. 027 mm)

Fig. 24 *Oh* at the 5 d after dual infections of *Em* and *Sj* with 85 d intervals showing hemo-lymphocytes in the body outside secretion

图 25 间隔 85d 双重感染 *Em* 和 *Sj* 后 5 d 的 *Oh* 示体外分泌物中的体内小血淋巴细胞和分泌物颗粒微小细胞核(Scale bar=0. 027 mm)

Fig. 25 *Oh* at the 5 d after dual infections of *Em* and *Sj* with 85 d intervals showing small hemo-lymphocytes and secretion granules with small cell nucleus in the body outside secretion

图 26 间隔 85 d 双重感染 *Em* 和 *Sj* 后 5 d 的 *Oh* 示体外分泌物中的结晶体和体内分泌物颗粒微小细胞核(Scale bar=0. 019 mm)

Fig. 26 *Oh* at the 5 d after dual infections of *Em* and *Sj* with 85 d intervals showing the opaque crystal structure of body secretion and inner secretion granules with small cell nucleus in the body outside secretion

图 27 间隔 85 d 双重感染 *Em* 和 *Sj* 后 5 d 的 *Oh* 示体外分泌物中的结晶体和体内分泌物颗粒微小细胞核(Scale bar=0. 019 mm)

Fig. 27 *Oh* at the 5 d after dual infections of *Em* and *Sj* with 85 d intervals showing the opaque crystal structure of body secretion and inner secretion granules with small cell nucleus in the body outside secretion

图 28 间隔 85 d 双重感染 *Em* 和 *Sj* 后 5 d 的 *Oh* 的体外分泌物中的结晶体和体内分泌物颗粒微小细胞核(Scale bar=0. 019 mm)

Fig. 28 *Oh* at the 5 d after dual infections of *Em* and *Sj* with 85 d intervals showing the opaque crystal structure of body secretion and inner secretion granules with small cell nucleus in the body outside secretion

3 讨 论

实验证明外睾吸虫和日本血吸虫双重感染钉螺，其间隔时间愈长螺体杀害血吸虫幼虫的效力愈强，钉螺感染外睾吸虫的开始时会增生大量血淋巴细胞，但在感染后一个月左右螺体增生血淋巴细胞性能就开始逐渐衰退，时间稍久后其数量逐渐显著减少[2,4]；外睾吸虫幼虫期在钉螺体内无性生殖期很长，感染后 105 d 还处于原始胚细胞大量增殖期，6～7 个月才成熟[1]。本实验外睾吸虫阳性钉螺同样表现在其感染后 37～85 d 能逐渐地更有力地攻击后侵入的血吸虫幼虫，使其致命解体，是否与螺体内外睾吸虫胚细胞正在大量增生有关？螺体内分泌物逐渐大量增加是否也与其有关？但是为何螺体的血淋巴细胞却在逐渐减少？其中奥秘机理需要继续探究。

钉螺体内外的分泌物从那里产生？在外睾吸虫和日本血吸虫双重感染的钉螺其体外分泌物中呈晶体结构是何物质？体内金黄色分泌物颗粒有增无减，每个颗粒团都更明显出有细胞核和细胞质的极小细胞，这细胞和金黄色颗粒团是何关系？这些分泌物与血吸虫幼虫被击毁有何关系？其中机理亦需继续探究。

外睾吸虫和日本血吸虫双重感染的钉螺，其体中被杀害的血吸虫幼虫体内经常有球状红团，两吸虫双重感染间隔时间愈长这红团数会从 1 个增加到 4 个。这红团的产生与其外表分泌物颗粒及极小细胞核相仿的物体有何关系？与血吸虫幼虫的被杀有无关系？其中机理亦需继续探究。

应用无害的外睾吸虫作材料处理钉螺，所有实验都证明可以百分之百杀死再侵入的日本血吸虫幼虫，有关此生物控制的机制都需要从多方面，包括免疫学、蛋白质组学和基因组学等等，进行深入研究，有利于更好地应用。

当时研究生郭跃和王逸难同学协助感染工作，在此致谢。

参考文献：

[1]Tang CT, Shu LM. Early larval stages of *Exorchis ovariolobularis* in its molluscan hosts and the appearance of lymphatic cellulose reaction of host[J]. Acta Zoologica Sinica, 2000, 46(4): 457-463. (in Chinese)
唐崇惕，舒利民. 外睾吸虫幼虫期的早期发育及贝类宿主淋巴细胞的反应[J]. 动物学报，2000，46(4)：457-463.

[2]Tang CT, Lu MK, Guo Y, et al. Comparison among the bio-control effects on larval *Schistosoma japonicum* in *Oncomelania hupensis* with pre-infection by larval *Exorchis* trematodes at different intervals[J]. Chin J Zoonoses, 2010, 26(11): 989-994. (in Chinese)
唐崇惕，卢明科，郭 跃，等. 日本血吸虫幼虫在先感染外睾吸虫后不同时间钉螺体内被生物控制效果的比较[J]. 中国人兽共患病学报，2010，26(11)：989-994.

[3]Tang CT, Guo Y, Lu MK. et al. Reactions of snail secretions and lymphocytes to *Schistosoma japonicum* larvae in *Oncomelania hupensis* pre-infected with *Exorchis* trematode[J]. Chin J Zoonoses, 2012, 28(2): 97-102. (in Chinese)
唐崇惕，郭跃，卢明科，等. 先感染外睾吸虫的钉螺其分泌物和血淋巴细胞对日本血吸虫幼虫的反应[J]. 中国人兽共患病学报，2012，28(2)：97-102.

[4]Tang CT, Lu MK, Chen D. Comparison between the existence states of the hemo-lymphocytes to *Oncomelania hupensis* snails dually infected by larval *Exorchis mupingensis* and *Schistosoma japonicum* at different intervals[J]. Chin J Zoonoses, 2013, 29(8): 735-742. (in Chinese)
唐崇惕，卢明科，陈东. 目平外睾吸虫日本血吸虫不同间隔时间双重感染湖北钉螺螺体血淋巴细胞存在情况的比较[J]. 中国人兽共患病学报，2013，29(8)：735-742.

[5]Bayne CJ. Origins and evolutionary relationships between the innate and adaptive arms of immune systems[J]. Integr Comp Biol, 2003, 43: 293-299.

[6]Bouchut A, Sautiere PE, Coustau C, et al. Compatibility in the *Biomphalaria glabrata* / *Echinostoma caproni* model: potential involvement of proteins from hemocytes revealed by a proteomic approach[J]. Acta Trop, 2006, 98(3): 234-246.

[7]Guillou F, Roger E, Mone Y, et al. Excretory-secretory proteome of larval *Schistosoma mansoni* and *Echinostoma caproni*, two parasites of *Biomphalaria glabrata*[J]. Mol Biochem Parasitol, 2007, 155(1): 45-56.

[8]Roger E, Mitta G, Mone Y, et al. Molecular determinants of compatibity polymorphism in the *Biomphalaria glabrata* / *Schistosoma mansoni* model: new candidates identified by a global comparative proteomic approach[J]. Mol Biochem Parasitol, 2008, 157(2): 205-216.

[9]Roger E, Grunau C, Pierce RJ, et al. Controlled chaos of polymorphic mucins in a metazoan parasite (*Schistosoma mansoni*) interacting with its invertebrate host (*Biomphalaria glabrata*)[J]. PLoS Negl Trop Dis, 2008, 2(11): e330.

[10]Plows LD, Cook RT, Davies AJ, et al. Integrin engagement modulates the phosphorylation of focal adhesion kinase, phagocytosis and cell spreading in molluscan defence cells[J]. Biochim Biophys Acta, 2006, 1763(8): 779-786.

[11]Tang CT, Lu MK, Chen D, et al. Development of larval *Schistosoma japonicum* blocked in *Oncomelania hupensis* by pre-infection with larval *Exorchis* sp[J]. J Parasitol, 2009, 95(6): 1321-1325.

[12]Vergote D, Bouchut A, Sautiere PE, et al. Characterisation of proteins differentially present in the plasma of *Biomphalaria glabrata* susceptible or resistant to *Echinostoma caproni*[J]. Int J Parasitol, 2005, 35(2): 215-224.

[13]Zhang SM, Loker ES. Representation of an immune responsive gene family encoding fibrinogen-related proteins in the freshwater mollusc *Biomphalaria glabrata*, an intermediate host for *Schistosoma mansoni*[J]. Gene, 2004, 341: 255-266.

[14]Zhang SM, Zeng Y, Loker ES. Expression profiling and binding properties of fibrinogen-related proteins (FREPs), plasma proteins from the schistosome-snail host *Biomphalaria glabrata*[J]. Innate Immun, 2008, 14(3): 175-189.

收稿日期：2014-03-05；修回日期：2014-05-20

Identification and functional characterization of *Oncomelania hupensis* macrophage migration inhibitory factor involved in the snail host innate immune response to the parasite *Schistosoma japonicum*

Shuaiqin Huang [a,b,*], Yunchao Cao [a,b], Mingke Lu [a,b], Wenfeng Peng [a,b], Jiaojiao Lin [c], Chongti Tang [a,b], Liang Tang [a,b,*]

[a] *State Key Laboratory of Cellular Stress Biology, School of Life Sciences, Xiamen University, Xiamen, Fujian, China*
[b] *Parasitology Research Laboratory, School of Life Sciences, Xiamen University, Xiamen, Fujian, China*
[c] *Shanghai Veterinary Research Institute, Chinese Academy of Agricultural Sciences, Key Laboratory of Animal Parasitology, Ministry of Agriculture of China, Shanghai, China*

ARTICLE INFO

Article history:
Received 4 November 2016
Received in revised form 17 January 2017
Accepted 18 January 2017
Available online 18 March 2017

Keywords:
Oncomelania hupensis
Circulating hemocytes
MIF cytokine
Innate immune response
Schistosoma japonicum

ABSTRACT

Schistosomiasis, caused by parasitic trematodes of the genus *Schistosoma*, remains a devastating public health problem, with over 200 million people infected and 779 million people at risk worldwide, especially in developing countries. The freshwater amphibious snail *Oncomelania hupensis* is the obligate intermediate host of *Schistosoma japonicum*. This unique and long-standing host-parasite interaction highlights the biomedical importance of the molecular and cellular mechanisms involved in the snail immune defense response against schistosome infection. In recent years, a number of immune-related effectors and conserved signalling pathways have been identified in molluscs, especially in *Biomphalaria glabrata*, which is an intermediate host for *Schistosoma mansoni*, but few have been reported in *O. hupensis*. Here we have successfully identified and functionally characterized a homologue of mammalian macrophage migration inhibitory factor (MIF) from *O. hupensis* (*Oh*MIF). MIF, a pleiotropic regulator of innate immunity, is a constitutively expressed mediator in the host's antimicrobial defense system and stress response that promotes the pro-inflammatory functions of immune cells. In the present study, we detected the distribution of *Oh*MIF in various snail tissues, especially in immune cell types (hemocytes) and found that *Oh*MIF displays significantly increased expression in snails following challenge with *S. japonicum*. Knockdown of *Oh*MIF was conducted successfully in *O. hupensis* and significantly reduced the percentage of phagocytic cell populations in circulating hemocytes. Furthermore, *Oh*MIF is not only implicated in the activation and differentiation of hemocytes, but also essential to promote the migration and recruitment of hemocytes towards the infected sites. These results provide the first known functional evidence in exploring the molecular mechanisms involved in the *O. hupensis* innate immune defense response to the parasite *S. japonicum* and help to better understand the complex host-parasite interaction.

1. Introduction

Schistosomiasis is a destructive zoonotic parasitic disease caused by blood flukes of the genus *Schistosoma* in tropical and sub-tropical areas and remains a severe public health problem, especially in developing countries (Colley et al., 2014). More than 200 million people in over 70 countries have been infected with schistosomes through contact with freshwater in which infected snails released cercarial larvae that can penetrate human skin (Steinmann et al., 2006). The freshwater amphibious snail *Oncomelania hupensis* serves as the unique intermediate host of *Schistosoma japonicum*, the causative agent of hepato-intestinal schistosomiasis, which is prevalent mainly in the regions of southern China and, to a lesser extent, the Philippines (Wang et al., 2008; Bergquist and Tanner, 2010). The complex lifecycle of the digenean trematode designates this obligatory parasitism of the snail as an indispensable precondition in the production of cercariae for human infection, while successful individual snail infection mostly depends upon the competition between schistosome infectivity and snail immune resistance (Adema et al., 2012). Consequently,

* Corresponding authors at: State Key Laboratory of Cellular Stress Biology, School of Life Science, Xiamen University, Xiamen, Fujian Province 361002, China. Fax: +86 592 218 3040.

E-mail addresses: huangshuaiqin@foxmail.com (S. Huang), liang.tang@bayer.com (L. Tang).

本文刊登于：International Journal for Parasitology. 2017. 47(8): 485-499.

a better comprehension and a deeper understanding of snail-schistosome interaction play important roles in understanding pathogen-host co-evolution, the innate immune defense system in snails, and is crucial in developing effective strategies for eradicating this overwhelming parasitic disease burden.

Similar to many other invertebrates, most molluscs primarily protect themselves against pathogenic infections through the innate immune system consisting of various immune cells, effector molecules and numerous cytokines (Loker et al., 2004). In snails, circulating hemocytes perform multiple important functions in the innate immune response to foreign particles and organisms, such as phagocytosis, coagulation, encapsulation reactions and production of cytotoxic molecules (for example, nitric oxide (NO) and reactive oxygen) (Franchini et al., 1995; Humphries and Yoshino, 2008; Loker, 2010). Moreover, they also play a major role in many other pivotal processes including wound healing, shell formation, nutrition transport, nerve repair and excretion (Franchini and Ottaviani, 2000; Mount et al., 2004). Therefore, the primary role of hemocytes in the anti-parasite process confirms the significance of maintaining the number and function of circulating and tissue-resident hemocytes, especially granulocytic cell populations, which are involved in destruction of schistosome larvae within snails (Bayne et al., 1980). Although the origin and molecular mechanisms of haematopoiesis that regulate hemocytes proliferation and differentiation in gastropods are not fully understood, the major signalling pathways or many effector molecules (such as growth factors, receptors, intracellular signalling components, homologs of transcription factors, and miscellaneous cytokines) known to be involved in vertebrate haematopoiesis have been identified or are assumed to be present in various molluscan groups (Ma et al., 2009; Sullivan et al., 2014; Salazar et al., 2015). Evidence to date demonstrates that circulating hemocytes in molluscs are composed of at least two main cell populations: the granulocytes and the hyalinocytes (agranulocytes), mainly classified based on morphological and functional features (Barraco et al., 1993; Pila et al., 2016b). However, detailed analysis on cell size, ultrastructural characteristics, extent of granularity, cell surface and biomedical markers indicated that hemocyte populations are very heterogeneous (Martins-Souza et al., 2009). More interestingly, some studies reported that the hemocytes of *O. hupensis* can be divided into three different types (small, medium and large) based mainly upon nucleus size, and showed that the hemocytes may play an important role in the snail immune defense response to parasite invasion (Tang et al., 2009, 2012, 2013; Pengsakul et al., 2013a).

In recent years, continuous studies on snail-schistosome interactions have achieved remarkable advances in terms of proteomics, functional genomics, transcriptomes and population genetics (Vergote et al., 2005; Guillou et al., 2007; Adema et al., 2010). Moreover, a number of conserved signalling pathways involved in innate immune responses and their interacting effector components, in association with parasite survival or snail defense mechanism, have been identified. Of those that have been characterized, fibrinogen related proteins (FREPs), calcium-dependent lectin-like immune molecules that can enhance the phagocytic uptake of targets, have been proven important for successful defense against schistosome infections in snails (Zhang et al., 2008), and that specific knockdown of FREPs can significantly increase the susceptibility of snails to schistosome infection (Hanington et al., 2010). On the other hand, they are also known to act as an opsonin, recognizing and precipitating secretory/excretory products from schistosome larvae, and binding to diversified glycoproteins produced by parasites (Hanington et al., 2012). *Biomphalaria glabrata* macrophage migration inhibitory factor (BgMIF) is perhaps the first endogenous cytokine functionally characterized in gastropods, and its involvement in the snail host immune response to the parasite *Schistosoma mansoni* has been demonstrated. It was shown that BgMIF, which is expressed in hemocytes, can induce cell proliferation and inhibit NO-dependent, p53-mediated apoptosis in *B. glabrata* embryonic (Bge) cells. Moreover, knockdown of BgMIF suppressed the encapsulation of *S. mansoni* sporocysts and increased the parasite burden in *B. glabrata* snails (Baeza Garcia et al., 2010). A related study demonstrated that a Toll-like receptor (TLR) has been identified in *B. glabrata* (BgTLR), and is an important snail immune receptor that is capable of influencing infection outcome following challenge by *S. mansoni*. BgTLR was rapidly induced post *S. mansoni* infection in a pattern that is consistent with their phenotype, and knockdown of BgTLR expression resulted in most resistant snails becoming susceptible (Pila et al., 2016c). *Biomphalaria glabrata* granulin (BgGRN) is a crucial endogenous growth factor that is involved in the snail immune defense response to *S. mansoni* through driving proliferation of hemocytes, stimulating the production of an adherent hemocyte subset and increasing resistance to infection (Pila et al., 2016a). Additionally, many other factors were identified and functionally studied including the copper/zinc superoxide dismutase and its products (Jemaa et al., 2014), and the beta pore-forming toxin biomphalysin (Galinier et al., 2013). Most of the aforementioned reports focussed on the gene regulation and function differences between schistosome-resistant and schistosome-susceptible strains in *Biomphalaria* sp. snails, while little information is presently available about the mechanism involved in the interaction between *Oncomelania* and *Schistosoma*.

Macrophage migration inhibitory factor (MIF) was discovered originally as an activated lymphocyte-derived factor that inhibited the random migration of macrophages, hence the origin of its name (Weiser et al., 1989). Later investigation indicated that MIF is a pleiotropic inflammatory mediator that is also able to manifest itself as a hormone, chemokine, or enzyme (Swope and Lolis, 1999). Therefore, MIF plays a vital role in innate and acquired immune system and inflammatory responses in mammals. In contrast to most cytokines, MIF is constitutively expressed in various cell types and tissues that are in direct contact with the host's natural environment and stored in intracellular pools, and therefore does not require de novo protein synthesis before secretion (Calandra and Roger, 2003). Over the past decades, many biological activities and functions of MIF have been described and tested. For example, MIF can accelerate cell proliferation through transient and rapid activation of the ERK-MAPK signalling pathway (Lue et al., 2006), function as a negative regulator of NO-induced p53-mediated growth arrest and apoptosis (Hudson et al., 1999), and promote cell survival by activating the PI3K/Akt pathway (Lue et al., 2007). In addition, MIF facilitates the rapid recognition of endotoxin-containing particles or Gram-negative bacteria by upregulating the expression of TLR4, which increases the production of inflammatory cytokines and other mediators (Roger et al., 2001). Moreover, MIF is a non-cognate ligand of CXC chemokine receptors that can boost the directed migration and recruitment of leukocytes into infected and inflammatory sites (Bernhagen et al., 2007). Biochemical and crystallographic studies demonstrated that in its active form, MIF is a homotrimeric molecule that possesses intrinsic D-dopachrome and phenylpyruvate tautomerase activity, and thiol-protein oxidoreductase activity (Cho et al., 2007; Xu et al., 2013). The amino-terminal proline residue and a conserved CXXC sequence motif are essential for the catalytic activity, however it is unclear whether the functional enzyme activity of MIF is required for its biological function (Bendrat et al., 1997). Interestingly, the homologues of MIF have been identified and characterized in a wide variety of invertebrate species including nematodes, protozoans and ticks (Rosado and Rodriguez-Sosa, 2011), but the main emphasis has been on the effect of parasite MIF on the host immune system.

In this study, we have successfully identified and functionally characterized MIF cytokine from *O. hupensis* (*Oh*MIF) snails collected from a location (29°44′N, 116°03′E) in the marshland of Poyang Lake, Jiangxi Province, China. *Oh*MIF displays pivotal involvement in the snail immune response to the infection of *S. japonicum* larvae. We show that *Oh*MIF is expressed in various snail tissues, especially in circulating immune defense cells (hemocytes), and that *Oh*MIF presents significantly increased expression in snails following challenge with *S. japonicum*. In addition, double-stranded RNA-mediated knockdown of *Oh*MIF (dsMIF) in *O. hupensis* snails significantly decreases the percentage of phagocytic cell populations in circulating hemocytes, and restrains the migration and recruitment of phagocytic hemocytes towards infected sites. Moreover, our research indicates that *Oh*MIF plays an important role in activation and differentiation of diverse hemocyte subsets. In conclusion, *Oh*MIF cytokine is a crucial immune-related regulator of the complex interaction between *O. hupensis* and *S. japonicum*. Furthermore, the tools and methods developed in this study are helpful for the establishment of *Oncomelania*-schistosome infection models and pave the way toward a better understanding of the molecular mechanism involved in the *O. hupensis* snail immune defense response to *S. japonicum*.

2. Materials and methods

2.1. Biological materials and experimental infection

Adult *O. hupensis* snails were collected from a location (29°44′N, 116°03′E) in the marshland of Poyang Lake, Jiangxi Province, China. The collected snails were screened individually at least three times for any naturally patent infections using the shedding method (MOH, 1982). Non-infected snails were separated and maintained in a simulated natural microenvironment at 23–25 °C, 12:12 h light:dark cycle and fed lettuce as needed for their breeding. The newborn snails were defined as 'negative' snails for the molecular and cellular research in this study. The Chinese mainland strain of *S. japonicum* was maintained by serial passage through *O. hupensis* snails and the inbred Chinese Kun-ming mice (Tang et al., 2009). Miracidia were hatched from the *S. japonicum* mature eggs that were harvested from the infected mouse livers and used to invade the negative snails with the same number (20 miracidia/snail) over a 24 h period in individual wells of 24-well plates containing fresh de-chlorinated water. All the experimental snails (including negative or infected snails) were maintained in 30 × 20 × 5 cm containers that were paved with wetted rough straw paper containing antibiotics (200 U/ml of penicillin and 200 μg/ml of streptomycin) (Hyclone, USA) for the remainder of this study.

All animal experimentation was conducted following the Guideline for Care and Use of Laboratory Animals of the National Institutes of Health, China and was in strict accordance with good animal practice as defined by the Xiamen University Laboratory Animal Center, China. The protocol of housing, breeding and care of the animals followed the ethical requirements of the government of China.

2.2. Sequence and phylogenetic analysis

The complete mRNA sequence of *Oh*MIF was obtained from the transcriptome of the freshwater snail *O. hupensis* (GenBank accession number: KY622025). Sequences were analyzed using the National Center for Biotechnology Information (NCBI), USA, utilities and BLAST searches (http://www.ncbi.nlm.nih.gov/BLAST). The putative amino acid sequence was identified using the ORF Finder program from the NCBI (http://www.ncbi.nlm.nih.gov/-gorf/gorf.html). A series of profiles from a multiple alignment of well-characterised members of the MIF family (Supplementary Table S1) were performed using ClustalW. Phylogenetic tree analysis of the MIF amino sequence among some species (Supplementary Table S1) was generated with the MEGA 5.2 program by the neighbor-joining method (Tamura et al., 2011). The bootstrap consensus tree was inferred from 1000 replicates. The evolutionary distances were computed using the JTT matrix-based method. The analysis involved 24 amino acid sequences. All positions containing gaps and missing data were eliminated. There were a total of 110 positions in the final dataset. The three-dimensional structure was predicted using the SWISS-MODEL program.

2.3. Cloning, expression and purification of OhMIF

Total RNA was extracted from experimental *O. hupensis* snails using TRIzol reagent (Invitrogen, USA) according to the manufacturer's instructions. The cDNA was synthesized by using a PrimeScript® 1st Strand cDNA Synthesis Kit (TAKARA, Japan) according to the manufacturer's instructions. The specific primers containing *Nde*I and *Xho*I restriction sites, respectively, were designed (Supplementary Table S2) for the amplification of the complete *Oh*MIF coding sequence (GenBank accession number: KY622025) by PCR from the resulting cDNA. The PCR products were digested and purified, then cloned into a pEASY-Blunt Simple Cloning Vector (Transgene, China) and used to transform *Escherichia coli* DH5α competent cells. Positive colonies were identified and sequenced, then subcloned into the expression vector pET22b (Novagen, USA) (*Oh*MIF construct).

The constructed recombinant plasmid (*Oh*MIF construct) was transformed into *E. coli* BL21(DE3) competent cells for protein expression. Recombinant C-terminal histidine (His)-tagged full-length r*Oh*MIF fusion protein was induced by isopropyl β-D-1-thiogalactopyrano-side (IPTG) to a final concentration of 0.8 mM at 25 °C overnight. Soluble recombinant protein was purified from cell lysates by using Ni Sepharose™ (High Performance) HP (GE Healthcare, Sweden) according to the manufacturer's instructions. The purified protein was separated by 12% SDS–PAGE and identified by staining with Coomassie blue, and then dialyzed against endotoxin-free PBS overnight. The enrichment of the purified protein was performed using Amicon Ultra filters (15 ml,10 kD) (Millipore, USA), and the protein content was determined by using a BCA assay kit (Sangon Biotech, China).

2.4. Real-time quantitative PCR (qPCR) analysis

The transcriptional expression patterns of *Oh*MIF in different snail tissues (including whole snail, foot region, digestive tract and hepatopancreas) or in schistosome-challenged and negative snails were assessed using qPCR. Total RNA was extracted from five living snails for each group separately as described in Section 2.3, and the reverse transcription reaction was performed using a PrimeScript™ reverse transcription (RT) reagent kit with genomic (g) DNA Eraser (TAKARA) according to the manufacturer's instructions. After mixing the generated cDNA template with primers specific for *Oh*MIF or *O. hupensis* 18S rRNA (GenBank Accession number AF367667) (Supplementary Table S2), and SYBR® Premix Ex Taq II (TAKARA), the qPCR was performed in triplicate in a 20 μl reaction, and each reaction included 10 μL of SYBR® Premix Ex Taq II, 0.8 μL of each of the forward and reverse primers (10 mM), 1.6 μL of 1:10 diluted cDNA, and 6.8 μL of PCR-grade water. Each reaction was repeated three times with a Bio-Rad (USA) CFX96 thermal cycler following the manufacturer's protocols. The thermocycling conditions were as follows: predenaturation at 95 °C for 30 s, followed by amplification at 95 °C for 5 s, 60 °C for 30 s, total of 39 cycles, and a further melting curve step was carried out at 95 °C for 10 s, 65–95 °C for 5 s to confirm the specificity of the amplification product. The final data were analyzed using Bio-Rad CFX Manager 3.1 software, the mRNA levels of *Oh*MIF were normalized to *O. hupensis* 18S rRNA (Zhao et al., 2015) and the fold changes were calculated using the comparative $-\Delta\Delta$cycle threshold (Ct) method (Livak and Schmittgen, 2001).

2.5. Generation of anti-OhMIF polyclonal antibody and western blot analysis

Anti-*Oh*MIF polyclonal antiserum was generated by s.c. injection into a single New Zealand white rabbit (Catty, 1988) with 700 μg of r*Oh*MIF protein mixed with FCA (Sigma, USA). The rabbit was subsequently boosted three times at 10 day intervals with 700 μg of recombinant protein in Freund's incomplete adjuvant (Sigma). Serum was collected after the fourth vaccination, and the antiserum affinity was identified using the dot-blot method. This antiserum was effective for western blot detection of native *Oh*MIF protein at the concentration of 1:4000, and was then purified using ProteinIso™ Protein G Resin (Transgen Biotech, China) following the manufacturer's protocols.

The snail bodies were isolated from their shells as described previously (Peng and Zhou, 2010) and total proteins were extracted using a Tissue or Cell Total Protein Extraction Kit (Sangon Biotech) according to the manufacturer's instructions. The protein content was determined, and equal total protein extracts were separated by SDS–PAGE in 12% tricine gels, then electrotransferred to a PVDF membrane with 0.2 μm pore size (Millipore). The blotted membranes were blocked with Tris-buffered saline (TBS) solution containing 0.1% Tween-20 (TBS-T) and 5% (wt/vol) skimmed milk at room temperature for 2 h, and then probed with anti-*Oh*MIF polyclonal antibody (1:2000) at 4 °C overnight. After the membranes were washed three times in TBS-T buffer, horseradish peroxidase (HRP)-conjugated goat anti-rabbit IgG antibody (Santa Cruz, CA, USA) diluted 1:2000 in blocking buffer was added as a secondary antibody at room temperature for 2 h, followed by the wash step as described above. Detection was accomplished using the ECL Western blotting system (Bio-Rad) according to the manufacturer's recommendations. Rabbit anti-β-actin (1:2000) antibody (Abcam, UK) was used as a control screen to normalize protein loading.

2.6. Collection of circulating hemocytes

The circulating hemocytes of *O. hupensis* collection assay were performed as described previously (Pengsakul et al., 2013b). Briefly, each experimental snail shell was cleaned with 70% alcohol then dried with absorbent tissue paper. The tail portion of the snail was removed, and a pair of pliers was used to gently crush the snail shell. The dregs were then placed into a micro-tube containing CBSS solution (Chernin, 1970) (47.7 mM NaCl, 2.0 mM KCl, 0.49 mM Na_2HPO_4 anhydrous, 1.8 mM $MgSO_4 \cdot 7H_2O$, 3.6 mM $CaCl_2 \cdot 2H_2O$, 0.59 mM $NaHCO_3$, 5.5 mM glucose and 3 mM trehalose), containing citrate/EDTA (50 mM sodium citrate, 10 mM EDTA, and 25 mM sucrose), pH 7.2. The hemolymph suspension was transferred into a 1.5 ml micro-tube with a filter (sieve diameter: 30 μm) and centrifuged at 1840g for 15 min. The supernatant was discarded, and the remaining contents were washed three times using CBSS solution, then immediately transferred into a new 1.5 ml micro-tube containing equal volume CBSS solution.

2.7. Immunofluorescence location of OhMIF in hemocytes

The collected hemocytes were washed in RPMI 1640, diluted to 1×10^6 cells/ml, and analyzed immediately. The immunolocalisation assay was carried out in a 6-well tissue culture plate in which a coverslip was placed, then the washed cells were added into the wells, followed by incubation for 3 h at 27 °C, 5% CO_2 and allowed to adhere onto the coverslip. Hemocytes were then washed with $1 \times$ PBS, fixed in 4% paraformaldehyde for 10 min and permeabilised with 0.1% TritonX-100 in PBS for 4 min. The blocking step was performed with PBS containing 1% BSA and normal goat serum (1:50) for 90 min at room temperature before an overnight incubation with rabbit anti-*Oh*MIF polyclonal serum (diluted at 1:500 in blocking buffer) at 4 °C. Hemocytes were washed three times with PBS, then stained with goat anti-rabbit Alexa Fluor 488 IgG (1:500 dilution in PBS-BSA 1%, Molecular Probes, USA) for 2 h at room temperature and washed as described for the primary antibody. Hemocytes were then stained in a solution containing Hoechst 33342 (1:1000 dilution in PBS, Sigma) for 10 min at room temperature for the staining of nuclei, and mounted with antifade solution (Solarbio, China). For control slides, anti-*Oh*MIF polyclonal serum was replaced with anti-His-tag polyclonal serum. Observation and imaging were done under a fluorescence microscope (Nikon, Japan).

2.8. Scanning electron microscopy (SEM)

For the SEM assay, hemocytes isolated from the fresh hemolymph were placed onto a glass slide, followed by incubation at 27 °C for 60 min to allow the hemocytes to adhere to the slide. Then the hemocytes were fixed for 2 h in 2.5% glutaraldehyde (phosphate buffer (PB) preparation), and rinsed three times (each time for 15 min) with 0.1 M PB. Glass slides were post-fixed with 1% osmium tetroxide (OsO_4) fixative for 2–3 h, washed three times with PB, and then dehydrated using a graded series of ethanol (30%, 50%, 70%, 80%, 90%, 95% and 100%). Samples were processed to critical point drying and coated with gold. All steps were done at 4 °C. The slides were observed and examined using a JSM-6390LV scanning electron microscope (JEOL Ltd, Tokyo, Japan).

2.9. Transmission electron microscopy (TEM)

For the TEM assay, the collected hemocytes were fixed with 2.5% glutaraldehyde in 0.1 M PB for 1 h at 4 °C, and then immediately centrifuged at 180g for 5 min at 4 °C. The supernatant was removed, and the precipitated cells were resuspended and washed with 0.1 M PB three times, each time for 15 min. The samples were post-fixed by incubation in 0.1 M PB (pH7.4) containing 1% OsO_4) fixative for 2–3 h at 4 °C. After fixation, the hemocytes were washed with PB three times, each time for 15 min, and then dehydrated through an ethanol-acetone series (50% ethanol, 70% ethanol, 90% ethanol, 90% ethanol and 90% acetone, 90% acetone, 100% acetone three times, and embedded via propylene oxide in Taab epoxy resin (Taab Ltd., Aldermaston, UK). Using a suitable microtome for ultra-thin sectioning, 60–80 nm thick sections of the samples were cut, collected on Formvar-coated copper grids, and double-stained with 3% uranyl acetate, followed by 2% lead citrate solution. The sections were observed and examined using a TEM, JEM2100HC (JEOL Ltd) operated at 120 kV.

2.10. Immunohistochemical analysis

All the experimental snails were fixed with 10% Bouin's solution (Tang et al., 2009), dehydrated through an ethanol series, embedded in paraffin, and sectioned. After dewaxing and rehydration, the sections were permeabilised by 0.1% TritonX-100 in PBS for 10 min, washed three times with PBS, and antigen retrieval was performed by boiling in citrate buffer (pH 6.0) for 25 min. The sections then were pretreated with peroxidase blocking buffer (3% H_2O_2) for 10 min at room temperature. After treatment with blocking buffer (5% normal goat serum in TBS-T buffer) for 1 h at 37 °C, the samples were incubated with the anti-*Oh*MIF polyclonal serum (1:1000 in blocking buffer) overnight at 4 °C. Staining with goat anti-rabbit serum (1:1000 in blocking buffer) was performed for 1 h at room temperature and washed three times with PBS. The sections were stained with DAB solution and Harris hematoxylin solution, respectively, and the images were obtained using a microscope (Olympus BX51, Japan). For control slides, anti-*Oh*MIF polyclonal serum was replaced with anti-His-tag polyclonal serum (Sangon Biotech).

2.11. OhMIF RNA interference (RNAi) assay: dsRNA-mediated knockdown of OhMIF (dsMIF)

A partial cDNA sequence of *Oh*MIF was obtained from *Oh*MIF-pET22b recombinant plasmid which was double-digested by *Hin*dIII and *Xho*I restriction enzyme, and then subcloned into the L4440 vector (Novagen). The *Oh*MIF-L4440 recombinant plasmid was used to transform HT115 competent cells, and 1 L of bacterial culture was grown to an OD_{600nm} of 0.4 and induced by the addition of IPTG to a final concentration of 0.8 mM. After 4 h at 37 °C, the cells were harvested by centrifugation at 10,000*g* for 15 min. Total RNA from bacteria before or after IPTG induction was extracted as described in Section 2.3, and identified by 1% agarose gel. The collected bacterial cells and wheat flour were suspended in fresh de-chlorinated water, and the mixture was used to feed negative snails in small petri dishes for at least 2 h. After feeding, snails were cleaned with fresh water and placed in new containers, and supplied with fresh humidified air at 24 ± 1 °C.

dsRNA-mediated knockdown of *Oh*MIF was identified at the transcriptional and protein levels. Total RNA and protein of hemolymph collected from at least five snails were extracted, respectively, as described in Section 2.3. Next, qPCR was used to examine the knockdown of *Oh*MIF transcript, and the protein knockdown efficiency was determined by western blot probed with rabbit anti-*Oh*MIF polyclonal antibody as described in Section 2.5.

2.12. Flow cytometry assay

The circulating hemocytes isolated from at least 12 experimental snails (negative snails, infected snails, dsMIF negative snails or dsMIF infected snails) were pooled, and resuspended in CBSS citrate/EDTA solution containing acridine orange (AO) (1:1000 dilution, Sigma) (Martins-Souza et al., 2009). Hemocyte suspension was incubated for 30 min at 4 °C in the dark. After incubation, the stained hemocytes were immediately analyzed with a FC500 flow cytometer (Beckman-Coulter, USA) based on the forward scatter lineage (FSLin) and the side scatter lineage (SSLin) parameters, and a total of 30,000 or 10,000 events were acquired for each sample. The hemocyte population was calculated and analyzed using WinMDI Software (version 2.9).

2.13. Statistical analysis

All data are presented as means ± S.D. Statistically significant differences were determined by using one-way ANOVA and then Post Hoc Multiple Comparisons (Dunnett test) performed using SPSS 22.0. The statistical significance threshold was set at $P \leq 0.05$. For the qPCR assay, all statistical comparisons were performed on mean ΔCt values for each sample (i.e., Ct values of *Oh*MIF normalized to 18 s rRNA).

3. Results

3.1. Identification of OhMIF and sequence analysis

The complete mRNA sequence of *Oh*MIF was obtained from the transcriptome of the freshwater snail *O. hupensis* (GenBank accession number: KY622025), and the putative amino acid sequence was identified using the ORF Finder program from the NCBI. The open reading frame (ORF) is composed of 399 bp that translated into a putative peptide of 132 amino acid residues with a putative molecular mass of 14.8 kD and 5.34 isoelectric point (pI) using the ExPASy program (Gasteiger et al., 2005). The results of BLAST analyses from the NCBI database show that *Oh*MIF has the highest sequence identity (53%) to *Aplysia californica* MIF, and 40% identity to *B. glabrata* MIF, which are higher than that of human MIF (HsMIF, 27%) (Supplementary Table S1). ClustalW multiple alignment (Thompson et al., 1994) results revealed that *Oh*MIF contains the N-terminal proline (Pro2) catalytic site that is essential for tautomerase activity (Swope et al., 1998), and several invariant active site residues are also conserved among MIFs, including Lys33 and Ile65. *Oh*MIF also contains the oxidoreductase catalytic motif (CXXC) (Kleemann et al., 1998), but the Cys60 residue is substituted by an Ala (Fig. 1A). In order to further examine the evolutionary relationship between *Oh*MIF and other MIFs, a phylogenetic tree was constructed using the Neighbor-Joining method in the MEGA 5.2 program based on amino acid sequences of various selected vertebrate and invertebrate MIFs. Results show that the branching pattern is consistent with the evolutionary relationships among the selected species, and there is a distinct clade division between vertebrate and invertebrate MIF proteins. Moreover, *Oh*MIF is closely related to *B. glabrata* MIF (Fig. 1B). The potential tertiary structure of *Oh*MIF was predicted by using the SWISS-MODEL program based on the high similarity with other MIFs. The results revealed that the predicted three-dimensional structure of *Oh*MIF is similar to that of HsMIF containing four α-helices and six β-sheets (Sun et al., 1996). Both of those were found to appear in the same order of β1α1β2β3β4α2β5α3α4β6 (Sun et al., 1996) (Fig. 1C).

3.2. The tissue distribution and cellular localization of OhMIF

As shown in Fig. 2, *Oh*MIF was constitutively and ubiquitously expressed in all the selected tissues from healthy negative *O. hupensis* snails. Western blotting using a rabbit anti-*Oh*MIF polyclonal serum (Fig. 2A) and qPCR analysis (Fig. 2B) revealed that the snail tissue with the highest expression level of *Oh*MIF was detected in the digestive tract (DT), followed by lower expression in the hepatopancreas (HP) and foot region (F). In order to closely examine the distribution of *Oh*MIF more precisely, we performed an immunohistochemical analysis of the whole snail body (Fig. 2C). Results showed that in addition to the three selected snail organs (DT, HP and F), *Oh*MIF was also abundant in the pericardial cavity (PC), alimentary gland (AlG), genital organ (GO) and tentacle (T), but *Oh*MIF was not detected in the gill region (G) of the snail. Immunolocalisation analysis using anti-*Oh*MIF polyclonal serum (Fig. 2D) indicated that it was immunolocalized in the cytoplasm of hemocytes existing in the circulation of *O. hupensis*, although some hemocytes appeared not to express *Oh*MIF. Moreover, we also found that *Oh*MIF was more abundant in well spread hemocytes (mostly granulocytes) than in unspread hemocytes (mostly hyalinocytes) (Lo Verde et al., 1982). The nucleus were stained by Hoechst 33342. The negative control polyclonal rabbit serum was raised using against a His-tag.

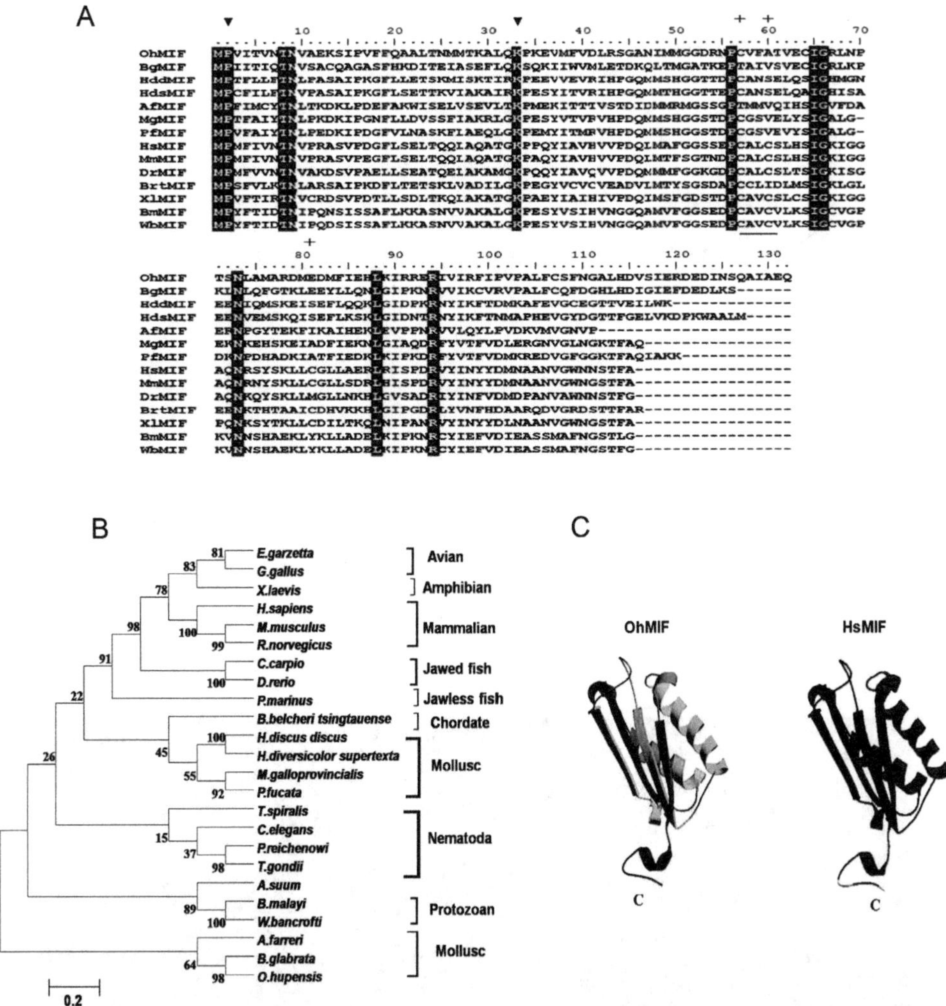

Fig. 1. Amino acid sequence analysis and predicted three-dimensional structure of *Oncomelania hupensis* macrophage migration inhibitory factor (*Oh*MIF). (A) Multiple alignment of the MIF amino sequence among some species found in databases. Species and gene names are abbreviated on the left, with further details and the respective GenBank accession numbers described in Supplementary Table S1. Conserved residues across all 14 sequences are boxed. The tautomerase catalytic sites proline residue (P^2) and lysine residue (K^{33}) are indicated with triangles (▼).The sites of oxdioreducase activity (C^{57},C^{60} and C^{81}) are marked by crosses (+). The oxidoreductase catalytic motif in mammalian MIF (CXXC) is underlined. (B) Phylogenetic tree analysis of the MIF amino sequence among some species (including *O. hupensis*), was generated with the MEGA 5.2 program by the neighbor-joining method (bootstrap = 1000). The abbreviations represent species and GenBank accesion numbers described in Supplementary Table S1. The numbers near nodes represent bootstrap values. (C) Comparison of the predicted three-dimensional structure of *Oh*MIF and human MIF (HsMIF). Both of those have similar three-dimensional structures containing four α-helices and six β-sheets, in the same order of β1α1β2β3β4α2β5α3α4β6.

3.3. OhMIF displays increased expression in O. hupensis following challenge with S. japonicum

The temporal expression patterns of *Oh*MIF in *O. hupensis* after *S. japonicum* stimulation were measured by using qPCR with 18S rRNA as endogenous control (Zhao et al., 2015) and western blotting with β-actin as internal control, which were comparable with those of non-challenged snails. The expression of *Oh*MIF was rapidly induced in *O. hupensis* snails responding to *S. japonicum* challenge, where the relative expression was upregulated and reached 4.66-fold at 12 h p.i. compared with the control group. Furthermore, the transcript abundance significantly increased 20.3-fold at 1 day post challenge and reached the highest value recorded (30.13-fold) at 2 days post challenge. This was then followed by a reduction in the relative expression of *Oh*MIF, which reached 20.11-fold, 12.82-fold and 2.25-fold at 3, 5 or 7 days post

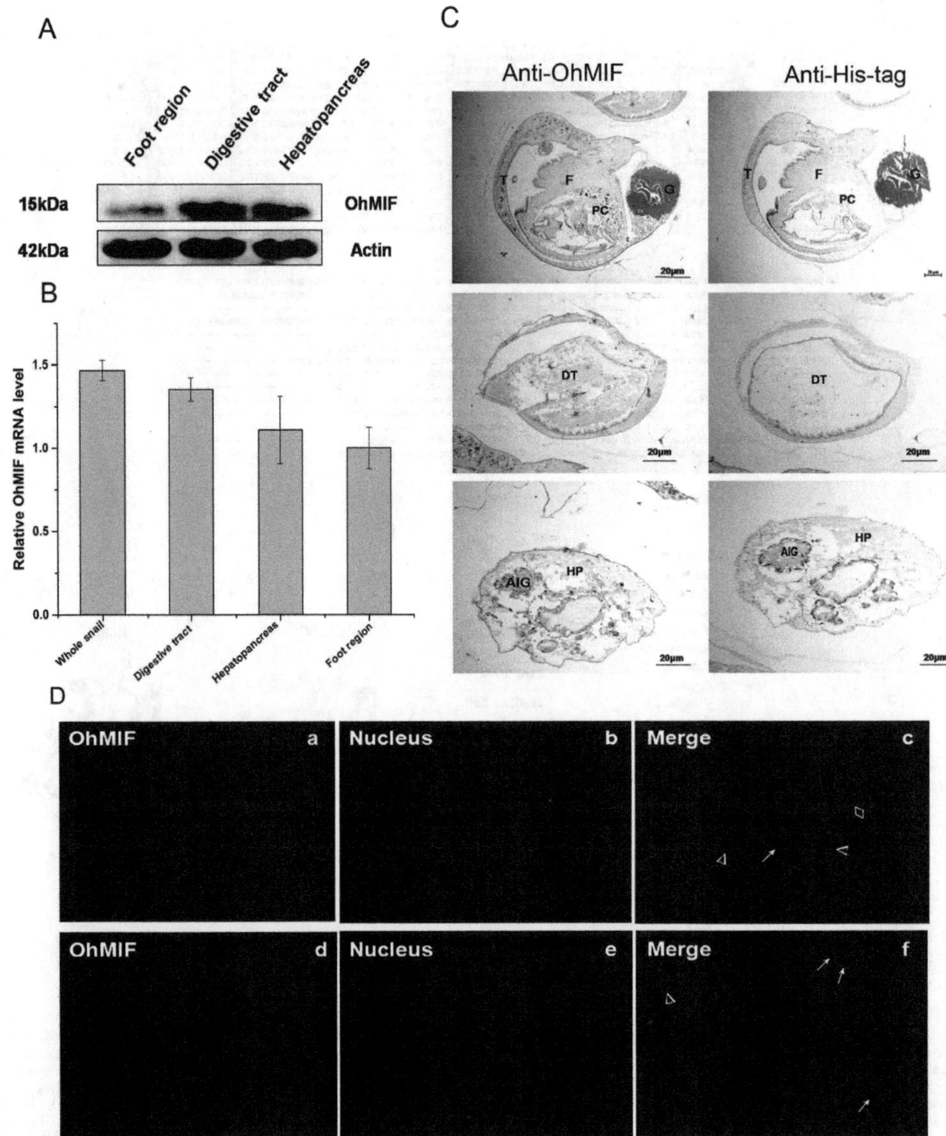

Fig. 2. The tissue distribution and cellular localization of *Oncomelania hupensis* macrophage migration inhibitory factor (*Oh*MIF). (A) Western blotting using an antiserum directed against *Oh*MIF detects the protein as a single band in snail digestive tract (DT), hepatopancreas (HP), and foot (F). (B) Real-time quantitative PCR (qPCR) analysis of *Oh*MIF transcript levels in whole snail, DT, HP and F. The *O. hupensis* 18 s rRNA was used as the internal control. Three biological replicates were performed in each group. Error bars represent S.E.M. (C) Immunohistochemical analysis of the whole snail using anti-*Oh*MIF polyclonal antibody or anti-His-tag antibody. PC, pericardial cavity; AIG, alimentary gland; T, tentacle; G, gill region. Scale bars represent 20 μm. (D) Immunolocalization of *Oh*MIF in hemocytes. Hemocytes were labelled with anti-*Oh*MIF primary antibody (Da, Dd), Hoechst 33342 (Db, De) or both labels (Dc, Df). Note that *Oh*MIF labeling is more abundant in spread hemocytes (triangle) compared with unspread hemocytes (arrow), and there is a hemocyte (diamond) showing no *Oh*MIF labeling. Scale bars represent 20 μm. Data are from one experiment representative of three independent experiments with similar results.

challenge, respectively, and almost returned to pre-exposure levels by day 10 post challenge (1.87-fold) (Fig. 3A). In addition, the western blotting analysis on the *O. hupensis* snails following challenge with *S. japonicum* at different experimental time points also

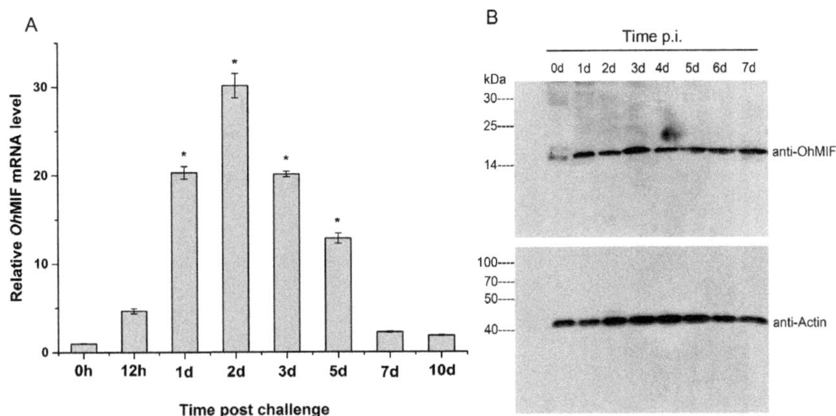

Fig. 3. The temporal expression patterns of *Oncomelania hupensis* macrophage migration inhibitory factor (*OhMIF*) in *O. hupensis* following challenge with *Schistosoma japonicum*. (A) Analysis of *OhMIF* transcript expression in snails with or without *S. japonicum* infection using real-time quantitative PCR (qPCR). The *OhMIF* expression at different experimental time points post challenge (h and days (d)) with *S. japonicum* were quantified in fold changes normalized to time 0 h control (non-infected snails). Error bars represent S.E.M. *Significant difference ($P < 0.05$) between experimental and control samples. (B) Western blot analysis on the *O. hupensis* snails following challenge with *S. japonicum* at different experimental time points using anti-*OhMIF* antibody or anti-actin antibody (endogenous control). Day 0 represents non-infected snails and 1–7 days (d) are infected snails.

demonstrated that the protein expression level of *OhMIF* was responsive to *S. japonicum* challenge (Fig. 3B).

3.4. dsRNA-mediated knockdown of OhMIF

An *OhMIF*-L4440 recombinant plasmid was constructed successfully (Fig. 4A) and transformed into HT115 competent cells. After induction by IPTG, the cells were collected and the total RNA was extracted as described in Section 2.3. The results revealed that there was a distinct dsRNA band on the agarose gel comparable with that of uninduced cells' total RNA (Fig. 4B). After complete feeding with the bacteria containing *OhMIF* dsRNA, the hemolymph was collected from snails at different experimental time points and the knockdown efficacy was identified using qPCR and western blotting. We observed a significant decrease in *OhMIF* expression and the maximum knockdown was detected at 4 days post feeding with a transcript level of 0.04-fold compared with the time 0 h control. Moreover, the *OhMIF* transcript level decreased to 0.73-fold, 0.23-fold, 0.21-fold and 0.13-fold at 12 h, 1, 2 and 3 days post feeding, respectively (Fig. 4D). Additionally, the *OhMIF* knockdown efficacy at the protein level in *O. hupensis* snails lagged behind the transcript knockdown with an observable reduction in *OhMIF* protein abundance at 4 days post feeding as determined by western blotting using hemolymph isolated from *O. hupensis* snails (Fig. 4C).

3.5. Classification and characterization of O. hupensis circulating hemocytes

The isolation of hemolymph and incubation with AO solution (Martins-Souza et al., 2009) allowed the separation of circulating hemocytes from small fragments. Flow cytometric analysis showed that circulating hemocytes from *O. hupensis* snails could be separated into three major cell subpopulations based mainly on size (forward scatter--FSLin) and granularity (side scatter--SSLin) dot plot distribution. As observed in Fig. 5A, the hemocyte subpopulations have been denominated small (R1--FSLin channels between 160–360), medium (R2--FSLin channels between 360–760) and large hemocytes (R3--FSLin channels >760). Furthermore, the SEM analysis also indicated that there were three different nucleus size hemocyte subpopulations (Fig. 5B, Ba-Bc). Each of the three hemocyte subpopulations was further analysed based on internal complexity properties, referred as low (SSLin channels ≤180, 280, 380) and high granularity (SSLin channels ≥180, 280, 380) (Supplementary Fig. S1). Moreover, the TEM analysis (Fig. 5Ca–Cc) demonstrated that some hemocytes contained no granules (agranulocytes, AGs), which possessed elongated pseudopodia (Ep) and small vacuoles (Va) in the cytoplasm. The hemocytes containing some fewer and smaller conspicuous spherical granules were referred to as basophilic granulocytes (BGs), which generally had several prominent Ep and a few phagosome-like vacuoles (Pv). Other hemocytes contained many large, electron-dense granules in the cytoplasm (eosinophilic granulocytes, EGs) and exhibited broad pseudopodia (Bp) (Tame et al., 2015).

3.6. Knockdown of OhMIF in O. hupensis decreases the percentage of the phagocytic cell population in circulating hemocytes

The phagocytic cell population is the principal line of cellular immune defense involved in destruction of trematode larvae inside the mollusc intermediate host, mainly consisting of medium and large hemocytes with a more granular profile (Noda and Loker, 1989b). We performed the flow cytometric analysis on the circulating hemocytes isolated from four different experimental groups (negative snails, dsMIF negative snails, infected snails and dsMIF infected snails) (Fig. 6A). Four major hemocyte subpopulations were identified by flow cytometric dot plot distribution based on FSLin and SSLin parameters, in which the R2 subpopulations were defined as phagocytic hemocytes according to previous studies (Noda and Loker, 1989b). The results indicated that knockdown of *OhMIF* in *O. hupensis* significantly decreases the percentage of phagocytic cell population in negative snail (from 33.4% ± 2.1 reduced down to 16.8% ± 1.5) or *S. japonicum*-infected snail (from 24.6% ± 3.7 reduced down to 13.8% ± 4.6) circulating hemocytes (Fig. 6B). In order to more specifically determine whether *OhMIF* plays an important role in production and differentiation of phago-

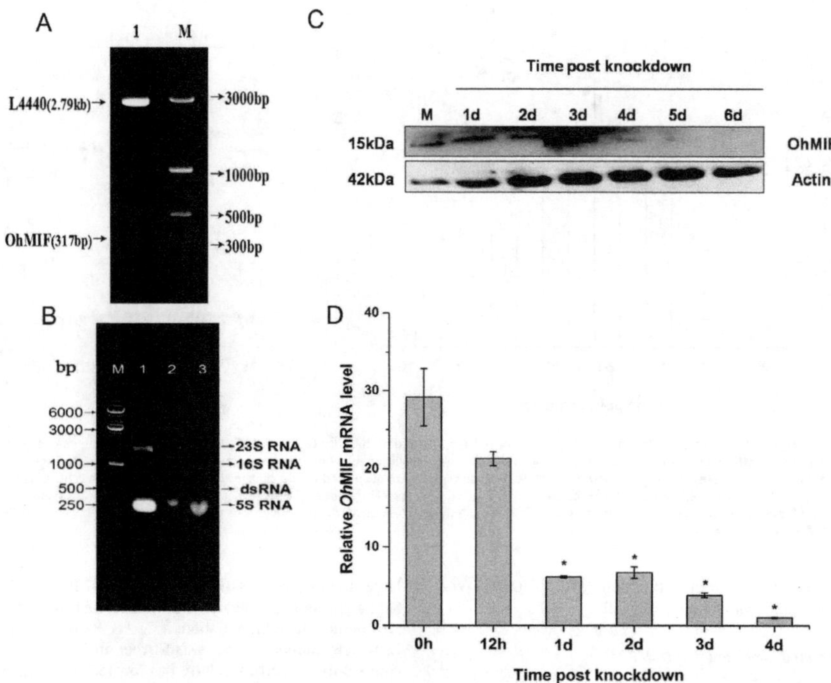

Fig. 4. Double-stranded RNA-mediated knockdown of *Oncomelania hupensis* macrophage migration inhibitory factor (*Oh*MIF) in *O. hupensis* by oral feeding. (A) Construction and identification of recombinant plasmid L4440-*Oh*MIF. M, DNA size marker; Lane 1, construct L4440-*Oh*MIF double-digested with *Hin*dIII and *Xho*I restriction enzyme. (B) Identification of *Oh*MIF dsRNA produced by induced bacteria strain *Escherichia coil* HT115. M, DNA size marker; Lane 1, non-induced samples; Lanes 2–3, induced samples. (C) Western blot assessment of *Oh*MIF abundance in *O. hupensis* hemocytes following feeding with bacteria containing *Oh*MIF dsRNA demonstrates detectable reductions in *Oh*MIF protein levels by 4 days (d) post feeding and a complete loss of detectable *Oh*MIF by day 6. Actin (~42 kDa) serves as the loading control. (D) Real-time quantitative PCR (qPCR) analysis of *Oh*MIF transcript levels in *O. hupensis* hemocytes after feeding with bacteria which contained *Oh*MIF dsRNA. Error bars represent S.E.M. *Significant difference ($P < 0.05$) between experimental and control samples.

cytic hemocytes, we examined and analyzed the percentage of various hemocyte subpopulations. We observed a significant decrease in the percentage of medium or large hemocyte subpopulations in dsMIF snails comparable with that of wild-type snails (Fig. 7A). Furthermore, the percentage of high granularity hemocytes also significantly decreased in snails treated with dsMIF (Fig. 7B).

3.7. *Oh*MIF positively regulates hemocyte activation in response to *S. japonicum* challenge in vivo

To determine whether *Oh*MIF was implicated in the activation of *O. hupensis* hemocytes in response to *S. japonicum* infection, we compared the percentage of phagocytic cell population in negative or infected snail circulating hemocytes. At 24 h following challenge with *S. japonicum*, the percentage of phagocytic hemocytes showed a marked reduction in wild-type snails (from 33.4% ± 2.1 reduced to 24.6% ± 3.7), but there was no statistically significant change in dsMIF snails (from 16.8% ± 1.5 to 13.8% ± 4.6) (Fig. 6). In addition, we observed that *S. japonicum* infection significantly reduced the percentage of large hemocytes or medium and large hemocytes with high granularity in wild-type snails, but not in dsMIF snails (Fig. 7A and B). This decrease in circulating granulocytes is closely linked to the migration and recruitment of phagocytic hemocytes towards infected sites (Noda and Loker, 1989a; Baeza Garcia et al., 2010).

4. Discussion

The internal defense mechanism of invertebrates depends mainly on the innate immune system, which is evolutionarily conserved across various species and can protect organisms against pathogenic infection (Loker et al., 2004; Iwanaga and Lee, 2005). Many studies over the past decade have made great advances in the field of molluscan immunity, particularly concerning the interaction between *B. glabrata* and *S. mansoni* (Coustau et al., 2015). However, there are very few studies on the molecular and cellular mechanisms involved in the *O. hupensis* snail immune response to its natural parasite *S. japonicum*. Here we firstly identified and functionally characterized a homologue of the vertebrate MIF cytokine in *O. hupensis*, and then demonstrated that *Oh*MIF was immunologically relevant in the anti-schistosome immune response of the snail.

Since MIF is a multifunctional cytokine in the host immune defense system and evolutionarily conserved throughout species (Calandra and Roger, 2003), it is not surprising to find that MIF can mediate a protective immune response to microbial pathogens, and thus has also been reported in some model systems of bacterial and parasitic diseases (Roger et al., 2001; Mitchell et al., 2002). In the present study, the full-length cDNA of *Oh*MIF was successfully cloned from the freshwater snail *O. hupensis*, the obligate intermediate host of *S. japonicum*. The ORF of *Oh*MIF encoded

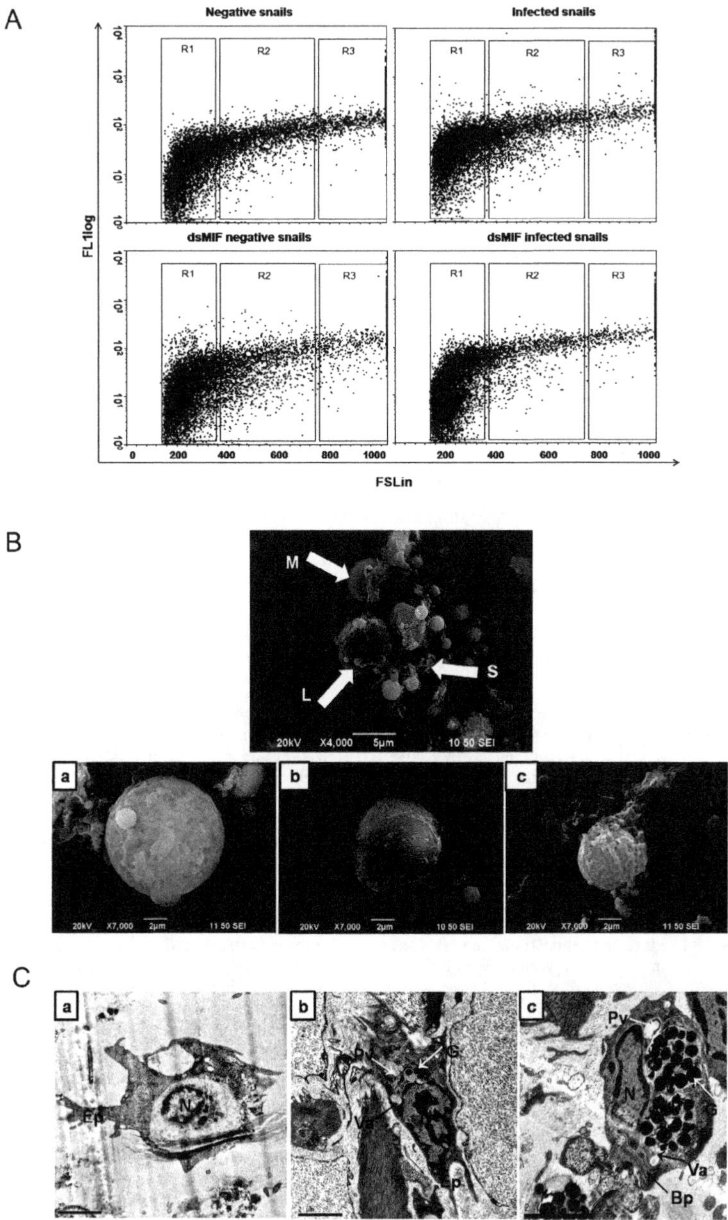

Fig. 5. Classification and characterization of *Oncomelania hupensis* circulating hemocytes. (A) Profile of circulating hemocyte populations in *O. hupensis*. Three major hemocyte subpopulations (R1 = small–FSLin between 160–360, R2 = medium–FSLin between 360–760 and R3 = large–FSLin > 760) can be identified by flow cytometric dot plot distributions based on their FSLin and SSLin parameters. (B) Scanning electron micrographs of the hemocytes isolated from *O. hupensis* snails. Three major cell subpopulations can be separated based on size as (Ba) large (L) hemocyte, (Bb) medium (M) hemocyte and (Bc) small (S) hemocyte. Scale bars represent 5 μm and 2 μm, respectively, as labelled. (C) Transmission electron micrographs of the hemocytes collected from *O. hupensis* snails indicate (Ca) agranulocytes, which contain no granules, (Cb) basophilic granulocytes, which contain small and few granules and (Cc) eosinophilic granulocytes containing large and many electron-dense granules. N, nucleus; Ep, elongated pseudopodia; Pv, phagosome-like vacuole; G, granules; Va, vacuole; Bp, broad pseudopodia. Scale bars represent 2 μm.

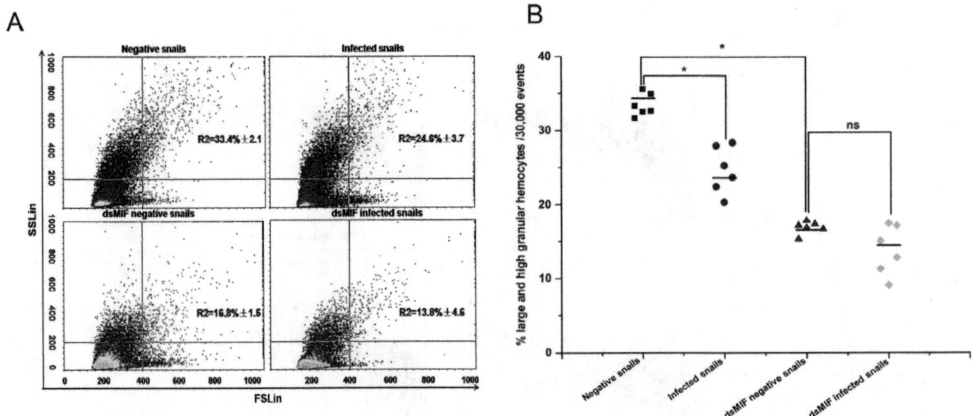

Fig. 6. Knockdown of *Oncomelania hupensis* macrophage migration inhibitory factor (*Oh*MIF) reduces the percentage of phagocytic cells in circulating hemocytes. (A) Profile of circulating hemocyte populations in negative or infected *O. hupensis* snails 24 h p.i. with 20 *Schistosoma japonicum* miracidia. Four major hemocyte subpopulations were identified by flow cytometric dot plot distribution based on FSLin and SSLin parameters, and the large and high granularity hemocyte subpopulations (R2) were defined as phagocytic hemocytes. Mean percentages of the R2 population ± S.E.M. in six separate experiments are shown. (B) Quantification and comparison of the percentages of phagocytic hemocytes in the circulating hemocytes (out of 30,000 total events) of different experimental groups. *Significant difference ($P < 0.05$) in the baseline of R2 subpopulations between experimental and control samples. ns, not significant.

a polypeptide of 132 amino acids which shared 23–53% sequence identity with the selected MIFs (Supplementary Table S1). The *Oh*MIF protein shares sequence and structural homologies with other members of the MIF family, including amino acid residues which are invariant across the whole MIF family (Thr9, Asn10, Pro56 and Leu88) and that are closely related to the tautomerase enzymatic activity (Pro2, Lys33 and Ile65), or motif that mediates thiol protein oxidoreductase activity (CXXC) (Fig. 1A). In addition, analysis of the three dimensional structure predicted by SWISS-MODEL (Fig. 1C) shows that *Oh*MIF has a similar structure to that of HsMIF, including four α-helices and six β-sheets (Sun et al., 1996). Moreover, both were found to appear in the same order of β1α1β2β3β4α2β5α3α4β6. The presence of a similar protein sequence and structure in such disparate species suggests that MIF possesses highly conserved biological functions. Moreover, we found that the latter cysteine (Cys60) residue was substituted by the Ala in CXXC motif. Therefore, whether *Oh*MIF has distinct oxidoreductase activities needs to be further studied, and this phenomenon was also present in other MIFs, such as MIFs from fish and nematodes (Tan et al., 2001; Cui et al., 2011). However, it is unclear whether an enzymatic activity of MIF is required for its biological function. Previous studies suggest that it is possible the enzymatic activities of MIF represent vestigial signatures in the invertebrate melanotic encapsulation response against microbial invasion (Bucala, 2007), however, all the hypotheses need to be further researched and proved.

In contrast to most cytokines, MIF is ubiquitously expressed in various cell types and tissues that are in direct contact with the host's natural environment (Calandra et al., 1994; Calandra and Roger, 2003). In this study we demonstrated that *Oh*MIF is also constitutively expressed in all the selected tissues (foot region, digestive tract and hepatopancreas) isolated from healthy negative *O. hupensis* snails (Fig. 2A and B). Moreover, the immunohistochemical analysis indicated that in addition to the three selected snail organs (DT, HP and F), *Oh*MIF is also abundantly present in the pericardial cavity, alimentary gland, genital organ and tentacle, but was not detected in the snail's gill region (Fig. 2C). We also found that *Oh*MIF is located in the cytoplasm of *O. hupensis* hemocytes (Fig. 2D), and it appears more abundant in granulocytes (spread hemocytes) which play an important role in the invertebrate host immune defense responses including phagocytosis or encapsulation of pathogens, than in the cytoplasm of hyalinocytes (unspread hemocytes) (Lo Verde et al., 1982). In addition, some hemocytes show no *Oh*MIF signals comparable with those of others (Fig. 2D) and this phenomenon indicates that *Oh*MIF appears to be selectively expressed in certain hemocytes. However, the characterization and function of *Oh*MIF-negative hemocytes have not been described, and the relationship between those and the other hemocyte subsets also need to be further explored. According to previous studies, MIF is rapidly released into the extracellular milieu from intracellular pools by a non-conventional protein-secretion pathway post challenge with parasites or exposure to microbial products and proinflammatory mediators in response to stress (Bernhagen et al., 1993; Roger et al., 2007), and subsequently MIF can effectively regulate the host immune response to foreign particles and pathogens in a paracrine, endocrine or autocrine manner (Leng et al., 2003). This study provides significant evidence that *Oh*MIF could be involved in regulating parasite infection as an immunoregulatory mediator in *O. hupensis* snails. The expression levels of *Oh*MIF were remarkably upregulated in *O. hupensis* snails at 12 h following challenge with *S. japonicum*, lasting up to the highest level at 3 days p.i. before returning to the pre-exposure levels (Fig. 3), which is the crucial duration for the resistance and clearance of parasite infection (Sullivan et al., 1995; Hahn et al., 2001). This expression pattern indicated that *Oh*MIF may have significant biological functions in the snails' innate immune response to the parasite *S. japonicum* sporocyst including encapsulation, cytotoxicity and phagocytosis. Further, many other studies on invertebrate MIFs already reported an increased expression after immune challenges, such as *Haliotis diversicolor supertexta* MIF (Wang et al., 2009), *Pinctada fucata* MIF (Li et al., 2010) and *Amblyomma americanum* MIF (Jaworski et al., 2001). The mRNA expression patterns were similar to *Oh*MIF.

RNA interference (RNAi), which was initially discovered in nematode *Caenorhabditis elegans* (Fire et al., 1998), has widely been used to assess gene function in many types of vertebrates and

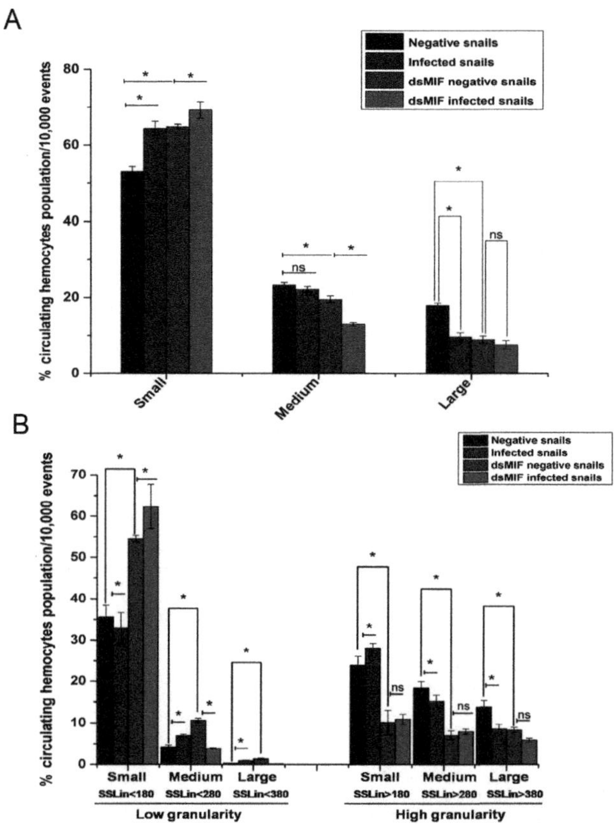

Fig. 7. *Oncomelania hupensis* macrophage migration inhibitory factor (*Oh*MIF) is implicated in maturity and differentiation of hemocytes. (A) The mean percentages of small, medium and large hemocyte subpopulations in the circulating hemocytes (out of 10,000 total events) of different experimental samples. Data are presented as the mean percentage ± S.E.M. of circulating hemocyte subpopulations. *Significant difference ($P < 0.05$) between experimental and control samples. (B) The mean percentages of hemocyte subsets categorized as low granularity and high granularity subsets in small, medium and large hemocyte subpopulations of different experimental samples. Data are presented as the mean ± S.E.M. of low and high granular hemocytes within the three major circulating hemocyte subpopulations. *Significant difference ($P < 0.05$) between experimental and control samples.

invertebrates under in vivo or in vitro conditions. At present, dsRNA is delivered into the recipient to induce in vivo RNAi mainly via either injection or oral feeding. Most RNAi studies in molluscs have used exogenous dsRNA corresponding to a specific mRNA sequence as an effector to induce target gene silencing in the recipient by means of injection (Jiang et al., 2006; Baeza Garcia et al., 2010). In addition, successful RNA knockdown effects via artificial feeding have been reported in many species including nematodes (Holway et al., 2005; Kim et al., 2005), trematodes (Boyle et al., 2003) and arthropods (Araujo et al., 2006; Turner et al., 2006). In contrast to the dsRNA injection method, feeding of bacteria containing dsRNA is a non-disruptive technique preserving the integrity of the treated animals. Further, using a genetically engineered *E. coli* strain HT115 to express dsRNA is an economical and effective way to produce large quantities of dsRNA. Here the dsRNA-mediated RNAi method was for the first known time used to knockdown the expression level of *Oh*MIF in *O. hupensis* snails. We demonstrated that the transcriptional and protein levels of *Oh*MIF in hemolymph collected from *O. hupensis* snails show a significant decrease after feeding with *E. coli* expressing *Oh*MIF dsRNA (Fig. 4). The RNAi technique developed in *O. hupensis* will provide a powerful tool to explore in more detailed the functions of crucial genes involved in the host-pathogen interaction, especially the snail innate immune defense responses to the larvae of *S. japonicum*.

Circulating hemocytes, which are the principal line of cellular defense involved in the elimination and destruction of various pathogens in the snails, play a dominant role in the snail innate immune defense system (Bayne et al., 1980; Larson et al., 2014). Therefore, the morphological and structural characterizations of hemocytes are fundamental for a better understanding of the interaction between snail and parasite. Although the nomenclature of hemocytes in the Mollusca has not been standardized yet, many studies on the classification of hemocytes have been reported, mostly based on ultrastructure (Matricon-Gondran and Letorcart, 1999; Pengsakul et al., 2013a), flow cytometry (Martins-Souza et al., 2009) and biochemical analysis (Granath and Yoshino, 1983). In this study, we performed SEM, TEM and flow cytometry analyses to explore the morphology and classification of *O. hupensis* hemocytes, and the results demonstrated that the circulating hemocytes in *O. hupensis* snails could be classified into three major cell subpopulations (small, medium and large) based predominantly on cell size and each subpopulation can be separated into two subsets (low and high granularity) based mainly on granularity (Fig. 5). Additionally, we conducted *Oh*MIF knockdown in vivo using the artificial feeding of dsRNA to study how *Oh*MIF affects various types of hemocyte subpopulations and subsets. The results showed that the knockdown of *Oh*MIF in snails significantly decreased the percentages of medium and large hemocyte subpopulations in the circulating hemocytes of negative snails or *S. japonicum*-infected snails (Fig. 7A), and the percentages of their high granularity subsets also showed a remarkable reduction (Fig. 7B). It suggests that *Oh*MIF is implicated in the maturity and differentiation of circulating hemocytes in *O. hupensis*. However, the molecular and cellular mechanisms involved in this process have not yet been clarified and need to be explored in more detail.

The immunological processes (such as encapsulation, phagocytosis and production of cytotoxic molecules) involved in the interaction between snail and parasite are centrally coordinated by hemocytes, which may act directly or in concert with humoral factors in the hemolymph to protect the snail against parasite infection (Carballal et al., 1997; Plows et al., 2006). This highlights the importance of maintaining an appropriate population of circulating hemocytes, especially the phagocytic hemocytes, and the ability to drive the proliferation and differentiation of hemocytes rapidly in response to challenge with pathogens. Therefore, in order to determine the involvement of *Oh*MIF in the snail cellular immune defense response to parasites more precisely, we next performed flow cytometric analysis on hemocytes isolated from different experimental *O. hupensis* snails to study the consequences of *Oh*MIF on the phagocytic hemocyte population of snails exposed to infection by *S. japonicum* miracidia. At 24 h following challenge, the percentage of phagocytic hemocyte population in the circulating hemocytes in wild-type snails showed a significant reduction comparable with that of negative snails (Fig. 6). Meanwhile, the number of hemocytes around the larval parasite inside the infected snails had a significant increase comparable to those of control groups (Tang et al., 2009, 2012, 2013; Pengsakul and Suleiman, 2013). This phenomenon is likely due to the migration and recruitment of phagocytic hemocytes towards the infected sites as reported in previous studies (Noda and Loker, 1989a; Baeza Garcia et al., 2010). However, there was no significant change in the percentage of phagocytic hemocyte populations of the infected dsMIF-treated snails, suggesting that *Oh*MIF plays an important role in the snail hemocyte activation and migration to invaded tissues in vivo during the immune response to challenge by the parasite. Phagocytosis together with cytotoxicity and encapsulation that are involved in pathogen killing and elimination are the major immune responses as described previously (Yoshino and Coustau, 2011). It is likely that *Oh*MIF acts as a crucial effector in the interaction between *O. hupensis* and *S. japonicum*, mainly through the combined effects of these processes. However, the mechanism involved in these processes remains to be investigated.

In conclusion, our results presented here have demonstrated that *Oh*MIF is a crucial pleiotropic effector in the snail innate immune defense response to the parasite *S. japonicum*. This is the first known functional study of an immune-related molecule involved in the regulation of an anti-parasite response in *O. hupensis* snails, and this work will provide novel perspectives and methods for further exploration of the complex interaction between an individual *O. hupensis* snail and a particular digenean parasite, *S. japonicum*. Furthermore, a better understanding of the molecular mechanisms involved in the host-parasite relationship or identification of more crucial immune-related factors that act on the destruction and elimination of schistosome larvae inside the snail host will pave the way towards developing new, effective, alternative control strategies for blocking the transmission of schistosomiasis and eradicating this overwhelming parasitic disease burden.

Acknowledgements

This research was funded by the National Natural Science Foundation of China (No. 31270938). We sincerely appreciate the continuous support and assistance of the staff at Schistosomiasis Control Station, Xingzi County, Jiangxi Province, China, in field collection of experimental snails.

Appendix A. Supplementary data

Supplementary data associated with this article can be found, in the online version, at http://dx.doi.org/10.1016/j.ijpara.2017.01.005.

References

Adema, C.M., Bayne, C.J., Bridger, J.M., Knight, M., Loker, E.S., Yoshino, T.P., Zhang, S. M., 2012. Will all scientists working on snails and the diseases they transmit please stand up? PLoS Negl. Trop. Dis. 6, **e1835**.

Adema, C.M., Hanington, P.C., Lun, C.M., Rosenberg, G.H., Aragon, A.D., Stout, B.A., Lennard Richard, M.L., Gross, P.S., Loker, E.S., 2010. Differential transcriptomic responses of *Biomphalaria glabrata* (Gastropoda, Mollusca) to bacteria and metazoan parasites, *Schistosoma mansoni* and *Echinostoma paraensei* (Digenea, Platyhelminthes). Mol. Immunol. 47, 849–860.

Tame, Akihiro, Yoshida, Takao, Ohishi, Kazue, Maruyama, Tadashi, 2015. Phagocytic activities of hemocytes from the deep-sea symbiotic mussels *Bathymodiolus japonicus*, *B. platifrons*, and *B. Septemdierum*. Fish Shellfish Immunol. 45, 146–156.

Araujo, R., Santos, A., Pinto, F., Gontijo, N., Lehane, M., Pereira, M., 2006. RNA interference of the salivary gland nitrophorin 2 in the triatomine bug *Rhodnius prolixus* (Hemiptera: Reduviidae) by dsRNA ingestion or injection. Insect Biochem. Mol. Biol. 36, 683–693.

Baeza Garcia, A., Pierce, R.J., Gourbal, B., Werkmeister, E., Colinet, D., Reichhart, J.M., Dissous, C., Coustau, C., 2010. Involvement of the cytokine MIF in the snail host immune response to the parasite *Schistosoma mansoni*. PLoS Pathog. 6, **e10011156.**

Barraco, M.A., Steil, A.A., Gargioni, R., 1993. Morphological characterization of the hemocytes of the pulmonate snail *Biomphalaria tenagophila*. Mem. Inst. Oswaldo Cruz 88, 73–83.

Bayne, C.J., Buckley, P.M., Dewan, P.C., 1980. Macrophage-like hemocytes of resistant *Biomphalaria glabrataare* cytotoxic for sporocysts of *Schistosoma mansoni in vitro*. J. Parasitol. 66, 413–419.

Bendrat, K., Al-Abed, Y., Callaway, D.J., Peng, T., Calandra, T., Metz, C.N., Bucala, R., 1997. Biochemical and mutational investigations of the enzymatic activity of macrophage migration inhibitory factor. Biochemistry 36, 15356–15362.

Bergquist, R., Tanner, M., 2010. Controlling schistosomiasis in Southeast Asia: a tale of two countries. Adv Parasitol. 72, 109–144.

Bernhagen, J., Calandra, T., Mitchell, R.A., Martin, S.B., Tracey, K.J., Voelter, W., Manogue, K.R., Cerami, A., Bucala, R., 1993. MIF is a pituitary-derived cytokine that potentiates lethal endotoxaemia. Nature 365, 756–759.

Bernhagen, J., Krohn, R., Lue, H.Q., Gregory, J.L., Zernecke, A., Koenen, R.R., Dewor, M., Georgiev, I., Schober, A., Leng, L., Kooistra, T., Fingerle-Rowson, G., Ghezzi, P., Kleemann, R., McColl, S.R., Bucala, R., Hickey, M.J., Weber, C., 2007. MIF is a noncognate ligand of CXC chemokine receptors in inflammatory and atherogenic cell recruitment. Nat. Med. 13, 587–596.

Boyle, J.P., Wu, X.J., Shoemaker, C.B., Yoshino, T.P., 2003. Using RNA interference to manipulate endogenous gene expression in *Schistosoma mansoni* sporocysts. Mol. Biochem. Parasitol. 128, 205–215.

Bucala, R., 2007. MIF: Most Interesting Factor. World Scientific, London, UK.

Calandra, T., Bernhagen, J., Mitchell, R.A., Bucala, R., 1994. The macrophage is an important and previously unrecognized source of macrophage migration inhibitory factor. J. Exp. Med. 179, 1895–1902.

Calandra, T., Roger, T., 2003. Macrophage migration inhibitory factor: a regulator of innate immunity. Nat. Rev. Immunol. 3, 791–800.

Carballal, M.J., Lopez, C., Azevedo, C., Villalba, A., 1997. *In vitro* study of phagocytic ability of *Mytilus galloprovincialis* Lmk. haemocytes. Fish Shellfish Immunol. 7, 403–416.

Catty, D. (Ed.), 1988. Antibodies: A Practical Approach. IRL Press, Washington, DC, USA.

Chernin, E., 1970. Behavioral reponses of miracidia of *Schistosoma mansoni* and other trematodes to substances emitted by snails. J. Parasitol. 56, 287–296.

Cho, Y., Jones, B.F., Vermeire, J.J., Leng, L., DiFedele, L., Harrison, L.M., Xiong, H., Kwong, Y.K., Chen, Y., Bucala, R., Lolis, E., Cappello, M., 2007. Structural and functional characterization of a secreted hookworm macrophage migration inhibitory factor (MIF) that interacts with the human MIF receptor CD74. J. Biol. Chem. 282, 23447–23456.

Colley, D.G., Bustinduy, A.L., Secor, E., King, C.H., 2014. Human schistosomiasis. Lancet 383, 2253–2264.

Coustau, C., Gourbal, B., Duval, D., Yoshino, T.P., Adema, C.M., Mitta, G., 2015. Advances in gastropod immunity from the study of the interaction between the snail *Biomphalaria glabrata* and its parasites: A review of research progress over the last decade. Fish Shellfish Immunol. 46, 5–16.

Cui, S.G., Zhang, D.C., Jiang, S.G., Pu, H.L., Hu, Y.T., Guo, H.Y., Chen, M.Q., Su, T.F., Zhu, C.Y., 2011. A macrophage migration inhibitory factor like oxidoreductase from pearl oyster *Pinctada fucata* involved in innate immune responses. Fish Shellfish Immunol. 31, 173–181.

Fire, A., Xu, S.Q., Montgomery, M.K., Kostas, S.A., Driver, S.E., Mello, C.C., 1998. Potent and specific genetic interference by double-stranded RNA in *Caenorhabditis elegans*. Nature 391, 806–811.

Franchini, A., Fontanili, P., Ottaviani, E., 1995. Invertebrate immunocytes: relationship between phagocytosis and nitric oxide production. Comp. Biochem. Physiol. B Biochem. Mol. Biol. 110B, 403–407.

Franchini, A., Ottaviani, E., 2000. Repair of molluscan tissue injury: role of PDGF and TGF-beta. Tissue Cell. 32, 312–321.

Galinier, R., Portela, J., Mone, Y., Allienne, J.F., Henri, H., Delbecq, S., Mitta, G., Gourbal, B., Duval, D., 2013. Biomphalysin, a new β pore-forming toxin involved in *Biomphalaria glabrata* immune defense against *Schistosoma mansoni*. PLoS Pathog. 9, **e1003216**.

Gasteiger, E., Hoogland, C., Gattiker, A., Duvaud, S., Wilkins, M.R., Appel, R.D., Bairoch, A., 2005. Protein Identification and Analysis Tools on the ExPASy Server. In: Walker, J.M. (Ed.), The Proteomics Protocols Handbook. Humana Press, Clifton, NJ, USA, pp. 571–607.

Granath Jr., W.O., Yoshino, T.P., 1983. Characterization of molluscan phagocyte subpopulations based on lysosomal enzyme markers. J. Exp. Zool. 226, 205–210.

Guillou, F., Mitta, G., Galinier, R., Coustau, C., 2007. Identification and expression of gene transcripts generated during an anti-parasitic response in *Biomphalaria glabrata*. Dev. Comp. Immunol. 31, 657–671.

Hahn, U.K., Bender, R.C., Bayne, C.J., 2001. Killing of *Schistosoma mansoni* sporocysts by hemocytes from resistant *Biomphalaria glabrata*: role of reactive oxygen species. J. Parasitol. 87, 292–299.

Hanington, P.C., Forys, M.A., Dragoo, J.W., Zhang, S.M., Adema, C.M., Loker, E.S., 2010. Role for a somatically diversified lectin in resistance of an invertebrate to parasite infection. Proc. Natl. Acad. Sci. U.S.A. 107, 21087–21092.

Hanington, P.C., Forys, M.A., Loker, E.S., 2012. A somatically diversified defense factor, FREP3, is a determinant of snail resistance to schistosome infection. PLoS Negl. Trop. Dis. 6, **e1591**.

Holway, A.H., Hung, C., Michael, W.M., 2005. Systematic RNA-interference-mediated identification of mus-101 modifier genes in *Caenorhabditis elegans*. Genetics 169, 1451–1460.

Hudson, J.D., Shoaibi, M.A., Maestro, R., Carnero, A., Hannon, G.J., Beach, D.H., 1999. A Proinflammatory Cytokine Inhibits p53 Tumor Suppressor Activity. J. Exp. Med. 190, 1375–1382.

Humphries, J.E., Yoshino, T.P., 2008. Regulation of hydrogen peroxide release in circulating hemocytes of the planorbid snail *Biomphalaria glabrata*. Dev. Comp. Immunol. 32, 554–562.

Iwanaga, S., Lee, B.L., 2005. Recent advances in the innate immunity of invertebrate animals. J. Biochem. Mol. Biol. 38, 128–150.

Jaworski, D.C., Jasinskas, A., Metz, C.N., Bucala, R., Barbour, A.G., 2001. Identification and characterization of a homologue of the pro-inflammatory cytokine Macrophage Migration Inhibitory Factor in the tick, *Amblyomma americanum*. Insect. Mol. Biol. 10, 323–331.

Jemaa, M., Cavelier, P., Cau, J., Morin, N., 2014. Adult somatic progenitor cells and hematopoiesis in oysters. J. Exp. Biol. 217, 3067–3077.

Jiang, Y., Loker, E.S., Zhang, S.M., 2006. *In vivo* and *in vitro* knockdown of FREP2 gene expression in the snail *Biomphalaria glabrata* using RNA interference. Dev. Comp. Immunol. 30, 855–866.

Kim, J.K., Gabel, H.W., Kamath, R.S., Tewari, M., Pasquinelli, A., Rual, J.F., 2005. Functional genomic analysis of RNA interference in *C. elegans*. Science 308, 1164–1167.

Kleemann, R., Kapurniotu, A., Frank, R.W., Gessner, A., Mischke, R., Flieger, O., Jüttner, S., Brunner, H., Bernhagen, J., 1998. Disulfide analysis reveals a role for macrophage migration inhibitory factor (MIF) as thiol-protein oxidoreductase. J. Mol. Biol. 280, 85–102.

Larson, M.K., Bender, R.C., Bayne, C.J., 2014. Resistance of *Biomphalaria glabrata*13-16-R1 snails to *Schistosoma mansoni* PR1 is a function of haemocyte abundance and constitutive levels of specific transcripts in haemocytes. Int. J. Parasitol. 44, 343–353.

Leng, L., Metz, C.N., Fang, Y., Xu, J., Donnelly, S., Baugh, J., Delohery, T., Chen, Y.B., Mitchell, R.A., Bucala, R., 2003. MIF Signal Transduction Initiated by Binding to CD74. J. Exp. Med. 197, 1467–1476.

Li, F.M., Huang, S.Y., Wang, L.L., Yang, J.L., Zhang, H., Qiu, L.M., 2010. A macrophage migration inhibitory factor like gene from scallop *Chlamys farreri*: involvement in immune response and wound healing. Dev. Comp. Immunol. 35, 62–71.

Livak, K.J., Schmittgen, T.D., 2001. Analysis of relative gene expression data using real-time quantitative PCR and the $2^{(-\mathrm{Delta\ Delta\ C(T)})}$ method. Methods 25, 402–408.

Loker, E.S., Adema, C.M., Zhang, S.M., Kepler, T.B., 2004. Invertebrate immune systems - not homogeneous, not simple, not well understood. Immunol. Rev. 198, 10–24.

Loker, E.S., 2010. Gastropod immunobiology. Adv. Exp. Med. Biol. 708, 17–43.

Lo Verde, P.T., Gherson, J., Richards, C.S., 1982. Amebocytic accumulations in *Biomphalaria glabrata*, fine structure. Dev. Comp. Immunol. 31, 999.

Lue, H., Kapurniotu, A., Fingerle-Rowson, G., Roger, T., Leng, L., Thiele, M., Calandra, T., Bucala, R., Bernhagen, J., 2006. Rapid and transient activation of the ERK MAPK signalling pathway by macrophage migration inhibitory factor (MIF) and dependence on JAB1/CSN5 and Src kinase activity. Cell Signal. 18, 688–703.

Lue, H., Thiele, M., Franz, J., Dahl, E., Speckgens, S., Leng, L., Fingerle-Rowson, G., Bucala, R., Lüscher, B., Bernhagen, J., 2007. Macrophage migration inhibitory factor (MIF) promotes cell survival by activation of the Akt pathway and role for CSN5/JAB1 in the control of autocrine MIF activity. Oncogene 26, 5046–5059.

Ma, H., Wang, J., Wang, B., Zhao, Y., Yang, C., 2009. Characterization of an ETS transcription factor in the sea scallop *Chlamys farreri*. Dev. Comp. Immunol. 33, 953–958.

Martins-Souza, R.L., Pereira, C.A.J., Coelho, P.M.Z., Martins-Filho, O.A., Negrao-Correa, D., 2009. Flow cytometry analysis of the circulating haemocytes from *Biomphalaria glabrata* and *Biomphalaria tenagophila* following *Schistosoma mansoni* infection. Parasitology 136, 67–76.

Matricon-Gondran, M., Letorcart, M., 1999. Internal defenses of the snail *Biomphalaria glabrata*-I. Characterization of hemocytes and fixed phagocytes. J. Invertebr. Pathol. 74, 224–234.

Mitchell, R.A., Liao, H., Chesney, J., Fingerle-Rowson, G., Baugh, J., David, J., Bucala, R., 2002. Macrophage migration inhibitory factor (MIF) sustains macrophage proinflammatory function by inhibiting p53: regulatory role in the innate immune response. Proc. Natl Acad. Sci. U.S.A. 99, 345–350.

MOH (Ministry of Health), 1982. Schistosomiasis Prevention Handbook. Science and Technique Press, Shanghai, China.

Mount, A.S., Wheeler, A.P., Paradkar, R.P., Snider, D., 2004. Hemocyte-mediated shell mineralization in the Eastern oyster. Science 304, 297–300.

Noda, S., Loker, E.S., 1989a. Effects of infection with *Echinostoma paraensei* on the circulating haemocyte population of the host snail *Biomphalaria glabrata*. Parasitology 98, 35–41.

Noda, S., Loker, E.S., 1989b. Phagocytic activity of hemocytes of M-line *Biomphalaria glabrata* snails, effect of exposure to the trematode *Echinostoma paraensei*. J. Parasitol. 75, 261–269.

Peng, H.M., Zhou, S.L., 2010. A novel method of crushing shells of *Oncomelania* snails. Chin. J. Schisto Contol 22, 518.

Pengsakul, T., Cheng, Z., Suleiman, Y.A., Tawatsin, A., Thavara, U., 2013a. Morphological Observations on Haemo-Lymphocytes in *Oncomelania hupensis* (Gastropod Pomatiopsidae). Pak. J. Zool. 45, 1321–1327.

Pengsakul, T., Suleiman, Y.A., Cheng, Z., 2013b. Morphological and structural characterization of haemocytes of *Oncomelania hupensis* (Gastropoda: Pomatiopsidae). Ital. J. Zool. 4, 494–502.

Pengsakul, T., Suleiman, Y.A., 2013. Histological observations on the distribution of three types of haemo-lymphocytes in *Oncomelania hupensis* (Gastropoda: Pomatiopsidae) infected with *Schistosoma japonicum*. Chin. J. Zoon. 29, 433–441.

Pila, E.A., Gordy, M.A., Phillips, V.K., Kabore, A.L., Rudko, S.P., Hanington, P.C., 2016a. Endogenous growth factor stimulation of hemocyte proliferation induces resistance to *Schistosoma mansoni* challenge in the snail host. Proc. Natl. Acad. Sci. U.S.A. 113, 5305–5310.

Pila, E.A., Sullivan, J.T., Wu, X.Z., Fang, J., Rudko, S.P., Gordy, M.A., Hanington, P.C., 2016b. Haematopoiesis in molluscs: A review of haemocyte development and function in gastropods, cephalopods and bivalves. Dev. Comp. Immunol. 58, 119–128.

Pila, E.A., Tarrabain, M., Kabore, A.L., Hanington, P.C., 2016c. A Novel Toll-Like Receptor (TLR) Influences Compatibility between the Gastropod *Biomphalaria glabrata*, and the Digenean Trematode *Schistosoma mansoni*. PLoS Pathog. 12, **e1005513**.

Plows, L.D., Cook, R.T., Davies, A.J., Walker, A.J., 2006. Phagocytosis by *Lymnaea stagnalis* haemocytes: A potential role for phos-phatidylinositol 3-kinase but not protein kinase A. J. Invertebr. Pathol. 91, 74–77.

Roger, T., David, J., Glauser, M.P., Calandra, T., 2001. MIF regulates innate immune responses through modulation of Toll-like receptor 4. Nature 414, 920–924.

Roger, T., Ding, X., Chanson, A.L., Renner, P., Calandra, T., 2007. Regulation of constitutive and microbial pathogen-induced human macrophage migration inhibitory factor (MIF) gene expression. Eur. J. Immunol. 37, 3509–3521.

Rosado, Jde D., Rodriguez-Sosa, M., 2011. Macrophage migration inhibitory factor (MIF): a key player in protozoan infections. Int. J. Biol. Sci. 7, 1239–1256.

Salazar, K.A., Joffe, N.R., Dinguirard, N., Houde, P., Castillo, M.G., 2015. Transcriptome analysis of the white body of the squid *Euprymna tasmanica* with emphasis on immune and hematopoietic gene discovery. PLoS One 10, 1–20.

Steinmann, P., Keiser, J., Bos, R., Tanner, M., Utzinger, J., 2006. Schistosomiasis and water resources development: systematic review, meta-analysis, and estimates of people at risk. Lancet Infect. Dis. 6, 411–425.

Sullivan, J.T., Belloir, J.A., Beltran, R.V., Grivakis, A., Ransone, K.A., 2014. Fucoidan stimulates cell division in the amebocyte-producing organ of the schistosome-transmitting snail *Biomphalaria glabrata*. J. Invertebr. Pathol. 123, 13–16.

Sullivan, J.T., Spence, J.V., Nunez, J.K., 1995. Killing of *Schistosoma mansoni* sporocysts in *Biomphalaria glabrata* implanted with amoebocyte-producing organ allografts from resistant snails. J. Parasitol. 81, 829–833.

Sun, H.W., Bernhagen, J., Bucala, R., Lolis, E., 1996. Crystal structure at 2. 6Å resolution of human macrophage migration inhibitory factor. Proc. Natl Acad. Sci. U.S.A. 93, 5191–5196.

Swope, M., Lolis, E., 1999. Macrophage migration inhibitory factor: cytokine, hormone, or enzyme?, 139 Rev. Physiol. Biochem. Pharmacol., 1–32

Swope, M., Sun, H.W., Blake, P.R., Lolis, E., 1998. Direct link between cytokine activity and a catalytic site for macrophage migration inhibitory factor. EMBO J. 17, 3534–3541.
Tamura, K., Peterson, D., Peterson, N., Stecher, G., Nei, M., Kumar, S., 2011. MEGA5: Molecular Evolutionary Genetics Analysis Using Maximum Likelihood, Evolutionary Distance, and Maximum Parsimony Methods. Mol. Biol. Evol. 28, 2731–2739.
Tang, C.T., Lu, M.K., Guo, Y., Wang, Y.N., Peng, J.Y., Wu, W.B., Li, W.H., Weimer, B.C., Chen, D., 2009. Development of larval *Schistosoma japonicum* blocked in *Oncomelania hupensis* by pre-infection with larval *Exorchis* sp. Parasitology 95, 1321–1325.
Tang, C.T., Gou, Y., Lu, M.K., Chen, D., 2012. Reactions of snail secretions and lymphocytes to *Schistosoma japonicum* larvae in *Oncomelania hupensis* pre-infected with *Exorchis* trematode. Chin. J. Zoon. 28, 97–102.
Tang, C.T., Lu, M.K., Chen, D., 2013. Comparison between the existence states of the hemo-lymphocytes in *Oncomelania hupensis* snails dually infected by larval *Exorchis mupingensis* and *Schistosoma japonicum* at different intervals. Chin. J. Zoon. 29, 735–742.
Tan, T.H., Edgerton, S.A., Kumari, R., McAlister, M.S., Roe, S.M., Nagl, S., Pearl, L.H., Selkirk, M.E., Bianco, A.E., Totty, N.F., Engwerda, C., Gray, C.A., Meyer, D.J., 2001. Macrophage migration inhibitory factor of the parasitic nematode *Trichinella spiralis*. Biochem. J. 357, 373–383.
Thompson, J.D., Higgins, D.G., Gibson, T.J., 1994. CLUSTAL W: improving the sensitivity of progressive multiple sequence alignment through sequence weighting, position-specific gap penalties and weight matrix choice. Nucleic Acids Res. 22, 4673–4680.
Turner, C., Davy, M., MacDiarmid, R., Plummer, K., Birch, N., Newcomb, R., 2006. RNA interference in the light brown apple moth, *Epiphyas postvittana* (Walker) induced by double-stranded RNA feeding. Insect. Mol. Biol. 15, 383–391.
Vergote, D., Bouchut, A., Sautière, P.E., Roger, E., Galinier, R., Rognon, A., Coustau, C., Salzet, M., Mitta, G., 2005. Characterisation of proteins differentially present in the plasma of *Biomphalaria glabrata* susceptible or resistant to *Echinostoma caproni*. Int. J. Parasitol. 35, 215–224.
Wang, B.Z., Zhang, Z.P., Wang, Y.L., Zou, Z.H., Wang, G.D., Wang, S.H., 2009. Molecular cloning and characterization of macrophage migration inhibitory factor from small abalone *Haliotis diversicolor supertexta*. Fish Shellfish Immunol. 27, 57–64.
Wang, L., Utzinger, J., Zhou, X.N., 2008. Schistosomiasis control: experiences and lessons from China. Lancet 372, 1793–1795.
Weiser, W.Y., Temple, P.A., Witek-Giannotti, J.S., Remold, H.G., Clark, S.C., David, J.R., 1989. Molecular cloning of a cDNA encoding a human macrophage migration inhibitory factor. Proc. Natl Acad. Sci. U.S.A. 86, 7522–7526.
Xu, L., Li, Y., Sun, H., Zhen, X., Qiao, C., Tian, S., Hou, T., 2013. Current developments of macrophage migration inhibitory factor (MIF) inhibitors. Drug Discovery Today 18, 592–600.
Yoshino, T.P., Coustau, C., 2011. Immunobiology of *Biomphalaria*-trematode interactions. In: Toledo, R., Fried, B. (Eds.), *Biomphalaria* Snails and Larval Trematodes. Springer, NewYork, USA, pp. 159–180.
Zhang, S.M., Zeng, Y., Loker, E.S., 2008. Expression profiling and binding properties of fibrinogen-related proteins (FREPs), plasma proteins from the schistosome snail host *Biomphalaria glabrata*. Innate Immun. 14, 175–189.
Zhao, Q.P., Xiong, T., Xu, X.J., Jiang, M.S., Dong, H.F., 2015. *De Novo* transcriptome analysis of *Oncomelania hupensis* after molluscicide treatment by next-generation sequencing: implications for biology and future snail interventions. PLoS One 10, **e0118673**.

Biological activities and functional analysis of macrophage migration inhibitory factor in *Oncomelania hupensis*, the intermediate host of *Schistosoma japonicum*

Shuaiqin Huang[a,b,*], Theerakamol Pengsakul[c], Yunchao Cao[a,b], Mingke Lu[a,b], Wenfeng Peng[a,b], Jiaojiao Lin[d], Chongti Tang[a,b], Liang Tang[a,b,**]

[a] *State Key Laboratory of Cellular Stress Biology, School of Life Sciences, Xiamen University, Xiamen, Fujian, China*
[b] *Parasitology Research Laboratory, School of Life Sciences, Xiamen University, Xiamen, Fujian, China*
[c] *Faculty of Medical Technology, Prince of Songkla University, Hat Yai, Songkhla, Thailand*
[d] *Shanghai Veterinary Research Institute, Chinese Academy of Agricultural Sciences, Key Laboratory of Animal Parasitology, Ministry of Agriculture of China, Shanghai, China*

ARTICLE INFO

Keywords:
Oncomelania hupensis
Macrophage migration inhibitory factor
Biological activities
Innate immune
ERK1/2 pathway

ABSTRACT

Schistosomiasis is a destructive parasitic zoonosis caused by agents of the genus *Schistosoma*, which afflicts more than 250 million people worldwide. The freshwater amphibious snail *Oncomelania hupensis* serves as the obligate intermediate host of *Schistosoma japonicum*. Macrophage migration inhibitory factor (MIF) has been demonstrated to be a pleiotropic immunoregulatory cytokine and a key signaling molecule involved in adaptive and innate immunity. In the present study, we obtained the full-length cDNA of OhMIF and analyzed the characteristics of the ORF and the peptide sequence in *O. hupensis*. Next we have successfully expressed and purified the recombinant OhMIF protein (rOhMIF) together with a site-directed mutant rOhMIFP2G, in which the N-terminal Proline (Pro2) was substituted by a Gly. Our results indicated that rOhMIF displayed the conserved D-dopachrome tautomerase activity which is dependent on Pro2, and this enzymatic activity can be significantly inhibited by the MIF antagonist ISO-1. Moreover, we also measured and compared the steady state kinetic values for D-dopachrome tautomerase activity of rOhMIF and rHsMIF, and the results showed that the reaction rate, catalytic efficiency and substrate affinity of rOhMIF are significantly lower than those of rHsMIF. Additionally, we also showed that rOhMIF had the oxidoreductase activity which can utilize DTT as reductant to reduce insulin. Furthermore, the results obtained from the *in vitro* injection assay demonstrated that rOhMIF and its mutant rOhMIFP2G can also induce the phosphorylation and activation of ERK1/2 pathway in *O. hupensis* circulating hemocytes, indicating that the tautomerase activity is not required for this biological function. These results are expected to produce a better understanding of the internal immune defense system in *O. hupensis*, and help to further explore the interaction between *O. hupensis* and its natural parasite *S. japoniucm*.

1. Introduction

Schistosomiasis caused by blood flukes of the genus Schistosoma remains a significant public health issue in tropical and subtropical regions, especially in those poor communities without access to safe drinking water and adequate sanitation [1,2]. Although continuous control efforts on the prevalence and prevention of human schistosomiasis have achieved remarkable advances, it is estimated that at least 250 million people in 78 countries are still suffering from this devastating disease and nearly 800 million people are at risk worldwide [3]. As the causative agent of the most virulent form of hepato-intestinal schistosomiasis, *Schistosoma japonicum* uses amphibious freshwater *Oncomelania hupensis* as its unique intermediate host [4]. Therefore, the interaction between *S. japonicum* and *O. hupensis* plays an important role in developing alternative and effective strategies for blocking this zoonotic disease transmission.

Macrophage migration inhibitory factor (MIF) is a pleiotropic immunoregulatory cytokine involved in the host antimicrobial defenses and stress responses of the innate and acquired immune systems [5]. Moreover, later investigation demonstrated that MIF is also able to manifest itself as a hormone, chemokine, or enzyme [6,7]. MIF is constitutively expressed by a broad variety of cell types and tissues that

* Corresponding author. State Key Laboratory of Cellular Stress Biology, School of Life Science, Xiamen University, Xiamen, Fujian Province, 361002, China.
** Corresponding author. State Key Laboratory of Cellular Stress Biology, School of Life Science, Xiamen University, Xiamen, Fujian Province, 361002, China.
E-mail addresses: huangshuaiqin@foxmail.com (S. Huang), tang_liang@wuxiapptec.com (L. Tang).

本文刊登于：Fish and Shellfish Immunology. 2018. 74: 133-140.

are in direct contact with the host's natural environment, and is stored in preformed cytoplasmic pools [6,8]. When the host is stimulated by microbial products, proliferative signals or hypoxia, MIF will be rapidly released in the extracellular milieu to promote proinflammatory biological functions in an autocrine, paracrine, or endocrine manner [9,10]. MIF has been shown to have the unique ability to counter-regulate the immunosuppressive effects of glucocorticoids within the immune system [11]. At the subcellular level, MIF can promote cell proliferation by inducing the transient and sustained phosphorylation and activation of the ERK/MAPK signaling pathway [12], inhibit p53-mediated cell apoptosis by suppressing NO-induced intracellular accumulation of p53 [13], and function as a negative regulator of the positive regulatory effects of JAB1 on the activity of JNK and AP1 [14]. In addition, MIF can upregulate the expression of TLR4 to facilitate the detection of endotoxin-containing bacteria and enable cells that are at the forefront of the host antimicrobial defence system to respond rapidly to invasive bacteria [15,16], and trigger G_{ai}- and integrin-dependent arrest and chemotaxis of monocytes or T cells, rapid integrin activation and calcium influx through the chemokine receptors CXCR2 or CXCR4 [17].

MIF possesses a bewildering variety of biological activities. In addition to its physiologic and pathophysiologic functions, the most unusual activity of MIF is its ability to act as an enzyme to catalyze a number of biochemical reactions [7]. It was well documented that MIF could catalyze the tautomerization of the non-natural D-dopachrome to 5,6-dihydroxyindole-2-carboxylic acid (DHICA) [18], and also catalyze the enolization of phenylpyruvate and the ketonization of p-hydroxyphenylpyruvate [19]. Moreover, MIF has been reported to catalyze the reduction of disulfides in insulin and small molecular weight substrates via transhydrogenase reactions [20]. Crystallographic studies indicate that in its active form, MIF exists as a homotrimer with three identical monomers [21], and the amino-terminal proline residue and CXXC motif are crucial for the catalytic activities [22]. Several studies reported that a functional enzyme activity of MIF may underlie some of the immunological functions, but it is still unclear whether the activity is required for its biological function [6,23].

At present, the homologues of MIF have been cloned in many species from invertebrates to vertebrates including nematodes, arthropods, mollusks, chordates, amphibians, fishes, birds and mammals [6,24,25]. In the previous study, we have shown that *O. hupensis* MIF (OhMIF) is involved in the snail host innate immune response to the parasite *S. japonicum*, and concluded that OhMIF cytokine is a crucial immune-related regulator of the complex interaction between *O. hupensis* and *S. japonicum* [26]. In this study, we have successfully expressed and purified the recombinant OhMIF protein (rOhMIF), and characterized its functional enzyme activities *in vitro*. We demonstrate that rOhMIF possesses the conserved D-dopachrome tautomerase enzymatic activity, which is dependent on N-terminal proline residue. *In vitro* characterization confirms this activity can be significantly inhibited by small molecule ligand ISO-1, which is the specific inhibitor of the mammalian MIF [27]. Moreover, the steady state kinetic values for D-dopachrome tautomerase activity of rOhMIF was measured and the oxidoreductase activity of rOhMIF was also detected. In addition, our research indicates that OhMIF is involved in inducing the phosphorylation and activation of ERK1/2 pathway, and the tautomerase activity is not required for this biological function. These results may allow us to gain more insights into the function and evolution of OhMIF.

2. Materials and methods

2.1. Biological materials

All the adult *O. hupensis* snails were obtained from a location (29°44′N, 116°03′E) in the marshland of Poyang Lake, Xingzi County, Jiangxi Province, China, and raised in containers paved with wetted rough straw paper at 23–25 °C in the Parasitology Research Laboratory, Xiamen University. The newborn snails were defined as 'negative snails' for molecular and cellular research in this study. All animal experiments were approved by the Institutional Animal Care and Use Committee and were in strict accordance with good animal practice as defined by the Xiamen University Laboratory Animal Center.

2.2. RNA extraction and cDNA synthesis

The *O. hupensis* snail bodies were isolated from their shells as described previously [28], and stored in liquid nitrogen immediately. Total RNA was extracted from negative *O. hupensis* snails pooled from five individual healthy adult snail using TRIzol Reagent (Invitrogen, USA) according to the manufacturer's directions. The isolated total RNA was dissolved in RNase-free water and quantified by measuring absorbance at 260 nm. The quality of the RNA was checked by electrophoresis using 1.2% agarose gels, and by OD260/280 analysis. After removing contaminating DNA with DNase I (TransGen, Beijing, China), 2 μg of purified total RNA was used to synthesize cDNA by using a PrimeScript® 1st Strand cDNA Synthesis Kit (TAKARA, Japan) according to the manufacturer's instructions. The cDNA was stored at −20 °C, and used for further research.

2.3. Molecular cloning of OhMIF

The complete cDNA sequence of OhMIF was obtained from the transcriptome of the freshwater snail *O. hupensis* (GenBank accession number: KY622025). The complete ORF of OhMIF was identified using the ORF Finder program from the NCBI (http://www.ncbi.nlm.nih.gov/-gorf/gorf.html). Specific primers containing *Nde*I and *Xho*I restriction sites, respectively, were designed directly against the complete OhMIF coding sequences (OhMIF-F: GGGAATTCCATATGCCAGTG ATTACAGTC; OhMIF-R: CCGCTCGAGTTGTTCTGCAATAGCTTG). Next, the entire OhMIF reading frame was amplified from *O. hupensis* cDNA under the following cycling conditions: an initial denaturation step of 5 min at 95 °C, followed by 35 cycles of 30 s at 95 °C, 30 s at 56 °C and 1 min 72 °C, plus a final extension step of 10 min at 72 °C. The fragment was then cloned into pEASY-Blunt simple cloning vector (TransGen), and sequenced. After digestion with *Nde*I and *Xho*I (NEB, USA), the recombinant sequence was inserted into the expression vector pET22b (Novagen, USA) (OhMIF construct).

2.4. Sequence analysis of OhMIF

Physical and chemical parameters of the deduced peptide of OhMIF were predicted by the ExPASy ProtParam tool (http://web.expasy.org/protparam). The SignalP 4.1 server (http://www.cbs.dtu.dk/services/SignalP/) was used to check for the presence of signal peptides. The hydrophobicity or hydrophilicity scales and the secondary structure conformational parameters scales of OhMIF sequence were assessed by using ProtScale program (http://web.expasy.org/protscale/).

2.5. Site directed mutagenesis of OhMIF

The specific primers encoding glycine instead of N-terminal proline of OhMIF were designed (OhMIFP2G-F: GAAGGAGATATACATATGGG AGTGATTACAGTCAAT AC; OhMIFP2G-R: GTATTGACTGTAATCACTC CCATATGTATATCTCCTTC) by using the PrimerX program. The OhMIF mutant construct (OhMIFP2G construct) was amplified from OhMIF construct under the following cycling conditions: an initial denaturation step of 5 min at 95 °C, followed by 20 cycles of 30 s at 95 °C, 30 s at the temperature gradient of 55 °C–65 °C and 2.5 min 72 °C, plus a final extension step of 10 min at 72 °C, at least 2 min at 4 °C. The PCR products were identified by 1% (w/v) agarose gel, then digested by DMT enzyme (TransGen) at 37 °C overnight, and transformed into *E. coli* DH5α competent cells. A positive colony was chosen and identified by sequencing.

2.6. Expression and purification of recombinant proteins

The constructed recombinant plasmids (OhMIF construct and OhMIFP2G construct) were transformed respectively into *E. coli* BL21(DE3) competent cells for protein expression. Recombinant C-terminally His-tagged full-length rOhMIF and rOhMIFP2G fusion proteins were induced by isopropyl β-D-1-thiogalactopyrano-side (IPTG) to a final concentration of 0.8 mM at 25 °C for overnight. Next, souble recombinant proteins were purified from cell lysates by using Ni Sepharose™ HP (GE healthcare, Sweden) according to the manufacturer's instructions. The purified proteins were separated and identified by 12% SDS-PAGE gels staining with coomassie blue, dialyzed against endotoxin-free PBS overnight, and then concentrated by ultrafiltration using Amicon Ultra [15 ml, 10KD] (Millipore, USA). The concentration of the proteins were determined by using the BCA assay kit (Sangon Biotech, China).

2.7. Western blot analysis on purified rOhMIF

The purified rOhMIF were collected, boiled and separated on 12% acrylamide gels and eletrotransferred to a PVDF membrane with 0.22 μm pore size. After blocking with 5% (wt/vol) skimmed milk prepared in TBS-T buffer for 4 h at room temperature, the membranes were probed with the primary antibodies including anti-OhMIF polyclonal serum [26] or anti-His-tag polyclonal serum (Sangon Biotech) at 1:2000 dilution overnight at 4 °C. After washed three times with TBS-T buffer, the membranes were stained with the horseradish peroxidase (HRP)-conjugated goat anti-rabbit IgG antibody (Santa Cruz, USA) at 1:2000 dilution for 2 h at room temperature. Detection was accomplished using the ECL Western blotting system (Bio-Rad, USA) according to the manufacturer's recommendations. Rabbit anti-β-actin antibody (1:2000, Abcam, UK) was used as a control screen to normalize protein loading.

2.8. D-dopachrome tautomerase assay

Tautomerase activity was assessed and measured using D-dopachrome tautomerase assay as described previously [22]. Briefly, L-dopachrome methyl ester fresh solution was prepared by mixing 4 mM L-3,4-dihydroxyphenylalanine methyl ester (Sigma, USA) with 8 mM sodium periodate for 5 min at room temperature and then placed directly on ice for 20 min before use. Activity was determined at 30 °C by adding the substrate to a cuvette containing 300 nm rOhMIF, rOhMIFP2G or a commercial human MIF (rHsMIF) (Sangon Biotech), in 25 mM potassium phosphate buffer pH 6.0, 0.5 mM EDTA. The inhibitory effect of ISO-1 (Merck, Germany) was determined by preincubating 100 nm rOhMIF with ISO-1 dissolved in DMSO at various concentrations prior to addition of the dopachome. The decrease in absorbance at 475 nm was measured for 12 min using a POLARstar Omega automated Multiscan Spectrum (BMG LABTECH GmBH, Germany). The steady state kinetic values for the D-dopachrome tautomerase activity of rOhMIF and rHsMIF were obtained using Lineweaver-Burk plot method [23].

2.9. Oxidoreductase assay of rOhMIF

The enzymatic oxidoreductase activity of rOhMIF was measured using an insulin disulfide reduction assay as described previously [29]. Accordingly, a fresh solution was prepared by mixing 100 mM potassium phosphate (pH 7.0), 1 mM EDTA (pH 8.0), 340 μM bovine insulin (Sigma, USA), and 100 nM rOhMIF or 200 nM rOhMIF or medium. The assay was initiated by the addition of 1 mM dithiothreitol (DTT) and the absorbance at 630 nm was measured at 5-min interval for 70 min by using a POLARstar Omega automated Multiscan Spectrum (BMG LABTECH GmBH). Quantification of the absorbance value was performed by taking the means of three independent experiments.

2.10. Western blot detection of ERK1/2

The healthy negative *O. hupensis* snails were divided into four groups and each group has five snails, then they were injected with 10 μl different solutions (rOhMIF, rOhMIFP2G, PMA or protein) respectively according to the previous study [30]. The circulating hemocytes of *O. hupensis* were isolated from different experimental snails at 2 days post injection. Next, total proteins of the collected hemocytes were extracted using a Tissue or Cell Total Protein Extraction Kit (Sangon Biotech) according to the manufacturer's instructions, then separated on 12% acrylamide gels and eletrotransferred to a PVDF membrane with 0.45 μm pore size. Blocking was done in 5% (wt/vol) skimmed milk prepared in TBS-T buffer for 4 h at room temperature before probing with the primary antibodies including anti-phospho-p44/42 MAPK (Erk1/2) (Thr202/Tyr204) or anti-p44/42 MAPK (Erk1/2) (CST, USA) at 1:2000 dilution at 4 °C overnight. After washed three times with TBS-T buffer, the membrane was stained with the horseradish peroxidase (HRP)-conjugated goat anti-rabbit IgG antibody (Santa Cruz) at 1:2000 dilution for 2 h at room temperature. Detection was accomplished using the ECL Western blotting system (Bio-Rad) according to the manufacturer's recommendations.

2.11. Statistical analysis

Data are shown as means ± S.E.M. Statistically significant differences were determined by using one-way ANOVA and then Post Hoc Multiple Comparisons (Dunnett test) performed using SPSS 22.0. The statistical significance threshold was set at $P < 0.05$.

3. Results

3.1. Expression and purification of rOhMIF

The full-length cDNA sequence and predicted amino acid sequence of OhMIF were shown in Fig. 1A. The recombinant plasmid OhMIF-pET22b containing the entire ORF of OhMIF was successfully constructed, then transformed and expressed in *E. coli* BL21 system. After induction by IPTG, the whole cell lysates were collected and separated by SDS-PAGE staining with coomassie blue. The results showed that a distinct band with a molecular weight of around 15.85 kDa was detected in the total lysate and the supernatant of BL21 bearing rOhMIF, which was consistent with the predicted molecular mass of the C-terminally His-tagged rOhMIF, but not observed in the inclusion bodies of BL21 bearing rOhMIF (Fig. 1B). Then the purified rOhMIF with only single target band was successfully obtained by immobilized metal affinity chromatography (Ni Sepharose™ HP), and identified by SDS-PAGE. Additionally, the purified rOhMIF was detected by western blotting with the anti-OhMIF polyclonal antibody as well as with a commercial anti-His-tag antibody (Fig. 1C), suggesting that the rOhMIF was purified as expected.

3.2. rOhMIF displays the D-dopachrome tautomerase activity depending on Pro2

In order to examine the tautomerase activity of rOhMIF *in vitro*, we expressed it in *E. coli* system together with a site-directed mutant rOhMIFP2G, in which the N-terminal Proline (Pro2) was substituted by a Gly (Fig. 2). After the expression and purification of the recombinant proteins (rOhMIF and rOhMIFP2G), we performed the tautomerase activity assay with L-dopachrome methyl ester as substrate [22] using rOhMIF, rOhMIFP2G, rHsMIF (positive control) and medium (negative control). The results showed that rOhMIF displayed significantly D-dopachrome tautomerase activity comparable to that of the human recombinant MIF protein (rHsMIF) [18] and that, as expected, but the rate of enzymatic reaction was not higher that of rHsMIF (Fig. 3A). However, we observed that the mutant rOhMIFP2G did not have any

A

```
GCAAGAAGCCTTTGAACTGTATACAGCTATAGTACAAACGTTACAAGTCAG
CGGCTTATCATACTCGGAAAGAGACAACGTAGATTCGAGCGTGCTTTTAGG
AAATATAAGGGAGCATAGGAATAGCTGTGAAAAGTTGAAAATGCCAGTGAT
                                              M P V I
TACAGTCAATACTAACGTGGCTGAGAAATCGATCCCAGTCTTCTTCCAAGC
  T  V  N  T  N  V  A  E  K  S  I  P  V  F  F  Q  A
TGCTCTCACCAACATGATGACAAAAGCTTTGCAGAAACCGAAAGAGGTGA
  A  L  T  N  M  M  T  K  A  L  Q  K  P  K  E  V
TGTTCGTGGATCTGCGATCAGGAGCTAACATAATGATGGGAGGGGACAGGA
M  F  V  D  L  R  S  G  A  N  I  M  M  G  G  D  R
ATCCCTGTGTGTTCGCCACAGTGGAATGCATCGGCCGTCTCAACCCCACCA
N  P  C  V  F  A  T  V  E  C  I  G  R  L  N  P  T
GTAACCTTGCCATGGCTCGGGATATGGAGGACATGTTTATTGAGCACCTCAA
S  N  L  A  M  A  R  D  M  E  D  M  F  I  E  H  L  K
AATTAGGCGAGAGAGGATTGTCATTCGCTTCATCCCAGTGCCAGCGTTGTT
  I  R  R  E  R  I  V  I  R  F  I  P  V  P  A  L  F
CTGTTCTTTCAACGGTGCCCTTCATGACGTCAGCATAGAACGCGATGAAGA
  C  S  F  N  G  A  L  H  D  V  S  I  E  R  D  E  D
CATCAACTCGCAAGCTATTGCAGAACAATGAAAAGCTTATACACATTGCCT
  I  N  S  Q  A  I  A  E  Q  *
ACAGCAGTATG
```

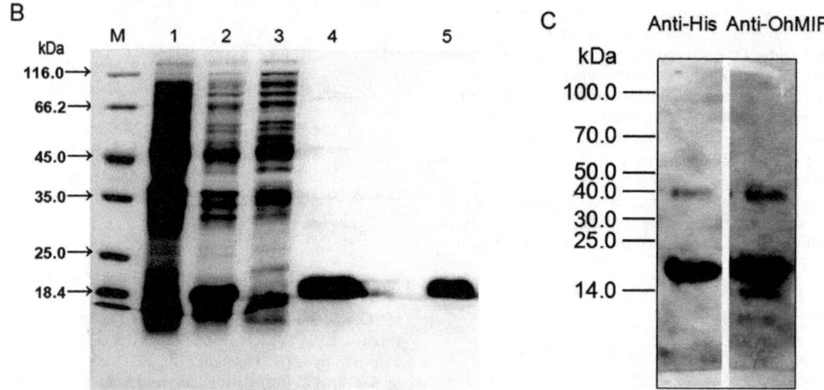

Fig. 1. Expression, purification and identification of recombinant OhMIF. (A) Full-length cDNA sequence and predicted amino acid sequence of OhMIF. The initiation codon (ATG) and the terminator codon (TAG) are bold. The tautomerase catalytic-sites proline residue (P2) and the oxidoreductase catalytic motif (CXXC) are underlined. (B) Prokaryotic expression and purification of rOhMIF. M: protein size marker; Lane 1: total protein; Lane 2: supernatant; Lane 3: sedimentation; Lane 4: first eluate fractions; Lanes 5: purified rOhMIF protein. (C) Identification of purified rOhMIF by western blot. Purified rOhMIF was identified by western blot with an anti-His-tag antibody (Lanes 1) and an anti-serum against rOhMIF (Lanes2).

detectable tautomerase activity (Fig. 3A). This phenomenon further emphasises on the requirement of Pro2 residue in the maintenance of tautomerase activity in rOhMIF and other MIF family members [22]. In addition, we also conducted an inhibition assay using the MIF antagonist ISO-1, which is the specific inhibitor of mammalian MIF [27], the results indicated that the D-dopachrome tautomerase activity of rOhMIF can be significantly inhibited by more than 97% at both doses (100 μM or 200 μM) (Fig. 3B).

3.3. Steady state kinetic values for the D-dopachrome tautomerase activity of rOhMIF

In order to investigate the characterization of rOhMIF and rHsMIF tautomerase activity in detail, we also measured and compared the enzymatic kinetic values for D-dopachrome tautomerase of rHsMIF (Fig. 4A) and rOhMIF (Fig. 4B) using the Lineweaver-Burk plot method [23]. The Vmax of rOhMIF is 1.39-fold less than that of rHsMIF, but the Km value of rOhMIF is 1.4-fold higher than that of rHsMIF, and the Kcat of rOhMIF is 1.41-fold less than that of rHsMIF, in the meanwhile the substrate specificity index (kcat/Km) of rHsMIF is 1.96-fold higher than that of rOhMIF (Table 1). The results demonstrated that the substrate affinity of rHsMIF on L-dopachrome methyl ester, the enzymatic reaction rate and the catalytic efficiency of D-dopachrome tautomerase are higher than those of rOhMIF.

3.4. Oxidoreductase activity of rOhMIF

In vertebrates, mammalian MIF has oxidoreductase activity to reduce insulin using GSH as reductant [20]. However, some studies reported that *Pinctada fucata* MIF (rPoMIF) [25] and *Branchiostoma belcheri tsingtaunese* MIF (rBbtMIF) [31] could utilize DTT instead of GSH as reductant to reduce insulin. Therefore, we conducted an insulin disulfide reduction assay [29] which was initiated by the addition of DTT to test the oxidoreductase activity of rOhMIF. The results showed that rOhMIF presented significantly the oxidoreductase activity comparable to control group and could utilize DTT as reductant to reduce insulin (Fig. 5). Moreover, we can also observe that the enzymatic reaction rate of 200 nM rOhMIF is higher than that of 100 nM rOhMIF (Fig. 5).

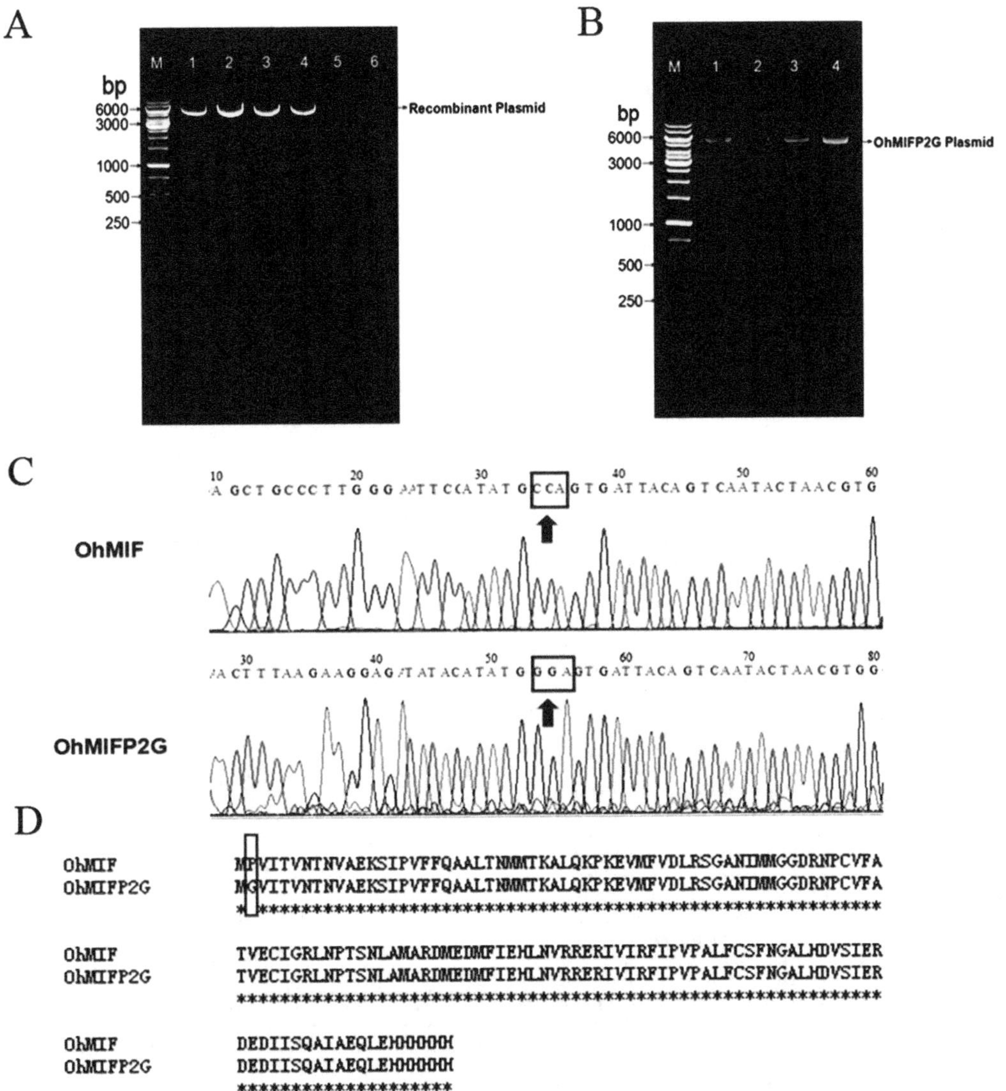

Fig. 2. Site-directed mutant of rOhMIF amino acid sequence. (A) Site-directed mutant PCR of recombinant plasmid OhMIF-pET22b of annealing temperature gradient. M: DNA size marker; Lanes 1–6: PCR products, 55.7, 57.0, 59.0, 61.4, 63.3, 64.5 °C. (B) Identification of recombinant plasmid OhMIFP2G-pET22b. (C) Comparision of the DNA sequences of recombinant plasmids OhMIF-pET22b and OhMIFP2G-pET22b. (D) Comparision of the deduced amino acid sequences of recombinant proteins OhMIF and OhMIFP2G.

3.5. The tautomerase activity of rOhMIF is not required for its biological function on the activation of ERK1/2 pathway

Some studies of intracellular signaling events showed that MIF can induce the rapid and sustained phosphorylation and activation of ERK1/2 pathway [9,12], and this biological function is associated with many biochemical processes including cell proliferation [6,24], cell apoptosis [13,24] and cell survival [32]. In order to detect and assess whether rOhMIF can also activate ERK1/2 signaling pathway like mammalian MIF, we used the purified rOhMIF, PMA (positive control) and Ohtubulin (negative control) to treat *O. hupensis* by injection [30] and the hemocyte lysates were examined by Western blot analysis using phospho-specific anti-ERK antibodies. The results showed that rOhMIF can also induce the phosphorylation and activation of ERK1/2 pathway as expected (Fig. 6). In addition, the *O. hupensis* were also injected with rOhMIFP2G in same concentration and detected by Western blot as described above. The results demonstrated that rOhMIFP2G can also activate the ERK1/2 pathway like rOhMIF (Fig. 6), indicating that the

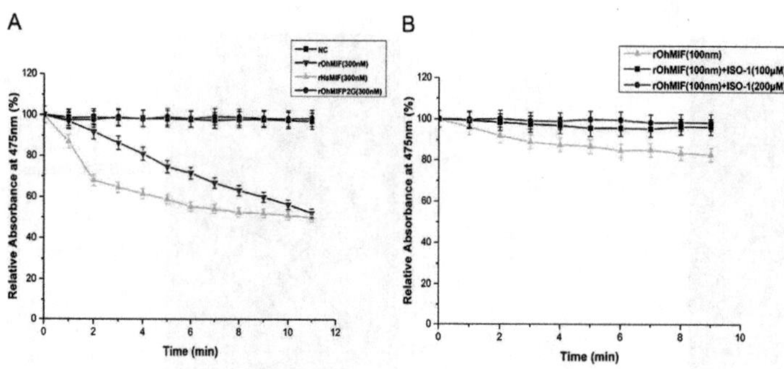

Fig. 3. D-dopachrome tautomerase activity of rOhMIF. (A) Analysis of D-dopachrome tautomerase enzymatic activity measured by loss in absorbance at 475 nm with L-dopachrome methyl ester as substrate for 300 nM wild-type rOhMIF and mutated rOhMIFP2G. Human MIF (rHsMIF) at the same concentration was used as positive control, medium was used as negative control (NC). (B) Inhibition of rOhMIF D-dopachrome tautomerase activity by MIF antagonist ISO-1. D-dopachrome tautomerase activity was measured by loss in absorbance at 475 nm with L-dopachrome methyl ester as substrate for 100 nM rOhMIF preincubated with 100 μM or 200 μM ISO-1. Results shown are the means ± S.E.M. of three independent experiments.

functional tautomerase activity of rOhMIF is not required for this biological function.

Table 1

Steady state kinetic values for D-dopachrome tautomerase activity of rHsMIF and rOhMIF.

	rHsMIF	rOhMIF
K_m (mM)	0.71 ± 0.02	0.99 ± 0.02
V_{max} (μM/s)	1.03 ± 0.10	0.74 ± 0.10
K_{cat} (s^{-1})	10.4	7.4
K_{cat}/K_m ($mM^{-1}s^{-1}$)	14.65	7.47

4. Discussion

Schistomiasis is a destructive neglected tropical disease which greatly threatens human health [1,33]. The causative agent of hepato-intestinal schistosomiasis, *S. japonicum* has a complex life cycle and uses the freshwater snail *O. hupensis* as its unique intermediate host for amplification and development [34,35]. Therefore, the interaction between the two plays an important role in the transmission and prevention of schistosomiasis. However, there are very few studies which were presently available about the molecular and cellular mechanisms involved in the *O. hupensis* snail internal defense response to *S. japonicum* larve. In our previous study, we have detected the distribution of OhMIF in various tissues and circulating hemocytes of *O. hupensis*, and investigated the involvement of OhMIF cytokine in the innate immune response to the parasite *S. japonicum* [26]. Here, we showed that the expression and purification of rOhMIF and its biological activities *in vitro*.

MIF is a highly conserved protein and has been found in various species [36,37]. In the present study, we have successfully expressed and purified the recombinant OhMIF protein from the freshwater snail *O. hupensis* (Fig. 1), which is the obligate intermediate host for *S. japonicum*. OhMIF contains the N-terminal catalytic proline (Pro2) that is exposed by cleavage of the initiating methionine and is also conserved in all the reported MIF family members [26]. Moreover, it is well documented that the Pro2 is very crucial for the enzymatic tautomerase activity, which is a hallmark of MIF family [22,38]. Our data obtained with the rOhMIF and its mutant rOhMIFP2G demonstrated that rOhMIF displays the conserved D-dopachrome tautomerase activity dependent on the Pro2 residue (Figs. 2 and 3A). In addition, the results indicated that this enzymatic activity can be significantly inhibited by ISO-1 (Fig. 3B), which is the specific inhibitor of MIF tautomerase activity and can interact with the catalytic active site residues of mammalian MIF

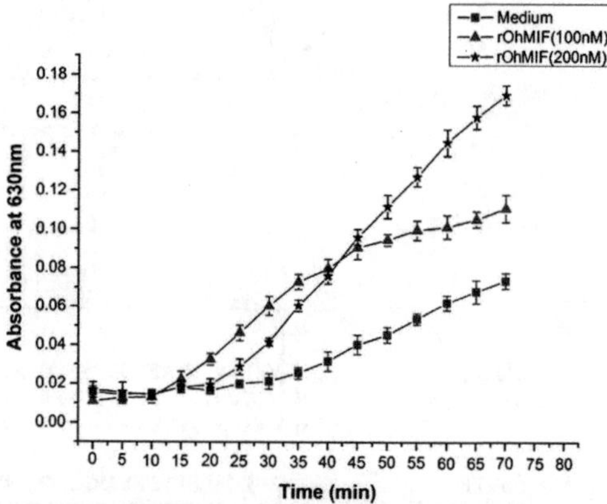

Fig. 5. Detection of the oxidoreductase activity of rOhMIF. The enzymatic activity of rOhMIF (100 nM or 200 nM) was respectively measured by insulin-disulfide reduction assay. Medium was used as negative control. All assays were initiated by adding 5 μM DTT and the absorbances at 650 nm were recorded. Results shown are the means ± S.E.M. of three independent experiments.

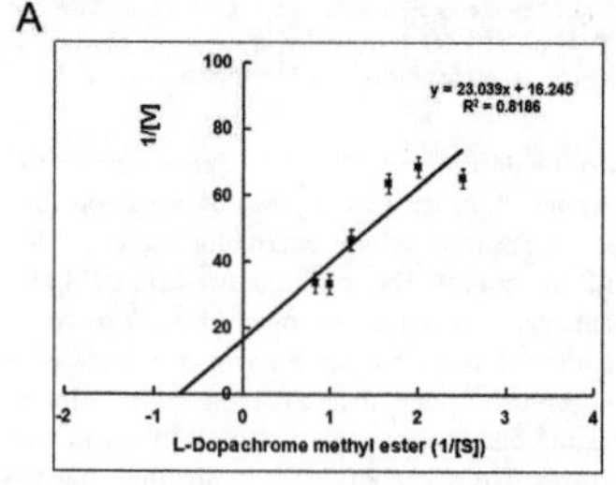

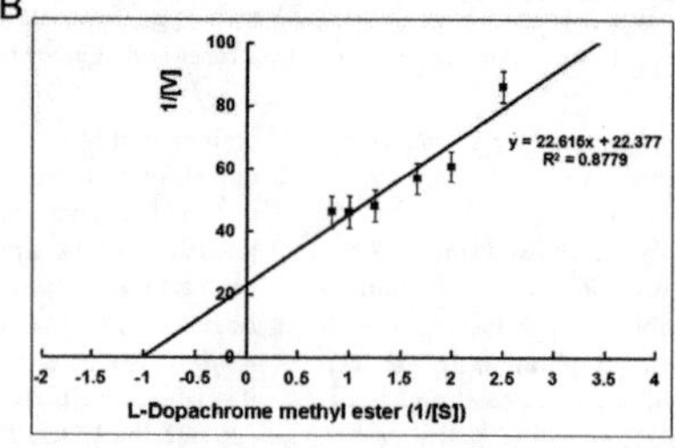

Fig. 4. Measurement of enzymatic kinetics of rOhMIF D-dopachrome tautomerase activity. (A) Measurement of Km and Vmax for rHsMIF using Lineweaver-Burk plot. Results shown are the means ± S.E.M. of three independent experiments. B: Measurement of Km and Vmax for rOhMIF using Lineweaver-Burk plot. Results shown are the means ± S.E.M. of three independent experiments.

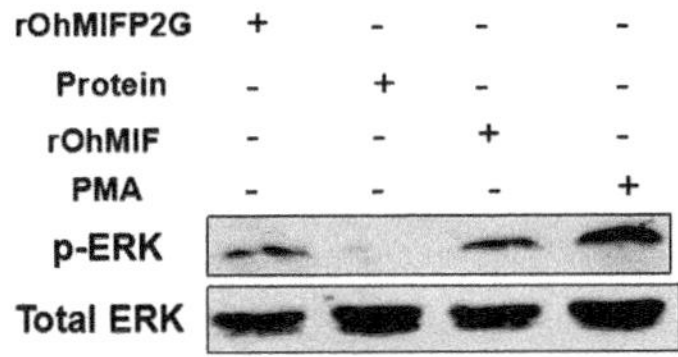

Fig. 6. Detection of the phosphorylation and activation of ERK1/2. Immunoblotting of circulating hemocytes lysates isolated from different *O. hupensis* samples (injected with rOhMIFP2G, protein, rOhMIF or PMA) using an anti-phosphorylated ERK1/2 antibody (p-ERK) and an anti-ERK1/2 antibody for control of total ERK content (Total ERK).

[27,36], suggesting that the catalytic active site of OhMIF is conserved. However, the exact crystallographic and structural mechanisms involved in the interaction between rOhMIF and ISO-1 have not yet been clarified and need to be further investigated.

The enzyme kinetics can reveal the catalytic mechanism of an enzyme, its characteristic and role in metabolism, how its activity can be controlled, and how an inhibitor or agonist might interact with it [39]. Therefore, studying an enzyme's kinetics plays an important role in understanding its biological activity and investigating its function in metabolism or signaling pathway. Here, the results showed that the steady state kinetic values for D-dopachrome tautomerase of rOhMIF and rHsMIF (Fig. 4 and Table 1), indicating that the reaction rate, catalytic efficiency and substrate affinity of rOhMIF are significantly lower than those of rHsMIF.

In vertebrates, mammalian MIF has oxidoreductase activity [20], which plays an important role in MIF-mediated immune cell functions including promoting the activation of monocyte/macrophage, eliminating redundant peroxide in immune responses and preventing NO-induced apoptosis mediated by the oxidative burst or p53 in innate immune response [13,40–42]. In the present study, we showed that rOhMIF displayed the oxidoreductase activity which can utilize DTT as reductant to reduce insulin (Fig. 5). These results were similar to rPoMIF and rBbtMIF [25,31], but were different from the oxidoreductase activity of mammalian MIF which can utilize GSH instead of DTT as reductant to reduce insulin [20]. Additionally, in mammals, there are two conserved cysteines (Cys57and Cys60) in CXXC motif which mediated oxidoreductase activity of MIF [43]. However, we found that the latter cysteine (Cys60) residue was substituted by an Ala in CXXC motif of OhMIF (Fig. 1A), this phenomenon was also present in other MIFs, such as fishes and nematodes [25,44]. The differences encouraged us to suggest that the action mechanism involved in this enzymatic activity of MIFs might be different, probably due to the structural differentiation during the evolution from invertebrates to vertebrates. However, all the hypotheses need to be further researched and proved.

Mammalian MIF can activate the ERK/MAPK signaling pathway through the rapid and sustained phosphorylation of ERK1/2 [12]. In mollusks, MIF from *Biomphalaria glabrata*, which is the intermediate host of *Schistosoma mansoni*, has also been proved to have this biological function [24]. Using the *in vitro* injection assay, we demonstrated that in this work both rOhMIF and its mutant rOhMIFP2G can also induce the phosphorylation and activation of ERK1/2 pathway in *O. hupensis* circulating hemocytes (Fig. 6). This result indicated that OhMIF has this conserved biological function, which does not require the tautomerase activity. At present, the relative reports showed that it is still unclear whether the enzymatic activity of MIF is required for its biological function, and need to be explored in more detail.

Taken together, the results presented in this work demonstrated that OhMIF has many biological activities including (a) the conserved D-dopachrome tautomerase enzymatic activity dependent on the Pro2 residue, (b) the oxidoreductase activity which can utilize DTT as reductant to reduce insulin and (c) promoting the phosphorylation and activation of ERK1/2. Moreover, the steady state kinetic values for its D-dopachrome tautomerase have also been measured and analyzed. We also discovered that the tautomerase activity of rOhMIF is not required for its biological function on the activation of ERK1/2 pathway. This work will pave the way towards a better understanding of the molecular and cellular mechanisms involved in the *O. hupensis* snail immune defense response to its natural parasite *S. japonicum*.

Acknowledgements

This research was funded by the National Natural Science Foundation of China (No. 31270938). We sincerely appreciate the continuous support and assistance of the staff at Schistosomiasis Control Station, Xingzi County, Jiujiang City, Jiangxi Province, China, in field collection of experimental *O. hupensis* snails.

References

[1] D.G. Colley, A.L. Bustinduy, W.E. Secor, C.H. King, Human schistosomiasis, Lancet 383 (2014) 2253–2264.
[2] P.F. Cai, G.N. Gobert, H. You, D.P. McManus, The Tao survivorship of schistosomes: implications for schistosomiasis control, Int. J. Parasitol. 46 (7) (2016) 453–463.
[3] J. Xu, Q. Yu, L.A.T. Tchuenté, R. Bergquist, M. Sacko, J. Utzinger, D.D. Lin, K. Yang, L.J. Zhang, Q. Wang, S.Z. Li, J.G. Guo, X.N. Zhou, Enhancing collaboration between China and African countries for schistosomiasis control, Lancet Infect. Dis. 16 (2016) 376–383.
[4] X.N. Zhou, R. Bergquist, L. Leonardo, G.J. Yang, K. Yang, M. Sudomo, R. Olveda, Schistosomiasis japonica control and research needs, Adv. Parasitol. 72 (2010) 145–178.
[5] P. Renner, T. Roger, T. Calandra, Macrophage migration inhibitory factor: gene polymorphisms and susceptibility to inflammatory diseases, Clin. Infect. Dis. 41 (2005) S513–S519.
[6] T. Calandra, T. Roger, Macrophage migration inhibitory factor: a regulator of innate immunity, Nat. Rev. Immunol. 3 (2003) 791–800.
[7] M. Swope, E. Lolis, Macrophage migration inhibitory factor: cytokine, hormone, or enzyme? Rev. Physiol. Biochem. Pharmacol. (1999) 1–32.
[8] T. Calandra, J. Bernhagen, R.A. Mitchell, R. Bucala, The macrophage is an important and previously unrecognized source of macrophage migration inhibitory factor, J. Exp. Med. 179 (6) (1994) 1895–1902.
[9] L. Leng, C.N. Metz, Y. Fang, J. Xu, S. Donnelly, J. Baugh, T. Delohery, Y.B. Chen, R.A. Mitchell, R. Bucala, MIF signal transduction initiated by binding to CD74, J. Exp. Med. 197 (11) (2003) 1467–1476.
[10] T. Roger, X. Ding, A.L. Chanson, P. Renner, T. Calandra, Regulation of constitutive and microbial pathogen-induced human macrophage migration inhibitory factor (MIF) gene expression, Eur. J. Immunol. 37 (12) (2007) 3509–3521.
[11] T. Calandra, J. Bernhagen, C.N. Metz, L.A. Spiegel, M. Bacher, T. Donnelly, A. Cerami, R. Bucala, MIF as a glucocorticoid-induced modulator of cytokine production, Nature 377 (6544) (1995) 68–71.
[12] H. Lue, A. Kapurniotu, G. Fingerle-Rowson, T. Roger, L. Leng, M. Thiele, T. Calandra, R. Bucala, J. Bernhagen, Rapid and transient activation of the ERK MAPK signalling pathway by macrophage migration inhibitory factor (MIF) and dependence on JAB1/CSN5 and Src kinase activity, Cell. Signal. 18 (2006) 688–703.
[13] J.D. Hudson, M.A. Shoaibi, R. Maestro, A. Carnero, G.J. Hannon, D.H. Beach, A proinflammatory cytokine inhibits p53 tumor suppressor activity, J. Exp. Med. 190 (1999) 1375–1382.
[14] R. Kleemann, A. Hausser, G. Geiger, R. Mischke, A. Burger-Kentischer, O. Flieger, F.J. Johannes, T. Roger, T. Calandra, A. Kapurniotu, M. Grell, D. Finkelmeier, H. Brunner, J. Bernhagen, Intracellular action of the cytokine MIF to modulate AP-1 activity and the cell cycle through Jab1, Nature 408 (2000) 211–216.
[15] T. Roger, J. David, M.P. Glauser, T. Calandra, MIF regulates innate immune responses through modulation of Toll-like receptor 4, Nature 414 (2001) 920–924.
[16] J. Bernhagen, T. Calandra, R.A. Mitchell, S.B. Martin, K.J. Tracey, W. Voelter, K.R. Manogue, A. Cerami, R. Bucala, MIF is a pituitary-derived cytokine that potentiates lethal endotoxaemia, Nature 365 (6448) (1993) 756–759.
[17] J. Bernhagen, R. Krohn, H.Q. Lue, J.L. Gregory, A. Zernecke, R.R. Koenen, M. Dewor, I. Georgiev, A. Schober, L. Leng, T. Kooistra, G. Fingerle-Rowson, P. Ghezzi, R. Kleemann, S.R. McColl, R. Bucala, M.J. Hickey, C. Weber, MIF is a noncognate ligand of CXC chemokine receptors in inflammatory and atherogenic cell recruitment, Nat. Med. 13 (2007) 587–596.
[18] E. Rosengren, R. Bucala, P. Aman, L. Jacobsson, G. Odh, C.N. Metz, H. Rorsman, The immunoregulatory mediator macrophage migration inhibitory factor (MIF) catalyzes a tautomerization reaction, Mol. Med. 2 (1) (1996) 143–149.
[19] E. Rosengrena, P. Amanb, S. Thelinb, C. Hanssonc, S. Ahlforsc, P. Björkd, L. Jacobssona, H. Rorsman, The macrophage migration inhibitory factor MIF is a phenylpyruvate tautomerase, FEBS Lett. 417 (1) (1997) 85–88.
[20] R. Kleemann, A. Kapurniotu, R.W. Frank, A. Gessner, R. Mischke, O. Flieger, S. Jüttner, H. Brunner, J. Bernhagen, Disulfide analysis reveals a role for macrophage migration inhibitory factor (MIF) as a thiol-protein oxidoreductase, J. Mol. Biol. 280 (1) (1998) 85–102.
[21] H.W. Sun, J. Bernhagen, R. Bucala, E. Lolis, Crystal structure at 2.6-Å resolution of

human macrophage migration inhibitory factor, Proc. Natl Acad. Sci. U.S.A 93 (11) (1996) 5191–5196.
[22] M. Swope, H.W. Sun, P.R. Blake, E. Lolis, Direct link between cytokine activity and a catalytic site for macrophage migration inhibitory factor, EMBO J. 17 (13) (1998) 3534–3541.
[23] G. Fingerle-Rowson, D.R. Kaleswarapu, C. Schlander, N. Kabgani, T. Brocks, N. Reinart, R. Busch, A. Schütz, H. Lue, X. Du, A. Liu, H. Xiong, Y. Chen, A. Nemajerova, M. Hallek, J. Bernhagen, L. Leng, R. Bucala, A tautomerase-null Macrophage Migration Inhibitory Factor (MIF) gene Knock-In mouse model reveals that protein interactions and not enzymatic activity mediate MIF-dependent growth regulation, Mol. Cell Biol. 29 (7) (2009) 1922–1932.
[24] A. Baeza Garcia, R.J. Pierce, B. Gourbal, E. Werkmeister, D. Colinet, J.M. Reichhart, C. Dissous, C. Coustau, Involvement of the cytokine MIF in the snail host immune response to the parasite *Schistosoma mansoni*, PLoS Pathog. 6 (9) (2010) e10011156.
[25] S.G. Cui, D.C. Zhang, S.G. Jiang, H.L. Pu, Y.T. Hu, H.Y. Guo, M.Q. Chen, T.F. Su, C.Y. Zhu, A macrophage migration inhibitory factor like oxidoreductase from pearl oyster *Pinctada fucata* involved in innate immune responses, Fish Shellfish Immunol. 31 (2) (2011) 173–181.
[26] S.Q. Huang, Y.C. Cao, M.K. Lu, W.F. Peng, J.J. Lin, C.T. Tang, L. Tang, Identification and functional characterization of *Oncomelania hupensis* macrophage migration inhibitory factor involved in the snail host innate immune response to the parasite *Schistosoma japonicum*, Int. J. Parasitol. 47 (8) (2017) 485–499.
[27] J.B. Lubetsky, A. Dios, J.L. Han, B. Aljabari, B. Ruzsicska, R. Michell, E. Lolis, Y. Al-Abed, The tautomerase active site of macrophage migration inhibitory factor is a potential target for discovery of novel anti-inflammatory agents, J. Biol. Chem. 277 (28) (2002) 24976–24982.
[28] H.M. Peng, S.L. Zhou, A novel method of crushing shells of *Oncomelania* snails. Chin, J. Schisto. Contol 22 (2010) 518.
[29] A. Holmgren, Thioredoxin catalyzes the reduction of insulin disulfides by dithiothreitol and dihydrolipoamide, J. Biol. Chem. 254 (19) (1979) 9627–9632.
[30] E.A. Pila, M.A. Gordy, V.K. Phillips, A.L. Kabore, S.P. Rudko, P.C. Hanington, Endogenous growth factor stimulation of hemocyte proliferation induces resistance to *Schistosoma mansoni* challenge in the snail host, Proc. Natl. Acad. Sci. U.S.A 113 (19) (2016) 5305–5310.
[31] J.C. Du, Y.H. Yu, H.B. Tu, H.P. Chen, X.J. Xie, C.Y. Mou, K.X. Feng, S.C. Zhang, A.L. Xu, New insights on macrophage migration inhibitory factor: based on molecular and functional analysis of its homologue of Chinese amphioxus, Mol. Immunol. 43 (13) (2006) 2083–2088.
[32] H. Lue, M. Thiele, J. Franz, E. Dahl, S. Speckgens, L. Leng, G. Fingerle-Rowson, R. Bucala, B. Lüscher, J. Bernhagen, Macrophage migration inhibitory factor (MIF) promotes cell survival by activation of the Akt pathway and role for CSN5/JAB1 in the control of autocrine MIF activity, Oncogene 26 (2007) 5046–5059.
[33] G. Rinaldi, H.B. Yan, R. Nacif-Pimenta, P. Matchimakul, J. Bridger, V.H. Mann, M.J. Smout, P.J. Brindley, M. Knight, Cytometric analysis, genetic manipulation and antibiotic selection of the snail embryonic cell line Bge from *Biomphalaria glabrata*, the intermediate host of *Schistosoma mansoni*, Int. J. Parasitol. 45 (8) (2015) 527–535.
[34] L. Wang, J. Utzinger, X.N. Zhou, Schistosomiasis control: experiences and lessons from China, Lancet 372 (9652) (2008) 1793–1795.
[35] Q.P. Zhao, T. Xiong, X.J. Xu, M.S. Jiang, H.F. Dong, De Novo transcriptome analysis of *Oncomelania hupensis* after molluscicide treatment by next-generation sequencing: implications for biology and future snail interventions, PLoS One 10 (3) (2015) e0118673.
[36] L. Xu, Y. Li, H. Sun, X. Zhen, C. Qiao, S. Tian, T. Hou, Current developments of macrophage migration inhibitory factor (MIF) inhibitors, Drug Discov. Today 18 (11–12) (2013) 592–600.
[37] Jde.D. Rosado, M. Rodriguez-Sosa, Macrophage migration inhibitory factor (MIF): a key player in protozoan infections, Int. J. Biol. Sci. 7 (9) (2011) 1239–1256.
[38] K. Bendrat, Y. Al-Abed, D.J. Callaway, T. Peng, T. Calandra, C.N. Metz, R. Bucala, Biochemical and mutational investigations of the enzymatic activity of macrophage migration inhibitory factor, Biochemistry 36 (49) (1997) 15356–15362.
[39] E. Seibert, T.S. Tracy, Fundamentals of enzyme kinetics, Meth. Mol. Biol. 1113 (2014) 9–22.
[40] T. Michael, B. Jürgen, Link between macrophage migration inhibitory factor and cellular redox regulation, Antioxidants Redox Signal. 7 (9–10) (2005) 1234–1248.
[41] T. Calandra, Macrophage migration inhibitory factor and host innate immune responses to microbes, Scand. J. Infect. Dis. 35 (9) (2003) 573–576.
[42] M.T. Nguyen, H. Lue, R. Kleemann, M. Thiele, G. Tolle, D. Finkelmeier, E. Wagner, A. Braun, J. Bernhagen, The cytokine macrophage migration inhibitory factor reduces pro-oxidative stress-induced apoptosis, J. Immunol. 170 (6) (2003) 3337–3347.
[43] R. Kleemann, A. Kapurniotu, R. Mischke, J. Held, J. Bernhagen, Characterization of catalytic centre mutants of macrophage migration inhibitory factor (MIF) and comparison to Cys81Ser MIF, Eur. J. Biochem. 261 (3) (1999) 753–766.
[44] T.H. Tan, S.A. Edgerton, R. Kumari, M.S. McAlister, S.M. Roe, S. Nagl, L.H. Pearl, M.E. Selkirk, A.E. Bianco, N.F. Totty, C. Engwerda, C.A. Gray, D.J. Meyer, Macrophage migration inhibitory factor of the parasitic nematode *Trichinella spiralis*, Biochem. J. 357 (2) (2001) 373–383.

钉螺感染目平外睾吸虫的分泌物及其对杀灭不同时间再感染日本血吸虫幼虫的进一步观察

唐崇惕[1]，卢明科[1]，彭文峰[1]，陈 东[2]

摘 要:目的 湖北钉螺(*Oncomelania hupensis*)先感染目平外睾吸虫(*Exorchis mupingensis*)虫卵后，再间隔不同时间感染日本血吸虫(*Schistosoma japonicum*)毛蚴，观察螺体分泌物的强度对血吸虫幼虫损害和被杀灭情况的关系。**方法** 钉螺感染目平外睾吸虫后分别于21 d、37 d、55 d、70 d和85 d再感染血吸虫毛蚴。钉螺经双重感染后1－82 d，作钉螺整体连续埋蜡切片、染色制片和全片观察，并记录血吸虫幼虫残体数。**结果与结论** 单独感染外睾吸虫的钉螺，和两吸虫感染间隔时间为21－85 d的钉螺，螺体都产生大量血淋巴细胞和分泌物，它们会围攻再侵入的日本血吸虫早期幼虫并侵入其体内，血吸虫幼虫结构发生异常、停止发育直至死亡。两种吸虫双重感染的间隔时间愈长，螺体血淋巴细胞数随时间增加而逐渐减少；而螺体分泌物不断增多，并见于血吸虫幼虫残骸内，螺体攻击血吸虫幼虫的效力愈强。这现象在单独感染日本血吸虫的钉螺体内未见到。

关键词 湖北钉螺；日本血吸虫；目平外睾吸虫；血淋巴细胞；分泌物

中图分类号:R383 **文献标识码:**A **文章编号:**1002－2694(2018)02－0093－06

Observation on the relationship between intension of snails secretion and the condition of wrecked schistosoma larvae in *Oncomelania hupensis* dually infected with *Exorchis mupingensis* and *Schistosoma japonicum* for different intervals

TANG Chong-ti[1], LU Ming-ke[1], PENG Wen-feng[1], CHEN Dong[2]

(1. *Parasitology Research Laboratory, Xiamen University, Xiamen*, 361005 *China*;
2. *Synthetic Bio-manufacturing Center, Utah State University, Logan Utah* 84341, USA)

Abstract: The *Oncomelania hupensis* snails were dually infected with *Exorchis mupingensis* and *Schistosoma japonicum* at different intervals for 21 d, 37 d, 55 d, 70 d and 85 d. The results indicated that the development of all *S. japonicum* larvae were blocked in the snails of co-infection, and the complexity and number of secretions in and around all the wrecked *S. japonicum* larvae is proportional to the intervals of co-infection. In addition, we also described and compared the detailed change of snails' secretions in different conditions of infection, and determined that the snail's secretions may involve in the destruction and damage of *S. japonicum* larvae. The attack degrees on larval *S. japonicum* in *O. hupensis* snails dually infected by *E. mupingensis* and *S. japonicum* with longer intervals were stronger than that of shorter intervals, and snail haemo-lymphocytes numbers were more few in that of shorter intervals. But the secretions remarkably increased in more longer interval model experimental snail tissue. This finding may provide an alternative strategy for reducing and controlling the transmission of *S. japonicum*, and are very helpful for better understanding the host-parasite relationship.

Keywords: *Oncomelania hupensis*(*Oh*); *Schistosoma japonicum*(*Sj*); *Exorchis mupingensis*(*Em*); haemo-lymphocytes; secretions

国家自然科学基金(No: 31270938)资助

通讯作者:1.唐崇惕，Email: cttang@xmu.edu.cn;
2.陈 东，Email: dongc@cc.usu.edu

作者单位:1.厦门大学寄生动物研究室，厦门 361005;
2.Synthetic Bio-manufacturing Center, Utah State University, Logan, Utah 84341, USA)

Funded by the National Natural Science Foundation of People's Republic of China (No. 31270938)

Corresponding authors: Tang Chong-ti, Email: cttang@xmu.edu.cn; Chen Dong, Email: dongc@cc.usu.edu

本文刊登于：中国人兽共患病学报. 2018. 34(2): 93-98.

所有复殖类吸虫其生活史中一定需要某种贝类充当中间宿主，吸虫无性生殖世代幼虫期在其中进行繁殖和生长[1]。人体主要的血吸虫病病原 3 种：曼氏血吸虫（*S. mansoni*）、埃及血吸虫（*S. haematobium*）和日本血吸虫（*S. japonicum*），它们的贝类宿主分别是：双脐螺（*Biomphalaria* spp.）、水泡螺（*Bulinus* spp.）和钉螺（*Oncomelania* spp.）[2]。这些贝类宿主与血吸虫无性生殖幼虫各世代之间，也有非常复杂的宿主与寄生虫关系（host-parasite relationship），国内外诸多寄生虫学者对此都在进行多方面的探讨。但有关日本血吸虫（*S. japonicum*）无性生殖幼虫期与其贝类宿主钉螺之间的“宿主与寄生虫关系”的资料却十分欠缺。关于一个贝类感染一种吸虫幼虫期后，会对另一种其正常吸虫的幼虫期在其体内发育和生存进行排斥，尤其利用此现象可对人体血吸虫病原和媒介进行生物控制研究的资料，至今尚未查到。

考虑到这一问题，是由于上世纪多年在内蒙古科尔沁草原对人兽共患的胰脏吸虫（*Eurytrema* spp）和双腔吸虫（*Dicrocoelium* spp）共同存在的高度流行区进行野外调查，它们的贝类宿主是同种陆地蜗牛，从来未见一个蜗牛体内有此两种吸虫幼虫期同时存在的情况。上世纪九十年代得知湖南洞庭湖日本血吸虫病疫区的湖北钉螺（*O. hupensis*）体内有一种鲶鱼（*Parasilurus asoyus*）的外睾类吸虫（*Exorchis* sp.）幼虫期寄生，就计划对此问题开展研究。笔者在完成福建的叶巢外睾吸虫（*E. ovariolobularis* Cao，1900）的全程生活史的研究之后，切片观察到钉螺对外睾吸虫侵入会产生大量血淋巴细胞及外睾吸虫感染后百余天还只是胚细胞和极早期雷蚴阶段情况[3]。2006 年笔者和 3 位博士生到湖南常德汉寿县西洞庭湖开始开展此项研究至今（Tang et al.，2009－2014）[4-8]。发现了外睾吸虫和日本血吸虫的前后双重感染钉螺，后侵入螺体的血吸虫幼虫会全部被螺体击毁，不能发育最终死亡（Tang et al.，2009）[4]；又发现了被外睾吸虫感染的钉螺其体内开始有血淋巴细胞分大量增生现象，但双重感染间隔时间愈长的钉螺，其体内血淋巴细胞数目逐渐减少很多（Tang et al.，2000、2012、2013）[3, 6-7]；而双重感染间隔时间愈长的实验钉螺，其体内外的分泌物愈加多而复杂化，钉螺击毁血吸虫幼虫的功能愈强（Tang et al.，2010）[5]。因此，笔者把注意力转向不同条件实验钉螺的分泌物状况及其与血吸虫幼虫被杀灭情况间的关系上。具体情况简要介绍如下。

1　材料与方法

用从湖南西洞庭湖目平湖鲶鱼肠管收集的目平外睾吸虫（*E. mupingensis* Jiang，2011）的虫卵拌以少量面粉饲食从西洞庭湖采集的阴性湖北钉螺，感染外睾吸虫后的钉螺分为 5 组，分别在感染后 21 d、37 d、55 d、70 d、85 d，每粒钉螺与实验室日本血吸虫阳性小白鼠肝脏血吸虫虫卵孵化的毛蚴（40～90 个）接触；经 4～82 d 之间不同时间，均以 10%福尔马林溶液固定、埋蜡、连续切片、苏木精与洋红染色制片。显微镜油镜检查各切片所有断面，观察及计算所有血吸虫幼虫数目和虫体情况，并比较观察各组实验钉螺其体内外各种分泌物密度及它们与被击毁的血吸虫幼虫接触等情况，用数码相机显微照相储存于电脑。本文仅取其中 16 张照片来说明不同时间螺体分泌物与被击毁的血吸虫幼虫的关系。

2　结　果

2.1　阴性钉螺和单独感染日本血吸虫的体内外分泌物的情况　阴性湖北钉螺的整体切片，在其体表只有 1 层很薄的黏液状分泌物薄膜（图 1 箭矢）。感染日本血吸虫毛蚴后 11－53 d 的阳性钉螺，在它们整体切片上，各螺体表也都只有 1 层很薄的黏液性分泌物薄膜（图 2－3 箭矢）。阴性钉螺和日本血吸虫阳性钉螺体内，都可见到一些血淋巴细胞和金黄色颗粒分泌物，日本血吸虫阳性钉螺体内分泌物没有明显增加，而且也不见体内分泌物颗粒侵入到血吸虫幼虫体内。

2.2　单独感染目平外睾吸虫的阳性钉螺的体内外分泌物情况　在感染目平外睾吸虫的早期阳性钉螺体内，血淋巴细胞和结构复杂的体内外分泌物都大量增生（图 4－7，箭矢），但血淋巴细胞在钉螺被感染后约 40 d 就开始逐渐减少，而其体内外分泌物始终呈增多状态。体表分泌物增厚（图 5，箭矢），其中除有黏液性物质之外尚有许多晶体状的结构（图 6，箭矢）。体内出现成群呈金黄色颗粒的分泌物（图 4，箭矢），也出现在螺体内变宽的血淋巴管中（图 7，箭矢）。在感染后 90 d，螺体表分泌物的厚度约有早期感染的 3－5 倍。

2.3　钉螺感染目平外睾吸虫后间隔不同时间再感染日本血吸虫后的情况　实验钉螺被目平外睾吸虫与日本血吸虫双重感染的间隔时间分别为：21 d、37 d、55 d、70 d 和 85 d 5 组，经切片观察，所获结果如下。

2.3.1　感染目平外睾吸虫 21 d 后再感染血吸虫的钉螺组情况　感染目平外睾吸虫 21 d 后再感染日

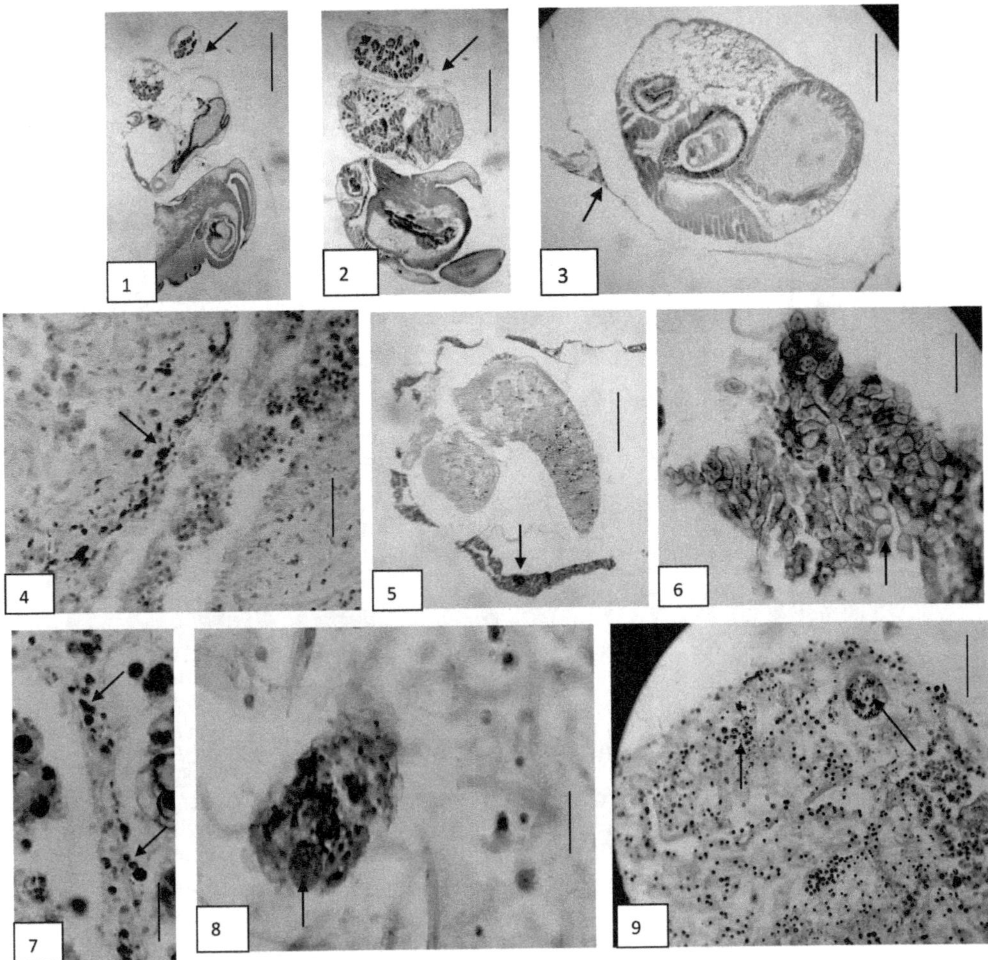

图 1—3 目平外睾吸虫阳性钉螺分泌物与日本血吸虫幼虫被杀死情况

Fig.1—3 The killing of *S. japonicum* larvae and the secretion of the positive *O. hupensis*

1. 阴性湖北钉螺整体切片示其体外很薄的黏液性分泌物(箭矢)(scale bar=1mm)

Total section of negative *Oh* showing very thin body outer mucous secretion (arrow)

2. 日本血吸虫 11 d 阳性湖北钉螺整体切片示其体外很薄的黏液性分泌物(箭矢)(scale bar=1mm)

Total section of positive *Oh* infected with *Sj* for 11 days showing very thin body outer mucous secretion (arrow)

3. 日本血吸虫 53 d 阳性湖北钉螺部分切片示其体外很薄的黏液性分泌物(箭矢) (scale bar = 0.5mm)

Part section of positive *Oh* infected with *Sj* for 53 days showing very thin body outer mucous secretion (arrow)

图 4—7 目平外睾吸虫 10—19 d 阳性钉螺的体内外分泌物

Fig.4—7 Sections of positive *Oh* infected with *Em* for 10—19 days showing the inner and outer secretions of snail bodies

4. 目平外睾吸虫 10 d 阳性湖北钉螺部分切片示其体内增多的金黄色分泌物颗粒团(箭矢)(scale bar = 0.06—0.08mm)

Part section of positive *Oh* infected with *Em* for 10 days showing the adding golden secretory granules(arrow) in snail body

5. 19 d 目平外睾吸虫阳性湖北钉螺部分切片示其体外增厚的分泌物(箭矢)(scale bar = 0.5mm)

Part section of positive *Oh* infected with *Em* for 19 days showing the body outer thick secretion (arrow)

6. 10 d 目平外睾吸虫阳性湖北钉螺部分切片示其体外含晶体的分泌物结构(scale bar = 0.06—0.08mm)

Part section of positive *Oh* infected with *Em* for 10 days showing the structure of body outer thick secretion with crystals (arrow)

7. 19 d 目平外睾吸虫阳性湖北钉螺部分切片示螺体血管内的血淋巴细胞及分泌物分泌物(scale bar =0.039 mm)

Part section of positive *Oh* infected with *Em* for 19 days showing the hemo— lymphocytes and secretive granules (arrow) in snail blood tube

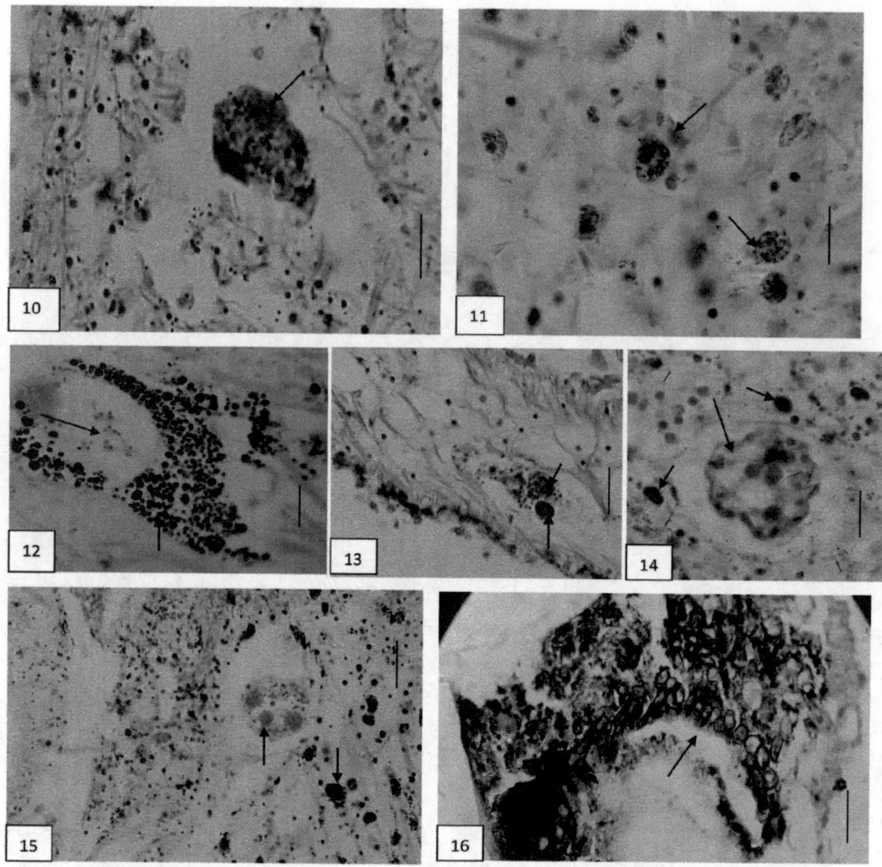

图 8－16　先感染目平外睾吸虫后不同间隔时间再感染血吸虫的钉螺体内外分泌物

Figs.8－16　The secretion of the positive *Oh* snails dually infected by larval *Em* and *Sj* at different intervals

8. 间隔 21 d：25 d 实验钉螺示 1 个分泌物红团在被毁坏的再感染第 4 d *Sj* 幼虫体内(scale bar＝0.023 mm)

Interval at 21 d：Experimental *Oh* snail at 25 d showing a secretive red mass (arrow) in the wrecking 4 d old *Sj* larva

9. 间隔 21 d：101 d 实验钉螺示螺体增多的血淋巴细胞（短箭矢）及被毁坏的 80d *Sj* 幼虫(长箭矢)(scale bar ＝ 0.06－0.08 mm)

Interval at 21 d：Experimental *Oh* snail at 101 d showing the much hemo— lymphocytes (short arrow) and the wrecking 80 d old *Sj* larva (long arrow) in snail tissue

10. 间隔 37 d：42 d 实验钉螺示 1 个分泌物红团(箭矢)在被毁坏的 5 d *Sj* 幼虫体内(scale bar ＝ 0.023 mm)

Interval at 37 d：Experimental *Oh* snail at 42 d showing a secretive red mass (arrow) in the wrecking 5 d old *Sj* larva

11. 间隔 37 d：49 d 实验钉螺示螺体内金黄色分泌物颗粒团(箭矢)(scale bar ＝ 0.028mm)

Interval at 37 d：Experimental *Oh* snail at 49d showing many golden secretive granules masses (arrow) in snail tissue

12. 间隔 55 d：111 d 实验钉螺示被毁坏的 56 d *Sj* 幼虫残体(长箭矢)在螺体血腔中，血腔周围布满黑色分泌物颗粒(短箭矢)(scale bar＝0.023 mm)

Interval at 55 d：Experimental *Oh* snail at 111 d showing the remains of wrecking 56 d old *Sj* larva (long arrow) in snail blood coelom and much black secretive granules masses around (short arrow) the blood coelom

13. 间隔 70 d：72 d 实验钉螺示 2 个分泌物红团（箭矢）在被毁坏的 2 d *Sj* 幼虫体内（scale bar＝0.023 mm)

Interval at 70 d：Experimental *Oh* snail at 72 d showing 2 secretive red masses (arrows) in the wrecking 2 d old *Sj* larva

14. 间隔 70 d：76 d 实验钉螺示金黄色分泌物颗粒团（短箭矢）及被毁坏的 6 d *Sj* 幼虫（长箭矢）在螺体组织中(scale bar＝0.023 mm)

Interval at 70 d：Experimental *Oh* snail at 76 d showing the golden secretive granules masses (short arrow) and wrecking 6 d old *Sj* larva in snail tissue

15. 间隔 85 d：91 d 实验钉螺示被毁坏的 6 d *Sj* 幼虫，其体内一断面上所显示的 3 个螺分泌物红团（箭矢）及许多暗黑色分泌物颗粒团（箭矢）在螺体组织中（scale bar＝0.023 mm)

Interval at 85 d：Experimental *Oh* snail at 91 d showing 3 secretive red masses (arrow) on one section of the wrecking 6 d old *Sj* larva and much black secretive granules masses (arrow) in snail tissue

16. 间隔 85 d：95 d 实验钉螺示螺体表不同结构的体表分泌物（scale bar＝0.03 mm)

Interval at 85 d：Experimental *Oh* snail at 91 d showing much snail body outer secretions with different structures

本血吸虫的钉螺组，在感染血吸虫后的早期实验螺，其体内血淋巴细胞和体内外分泌物都显著增多，在所有血吸虫幼虫体内，都可见到有血淋巴细胞和体内分泌物颗粒的侵入，血吸虫幼虫全部停止发育其身体结构均发生异常变化。在血吸虫感染后 4 d 的血吸虫幼体已被损害，其体内含有一个大红球形团（图 8，箭矢）。这样的大红球形团，先后感染目平外睾吸虫后再感染血吸虫的各实验钉螺组内，血吸虫幼虫体内的早期损害均可见到，数目 1－4 个不等。在感染目平外睾吸虫后 101 d 的钉螺体内，在已被毁坏的 80 d 血吸虫异常幼体（图 9，长箭矢）周围，尚有很多血淋巴细胞（图 9，短箭矢）。但此组的实验钉螺，在感染后 80 d 的虫体，尚呈胞蚴状的外形。

2.3.2 感染目平外睾吸虫 37 d 后再感染血吸虫的钉螺组情况 感染目平外睾吸虫 37 d 后再感染血吸虫的钉螺组，开始见到螺体血淋巴细胞数目在螺体组织和被损伤的血吸虫幼虫体内有所减少，但在具有大、中、小血淋巴细胞中的小血淋巴细胞数减少不显著。在此后，随着间隔时间加长，螺体 3 种血淋巴细胞数更加减少，而杀灭血吸虫幼虫的效力却更加强大，这与我们前此的观察（Tang et al.，2013）相同。在本组实验螺的切片中，常见有众多金黄色体内分泌物颗粒团出现于螺体组织中（图 11），在许多金黄色分泌物颗粒团的切片边缘，经常都能见到有 1 个染成蓝色的很小细胞核（图 11，箭矢），小细胞核直径只有 1.9～2.6 μm，小于小血淋巴细胞的细胞核（4.2～4.7 μm）。在螺体切片中，被损害的感染第 5 d 血吸虫幼虫体内，同样出现一个红色大球形团（图 10，箭矢）。此大红球形团在高倍显微下，可以看到其内部是由与体内金黄色分泌物小颗粒相似物质的更小颗粒紧密构成的。

2.3.3 感染目平外睾吸虫 55 d 后再感染血吸虫的钉螺组情况 感染目平外睾吸虫 55 d 后再感染血吸虫的钉螺组，感染 3～6 d 的螺体组织中，即可见到很小的 3～6 d 血吸虫幼虫残体。侵入 55 d 外睾吸虫阳性钉螺体血腔中的日本血吸虫幼虫，很快遭损害，不仅不能生长发育，反而快速死亡，遭损害的血吸虫幼虫遗留残骸，甚至几近销迹。此类血吸虫残体（图 12，长箭矢）被另一种呈深黑色、大小不一、实心结构的体内分泌物颗粒（图 12，短箭矢）所包围。此组实验钉螺在感染血细虫后其他天数，均查到被损害的血吸虫幼虫残体，其周围螺体组织中均有上述两种螺体分泌物颗粒。

2.3.4 感染目平外睾吸虫 70 d 后再感染血吸虫的钉螺组情况 感染目平外睾吸虫 70 d 后再感染血吸虫的钉螺组，在后者感染 2 d 后的螺体发现毁坏成残体幼虫，亦有与体内金黄色分泌物小颗粒相似物质的更小颗粒紧密构成的大红团 2 个（图 13，箭矢）；感染 6 d 后的螺体内血吸虫幼虫残体（图 14，长箭矢），其体内含数团暗色分泌物团块，其所在血腔的外围组织中有一些金黄色颗粒团的分泌物分布（图 14，短箭矢）和数量不多的血淋巴细胞。本实验钉螺组其他不同天数的螺体内，所有被损害的血吸虫幼虫残体均已残破只剩一些遗迹，说明血吸虫毛蚴进入螺体很快即被击杀死亡，仅留下一堆遗迹。

2.3.5 感染目平外睾吸虫 85 d 后再感染血吸虫的钉螺组情况 先感染目平外睾吸虫 85 d 后再感染血吸虫的钉螺组，感染的血吸虫幼虫进入螺体后被损害、击杀的强度最为明显，实验螺体内早期血吸虫幼虫残体已残破不堪，成为零星小块，见不到完整的虫体；在 1 个已死亡的第 6 d 血吸虫幼虫的全部连续切片中，看到其体内共有 4 粒具螺体金黄色分泌物小颗粒物质的大红球形团，在一个断面上显示 3 个此大红球形团（图 15，箭矢）；虫体所在血腔部位之外的螺体组织中，分布有许多褐色分泌物团（图 15，箭矢）。本实验钉螺组，所有不同天数钉螺的整体连续切片，它们体外均被很厚一层体外分泌物包裸。其厚度和内容的复杂情况均超过其他实验组。现以 1 个血吸虫感染后 95 d 的实验钉螺为例，显示其体表很厚 1 层、结构复杂的体外分泌物（图 16，箭矢），它们含有：黏液状、颗粒状和晶体状的物质。

3 讨 论

用先感染目平外睾吸虫的钉螺在 5 个间隔时间再感染血吸虫的钉螺的软体切片观察，结果显示：所有后感染的血吸虫幼虫很快变成没有任何结构组织的残体。两吸虫感染间隔时间逐渐增多的钉螺，其体内血淋巴细胞的数目逐渐减少，最后几乎没有。说明外睾吸虫阳性钉螺血淋巴细胞对再侵入该螺体的血吸虫幼虫有免疫作用，但在杀灭血吸虫幼虫具长久功效上，血淋巴细胞似乎不起主要作用。而外睾吸虫阳性钉螺体内外分泌物，随着两吸虫感染间隔时间加长而逐渐增加并愈加复杂化，而且从所有被损害的血吸虫幼虫体内都能见到螺体的各种分泌物物质。显然，这些分泌物对血吸虫幼虫被损坏和死亡有密切关系。

从观察过程显示螺体内外的分泌物的种类有多种。如螺体组织中每个金黄色细颗粒团中都有 1 个很小的细胞核，这情况是否提示：每团内金黄色分泌颗粒是由螺体 1 个小分泌细胞产生的？有待继续研究。关于在实验螺被损害的早期血吸虫幼虫体内都能见到的大球形红团，其内部是螺体组织内金黄色分泌物团小颗粒很相似的更小颗粒物质紧密构成的。这大球形红团内含物与螺体组织中金黄色分泌颗粒团之间以及它们与血吸虫幼虫的死亡和解体有何关系？亦均有待继续观察。在感染间隔天数中等与较多的实验钉螺组织中，出现黑色或褐色的颗粒状分泌物，它们与金黄色分泌颗粒团是否同样性质的分泌物？或因不同时期而有不同形态结构的差异，或是不同性质的分泌物亦有待继续研究。所有实验钉螺体内的血吸虫幼虫百分之百地全部被杀死、被摧毁、解体，一定与钉螺被外睾吸虫感染后产生极强的免疫防御能力有关，其杀灭血吸虫幼虫的许多内在机制问题，都是今后需要进行详细微观工作给予探究的。

参考文献：

[1] Tang CC, Tang CT. Trematology in China [M] 2nd.Beijing: Science Press, 2015: 887.(in Chinese)
唐仲璋，唐崇惕. 中国吸虫学 [M]. 2版. 北京：科学出版社，2015, 887.

[2] Colley DG, Bustinduy AL, Secor WE, et al. Human schistosomiasis [J]. Lancet., 2014, 383: 2253-2264.

[3] Tang CT, Shu LM. Early larval stages of *Exorchis ovariolobularis* in its molluscan hosts and the appearance of lymphatic cellulose reaction of host[J]. Acta Zoologica Sinica, 2000, 46(4): 457-463. (in Chinese)
唐崇惕，舒利民. 外睾吸虫幼虫期的早期发育及贝类宿主淋巴细胞的反应[J].动物学报，2000, 46(4): 457-463.

[4] Tang CT, Lu MK, Chen D. et al. Development of larval *Schistosoma japonicum* was blocked in *Oncomelania hupensis* by pre-infection with larval *Exorchis* sp.[J]. J Parasitology, 2009, 95 (6): 1321-1325.

[5] Tang CT, Lu MK, Guo Y, et al. Comparison among the bio-control effects on larval *Schistosoma japonicum* in *Oncomelania hupensis* with pre-infection by larval *Exorchis trematodes* at different intervals[J]. Chin J Zoonoses, 2010, 26(11): 989-994. DOI: 10.3969/j.issn.1002-2694.2010.11.001 (in Chinese)
唐崇惕，卢明科，郭跃，等，日本血吸虫幼虫在先感染外睾吸虫后不同时间钉螺体内被生物控制效果的比较[J].中国人兽共患病学报，2010, 26(11): 989-994.

[6] Tang CT, Guo Y, Lu MK, et al. Reactions of snail secretions and lymphocytes to *Schistosoma japonicum* larvae in *Oncomelania hupensis* pre-infected with *Exorchis trematode* [J]. Chin J Zoonoses, 2012, 28(2): 97-102. DOI: 10.3969/j.issn.1002-2694.2012.02.001 (in Chinese)
唐崇惕，郭跃，卢明科，等，先感染外睾吸虫的钉螺其分泌物和血淋巴细胞对日本血吸虫幼虫的反应[J].中国人兽共患病学报，2012, 28(2): 97-102.

[7] Tang CT, Lu MK, Chen D. Comparison between the existence states of the hemo-lymphocytes to *Oncomelania hupensis* snails dually infected by larval *Exorchis mupingensis* and *Schistosoma japonicum* at different intervals[J]. Chin J Zoonoses, 2013, 29 (8): 735-742. DOI: 10.3969/j.issn.1002-2694.2013.08.001 (in Chinese)
唐崇惕，卢明科，陈东，目平外睾吸虫日本血吸虫不同间隔时间双重感染湖北钉螺螺体血淋巴细胞存在情况的比较[J].中国人兽共患病学报，2013, 29(8): 735-742.

[8] Tang CT, Huang SQ, Chen D, et al. Detection and analysis on the secretions of *Oncomelania hupensis* snails dually infected by larval *Exorchis mupingensis* and *Schistosoma japonicum* at different intervals[J]. Chin J Zoonoses, 2014, 30(11): 1083-1089. DOI: 10.3969/j.issn.1002-2694.2014.11.001 (in Chinese)
唐崇惕，黄帅钦，陈东，等，湖北钉螺被目平外睾吸虫与日本血吸虫不同间隔时间感染后分泌物的检测与分析[J].中国人兽共患病学报，2014, 30(11): 1083-1089.

收稿日期：2017-11-22　编辑：李友松

Identification and functional characterization of thioredoxin-related protein of 14 kDa in *Oncomelania hupensis*, the intermediate host of *Schistosoma japonicum*

Yunchao Cao[a,b,1], Shuaiqin Huang[a,b,1,*], Wuxian Peng[a,b], Mingke Lu[a,b], Wenfeng Peng[a,b], Jiaojiao Lin[c], Chongti Tang[a,b], Liang Tang[a,b,*]

[a] State Key Laboratory of Cellular Stress Biology, School of Life Sciences, Xiamen University, Xiamen, 361102, Fujian, China
[b] Parasitology Research Laboratory, School of Life Sciences, Xiamen University, Xiamen, 361102, Fujian, China
[c] Shanghai Veterinary Research Institute, Chinese Academy of Agricultural Sciences, Key Laboratory of Animal Parasitology, Ministry of Agriculture of China, Shanghai 200241, China

ARTICLE INFO

Keywords:
Oncomelania hupensis
TRP14
Reactive oxygen species
Immune response
Schistosoma japonicum

ABSTRACT

Oncomelania hupensis is the unique intermediate host of the blood fluke *Schistosoma japonicum*, which causes schistosomiasis. In snails, highly toxic reactive oxygen species (ROS) can be continually generated by hemocytes in response to foreign particles or pathogens, and may be involved in damaging and eliminating digenean larvae. Thioredoxin-related protein of 14 kDa (TRP14) is a member of the Trx superfamily, and plays an important role in the scavenging of ROS. This study was designed to identify and characterize TRP14 from *O. hupensis* (*Oh*TRP14), and investigate the involvement of *Oh*TRP14 in the scavenging of ROS in snail host immune response to the parasite *S. japonicum*. Here we expressed and purified the recombinant *Oh*TRP14 and its mutant, and r*Oh*TRP14 displayed oxidoreductase activity dependent on the CPDC motif. *Oh*TRP14 protein was ubiquitously present in all the tested snail tissues, and especially immunolocalized in the cytoplasm of immune cell types (hemocytes). Both the expression of *Oh*TRP14 and ROS level increased significantly in snails following challenge with *S. japonicum*. The dsRNA-mediated knockdown of *Oh*TRP14 was successfully conducted by oral feeding, and ROS production was increased by *Oh*TRP14 knockdown, implying that *Oh*TRP14 was involved in the scavenging of ROS in *O. hupensis* circulating hemocytes. Therefore, we conclude that *Oh*TRP14 may be involved in the scavenging of ROS in snail host immune response to the parasite *S. japonicum*. The results expand our understanding of the interaction between this parasite and host, and lay a foundation for the establishment of *Oncomelania*-schistosome infection models.

1. Introduction

Schistosomiasis caused by a blood fluke of the genus *Schistosoma* is the second most prevalent zoonotic parasitic disease after malaria in tropical and subtropical areas, especially in developing countries [1]. More than 200 million people in over 70 different countries suffer from this destructive disease, and an estimated 779 million people are at risk worldwide [2]. Before infecting the vertebrate hosts, schistosome parasites require a freshwater gastropod as an intermediate host for their amplification and development [3]. The amphibious freshwater snail, *Oncomelania hupensis* is the obligate intermediate host of *Schistosoma japonicum*, which is mainly endemic in the lake and marshland regions along the Yangtze River in China and, to a lesser extent, the Philippines [4–6]. *O. hupensis* snails become infected with *S. japonicum* when the miracidia hatch from mature eggs penetrate into their bodies predominantly via the foot region, where several larval stages develop, including sporocysts (mother sporocysts and daughter sporocysts) and cercariae [7,8]. As an indispensable precondition in the production of cercariae for mammal infection, this unique parasitism highlights the medical importance of exploring more deeply the mechanism of host-parasite co-evolution and interaction.

Like many other invertebrates, molluscs protect themselves from pathogen infection through mainly an innate immune defense system, in which hemocytes perform multiple functions including phagocytosis, coagulation, encapsulation reactions and production of cytotoxic molecules (for example, nitric oxide (NOS) and reactive oxygen species

* Corresponding authors at: State Key Laboratory of Cellular Stress Biology, School of Life Science, Xiamen University, Xiamen, Fujian Province, 361002, China.
E-mail addresses: huangshuaiqin@foxmail.com (S. Huang), tang_liang@wuxiapptec.com (L. Tang).

[1] These authors contributed equally in this study.

本文刊登于：Molecular and Biochemical Parasitology. 2018. 225: 38-46.

(ROS)) [9,10]. In schistosome resistant *Biomphalaria glabrata* snails, highly toxic ROS can be continually generated by hemocytes in response to foreign particles or infected pathogens, and play an important role in damaging and eliminating digenean larvae [11]. It was well documented that the pathways which lead to generation of ROS in phagocytic defense cells are evolutionarily well conserved and are a main constituent of their microbicidal activity [12]. The model of schistosome sporocyst encapsulation by snail hemocytes *in vitro* demonstrated that the capacity of snail hemocytes in killing and damaging sporocysts was compromised by inhibitors of enzymes in the respiratory burst pathway and the molecules involved in the process of scavenging ROS [13,14]. However, excess production of ROS could cause deleterious effects on biomolecules, and hence need to be scavenged by the cellular antioxidant defense system. The elimination of excessive ROS and maintenance of the cellular thiol/disulfide redox state depend on two critical molecules: glutathione (GSH) and thioredoxin (Trx) [15,16].

Trxs are members of an evolutionarily conserved family of redox-active proteins with various biological functions including scavenging ROS, redox regulation, regulation of gene expression and transcription factors containing nuclear factor-κB (NF-κB), redox factor-1 (Ref-1), and activator protein-1 (AP-1) [15,17]. As a member of the Trx superfamily, Trx-related protein of 14 kDa (TRP14) has similar functions to Trx1 as a disulfide reductase in some biochemical processes, including identification of redox-sensitive cysteines and determination of their redox potential, and it also receives the electrons from Trx reductase 1 as does Trx1 [18,19]. TRP14 is approximately 14 kDa in size, and possesses a highly conserved active site of Cys-Pro-Asp-Cys (CPDC) motif which is crucial for its catalytic oxidoreductase activity [20]. TRP14 is ubiquitously found in all of the kingdoms of life ranging from bacteria to mammals [19]. In addition to being a scavenger of ROS in cells, TRP14 also plays a crucial role in the regulation of signaling pathways of NF-κB, mitogen-activated protein kinases (MAPKs), and apoptosis triggered by TNF-α [21,22].

In recent years, several studies of the interactions between snails and schistosomes have achieved remarkable advances in many ways [9,23]. However, few studies have focussed on the molecular and cellular mechanisms involved in the *Oncomelania*-Schistosome interaction. The objective of the present study was to identify and characterize TRP14 from *O. hupensis* (*Oh*TRP14) snails, and explore the involvement of *Oh*TRP14 in the scavenging and regulation of ROS in *O. hupensis* circulating hemocytes when responding to the parasite *S. japonicum*. Here we demonstrate that r*Oh*TRP14 displayed oxidoreductase activity which depends on the CPDC motif. Moreover, we also showed both the expression of *Oh*TRP14 and the level of ROS in circulating hemocytes increased significantly in snails following challenge with the miracidia of *S. japonicum*. Additionally, our results indicated that knockdown of *Oh*TRP14 significantly enhanced the ROS level in circulating hemocytes of *O. hupensis* infected with *S. japonicum*. These results yield a better understanding of the interaction between parasite and vector, and lay a foundation for the establishment of *Oncomelania*-schistosome infection models.

2. Materials and methods

2.1. Ethics statement

All animal experimentation was conducted following the Guideline for Institutional Animal Care and Use Committee of Xiamen University, China (Permit Number: 2013-0053) and was in strict accordance with good animal practice as defined by the Xiamen University Laboratory Animal Center (XMULAC), China. The protocol of housing, breeding and care of the animals followed the ethical requirements of the government of China.

2.2. Maintenance of O. hupensis snails and parasite infection

Adult *O. hupensis* snails were collected from a location (29°44′N, 116°03′E) in the marshland of Poyang Lake, Xingzi County, Jiujiang City, Jiangxi Province, China (Supplementary Fig. S1). The collected snails were screened individually at least three times for any naturally patent infections using the shedding method [24]. Non-infected *O. hupensis* snails were bred in the Parasitology Research Laboratory, Xiamen University, and the newborn snails were defined as 'negative snails' for parasite infection and molecular research. The Chinese mainland strain of *S. japonicum* was maintained by serial passage through *O. hupensis* snails and inbred Chinese Kun-ming mice. Miracidia hatched from collected eggs of *S. japonicum* were used to infect negative snails (20 miracidia/snail). The selected negative *O. hupensis* snails were placed in individual wells of 24-well plates, with each well containing 1.25–2.00 mL fresh de-chlorinated water, one *O. hupensis* snail and 20 *S. japonicum* miracidia, and then were left for approximately 1–2 h for the miracidia to enter the snail. The penetration of *S. japonicum* miracidia into *O. hupensis* snails was observed under a stereomicroscope. All the experimental snails (including negative or infected snails) were maintained in containers lined with wet filter paper at 24 ± 1 °C and fed with wheat flour suspended in fresh de-chlorinated water [8].

2.3. Sequence and phylogenetic analysis

The complete cDNA sequence of *Oh*TRP14 was obtained from the transcriptome of *O. hupensis* (Genbank accession number: KY979517). The putative amino acid sequence was identified using the ORF Finder program from the NCBI (https://www.ncbi.nlm.nih.gov/orffinder/). The ClustalW program was employed for multiple alignments and identity analysis of all selected members from TRP14 family (http://www.genome.jp/tools/clustalw/). A phylogenetic tree was constructed on the basis of the deduced amino acid sequences among some species with MEGA 6.0 program by using the Neighbor-Joining method [25]. Three-dimensional structure of *Oh*TRP14 was predicted using Swiss-model program [26].

2.4. Molecular cloning, expression and purification of OhTRP14 and its mutant

Total RNA from experimental snails was extracted using TRIzol reagent (Invitrogen, California, USA) according to the manufacturer's instructions, then subsequently treated with DNase I before reverse transcription. The purified total RNA was used for cDNA synthesis by PrimeScript II 1 st Strand cDNA Synthesis Kit (TAKARA, Shiga, Japan). The complete coding sequence of *Oh*TRP14 was amplified by high-fidelity polymerase chain reaction (PCR) with specific primers containing NcoI and XhoI restriction sites (Supplementary Table S1) respectively. The PCR products were digested and purified, then cloned into the bacterial expression vector pET28a (Novagen, Madison, USA) (*Oh*TRP14 construct). For site directed mutagenesis, the specific primers encoding serine instead of the forward cysteine located in the CPDC motif (Supplementary Table S1) were designed for amplification of recombinant plasmid *Oh*TRP14C41S-pET28a (*Oh*TRP14C41S construct).

Recombinant *Oh*TRP14 and *Oh*TRP14C41S fusion proteins were expressed using pET28a vector in *E. coli* BL21 (*DE3*) strain induced by isopropyl β-D-1-thiogalactopyrano-side (IPTG) to a final concentration of 0.8 mM. After overnight at 25 °C, the cells were harvested, lysed and purified with Ni Sepharose™ (High Performance) HP (GE Healthcare, Uppsala, Sweden) according to the manufacturer's instructions. The purified recombinant proteins were analysed by 12% SDS-PAGE with Coomassie brilliant blue staining, and identified by western blot using both anti-*Oh*TRP14 polyclonal serum and commercial anti-His-tag antibody for validation. The protein content was determined by using a

BCA assay kit (Sangon Biotech, Shanghai, China).

2.5. *Enzymatic activity of rOhTRP14*

The oxidoreductase activity was measured using an insulin disulfide reduction assay as described previously [27]. Accordingly, a fresh solution was prepared by mixing 100 mM potassium phosphate (pH7.0), 1 mM EDTA (pH8.0), 340 μM bovine insulin (Sigma, MO, USA), and 5 μM r*Oh*TRP14 or r*Oh*TRP14C41S fusion protein. The solvent (PBS) was used as a negative control (NC). The assay was initiated by the addition of 1 mM dithiothreitol (DTT) and the absorbance at 650 nm was recorded at 1-min intervals on a spectrophotometer.

2.6. *Real-time quantitive PCR (qPCR) analysis*

The distribution of *Oh*TRP14 in different snail tissues (including whole snail, foot region, digestive tract and digestive gland), the transcriptional expression patterns of *Oh*TRP14 in schistosome-challenged and negative whole snails, and the RNAi efficacy of *Oh*TRP14 were respectively assessed by qPCR. Accordingly, total RNAs from all experimental samples were extracted, treated for obtaining cDNA templates as described above. After mixing the generated cDNA template with primers (Supplementary Table S1) specific for *Oh*TRP14 or *O. hupensis* 18S rRNA (GenBank Accession number: AF367667), and SYBR® Premix Ex Taq II (TAKARA, Shiga, Japan), the qPCR assay was performed in triplicate in a 20 μl reaction. The final data were analyzed using Bio-Rad CFX Manager 3.1 software, and the expression of *Oh*TRP14 was presented as $2^{-\Delta\Delta Ct}$ using 18S rRNA as an internal reference [6,28]. The fold changes were calculated using the comparative -ΔΔcycle threshold (Ct) method [28].

2.7. *Generation of anti-OhTRP14 polyclonal antibody and western blot analysis*

The anti-*Oh*TRP14 polyclonal serum was produced in mice by subcutaneous injection (s.c.) with purified r*Oh*TRP14. The polyclonal sera were collected after the fourth vaccination, then purified using ProteinIso™ Protein G Resin (TransGen Biotech, Beijing, China) following the manufacturer's protocols. For western blot analysis, the proteins of experimental snails were extracted using a Tissue or Cell Total Protein Extraction Kit (Sangon Biotech, Shanghai, China) according to the manufacturer's instructions. Then the isolated proteins (50 μg snails total protein or 5 μg purified r*Oh*TRP14) were boiled and separated on 12% SDS-PAGE gels, then electrotransferred to a PVDF membrane with 0.2 μm pore size. After blocking with Tris-buffered saline (TBS) solution containing 0.1% Tween-20 (TBS-T) and 5% (wt/vol) skimmed milk for 2 h at room temperature (RT), the membranes were probed with anti-*Oh*TRP14 polyclonal serum (1:2000) overnight at 4 °C. Membranes were then stained for 2 h with HRP-conjugated rabbit anti-mouse IgG antibody (1:2000, Santa Cruz, CA, USA). Proteins were visualized by using the ECL Western blotting system. Mouse anti-β-actin antibody (1:2000, Abcam, Cambridge, UK) was used to screen and normalize protein loading.

2.8. *Immunohistochemical analysis*

All of the experimental snails (including uninfected and infected snails and *Oh*TRP14 RNAi snails) were fixed in 10% Bouin's solution, paraffin embedded, and sectioned. The 5 μm thick sections were deparaffinized and rehydrated using xylene and an ethanol series, then washed three times with PBS. Antigen retrieval of the sections were performed by boiling in citrate buffer (pH6.0) for 25 min. After two rinses in PBS, the sections were permeabilised by 0.1% TritonX-100 in PBS for 10 min, washed three times in PBS, and pretreated with peroxidase blocking buffer (3% H_2O_2) for 10 min at RT. Then the sections were blocked for 1 h at 37 °C by 5% normal goat serum, followed by incubation with anti-*Oh*TRP14 polyclonal serum (1:1500 in blocking buffer) overnight at 4 °C. The secondary antibody reagents were from a MaxVision™ HRP-Polymer anti-Mouse IHC Kit (Maixin Biotech, Fuzhou, China). The sections were stained with DAB solution and Harris hematoxylin solution (Maixin Biotech, Fuzhou, China), respectively. For control slides, anti-*Oh*TRP14 polyclonal serum was replaced with anti-His-tag polyclonal serum (Sangon Biotech, Shanghai, China).

2.9. *Collection of O. hupensis hemolymph*

The *O. hupensis* hemolymph collection assay was conducted as described previously [24,28]. Briefly, all the experimental *O. hupensis* snails were maintained in containers that were lined with wet rough straw paper containing antibiotics (200U/mL penicillin and 200 μg/mL streptomycin) (HyClone Laboratory, Inc., Utah, USA) at 23–25 °C. Snail shells were cleaned with 70% alcohol and dried with absorbent tissue paper. Hemolymph were collected by removing the tail portion of snails, then snail shells were gently crushed by a pair of pliers and placed into a 1.5 mL micro-tube with a filter (sieve diameter: 30 μm) containing Chernin's balanced salt solution (CBSS: 47.7 mM NaCl, 2.0 mM KCl, 0.49 mM Na_2HPO_4 anhydrous, 1.8 mM $MgSO_4{\cdot}7H_2O$, 3.6 mM $CaCl_2{\cdot}2H_2O$, 0.59 mM $NaHCO_3$, 5.5 mM glucose and 3 mM trehalose), containing citrate/EDTA (50 mM sodium citrate, 10 mM EDTA, and 25 mM sucrose), pH 7.2, and centrifuged at 2000 rpm for 15 min. The filter was removed and the supernatant was discarded. The remaining contents were washed three times with CBSS containing citrate/EDTA, then transferred into a new 1.5 mL micro-tube. The collected hemolymph suspensions were mixed well to aviod clumping of hemocytes.

2.10. *Confocal fluorescence microscopy*

The collected *O. hupensis* circulating hemocytes were resuspended in CBSS containing citrate/EDTA, allowed to adhere to glass slides, and then washed three times with PBS (1.16 M NaCl, 0.15 M Na_2HPO_4, 0.15 M KH_2PO_4, pH 7.2) [24,31]. The cells were fixed for 10 min with 4% paraformaldehyde and permeabilised by a 4 min treatment with Triton X-100 at 0.1% in PBS at RT. Following permeabilization, nonspecific binding in the cells was blocked by incubation for 90 min with PBS containing 1% BSA and normal goat serum (1:50) at RT before an overnight incubation with mouse anti-*Oh*TRP14 polyclonal serum (diluted at 1:100 in PBS-1% BSA) at 4 °C. After three washes with PBS, the cells were stained with Alexa Fluor 488-conjugated anti-mouse IgG (1:500 dilution in PBS-BSA 1%, Molecular Probes, Eugene, USA) for 2 h at RT in the dark. Slides were washed three times with PBS, then stained with DAPI (1:1000 in PBS, Sigma, MO, USA) for 10 min at RT, washed and mounted with antifade solution (Solarbio, Beijing, China). For control slides, anti-*Oh*TRP14 polyclonal serum was replaced with anti-His-tag polyclonal serum. All images were collected with a confocal microscope (Zeiss LSM 780).

2.11. *Double-strand RNA mediated knockdown of OhTRP14*

The dsRNA-mediated knockdown of a gene from *O. hupensis* has been described previously [28]. Briefly, a partial cDNA sequence of *Oh*TRP14 was amplified using the specific primers (Supplementary Table S1) containing NcoI and XhoI restriction sites respectively, and then cloned into L4440 vector (Novagen, Madison, USA). The *Oh*TRP14-L4440 recombinant plasmid was used to transform *E. coli* HT115 competent cells, and then induced by IPTG to obtain the dsRNA of *Oh*TRP14. The mixture containing collected bacterial cells and wheat flour were used to feed uninfected snails for at least 2 h, and then the snails were washed with fresh water and placed in new containers. The efficacy of dsRNA-mediated knockdown of *Oh*TRP14 was tested at the transcriptional and protein levels.

2.12. Measurement of ROS in O. hupensis hemocytes

The collected *O. hupensis* hemocytes were washed three times with PBS solution and then incubated for 30 min at 28 °C in the dark with CM-H2DCFDA (Sigma, MO, USA) at a final concentration of 2.5 μM in CBSS containing citrate/EDTA. After incubation, the cells were washed three times with warmed PBS solution at 2000 rpm for 5 min and then resuspended in cold PBS solution containing 1% FBS. The stained hemocytes were immediately analyzed with a FC500 flow cytometer, and a total of 10,000 events were acquired for each sample. Flow cytometry data were plotted and quantified, through the use of median fluorescence intensity, with WinMDI Software (version 2.9).

2.13. Statistical analysis

All data were presented as means ± standard deviation (SD). Statistically significant differences between experimental groups were determined by using one-way analysis of variance (ANOVA), followed by Duncan's multiple comparison test performed using SPSS 22.0. The statistical significance threshold was set at P-value ≤ 0.05. For the qPCR assay, all statistical comparisons were performed on mean ΔCt values for each sample (i.e., Ct values of *Oh*TRP14 normalized to 18S rRNA).

3. Results

3.1. Sequence analysis of a TRP14 gene homolog from freshwater snail O. hupensis

The complete cDNA sequence of *Oh*TRP14 obtained from the transcriptome of *O. hupensis* is comprised of 1083 bp containing a 372 bp open reading frame (ORF), which encodes a putative protein of 123 amino acids with a putative molecular mass of 14 kDa and 4.92 isoelectric point (pI) using the ExPASy program. The ClustalW mutiple alignment of TRP14 peptide sequences revealed that *Oh*TRP14 contains the CPDC motif that was highly conserved among the selected TRP14 members (Fig. 1A) and that has been reported [21] to be crucial for the oxidoreductase activity. Moreover, BLASTP analysis from the NCBI database demonstrated that *Oh*TRP14 had similarities and identities with other known TRP14 amino acid sequences. Among these species, *Oh*TRP14 had the highest sequence identity (74%) with *Lottia gigantea* TRP14, 72% with *Crassostrea gigas* TRP14, and 59% identity with *Biomphalaria glabrata* TRP14, which were higher than that of human TRP14 (56%) (Supplementary Table S2). In order to further investigate the evolutionary relationship between *Oh*TRP14 and the others, we constructed a phylogenetic tree using the neighbor-joining method by MEGA 6.0 program based on selected vertebrate and invertebrate TRP14 amino acid sequences. The results showed that there were numerous small clades, and *Oh*TRP14 was very closely related to *Lottia gigantea* TRP14 and *Crassostrea gigas* TRP14 (Fig. 1B). The three-dimensional structures of *Oh*TRP14 and human TRP14 predicted by Swiss-model program (Fig. 1C) showed that the model of *Oh*TRP14 had similar structure to that of human TRP14 containing four α-helices and five β-sheets [29].

3.2. Expression, purification and identification of OhTRP14

In order to detect the expression of *Oh*TRP14 in *O. hupensis*, we constructed a recombinant plasmid containing the entire ORF encoding *Oh*TRP14 in pET28a. The r*Oh*TRP14 fusion protein was obtained from *E. coli* expression system under induction of IPTG. After being purified by Ni Sepharose™ HP, the recombinant proteins were electrophoretically separated and visualized by Coomassie brilliant blue staining and found to have an apparent molecular mass around 14 kDa (Fig. 2A). Then the purified r*Oh*TRP14 was detected by western blotting with anti-*Oh*TRP14 antiserum as well as a commercial anti-His-tag antibody (Fig. 2B lanes 1–3), implying that the r*Oh*TRP14 protein was purified as expected. Detection of endogenous *Oh*TRP14 in *O. hupensis* snail extracts was then performed by western blotting using anti-*Oh*TRP14 polyclonal antiserum. A distinct band with a molecular weight of around 14 kDa was clearly identified (Fig. 2B lane 4). These results show that the mouse anti-*Oh*TRP14 polyclonal antiserum prepared has a conspicuous antigen-specific reactivity.

3.3. rOhTRP14 displays enzymatic oxidoreductase activity which depends on the CPDC motif

Oxidoreductase activity is a hallmark of TRP14 family members and plays an important role in protecting organisms against oxidative stress [21]. In order to examine the biological activity of r*Oh*TRP14, we expressed it in *E. coli* together with a mutant (r*Oh*TRP14C41S), in which the Cys41 (TGC) residue located in the CPDC motif was substituted by Ser (AGC) (Fig. 3A). Using the purified r*Oh*TRP14 and r*Oh*TRP14C41S fusion proteins, we investigated the enzymatic activities of each with insulin disulfide reduction assay using the solvent as a negative control (NC) (Fig. 3B). The results showed that r*Oh*TRP14 displayed a significant oxidoreductase activity relative to control. However, the mutant r*Oh*TRP14C41S did not have any detectable enzymatic activity under the same assay conditions, indicating that the CPDC motif is required for the oxidoreductase activity of *Oh*TRP14.

3.4. OhTRP14 is expressed in all the tissues and hemocytes of O. hupensis

Quantitative real-time PCR (qPCR) was employed to investigate the tissue distribution of *Oh*TRP14 in unparasitized *O. hupensis* snails. The expression of *Oh*TRP14 was most clearly detected in the digestive tract (DT), digestive gland (DG) and foot region (F) (Fig. 4A). Transcript expression of *Oh*TRP14 was highest in DT relative to DG (ANOVA $F = 11.991$, $P = 0.0262$) or F (ANOVA $F = 34.293$, $P = 0.0041$). Our immunohistochemical analysis of the whole uninfected snail body using anti-*Oh*TRP14 polyclonal antiserum to determine the more detailed distribution of *Oh*TRP14 protein (Fig. 4B) showed that in addition to the above three examined organs (DT, DG, F), *Oh*TRP14 was also present in mantle (M), genital organ (GO) and body cavity (BC). In order to confirm the presence of *Oh*TRP14 in *O. hupensis* circulating hemocytes, we conducted a subcellular immunolocalisation analysis (Fig. 4C). In hemocytes, *Oh*TRP14 was immunolocalized in the cytoplasm, and found to be more abundant in some hemocytes (well spread hemocytes, termed granulocytes) than others (unspread hemocytes, mostly hyalinocytes) [30,31]. The nuclei were stained by DAPI. The negative control was performed using mouse anti-His-tag polyclonal antibody in both immunohistochemistry and immunolocalisition assays.

3.5. The expression of OhTRP14 and the levels of ROS increased significantly in O. hupensis following challenge with S. japonicum

To determine whether the expression of *Oh*TRP14 was differentially regulated upon *S. japonicum* challenge, qPCR analysis was employed to measure its transcriptional expression patterns in *O. hupensis* at different time points post *S. japonicum* infection (Fig. 5A). The data were quantified in fold changes normalized to time 0 d control (non-infected snails), and *O. hupensis*18S rRNA as the loading control as described previously [6,28]. The infection time-course analysis revealed that the expression of *Oh*TRP14 was rapidly upregulated in *O. hupensis* following challenge with *S. japonicum*, and reached 4.66-fold (ANOVA $F = 75.196$, $P = 0.0012$) at 1 day post infection compared with unchallenged groups. The highest value recorded was a 25.29-fold (ANOVA $F = 420.335$, $P < 0.0001$) increase at 2 days post infection, which was significantly higher than other experimental time points. This was followed by reduced *Oh*TRP14 transcript abundance. Additionally, we also performed western blot (Fig. 5B) and immunohistochemical analysis (Fig. 5C) using anti-*Oh*TRP14 polyclonal

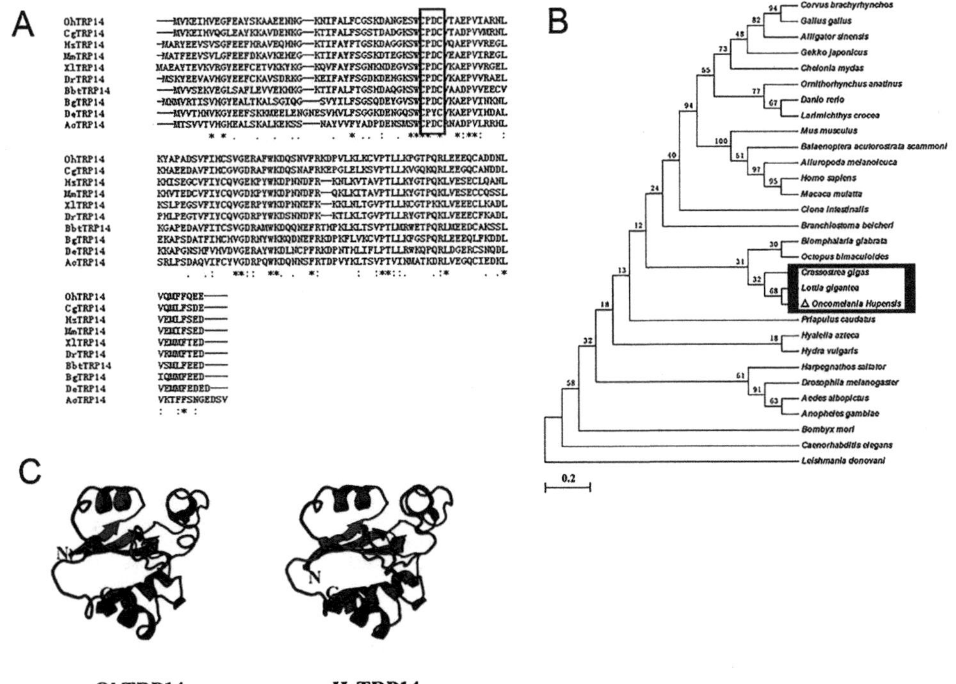

Fig. 1. Sequence analysis and three-dimensional structure prediction of *Oh*TRP14. (A) Multiple alignment of the deduced amino acid sequence for *Oh*TRP14 with that of other selected TRP14 family members found in databases. The CPDC motif which is required for enzymatic oxidoreductase activity of TRP14 is boxed. The identical residues are marked with an asterisk (*), and the similar sites are indicated with dots (. or :). Species and protein names are abbreviated on the left, with further details and the respective GenBank accession numbers described in Supplementary Table S2. (B) Phylogenetic tree analysis of the TRP14 family with MEGA 6.0 program. The relationships among all the selected TRP14 family members were analyzed by the Neighbor-joining method (bootstrap = 1000). The numbers on the branches represent bootstrap confidence values. The GenBank accession numbers are listed in Supplementary Table S2. The evolutionary relationships among *Oh*TRP14, *Lottia gigantea* TRP14 and *Crassostrea gigas* TRP14 were marked with a box. (C) Comparison of the predicted three-dimensional structure of *Oh*TRP14 and HsTRP14. The three-dimensional structure was predicted by Swiss-model program. Both of them have similar three-dimensional structure containing four α-helices and five β-sheets.

antibody to assess the protein expression patterns of *Oh*TRP14 in *O. hupensis* following challenge with *S. japonicum* at different time points. The results showed that the protein level of *Oh*TRP14 was also upregulated in *S. japonicum* infected snails compared with unchallenged groups.

In the study of interaction between *S. mansoni* and *B. glabrata*, miracidia have been shown to stimulate superoxide production in hemocytes [32]. What's more, highly toxic ROS can be produced by hemocytes in *Lymnaea stagnalis* when they encounter *S. mansoni* sporocysts, and may play a crucial role in the destruction or killing of the parasite [13,32]. In this study, flow cytometry analysis of circulating hemocytes isolated from all the experimental *O. hupensis* groups was employed to measure the ROS levels (Fig. 5D). Hemocytes were preincubated with the fluorogenic probe DCFH-DA, which forms a fluorescent product when it is oxidized by ROS generated by the cells [33]. The results indicated that the production of ROS in *O. hupensis* hemocytes was rapidly induced by *S. japonicum* challenge. The ROS level was upregulated, and increased up to the highest value at 4 days post infection (ANOVA $F = 341.618$, $P < 0.0001$), then began to decrease gradually.

3.6. OhTRP14 is involved in the scavenging of ROS in O. hupensis hemocyte

In order to further explore the involvement of *Oh*TRP14 in the scavenging of ROS in circulating hemocytes of *O. hupensis*, knockdown of *Oh*TRP14 was successfully conducted in *O. hupensis* by oral feeding with the bacteria containing *Oh*TRP14 dsRNA as described previously [28]. We also performed qPCR (Fig. 6A) and immunohistochemical analysis (Fig. 6B) to determine the knockdown efficacy. The results showed that there was a significant decrease in the expression of *Oh*TRP14, and the maximum knockdown was observed at 4 days post feeding with 0.03-fold (ANOVA $F = 181.503$, $P < 0.0001$) transcript level compared with 1d control, then began to rise again slightly at 5 days post feeding. Moreover, the transcript level of *Oh*TRP14 decreased to 0.21-fold (ANOVA $F = 100.765$, $P = 0.0012$), 0.26-fold (ANOVA $F = 101.858$, $P = 0.0013$) and 0.29-fold (ANOVA $F = 87.189$, $P = 0.0018$) at 2d, 3d and 5d post feeding, respectively. In addition, the immunohistochemical analysis revealed that the protein abundance of *Oh*TRP14 displayed an observable reduction at 5 days post feeding.

Next we performed flow cytometry assays to assess the effect of *Oh*TRP14 knockdown on the ROS levels in circulating hemocytes collected from *O. hupensis* snails (infected with *S. japonicum*) at different time points post RNAi (Fig. 6C). The results demonstrated that the ROS

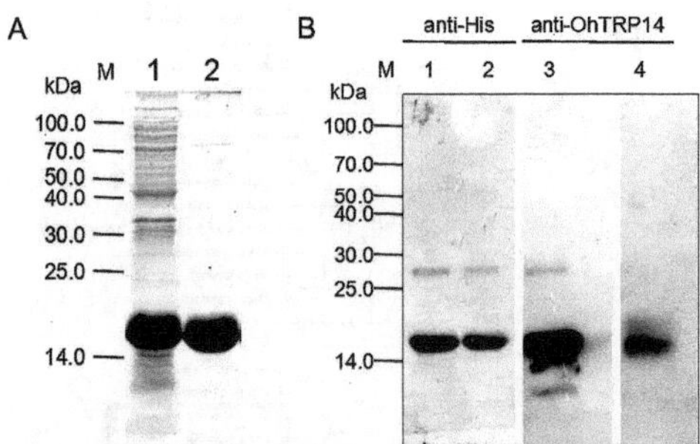

Fig. 2. Expression, purification and identification of recombinant *Oh*TRP14. (A) SDS-PAGE analysis of the prokaryotic expression and purification of r*Oh*TRP14. Lane 1: supernatant of the lysate of bacteria with *Oh*TRP14-pET28a after IPTG induction; Lane 2: r*Oh*TRP14 protein after purification by Ni Sepharose™ HP. (B) Identification of *Oh*TRP14 by western blot. *Oh*TRP14 was identified by western blot with an anti-His-tag antibody (Lanes 1 and 2) and an anti-serum against r*Oh*TRP14 (Lanes 3 and 4). Lanes 1, 2 and 3: the purified r*Oh*TRP14 protein; Lane 4: lysates of *O. hupensis* snails. M: protein molecular weight marker.

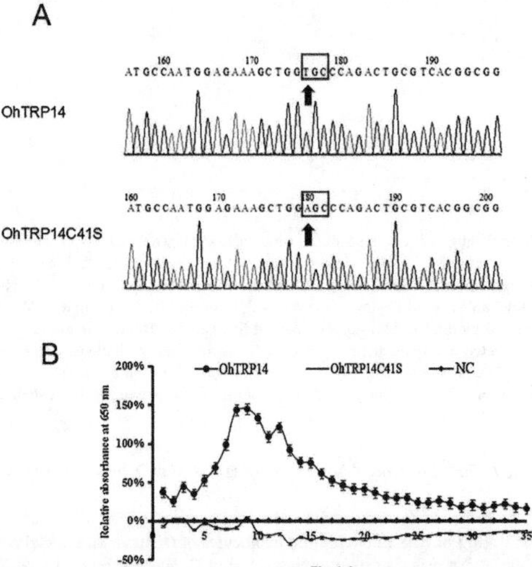

Fig. 3. Analysis of the enzymatic activity of r*Oh*TRP14 and its mutant. (A) Construction of a site-directed mutant of r*Oh*TRP14 (r*Oh*TRP14C41S). The Cys41 (TGC) located in CPDC motif of *Oh*TRP14 was substituted by Ser (AGC). Upper sequence: a part of the recombinant plasmid *Oh*TRP14-pET28a; Lower sequence: a part of the recombinant plasmid *Oh*TRP14C41S-pET28a. (B) Detection of the oxidoreductase activity of r*Oh*TRP14 and the mutant. The enzymatic activity was measured by insulin-disulfide reduction assay. The solvent (PBS) was used as the negative control (NC). All assays were initiated by adding 5 μM DTT and the absorbances at 650 nm were recorded. Three replicates were performed, and results shown are the means ± S.E.M. of three independent experiments.

level increased significantly at 4 days post *Oh*TRP14 RNAi (ANOVA $F = 51.346$, $P = 0.0021$), and the highest value recorded was at 5 days post RNAi (ANOVA $F = 166.819$, $P < 0.0001$). These results indicated that *Oh*TRP14 may be involved in the scavenging of ROS in circulating hemocytes of *O. hupensis*.

4. Discussion

Schistosomiasis remains a severe public health problem all over the world, especially in developing countries [1,2]. The interaction between *S. japonicum* and *O. hupensis* plays an important role in transmission of this parasitic disease [6]. However, there are very few studies on the molecular and cellular mechanisms involved in the interplay between *S. japonicum* infectivity and *O. hupensis* resistance. Here we have successfully identified and characterized a homologue of mammalian TRP14 from the freshwater amphibious snail *O. hupensis*, which is the unique intermediate host of *S. japonicum*. Moreover, we also demonstrated that *Oh*TRP14 was involved in the scavenging of ROS in *O. hupensis* circulating hemocytes during their immune responses to the parasite *S. japonicum*.

As a member of the Trx superfamily, TRP14 is a small disulfide-containing redox protein which occurs in all kingdoms of living organisms ranging from bacteria to mammals [19]. In the present study, the full-length cDNA of TRP14 was successfully cloned from *O. hupensis* snails, and the ORF of *Oh*TRP14 encoded a putative protein of 123 amino acids which shared 40%–74% sequence identity with the selected TRP14 family members (Supplementary Table S2). The multiple sequence alignment of TRP14 homologs revealed that *Oh*TRP14 was highly conserved at the amino acid sequence level and contained the conserved catalytic motif CPDC, which is typical of most TRP14 s (Fig. 1A). Additionally, the three-dimensional structure predicted by Swiss-model program showed that *Oh*TRP14 resembled that of HsTRP14, including four α-helices and five β-sheets (Fig. 1C). Overall, the conserved sequence and structural characteristics provide strong evidence that *Oh*TRP14 is a member of Trx superfamily [34]. In addition, results obtained from insulin-disulfide reduction assays with r*Oh*TRP14 and its mutant indicated that *Oh*TRP14 has a conserved oxidoreductase activity which depends on the catalytic CPDC motif (Fig. 3). This redox feature plays a crucial role in protecting organisms against oxidative stresses [35]. However, the biological functions of *Oh*TRP14 in the regulation of cellular redox status within *O. hupensis* snails need to be further explored.

Like other Trx proteins, TRP14 seems to be constitutively expressed in all the tissues and various cell types [21]. However, it was reported [36] that amphioxus TRP14 (AmphiTRP14) appears to be expressed in a tissue-specific manner, and was predominantly detected in the hepatic caecum, ovary and hind-gut, and weakly in the testis and gill, suggesting that the AmphiTRP14 may play a fundamental but tissue-specific role in food digestion for example, and may reflect differences in the tissue susceptibility to oxidative damage. In this study, qPCR and immunohistochemical analyses showed that *Oh*TRP14 mRNA and protein were present in all the tested snail tissues (Fig. 4A and B), suggesting that *Oh*TRP14 may contribute to maintaining the cellular thiol redox balance and antioxidant metabolism in these tissues. Moreover, we found that the expression of *Oh*TRP14 appeared to be more abundant near the surface of the foot, and in the digestive tract and digestive gland, all which are constantly confronted with external environmental stress factors (e.g., pathogen entry) [15,37]. Additionally, some studies reported that the mammalian TRP14 protein does not contain any signal sequences for a specific subcellular destination, and it was observed to localize in the cytoplasm of cells [19]. Our results showed that *Oh*TRP14 was immunolocalized in the cytoplasm of immune defense cells (hemocytes) from healthy non-infected *O. hupensis* snails, and was more abundant in granulocytes than in the cytoplasm of hyalinocytes (Fig. 4C). Granulocytes are involved in immune defence response to foreign particles or various pathogens. The results suggested that *Oh*TRP14 may play a role in *O. hupensis* hemocyte immune responses to pathogens, but the mechanisms involved need to be more investigated.

As stated in the previous study [38], the responses to immune challenge in molluscs are lymphoid-independent, mediated mainly by phagocytic hemocytes in cooperation with humoral components and effectors. When *S. mansoni* miracidia enter resistant *B. glabrata* snails,

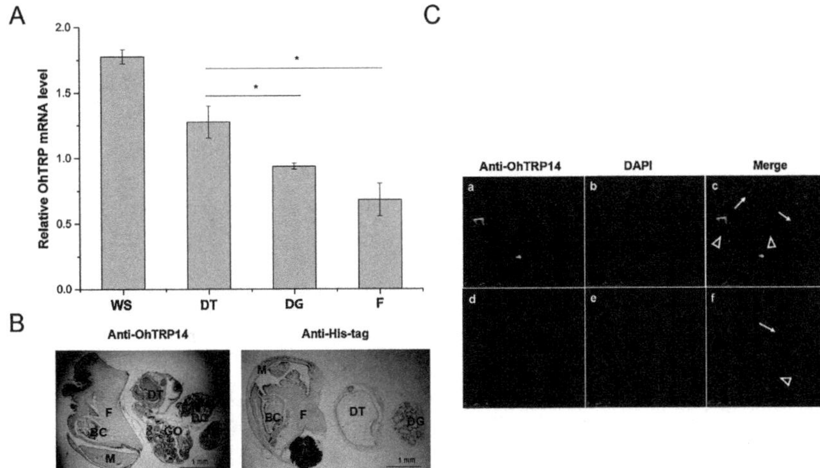

Fig. 4. The tissue distribution and subcellular localization of *Oh*TRP14 in *O. hupensis*. (A) qPCR analysis of *Oh*TRP14 transcript levels in all the selected tissues of *O. hupensis* snails. WS: whole snail; DT: digestive tract; DG: digestive gland; F: foot. The data were presented as relative quantities and normalized to *O. hupensis*18S rRNA (the internal control). Error bars represent the means ± S.E.M. of three biological replicates in each group. Asterisks indicate P < 0.05. (B) Immunohistochemical analysis of *Oh*TRP14 in the whole *O. hupensis* snail. The anti-His-tag antibody was used as negative control. BC: body cavity; M: mantle; GO: genital organ; G: gill region; Scale bars represent 1 mm. (C) Subcellular localization of *Oh*TRP14 in circulating hemocytes of *O. hupensis* snail. Hemocytes were labled with anti-*Oh*TRP14 polyclonal antibody (a, d), DAPI (b, e) or both lables (c, f). The spread hemocytes were marked with triangles, and the unspread hemocytes were indicated with arrows. Scale bars represent 25 μm (a, b, c) or 5 μm (d, e, f).

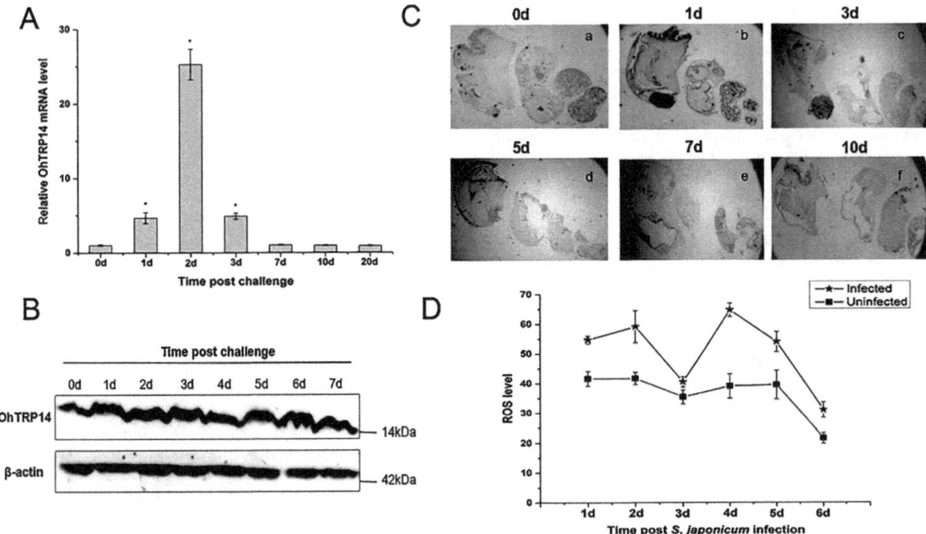

Fig. 5. The temporal expression patterns of *Oh*TRP14 and the ROS levels in hemocytes in *O. hupensis* following challenge with *S. japonicum*. (A) qPCR analysis of *Oh*TRP14 transcript levels in *O. hupensis* at different time points post *S. japonicum* infection. The data were quantified in fold changes normalized to time 0 d control (non-infected snails). Error bars represent the means ± S.E.M. of three biological replicates in each group. Asterisks indicate P < 0.05. (B) The assessment of *Oh*TRP14 protein levels in *O. hupensis* at different time points post *S. japonicum* infection by western blot. The anti-β-actin antibody was used as loading control. (C) Immunohistochemical analysis of *Oh*TRP14 in *O. hupensis* at different time points post *S. japonicum* infection. The selected time points post challenge with *S. japonicum* are 0d (a), 1d (b), 3d (c), 5d (d), 7d (e) and 10d (f). (D) Flow cytometry analysis of ROS levels in circulating hemocytes in *O. hupensis* following challenge with *S. japonicum*. The hemocytes isolated from uninfected snails were used as negative controls. Error bars represent the means ± S.E.M. of three independent experiments.

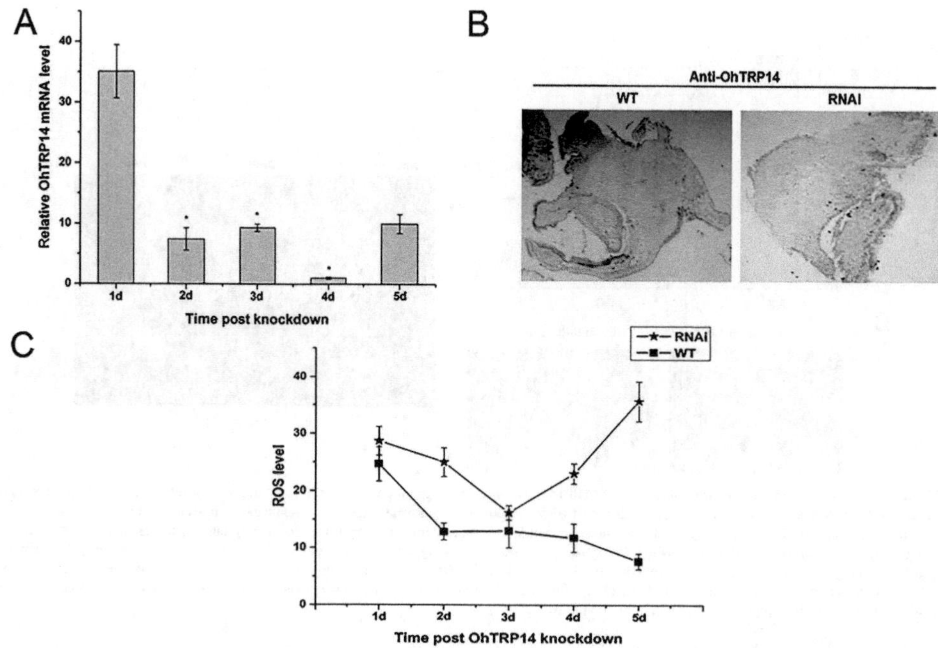

Fig. 6. *Oh*TRP14 is involved in the scavenging of ROS in circulating hemocytes of *O. hupensis*. (A) qPCR analysis of the relative expression ratios of *Oh*TRP14 transcripts in *O. hupensis* hemocytes at different days post knockdown. The data were presented as relative quantities and normalized to *O. hupensis*18S rRNA (the internal control). Error bars represent the means ± S.E.M. of three biological replicates in each group. Asterisks indicate $P < 0.05$. (B) Immunohistochemical analysis of the RNAi efficacy of *Oh*TRP14 in *O. hupensis*. Left: wild type *O. hupensis* snail (WT); Right: *O. hupensis* snail at day 5 post RNAi. (C) Measurement of ROS levels in circulating hemocytes of infected *O. hupensis* at different days post *Oh*TRP14 knockdown. Error bars represent the means ± S.E.M. of three independent experiments.

they fail to avoid being rapidly recognized and located by circulating phagocytic hemocytes [39]. In resistant *B. glabrata*, miracidia-sporocysts trigger a series of marked cellular and humoral responses. Snail hemocytes are armed with the biochemical machinery to produce cytotoxic molecules (ROS and RNS) to damage the metamorphosing miracidia or newly-transformed sporocysts [11,40]. In this study, we conducted flow cytometry analyses to measure the ROS level of circulating hemocytes isolated from *O. hupensis* snails at different time points following challenge with *S. japonicum*. The results showed that the production of ROS was rapidly induced and upregulated by *S. japonicum* challenge (Fig.5D), implying that ROS in *O. hupensis* hemocytes may be involved in the destruction and clearance of the *S. japonicum* larvae. In vertebrates, the expression of TRP14 was stimulated by various stress signals that promote ROS production, such as viral infection or LPS challenge [15,41]. Our results indicated that the expression of *Oh*TRP14 at transcriptional level increased significantly in *O. hupensis* following challenge with *S. japonicum* (Fig.5A–C), and the highest transcript value record was at 2 days post infection. The present results suggest that the up-regulation of *Oh*TRP14 by *S. japonicum* infection may indicate its involvement in the protection against parasite infection [11]. Additionally, we also noticed that there was a significant decrease of ROS in circulating hemocytes of *O. hupensis* at 3 days post *S. japoniucm* infection (Fig.5D), and this result may be closely related to the expression patterns of *Oh*TRP14 in *O. hupensis* snails following challenge with *S. japonicum*. And the drop of ROS level on day 6 may be due to the regulatory function of the redox system in the snails, but the mechanisms need to be further explored.

Moderate ROS levels serve essential functions in many processes such as signal transduction, cell growth, and cell apoptosis [12,42,43], but excessive ROS accumulation could lead to oxidative damage, and hence needs to be scavenged by the cellular antioxidant defense system [44]. Based on the previous report [22], TRP14-mediated cyclic interconversion of proteinaceous or free cysteine residues between thiol and disulfide forms can lead to the scavenging of ROS. Moreover, ROS accumulation also can be promoted by TRP14 depletion [22]. In the present study, the ROS levels in circulating hemocytes of infected *O. hupensis* increased significantly at 4 days post *Oh*TRP14 knockdown, and reached their highest levels at 5 days post *Oh*TRP14 knockdown (Fig.6C), which are in accordance with the results of *Oh*TRP14 knockdown (Fig. 6A and B). Therefore, *Oh*TRP14 may play a crucial role in the scavenging of ROS in circulating hemocytes of *O. hupensis*.

In summary, we have identified and characterized TRP14 from *O. hupensis* (*Oh*TRP14) snails. Additionally, we detected oxidoreductase activity of *Oh*TRP14, and showed that it requires the CPDC motif. Moreover, the expression of *Oh*TRP14 and the level of ROS both increased significantly in *O. hupensis* snails following challenge with the miracidia of *S. japonicum*, and *Oh*TRP14 knockdown can promote the production of ROS in *S. japonicum* snails, indicating that *Oh*TRP14 may play a central role in scavenging ROS of circulating hemocytes in *O. hupensis* snails. In conclusion, our results showed that *Oh*TRP14 may be involved in the scavenging of ROS in snail host immune response to the parasite *S. japonicum*.

Acknowledgements

This research was fundedby the National Natural Science

Foundation of China (No. 31270938). We thank the staff at Schistosomiasis Control Station, Xingzi County, Jiangxi Province, China, for their continuous support and assistance in field collection of experimental snails.

Appendix A. Supplementary data

Supplementary material related to this article can be found, in the online version, at doi:https://doi.org/10.1016/j.molbiopara.2018.08.009.

References

[1] D.G. Colley, A.L. Bustinduy, E. Secor, C.H. King, Human schistosomiasis, Lancet 383 (9936) (2014) 2253–2264.

[2] P. Steinmann, J. Keiser, R. Bos, M. Tanner, J. Utzinger, Schistosomiasis and water resources development: systematic review, meta-analysis, and estimates of people at risk, Lancet Infect. Dis. 6 (7) (2006) 411–425.

[3] M. Knight, W. Ittiprasert, H.D. Arican-Goktas, J.M. Bridger, Epigenetic modulation, stress and plasticity in susceptibility of the snail host, *Biomphalaria glabrata*, to *Schistosoma mansoni* infection, Int. J. Parasitol. 46 (7) (2016) 389–394.

[4] L. Wang, J. Utzinger, X.N. Zhou, Schistosomiasis control: experiences and lessons from China, Lancet 372 (9652) (2008) 1793–1795.

[5] X.N. Zhou, R. Bergquist, L. Leonardo, G.J. Yang, K. Yang, M. Sudomo, R. Olveda, Schistosomiasis japonica control and research needs, Adv. Parasitol. 72 (6) (2010) 145–178.

[6] Q.P. Zhao, T. Xiong, X.J. Xu, M.S. Jiang, H.F. Dong, *De Novo* transcriptome analysis of *Oncomelania hupensis* after molluscicide treatment by next-generation sequencing: implications for biology and future snail interventions, PLoS One 10 (3) (2015) e0118673.

[7] C.T. Tang, Z.Z. Tang, Trematology in China, Fujian Publishing House of Science and Technology, Fuzhou, China, 2005.

[8] C.T. Tang, M.K. Lu, Y. Guo, Y.N. Wang, J.Y. Peng, W.B. Wu, W.H. Li, B.C. Weimer, D. Chen, Development of larval *Schistosoma japonicum* blocked in *Oncomelania hupensis* by pre-infection with laval *Exorchris* sp, J. Parasitol. 95 (6) (2009) 1321–1325.

[9] C.M. Adema, E.S. Loker, Digenean-gastropod host associations inform on aspects of specific immunity in snails, Dev. Comp. Immunol. 48 (2) (2015) 275–283.

[10] E.S. Loker, C.M. Adema, S.M. Zhang, T.B. Kepler, Invertebrate immune systems - not homogeneous, not simple, not well understood, Immunol. Rev. 198 (1) (2004) 10–24.

[11] U.K. Hahn, R.C. Bender, C.J. Bayne, Killing of *Schistosoma mansoni* sporocysts by hemocytes from resistant *Biomphalaria glabrata*: role of reactive oxygen species, J. Parasitol. 87 (2) (2001) 292–299.

[12] C. Bogdan, M. Rollinghoff, A. Diefenbach, Reactive oxygen and reactive nitrogen intermediates in innate and specific immunity, Curr. Opin. Immunol. 12 (1) (2000) 64–76.

[13] R. Dikkeboom, C.J. Bayne, W.P.W. van der Knaap, J.M.G.H. Tijnagel, Possible role of reactive forms of oxygen in *in vitro* killing of *Schistosoma mansoni* sporocysts by hemocytes of *Lymnaea stagnalis*, Parasitol. Res. 75 (2) (1988) 148–154.

[14] C.J. Bayne, P.M. Buckley, P.C. DeWan, *Schistosoma mansoni*: Cytotoxicity of hemocytes from susceptible snail hosts for sporocysts in plasma from resistant*Biomphalaria glabrata*, Exp. Parasitol. 50 (3) (1980) 409–416.

[15] J.Q. Yuan, J.J. Jiang, L.M. Jiang, F. Yang, Y. Chen, Y. He, Q.Q. Zhang, Insights intoTrx1, TRP14, and Prx1 homologs of *Paralichthys olivaceus*: molecular profiles and transcriptional responses to immune stimulations, Fish Physiol. Biochem. 42 (2) (2016) 547–561.

[16] S.E. Moriarty-Craige, D.P. Jones, Extracellular thiols and thiol/disulfide redox in metabolism, Annu. Rev. Nutr. 24 (2004) 481–509.

[17] E.S.J. Arnér, A. Holmgren, Physiological functions of thioredoxin and thioredoxin reductase, Eur. J. Biochem. 267 (20) (2000) 6102–6109.

[18] A.P. Carvalho, P.A. Fernandes, M.J. Ramos, Similarities and differences in the thioredoxin superfamily, Prog. Biophys. Mol. Biol. 91 (3) (2006) 229–248.

[19] W. Jeong, H.W. Yoon, S.R. Lee, S.G. Rhee, Identification and characterization of TRP14, a thioredoxin-related protein of 14 kDa. New insights into the specificity of thioredoxin function, J. Biol. Chem. 279 (5) (2004) 3142–3150.

[20] I. Pader, R. Sengupta, M. Cebula, J.Q. Xu, J.O. Lundberg, A. Holmgren, K. Johansson, E.S.J. Arnér, Thioredoxin-related protein of 14 kDa is an efficient L-cystine reductase and S-denitrosylase, PNAS 111 (19) (2014) 6964–6969.

[21] W. Jeong, Y. Jung, H. Kim, S.J. Park, S.G. Rhee, Thioredoxin-related protein 14, a new member of the thioredoxin family with disulfide reductase activity: Implication in the redox regulation of TNF-α signaling, Free Radical Bio Med. 47 (9) (2009) 1294–1303.

[22] S. Hong, J.E. Huh, S.Y. Lee, J.K. Shim, S.G. Rhee, W. Jeong, TRP14 inhibits osteoclast differentiation via its catalytic activity, Mol. Cell. Biol. 34 (18) (2014) 3515–3524.

[23] E.A. Pila, H.Y. Li, J.R. Hambrook, X.Z. Wu, P.C. Hanington, Schistosomiasis from a Snail's Perspective: Advances in Snail Immunity, Trends Parasitol. 33 (11) (2017) 845–857.

[24] T. Pengsakul, Y.A. Suleiman, Z. Cheng, Morphological and structural characterization of haemocytes of*Oncomelania hupensis* (Gastropoda: Pomatiopsidae), Ital. J. Zool. 4 (2013) 494–502.

[25] K. Tamura, G. Stecher, D. Peterson, A. Filipski, S. Kumar, MEGA6: molecular evolutionary genetics analysis Version 6.0, Mol. Biol. Evol. 30 (2013) 2725–2729.

[26] M. Biasini, S. Bienert, A. Waterhouse, K. Arnold, G. Studer, T. Schmidt, F. Kiefer, T.G. Cassarino, M. Bertoni, L. Bordoli, T. Schwede, SWISS-MODEL: modelling protein tertiary and quaternary structure using evolutionary information, Nucleic Acids Res. 42 (2014) W252–W258.

[27] A. Holmgren, Thioredoxin catalyzes the reduction of insulin disulfides by dithiothreitol and dihydrolipoamide, J. Biol. Chem. 254 (19) (1979) 9627–9632.

[28] S.Q. Huang, Y.C. Cao, M.K. Lu, W.F. Peng, J.J. Lin, C.T. Tang, L. Tang, Identification and functional characterization of *Oncomelania hupensis* macrophage migration inhibitory factor involved in the snail host innate immune response to the parasite *Schistosoma japonicum*, Int. J. Parasitol. 47 (2017) 485–499.

[29] J.R. Woo, S.J. Kim, W. Jeong, Y.H. Cho, S.C. Lee, Y.J. Chung, S.G. Rhee, S.E. Ryu, Structural basis of cellular redox regulation by human TRP14, J. Biol. Chem. 279 (46) (2004) 48120–48125.

[30] P.T. Lo Verde, J. Gherson, C.S. Richards, Amebocytic accumulations in *Biomphalaria glabrata*, fine structure, Dev. Comp. Immunol. 31 (3) (1982) 441–449.

[31] G.A. Baeza, R.J. Pierce, B. Gourbal, E. Werkmeister, D. Colinet, J.M. Reichhart, C. Dissous, C. Coustau, Involvement of the cytokine MIF in the snail host immune response to the parasite Schistosoma mansoni, PLoS Pathog. 6 (9) (2010) e10011156.

[32] A. Shozawa, C. Suto, N. Kumada, Superoxide production by the haemocytes of the freshwater snail, *Biomphalaria glabrata*, stimulated by miracidia of *Schistosoma mansoni*, Zoolog Sci. 6 (1989) 1019–1022.

[33] U.K. Hahn, R.C. Bender, C.J. Bayne, Production of reactive oxygen species by hemocytes of *Biomphalaria glabrata*: carbohydrate-specific stimulation, Dev. Comp. Immunol. 24 (6) (2000) 531–541.

[34] L. Debarbieux, J. Beckwith, On the functional interchangeability, oxidant versus reductant, of members of the thioredoxin superfamily, J. Bacteriol. 182 (3) (2000) 723–727.

[35] X.W. Wang, Y.C. Liou, B. Ho, J.L. Ding, An evolutionarily conserved 16 kDa thioredoxin-related protein is an antioxidant which regulates the NF-κB signaling pathway, Free Radical Biol Med 42 (2) (2007) 247–259.

[36] S. Jiang, S. Zhang, V. Vuthiphandchai, S. Nimrat, Human TRP14 gene homologue from amphioxus *Branchiostoma belcheri*: identification, evolution, expression and functional characterization, J. Anat. 210 (5) (2007) 555–564.

[37] B.O. Hwang, Y.K. Kim, Y.K. Nam, Effect of hydrogen peroxide exposures on mucous cells and lysozymes of gill tissues of olive flounder Paralichthys olivaeceus, Aquac. Res. 47 (2) (2016) 433–444.

[38] J.T. Sullivan, S.S. Pikios, A.Q. Alonzo, Mitotic responses to extracts of miracidia and cercariae of *Schistosoma mansoni* in the amebocyte-producing organ of the snail intermediate host, *Biomphalaria glabrata*, J. Parasitol. 90 (1) (2009) 92–96.

[39] C.J. Bayne, Successful parasitism of vector snail *Biomphalaria glabrata*by the human blood fluke (trematode)*Schistosoma mansoni*: A 2009 assessment, Mol Biochem Parasit. 165 (1) (2009) 8–18.

[40] U.K. Hahn, R.C. Bender, C.J. Bayne, Involvement of nitric oxide in killing of *Schistosoma mansoni* sporocysts by hemocytes from resistant *Biomphalaria glabrata*, J. Parasitol. 87 (4) (2001) 778–785.

[41] J.G. Wei, H.S. Ji, M.L. Guo, Y. Yan, Q.W. Qin, Identification and characterization of TRP14, a thioredoxin-related protein of 14 kDa from orange-spotted grouper, Epinephelus coioides, Fish Shellfish Immunol. 35 (5) (2013) 1670–1676.

[42] H. Sauer, M. Wartenberg, J. Hescheler, Reactive oxygen species as intracellular messengers during cell growth and differentiation, Cell. Physiol. Biochem. 11 (4) (2001) 173–186.

[43] H.U. Simon, A. Haj-Yehia, F. Levi-Schaffer, Role of reactive oxygen species (ROS) in apoptosis induction, Apoptosis. 5 (5) (2000) 415–418.

[44] P. Tiscar, F. Mosca, Defense mechanisms in farmed marine molluscs, Vet. Res. Commun. 28 (1) (2004) 57–62.

二、“卷一”和“卷二”未列入的论文（1篇）

福建省数种杯叶科吸虫研究及一新属三新种的叙述

（鸮形目：杯叶科）

唐仲璋　唐崇惕

（厦门大学生物系寄生动物研究室）

摘要　杯叶科是食鱼的爬行类、鸟类、哺乳类寄生的吸虫。本文修订了以往在福建报道的虫种，叙述了一个新属三个新种，取消了前此所定的一个属及种［*Tangiella parovipara* (Faust and Tang, 1938)］，认为是存疑的种。本文还报道了盖前冠吸虫 *Prosostephanus* Tubangu, 1922 的终末宿主河獭；从而作者(Tang, 1941) 完成了其生活史的研究。本文比较了从河獭所得的标本与从猫、犬所获标本各器官的测量数据，发现由最佳的终末宿住所得标本，其个体及各器官和卵子的测量数据均较大。

关键词　鸮形目　杯叶科　新属　新种　福建省

依据 Sudarikov (1961) 的杯叶吸虫类的专著，杯叶亚目 (Cyathocotylata Sudarikov, 1959)隶属于鸮形目［Strigeidida (La Rue, 1926) Sudarikov, 1959］。杯叶科与鸮形科 (Strigeidae) 比较，较明显的区别在于前者具有阴茎囊和卵黄腺作扇状排列并环绕在虫体腹面的附着器的基部。

本类吸虫主要是食鱼鸟类的寄生虫，但亦能寄生哺乳类和爬行类、偶然能侵入人体产生严重病害。它们寄生在肠管内，附着在黏膜上。由于腹吸盘退化，腹面体壁承担此作用而转变成附着器。本科各属显示出不同程度这方面变化。

我们多年来收集的标本，有一些由已故的 E. C. Faust 教授发表。有些还未加以描述。数十年来由于分类知识的增进，有关本科的某些论述必须修订。有数种杯叶属吸虫其模式标本系来自福建为本文讨论的重点，其名称列下：*Cyathocotyle prussica* Mühling, 1896; *C. orientalis* Faust 1922; *C. banbusicola* (Faust *et* Tang, 1938); *C. szidatiana* Faust *et* Tang, 1938; *C. lutzi* (Faust *et* Tang, 1938); *C. chungkee* Tang, 1941; *Holostephanus rallus* sp. nov.; *Gelanocotyle milvi* (Yamaguti, 1939) Sudarikov, 1961; *Furcocercaria yungangensis* sp. nov.; *Fengcotyle hoeppliana* gen *et* sp. nov.; *Tangiella parvovipara* (Faust *et* Tang, 1938) Sudarikov, 1962; *Prosostephanus industrius* (Tubangui, 1922) Lutz, 1935. 所有标本均保存在厦门大学寄生动物研究室。本文除新种新属描述外对杯叶科主要一些属的分类特征亦略加讨论。本文测量单位以 mm 计。

本文刊登于：动物分类学报. 1989. 14(2): 134-144.

虫种叙述

1. 普鲁士杯叶吸虫 *Cyathocotyle prussica* Mühling, 1896

本种吸虫最早发现于欧洲,寄生于各种野鸭、鹈鹕等鸟类。我们的标本系得自角䴙䴘 *Colymbus auritus* Linne。虫体圆形,1.160—1.440 × 0.913—1.065。口吸盘 0.111—0.180 × 0.142—0.184。咽 0.090—0.111 × 0.104—0.129。食道短,肠管延至体后端。具腹吸盘。前睾丸 0.283—0.335 × 0.154—0.219,后睾丸 0.266—0.344 × 0.172—0.180。卵巢 0.129—0.150 × 0.111—0.150,位于体赤道线前。阴茎囊长 0.765—1.118,宽 0.120—0.185。卵 0.094—0.107 × 0.064—0.073。本种杯叶吸虫生活史在欧洲曾经从青蛙 *Rana esculenta* 得到囊蚴,用它感染家鸭及红准 *Falco tinnunculus* 得到成虫 (Vojtkova, 1963)。

我系汪彦愔同学曾对本吸虫进行生活史探讨。从家鸭得到成虫,实验证实漳州市郊池塘中的纹沼螺 *Parafossarulus striatulus* 及麦穗鱼 *Pseudorasbora parva* 是本吸虫的第一及第二中间宿主,其感染率分别是 0.62% 和 100%。用成熟尾蚴感染金鱼亦获得囊蚴,用囊蚴喂饲雏鸡 3 天后从其小肠解剖出成虫。

2. 东方杯叶吸虫 *Cyathocotyle orientalis* Faust, 1922

本吸虫多寄生于家鸭家鸡等禽类。Faust (1922) 曾进行其生活史的探讨,误把鸮形科四叶吸虫蚴 (Tetracotyle larva) 认为它的幼虫期。本吸虫生活史经研究阐明其第二中间宿主为麦穗鱼、鲫、鳑 *Acheilognathus lanceolatus* 及鱲 *Zacco temminckii* 等。实验终宿主为鸢 *Milvus migrans lineatus*。

3. 竹鸡杯叶吸虫 *Cyathocotyle bambusicola* Faust et Tang, 1938; Dubois, 1944

本吸虫曾经被归为 *Linstowiella* 属发表。Mehra (1943) 把它移入 *Holostephanus* Szidat, 1936 属。最后 Dubois (1944) 将其归入 *Cyathocotyle* Mühling 属, 1896。本虫种有较小的圆形睾丸。宿主为竹鸡 *Bambusicola thoracica*。

4. 绩达杯叶吸虫 *Cyathocotyle szidatiana* Faust et Tang, 1938

本吸虫寄生于家鸭 *Anas platyrhynchos* 及 *Anas boschas* (北京)。虫体有突出的巨大附着器。睾丸圆形甚大,卵亦较大,0.143×0.086。

5. 洛氏杯叶吸虫 *Cyathocotyle lutzi* Faust et Tang, 1938、Tschertkova 1959,

本吸虫是寄生家鸡的种类。有长椭圆形睾丸,阴茎囊位睾丸前方。

6. 黑海番鸭杯叶吸虫 *Cyathocotyle melanittae* Yamaguti, 1934

此虫种为山口左仲在日本所发现。宿主为黑海番鸭 *Melanitta fusca* (L.) 及家鸭 *Anas platyrhynchos*。

7. 崇夔杯叶吸虫 *Cyathocotyle chungkee* Tang, 1940

宿主：鹈鹕 *Pelecanus onocrotalus roseus*

8. 秧鸡全冠吸虫，新种 *Holostephanus rallus* sp. nov.（图 1）

本种吸虫寄生于苦恶鸟 *Amaurornis phoenicurus chinensis* (Boddaert) 的肠管。共采集得 3 个标本(正模 1，副模 2)，地点为福州。经研究认为系一新种。

虫体梭形，后端较尖，2.099—2.147×1.045—1.292。口吸盘位顶端，0.146—0.173 × 0.182—0.213。咽横椭圆形，0.111—0.119 × 0.115—0.137。食道极短，肠管在咽直后分支，沿体二侧至体长后 1/3 处。体腹面有三尖细胞附着器(Tribocytic organ)，具圆形的空隙。睾丸长椭圆形，前后斜列，0.453—0.500 × 0.021—0.023。卵巢圆形，0.133—0.151 × 0.146—0.152，位于体中段左侧。具梭形受精囊及一短劳氏管。卵黄腺丛体分布在体两侧和中部，每个腺体颗粒长椭圆形。阴茎囊橄榄状，内含贮精囊、射精管及细长的阴茎；囊长 0.492—0.874，基部宽 0.177—0.204。子宫盘旋至虫体末端。卵 0.099—0.106 × 0.053—0.059。

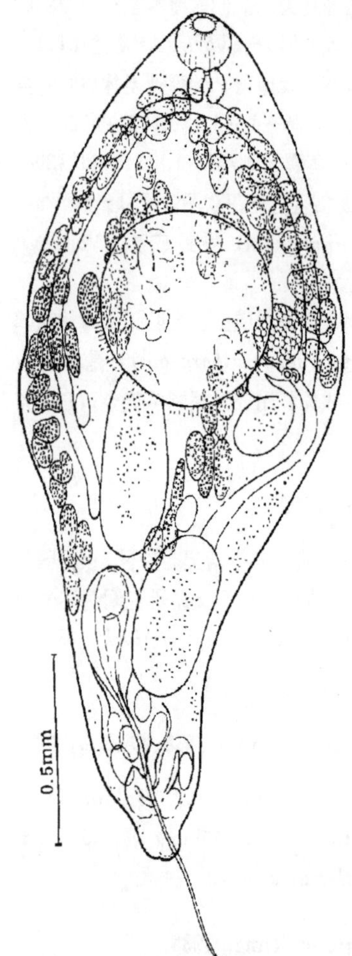

图 1　秧鸡全冠吸虫，新种
Holostephanus rallus sp. nov.

讨论：全冠属 *Holostephanus* Szidat, 1936 具较深腹凹腔，这一空隙是由附着器发达而成的。杯叶属虫体腹面虽也有附着器但较浅。凹腔的深浅常不易分别，特别是经过压力的一些制片不易看出空腔。全冠属吸虫宿主有鸥、鹳、乌鸦及蛇鹈等。本属在世界各地经记载的约有 13 种。其中与我们标本近似的有 *H. Jühei*, *H. ibisi*, *H. corvi*, *H. metorchis*, 及 *H. curonensis* 5 种。它们不仅在体形、附着器形状、大小或肠管长度及虫卵大小与福建的标本有差别，而且它们均具有腹吸盘，有的还很发达，而我们的标本其腹吸盘退化不能见。此外除 *H. ibisi* 外其他 4 种均无受精囊。*H. ibisi* 虽和我们的标本同样具有梭形受精囊，但它附着器很小，虫卵较小 (75—78 × 48—57μm) 而有显著差别。

全冠属和杯叶属内脏器官以卵模、受精囊、劳氏管这一部分的构造最缺乏了解。据 Mehra 观察受精囊通于子宫，称它为子宫受精囊；关于这一点未能证实，从我们的标本观察这器官与子宫无关联。本属吸虫具有发达的阴茎囊，显然是异体受精为主。但很多种类缺乏受精囊和劳氏管。在输卵管和受精囊或卵膜连接处常见有一小孔，其是否精子进入的孔道还须进一步考察。杯叶类交配的行为须研究。

9. 鸢平叶吸虫 *Gelanocotyle milvi* Yamaguti, 1939, Sudarikov, 1961 (图2)

宿主：黑耳鸢 *Milvus korschun lineatus*。从福州本种鸟肠管采到5个标本。

福建标本体大1.103—1.332×0.532—0.685。腹凹腔很浅，有似 *Gogatea* 属。口吸盘顶位0.052—0.073×0.064—0.077。咽0.062×0.051—0.069。食道长0.030—0.073。腹吸盘0.073—0.086×0.073—0.081。前后睾丸0.120—0.301×0.137—0.215及0.215—0.296×0.129—0.193。阴茎囊长0.374—0.559，基部宽0.374—0.559。阴茎0.374—0.559×0.073—0.098。卵巢0.086—0.098×0.086—0.107。卵0.086—0.107×0.064—0.073。

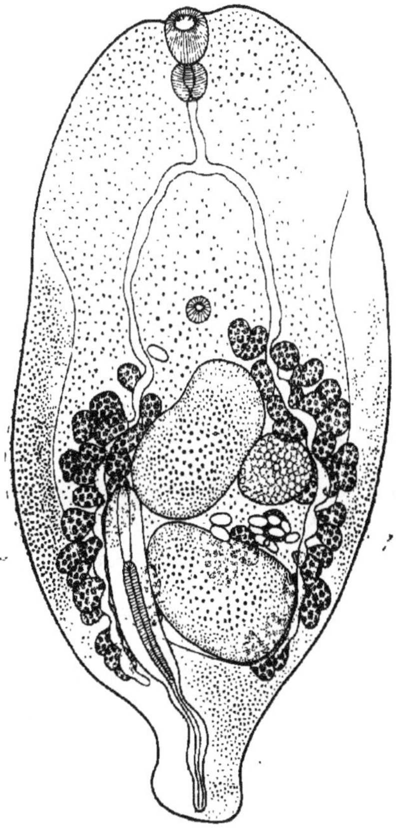

图2 鸢平叶吸虫
Gelanocotyle milvi

冯叶吸虫、新属 *Fengcotyle* gen.nov.

新属特征：杯叶科(Cyathocotylidae)。体腹面不具腹凹腔，附着器圆碟状凸出。腹吸盘退化。二睾丸斜列于体中部。卵巢在后睾丸前方。卵黄腺在附着器基部并延到体末端。阴茎囊横列于体后1/3处。生殖孔在体右侧后1/3—2/5处一圆锥状的突起上。子宫分布在体后半部。

代表种：何氏冯叶吸虫，新属新种 *Fengcotyle hoeppliana* gen. et sp. nov.

10. 何氏冯叶吸虫，新属新种 *Fengcotyle hoeppliana* gen. et sp. nov. (图3)

模式标本一个。

宿主：白腰杓鹬 *Numenius arquata orientalis*。

寄生部位：小肠。

发现地点：福州。

本新种主要形态如新属特征。其测量数据为：体大1.938×1.795。口吸盘次顶端0.209×0.199；咽0.114×0.152；食道长0.10；肠管盲端达体长后1/3水平。前后睾丸大小分别为0.513×0.280、0.323×0.316；卵巢直径0.171。卵黄腺从体分布在虫体两侧肠弯内外，并延至体后端；横走的卵黄管从左右至卵巢旁汇集成总管，伸向卵巢前方。

阴茎囊作倒置的横列，通于在体右侧的圆锥状尾部上。阴茎囊内有重叠的贮精囊、射精管及阴茎。虫卵大 0.111—0.119 × 0.066—0.088。

表 1　冯叶吸虫新属与其近似属的比较

属 Genera	*Cyathocotyle*	*Serpentostephanus*	*Holostephanus*	*Fengcotyle* gen. nov.
宿主 Host	鸟　类	爬行类	鸟　类	鸟　类
附着器 Holdfast organ	无腹凹腔 附着器凸出	无腹凹腔 附着器凸出	具腹凹腔 附着器在凹腔内	无腹凹腔 附着器很大，凸出
腹吸盘 Acetabulum	具　有	具　有	具　有	退化不见
阴茎囊 Cirrus pouch	纵列在体后部	纵列在体后部	粗短，横列在体后 1/3 部分中央	细长，横列在体后 1/3 部分
生殖孔 Genital pore	在体末端中央	在体末端中央	在体后 1/3 部分中央	在体右侧后 2/5 处一尾锥状突起上

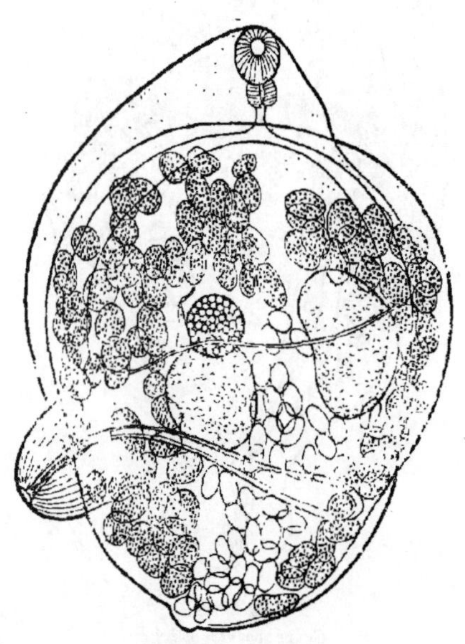

图 3　何氏冯叶吸虫，新属新种
Fengcotyle hoeppliana gen. et sp. nov.

讨论：在杯叶科中共有 16 属。冯叶新属以其特别大而突出的附着器、腹吸盘付缺、横列的阴茎囊生殖孔开口在体右侧尾锥状突起上等重要特征不同于所有已记载的属。兹列数个与它略有近似点的属列表比较于后(表 1)。为纪念对我国寄生虫科学有贡献的何博礼教授和冯兰洲教授，给本虫种定名为何氏冯叶吸虫，新属新种。

11. 小巢前冠吸虫 *Tangiella parovipara* Faust et Tang, 1938、Sudarikov 1962 (图 4)

同物异名：*Prosostephanus parovipara* Faust *et* Tang, 1938、*Duboisia parovipara* (Faust *et* Tang, 1938), Dubois, 1951

宿主：猪獾 *Meles leptorhynchus*。

发现地点：福州。

本种吸虫的分类位置屡经讨论，并为其建立新属 (Dubois, 1951; 1958; Sudarikov, 1962)。由于原文叙述简单，现根据当年的标本补充叙述如次：虫体椭圆形，1.96—2.05 × 0.91—1.00。口吸盘 0.084—0.119 × 0.140—0.154；咽 0.098 × 0.126—0.133；腹吸盘直径 0.063—0.077。腹凹腔发达，1.33 × 0.609。底部突出的部分不发达，不逾越腹吸盘。前后列二睾丸 0.49—0.63 × 0.35—0.45，0.49—0.56 × 0.31—0.49。卵巢圆形，位于二睾丸间，0.14 × 0.14。阴茎囊圆筒状，长 1.30，基部宽 0.14，其前方达前睾丸之半或达其前缘。未

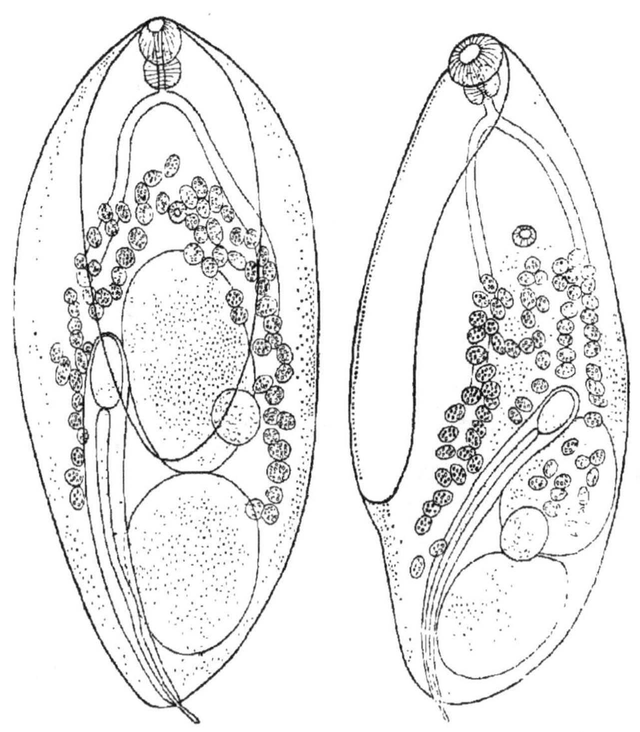

图4 小巢前冠吸虫腹面和侧面
(Ventral and lateral veiws of *Tangiella parovpara* genus and species inq.)

成熟卵大 0.097 × 0.057。正模有卵二个，副模无卵。本虫种标本由于均是未发育完全状态，是存疑的种类。

12. 盖状前冠吸虫 *Prosostephanus industrius* Tubangui, 1922, Lutz, 1935(图 5)

宿主：犬、猫。

正常宿主：河獭 *Lutra lutra chinensis*。

分布地点：南京、杭州、上海及福州市。

本种吸虫最早经 Tubangui (1922) 叙述，成虫从我国南京家犬肠内采到。嗣后 Andrews (1937) 在杭州，吴光(1937)在上海均采得本虫。作者之一在福州阐明了其生活史(唐仲璋，1941)。

作者之一于 1935 年在福州发现数种哺乳类在冬季很接近的时间内感染有本虫，它们包括有家犬、家猫、狐 *Vulpes vulpes*、蟹獴 *Herpestes urva* 及狢 *Nyctereutes procyonoides*。1939 年在完成其生活史后曾得出结论，认为犬猫不是其正常终宿主，推测真正终宿主必定是食鱼的哺乳类。25 年之后，于 1964 年我们偶然剖检一只水獭，在其肠内发现很多盖前冠吸虫。在河獭体内发育的成虫其体形及体内各器官都比在非正常宿主（犬、猫)所得之标本大(表 2)。但其形态及虫卵大小仍相似，说明河獭应是其正常宿主。

本吸虫的贝类宿主是纹沼螺 *Parafossarulus eximius*, *P. striatulus*。第二中间宿主是各种淡水鱼如鲫、鲤、鲩、鲢等。囊蚴散布在鱼肉中。本吸虫对非正常终宿主引起的

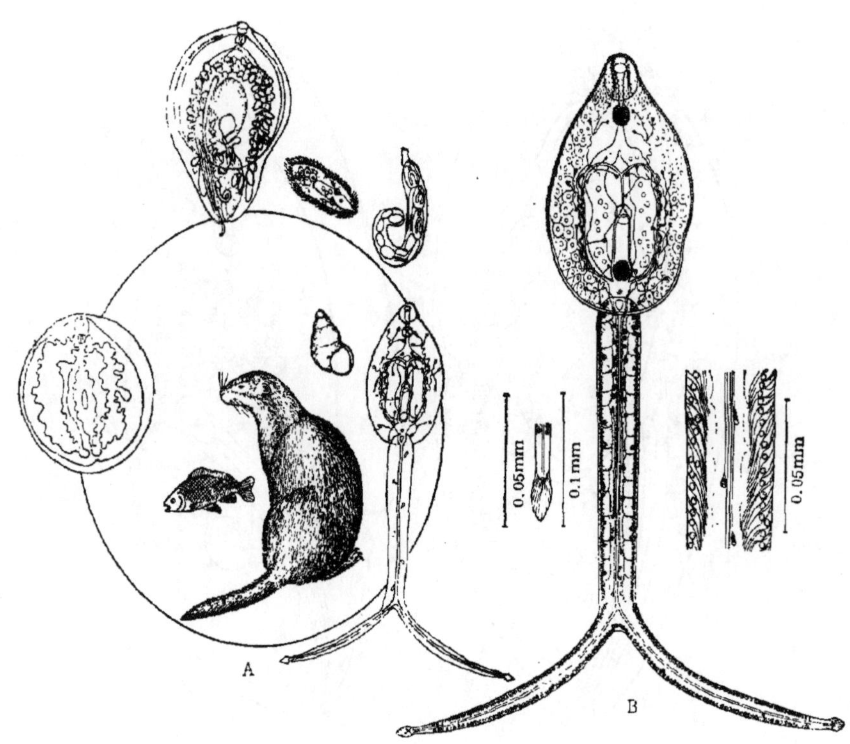

图5　盏状前冠吸虫 *Prosostephanus industrius*

A. 生活史示意图 (diagram of the life cycle)　B. 尾蚴 (the cercaria)。

表2　盏状前冠吸虫在不同终末宿主体内发育程度的比较

宿　主 Host	河　獭 *Lutra lutra chinensis* (本文作者)	家　猫 *Felis domesticus* (据 Tang, 1941)	家　犬 *Canis familiaris* (据 Tubangui, 1922)
体　长 Body length	4.41—6.51 (平均 5.24)	1.5—2.8 (平均 2.0)	1.5—1.9
体　宽 Body width	2.09—4.5(2.95)	1.0—2.0(1.5)	1.0—1.2
口 吸 盘 Oral sucker	0.17—0.21×0.17—0.35 (0.189×0.263)	0.11—0.18×0.17—0.29 (0.149×0.240)	0.10—0.13×0.18—0.19
咽 Pharynx	0.16—0.21×0.14—0.24 (0.189×0.184)	0.10—0.17×0.12—0.17 (0.132×0.141)	0.10—0.13×0.13—0.14
卵　巢 Ovary	0.22—0.32×0.24—0.32 (0.285×0.276)	0.17—0.25×0.17—0.21 (0.199×0.174)	0.15—0.19×0.15—0.19
前 睾 丸 Anterior testis	0.74—1.23×0.56—1.26 (0.895×0.770)	0.56—0.83×0.42—0.64 (0.722×0.522)	0.49—0.52×0.33—0.45
后 睾 丸 Posterior testis	0.91—1.08×0.56—0.70 (1.008×0.619)	0.42—0.91×0.42—0.71 (0.713×0.564)	0.65—0.81×0.36—0.38
阴 茎 囊 Cirrus pouch	2.10—2.14×0.21—0.31	1.05×0.04	0.79—0.90×0.08—0.13
虫　卵 Eggs	0.133—0.140× 0.077—0.105	0.115—0.168× 0.073—0.098	0.13—0.146× 0.089—0.097

病理作用甚为严重。猫犬如感染虫数多时引致死亡。解剖时可见肠黏膜广泛出血，采下的虫体其肠内充满血液。在有吃生鱼和半生鱼习惯的地区，本吸虫是人体潜在病原。

13. 永安叉尾蚴，新种 *Furcocercaria yungangensis* sp. nov. (图6)

贝类宿主：纹沼螺 *Parafossarulus striatulus*。

本种杯叶类吸虫的尾蚴在本省永安郊外获得。其成熟子胞蚴大 2.00×0.25 左右。尾蚴叉尾型。我们推想它可能是中冠属 *Mesostephanus* 吸虫或寄生于水蛇 *Natrix piscator* 等爬行类的吸虫幼虫，但尚无实验证实，兹暂定名为永安叉尾蚴新种。模式标本多个。

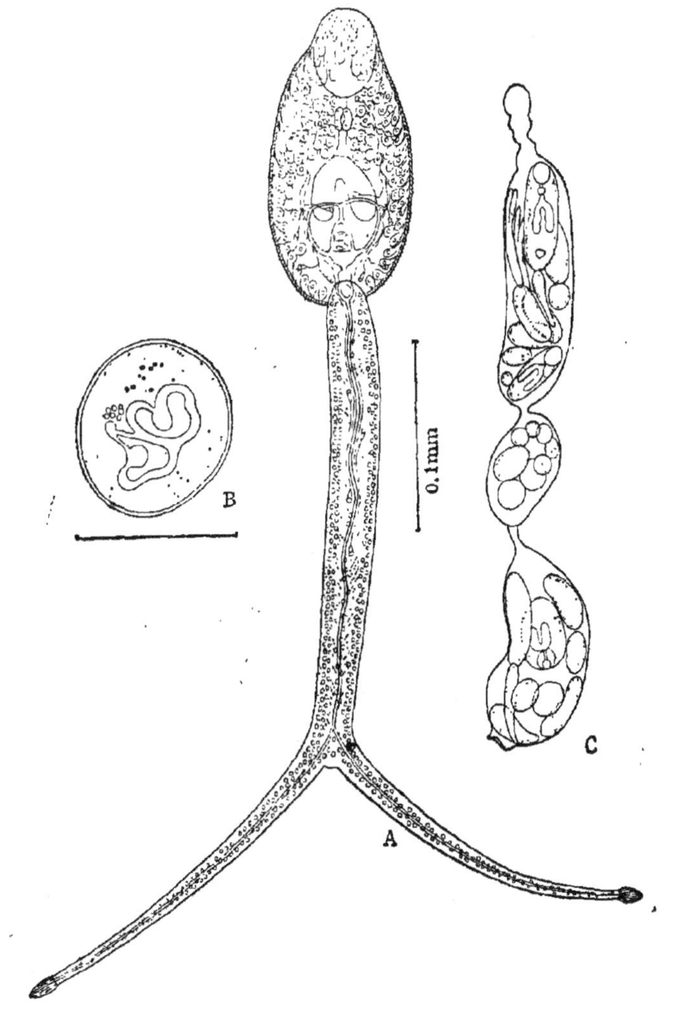

图6 永安叉尾蚴，新种
Furcocercaria yungangensis sp. nov.
A. 尾蚴 (cercaria) B. 囊蚴 (cyst of metacercaria) C. 子胞蚴 (daughter sporocyst)

本种吸虫的成熟子胞蚴约大 2.00 × 0.25。尾蚴叉尾型。体部椭圆或梨形，0.126—0.145 × 0.069—0.080；尾干 0.197—0.241 × 0.027—0.034；尾叉 0.161—0.184 × 0.011—

0.017。体部表面披有小棘，口孔周围小棘6—7圈。口吸盘0.038 × 0.025；前咽短；咽0.013 × 0.01；食道长0.012。退化的腹吸盘位于体后部排泄囊之间。焰细胞公式为2[(2 + 2) + 2 + (2)] = 16。用成熟尾蚴感染金鱼4天后从其肌肉中找到囊蚴、直径约0.1。经过多天的囊蚴的囊壁增厚，它外面还包裹一层由宿主组织形成的囊壁。尾蚴排泄囊很发达。

讨论：杯叶科中经阐述的尾蚴种类不多，永安叉尾蚴的形态是符合本科尾蚴的特点，具标准的此类的排泄系统。排泄囊前方有两个侧收集管和两个中央收集管。侧管斜向肠管外方在虫体后1/3水平处分为内外两支，内支横向体中央和中央收集管相愈合；外支分前后两管，各接受两组的排泄细管，各组均有两个焰细胞。此排泄系统是本科尾蚴最简单的。如

1. *Paracoenogonimus ovatus* 2((3-3-3)—(3-3-3))—36 (Komiya, 1938)
2. *Paracoenogonimus szidati* 2((3-3-3)—(3-3-3))—36 (Anderson, 1944)
3. *Prohemistomum chandleri* 2((3-3-3)—(3-3-3))—36 (Vernberg, 1952)
4. *Holostephanus curonensis* 2((5--(2))-14 (Szidat, 1933)
5. *Cyathocotyle bushiensis* 2((2-2)—(2-2))—16 (Khan; 1962)
6. *Cyathocotyle orientalis* 2((3-3)—(3-3))—24 (Yamaguti, 1940)
7. *Prosostephanus industrius* 2((3-3-3)—(3-3-3))—36 (Tang, 1942)

比较上述各个虫种的焰细胞公式，Szidat 所观察的 *H. curonensis* 尾蚴焰细胞公式似不够详细，因而我们认为永安叉尾蚴是代表较原始的杯叶类幼虫。

讨　　论

杯叶科吸虫主要寄生在食鱼鸟类的肠管内，部分寄生于爬行类和哺乳类。本科各属以其体腹面附着器的发展程度以区别种类的低级与高级。例如寄生于食鱼爬行类的固格属 *Gogatea* 其附着器较小，腹面凹陷及边缘几乎无改变，堪称较低级的种类。寄生于鸟类的中冠属及杯叶属 *Cyathocotyle* 比较其系统发生可能在较原始的位置。前冠属 *Prosostephanus* 显然是具有最发达的附着器；从宿主的分类位置及虫种生活史各期构造亦显示该属可能是杯叶科中最高级的种类。

Mehra (1945) 曾记述寄生于野鸭的 *Cyathocotyle fraterna* 也是尼罗河鳄鱼 *Champse vulgaris* 的寄生虫。Szidat 等学者对此记载有怀疑，认为杯叶吸虫是鸟类的寄生虫。这一点看来不能作为定论。根据 Yamaguti (1970) 的体系，杯叶科分4个亚科：1.杯叶亚科 (Cyathocotylinae Muhling, 1892)；2. 原半口亚科 (Prohemistominae Lutz, 1935)；3. 假半口亚科 (Pseudohemistominae Szidat, 1936)；4. 绩达亚科 (Szidatiinae Dubois, 1938) 共13属。内爬虫类6属58种、鸟类9属68种、哺乳类7属12种。各宿主均系食鱼动物。杯叶类是可以寄生很多宿主的、在异常宿主体内发育其形态常有改变。也因为本类吸虫有较广泛的宿主特异性，需多加研究以避免种类的混淆。

参　考　文　献

Azim, A. M. 1933 On *Prohemistomum vivax* (Sonsino, 1892) and its development from *Cercaria vivax* Sonsino.

Z. *Parasitenkde.* 5(2): 432—436.

Chatterji, R. C. 1940 Helminth parasites of the snakes of Burma, I. Trematoda. *Philip. J. Sci.* 71: 381—401.

Dennis, E. A. 1967 Biological studies on the life histories of *Mesostephanus yedeae* sp. n. (Trematoda: Cyathocotylidae). The University of Connecticut ph. D. Dissertation 77p.

Dennis, E. A. and Lawrence R. Penner 1971 *Mesostephanus yedeae* sp. n. (Trematoda: Cyathocotylidae) its life history and descriptions of the developmental stages. The University of Connecticut Occasional Papers: *Biol. Sci. Ser.* 2(2): 5—15.

Dubois, G. 1951 Nouvelle cle'de determination des groupes systematiques et des genres de Strigeida Poche (Trematoda). *Rev. Suiss, Zool.* 58(39): 639—691.

Faust, E. C. 1922 Phases in the life history of a holostome, *Cyathocotyle orientalis* nov. sp., with notes on the excretory system of the larva. *J. Parasitol,* 8(2): 78—85.

Faust, E. C. and Tang, C. C. 1938 Report on a collection of some Chinese Cyathocotylidae (Trematoda: Strigeoidea). Livro Jubilar do Professor Lauro Travassos. Rio de Janeiro.

Gogate, B. S. 1932 On a new species of Trematode (*Prohemistomum serpentium* n. sp.) from a snake etc. *Parasitol.* 7: 24, 318—320.

Lutz, A. 1935 Beobachtungen and Batrachtungen uber Cyathocotylinen and Prohemistominen. *Mem. Inst. O. Cruz.* 30: 157—182.

Mehra, H. R. 1943 Studies on the family Cyathocotylidae Poche, Part I. A contribution to our knowledge of the subfamily Cyathocotylinae Mühling: Revision of the genera *Holostephanus* Szidat, and *Cyathocotyle* Mühling with description of new species. *Proc. Nat. Acad. Sci.* India. 13(2): 134—167.

Mehra, H. R. 1947 Studies on the family Cyathocotylidae Poche. Part II. A contribution to our knowledge of the subfamily Prohemistominae Lutz. 1935 with a discussion on the classification of the family. *Proc. Nat. Acad. Sci.* India. 17(1): 1—52.

Sudarikov, V. E. in Skrjabin, K. I. 1961 Trematodes of Animals and Man. Elements of Trematodology. *Acad. Sci. U. S. S. R.* 19: 267—271.

Tubangui, M. A. 1922 Two new intestinal trematodes from the dog in China. *Proc. U. S. Nat. Mus.* 60(20): 1—12.

Tang, C. C. (唐仲璋) 1941 Morphology and life history of *Prosostephanus industrius* (Tubangui, 1922, Cyathocotylidae). *Peking Nat. Hist. Bull.* 16(1): 29—43.

Vojtekova, L. 1963 Zur Kenntnis der Helminthen fauna. der Schwanzlurchen (Urodela) der Tschechoslovakei Vestn. *Ceskosl. Zool. Společ* 27(1): 20—30.

A STUDY OF SEVERAL CYATHOCOTYLID TREMATODES WITH DESCRIPTIONS OF A NEW GENUS AND THREE NEW SPECIES

(STRIGEIDIDA:CYATHOCOTYLIDAE)

TANG ZHONG-ZHANG (C. C. TANG) TANG CHONG-TI

(*Parasitology Research Laboratory, Xiamen University*)

A further study of Cyathocotylid trematodes from Fujian Province was undertaken. Collections and data were accumulated on this small group of trematodes. A new genus and three new species were described. The piscivorous definitive host of *Prosostephanus industrius* (Tubangui, 1922) (figs. 3, 6) was found to be *Lutra lutra chinensis* Gray. This normal host had been searched for more then 30 years.

The genus *Tangiella parovipara* (Faust and Tang, 1938), Sudarikov, 1962 (fig. 4) by recollection of its history of discovery was found to be doubtful, because its host, *Meles leptorhyn-*

chus probably got it by being fed in the zoo with *Carassius carassius* containing the cysts of *P. industrius*. The remaining specimens in our collection were found to be under-developed and abnormal. Therefore the name *Tangiella parovipara* is a genus and species inq.

Diagnosis of *Holostephanus rallus* sp. nov (fig. 1). Host: *Amaurornis phoenicurus chinensis* (Boddaert); Location: Intestine; Locality: Fuzhou (26°2'N, 119°E) Cyathocotylidae, Cyathocotylinae. Body spindle shaped, 2.099—2.147×1.045−1.292 mm. Oral sucker terminal, 0.146−0.173×0.182−0.213 mm. Pharynx 0.111−0.119×0.115−0.137 mm. Intestinal caeca reach to 1/3 body length posteriorly. Tribocytic organ with round concavity. Testes oblong in shape lying at posterior half of body. Cirrus pouch with an oval seminal vesicle and a long ductus ejaculatorius. Egg 0.099—0.106×0.053—0.059 mm. The present new species differs from related species, like *H. luhei*, *H. corvi*, *H. metorchis*, and *H. curonensis* in possessing a large and characteristic seminal receptacle, while *H. ibisi* also possesses a seminal receptacle, the organ is pointed at both ends. Its eggs are also smaller (0.075−0.078×0.048−0.057 mm).

***Fengcotyle* gen. nov.**

Diagnosis of the new genus: Cyathocotylidae with no concavity on its ventral side, acetabulum entirely degenerated. Two testes lie obliquely on the central part of the body. Ovary lies anterior to left testis. Vitellaria occupying bothlateral positions of the tribocytic organ extending to its posterior end. Cirrus pouch lies horizontally and posteriorly to the testes at the posterior one-third to two-fifths of the body length, and opens at the cone like caudal end. Uterus with numerous eggs occupy the middle portion of the posterior half of the body. Type species: *Fengcotyle hoeppliana* gen. *et* sp. nov. (fig. 4). Host: *Numenius arquata orientalis* Brehm. Locality: Fuzhou. (26°2'N, 119°E).

Diagnosis of the new species: With characteristics of the new genus. Body 1.938×1.795mm. Oral sucker subterminal, 0.209×0.199 mm. Pharynx 0.114×0.152 mm. Oesphagus 0.10 mm in length. Intestinal caeca terminated to posterior one-third of body length. Testes and ovary are situated in the middle part of body. Testes 0.513×0.280 mm and 0.323×0.316 mm. Ovary 0.171 mm in diameter. Vitellaria very extensive occupying both lateral sides of body. Cirrus pouch lies horizontally enclosing a seminal vesicle and a long ductus ejaculatorius and cirrus leading to the caudal genital cone at the left side of body. Eggs 0.111−0.119×0.066−0.088 mm.

***Furcocercaria yungangensis* sp. nov.**(figs. 6)

Molluscan host: *Parafassarulus striatulus*; Locality: Yungan, (26°N, 117°24'E) Fujian. Description: Mature sporocyst 2.00×0.25 mm with cercaria with furcocercus tail. Body oval or pear-shaped, 0.126−0.145×0.069−0.080mm. Tail stem 0.197−0.241×0.027−0.034 mm. Tail furci 0.161−0.184×0.011−0.017 mm. Body covered with minute spines. Oral sucker surrounded with 6—7 circlets of spines. Oral sucker 0.038 ×0.025 mm. Prepharynx short. Pharynx 0.013×0.01 mm. Length of oesophagus 0.012mm. Acetabulum shows sign of degeneration, situated before the excretory bladder and the inner excretory tubules. Excretory formula. 2[(2+2)+2+(2)]=16. This formula differs from all known excretory formulas recorded for the cerarie of the family Cyathocotylidae.

By experimental infection of laboratory reared gold-fish, 4 days later metacercarial cysts were secured. The cyst contains two walls, the inner one and an outer one which is of host origin.

All specimens are deposited in the Parasitology Research Laboratory, Xiamen University.

Key words Strigeidida Cyathocotylidae new genus new species Fujian province

三、唐仲璋（C. C. Tang）、唐崇惕（C. T. Tang）科研论文及学术著作目录

科研论文：

1. Faust E C. 1934. 中国境内寄生动物与人类疾病. 唐仲璋, 译. 科学, 18(9): 1207-1223.
2. Faust E C, Tang C C. 1934. A new species of *syngamurs* (*S. auris*) f'rom the middle ear of the cat in Foochow, China. Parasitology, 26(4): 455-459.
3. Tang C C. 1935~1936. A survey of Helminth fauna of cats in Foochow. Peking Nat Hist Bull, 10(3): 223-231.
4. 唐仲璋. 1936. 福建省生物资源的调查. 协大生物学会报, 2(1): 1-4.
5. Faust E C, Tang C C, 1936. Notes on new aspidogastrid species, with a consideration of the phylogeny of the group. Parasitology, 28(4): 487-501.
6. Tang C C. 1936. Schistosomiasis Japonica in Fukien with special reference to the intermediate host. The Chinese Medical Journal, 50: 1585-1590.
7. Faust E C, Tang C C. 1938. Report on a collection of some Cyathocotylinae (Trematoda: Strigeidae) from China. Livro Jub. Professor Travassos: 157-168.
8. Tang C C. 1938. Some remarks on the morphology of the miracidium and cercaria of *Schistosoma japonicum*. Chinese Medical Journal, Supplement 2: 423-432.
9. Tang C C. 1939. Further investigations on schistosomiasis japonica in Futsing, Fukien province. Chinese Medical Journal, 56: 462-473.
10. Tang C C. 1939. Trichinella infection in rats in Fukien. The Chinese Medical Journal, 55: 537-541.
11. Tang C C. 1940. A comparative study of two types of *Paragonimus* occurring in Fukien, south China. The Chinese Medical Journal, Supplement III: 267-291.
12. 唐仲璋. 1940. 福建鼠类寄生蠕虫调查. 协大生物学报, 2: 73-88.
13. Tang C C. 1941. Contribution to the knowledge of the helminth fauna of Fukien. Part I. Avian, reptilian and mammalian trematodes. Peking Natrual History Bulletin, 15(4) : 299-316.
14. Tang C C. 1941. Morphology and life history of *Prosotephanus industrius* (Tubangui, 1922) Lutz 1935 (Trematoda: Cyathocotylidae). Peking Natrual History Bulletin, 16(1): 29-43.
15. Hoeppli R, Tang C C, 1941. Leeches in old Chinese and European medical literature. Chinese Medical Journal, 59: 359-378.
16. Tang C C. 1941. Notes on trypanosome infection in a donkey in Fukien. Peking Natrual History Bulletin, 15(4): 297-299.
17. 唐仲璋, 马骏超. 1945. 福建白蛉之新种. 福建省研究院研究汇报, (1): 1-14.
18. 唐仲璋. 1947. 论福建省之寄生虫病及病原动物之生态分布. 福建省研究院研究汇报, (2): 5-37.
19. Tang C C. 1949. Sweet-potato cultivation and hookworm disease in Fukien, South China. American Journal of Epidemiology, 50(2): 236-262.
20. Tang C C. 1950. Studies on the life history of *Eurytrema pancreaticum* Janson, 1889. The Journal of Parasitology, 36(6): 559-573.
21. Tang C C. 1950-1951. Contribution to the knowledge of the Helminth fauna of Fukien. Part 2. Notes on *Ornithobilharzia hoepplii* n. sp. from the Swinhoe's snipe and *Cortrema corti* n. gen. n. sp. from the Chinese tree sparrow. Peking Natrual History Bulletin, 19(2-3): 209-216.
22. Tang C C. 1950-1951. Contribution to the knowledge of the Helminth fauna of Fukien. Part 3. Notes on *Genarchopsis chinensis* n. sp., its life history and morphology. Peking Natrual History Bulletin, 19(2-3):

217-223.
23. 唐仲璋, 周祖杰, 汪溥钦, 等. 1950-1951. 福建省福清县日本住血吸虫病流行病学之研究. 北京博物杂志, 19(2-3): 225-247.
24. 唐仲璋. 1952. 胰脏吸虫 *Eurytrema pancreaticum Janson* 生活史及形态的研究. 福州大学自然科学研究所研究汇报, (3): 145-156.
25. Tang C C. 1953. Cultivation of *Trypanosoma cruzi* in tissue culture. Chinese Medical Journal, 71: 115-126.
26. 唐仲璋. 1953. 组织培养中美洲锥形虫发育的研究.微生物学报, 1(1): 141-150.
27. 唐仲璋. 1953. 寄生虫病研究与公共卫生. 中华医学会福州分会学术演讲稿汇编抽印本: 1-10.
28. 唐仲璋. 1956. 福建假叶绦虫形态和生活史的研究. 福建师范学院学报(自然科学版), (1): 1-30.
29. 唐仲璋, 何毅勋, 唐崇惕, 等. 1956. 福建省班氏及马来丝虫病流行学的比较研究. 福建师范学院学报(自然科学版), (2): 1-33.
30. 张作人, 唐崇惕. 1956. 草履虫肛门的构造. 动物学报, 8(1): 95-98.
31. 张作人, 唐崇惕. 1956. 如何观察棘皮动物的神经系、水管系、围血系和血系. 单行本: 1-7.
32. 张作人, 唐崇惕. 1957. 就草履虫分裂期间银线系的移动现象讨论口、腹缝及肛门的形成. 动物学报, 9(2): 183-194.
33. 张作人, 唐崇惕, 黄咸凤. 1957. 螺触毛虫一新种(钉螺触毛虫 *Cochliophilus oncomelanice* Tchang sp. nov.)的观察报告. 动物学报, 9(4): 345-350.
34. 唐崇惕. 1958. 毛肤石鳖(*Acanthochitona dephilippi* Tappasoni-Canebri)的解剖. 动物学杂志, 2(1): 30-36.
35. 张作人, 唐崇惕. 1958. 如何观察棘皮动物的神经系、水管系、围血系和血系. 华东师范大学生物集刊, (1): 54-60.
36. 唐崇惕, 唐仲璋. 1959. 东亚尾胞吸虫(*Halipegus*)生活史研究及其种类问题. 福建师范学院学报, (1): 141-151.
37. 唐仲璋. 1959. 切头涡虫(*Temnocephala semperi* Weber, 1889)在福建省的发见及其生物学的研究. 福建师范学院学报, (1): 41-56.
38. 唐仲璋, 林日铣. 1959. 瑞氏绦虫 *Raillietina celebensis* (Janicki, 1902) Fuhrmann, 1902 人体感染及分类问题. 福建师范学院学报, 1: 57-67.
39. 唐仲璋, 唐崇惕. 1959. 福建白蛉(*Phlebotomus fukienensis* sp. nov.)新种的描述. 福建师范学院学报, 1: 161-176.
40. 唐仲璋, 唐崇惕, 林宇光, 等. 1959. 福建省马来及班氏丝虫病区调查和我国两种丝虫病分布的研究. 福建师范学院学报, (1): 1-40.
41. 唐仲璋. 1962. 两种侧殖吸虫的生活史及其分类问题的考察. 福建师范学院学报, (2): 161-183.
42. 唐仲璋. 1962. 钉螺的胚胎发育和生态分布的研究. 福建师范学院学报, (2): 215-243.
43. 唐仲璋, 唐崇惕. 1962. 产生皮肤疹的家鸭血吸虫的生物学研究及其在哺乳动物的感染试验. 福建师范学院学报, (2): 1-44.
44. 唐仲璋, 唐崇惕. 1962. 福建省一新种并殖吸虫 *Paragonimus fukienensis* sp. nov.的初步报告. 福建师范学院学报, (2): 245-261.
45. Tang C C, Lin Y K, Wang P C, et al. 1963. Clonorchiasis in south Fukien with special reference to the discovery of crayfishes as second intermediate host. Chinese Medical Journal, 82(9): 545-562.
46. 唐仲璋, 唐崇惕. 1964. 西里伯瑞氏绦虫在中间宿主体内的发育及其流行与分类问题的考察. 寄生虫学报, 1(1): 1-13.
47. 唐仲璋, 唐崇惕. 1964. 两种航尾属吸虫: 鳗航尾吸虫和黄氏航尾吸虫的生活史和本属分类问题的研究. 寄生虫学报, 1(2): 137-152.
48. 唐仲璋, 林秀敏. 1973. 东肌吸虫生活史及斜睾总科系统发生的考察. 动物学报, 19(1): 11-22.

49. 唐崇惕, 林秀敏. 1973. 福建真马生尼亚吸虫(*Eumasenia fukienensis* sp. nov.)新种描述及其生活史的研究. 动物学报, 19(2): 117-129.
50. 唐仲璋, 唐崇惕, 唐超. 1973. 日本血吸虫成虫和童虫在终末宿主体内异位寄生的研究. 动物学报, 19(3): 219-244.
51. 唐仲璋, 唐崇惕, 唐超. 1973. 日本血吸虫童虫在终末宿主体内迁移途径的研究. 动物学报, 19(4): 323-340.
52. 唐仲璋, 唐崇惕. 1975. 牛羊胰脏吸虫病的病原生物学及流行学的研究. 厦门大学学报(自然科学版), (2): 54-90.
53. 唐仲璋, 林秀敏. 1975. 龙江血居吸虫及其产生的病害. 厦门大学学报(自然科学版), (2): 139-160.
54. 唐崇惕, 许振祖, 黄满洁, 等. 1975. 福建九龙江口北港缢蛏寄生虫病害的初步研究. 厦门大学学报(自然科学版), (2): 161-177.
55. 唐崇惕, 唐仲璋. 1976. 福建腹口吸虫种类及生活史的研究. 动物学报, 22(3): 263-278.
56. 唐仲璋, 唐崇惕. 1976. 中国裂体科血吸虫和稻田皮肤疹. 动物学报, 22(4): 341-360.
57. 唐仲璋, 唐崇惕. 1977. 牛、羊二种阔盘吸虫及矛形双腔吸虫的流行病学及生物学的研究. 动物学报, 23(3): 267-283.
58. 许振祖, 唐崇惕. 1977. 全人工育苗研究缢蛏生殖腺的初步研究. 厦门大学学报(自然科学版), (2): 83-92.
59. 唐仲璋, 林秀敏. 1978. 中国单脏科三新种一新属的叙述. 动物学报, 24(3): 203-211.
60. 唐仲璋, 唐崇惕. 1978. 我国牛羊双腔类吸虫病. 厦门大学学报(自然科学版), 2: 13-30.
61. 唐崇惕, 唐超. 1978. 福建环肠科吸虫种类及鸭嗜气管吸虫的生活史研究. 动物学报, 24(1): 91-106.
62. 唐崇惕, 林统民, 林秀敏. 1978. 牛、羊胰脏枝睾阔盘吸虫的生活史研究. 厦门大学学报(自然科学版), (4): 104-117.
63. 唐仲璋, 唐崇惕. 1978. 福建双腔科吸虫及六新种的记述. 厦门大学学报(自然科学版), (4): 64-80.
64. 崔贵文, 吕洪昌, 张翠萍, 等. 1979. 应用血防"846"等药物驱除羊只胰阔盘吸虫的试验报告. 兽医科技资料, (1): 21-29.
65. 唐崇惕, 崔贵文, 董玉成, 等. 1979. 黑龙江省胰阔盘吸虫(*Eurytrema pancreaticum*)的生物学研究. 厦门大学学报(自然科学版), (2): 131-142.
66. 唐崇惕, 崔贵文, 董玉成, 等. 1979. 黑龙江省扎赉特旗牛羊胰阔盘吸虫病流行病学及病原生物学的研究. 动物学报, 25(3): 234-243.
67. 唐崇惕, 刘世珍, 崔贵文, 等. 1979. 科右前旗中华双腔吸虫昆虫媒介的调查. 厦门大学学报(自然科学版), (4): 137-140.
68. 唐崇惕, 许振祖. 1979. 福建九龙江口缢蛏泄肠吸虫病的研究. 动物学报, 25(4): 336-346.
69. 唐仲璋. 1979. 国外及我国寄生虫学发展情况. 厦门大学生物系印: 1-21.
70. 唐仲璋, 林秀敏. 1979. 中国鲫吸虫生活史及区系分布的研究. 厦门大学学报(自然科学版), (1): 81-98.
71. 唐仲璋, 唐崇惕. 1979. 福建嗜眼科吸虫种类的记述. 厦门大学学报(自然科学版), (1): 99-106.
72. 唐仲璋, 唐崇惕, 崔贵文, 等. 1979. 中华双腔吸虫的生活史. 厦门大学学报(自然科学版), (3): 105-121.
73. 唐崇惕, 林统民. 1980. 福建北部山区耕牛枝睾阔盘吸虫的研究. 动物学报, 26(1): 42-51, 107.
74. 唐崇惕, 唐仲璋, 崔贵文, 等. 1980. 牛羊肝脏中华双腔吸虫的生物学研究. 动物学报, 26(4): 346-355.
75. 唐仲璋. 1980. 窄口螺侧殖吸虫的发育史及早熟现象. 水生生物学集刊, 7(2): 231-242.
76. 唐仲璋, 唐崇惕. 1980. 两种盾盘吸虫的生活史及吸虫纲系统发生的讨论. 水生生物学集刊, 7(2): 153-169.
77. 唐仲璋, 唐崇惕, 陈清泉, 等. 1980. 福建省家禽嗜眼吸虫的研究. 动物学报, 26(3): 232-242.

78. 陈佩惠, 唐仲璋. 1981. 台湾次睾吸虫和东方次睾吸虫形态比较的研究. 畜牧兽医学报, 12(1): 53-60.
79. 唐崇惕. 1981. 福建南部植物线虫的研究. I. 垫刃目的种类. 动物学报, 27(4): 345-353.
80. 唐崇惕. 1981. 福建南部植物线虫的研究. II. 杆形目的种类. 动物学报, 28(2): 157-164.
81. 唐崇惕, 唐仲璋, 齐普生, 等. 1981. 新疆白杨沟绵羊矛形双腔吸虫的研究. 动物学报, 27(3): 265-273.
82. 唐崇惕, 唐仲璋, 齐普生, 等. 1981. 新疆绵羊矛形双腔吸虫病病原生物学的研究. 厦门大学学报(自然科学版), 20(1): 115-124.
83. 唐仲璋, 唐崇惕. 1981. 长劳管吸虫生活史的研究. 动物学报, 27(1): 64-74.
84. 唐仲璋. 1981. 半尾类吸虫包括四新种的描述. 动物学报, 27(3): 254-264.
85. 唐崇惕. 1982. 福建南部植物线虫的研究. II. 杆形目的种类. 动物学报, 28(2): 157-164.
86. 唐仲璋. 1982. 两种淡水鱼类假叶绦虫的生活史. 动物学报, 28(1): 51-59.
87. 唐仲璋, 唐崇惕. 1982. 枝腺科(Lecithodendriidae Odhner)吸虫一新属新种. 武夷科学, (2): 60-64.
88. 唐崇惕, 唐仲璋, 曹华, 等. 1983. 内蒙古东部绵羊土耳其斯坦东毕吸虫的研究. 动物学报, 29(3): 249-255.
89. 唐崇惕, 唐仲璋, 唐亮, 等. 1983. 内蒙古东部地区绵羊中华双腔吸虫生物学和流行病学的研究. 动物学报, 29(4): 340-349.
90. 唐崇惕, 陈美, 唐亮, 等. 1983. 内蒙科右前旗绵羊胰阔盘吸虫病流行学调查与实验研究. 动物学报, 29(2): 163-169.
91. 唐崇惕, 崔贵文, 钱玉春, 等. 1983. 土耳其斯坦东毕吸虫的扫描电镜观察. 动物学报, 29(2): 159-162.
92. 唐亮, 欧秀, 唐崇惕. 1983. 福建南部植物线虫的研究. III. 厦门蘑菇线虫病害的观察. 动物学报, 29(2): 170-179.
93. 唐崇惕, 史志明, 曹华, 等. 1983. 福建南部海产鱼类的吸虫. I. 半尾科(Hemiuridae)种类. 动物分类学报, 8(1): 33-42.
94. Tang C T. 1983. A survey of *Biomphalaria straminea* (Dunker, 1848) (Planorbidae) for trematode infection, with a report on larval flukes from other gastropoda in Hong Kong. Hong Kong: Hong Kong University Press: 393-408.
95. 陈佩惠, 唐仲璋. 1984. 侧殖吸虫属一新种 (吸虫纲: 独睾科). 动物分类学报, 9(1): 12-14.
96. 唐崇惕, 唐亮, 唐仲璋. 1984. 青海高原中华双腔吸虫等四种双腔吸虫成熟尾蚴的扫描电镜比较观察. 动物学报, 30(3): 227-230, 305-306.
97. 唐仲璋. 1985. 闽江叶形吸虫新种的生活史研究. 动物学报, 31(3): 246-253.
98. 唐崇惕, 崔贵文, 钱玉春, 等. 1985. 中华双腔吸虫与胰阔盘吸虫成虫体表亚显微结构的观察比较. 动物学报, 31(4): 387-388.
99. 唐崇惕, 唐亮, 王奉先, 等. 1985. 青海高原牛羊双腔吸虫病病原生物学的初步调查. 动物学报, 31(3): 254-262.
100. Tang C T. 1985. A survey of Biomphalaria straminae (Dunker, 1848) (Planorbidae) for trematode infection, with a report on larval flukes from other Gastropoda in Hong Kong. *In*: Morton B, Dudgeon D. Proceedings of the Second International Workshop on the Malacofauna of Hong Kong and Southern China, Hong Kong, 6-24 April 1983. Hong Kong: Hong Kong University Press: 393-408.
101. 唐崇惕, 唐仲璋, 曹华, 等. 1986. 内蒙科尔沁草原淡水螺吸虫幼虫期的调查研究. 动物学报, 32(4): 335-343.
102. 唐崇惕, 唐仲璋, 陈美, 等. 1987. 腔阔盘吸虫尾蚴及后蚴穿刺腺等腺体的组织化学及其功能的初步研究. 动物学报, 33(2): 155-161.
103. 唐崇惕, 唐仲璋, 唐亮, 等. 1987. 青海高原二种双腔吸虫尾蚴腺体组织化学的比较观察. 动物学报, 33(4): 341-346.

104. 唐崇惕, 崔贵文, 钱玉春, 等. 1988. 内蒙古呼伦贝尔草原多房棘球蚴病病原的调查. 动物学报, 34(2): 172-179.

105. 唐崇惕. 1989. 香港淡水及海产贝类感染吸虫幼虫期的调查研究. 动物学报, 35(2): 196-204.

106. 唐仲璋, 唐崇惕. 1989. 福建省数种杯叶科吸虫研究及一新属三新种的叙述 (鹗形目: 杯叶科). 动物分类学报, 14(2): 134-144.

107. 顾家寿, 刘日宽, 李庆峰, 等. 1990. 内蒙古大兴安岭南麓山区绵羊胰阔盘吸虫及中华双腔吸虫流行病学的调查. 动物学报, 36(1): 98-99.

108. 顾家寿, 刘日宽, 李庆峰, 等. 1990. 内蒙古大兴安岭南麓山区绵羊胰阔盘吸虫及中华双腔吸虫流行病学的调查. 中国兽医科技, (3): 15-16.

109. 唐仲璋, 唐崇惕. 1990. 一些福建爬行类的寄生吸虫. 赵尔宓. 从水到陆——刘承钊教授诞辰九十周年纪念文集 蛇蛙研究丛书 四川动物, (1): 196-203.

110. 唐崇惕, 崔贵文, 钱玉春, 等. 1990. 内蒙古科尔沁草原绵羊不同龄土耳其斯坦东毕吸虫及虫卵孵化的实验观察. 动物学报, 36(4): 366-376.

111. Tang C T. 1990. Philophthalmid larval trematodes from Hong Kong and the coast of south China. Proceedings of the Second International Marine Biological Workshop: The Marine Flora and Fauna of Hong Kong and Southern China, Hong Kong, 1986. Hong Kong: Hong Kong University Press: 213-232.

112. Tang C T. 1990. Further studies on some cercariae of molluscs collected from the shores of Hong Kong. Proceedings of the Second International Marine Biological Workshop: The Marine Flora and Fauna of Hong Kong and Southern China, Hong Kong, 1986. Hong Kong: Hong Kong University Press: 233-257.

113. 刘日宽, 李庆峰, 唐崇惕, 等. 1992. 羊群驱虫治疗胰吸虫病和双腔吸虫病流行区环境中二吸虫病原存在情况的观察. 武夷科学, 9: 181-188.

114. 唐崇惕, 崔贵文, 顾嘉寿. 1992. 内蒙科尔沁草原山区绵羊胰脏吸虫和双腔吸虫的病原生物学研究. 武夷科学, 9: 173-180.

115. 唐仲璋, 唐崇惕. 1992. 蚴形属吸虫——新亚属新种 Cercarioides (Eucercarioides) hoepplii subgen and sp. nov. (Trematoda : Heterophyidae). 武夷科学, 9: 91-98.

116. 唐仲璋, 唐崇惕. 1992. 卵形半肠吸虫的生活史研究(Trematoda: Mesocoeliidae). 动物学报, 38(3): 272-277.

117. Tang C T. 1992. Some larval trematodes from maring bivalves of Hong Kong and freshwater bivalves of coastal China. Proceedings of the Fourth International Marine Biological Workshop, Hong Kong, 11-29 April 1989. Hong Kong: Hong Kong University Press: 17-28.

118. Tang C C, Tang C T. 1992. A new species of *Cercarioides* (Trematoda: Heterophyidae) from Fujian with a discussion on its distribution. Proceedings of the Fourth International Marine Biological Workshop, Hong Kong, 11-29 April 1989. Hong Kong : Hong Kong University Press: 29-35.

119. 唐崇惕, 唐仲璋, 崔贵文, 等. 1993. 我国牛羊双腔类吸虫的继续研究 (Trematoda: Dicrocoeliidae). I. 牛羊双腔类吸虫虫种问题的研究及成虫特点的比较观察. 寄生虫与医学昆虫学报, 创刊号: 1-8.

120. 唐仲璋, 唐崇惕. 1993. 中口短咽吸虫 *Brachylaima mesostoma* (Rud., 1803) Baer, 1933 的生活史研究(Trematoda : Brachylaimidae). 动物学报, 39(1): 13-18.

121. 唐崇惕, 唐仲璋, 崔贵文, 等. 1995. 我国牛羊双腔类吸虫的继续研究(Trematoda: Dicrocoeliidae). II. 矛形双腔吸虫和枝双腔吸虫的幼虫期比较. 寄生虫与医学昆虫学报, 2(2): 70-77.

122. Tang C T. 1995. Spatial variation in larval trematode infections of populations of *Nodilittorina trochoides* and *Nodilittorina radiate* (Gastropoda: Littorinidae) from Hong Kong. Asian Marine Biology, 12: 18-26.

123. 唐崇惕, 唐仲璋, 崔贵文, 等. 1997. 我国牛羊双腔类吸虫的继续研究(Trematoda: Dicrocoeliidae).

III. 三种双腔吸虫后蚴在异常昆虫宿主蚂蚁体内的发育. 动物学报, 43(1): 61-67.

124. 唐崇惕, 王云. 1997. 叶巢外睾吸虫幼虫期在湖北钉螺体内的发育及生活史研究. 寄生虫与医学昆虫学报, 4(2): 83-87.

125. 唐崇惕. 1999. 青海绵羊卵形斯氏吸虫的生物学研究. 寄生虫与医学昆虫学报, 6(1): 24-30.

126. 唐崇惕, 顾嘉寿, 李庆峰. 1999. 内蒙古科尔沁草原黑玉蚂蚁巢窝中华二索线虫及黑玉蚂蚁索幼虫的观察. 四川动物, 18(4): 152-156.

127. 唐崇惕. 2000. 西部大开发中也应注意寄生虫病的问题. 中共福建省委党校学报, (4): 4.

128. 唐崇惕, 舒利民. 2000. 外睾吸虫幼虫期的早期发育及贝类宿主淋巴细胞的反应. 动物学报, 46(4): 457-463.

129. Tang C T. 2000. Notes on a primary polycystic metacestode found from gerbil *meriones unguiculatus* in Hulunbeier Pasture. northeastern China. 中华医学杂志网络版.

130. 唐崇惕, 陈晋安, 唐亮, 等. 2001. 内蒙古西伯利亚棘球绦虫和多房棘球绦虫泡状蚴在小白鼠发育成熟的比较. 实验生物学报, 34(4): 261-268.

131. 唐崇惕, 陈晋安, 唐亮, 等. 2001. 西伯利亚棘球绦虫和多房棘球绦虫泡状蚴在长爪沙鼠体内发育的比较. 地方病通报, 16(4): 5-8, 120-122.

132. 唐崇惕, 唐亮, 钱玉春, 等. 2001. 内蒙古东部新巴尔虎右旗泡状肝包病原种类流行学调查. 厦门大学学报(自然科学版, 40(2): 503-511.

133. 唐崇惕, 唐亮, 康育民, 等. 2001. 内蒙古东部鄂温克旗草场鼠类感染泡状棘球蚴情况的调查. 寄生虫与医学昆虫学报, 8(4): 220-226.

134. 唐崇惕, 陈晋安, 唐亮, 等. 2002. 内蒙古呼伦贝尔泡状蚴(*Alveolaris hulunbeierensis*)结构的观察. 中国人畜共患病杂志, 18(1): 8-11.

135. 唐崇惕, 王彦海, 崔贵文. 2003. 内蒙古多囊蚴, *Polycystia neimonguensis* sp. nov. 新种记述. 中国人畜共患病杂志, 19(4): 14-18.

136. Tang C T, Qian Y C, Kang Y M, et al. 2004. Study on the ecological distribution of alveolar *Echinococcus* in Hulunbeier Pasture of Inner Mongolia, China. Parasitology, 128: 187-194.

137. 唐崇惕. 2005. 蚂蚁与人类寄生虫病. 中国媒介生物学及控制杂志, 16(3): 165-168.

138. 唐崇惕, 崔贵文, 钱玉春, 等. 2006. 我国内蒙古大兴安岭北麓泡状肝包虫种类的研究. I. 多房棘球绦虫(*Echinococcus multilocularis* Leuckart, 1863). 中国人兽共患病学报, 22(12): 1089-1094.

139. 唐崇惕, 崔贵文, 钱玉春, 等. 2006. 我国内蒙古大兴安岭北麓泡状肝包虫种类的研究. II. 西伯利亚棘球绦虫(*Echinococcus sibiriensis* Rausch et Schiller, 1954). 中国人兽共患病学报, 23(5): 419-426.

140. Tang C T, Wang Y H, Peng W F, et al. 2006. Alveolar *Echinococcus* species from *Vulpes corsac* in Hulunbeier, Inner Mongolia, China, and differential developments of the metacestodes in experimental rodents. Jouranl of Parasitology, 92(4): 719-724.

141. 唐崇惕, 康育民, 崔贵文, 等. 2007. 我国内蒙古大兴安岭北麓泡状肝包虫种类的研究. III. 苏俄棘球绦虫(*Echinococcus russicensis* sp. nov.). 中国人兽共患病学报, 23(10): 957-963.

142. 唐崇惕, 郭跃, 王逸难, 等. 2008. 湖南目平湖钉螺血吸虫病原生物控制资源调查及感染试验. 中国人兽共患病学报, 24(8): 689-695.

143. 唐崇惕, 卢明科, 郭跃, 等. 2009. 日本血吸虫幼虫在钉螺及感染外睾吸虫钉螺发育的比较. 中国人兽共患病学报, 25(12): 1129-1134.

144. Tang C T, Lu M K, Guo Y, et al. 2009. Development of larval *Schistosoms japonicum* block in *Oncomelania hupensis* by pre-infection with larval *Exorchis* sp. The Journal of Parasitology, 95(6): 1321-1325.

145. 唐崇惕, 卢明科, 郭跃, 等. 2010. 日本血吸虫幼虫在先感染外睾吸虫后不同时间钉螺体内被生物控制效果的比较. 中国人兽共患病学报, 26(11): 989-994.

146. 唐崇惕, 郭跃, 卢明科, 等. 2012. 先感染外睾吸虫的钉螺其分泌物和血淋巴细胞对日本血吸虫幼虫的反应. 中国人兽共患病学报, 28(2): 97-102.

147. 唐崇惕, 卢明科, 陈东. 2013. 目平外睾吸虫日本血吸虫不同间隔时间双重感染湖北钉螺螺体血淋巴细胞存在情况的比较. 中国人兽共患病学报, 29(8): 735-742.

148. 唐崇惕, 黄帅钦, 彭午弦, 等. 2014. 湖北钉螺被目平外睾吸虫与日本血吸虫不同间隔时间感染后分泌物的检测与分析. 中国人兽共患病学报, 30(11): 1083-1089.

149. Huang S Q, Cao Y C, Lu M K, et al. 2017. Identification and functional characterization of *Oncomelania hupensis* Macrophage migration inhibitory factor involved in the snail host innate immune response to the parasite *Schistosoma japonicum*. International Journal for Parasitology, 47: 485-499.

150. Huang S Q, Pengsakul T, Cao Y C, et al. 2018. Biological activities and functional analysis of macrophage migration inhibitory factor in *Oncomelania hupensis*, the intermediate host of *Schistosoma japonicum*. Fish and Shellfish Immunology, 74: 133-140.

151. 唐崇惕, 卢明科, 彭文峰, 等. 2018. 钉螺感染目平外睾吸虫的分泌物及其杀灭不同时间再感染日本血吸虫幼虫的进一步观察. 中国人兽共患病学报, 34(2): 93-98.

学术著作：

1. 唐仲璋, 唐崇惕. 1987. 人畜线虫学. 北京: 科学出版社. (114. 7 万字)
2. 唐崇惕, 唐仲璋. 2005. 中国吸虫学. 福州: 福建科学技术出版社. (180 万字)
3. 唐仲璋, 唐崇惕. 2009. 人兽线虫学. 北京: 科学出版社. (110 万字)
4. 唐崇惕, 唐仲璋. 2014. 中国吸虫学. 第二版. 北京: 科学出版社. (185 万字)
5. 唐崇惕, 赵尔宓. 1994. 唐仲璋教授选集(一)——纪念唐仲璋教授九十周年诞辰. 成都: 四川教育出版社. (120 万字)
6. 唐崇悫, 唐崇惕. 1999. 唐仲璋教授选集(二)——纪念唐仲璋教授九十五周年诞辰. 厦门: 厦门大学出版社. (155 万字)
7. 唐崇惕, 唐崇悫. 2004. 唐仲璋院士百年诞辰纪念文集. 厦门: 厦门大学出版社. (133 万字)
8. 唐崇惕. 2011. 唐崇惕文集(卷一). 北京: 科学出版社. (97.6 万字)
9. 唐崇惕. 2011. 唐崇惕文集(卷二). 北京: 科学出版社. (80.1 万字)
10. 唐崇惕. 2016. 唐仲璋纪念影册. 北京: 科学出版社.
11. 参加陈心陶等主编《中国动物志 扁形动物门 吸虫纲 复殖目(一)》(1985. 北京: 科学出版社)部分章节的编写.
12. 参加钟惠澜主编《热带医学》(1986. 北京: 人民出版社)、赵慰先主编《人体寄生虫学》(1983. 北京: 人民卫生出版社)等专著部分章节的编写.

Ⅱ 父女信

一、父亲给我的信

引　言

我从大学毕业（1954 年）到我父亲逝世（1993 年）的 40 年岁月中，我离开家，按年分应该有 15 个阶段。

第一阶段是 1954～1957 年，我大学毕业被分配去华东师范大学生物系工作，在上海。临行时，父亲嘱咐我："华东师范大学生物系有一位动物学家，张作人教授，我还是大学生时他已经是教授了，你要好好向他学习"，并说："你到华东师范大学生物系工作的方向要向领导讲明要在无脊椎动物学组工作。"这是父亲为我在无脊椎动物学知识方面能打好坚实基础而指明的方向。

这一段时间父亲没有给我写信，大概不想影响我在其他老师指导下的工作和学习。他常去北京开会，经过上海时都特意乘公交车到中山北路，再步行到我学校看我，每次也都问："张先生都好吗?"那时"政治运动"频繁，而张先生因为曾担任中山大学的训导长，每次"政治运动"总是被斗争。父亲都没机会见到张先生。我能在逆境中跟随张先生从事原生动物及各门无脊椎动物的详细观察和研究，也是受父亲的指导方向和为人思想的影响，并受益终生。

最后一阶段，就是 1993 年父亲辞世前的一小段日子，我要外出参加两个会议，临行时父亲送我到家门口。我在江西南昌参加的一个会议，历时一周，接着赶赴北京参加中国科学院学部的会议。我到北京才两三天，晚上接到厦门大学生物系党委杨振士书记的电话，说父亲早晨脑溢血了。第二天我立即乘飞机赶回来，也已经是傍晚了。父亲还在厦门第一医院的观察室，我对父亲说："爸我回来了"，他似乎还知道，我握住他的手感觉有轻微地一动。我立刻决定转院到中山医院，连夜组织抢救小组，但已经耽误了两天时间，再努力抢救也没用了！10 天后（7 月 21 日）父亲最终以呼吸衰竭而离开这个世界。

其他 13 个阶段，我总共保存了父亲的 119 封信，共约 320 页。各阶段的历史背景和大体情况，容在各阶段再介绍。

1. 1965～1966 年父亲的信

背　景

1965～1966 年的下乡参加“四清运动”是史无前例“文化大革命”的前兆，下乡进行社会主义教育，接受贫下中农的再教育，与贫下中农“三同”。我作为当时工作单位突出的“只专不红”一分子，下乡接受贫下中农的再教育是理所当然的事。我重读父亲在此段时间给我的 9 封信，封封充满深切的父爱。内容包括：加强政治学习的重要性（他在信中还不断检查自己忽略政治学习的缺点来劝慰我），探问我的健康状况、家中外婆和母亲的健康状况、我弟弟妹妹的情况及我 3 个孩子的健康和学习情况、学校研究室研究工作状况、他还在进行的牛羊胰脏吸虫病的病原生物学及流行学的研究（腔阔盘吸虫的昆虫宿主的探讨）、产生皮肤疹的家鸭血吸虫的生物学研究及其在哺乳动物的感染试验等研究情况，以及对今后研究工作开展方向的展望，等等。对“山雨欲来风满楼”的情况一无所知。1966 年 5 月我们被召回校，“文化大革命”开始了，所有教学和研究工作都停止，我们的工作室成为“造反派”的司令部。学校混乱不堪，更不会料到父亲在 1968 年被送进了“牛栏”，直到 1970 年，省里调他到厦门大学任教才终止。

这时间段中，我保存了父亲给我的 9 封信。

親愛的遊兒：各篇的文稿都已經整理就緒，今天正在趕
最後一篇外文提要，寫完後就可以全部交去。經院編委
審查後，可以即付印，預計年底，更可能是明年初可
以出版。最近這裏的实驗室進行的是一些今年未結束
的小問題。到了學報工作告了一段落後，室內還要把今年
研究工作作一小結。然後再醞釀來年的計劃。昨天晚上我
曾向曾書記彙報今年工作的一些成果。其实這期學报的
稿件是反映六二年以来的研究工作。曾書記回校後正
向全院轉達毛主席七三指示。大家已討論了數次。
你最近身体如何？使我十分掛念着。學習料必緊張。
參加社教的第一階段有思想檢查的一段，你的毛病和爸
爸一樣是政治思想不開展。只重學術忽視政治。這也是
長年累月在实驗室工作的人極易患的毛病。正如毛主席
所說"埋頭於自已的工作或學習，不問政治，自以為可以所
學為國家服務""福利人民，求得國家的富強，"結果化成
了夢"。這是解放以前的情況。解放後知識分子埋头工作

1965年父信 1-1

不问政治，結果一定，只專不紅和時代脫節。我們一家人解放後受到黨的培育，和無微不至的關懷，給以良好的學習和工作的條件。雖然我們為黨的科學事業，為人民的福利作出貢獻的願望是殷切的，果若與時代脫節了，也不能以所學為國家服務。你這一次參加社教必須扭轉了忽視政治的這一缺點。提高自己的思想認識。多了解農村中生活和疾苦，加強了為人民服務的決心。同時也要在農村階級斗爭中學習。在自己人生觀方面，開放心懷多多听取同志們的意見。我們研究室在社教參加以後能夠發揮更大的作用為人民服務。你肝病最近如何？有腫痛否，食量如何？均甚掛念。依志、亮和東東都很好，志今天和校內同學往小山（高蓋山附近）參加勞動。大約二星期可以回來。侃工作尚未分配。外婆病況如常，每日仍須打葡萄糖，時有嘔吐。三舅有來信，現在遂寧東溪縣小甸子公社參加四清。到一月中旬才能結束。希望外婆病情在這期內不生劇變。據十六中人說依志讀書成績甚好。語文全班第一，數學也已提上去了，半期考，數學語文均98分。亮的尚未發表。祝好

爸爸字 十二月八日

有空多來信！

1965 年父信 1-2

親愛的遜兒：日前收到十一月十日的信，並由芸兆瑞帶回的廿元並壽亮和東東的小人書都已收到了。昨日又收到你二十日發的一封信，知道你第二階段的學習又過了十天。在學習形勢，階級斗爭，發動群衆和干部教育等問題一定能進一步了解社教運動的政策和方法，這樣也同時能夠提高和鍛煉自己的政治思想和工作能力。這一切在學校裏是無從得到的。家中各人健康都很好。東東兩周前曾有重感冒（肺炎）數天，服藥後已完全恢復。在家曾休息數天，現可上學了。前天曾帶他往康復醫院作一詳細的肺部檢查，X光透視後又拍照檢查，經該院內科主任詳細診察，和看照片，認為肺部正常，沒有結核徵象。兩周來，在加強營養和調節作息的情況下有很好的改善。今天已經赴校了。依志往小山（高蓋山附近）勞動兩周已回來。亮生活和讀書照常。則忠最近政治學習較為緊張，晚上常有開會。胃病沒有發作。亮半期考，語文六十四分。數學還好，得91加10分。侃已分配工作，在潮安縣洋里中學。該校係在潮清縣邊的山區

1965年父信 2-1

裏面，坐汽車要三点鐘才到。該校有學生233人，教師20人，僅僅分配一些辦公室工作，並担任一些教學，因校内一些教師下鄉參加社教，她現代地理課。日前為幫助她在思想上過硬曾作一封長信給她。因為在那裏生活是較為艱巨。她的地址是：閩侯縣洋里鄉閩侯八中（即洋里中學）她收就可以。研究室工作照常，我最近正在整理些標本。一周来正醞釀明年的研究計劃。最近听了科委的一些傳達文件，號召科學工作者如何更好地為人民服務。我自己主觀的願望是要堅持主席所闡切的问题。继續血吸虫病的研究。這方面還須找有重要性的課題。兔子最近又感染了三個，用一千五到二千個尾蚴感染，這幾個和以前的現只有五個，要留作腦部感染的研究材料是太少了。最近想再要些阳性釘螺多感染幾個，待你回来後進行解剖。数日前曾死了一隻感染兔，王如正在檢查腦部，还不見到虫卵。腦部血吸虫的病理研究必須能掌握腦切片技術才能看卵所引起的神經組織的变化。這方面必

1965年父信2-2

須作更大的努力。另外有關毛蚴的生物學，向性，與釘螺關係的研究也是非常重要的課題。不久以前我曾經發現日本血吸虫毛蚴体前方在第一排纖毛板的基部有六個圓形的大空胞。以往的寄生虫學者没有觀察過。在毛蚴体前方兩側有兩個管狀構造，常在開口處形成有兩個大顆粒。（這顆粒我以往）曾觀察，会從這裏脫掉。我疑心這兩個管（Canal）所稱為側腺的管，並不是腺体而是吸取或排除水份的小器官。這與毛蚴調節滲透壓的作用有關。而調節滲透壓又與毛蚴飄浮水面接觸釘螺有關。在混濁的液体中，毛蚴並不浮在水面。這一問題還沒有得到寄生虫學者考察的。腰吸虫現在經第二中間宿主發現後，有新的展望。今年計劃在福州要把它解決。其他問題也正在醞釀中。你近日身体如何？肝部有腫痛否。進村後一切要十分小心。依靠領導，並與其他干部密切配合。对待諸事要提高警惕，更為重要。盼將情況時告我，以慰遠念。你以往没有作過階級斗爭工作。倍須小心。

崇此即訊

劉佳

爸爸字
十一月廿二日

1965年父信2-3

親愛的鍬兒：

接到你十一月廿六日的信知道你社教工作現又進入一個新的階段。知道你是被派作先行隊，先入村。想今天已經來到了新的地點了。隊裏還有其他女同志嗎？一切工作盼望小心。依靠組織，很好地聯系群衆。有空把新環境情況來信告我以慰遠念。近日身体为何肝痛有若發作，十分懸念。望不要劇烈劳動。家中諸人均好。東東已上學多天了。於本月廿六日入隊。掛了紅領巾十分高興。佩時有來信。洋里山區生活甚为艱巨。住的地方很差。在一個從前是個庙的房子，老鼠很多。現尚未定教课，有空多作信鼓勵她。到學校尚未回家過。不知道適應得来否，甚為掛念。

你到順昌後是否住農民家裏？樂民先生中壆等在附近嗎？一切要謹慎小心。多聯系群衆。專此

即祝近佳

爸爸字 十二月廿五日

1965年父信3

親愛的遜兒：

你到達順昌後料已開始進行工作。現在是住在農民家裏嗎？依表和亮亮有信給媽媽茲轉去。

得暇把近況一告 順訊

近佳

爸爸字 十二月二日

1965 年父信 4

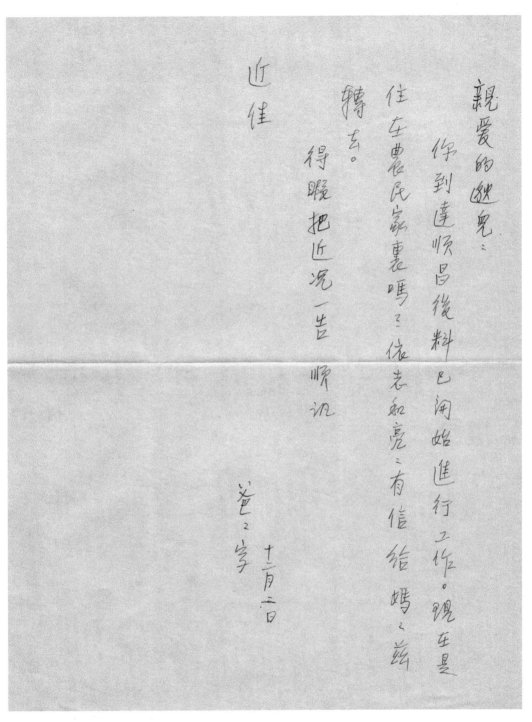

親愛的巍兒：好久沒有接到你的來信，未知近況何如，緊張的工作能担当嗎？十分念念。料想農村四清工作可能正在高峰。你所担任的婦女工作也必定異常複什而艱巨。必須依照党的方針和組織領導的意旨進行工作。春節時候有否假期可以回家。最近天氣驟冷，你携帶的衣服夠嗎，甚為懸念，因為順昌比這裏要冷得多。

家中小孩最近都很好，前星期东东又有感冒兩天，現已好了。

月來外祖母病况較為嚴重。消化力極端削弱，吃物和飲水都会嘔吐，前兩星期達危急情况，後来打電報給三舅，四天後他回来了。接着數天前二舅也回来。後来服吃中藥，請陈國清医師来診視，通腸後嘔吐停止了，才解除險狀。現已略有好轉能吃食一些流質食物。但為量仍微。每天仍舊葡萄糖靜脈注射兩次。經些番重病後已不能下牀，大小便均在牀上給人服

1966年父信 1-1

侍，以致看護方面也增加了很大的負担。媽々特別的勞累。最近數天来外婆每日又有發熱（約三十七度零七八）疑為肺炎，曾打鏈霉素青霉素，但並無甚效。現只能盡最大努力，恐自然規律不能以人的意志為轉移。

室中最近擬定一九六六年計劃。我們初步擬定血吸虫病原生物學方面问题，腰吸虫和鱼类寄生虫三项。现在科学工作者要求面向農村，大約要在外边找些据点。详细工作计劃待详擬後当寄你一阅。研究室数周来在作一九六五年工作總结，曾經把血吸虫異位和遷移途經问题作一小结会报。室的總结也对以往工作提出了一些意見。數月来我都在整理一些舊的資料。惠子又接種了數個，十一月感染的昨天死了一個。天氣冷了不易養活实験動物。

1966年父信 1-2

曾經初步說想研究釘螺的天敵，現在困難的
找不到釘螺。最近想想往福清採集一些，看看
能否找到材料。
光華前月回榕探親，曾晤談多次。麗熙
近亦時有來信，渠參加社教已結束，現已回滬。
淑欽不久可調往上海。係與另一醫師对換。
不久前灝姪由东北回閩，曾在我家一兩周
現已北上。侃最近在新年也有回家。
你最近肝臟還有腫痛嗎，十分掛念。擇
暇寄數行回家。　崇此即祝
近好

爸爸字
一九六六年一月三日

1966年父信1-3

親愛的逖兒：

你的信收到了。秀卿先生去南平托她寄你手錶雨傘和款十元，料已收到。最近你學習，听報告想很緊張。此次你响應党的號召參加社教運動，对你提高政治思想有很大的帮助。同時希望你注意自己的健康。預计在南平學習的時间有多久？何時去光澤？来信告我。你走後，依志，亮亮和東東，生活都照常，身体都很好。你寄他們的信也收到了。亮和東的回信附函寄上。你有信给则忠嗎？也應該作信給他。他晚上回來照料孩子。侃工作分配在閩侯縣，已去報到，但在那一單位尚未定。外婆病前一階段有好轉，黃疸已退去

1966 年父信 2-1

但時有反覆，嘔吐和有些發熱，近日仍繼續打葡萄糖，和黃疸。我和媽身体如常。數日來我還在修改論文和寫提要。異位寄生的一篇，也請陳醫生看過一遍，文字方面又作一次修改。本期專号，室內同人共寫了十六篇，字數在二十萬左右，外文提要和圖版未算在內。這些論文是我們向党的工作彙報。血吸虫的工作擬再繼續進行。最近電影工作隊在系內，我請他們把十九種釘螺的標本都拍了照。你在科學工作方面已作出了很大的努力和業績。今後還須注意較全面的發展。學習毛主席著作，並注意健康。有空希望多來信。耑此順訊

近佳

爸爸字

居委会發給參加社教的人棉票半斤。張書記清泉和秀欽的，青傳也有。

1966年父信2-2

親愛的幽兒：好久沒有給你寫信，未知近況如何，甚為念念。家中一切如常，唯外婆病況，時而緊張，時也弛緩。約一星期前曾一度發生極危險狀態。十八日晚上發生氣喘和衰竭的情況，我和媽媽守了一夜，次晨打電話給漢大，告假回家兩天，大姈也叫來了。以為接近逝世的時候了。但緊張了四五天後，又漸漸的好起來，數日來又能吃一些東西甜湯和牛奶，嘔吐又略為停止，但險象仍是存在，只是不知在什么時候。

小孩們生活照常，軾亮、東東都很好。每晚也都有念書。東東身体最近沒有什么病。只有時流鼻血。

室內研究工作積極開展。皮膚疹的調查工作在郊區進行。看來流行區是相当普遍的。我也到了北碚黃桷鄉福寺附近探查。據當地农民說，在春季插秧季節就有人手足感染，那裏一般也稱此病為"水泛"。最近在南郊高湖，白湖亭，首山，城门鄉附近也查詢有些種皮膚疹流行。推实螺感染很多。看來它的分佈是相当的普遍。对于劳动生产是有妨害的。兎子腦血吸虫病的实驗仍在進行。今年月漸潟那边沒有給我寄田螺釘螺，有兩個月沒有寄來了。曾作信去催。未得覆信。最近我又去信上海寄研所托郭源華寄一些，不知可能得到否。開於這方面工作現在正作大量的切片和染色。看来必須自己從了養釘螺和感染釘

1966年父信 3-1

螺入手。這一工作做了許多，現在還不能停止。腺吸虫工作現在正積極查詢那裏有流行，主要從養牛場着手。天氣冷了，蝸牛找得的很少。再過一段時間一定可採集得多些。這一问题先作初步準備，待你回來後作实驗工作。

吉林医大白功懋先生有信來，並寄了一些文要我代他審閱和修改。文寫的是五鳥類血吸虫，中的四種為新種。其中可能有一兩種與我們的相同。現在替他們找文献和修改這些論文的文章。

系內現在學習焦裕祿同志。党内党外都在展學習。甚為緊張。此布即訊

近佳

三月一日

爸爸字

1966年父信 3-2

②

敘述。中有鷸鳥的血吸虫一種，看来即是何氏鳥畢，但畢大只有十幾個。有圓形的卵。最近我们實驗室内又採集到很多的何氏鳥畢，進行活的標本觀察，主要看卵的形狀和畢大的數目。看来畢大數目變異範圍很大，從十多個到三十。隨着發育期而有不同。我從前所描述的卵因為是從子宮内描畫的，有很大的誤差，刺畫得太大了。現在必須更正。否則種的特徵就要淆混起来。白先生定的係從扇尾沙鷸採来的標本，定名為唐氏微畢（*Microbilharzia tangi*）（顯然是何氏鳥畢的別名），現在必須從較多的標本来解决這一問題。只能進行發育研究最好。

土耳其斯坦血吸虫，在全國分佈很廣，在北方極為重要，甚至在畜牧业或稻田皮炎方面都顯得危害性極大。我們現在得不到活的材料，来進行生物學方面的研究。

腸吸虫的工作也在進行，正檢查各牛場的蝸牛。也舉行了人工感染。今年盼能得到材料作從第二中間宿主的試驗。

日本血吸虫異位寄生試驗，因杭州卫生实驗院今年沒有寄陽性釘螺来，停了一些時候，近從上海寄研所寄来一批陽性釘螺，逸出後感染了四隻兔子[illegible]尾蚴。現正分函省内外一些單位，要些陽性釘螺以便再感一批。雲南省已有覆信。

1966 年父信 4-1

③

宇光先生前一階段往仙遊調查，回来後溥欽先生去光澤調查，大約十餘日方回来，屆時我就要帶一些人往閩南去，擬進行稻田皮炎和腴吸虫的調查，腴吸虫流行区不易找到，可能需要相当長的摸索的時间。學報——寄生虫學專号已開始印了。已校对了溥欽先生和宇光先生的文章四篇。往下就到了我们血吸虫稿了。最近我寫了Orientocreadium batrachoide[illegible]生活史文一篇。擬寄往寄生虫學報。

前月中旬（九日—十一日）國家科委第九局（聯系高等學校，管理基礎理論的研究）来院檢查了科研情况。对於我室以往研究成果曾加以肯定。黨和國家对我们科研工作是的重視，今後必須更加淬勵作出重要成果。听说今冬或明春省内高等學校要開一科研成果的展覽会，系内各研究室正在積極準備。

則忠每星期均有回家，最近胃还好。馨哥近有来信，云他申請入黨，在機械部技術司支部最近已通過。淹時有来信，仍在峨嵋山建校劳動。唐山鐵道學院全遷往四川。他現是半工半讀。他说身体很好，生活能適應。侃時有回家。最近帶學生回来体檢並參觀，今天已赴校。

1966年父信 4-2

最近有科委和我院党委考虑在我系设一"生物研究所"以我们研究室作为主要的力量。两星期前曾在院领导和教务处的指示下，我和系总支及三個系主任商议過，由我草擬一個研究所计劃。現在院党委正在商議，未作最後决定。（此事係保密，不必和别人说）。你知道，对於科學的事業，我是非常向往的。想起果为设立了研究所，对於室内和系内年青同志的科研工作提供了很好的条件，這是多么可喜的事。但目前還應该贯徹勤儉辦科學。我们研究室仍然要贯徹精兵主義，以少勝多，以做出成绩为第一要事。科學工作不管任何形式最主要的還是能为民服務。美帝國主義要挑起戰爭，我们的教學和科研要準備在更困難的情況工作。外婆死後，家中很寂寞。我二十号左右便和她生活在一起，像是我自己的母親一樣。三舅常来信。我日前寄他一首诗抄錄如後。专此顺讯

近好

爸之字

四月十二日

寄佑哥：

故人廢讀蓼莪篇，欲慰哀思已愴然，壺老方欣同有母，侍親難得是增年，蒼茫舊夢過三十，閩海蓬雲阻八千。仿彿慈顔仍在望，深宵兩地涕應懸。

1966 年父信 4-3

親愛的幽兒：多時没有給你寫信。最近你身体如何甚為念念。最近我和溥欽先生，財興，玉如，本勤等往仙游和泉州調查胰吸虫病。在仙游縣城関區，石子山畜牧場，楓亭等處檢查牛羊糞和蝸牛。在仙游十二日後往泉州，在該市檢查農业學校及附近畜牧場，第一中學附近畜牧場，北峯，群石，清源，鳳山各大隊的畜牧場所有的牛羣，並在各處採集蝸牛，拿回在招待所的臨時实驗室内檢查，計檢驗牛一百八十九头。檢查蝸牛三千多個，胰吸虫卵檢出率為20%以上。但屠宰場内調查剖檢的牛十八個中十三個有胰吸虫。説明糞檢方法還没有很好的掌握。本次在仙游及泉州均用漏斗濃集法，用紗布及鉄線紗過濾。也試過飄浮法。我和溥欽先生試驗多天均未得較好的方法。我們到泉州後翁玉麟先生也從雲瀨（南安縣）特地来泉州，伴我們工作幾天。在仙游有兩位獸医站的年青幹部陪着我們前往泉州

1966年父信 5-1

帮忙工作数天後方回去。調查中遭遇的另一困難情况，即各地牛隻，沒有放牧的草場。一般黄牛在稻田区是用为犁田劳力用的。它们放牧地点多在稻田旁的田埂上，不易與蝸牛接觸。它们是分散放牧的。而羊隻雖然集中放牧但地点都在高山上，那裏因为是乾燥環境也找不到蝸牛。摸索了多天，以後找到了奶牛場附近（在泉州）的菜園和路旁草地找到了阳性的蝸牛。在楓亭一個屠宰場和牛墟集的草坡上找到了阳性蝸牛。在三千五百多個蝸牛檢查中有十四個阳性。算是看到了在自然狀態中胰吸虫侵入貝類宿主的情况。兩種蝸牛中 *Cathaica ravida* 感染較少。*Bradybaena similaris* 感染較多。在泉州曾把蝸牛体內解剖出来的含有能活動尾蚴的成熟子胞蚴餵飼蚱蜢二十多头。但五天—十二天後剖檢的結果全为陰性。Basch 氏在馬来亚的试驗，我们還不能夠重複。不能感染

1966 年父信 5-2

的原因現在還不知道。目前正在試多種的蚱蜢。預計這一関是不容易成功的。因為Baach的敘述是不很明確的。他也沒有觀察到蚱蜢為何在自然狀態下吃到這些胞蚴。這方面尚須很大的努力。最近的獲得的進展只是可以在感染区中採到有成熟子胞蚴的蝸牛，提供試驗的條件。你下月回來後可以舉行更多的試驗。最近尚在從蚱蜢種類的調查。

皮膚炎方面，在泉州椎实螺也找到毛畢類叉尾尾蚴，並已感染鴨子。不知道是否有T. physellae

今年的課題，尚須一段努力才能獲得成果。

這一次在泉州與那裏的獸医站及華僑大學醫療系掛了鈎，計劃下月初旬再往泉州，以後可以在那裏進行研究。

張敬安先生回錦州後曾由航空寄來一盒子牛糞。從裏面孵出了一些土耳其斯坦血吸虫

1966年父信5-3

④

的毛蚴，除部用作形態構造觀察之外還用來感染第一隻福州的椎实螺，（尚观察毛蚴附着身上）不知能否感染和發育。

學報已印了八篇，兩篇血吸虫論文都已印出了，各圖版都很好。昨天已校对了盾盤一文，往下就要校对腹口的兩篇。目前寄生虫學報寄来環腸之稿的審查意見，已依照提出的意見修改後寄去，想不久可以刊登。最近我和溥欽先生又寄往兩篇文稿，我的是 Orientocreadium 溥欽先生的是鞭形綫虫。

軾本學期畢业，有遇到破奴表妹，據云十六中質量好的學生多報考福高。軾書讀得很好，只是不会說話。亮較頑皮。在校常和人打架。東東在我赴泉州期间又有一次支氣管炎。最近身体还好。侃最近有回家。據她說馨將往哈尔濱參加四清。淹尚在四川峨眉建校勞動。作木工。

我自己本次調查中患感冒，兩星期来尚未痊癒。

听說順昌社教工作下月底结束。未知是否。耑此即訊

近佳

爸爸字 五月廿七日

1966年父信 5-4

2. 1970年的信

背 景

从1966年到1970年初，我经历了4年动荡不安的“文化大革命”岁月。这期间，所有专业工作停止了，研究室散伙了，家被抄了几次，父亲被关进“牛栏”，我成为“可教育子女”被调到别的教研组。我虽和父亲在同一单位，遇到也不能说话。我们在食堂擦身而过时，父亲总是轻声说两句话：“妈妈都好吗？他们要把我打成反革命。”我总是轻声回答两句：“您不要怕，妈妈都好。”短短4年，好像有抗日战争时期苦难时日之久。1970年初，父亲终于被“解放”回家，但仍然参加系里的劳动队，学校“下马”了，要把所有家具、仪器、标本，装箱送给别的单位。父亲心疼全系数十年累积的标本，对当时领导说：“这些标本不会吃饭，只要有一个房间放着，何必送走？”但没被接纳。在“知识无用论”的时代，没有人珍惜这些标本。它们被送到新单位最终也是被倒掉，大家都只要装标本的玻璃瓶。到原学校又“上马”时，再去找这些标本，已经和土坑泥土合成一体了。我在“文化大革命”开始不久，就把父亲和我数十年保存的200多盒（约15 000片）玻片标本，装到两大木箱中，钉牢、保藏好，才避免了这一劫难。

1970年初，我被下放到闽东宁德地区霞浦县沙江公社古县乡当农民和下放干部。我患有先天心脏病的四弟崇嵘和我的二儿唐亮及三儿陈东与我一起来到此地。当时大儿陈轼在1968年已作为知识青年上山下乡到闽北插队。弟弟学兽医替农民医畜病，唐亮到沙江公社上中学并参加县排球队，陈东在古县念小学六年级。我被安排作为古县第八生产队的下放干部，带领一队年轻小伙子从事农田生产，队长名叫干梅。他们对我很友好，我很喜欢这里的乡村环境和当地朴实的农民，我和他们一起下田，冬天挑池塘的泥肥到田间，春天负责管队里全部卷秧，等等。生活过得很好。

而父亲和母亲在福州，精神上仍然像个惊弓之鸟，不知自己的去向，心爱的研究工作无法继续，整日忧心忡忡。父亲在这时间段中给我写了12封信。

親愛的遜兒，[illegible]，崍兒：

得遜和崍来信知你們已安抵沙江古縣。志於五日回榕。在家兩天，原想多留他玩數日，但他一定要早走，已於昨日（七号）搭火車往建西。他從霞浦帶来的豬油罐及亮打的小鳥，均極好吃。亮這樣關心外公和外婆，媽媽和我都感到欣慰。從依志口述知道你們到新地方的一些情況，目前生活上工作上如何適應，十分掛念。閱信知亮已轉入沙江中学甚慰。聞該校離家頗遠，到了新学校又是寄宿，生活起居都要注意。崍這次到霞浦很好，因為最近市内又催上山下鄉。昨天来催樓下慈心往開会，動員她去。崍在鄉應多多学習，並應当勵行為貧下中農服務，時向他們請教，從前在学校只是学課本的知識，現在在实際生活中鍛煉，在農业生产第一线中鍛煉，這是很好的机会。东东小学上学了嗎？離家遠嗎？

你們去霞浦後家中突然寂靜了許多。現在愛華煮早飯，漢夫買菜，挑水，有時中午还要回来煮菜。媽媽也忙了許多，煮飯之外还要照料暉暉。因為樓上樓下相隔較遠，所以有時在樓上大哭而不知道。侃回来兩天又去了。她的工作調到一新的学校，地点在洋錢，在原洋里附近。

“一打三反”運動，在師院已轟轟烈烈開展起来，日前又作了再一次的動員大会。現在清点工作全部停下，全力投入了運動。據報告我院有四十多起反革命重大案件还未破案。現正在“摸擺查”階段，開始大揭發，大

1970年3月父信 1-1

嵘的蚊帐已寄；嵘去霞浦时没有与李医生辞行。應写一封信给他。他傳授你針灸知识，是很難得的。

檢举，贴大字報，写檢举信等。全院正在加强领导，調更多人来。現在每日三班，到晚上九時。听說可能全院往後会集中開展此運動。目前運动也向農村展開，想也会在沙江掀起"一打三反"的浪潮。薪水前天已領回了。以往的尚未補發，但這月已發了全薪。想你們剛到新地方一定需要一些费用，在未出發前又留四十元在家裏，現想先把這一項款寄回给你。昨天依表剛滙款，所以想過几天才滙，如急需，来信即告我為盼。嵘用费25元本月起已用贴花（零存整付）储積。

自南雅回家来已一個月多了。當代生物系清查了許多財产，經我手登记的有掛圖，模型，全系各教研组玻片標本等項。我們並曾帮清点了甲類和乙類的儀器。

早晚在家中对於科研資料的整理，因為時间関係進展殊緩。初步估计已掌握有三十多篇的論料。本来想先從絲虫病及血吸虫病着手。現在運動又開始緊張，只好擱下。

解放後我在多年的行政和科研工作中沒有貪污的行為。科研方面雖盡力貫徹勤儉辦科学的教导，浪费鋪張儀器積壓等还是有的。最近時在思索今後如何更好为人民服務。一定要努力学習毛主席思想，不斷自己改造。我們家庭解放後受到党的無微不至的関懷，現在你們都响應了毛主席的号召，到農村去。這是我家光荣的了。應該真真貫徹為工農兵服務的思想，为農民做些了。

當闻霞浦有日本血吸虫病區，有多大呢？感染人數多少呢？那些人在從事防治工作？得暇向衛生單位查询来信告我為盼。共祝

毛主席萬壽無疆！

爸字 1970 3/8.

1970年3月父信1-2

親愛的逖兒，　　，崇兒：

你們三月十二日的信收到多日了。因為這幾天來運動緊張所以沒有寫回信。你們前留在家中的款，已匯寄想已收到。

師院的"一打三反"運動現已轟轟烈烈地開展起來了。四五天前左主任又作一次動員的報告，這是院領導在最近期間作出的第三次動員報告。左主任的報告號召力極大，現在大家都動起來了，系內的氣氛也較緊張了。目前尚清資班的同志尚在生物系內搞運動，沒有集中在化學系，從各處調來的專案組人員以及運動的骨干則集中學習，另組一學習班。系內這一班現每天學習，正在開展大揭發，大檢舉，大批判，大清查。下一周可能尚在這一階段。"一打三反"運動是毛主席偉大戰略部署，我一定認真地投入這一運動。現每天三班，至晚上九點鐘後方能回家。全部的注意力都集中到運動上面來了。全院尚在醞釀的時期，下階段就要進入高潮。

家中自你們往霞浦後寂靜許多了。因為事情很多，煮飯，照顧曄曄，洗尿布，等等媽媽做不了，已僱了一個女孩來幫忙，她是從前照顧外婆的那個七十多歲依姆的姪孫女，每天來家幫忙一些什麼，每月十二塊工資。我本來不喜歡僱人，但家中什麼實在應付不了，只好試用一段。

自南雅回來後，清點工作經數度突击後現已基本完成了。我參加的有模型，掛圖，玻片，工業儀器及全系標本等。現只等待處理或裝箱運往新校。這次清點工作我是認真和努力來完成的。自前星期起轉入"一打三反"，大約要在這運動後才搬校。

你們在浙江的生活料也要緊張起來，來信所述關於

1970年3月父信2-1

嶸參加大隊部一些工作的了，隊裏領导干部对他的関懷是非常可感激的。我意嶸應該首先樹立為人民服務的決心，與貧下中農打成一片，虛心接受貧下中農的再教育，听從隊裏領导分咐應做的工作，農村的生活習慣了，周圍的人熟識了，以後当然就能在農村做事而不会产生思想的問题。目前一定不要急於求報酬，在我的想法先鍛煉一兩年或更長的時間都可以，最重要先和領导及群众的関係搞好，凡事都要和遊姊及則忠哥商量。鍛煉好能力之後真正能担任工作之後才接受正式的工作尚未為晚。現在离家遠了，農村情况我又不熟識，一切只好依靠領導及遊姊和則忠哥的意見。我極想過着寂靜的農村生活盼望退休時也到霞浦來，和你們在一起生活。

樓上又搬來新的鄰居，即藝術系王政声的家屬，現樓上除我們外有三家。

暉暉很可愛，能做出許多新花樣了，可能因為消化不好的緣故，臉上腿部也生了一些"濕疹"。

関於整理舊的資料，因為每天三班都在学習，沒有時間搞，只好待之日後。

希望你們多來信，專此即祝　近佳

爸爸字 三月22日

繼東到建西後已有信來。

1970年3月父信2-2

親愛的逖兒，　嵘兒：

逖兒三月十九日的信已收到多日了。昨日又收到肉鬆的包裹，和嵘二十二日的信，獲悉你們一些生活情況至為欣慰。逖參加小隊積肥工作，帶領婦女們勞動，改移她們的習慣，這是非常之重要的。這樣的工作就是响應毛主席的号召，在農村中滾一身泥巴的实踐。農村中婦女的工作有很多方面需要人去作，我國農村由於長期受封建思想的束縛一些问題还要改革，如婦女不參加勞動，買賣婚姻，婦女受教育问題等等，如有人提倡，從思想上幫助她們這是非常之重要的。想你現在可能參加毛澤东思想宣傳隊，"一打三反"運動緊張嗎？斗爭激烈嗎？當地的情況了解嗎？能積極參加而不犯錯誤嗎？甚為念念。我想則思先到沙江數個月对周圍人的面貌一定会更了解的。 嵘現參什么義務工作？能做什么就做什么，現在是鍛煉為農村服務的能力。毛主席教导我們"農村是廣闊的天地"，是有許多足以提高我們工作能力的机会，而這机会在城市是得不到的。来信所云"隊員幾乎全部是年青小伙子，没有四類分子而且全係貧下中農"，可以和他們交朋友，這樣的環境是非常難得的。我心中也極為向往在這樣的農村環境工作和生活，能為農民效劳。

逖前信所述霞浦血吸虫病區的情況，使我聯想可能是濱海的小型感染區，不知是否在略高丘陵地帶，如平潭島一樣？在沙地釘螺不易繁生，生活地点是否在草坡或在灌溉溝或"圳"内。病区範圍多大值得詳细查詢的。你在防疫站碰到一些從前熟識的同志，甚好，應多多聯系貢獻我們所知的，能為消除病区效劳的知識。

1970年3月父信3-1

師院"一打三反"運動自左主任動員報告後，全院已動起來了。全院兩周來在準備的狀態，有各种不同的学习班，骨干分子学习班，等等，因為不可以互相串聯，所以情況不知道。現在從全院大会看來，全院人數很多，可能有千以上。從小橋、麻沙教職員都調回來了，專案組也調回來了。学生也調回來很多。第一個批斗大会已開了，（批斗林觀得，現行反革命分子）。全院震動很大。我院重点在於"一打"，追究各個重大案件，深挖暗藏反革命分子。有的現行反革命，在文化大革命中跳出來的，現已揪回。省革委会要求我院破各個文化大革命中重大案件的幕後策劃者，解開師院的大疙瘩。這運動將開始進入轟轟烈烈的時期。我參加的生物系班現編為一排四班。地点仍在生物系。下星期起將進入較緊張的階段。將有從小橋回來的学生來參加。這里的教師較少，（只有周貞英，王琦欽，林鵬瑛，刘团芊，吳美錫，張才兴等人）。這兩周來仍在開展四大的階段，下一階段進入大批判，內查外調和批斗的階段。具体情況如何搞還不知道。現每天仍三班制，至晚上九時。下一階段会不会集中系內不知道。這就是我最近生活的一些情況。

關於請求降低薪金的事，你所提的極好。應該這樣做。但目前学习緊張了，党支部領导同志看不到，一俟有机会，就要向他們說。

佩近有來信云樹荣出差往昆明。淹亦時有信。唯有慧哥久無信不知近況如何。淹從峨嵋寄回橡皮管一条给亮做彈弓用。擬寄往给他。冉隆亦時有信给媽媽。

小林最近情況如何？小林糧证已買了。關於糧票一俟換好即寄去。

1970年3月父信 3-2

你们离开福州不觉已一個月了。似乎是非常之久的。因为很多年都没有离你们過。家中的環境驟然起了变化。福州這一個家终会有变化的。因为学校已移了。今後为何難於想像。对於我自己今後能为党及國家做些什么了，也不能預见到。教学，科研，行政，都不行了。

関於整理旧的論料，因為清点及搞運動的関係一点也没有動筆，目前做了的效率也极低。以前想写一篇"寄生虫研究室工作二十年"，逸兒何時代我看一看，目前這一運動結束，我想要向院領导作一全面的彙報，作为研究室結束的報告。以後呢々縱使有存在，也應由年輕人来領导。那篇稿太長了，要大量壓缩，畜牧寄生虫方面还未加入。

現在這里書櫥内还有二十多篇的蠕虫方面的論料，如果把它完成，对於我國蠕虫学是增加一些知識。我的理想要在這数年内写两本著作。一本是有関人体蠕虫病或寄生虫病的，另一本関於吸虫方面的。関於後者一篇一篇写出，以後把它系统化了。関於前者則不是如此，要以嚴格的体系分出章節，目的在總結半世纪以来我國寄生虫学的特点，作为除病滅害的参考。

今天是星期天方有時间写這封信。明天運動開始紧張。　媽々说做肉鬆，如加入一塊豆付乳，味則較好，如有蚕豆也可以。

亮，东讀書想有進步。

得暇希多来信。專此即讯　近佳

爸々字　三月廿九日

1970年3月父信3-3

燃儿 嵘儿：

多日未曾写信给你们，未知近况何似。燃参加农业生产劳动能适应否？嵘儿在大队里工作能合队里需要否，你们到霞浦已将近两个月了，农村生活和以往在福州生活大不相同，真正能做到为人民服务，很不容易，能和贫下中农合得来，拜他们为师，也不容易做到。亮和东东进了新学校，全家都换了新环境。则忠工作有变更吗？都在念中。

这次我家大部分都下放农村，这是响应毛主席的号召，是我家的光荣。侃最近都在校内，侃已怀孕，有月余日没有回家了。

师院"一打三反"运动渐进入高潮，现正开展对极左思潮批判深挖反革命分子。系内也十分紧张。全院现正深挖各阶段福州反军大事件中的反革命策划者。运动正向纵深发展。

家中自你们去霞浦后寂静了许多。汉夫工作仍旧，爱华最近参加该行业的"三反"学习班。在家的时间更少了。因为晚上有值班，也不能每晚回来。晖晖很可爱，现已能作各种的表演。

沧时有来信，工作分配尚无消息。

燃儿的肩布妈已制好了，不日将由汉夫邮寄去。他正在找塑料袋，一起寄。

本月家中贮积款一百二十多元。你们经济情况如何，初到新地区会有新的需要，时以为念。如有需款来信告知为要。

1970年4月父信 1-1

回福州後党内组织生活已参加两次了。最近党内抓学习新党章，和促進党员思想革命化。

你们得暇盼多来信。專此即祝

近佳

爸爸字 四月十九日

媽媽說：小林棉褲，没有棉褲樣，大小如何不知道。能否叫她设法寄一樣来。或叫她直接告媽尺寸。不久前宗强和宗楨都有信来。嵘有空 又及。
可寄信與她们。

1970年4月父信 1-2

親愛的澂兒：

五月四日來書收到。知嵘已去獸医訓練班去学习數天，這時可能已回來了。很久就想寫信給你，因学习班最近十分緊張不能抽空作信。所以延擱了好久。肉鬆和蝦米也老早收到了。

嵘果如有机会参加農村中獸医的工作，能好好地向這一方面發展，那要比做会计工作好得多。這需要一定時間的学習和鍛煉。通過实践，通過向有經驗的人学習，這方面的技術是可以掌握的。不知大隊裏是不是要培養這樣的人才。嵘可能会考慮做会计工作馬上可能有報酬。我意這一些不是最重要的，他這次下農村最重要的是向貧下中農学習煉好本領能为貧下中農服務。学习獸医要經過一段刻苦鑽研的。需要向獸医站人学习，在現場参加工作，观察他们如何为牲畜治療和做預防工作的。学好這本領需要時間，現在主要的是要爭取大隊給他培養和学习這本領的机会。這工作可能比做会计更艱苦。

現家中除他月用25元之外，每月还为他儲蓄一百多元为他日後發展之用，自你们往霞浦之後已積三百多元了。此後还要继續。想有此一筆款可以作为他日後進修或求学時用。估計在生产隊里沒有獸医站，恐怕不容易有此專业指導的工作，暫時作兼職也好。獸医工作不是容易，要認真從了。为牲畜治病，也容易出了，所以一定要学好本領。預防打針之類，先掌握一兩种以後慢慢学多。

漢夫代嵘買了草藥手冊一本。依姑另送浙江的草藥一本，不知有若用處。已郵寄。獸医資料今天到新華書店看，沒

1970年5月父信1-1

有買到。為從事此事业，當托人轉借有関資料。

運動已開展到高潮。下星期起又進入另一階段，再掀起，檢举，揭發，檢查。預计時间会很久。

遷校何時實現尚不知道。研究室如何處理無消息。現在只能等待。京滬各地科研單位沒有变動。我室因為屬於院系領导，所以也從院系的改併而消滅。儘管二十年来做了許多工作，目前人家是不知道的。因為政治運動还在開展，也不好找領导談此了。

至於我们家庭，是要隨着這時局的变化而变化的。只是目前不曉得何時接到通知而已。我和媽媽都想不能工作時搬往霞浦和你们在一起，但不知可能实現。此次你和嵘都到農村去，是我家的大变革，响應毛主席号召，我認為這是我们家庭的光榮，也是避免犯修正主義錯误的途徑。最近院内学习"毛主席在延安文藝座谈会講话"，还学习社論"知識分子改造的必由之路"（報导北京大学清華大学教師在江西鯉魚洲下鄉劳動的思想上收穫）領会知识分子思想改造是一定要經過這一途徑的。到農村来一边劳動，一边接受貧下中農再教育，這是改造思想的好方法，年老的人也不例外。果如研究室沒有了，我也無事可做，到農村中過着樸素而節儉的生活，並能和子女在一起這就是幸福了。

閱你前信敘述鄉间生活，使我十分向往。我也欢喜一輩子在鄉间。在沙江去縣租房子不贵嗎？一個人每月生活费要多少？估计組織可能不会讓我退休，或者媽媽先遷到霞浦和你在一起，对她最好。這了可能要等到你来榕再商議。

1970年5月父信1-2

整理旧稿了，因为目前运动太紧张了，無暇及此。一個对科研工作，做的時间久了，对它發生了感情。並且也生了信心，總以為這些工作对人民有利。我还是想只要有可能，以前的各项研究，一定要把它完成起来。

专此即讯

近佳

爸爸字

媽嘱筆问好並云從前山嵘向一位姓李的医師学過針灸，現在離开應寫信对他问候或寄他一些霞浦土物。又及。

看布糊漿很多所以厚，洗數次後就会軟了。

鹏哥很久没有来信不知何故。保亦有寫信給他，也没有得到覆信。（我於月前去信）

仕華往昆明去，據保来信云可能六月才能回来。

漢夫有一套草绿色衣服給山嵘，但须有便人往霞浦時寄往因不能郵寄。

1970年5月父信 1-3

洋裡中学洋头分校

亲爱的惕嵘儿：你们好！

布证已收到勿念，信开時裡头有粉，妈先吃后看信才知道粉果粿：吃的，等他会吃粉時一定补他一个。还要说明四叔给的。

小林已托人将香菇及笋片带回，这几天吃香菇煮豆腐笋片等，福州現供应较紧张，还可以勿念。他棉衣等回榕后给她製造，老人家买的布料年青人不一定会满意，並且长短不适体。

嵘儿要劳动布两用衫及亮明劳动布裤，昨日汉夫和爱华已换全国布票、质，今天邮寄托秋荣在上海代买，买后直接寄虾浦。

爸爸前介段较紧张，近二三天参加预備迁校、整理东西，昨天还去化学系拉货车，近日比较轻松。

亦骅好久没有来信，你去信，正待他复信，爸和妈十分惦念。

俺弟来信，現参加水泥厂挖土劳动。

汉夫常回家，爱华参加打运动很紧张，有時连續几天劳动，晚上十点左右才回家。

亮明何時放假，小军说亮每日打鸟可獲十几只，想他如果在福州每天可增加不少营养。

东明放假让他先回来不必等亮明一道回来，大家都很想念他们回来。

丹丹近来更可爱，会表演各花样。相片是三月廿七照的。

则忠和嵘儿身体不是十分健康，参加劳动自己要注意，切切～

祝

好

妈字

70,5,16.

爸爸旧卡其衣服，嵘儿有否带虾浦去。

1970年5月母信1

亲爱的逖崃儿：你们好！

崃儿寄回肉鬆和蛎干均收到勿念。

倪知师院快近校，于22日回来，仕仁于24日从昆明回校，倪今天回校了。

日前寄去红糟一小箩，想已收到。

爸爸和妈希望逖儿六月请假回来一趟，听说寄生虫研究室驻敝（？）岗，但王廷（？）章日昨又叫爸爸定研究计划，爸爸思想负担很重。

崃儿又往城关兽医站学习，爸爸和妈都希望崃儿向这方面努力学习，对担任会计工作有顾虑，责任重人的意见多，不小心易犯错误，兽医治疗责任虽重，多向前辈学习，自己努力学习，细致多观察，经验渐渐会丰富，直接为贫下中农服务。

汉夫的衣服日内即寄往，汉夫说如果年底没有复员十一月就寄回，这次只恭一套，回此寄旧的。

牛奶粉有即买二磅，福州买不到，五一买一斤，还是郭搬王师母排队买的，现在快食完了，天气热每日牛奶只定二斤。

前寄秋荣在上海买劳动布衣裤，款已寄去不必再寄往，秋荣又有喜反应很厉害，她稍好会即去买寄回。

东东放假否，放假先回来，妈不会这样早去虾浦。

祝

好

妈字
70.5.31.

1970年5月母信2

親愛的迪兒：

寄來的肉鬆和蠣乾收到了。

最近系內遷校已進入新的階段，学校的傢具數星期來已陸續運往集美。我參加的清點工作近日特忙碌。甲類儀器月餘日來已裝了一百六十多箱。昨天由汽車運去了40多箱。由依伙隨往新校。不日又將由火車運往，這160箱運去後，剩下的还有玻璃器等乙類儀器，除此之外还有剝制及浸制標本，一時尚難於全部運完。

寄生虫室的玻片標本裝了三箱。其他浸制標本，複印本等也已五箱。已整裝待發。

研究室听說是取消了，但院系領導沒有正式宣布此事。數日前系總支領導（[illegible]）對我說要我定寄生虫研究計劃。要求與畜牧业配合或有関國防方面的研究。想了多天尚未能定出具体项目。因為具体有多少人參加研究室工作不明了，不能想出研究室今後的動向。曾和孫毓芝談此事。她也不能告訴領導的意圖和如何做法。

"一打三反"運動現尚继續。路内最近開展創四好運動。整個布署如何，何時結束不知道。

系的教改方案如何，尚無消息，亦不知道今後農基系開何課。科研應如何做，亦無人指示。所以如何定此計劃很難想。在研究室命運沒有決定之前科研工作如何做，很不容易推测有多少人力。可以承担多大的工作量。听說系的總計劃中定有三項科研題目，㈠是甘薯高产实驗㈡是盐鹼地的改良㈢畜牧寄生虫。

1970年6月父信 1-1

曾想定腰吸虫和日本血吸虫、海滨的皮膚疹两项。日本血吸虫问题，因係多年研究，從来没有间断過。現在缺乏的是有感染的釘螺，不知霞浦衛生院有否採集活釘螺能供應經常的需要否。如有材料，研究日本血吸虫之外还可以作釘螺天敵生活史的探討。為自己能發現有釘螺分佈区，山第與亮东等能採集更好。

海滨螺類常有感染血吸虫尾蚴。前曾听説厦门海水浴時有發生過皮膚疹，妨害人民解放軍練習水戰。估计海灘也有鳥類血吸虫，如 Austrobilharzia 属的鳥類寄生的种類，对於在海灘從事生产工作也有危害性。這方面的材料尚待發現。

闽南是絲虫病極猖獗的地区，関於預防感染的研究也是非常重要。以我的力量来説是心有餘而力不足。如研究室尚存在的條件下，还能試一試。現在是不可能了。因為生物系已改作農基系，当然畜牧寄生虫更佔重要的地位。留下的年青同志的力量要投入於此。擬作的题目是猪肾虫的防治。

两周来，正在思想上酝酿着题目及做法的问题，尚没具体地把計劃订好。

新的情况是很難適應的。既没有研究室又要订计劃，要進行工作又不知道如何改革。這裏存在着矛盾要耐心解决。

宇光曾有来信。関於科研，他認為現在為時还太早。要等工農业大躍進之後，國家需要科研来配合的時候，領导会找我们谈此事。他还説現在年青人干勁极大。不要拉他们後腿。我们以前的保守的做法是不合

1970年6月父信1-2

於联系实際要求的。

总之情况及條件已大大改变，我的工作已經不能適合新的要求。

"一打三反"運動还在继續。往下是学习新党章，及創四好運動。还要"揭擺查"斗私批修，检举揭發。運動及清资工作合起来搞。每日还是三班制從早上七点到晚上九時半。你五月六日及六月八日两信均已收到。

退休了現在不可能提出。只是对於新学校我已經没有什么作用。

托秋葉买夏天襯衫已寄往了。

色素藥片，肉燕皮等已由包裹寄上。料收到。

得暇多来信。山崇工作能適應否念。常此順，

祝 近好。

爸爸字

1970年6月父信1-3

親愛的逖克：

現在正進入"整党補課"階段，兩周來学习文件。下周党員要再來一個斗私批修的檢查。班內原有人員已有一半調往第二排（搞一打三反的）。財兴、鏡芝、还有三個学生。最近金揚也調去。所以我和美錫現正負責這一班"老弱班"的学习和清資工作。我的整党補課如何做尚未通知。聽說在化学系那边做。聞將重新考慮党員是否合格問題。說不定还要被抓去作清隊的審查。

畢业生分配命令已下達。師院学生現除少數仍留搞"一打三反"外，全部前往集美，等待分配。想崇滄可能也要分配。

你下放往浙江已半年了，能否告假回來一段時間？希望和亮和东一起回來。有许多事要和你商量。

馨近有來信。仍在勞山參加生产勞動。

遷校工作不斷在進行。儀器方面大部分都運去了。現正在搞標本。有一部分会留下不運去。從大体看來大部分的物資已經移往新校了。人的處理，第二批干部下放五十餘人。尚有年老工友退休已去了一批。年青工友前一階段已調去一批。現在机關連剩下的教職員大半部是老弱的。這些也將不免作退休的處理。這樣在福州就沒有很多事情了。只有圖書还很多未運往。

新校試点班，听說招收一百人。生物系有二十人。生物系不是生物系已改為"農基系"與化学系一部分人合。據云八月開学。試点班可能只有一年。担任教学的有朱官清、泉方平等。與我院合併的第二師院，人員已到集美。

寄生虫研究室原來机構已經沒有了。在新校的

1970年7月父信 1-1

只有毓芝金芝財興三人。大概要配合農基做些牛和猪的寄生虫研究。新的情况如何適應，無論在工作上，在政治運動方面都顯得不容易。

愛華往北峰勞動二十天，現已回来。

侃校也快要放假。盼她能回来小住。

峰兒看猪病，要特細心，不可大意。因为牲畜是農民生活取資的財产，对於他们是関係甚大，所以看時不可草率。如不知道療治就要說清楚。打針吃藥分量也要注意。多請教有經驗的人。同時自己接觸時也要注意，看完後要洗手。所需何种资料有空给我来信。

专此即讯

近佳

爸爸字 七月14日

1970 年 7 月父信 1-2

逖先：

連接到三の封信，允未作覆，因等待学校有関今後分配工作的宣布，前段想会在國慶前後宣布，結果机関連中現只有老教師這一排还没有动。生物系儀器全由廈大生物接收。本来寄生虫研究室已定併入由医学院，最近又变了。儀器暫存廈大，未来往何處未定。從非正式的消息听到可能一些研究單位会集中起来，在内地搞生产的研究。究竟在何處不可知。現在所能知道的即不在医学院，也不在廈大，這已是明確了。孫毓芝前天已去集美將寄生虫室的顯微鏡等物從廈大接收的儀器中抽出等待以後的調撥。這是最近的情况。班内現正加紧学习。現在学习毛主席的哲学思想。

沙江公社有釘螺分佈面積達54万平方米，並從普查中，檢出了虫卵。陽性病人在两個自然村140人中竟達30人左右。這病率是相当高的。說明這地區内，血吸虫病是個隱患。因为病区小，有病的人，人數不多，即有症状人家從不把它联系到血吸虫方面来。因此病而死亡的，可能还把它当作其他疾病。這种情况不知經歷多少年代。現在感謝党和毛主席"一定要消滅血吸虫病"的号召。鼓舞衛生工作者和群众对此的重視，

1970年10月父信1-1

釘螺發現之後又發現了病人，此後会更引起大家的重視。我相信不久這問題会得到徹底的解决。沙江將来一定要成沒有釘螺的地区。

我联想到從前在平潭島軍山上找到釘螺区的情况。海边釘螺分佈是以較高的丘陵地帶為主。在沙土上是不会有釘螺的。海濱血吸虫区分佈的特点是：

1. 島嶼狀的分佈，範圍較小。
2. 分佈近原始的狀態，釘螺在山坡上的灌溉溝裏。更原始的在草坡上。那里有暗暗流动的水源。
3. 如侵入耕作区的溝渠，範圍就会更大（如福清縣）。
4. 在山上沒有耕种的地方傳染的人多係放牧的人。在那里牛和人都会感染。經常在溝内的則野鼠維持病原虫的生命循環。

沙江地区發現這樣的病區在科学上以及在未有徹底消滅血吸虫病的措施上都是極有意義的。你能參加這一工作使我無限欣慰。一定要持久地參加這工作。建議衛生單位檢驗一些動物如牛及鼠類。霞浦養豬很普遍，未知感染区内有此牲畜否。

1970年10月父信 1-2

徐錫藩氏報告台灣的血吸虫，只能感染动物而不感染人。這一診斷我是有懷疑的。那里的血吸虫能感染猪。既能感染猪，人的感染也就有可能性。他们没有找到人的感染，也许是没有详细檢查的緣故。

我很喜欢到霞浦一看。但告假不容易，如公社或縣衛生机関有信来，那就可能較易。

血吸虫病是毛主席最関心的。它也是我國農村最重要的寄生虫病。合理的估计，以前约有七百萬人有此病。我想今後还须在這一方面作出了貢獻。

整理旧资料的工作都在進行，但進展甚慢。崇侃身体稍有恢復，但食量不佳以致進步甚慢。

最近從廣州回閩的朋友谈到陈心陶先生约有一年来都在四会鄉下搞血吸虫防治工作。他政治上經審查清楚。恢復了党组织生活最近还被选为全國人大代表。

得暇多来信。

崇淹時有来信，牡丹江那边已開始下雪。

爸之崇

十月十一日

1970年10月父信1-3

親愛的逖兒：

十月十五日的來信收到了。據信中所述一些自然村血吸虫病感染率竟是這么高，現在查出來，這真是一個極大的好事，為這地區消除災害。推想這樣的情況不知存在多少年數了。因為血吸虫病有現多种的形式，人家不注意，所以沒有發覺。感染了這种病对于健康有巨大的害處是肯定的。你帮助了進行檢查的同志们發現了這嚴重的病區也是貫徹毛主席"一定要消滅血吸虫病"的指示。我们感謝毛主席，有了他這樣的號召，全國才能這樣对這病注意防除。

对於霞浦地區的情況，我極想能到那里一看。這是本省福清縣以外最重要的病区。而且流行病学是十分特殊。

閱信知道你自己的糞便也檢出毛蚴。使我十分掛念。可能是近半年來在鄉村下田或涉水時得到感染。但也可能是近年來你在實驗血吸虫異位寄生工作時得到感染，也未可知。感染了一定要治療。最好再檢查糞便一兩次，看孵出的毛蚴多少，以覘感染的輕重。你前有過肝炎，注射锑劑有些妨害。我想寫信詢問顏默，最好的醫療方法。

霞浦既發現有此嚴重病區，當衛生当局一定會進一步進行防治工作。來信所述要了解這地区血吸虫病如何傳播是非常重要的。許多婦女不從事勞動也被感染，這是因為不但因生产入水得到感染，生活入水也能感染，如洗衣服或在田溝中涉水

1970年10月父信2-1

都会得到感染。在有钉螺的、感染率高的自然村周围
如能作疫水的检查，可以指出那些田沟或草塘
有危险。以我所知许多流行区小孩在田沟捕捉鱼
虾或洗澡得到感染的最多。这是可以用宣传和教
育来防止的。妇女也有在倒马桶的地方得到感染。
这都是因皮肤浸入水，也可以单纯避免。检查疫水可
用有两个浮木的小纱笼，内放小白鼠。将笼固定在
要测验的地方。有钉螺并有水浸渍的草塘也可以
试，藉以探测感染的来源。白鼠试验后养一个月后
解剖。这样使群众警惕，会大力参加灭螺。但不可过
甚其词使人家害怕不敢劳动。浮笼的做法另附。

霞浦病区的流行学是非常特殊的，值得
研究。没有草塘的钉螺区，耕牛因放牧而得感染。这一
点必须加以注意。牛亦可能是疫原。

我希望在年内转变工作做完之后，当领导许可
告假就要来浙江看看病区的情况。

师院现已近结束时候。想不久会宣布分配
回退休等事。研究室今后为何还不知道领导如何
安排。现在等待。具体情况知道后告知。

此此布讯 近好

爸爸字 十月廿九日

高依园同志说记得他。前在福清寄研所参加野生动物——鼠类血吸虫工作时见过他。代问好。又及

1970年10月父信2-2

親愛的邁兒：

日前得山華來信知你患感冒，未痊愈，不知已好否，甚為念念。血吸虫病何時就医，應作計劃。是否來福州医治。我已去函嘉定熟處查詢何种療法最好，尚未得回信。

学校对於調動工作的人尚未公布。可能和退休退職的一起公布。所以未宣布的原因，推測是因為等待人大会開後國家可能公布退休退職条例。

调往廈大和福大的一些人，聽說要成立職前承担培養師資任務。

關於我的去向，听說是去廈大生物系。未宣此次往廈门移交植物標本，回來後說廈大生物系已定我的实驗室條安置在二樓上。為此看來去廈大大約是肯定了的。自從孫鍾蘭决定留在福州之後，實驗室的事更無人過問了。現在老攤的基礎既然打垮了，新的情況也不了解，自然不能想出有什么计劃。目前还是天天学习和參加清點、包裝玻璃儀器的工作。前星期都说快要公布了，現在又擱下来。

蘩哥今天有来信，最近他從河南羅山回北京參加部里的"整党建党，清理階級隊伍，落實政策工作会議"，時间十天。蘩雄今年八月從連隊调部政工組工作。他的通訊地址仍是"河南羅山1105-57信箱政工組"。

1970年11月父信 1-1

侃身体恢復甚慢，現假期快將結束，還一星期就要赴学校。

嵘来信说依表腿部砍傷，不知情况如何？昨已寫信给他，嘱他由漳口大即来福州就医。

嵘的奶妈患有鼻咽癌。妈妈和侃昨天曾去看她。她住在省立医院已開刀。可能已經回長樂去。

妈妈最近身体稍好，暉暉已經很会跑走，非常贪食。喜欢上街看汽車。總由家步行到观音井。

漢夫可能调動工作往工廠。據聞在年内会实现。

日前碰到工宣隊鄭祖林，他说前曾托你代查霞浦縣人武部有一朋友（姓名他前曾告訴你）不知尚在否？

亮和东东最近讀書有進步否？念念即祝

近佳

爸爸字 十一月十五日

從今天起四日要赴厦大報到。可能20日走

昨日上午院領导宣布分配名單。已正式公布我係調往厦大生物系。昨晚在福州的厦大生物系同志三人和我及其他调往该校的年青同志開一座谈会。提出我要担任教学工作。他们对猪牛羊寄生虫防治工作有興趣。教学可能是家畜寄生虫方面。要讲猪病牛病等。

1970 年 11 月父信 1-2

3. 1970 年末至 1971 年的信

背　景

到 1970 年末，父亲调到厦门大学生物系任教，在他快要动身之前我请假回福州，料理一些事。厦门大学，父亲过去虽然去过几次，但毕竟是新环境，加上“文化大革命”仍在进行中，父亲不敢贸然带家眷去上任。我把母亲和小侄儿唐晖接到霞浦来暂住。母亲非常辛苦，要照顾自己带大才几个月的小孙子。尤其是我时常要到城里或公社开会，她独自在那中国旧式、光线不好的老房子里住并照顾小孩。父亲到厦门后，人地生疏，就开始参加系里的“开门办学”，经常和大家到同安马巷的庙宇里授课。由于是外来的人，没介入到学校在“文化大革命”中所形成的派系矛盾中，大家对他还很客气。同时，这学校里还有一些亲戚和亲朋好友，对他很亲热和照顾。比之在福州时的光景，似乎好一些。但他对自己的科学研究工作和著书的事，念念不忘，忧虑重重。

学校放寒假，父亲和我大弟汉夫及我大儿子陈轼一起来霞浦过春节。春节过后要开学时，父亲带我母亲、弟弟们和小侄儿，一起去厦门安家。

父亲到厦门后，照常参加“开门办学”的授课，也经常外出。回到学校后，总是执着地考虑怎样恢复研究室、继续开展科学研究和写书等问题。当时学校的革命委员会祝主任经常在早上会特意在校园里散步，父亲趁这时可以在路上见到校领导的机会，也在这时候到路上与祝主任相会，详细地反映他的想法。祝主任很理解他并安慰他，并考虑恢复研究室的事。不久之后原福建师范学院校党委曾鸣书记也调来厦门大学任校党委书记，也支持父亲设想，开始着手调回研究室原来的教师，我也在被调之列。

在这样历史阶段的一年多的日子里，我保存了父亲给我的 20 封信。

玉妹，燃儿，则思同览：

来此不觉已一星期了。昨日学校已给了房子，在国光二楼第一直的楼上。有两间，後边厨房一小间，係與隔壁一家公用的。在後面还有一個小厕所也是公用的。房子前面有一两家共有的小天台，空氣很好。屋是朝南的，據云夏天尚涼快。租金多少尚未說。兩间屋子各有电灯一盏，每家各有一电表。傢具学校發的只有床兩架，書棹，自修棹及吃飯用的方棹各一。椅數張，書架一個而已。這有待日後補充一些。這兩三日来山峰和小林把屋子傢具洗一下，現已搬進来了。我在外地工作的經驗不多，在新的地方住，邵武以外這是第二次。

系領导对於今後[illegible]的工作尚無具体指示。尚不知他们如何想法。在系内也还未分配实驗室。目前他们說系有微生物及農畜專业兩組。系任務十分紧，現在不能考慮教師的特長。農畜專业，水稻以外以養豬為主。任務是要十個月能達到二百斤。系有一個工作基點在西塘（在同安）。一些教師在那里任課。養豬專业要担任豬的解剖，飼養，繁殖，豬病防治等。尚未具

1970年末父信 1-1

体提出要我担任那一方面。想不久领导方面一定会有安排。

初步設想今後要搞豬牛羊的寄生虫工作。想为领导許可搞猪的薑片虫问题。遂江，江口那里薑片虫病石庭公社有三個鄉村受檢人1,099，有692人糞便有卵子（62.96%）。這樣高的百分率，其流行因素中可能與猪的感染及猪糞處理有関。也牵涉猪的飼料问题。這一种人畜共有的寄生虫病，可從其相互関係上找出流行的原因。另一问题較難搞的是猪的蛔虫病问题。此问题因为不是急性病，可能農民要求不迫切。

寄生虫学为何为農业服務在我是新的課题，曾設想果为有人力配備，將来可搞植物綫虫。

为有教学任務就得寫講義。這方面工作是要花很多時间的。

這里系內老教師，張松踪和金德祥兩教授已轉到微生物组去了。鄭重先生调往海洋系。来此後曾往看何景先生一次。他稍一動就氣喘不止。已不能工作。

1970年末父信 1-2

本月薪水已支回。已在厦门港一個銀行存120元。擬寄斌典40托買尼隆帳，但不知有貨否。

汇去款50元料已到。如需要盼來信告知。

嶸來此後曾寫一信與稚泉表兄，但尚未得其回信。

春節能否告假，現尚不可知，俟有机会询问。現打听学校是沒有寒暑假的。

暉暉從格到霞浦路上有着涼否？到霞浦後能適應嗎？

亮、东最近讀書有無進展？近況何似？外婆來後，他們可來遊。

此間購買东西很方便。厦大有個百货商店什么都有。此祝

近佳。

璋手啓

十二月十五日

十一日來信已收到。

1970年末父信 1-3

玉、娣、幽儿：

学校现在决定我去西塘参加那边生物系农畜组。明天可能就动身。所以崇峰和小林日内就要回福州。到那里以后的工作[illegible]尚未指示。

西塘的地点在同安县[illegible]公社西塘大队。详细通讯地址待到那里再函告。

我离此后，这屋子只好锁起来。想东西不会损失。

前隔三天参加系讨论会，知道生物系原来的两个专业微生物和农畜专业，[illegible]一组可能只要有[illegible]植保和农畜两专业但尚未经最后决定。我是被列入农畜组的。农畜组设在西塘，所以要住那里是很自然的。

研究工作就是准[illegible]半半截子的。将来也不知道如何做。人手帮助都没有，仪器也正封存在集美。参考书和资料都放图书馆去了。下去只能带些书籍，但也不能多带，因为太重拿不动。下乡带被窝都有问题，前一回去南靖已试过。[illegible]编写些教材和讲义准备[illegible]讲课时间。这工作因为手边有些书还可以做。不知那西塘还能继续多久。只好尽力而为。将来还未决定计划，教学也没给我什么任务。等招新生要再夏天才有人来。现在还只有试点班。学校现在还是在斗批改阶段。此间生物馆仍旧是空的，原来的人在[illegible]做科研。

听了广播任传达省革委会工作报告，现在学校正进入两条路线的斗争。高等教学是一定要搞好的。现在是开门办学，厂办工厂。农业也要搞基地。要强调教学、科研、生产三结合。

1970年末父信2-1

因為振泉表兄去勞動，可能這一段時間不可能往南安學獸區，所以山紫還是回霞浦，待以後再說。本來想他在南安和我較近可以有時來我這里，現在這也不容易做到。

這一月的存款，現由山紫帶回去。因為放在身上或留在這里都不方便。

你們到霞浦後情況如何甚為念念。暉暉換了新環境能適應嗎？聽山紫說，現在是搬入新屋。居住的地方適合嗎？

這里住的地方，陽光二樓，生活還很方便的。這里附近有食堂，有商店（百貨、食品），去郵電局也要走一兒鐘，看病這里都附近都近。男慕據說要到廈門港市場距離較遠，比這里去梧塘還要遠些。

仕華表妹的母親去看過一次沒有錯吧。

楼姐昨日也有來信。問姑媽有沒有來。

餘我回西塘後再寫。

仲琦

十二月廿日

1970年末父信 2-2

邀儿　　共覽：

離霞浦車站後下午四時許到達福州車站，即僱三輪車載運行李回家。經過長途旅行，小暉暉雖有咳嗽，流鼻涕等現象但尚安好若恙，勿念。

回家後休息兩天，昨日又開始整理东西準備赴廈。东东入学手續，填表，繳学费等均已辦理清楚，今天已經上学了。学校需要家長信，嵘已用你们二人名寫了一張拿去。現已在家中整理一間住屋，在漢夫房子前。以後在学校膳食，在家里住宿。不知生活上能照顧清楚否。

這几天来經多次商量媽和暉暉是否赴廈問題。因為在廈，在榕都有一定的困難。最後决定还是去試住一段時间。如不合適再回福州。

今天已買好票，並將箱子托校車子運往廈大。明天清早五時離榕赴廈，嵘，灏同行。

漢夫工作分配尚未宣布。可能要等待到十日左右。前幾次分配的人有不願意到新崗位的，將集中到北峰学习班学习。所以果如宣布的工作不適合則可能也要往那里。愛華回来後已往店中工作。

我们家中近来的確發生巨大变化。希望媽在廈門能適應，如有困難我还是想媽到霞浦最好。因為漢夫既不能常在家，日後能得兒女照料的地方只能是霞浦了。關於這一点到廈後和你再詳商。

（70.6.赤印）

1971 年 2 月父信 1-1

到榕後，獲悉学校正在搞反驕傲運動，往後听說又要搞一打三反，要掀起新高潮。實大情况如何待到校後再函達。

此次全家在霞浦過春節，非常快樂，食物也非常丰富，只是你們二人花了不少的錢。於心不安。

到霞浦後看到血吸虫病区，尼閱讀到中央鬥爭的指示和文件对我来說是非常難得的学习机会。現在正在整理行裝，不寫了。

當此即讯

近佳

爸之字。

2/7 1971。

(70.6.赤印)

1971年2月父信1-2

親愛的遜兒：

我和媽媽，山崇，暉暉於八日搭長途汽車到廈。賢亦同車來此，小林於次日亦來廈。經兩三日的安頓，屋子及生活已漸漸就緒。數日來，家中用具已添置了好些，蜂窩煤炉，氣鍋，熱水壺（只買兩個）臉盆，碗等等。由家搬來一隻皮箱，及數個手提包的衣服，來此後煤米等也購買一些。數日來這一小家的狀況算是就序了。

系領導也知道我的家屬來此，讓我在家料理兩三天。今天衣濃嫂介紹一個女工，六十多些的老嬤嬤，每月十二元，在我家用膳，已說好，兩三天就会來。

來廈大之後听到了系總支工軍宣隊領導的斗私批修，主要是反驕破滿，也參加了系教師学員的提意見的会。但我没有發言，因為对這里的領导接觸得很少。估計在西塘那边也一定有同樣的会。

我也曾見過這里軍代表王文欽同志（系領導）曾口頭問一問今後我科研應如何做，他說待大家商量後再定。在福州時因為是春節期間一些下放舊同事都回福州。林宇光曾見過好幾次。王如也有回來，曾去看她兩次均未遇。關於如何重建研究室問題，現在仍無头绪，我想目前組織雖然没有把研究室恢復過來，我們自己應抓緊時間把符合人民利益的科研資料把它整理起來。我初步想，說有可能（在時間允許的條件下）把血吸虫資料進行系統的整理。"歲不我與"，在我已經衰老的年月裏，若不抓緊不久便没有工作能力了。此次到霞浦病區，看了一下，使我追悔在多年的時光里没有很抓血吸虫的工作。

1971年2月父信 2-1

關於年齡分析這次的數據和1951年福清縣的數據一樣证明10—15這一年齡组的感染是最高峰。這是一個重要的論点。據中國医学科学院(1956)調查南京浦口区不同年齡的居民接觸疫水的原因,证明在14岁以下,主要是由於生活上的原因與水接觸(洗浴,涉水,洗衣,兒童在水溝玩要等),而15岁以上則由於生活和生产(耕田)兩方面原因。既是生活上接觸疫水,這是可以通過宣傳教育使其避免的。所以要造福霞浦使他們避免受到感染。

我計劃一兩天後便要去西塘,聽說学校下一步很快便要要轉入"一打三反"運動,重新再作佈署。情况如何尚待領导的動员报告才知道。現在大家担心会不会再搞到头上。原定我担任的教学工作,大約三个月间便要來到,到西塘後要儘快把講義寫好付印。

我去西塘後這里家中的情况小荣会寫信给你知道。福州方面,漢夫工作分配情况尚無消息。偉也不知何時会回來。

現在已在廈大郵局登记了信箱寄信给媽媽可寄"廈大332信箱唐仲璋收"。

东东上学後情况這幾天不知如何。亮已赴校否?斌已去建西否?

到霞浦後知道你下放後生活的狀况。工作是很艱苦的。希望在参加劳動時要量力而行不可勉強。尤其要留意血吸虫感染的问题。從前有肝病要注意。

霞浦釘螺若有可能代我採集一些寄西塘。最好與亮一起去抓一些,用鑷子採。可能就会有一些阳

1971年2月父信2-2

些的。不知你在百忙中能抽出時间否。

听说"一打三反"運動，学校可能又要停课搞。闻再揪現行反革命，如"5.16"分子。這一運動是继在小整風運動之後。

你最近生活為何？日本血吸虫風疹最好能再作檢查。考慮什么時候医療。日後能来廈门医治。此间市一医院，有一熟人張奕璋医生係嚴文郁的愛人。医治血吸虫病要在好的医院，因为要休息和保護肝臟。

搶秋農忙過後能否来此一段時间？

此次移家只帶一箱衣服，及些ミ日用品，書籍都没有帶。媽ミ在這里生活不知体力能吃得消否。如吃不消可能再回福州或去霞浦。

余此即祝

近佳

爸ミ字

二月十三日

1971年2月父信2-3

親愛的遜兒：

我們於九日離福州來廈門。在新屋住了約一星期，購買用具並僱得一位用人(60多歲福州人)一阿婆，算是初步安頓了。我於14日離廈大來西塘。算是超越了一些日子但領导也沒有說什么。這里其他老師和許多同学也有回家過春節。目前学校还在"反驕破滿"的整風運動中。

來此之後已了解学校一些新的情况。学校最近宣布省革委会决定廈大除教育系外今年春季不招新生。新生秋季才招收，到校要在九、十月。農畜組仍旧在這里，地点不变，也不搬往集美。農畜兩組試點班学生在這一上半年計劃數次到農場，天馬良种場，獸医站等处实习。一打三反運動听说还要重新佈置。但未宣布何時開始搞。這几天來天天讀教師也都在斗私批修。這是我來此以後的情况。我担任的簡短的豬牛寄生虫课，大概先在三月底或四月初上課。昨天所寫的講義經修改後已交去了。這些新的情况为始料所不及的。系不搬往集美要在這里到九月或十月，以後听說可能搞分校可能在長汀(這未宣布不知確否)。這樣，家雖然搬來了，我却不能常回去，失却搬来的作用，结果媽々独自一人在廈大，暉和媽如有疾病沒有人照顧。作為較長期的打算應当考慮。

1971年2月父信3-1

前幾天我在家時剛好曄曄拉肚子，很早就大吵。實在照顧他很勞累。以一個年近七十的老人帶一個一歲半的孩子，在一個陌生的地方，不曉得什么時候会發生什么困難。我在這裏又不容易告假，家中有了又不能臨時通知。這樣的情况不知如何能解决。我想媽媽能和你生活在一起最好。你以為如何？

關於嶸兒的学习獸医事，我最近曾探詢一些情况。在這里生物系兼課的兼職獸医教師黃天普同志。是這里巷东公社獸医診所的獸医。他原是獸医專科畢业，在公社工作多年。因为他常来此的關係，我和他認識了。曾詢问他嶸跟他学习看牲畜病一段時间，希望能從他学习一些經驗，他雖然很客氣說沒有什么可学，但看来是会同意。他在本地診所工作，主要是每天到處跑，看豬病。不知這樣可学到东西否？據我了解学习獸医，見症較多的是在縣獸医站里，那里人員多，技術和設備也較好。只是我们沒有门路。同安縣有一獸医站（或是診所），內面的人不熟识，不知能否通過跟隨黃天普老師一段後能到站学习。這都只是一种想法，昨天已寫信一封给媽媽和嶸詢问他的意見。嶸是偏於喜欢入工廠工作的。前一段我和媽也想探詢一下公社推薦入廈大須有什么条件。從学生嘴裏只能听到一般

1971年2月父信3-2

的要求，究竟要求的政治条件及其他条（如上山下鄉的時间等）都不清楚。現在招收新生時间推遲了，目前想這些無用。如考慮入工廠不知有無门路。

這里生物系獸医組的課程，有飼養，育种，獸医学（包括中草药），飼養方面搞糖化飼料。獸医学有診斷，傳染病，常見病，寄生虫病，等等。希望能得一份講義给山葉学习。

我的工作，這次来系後也找過领导，他们没有明確指示，只说以後大家再研究。現動物組新任務是飼養八隻猪。要達到肥育（十個月一百斤）的目的。

經過福州時從師院那边了解今年还是搞運動，科研还是谈不到。這里搞中草药医猪病，工作很起勁。我也想搞一些驅虫的中藥。

趙修謙先生因心臟病今天回家去了。我在這里更加孤寂。今天是星期六，但不能隨便告假回去。年纪老了，兒女不在身旁，很難適應各种生活上问题。特别政治運動又是不断進行，教学科研又没有正常化，是很苦惱的。

你最近身体如何？工作忙否？春耕開始否？劳動不要太劇烈。还要注意有血吸虫病的徵象。盼来信。則忠均此。此讯 近佳

爸爸字 十九

1971年2月父信3-3

親愛的玉妹：

離厦大後当日下午9時许到達同安西塘。现已開始工作。數日来正在修改講義。准備可能在三月底教课。離家後非常掛念你独自一人負担照顧嘩嘩及料理家務，在新環境裏生活。不知有無困難。

這裏学生往下數個月大部分時间会下鄉到各農場，畜牧場学习。到九十月才结業。

学校决定春季不招生，新生要待秋季才招收。所以今年看来不会搬到集美，要在這裏继續下去。我们搬家往集美這一想法是不現实的。至少在四五月就搬往是不可能的。

曾經查詢公社裏推薦新生辦法，據学生谈係由各生产隊醞釀提名，後由公社選擇。要求是政治進步，年齡25内，有工作能力的。他们所谈的只是一般的情况。尚須继續再作了解。

学習獸医在獸医站内机会很好。這裏学生也要到那裏学习。

巷東公社獸医診所有一位獸医黄天善同志係生物系獸医組兼職教師，常来這边对学生講課，我曾问系内班長說他業務很好。從前曾受過正规獸医学校教育的。今天我和他谈說嘩要想跟他学習一段時间。他雖然很客氣說没有什么可学，但是答應了。並說那边公社也有地方住。

1971年2月父给母信 1-1

這了可以考慮。是否在他那里学习幾個月。這里生物系会请他担任教学，学識一定相当好的。跟他学主要是能夠辨認牲畜的疾病診斷和投藥注射等醫療技術。反正這一階段還沒有其他机会。跟他学不会比跟林振泉同志差。在這里学幾個月之後再設法往同安縣獸醫診所学。你是否和山嶸相商一下。也可以寫信和遊商量。初步意見来信告我為要。

关於住家问题，現在情况很明了，系不会搬集美了。你和暉在廈大住，太孤單了一些。我又不能定期回廈大。若有疾病，缺乏親人在旁照料。

遊和漢夫最近有信来否？（漢夫工作分配有消息嗎？）他是否回省。

山嶸来信收到了。关於長期住家了我擬和遊再商。

我這里有幾本有关猪病的書。是否寄往給山嶸看？

這星期因為初来此不便告假。下星期再說。

此時即訊

近好

璋 二月十九日

1971年2月父给母信1-2

親愛的澂兒：

因為回厦大預備實驗用的藥品儀器等我回到厦大來，在家不覺十多天了。你最近可能有信寄往西塘，沒有看到。你寄山崇的信已看到。他最近也同意先學一陣獸医，開於往同安巷东公社獸医診所学习了，有一個先決條件是要張證明才能得到跟那里医師学习的机会。見信即設法请公社打一張給巷东公社獸医診所的信一封寄给山崇。

日前崇也曾寫信給林振祥表兄詢問南安那边有否学习呢？並重申要往那里跟獸医師学習的希望。尚未得回信。公社的信如能多打一張更好。

跟隨獸医師看豬病，診所很少有门診，主要是往各地看病，到各鄉村生产隊。那位医師他是有自行車，要跟他沒有自行車走路很吃力。所以最近托人購买，都說現在新的自行車沒有了，未知興忠知道那里可以买到。如好的車，舊的（八九成的）也可以。

巷东公社那位医師名黄天普（或是天保 不清楚）為着避免把人家名字寫錯，只寫黄医師也可以。至於学习時间，因為我们还不知道要跟多久，時间暂不作硬性規定較為方便。（或先寫數個月）。你以为如何？

爭取往大学继續求学，知山崇有此条件否？

（70.6.赤印）

1971年3月父信 1-1

霞浦公社会推荐否。

我于明天往西塘，来信可寄那里。

大约预定要在本月下旬或月底上寄生虫课。讲6条虫。蛔虫，姜片虫，背虫，肺虫，肝片形吸虫，日本血吸虫。

现正在准备实验及现场参观。

你近况如何，得暇来信。此祝

近佳

爸爸字

三月十日

打证明只要大队打一张，最好南安也打一张。不要到公社去打证明。前几天给你们一封信，料已收到。

嵘弟。

（70.6.赤印）

1971年3月父信1-2

親愛的強兒：

三月廿三日來信收到了。我於前星期回廈大參加運動。学校的一打三反，揪5.16份子運動，在党内作了動員報告。宣布中央文件，及干部審查文件，（毛主席1943年審查党内干部的報告）。此後在生物系動物組內參加討論，学习，並參加批判5.16反動謬論等，大約有一星期了。自昨天起進入放下包袱，反揭發檢举，我除了交代在極左思潮中，犯了捐款的錯误外沒有什么可講。運動正在開始，看來也是非常傷腦筋的。情况和清隊時的運動差不多。

因為西塘的学生也回來廈大，我的課程也在這里上（在生物館內）。昨天已上了第一節課。經過好久的時间，講義是印出来了。在這里上三個單元21小時課。边上課，边搞運動，大約至少会在這里兩星期。最近來信可寄廈大來。

前兩次寄来的釘螺，到達時沒有壓碎，大部分是活的，但沒有尾蚴逸出。因為在西塘不能進行飼養，所以現在活的不多了。原想能感染一些兔子和讓同学看看活的尾蚴，沒有達到目的。下星期六回家能否再試行採集一些，如能找到

1971年4月父信1-1

有尾蚴的，那就能解决很大的问题。現在教课倒容易而实驗則大成问题。猪肾虫、猪肺线虫連標本都没有。去屠宰场多次，只得到蛔虫和薑片虫。從来信知道你那裏上月又有一次發动群众進行滅螺，這樣看来釘螺可能找不到了。

今天上第一節课，看来同学还歡迎。只是安排得不好，联系实際也有困難。

現在正值春耕你的工作一定較忙。插秧開始没有呢？春耕過後能否来厦一玩？

嵘有机会参加"五七"大学是很好的学习机会。雖然比不上正規大学，但正規大学又有什么好呢？這里現在主要是在搞運动。学习的時间也不多。現在每天总是三班制。糧食流动证可直接寄给嵘。在這里厦门市不能用。

漢夫工作还未分配，不知何故。侃最近回福州为学校購买课本。仕荣想調回福州，但还未联系適当的机構。媽前星期曾作信與秋荣，通知親母侃已有孕。

东东在校被選为運动员，及班干部。最近調往劳动。

本月中旬闻在京有召開高教会議，此间有

1971年4月父信 1-2

傳達討論高等学校安排后專业設置。聞我省已恢復了農林大學。並傳說師院也会再辦。

從保康獲悉譽最近患咳嗽病。媽今天購買桂圓干，準備寄給他。好久沒有得他來信。

暉暉最近身体还好。每餐能吃飯半碗，但肉魚類东西都不吃。現在已能爬上椅。須提防他跌倒。現在還不会說話。但会"賴倒"一生气就躺在地上。

則忠最近工作忙否？胃还有痛嗎？喜在校讀書進展如何？要引導他發展自己的創造性。今年暑期能否來廈門玩玩。

專此即訊

近佳

爸爸字　四月三日

1971年4月父信 1-3

親愛的鉄兒：

四月七日来信收到了。好久没有收到你的信，正在挂念中，接到来信甚慰。知道你目前正在参加春耕生产劳动，负责管理卷秧苗。這是一项重要的工作，現在你在生产的最基層，能够靠自己辛勤劳动，為人民服務，這是非常之好的。

我於前月廿三日回厦大来，已将近二十多天了。這次回来，是因為学校将要搞運動，因为運動延期开始，（聞尚须等一二周後）学生们在這里上過一段課。最近又去厦门制药廠学习。尚须十多天後再上課。寄生虫課已上過三個單元。（一次实驗，两次上课）。

揪5.16分子運動，党内已听過動员報告。全校報告要等市党代会後。厦门市党代会，現正在开。

山葉参加的学习班，現聞改稱"五七"大学，聞辦了八個系。獸医部分由梳泉表兄任班主任。山葉在那里多蒙他照顧，和他住在一個房间。我於月前也曾写一封信向他道謝。山葉於前天回家来，就也给他鼓勵学好本領。聞他說可能要年半時间才能结业。這樣当然更好。這一次学習实在是難得的机会。許多高中畢业的学生都得不到這樣的机会。進厦大的試点班学生，能够選進来真是不容易，要党团员，家庭成份好，还必须由縣一级批准。来了以後，学獸医的也没有学到什么。所以今後要看他自己努力。

倪前月曾来福州，聞漢夫說人很瘦，這里没有什么东西吃。前一星期媽媽又寄一包魚乾和牛肉乾给她。她来信云要[illegible]蟶乾，這里没有。霞浦若有，买一些寄给她。

福州印刷纸品社 70.9

1971年4月父信2-1

来厦大不覺五個月了。因為老是移動的關係,沒有做什么了。只寫了数十頁的講義。我和同志之间相處得很好。教学方面開始講授兩單元之後,又因学生往工廠实习中草药而停下来了。但组長告诉我教学工作同学反映很好。但是寄生虫病在畜牧业中的重要性还未受重視。這也像人医主要注意力是偏重於急性傳染病一樣。目前獸医專业重点在中草药医療牲畜疾病。下半年沒有什课了,会分配什么工作还不知道。

春節後林宇光曾告诉我他從别人听到的消息說我下鄉蹲点只是暫時,以後有領导会找厦大領导安排我的科研工作的。究竟領导什么意图難於推測。從各方面看来,我们的"不切实際"的科研工作,是很難適應時代要求的。這问题老早决心不去想他,但因为工作的關係又不能不想。總之对於今後工作的趋勢还是不知道。被動性非常之大,"做一天和尚,撞一天鐘"的思想佔主导思想。下一階段的变化还不能預测,走着瞧吧。

毅勳和光華近有来信。毅勳在江西波阳蓮湖公社血防隊搞血防工作。光華前一段在崇明島五七干校。闻不日要去山東搞"猪囊尾蚴"的防治工作。北京動物所的吴淑卿現接受搞"蜘蛛"的研究。想是搞蜱螨一類的研究。

山荣前幾天由南安回家。今天下午要動身回校。昨天是星期天,曾同媽媽、暉暉一起照一張相。取回後寄给你。小林這几天也有来。

福州印刷纸品社 70.9

1971年4月父信 2-2

（近接信云：漢夫已從領導候差会分配木材加工综合加工廠。已去市革委会办手续，但未説廠在何處。）
漢夫未分配，不知何故。瞳瞳前星期感染"水痘"，臉上身上都長了一些，也有輕微發熱。現已愈。出的水痘都结痂了。病了以後好多天不吃东西。最近稍好。

櫻娃和益和前星期從漳浦来此，玩了两天，又回漳浦去。益和於廿五日要回东北去。

馨很久没有来信。聞僑说近患咳嗽。媽近寄他宝丸乾以及小許從前澹從四川寄回的"川貝"。前聞他不久可能会分配新工作，近不知如何。

最近在這里有听到省内不久会成立"農林大学"，並"師範大学"也会再辦。北京現正在開高等教育会議。廈大派两人去。聞对於大学的布局及專业設置將有讨論。可能省内也会有新調整。"師大"会再辦，消息十分可靠，這里的教育系及福大的教育系会被調回去。其他教師如何調動，難於推測。據傳说下放干部也会調一批回去。在院的、未分配的老教師也会留用而不会把他们调走。聞師院的房屋都已凍结了，不准别的單位搬進去。物資也同樣凍结。我省的四五計劃聞会辦七個大学。除廈大、福大、医学院外，还要辦農林大学、師範大学、海洋学院及礦业学院。這都是馬路的消息。從師院来廈大的圖書和儀器現仍然都在集美，没有会入廈大总务系来。春季廈大没有招生，教育系招收四百名，其中農基150人，農基也放在集美辦。上面所述的是最近听到的消息。我估計下放干部回廈或是工作会有变動的。不知你有听到什么消息否。

（[illegible]说連漢夫也会调回去。）

福州印刷纸品社 70.9

1971年4月父信 2-3

東東在学校闻老師培養他为運動员。他身体素来不很好。運動是不可以過度的。亮最近讀書有無進步。在校生活如何，常回家否？志上山下鄉的時间已久，如能爭取進大学读几年書对以後工作較好。今年的省内設立七所高等学校，招收学生数量必多，可能有机会。未知建西那边有無推薦学生的辦法。他自己会想爭取嗎？

得暇盼多来信。我至少尚有兩周時间在厦大往下看情况。可能五月初前往西塘。

專此即祝

近好

别忠均此问好。

爸爸字　四月二十一日

福州印刷纸品社　70.9

1971年4月父信2-4

親愛的鉄兒：

昨日寄去一信料已到達。我最近患牙痛，一個臼齒斷去一半，齒神經暴露出來，已去廈门市一间牙科齒診所診治想把神經取去。

寄生虫課已講授了四個單元。在廈大生物館上課。獸医專业此後大約向中草藥方面發展，擬辦一個制藥廠。

昨天在路上碰到廈大革委会祝主任。他和我談話，要我多發揮些作用，我告訴他希望多照顧做些科研。他贊同我的建議，說"你和鄭重一樣應該多做些科研。"因为在路上沒有談多久。很想什么時候去看他和他再談工作问題，科研问題。我頭腦里所想的是恢復研究室工作，继續人体及畜牧的寄生虫（特别是蠕虫方面）的研究。在我的思想中認为這对國家有很大的好處。果如研究室是重建了，日後还能開展"植物线虫"的研究。這方面工作直接对農业生产有好處。在這里处处都是一個幹，沒有实驗室，也不能拿东西给人家看，說話也沒有說服力。

在這里生物系因为教改関係，除了微生物学知識之外，其他生物学基礎科目，無論動物学和植物学通通不在話下了。要說服人家是很不容易的。

1971年4月父信3-1

前星期二林振骥伯伯和他爱人從上海来厦，因为藹贤的弟弟在厦门。他们二人現都住在這位親戚的家里。我已見過他们兩次並請他在家中吃過飯。振骥伯伯雖然患過偏風病，尚能慢慢地走動。他現在病假中，（拿八成的薪水）。可能还会在這里玩幾天，以後再回大連去。他到上海時擬去探看宗恒的肝炎病，但不知奋和恒在上海的地址。不知你知道否。如知道即来信告知。

樫前兩天因为送益和往东北，来厦门。現尚在此。

我可能在厦大到十号才往西塘。

得暇来信。　　专此顺祝　近好

爸爸字　四月廿六日

1971年4月父信3-2

親愛的燕兒：

五月五日来信收到了。证明也收到。山叶於昨日從南安回廈门来。小林在他未動身前和山叶通過信，原說於十日回来。但今天已十二日她还未回来，可能是在等他们發証明。小林五日也有信给媽媽說她又和那位下放干部把实際情况說過。他们要小林打一張報告要求结婚。那里干部8日要去縣里。

山叶今天已打一电報催她速回。現在情况是如她的领导不给她打证明，如何辦？如把事情拖了不讓她回来如何辦。不知道有否人把此事和我们为難。小林家庭方面她說已写信给她的爸媽告訴將要结婚。理由是將来擬調往虾浦，現在雖不能調希望在一段時间後也会照顧。不知她父母親反應如何。

她五日来信後没有再来信。已過一星期了，不知是何故。

廈大這里，明天全校動员，揪"五一六"運動開始。

我最近痔瘡出血。前天在市一医院又作一次枯痔釘療法。治療時得到如柳爱人張英瑛医師的帮忙。經過情况尚好。雖未復原但無出血。匆匆 即讯

近好

爸爸字 五月十二日

此信未發，今日已十四日，小林还未回来，知何故。山叶擬日内往看。又及。5/14。

福州印刷纸品社 70.9

1971年5月父信1

親愛的迦兒：

山崇兒结婚的簡畧過程已過去了。他和小林结婚一切從簡和漢夫及侃結婚的經過，我看是好得多了。這樣，更能知道艱苦，知道生活之不易，不可以作任何鋪張。他二人结婚，親友也都知道了。小林父親也有来信表示同意。並希望什么時候能回福州一趟。由於侃寫信秋棠也有信来，並寄来礼物。在厦大這里的舊親友，鷺珠表姐，仕棠的表姐，璣姐和瑜姐都有来。

小林單位的證明書寄来了。登记手續还是要在霞浦辦。經這一次波折，他們二人更要加强刻苦奋斗，学习。準備迎接生活上的"末日大難"。

最近厦大這里運動又暫停。因為十八级以下的干部又都調往厦门市集中学习。所以西塘的師生又都下去了。他們给我數天假，医痔瘡和牙齒。

兩天前我在路上又遇見這里革委会祝主任。和他談我科研的事，我对他說："我来厦大半年了，沒有对学校作出什么貢獻"，並对他說"我有多项從前的科研，現在最好能有机会整理"。他表示支持，並对我说"你和蔡啓瑞都應该多做科研工作。你可以大胆地去做。如需要在厦大做就不一定要下去。"他还說："我曾經交代数改處照顧你的科研"。這些话使我很激動，因為來此以後領导都沒

1971年5月父信2-1

有這樣表示過。科研工作要主動爭取的。目前，系的領導沒有給我任何科研工作上人力物力的支持。長此下去，和科研將越來越脫節。他們既不指定教學的課程，以前指定的也不很好安排時間。前給我定的七個單元的教學卻如今只教了三個單元。在西塘的時候，時間只是一天天過去，沒有做出什么。時間由別人支配，是不可能做任何科研工作的。這情况最好要改变。

系内進行科研的人不多。厦大化学系科研開展較好。生物系現在作科研的有一小組，從了植物激素的提取。從胎盘提取"57"激素。除此之外其他沒有作什么。提取"57"激素的年青同志，現在正日以繼夜地進行工作要在"七一"前提出獻礼。這樣，在我要提出從前的科研，也要考慮那一個最合式。在目前在沒有任何人力物力的支助下，只能整理並寫出以往前曾經累積過的資料和研究成果。我考慮提出肺吸虫病(包括东北双遼草原的情况)或稻田皮炎。這兩個較能联系实際。其他淡水魚类寄生蠕虫包括有多項(都已完成)那些都不夠突出。分類的也有多篇。更不用说了。日本血吸虫尾蚴习性，這一項也很好，可惜資料太少了一些。想提出的问題决定了之後再找祝主任谈一谈以後定出计劃。把資料整理了出来。

1971年5月父信2-2

带来的寄生虫室的標本和资料，還在集美，不知道什么時候能用它。從资料室装下来的二十多種寄生虫影印的雜誌，雖運来廈大，还是堆在工学館（生物系倉庫），沒有拿出来。究竟以後寄生虫室如何處理还摸不着头脑。我相信科学对於人民是有益的，通過教改，一些不符合人民需要的改掉了，符合需要的还会继續。

你们什么時候能回家一段時间呢？龔哥也有說要回来探親，但不知是什么時候。

高教会議听说仍在继續开。据说中央曾为這次会議，政治局还开過会。這個会議对高等学校今後的措施一定有很大的关係。師大恢復後，干部一定有很多会调回。這变化大约在四五個月後会实现。

得暇盼来信。则忠脚面肿大已否医好？是什么病，诊断了沒有？

东亮暑期一定要来此一玩。

匆匆即祝　　近好

爸爸字　五月廿五日

1971年5月父信2-3

親愛的秋兒：

五月廿四日來書收到。山荣結婚後已不覺已两周了。学校有信来，下一階段將在南安縣詩山实習。山荣已買好票，明早就要動身往詩山。那里是新地点，從前沒有到過，錦雲数日後也要往永安。你的信也給他二人看過，並勉勵他们今後要努力学习。

漢夫於前三四天来廈，可逗留到四日回榕。他的工作分配在活性炭車间。他要求調換，組織尚未作决定。倪近有来信云：收到磐来信，說他又再調專案組工作。前一段所說的懷疑点可能已諒解了。這樣減除他顧慮不少。听說磐可能会回閩探親。

我最近在市一医院医牙齒。上顎左側和右側均有一白齒断掉一半，齒根有膿，昨两齒均拍照，昨今两天均打青霉素，消炎後可能要拔去。

這一段領导给我数天假，医牙齒，可能下周就要去西塘。你尿中有鉄銹色沉澱，是否血液，必須檢查有無腎臟病。關於整理舊資料了，系領导也已同意，在我还未去西塘時，在家寫作。想整理的东西已詳前信。現在顧慮的這些資料都是在文化大革命前搜集的，只是形態、分類及生活史的科研資料，同時果如嚴格要求能為工農兵服務，实用性也还不夠。科研方面的教改

1971年6月父信 1-1

最　高　指　示

結合，的革命委員会，是工人階級和人民羣众在这次文化大革命中的一种創造。

則患腳背上的"腱鞘囊腫"，最好到福州详细检查，如有必要就必须把它割掉。一定要十分注意。你原中途[illegible]，其檢查是什么一定要診斷清楚。注意有無[illegible]毛病。又及。

這里还沒有什么新指示，現在只能先整理一点，過了一段再说。

高教会議近又听说要到六月中旬才能结束。最近听说農林大学牌子已掛出来了，地点在南平。師大要新辦，這也是確定的。這里以后福大的教育系都会调回去。可能也会调下放干部一部分。今後下半年可能是高等学校变化或调整新布署的時候。下一個月就可見苗头了。

为何对待關於研究室重建的事呢？這里存在許多矛盾。廈大生物系看来不会想辦這一事业。沒有人手配合我一個人也不能進行什么工作。

師大寄生虫室旧班底林金芝，林秀敏，何玉成，趙玉如诸人，有的他们爱人都在師大，是不会来這里而是要在師大搞這研究室，他们可能想法把宇光，潭欽炎保调回去。這是估计的，不知会不会如此。

廈大生物系，因为農林大学要新辦了，那里有畜牧獸医系，为避免重複，這里的畜牧獸医專业会砍掉，獸医組現要改搞中草药，辦药厰。這一專业我也插不進去。今後工作要好好想一想。順讯

近好。

爸爸字　六月一日

1971 年 6 月父信 1-2

親愛的燕兒：

有十多天沒有接到你來信，不知近日身体如何甚為掛念。尿中有血球沉澱，未知有去檢查否？

我牙齒在市一医院牙科看十幾天。今天把右边上白齒拔了去。因为医生说有膿，不好填補。齒根因為有膿，拔後把附近也括了一部分去。因而手術後很痛。

最近因治病関係都在家，整理一些旧东西。高教会議本月內可能结束。代表回来後还须在省开会後才到各校傳達。

則忠脚背腫大部已動手術沒有？念。

因為你多日沒有来信甚為掛念。見字盼即来信。专此即询

近好

爸々字
六月十四日

福州印刷紙品社 70.9

1971年6月父信2

親愛的逊先：

我於三月底回廈大来，在家三個月。參加運動，以後進行了幾個單元的教学，隨即医治痔瘡和治牙痛。花了月餘日的時间，最後把牙拔掉了。

在医療階段学校照顧我在家里整理舊的資料。因为一半在治病的情况下很多時间花在医院的候診室内，工作做得不多。但我整頓了淡水魚寄生虫有十五項。除了條虫生活史，和分类新种描述之外，大部分都是已經把全文寫出了。另外我在寫"鰻鱺草魚腸吸虫病"，也快已寫完。因为大部分這些著作还是没有受「教改」精神改造的，所以没有提出作为什么献禮。

昨天下午祝主任约我到教改辦公室詢问我有関科研的情况。我畧述以往工作的情况。他对我说学校要開展科研。要依照教学科研生产三結合的原则搞科研。他說高等学校全國有一百幾十所，最近中央文件規划为重点要開展科研教学生产三结合的大学校只有48所，而廈大是列在内的。他要我回去後把自己的意見寫给他，作兩個计劃：㈠是结合教学，開展一些寄生虫的研究。㈡是建立研究室，恢復舊的研究室人员一起搞。這樣的问题，我去西塘後要好好考慮一下。看来科研的氣候還是不能適合。領导雖有支持我工作的意圖，認为对学校有利，但

福州印刷纸品社　70.9

1971年7月父信1-1

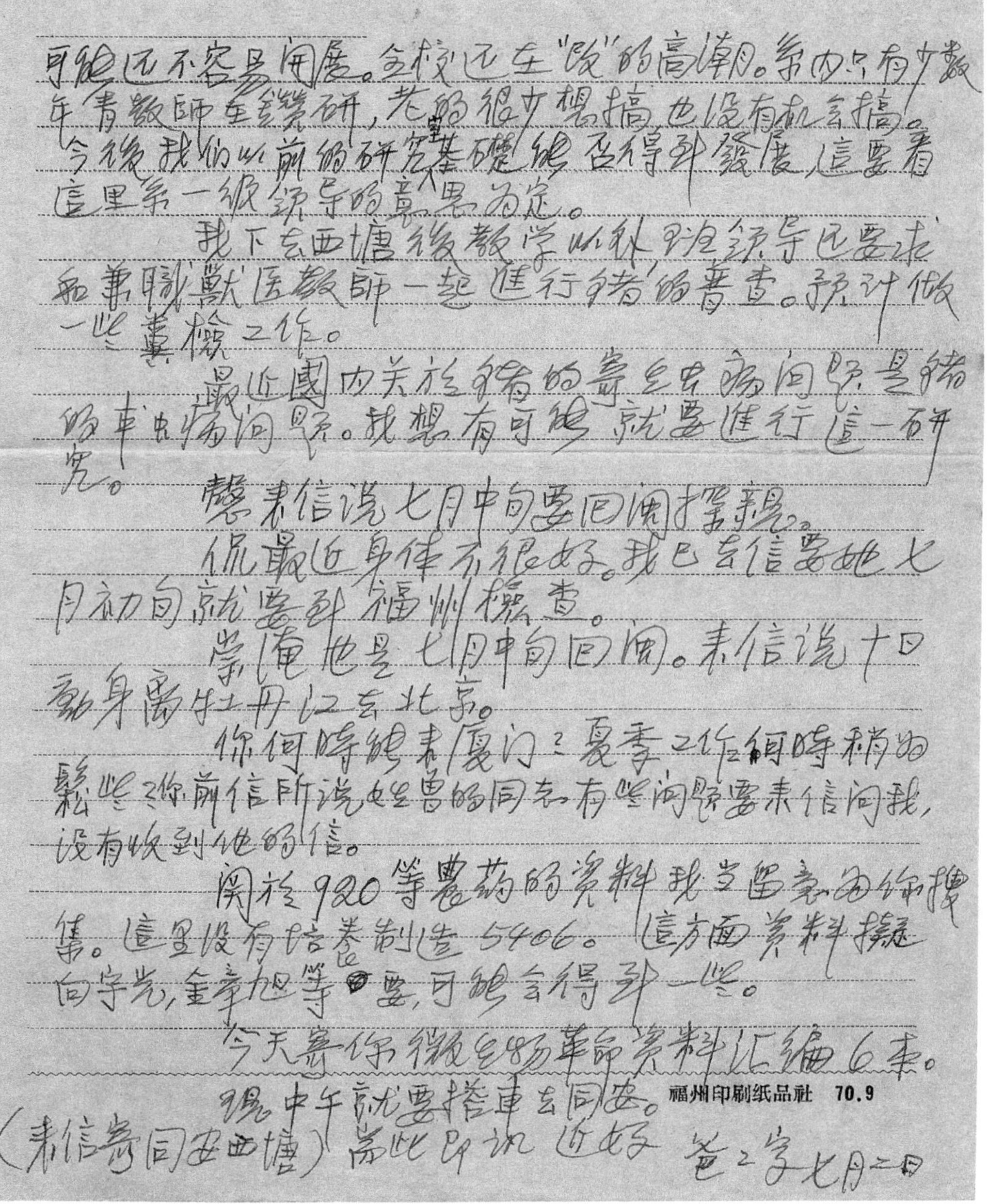

可能还不容易开展。全校还在"斗"的高潮。系内只有少数年青教师在钻研，老的很少想搞也没有机会搞。今后我们以前的研究基础能否得到发展，这要看这里第一级领导的意思为定。

我下去西塘后教学以外，跟领导还要求和兼职兽医教师一起进行猪的普查。预计做一些粪检工作。

最近国内关于猪的寄生虫病问题是猪的丝虫病问题。我想有可能就要进行这一研究。

懿来信说七月中旬要回闽探亲。

你妈最近身体不很好。我已去信要她七月初旬就要到福州检查。

崇潘也是七月中旬回闽。来信说十日动身离牡丹江去北京。

你何时能来厦门？夏季工作间时稍为松些？你前信所说姓曹的同志有些问题要来信问我，没有收到他的信。

关于920等农药的资料我当留意为你搜集。这里没有培养制造5406。这方面资料拟向宇光，金章旭等要，可能会得到一些。

今天寄你《微生物革命资料汇编》6本。

现中午就要搭车去同安。

（来信寄同安西塘）草此即讯 近好 爸爸字 七月二日

福州印刷纸品社 70.9

1971年7月父信1-2

親愛的逖兒：

好久沒有寫信給你，由於最近学习班已開始。学习班名稱為"毛澤東教育思想学习班"。定期約十五六天。学校去北京參加高教会議的代表已回來。今天開始作傳達報告。会議自四月十五日開始，至七月三十一日才結束。這是文化大革命以後的首次的高等教育会議，據傳達係由党中央 毛主席 林付主席親自領導的。周總理曾对会議主持的同志们多次作指示。最後还接見了代表们。"会議記要"有十条，這是帶有綱領性的有関各方面的文件。头七条是関於大学的；七至十条是関於中小学及中專的。

據傳達代表们学习文件，批修整風達一個多月之久。"会議記要"經過十八次修改。此外還有関於"綜合大学文科"及"綜合大学理科"的文件。

這幾天來学習班還是圍繞"实現無产階級教育革命必须由工人階級領导"這一問題進行討論，回憶教改前後对比。第一段要批修整風，下一段大会發言。

高教会議関係教師思想改造以及使用方面，甚為重要。中央有明確指示。堅决貫徹党的知识分子政策，实现边使用边改造的方針。貫徹党的团结，改造，使用知識分子政策，這对於調動教師的積極性是非常重要的。

綜合大学中在理(工)科有提到"科学研究

福州印刷纸品社 70.9

1971年8月父信 1-1

是提高教学必不可少的環節。是趕超世界水平重要陣地"。还有说"也要開展基礎理論的研究"。

在听報告後第二天又見到祝主任，他說"他要告訴生物系領导把我從西塘調回学校做科研"。

最近曾鳴由師院調来廈大任革委会副主任。已見過兩次。曾告訴他我們研究室的經過。及希望開展工作的願望。他表示会支持我的科研工作。他剛来此數天，尚未視事。不知以後能否帮助我們重建研究室。

我在西塘時帮助收花生。曾從一個焦黑色的花生中發現有植物線虫。因为在西塘没有描繪器，没有把它們畫起来。打算進一步追踪這可能花生的害虫。我想今後如果有机会，一定要闖進這一新的学科。據驚哥估计，組織可能把你調来從事科研，果能实現這一願望，能为人民立新功。這就是非常之好的。親愛的咪兒，继續实現科研工作是很不容易的。這里系内的气氛是不適合於科研工作的，系内的老教師没有一個能進行科研；現在是"大批判開路"，搞的科研，隨時都在批判之列。不知道今後学校会不会改变這風氣。但領导方面已明顯表示

福州印刷纸品社 70.9

1971年8月父信 1-2

要支持我们的工作。祝主任多次説這話。昨天晚上系内軍代表（現代理系領导），老李，到我们家里来，问我工作上有何困難，並説在系内要为我安排一研究工作地点，（指实験室）。我也反映，研究室以往工作情况並告诉他设備和標本尚在集美。他説可以设法把它運来生物系。希望此後能继續開展畜牧蠕虫的研究，系统地整理我國已有的成就。並開拓植物线虫的研究。以我的年龄来估计，对於後者只能作一開端，引导年青的科学工作者向這科学新領域進軍。的確這一学科在我國完全是嶄新的空白点。以我國農作物種類的丰富，面積的广大，所蕴藏的种类必定很多，危害的情况必是广泛。因为植物线虫的病害，農民还不能識別，其危害的作用是隱蔽的。仅仅普通种类的防除将使我们國家獲得無窮的利益，何况尚有估计不到的新的情况。這一工作正等待着具有耐心和锐利眼光的寄生虫学者来承担。至於牧畜寄生虫方面我國也有廣阔的園地。我们研究室從前雖做不少工作，但缺乏系统的整理。美國農部动物实业局和植物实业局各有专研寄生虫的研究所。他们的著作可惜搜集得不全。加拿大有一寄生虫研究所附设在McGill大学也是专研畜牧寄生虫的机構。也做出很多的成绩。

福州印刷纸品社　70.9

1971年8月父信 1-3

馨来此十天，已於四日離厦门往河南羅山。震平来此十幾天後於五日也回去。淹、嵘、志、东在這里很热闹。侃校於20日開始集中参加学習班。她可能在20号前兩三天回去。這一段算是来厦後最热闹的時候。我希望你不久也能来此，有许多多要和你相商。

師院会再辦，但一時辦不起，因为许多设備都散失毁壞了。金兰尚在搞一打三反，因为洪泰田会留在師院可能她不想来此。孫毓兰已调往抗生素廠。趙玉如下放在尤溪縣梅溪，她最近有来一封信。宇光最近有来信，他仍在搞農药生产。

今天休息一天。明天起再入讨論階段。要開始讨論各系的專業的设置问题。

志和东在這里很好。我晚上有空就给他们講三國演義。已講過"躍馬檀溪"，"三顧茅廬"，"長板坡"，"火燒赤壁"，"三氣周瑜"，"孔明借箭"各章。

明年各大学招新生的數額很多，希望志要爭取這升学的机会。亮最近如何？今年暑假他没有来，很想念他。则忠最近身体好嗎？祈为致候。不多。順此 順訊

近佳

福州印刷纸品社 70.9

爸之字 八月十一日

1971年8月父信1-4

親愛的敏兒：

來信收到了，知你往牙城公社參加婦干会議。我於昨天寄一封信給你，寄大坪的。所以你回大坪時要問誰代收。媽媽患流感後，好久不能復原，主要因為消化力太弱，攝取營養不夠。現在由此間一個老中医看。已服四貼，頗有效。

我每日仍從事寫作。進展非常慢。寫書非到全部完成不能看到成績的。這樣工作如果沒有安定的環境是不能進行，至少也得有數年的時間。

蠕虫学這門科学在中國雖有大約五十年的歷史（五四運動算起）材料不算太多，國人著作要儘量引用外，打算要注意國際近年的材料。這方面 Helminthological Abstract 有很大用處。橫川定的"人体寄生虫学"它的特色是總結日本科学者的貢獻，畜牧蠕虫学方面我國人做得太少了，要儘量搜求。人体蠕虫还很多我國人的創造。

我現在打算先把骨架搭好，先把主要的各种蠕虫病寫出來，然後再逐一加工，進行補充或修改。現先從線虫開始，因為這一類最不熟識。每条虫主要特徵都把它畫成草稿。要多方採取圖解或照片。

法文的 Neveu-Lemaire 的"医学及畜牧蠕虫学"是非常細緻的著作，可作我們編寫的典範。

書的好壞看其是認真寫的或不是。一定要能反映現代科学的水平。總結各國科学者的成就。同時还能深入淺出联系我國實際的問題。

6146

1971年11月父信1-1

有関蠕虫分类的著作蘇联科学家有很多资料可以参考，待你来時要逐一加以徵引。目前很困難

現在有一点拿不定的主意，即是1972年快到了，学校科研要訂計劃，要订什么还没有想到。現在很多缺点，年纪老了，搜集材料力不從心。没有人们帮助，想做什么也只是望洋興嘆。創造性的更不用说了。財興来後，派往西塘接受再教育，西塘那一攤現已搬往集美，前師院搬到那里的儀器，教育系拿一部分去外，全部被搬去了。寄生虫室的財产現在没有了。空留一個單子，去討也没有办法。我以後的研究室在那里还不能定。

這里生物系对寄生虫室不感興趣，以後必定也是格格不入，即使有研究机構建立恐怕也不是容易開展工作。

听说曾鳴及校其他領导也要去福州開会，不曉得是否各高等学校調整的問題。

今天是小昇昇的满月。嵘華早上從南安回来。愛華擬於九日回福州。媽媽体力还未恢復。

研究題目你看定人体的或畜牧的那個好？

專此順訊 近佳

爸爸字 十一月二日

6146

1971年11月父信1-2

親愛的迭兒：

你十月廿七日的信收到了。許久沒有回信，主要因為学习回来後把流感帶到家中，全家都傳染遍了。我和媽媽至今還沒有全愈。

小林生一小女孩，把她名為唐昇。小林身体还很好。這數日来，因為沒有得到侃的消息，全家都十分緊張，写信，打电報詢问，至九日下午方得仕第及漢夫信，知道經過了45小時的腹痛才生下一個男孩。全家緊張心理才和緩下来。這真是一個喜訊！生這孩子真不容易。從懷孕到分娩，莫不在緊張心理的狀態。現在生出了，又是男孩子可滿足親母抱孫的願望。此後把這孩子好好撫養和教育。侃三十多些才結婚，懷孕和分娩都如是艱難，今後可不要再生了。這次如果不是那個有經驗的護士能把小孩壓推出来，還要進行手術，可真麻煩。

研究室多又毫無消息。曾鳴是時也沒有提起。主要还是調人，這一関鍵问題解决沒有這樣快。

這幾天来全校傳達重要中央文件，媽媽也有去听，但听一下回来又重感了。休息三四天後又十次去听総结報告，回来又病了一下。至今还沒有完全好。

写書事，現在正加緊進行。但工作真是"蝸牛的步伐"，你离厦至今将一個月了。只写了三项：①家畜家禽的比翼虫　②眼虫病　③捻轉胃虫病。一共只有三十多页。這樣何時才能完成這一本書呢？在我来說，現在沒有做别的事，一定要儘快把它写出来。総计以前已完成的一共只有十七项。約有五六萬字。陈心陶的医学寄生虫学有85萬5千字。我们要多多努力。距離还遠呢！

1971年11月父信2-1

~~藴哥也未有来信。他近出差外调。~~
淦最近亦有来信。我希望他能得照顾调到南方来。

刚才接到来信知你工作单位化肥厂搬到大坪水库新的地方。扩充工作室和加强条件，这对于目前完成任务当然是好，可是会不会将来不容易调动。

寄生虫研究室这一事業，看来在我们國家目前科学發展動態是很不容易得到支持。厦大这里新来了一個领导是軍级的政委。将任这里的第一把手。党委第一書记。（曾鸣将是付書记）这位政委姓于，听说從前是清華大学毕業生，以後参加革命。预计学校将有一番新的设施。

親愛的燕光，科学的事業是要有人来努力把它發展的。我们只好耐心等待，把科学工作在新的条件下继續下去。

关于科研资料的整理，最近来不久着手，俟工作稍稍安排好就要开始。

财興已调来厦大生物系了。他最近被派去西塘去熟识一下这里的情况。系领导向他调查研究室情况。他反映了一些汪溥欽的歷史问题。这看来对于溥欽调来这里可能有影响。这事也莫可為力。雖然我曾经向曾鸣作些解释。

則忠回去後工作忙吗？亮最近讀書有進展吗？亮慢性鼻窦炎一定要把它医好，最好考虑年假時往福州医。　顯微鏡愛華已带来，可是接物镜两個都没带来，不知有在福州否。

你的孩子我代他取名為施晖。

得暇盼多来信。祝好

爸爸字 十一月十日

1971年11月父信2-2

親愛的鉄兒：

十一月十七日来信收到了。獲悉你在化肥厰工作的一些情况。厦大最近学習中央重要文件已告一段落，近日正開展有関國際形勢的学习。前星期開始傳達教学科研等业務時间，與政治学习，劳動等時间的安排。业務時间佔百分之65%。這樣下学期可能較上正軌。

厦大春季要招生。生物系只有微生物專业確定招40名。農畜（動物）專业，下年度不招生，算是作準備的時间。原稱为農业生物学專业的（植物）招生名額最近省文教組通知調往農林大学。這樣，生物系除了微生物以外，别的較難决定成立什么專业了。

下放干部調回学校了，據説厦大要調近一百人，也有派人到各處去了解。不知何故，最近這又擱下了。

我最近仍在寫畜牧寄生虫学，自你离厦後寫了五六項，共五十多頁。這樣以"蝸牛的步伐"進展，是很難解决问题的。寫書工作只能当作副業，因为不能说何時能完成預定計劃。所以1972年还須定科研的計劃。寫書也要定計劃，最近省内有関出版会議。厦大也有参加。曾鳴告诉我学校是預定出十三本書。他要我也定出計劃。我本来要等寫了一定分量的章節後才定計劃，所以最近都在趕寫。各章的附圖也在作草稿，等以後上正稿。這件事工程很大，因为從前很多時間是浪费了。條件，如抄寫，繪圖等也掉失了。

6146

1971年12月父信 1-1

现在做起来更加艰巨。

科研計劃正在考慮。尚未想出做那一方面较好。在闽南，本来可以再搞華支睾吸虫的生物学方面的问題。寄生虫，以猪为重点，现在还不能找出可以保证得着成果的题目。

高等学校下放干部调动了。聽说要等省革委会统一分配。這可能要等待師大，農林大上调干部一起来。听说最近在福州又要开会，各校领导干部要来一個協商。設想可能有一個类似院系调整的作法。寄生虫研究室的问题可能会在這樣的高等院校领导会議讨論。寄生虫研究室的儀器財产，較貴重的，被人家分去了。现在應该提出请学校考慮。

日前曾鸣曾說寄生虫研究是要搞的，只是人了调动问题還須有待。他這樣说，也不好再去催。现估计有三個可能性。1.設在廈大 2.師大开办時設在師大，（或師大那边干部不放），3.分两边搞。当然还有一個可能性，就是都搞不来。依高教会議精神，高等学校中的科研机構都要恢復。周總理有说＊十八個综合大学裏面的科研机構要恢復。所以我们這一個小小研究室，省的领导也是会支持的。只是如何具体地实现，如何適應新的環境条件是很不容易的。我对省的文教当局又不熟識，也不可能为這事奔走。同時因为室内的同志都下放各處，也不能共同的努力，只好任其自然發展。得暇多来信。

专此即祝

近佳

6146

爸爸字 十二月一日

1971年12月父信1-2

親愛的欽兒：

十二月六日来信收到了，知道你最近生活一些情况。下放干部分配了，最近盛傳年底或一二月都要安排好。但厦大這里要调的下放教職员，據說約有一百人，还没有实现，听說要等待省统一分配。要等師大及農林大学调用後才能调。研究室要調的人還没有什么消息。

厦大生物系農业生物学專业及畜牧獸医專业現不能辦了。因和農林大重複，学生合併歸農林大，今後系專业未定，可能还须出外调查後再議。最近只恢復中草药專业设置。

系最近给我一間实驗室。今天第一次把這一实驗室打掃好，把從前搬来的四箱寄生虫標本搬進去。這对於我今後寫書及整理材料大有好處。這一屋子在生物館三樓向南的一個角落，别人都不用，因为夏季颱風季節時会漏水。我想先用一下，到夏季時再说。過一段時间计劃把寄生虫完標本也搬来。

关於寫書了，系領导已和我傳達学校決定出十五本書。省印刷会议後向高等学校约好出書。因为要求完稿的時间在1972年，太近了，我不敢答應。生物系另一本書是"五七教材"。這將是一本專著性质的書。报告研究的成果。"人体及家畜蠕虫学"要能寫好必须是一本内容丰富、各類蠕虫都要涉及的著作。估计時间可能要長些才能寫得（估计兩年）好。必须有很多的圖畫来說明。学校出版会議在一月份开。屆時要訂出具体的計劃。

6146

1971年12月父信 2-1

另一项工作即重印以前的"寄生虫专号"。作为寄生虫研究室论文集。宇光的意思是要加上一些内容好的,有实用價值的文章。可是要書局承印這樣刊物可能不適合。因为書局是印書籍或專著的,我们專号太像雜誌了。可能要加工,成为较有系统性的著作。

Ben Dawes 编的"寄生虫学進展"(Advances in Parasitology)已出了好几卷。裏面的論著是综述的性質。那樣的出版物不算是什誌,而是專著一类的書籍了。

目前还有另一重要问题,是經過教改後,科研工作如何体現新精神。前天系領导說写書要有"三结合",即"领导,作者,群众三结合"。這無非是"監督作用和群众提意見。所以动手写就不容易。目前学校内很少人承担這樣写作的任务。

陈心陶昨天寄一封信给我。他前两年(1969)参加血防工作,四個人長期在三水清遠等縣血吸虫病区工作。半年来因病住院数月,現在家休息。他的"教研組也已解散,將来是否要恢復不知道"。他又说今年底可能往北京参加四屆人大。他信中提到鄭作新近在内蒙古研究鳥类。

鄭源華近曾来信云"希望能调回福建跟我作科研。他不知道我们研究室人员还是"泥菩薩自身難保。毅勤最近亦有来信。他们已從江西回上海了。上海寄研所已下放上海市,隸上海衛生局管,可能机構会缩小。

出版会議後,高等学校才開始貫徹"出版计劃,

1971年12月父信 2-2

這是毛主席，周總理对於我國出版事业的関懷。一定要認真做好這一项工作。現在只能盡力而為。進展極慢。春節農闲時你能否来此一個月。帮助我整理一些稿件。

師院闻已將年老退休人员都處理了。陳医生厚坤先生也是退休，但要求他要离福州回原籍或去兒女所在地。他正在考慮去四川或去莆田。

師大籌備組闻將於年内成立。

得暇盼来信。

崇此即祝　　近好

陳宏均此问好

爸〃字十二月十九日

6146

1971 年 12 月父信 2-3

4. 1972 年 1～6 月的信

背 景

到 1972 年上半年这一时期，父亲的处境已经开始改善。厦门大学领导部门已进入正规化。学校党委会恢复，有了正副书记，过去福建师范学院的党委书记曾鸣，任厦门大学党委副书记。他是我父亲的老领导，对父亲的情况十分了解。学校召开党代会，父亲还被选为生物系的代表，在主席台坐了两天。脱下了数年来作为“被斗争对象”的“帽子”，精神状态恢复正常。

此时，父亲积极为恢复我们原来的研究室而奔波。在校党委的支持下，省领导相关单位决定，原设在福建师范学院的“寄生动物研究室”在厦门大学被恢复，并给予 24 个名额。父亲积极请学校尽快把原研究室的人员调来厦门大学。由于种种原因，只调来了一半，我是其中一人。父亲怀着“海纳百川、有容则大”的思想，在厦门又接纳了多位不同专长的同志，使研究室的人员达到 16 人。他同时安排人，把两年前藏在厦门水产学院地下室的标本等物件，运到厦门大学分配给我们的实验室。在空荡荡的房间，一切都要从头开始。父亲频频来信，希望我早些回来。我在乡里农民群众依依不舍的热忱送别下，离开了生活两年半但如同自己家乡的古县乡，来到厦门。

在我下放最后半年这段时间，父亲给我的信，我保存了共 15 封。

親愛的遨兒：

十二月廿九日来信收到。十二月廿八日厦大召开第四届党代表大会，選出了党委委员26人。新選出的党委書記于英川同志是新来的領导人，他是軍一級的付政委，曾鳴現在是党委付書记革委会付主任。原来的厦大革委会主任姓祝。他也是付書记。他们三人現是学校的領导核心。

這次开会時我被選为生物系党员的代表。是全校代表170人中年岁最大的。可能也是因为這一点我被推为主席团之一。坐在台上三天。

会議通過了大会的報告。一共开了三天会。這是学校中的大事。希望学校現在加强了党的領导，今後可能真能上了軌道。在文革之後学校一般说来还是未恢復正常狀態。可能此後会逐漸好些。

新年元旦放假两天，我没有出外，只在家中寫稿度過這盛大的節日。学校調回下放干部，陸陸續續来校報到了。在元旦前後来了五十人，據説不久可達到90人。只有我们研究室没有消息。昨天于付政委和曾鳴来生物系检查工作，特别交代要調回研究室人，因为這樣，系領导今天又把我们研究室要调回的人员打報告到省组织组。大家估计這次可能有效。"好事多磨"的研究室重建工作，可能碰上有力的支持。現在只等着看事情的發展。果如省組織组方面没有什么障碍，不久就傳達到各公社，到你那裏。據我所听到的，今年春節前後，絕大部分的下放干部会有所變動的。職姐和她愛人，莊解憂

6146

1972年1月父信1-1

和她愛人，都已調回來了。生物系下放的也回來將近十人了。瑜不久也回調回來，據說在本月十号就可決定。

親愛的歐先，我多希望你能調來這里，果如往調，據說就在春節前後。我也联想到患調動问题也曾和曾鳴說過，希望能調来厦门。商業財貿部门最近也有上調嗎？最近省委扩大会議的文件傳達到各單位，对於上調下放干部有明確指示，據說要歸口。要回原單位。師院算是下馬單位，現在這里的数学系也都算厦大的人，以後再調往"師大"的，以後再說。現在假定研究室在厦大重建室的人员依決定要回來這里。事態的發展是這樣，你可作些思想准備。

室内的人可能溥欽还不能调，因为財興来這里後两次去系反映他政治的情况，所以系領导就加以考慮了。其他王如，如柳秀敏等都有去調。宇光也有去調。

来此一年了，系的情况也了解一些了。在這里开展科研工作，还会面臨许多新问题。

春節期间能来此一段時间嗎？冬季農闲時容易請假嗎？

厦大春季招生的有化学系，物理系，数学系，外語系，文科各系及生物系秋季招生。

月前冉隆患病，来信说泄瀉不止，似像痢疾，曾两次滙款50元给她。淹有信说可能春節前後要回南方探親。不知領导批准否。

最近仍積極在寫書。

6146

1972年1月父信1-2

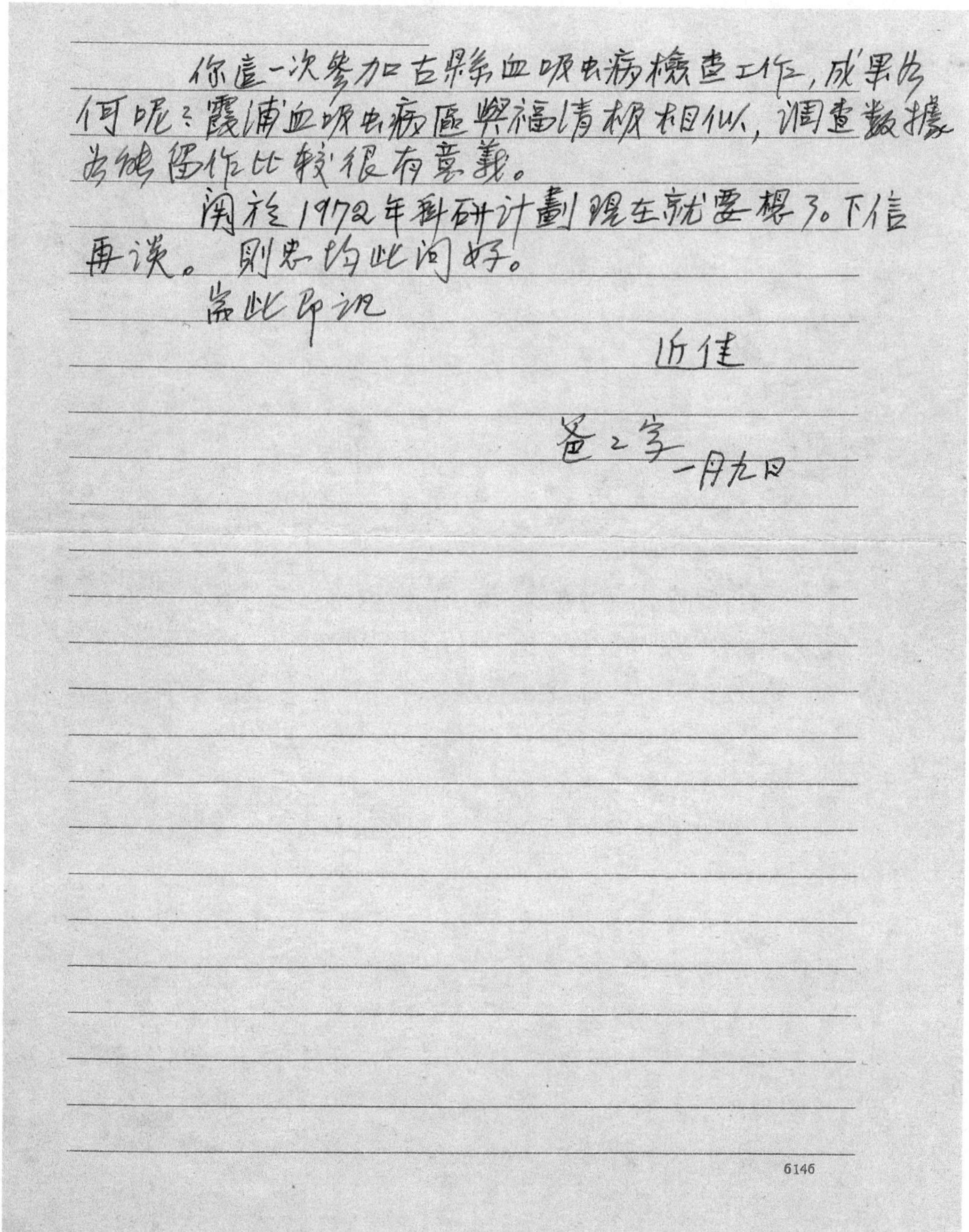

你這一次参加古县血吸虫病檢查工作，成果如何呢？霞浦血吸虫病區與福清極相似，调查数據如能留作比較很有意義。

関於1972年科研计劃現在就要想了。下信再谈。則忠均此問好。

嵩此即讯

近佳

爸之字　一月九日

6146

1972年1月父信1-3

親愛的歡兒：

一月十六日来信收到。関於廈大招生，春季有化学，物理，数学，外文，海洋五系有招收新生。関於化学系情况媽今晨已托瑜查詢情况。化学系今春共招收140人。該系有催化專业，电化專业及無机分析專业。催化專业係全國招生。人數為40人。其餘各專业100人。係全省各專区招生。学生的来源為在业的工農兵，和滿兩年以上的上山下鄉知識青年。由工廠或貧下中農推薦，学校審查。看来轉是有条件的。盼及早注意此事。

廈大第二次要調回的下放干部，聞人數為150人。名單已送往。要省組织組批准。聞生物研究室的名單也在內。能调来否不知道。也有听說，如有效在春節前後就会决定和通知。

師院舊党委及一些高级干部（司守行，付子玉，胡琮，陈佳源，王麗，赵法太等都已調省党校学习班学习。再一個月後便分配工作，據云師大籌備組將於三月成立。聞林汝楠也一起在学习班。又聞張格心將参加籌備工作。師院現在人员可能有凍结。

現在正在留意省方面如何决定此事。听说如能调廈大，户口是能進入廈门的。媽々也曾向生物系老蔡（秘書）探問如你调来，則忠能否也一起调。據她說組織会注意此事。這里听说可能圖書館还缺人。

此事户口如能隨你一起来最好。听說如係同在一本户口簿上可以，如不同一本就不可以。這事还要详细再查。

1972年1月父信2-1

淹已離牡丹江往重慶。春節前後可能回閩來廈。

我今天曾到集美把寄生虫標本裝箱集中在一處。生物系不久將派車把它運來。

爸々字
一月21日

6146

1972 年 1 月父信 2-2

親愛的秋兒：

一月22日來信收到了。山葉於昨天去福州，此行想去看看振泉表兄。由於時間較緊他是否去霞浦還未定。

月初由校領導催促開寄出研究人員名單去調下放干部了，看來似乎又有些擱置。廈大下放干部調回有兩批了，據聞第一批就有九十多人，第二批不知多少人，最近又開始去調第三批。在第三批名單要送出去之前清泉曾去了解，到組織組那里去問一些同志關於我們研究室名單有否送出去，結果他們不說，答覆只送出本校下放干部名單。所以情況還是未十分決定。

師院舊黨委幾位同志——司守行，胡琮，傅子玉，王龍，陳佳源等均已調到黨校學習班。二師院也有一兩人參加。還有華大前負責人林汝楠等。他們一個月後將分配工作，這幾個人可能就是師大的籌備組。師大的校址前一階段聽說在泉州華大，近期在福州。看來我們研究室人員調動是與師院人員凍結有關。最近曾鳴去福州開會把研究室人員的姓名原下放地點抄一張帶去，想替我們爭取。可能向省組織組反映，或與師大籌備人員協商。事情發展如何要等他回來才知道。果如師院要辦這研究室，那就不容易調。此間生物系專业只確定了微生物，其他動植物兩專业未定。最近已外出調查，後再決定。所以往下的工作到底如何，很難估計。

來此一年多了，除整理舊稿及寫書外沒有做其他

6146

1972年1月父信3-1

事。"人体及畜牧蠕虫学"约写二十多章了。争取春節前後較空闲時多写些，增加幾章。未知如願否。数個月来都是在写綫虫方面。争取综合較新的有関知識。每天翻阅國外各什誌，蠕虫学摘要等。我現在把注意力集中做這一件了，一有時间就坐下来写。以文稿的加添為快慰。写書是総结他人的經験，書一写出就已落後了。如再不勤檢参考較新的文献就要落後愈遠。我國人体及畜牧蠕虫学書籍極少。如能用数年時写出一本較有質量的書也是好了。学校前一段追得急要今年就拿出稿子来，這是很難的。我初步提出時间要两三年。他們說太久了学校对此已没有興趣了。我的想法是写的工作要趕快，而订的计劃則要從容。其实两三年是很短的。陈心陶先生那本書好多年才写出来。

插圖，我只作了鉛筆稿，以後想辦法僱人上墨水。或自己有空時畫。

這里春季招生情况最近了解是這樣。有招生的三系，外语，数学和化学。(共6個專业)。化学三個專业。(催化，电化，分析)。化学系只收140人。催化，电化，全國招生(有去外省招)，分析省内招，只40名。又有向工廠招的，所以收的机会較少。這是最近听到的情况。还要再去详查。

崇屹 順 询 近佳　則忠均此不另

6146

爸爸字 一月三十日

1972年1月父信3-2

親愛的滋兒：

二月五日來信收到了。関於依志升学的問題要儘量爭取，中学最近有提名，山業最近從福州回來，也有听到此了。附中、九中均有提学生名單。我於昨天已寫信托十六中莊碳如、林佩芝代爲就近探查提名，最好依志自己也寫一申請書（給十六中）。同時我想再托惠明看看那里学校領导有無熟人。听说中学提名的是去念師範。

今年春季廈大只有三系招生，（外語、數学及化学）秋季招生人數較多有六個系，机会較多。（文史、生物（微生物專业）、海洋、經济、教育、物理等）尚有其他高等学校也是秋季招生較多。所以我们还有較多的時间，如春季没有錄取，秋季再試。

听到亮讀書成绩好，极为喜慰。他也要爭取升学。眼前全國的教育日趨穩定，今年四月全國又要在京召開綜合大学会議，解决綜合大学未解决的问題。高等院校逐漸進入常軌，就会要求入学学生的質量，亮距畢业还有一年，机会更好，要努力打好基礎，數学和語文這兩科更要注意。

今天解愛的愛人，宣恭，（現在教改處工作）來這里說高校抽取学生主要是依公社大隊的推薦。志還要继續表現好，如春季不能成功，暑期再爭取。我想志念外和師範不合適。文史、生物、化学以及經济等均可以（春季化学系招生以外省为主。其次要從工廠來）我会替他留意此了，今年暑期如我仍在此再托人。

如中学提名是去念師範（中專或中等師範），就要考慮去不去。还要调查清楚。

1972年2月父信 1-1

关于梅英子宫出血病曾請教過如柳的爱人張奕璋医師，他說月經不正常，出血多，要考慮三方面的可能性。一是要查有没有長瘤，二是要查有没有什么地方有炎症，三是由於更年期的缘故。更年期的影响最普遍，四十岁左右婦女常有此病狀。有時每月有两次經期，或一次歷時較久，要經二十多天。如是输卵管或其部位有炎症，則常常小腹部有疼痛，總之要先檢查准確。他建議到福州婦幼医院詳细檢驗，一定要查出確实的原因，以後才能对症進行治療。他說不一定要切除。如係更年期的缘故，用内分泌药治療也可以医好。

宇光昨日有信来，云遇見明祖之，明說要安排我的職務。以後会宣佈。他不便详问。看来会不会是在研究室，安排在師大。未可知。我想在研究室安排在師大，宇光去主持。

家中流感已傳染遍了。每個人都病過。崃前三天從福州回厦，也病了，發高熱两天，媽媽也發熱两天。暉暉前周發熱咳嗽，打青黴素五六針才慢慢好了。

曾鳴已從福州回来了。研究室要和他再谈。

專此即祝

近佳

則忠均此。

爸爸字

二月十五日

6146

1972年2月父信1-2

①

親愛的逖兒:

關於由十六中提名事,日前曾函托我的表侄女莊破奴及林佩芝二人。茲收到破奴來信,得知十六中全校只有分配三名,还是内部决定的。一点也没有希望。同時也知道這三名是去念福州師範的也没有什么好。表的申請書当还未写不必写了。依去升学了,還是要继續爭取。当然第一個条件是要公社提名。春季招生大部分是向省外,省内的名額甚少,一分開各縣,分配到各公社就更少了。所以希望不多。今年廈大招生的縣市有四個地方,①福州 ②廈门 ③南平 ④三明。還有省外好幾個省,現已組織人去招生。一共全校三系(化学,数学,外語)共招400人。中外省招收的佔大多数。剩餘的額不多所以就更不容易了。現在已能看出今年秋季招收的名額数量較大,光廈大就有六個系,至少八百人以上。現在偶有听見照顧教職子女的話,屆時尚須爭取。秋季招生全係省内招生,而且各高等学校(師大,医大,農林大,水产学院,福大)同時都招。因為關鍵的地方有两:一是学校錄取,一是公社提名,所以必須

第 頁

1972年2月父信 2-1

②

在建西那边也有所联系。將来名額多時，提名的可能性也就大。現在听说首先是学生本人提志愿書的。

崇淹到四川後有来信。但不知何時回来，可能已在途中。馨哥尚在上海，听薪给瑜信中说馨曾到二姨處。振乾公伯已解放，回福州，听说作为人民内部處理。奋回沈阳探亲，路到北京時曾有来信，尚未说及三舅了。他仍在高山子。

廈大生物系現正在考慮專业設置问题。前一段派数人到福州、泉州、南平各地了解情况，曾到過医大、農林大，也到過省革委会，見過領导同志，省革委会付主任卓雄同志曾指示要搞基礎科学，他指示要间接为猪馬牛服務。他也引恩格斯的話来说明探討生命的物質基礎的重要。這一隊回来後系内現考慮恢復動物学專業，也有提搞寄生虫科研。研究室恢復和調人了，可能牵涉到師大凍结人员的问题。這了不久將会明朗化，因为師大籌備組聞已内定成立，听说主持人係從福大調過去，姓葉的老干部。（原係福大第二把手）。師院原来的干部都调在别校，胡琼、王龍在福大，司守行調永安水泥廠。聞師大决定辦在華大旧址。已决定調師大的有傅子玉，陈家源等人。听说

第　　頁

1972年2月父信2-2

③

師大初步内定調回的教師名單有三百人。這了可能不久会公佈。

最近接家騏默及光華信得知馮蘭洲先生最近在北京逝世。他長期因心臟病在家。十二月廿八日在外边走動時因雪滑跌了一交，搶救不及，死去。享年七十二歲。中央首長表示関懷，由李先念付總理批示於一月五日在八宝山開追悼会。由衛生部負責人謝華同志主持，黄家駟（医学科学院院長）致悼詞。对他生前工作給與高度評價。

光華信中还提吳光先生最近腦溢血，偏風在医院，已脫險但失語尚未恢復。

陳心陶先生最近通了兩次信。不久前他患肝炎住院現稍好。來信云他的教研組現人員減少，只剩13人。（前有30人）。

他信中說："現在尚在搞寄生虫工作的人不多。有的已改行，有的投入防治工作，有的已告死亡。据知道，徐國清（四川医学院）病死，甘懷傑因癌病去世，蘇德隆（上海一医），陳玉清（上海寄研所）在文化大革命中自殺身亡，何琦，馮蘭洲也先後去世，陳國傑因病快要退休。"看來剩下的能繼續搞工作的也

第 頁

1972年2月父信2-3

④

極為有限。從前搞吸虫的龔昌棟先生，前天聽鄭重先生說現在也患心臟病，走路也要拿一張椅子。新陳代謝是自然的規律。但這一門科学今後如何承繼和發展都是問題。我國科学各門都存在繼承問題。

心陶先生說："中央前些時提出在血吸虫病区要展開絲虫，鈎虫和疟疾的研究。福建是除害滅病的重点地區。"他又說"據介新來信講《動物誌》仍要搞。科学院已作出決定，可能會召集一次全國會議作详细的考慮。"

估计全國動物誌蠕虫部分可能也会請我们來參加编寫。單純的分類我们以往做得太少了。我们以往資料雖也有种類描述，重要的資料還是關於發育史方面。果若日後有可能再在一起把以前搜集的標本和资料整頓一下，也是很有價值的。看看這工作的發展吧！

蠕虫学的编寫已有三十章了，現在寫的是线虫部分。离全部寫成的時间还遠呢。這件事本身就是很重要的了。現在每日參看蠕虫学摘要。希望能把較新的有關知識寫進去。寫書是非常艱巨的工作。聽說会纳入國家出版计劃。這使我愈益担心。這樣一個人關着門在寫，水平一

第 頁

1972年2月父信2-4

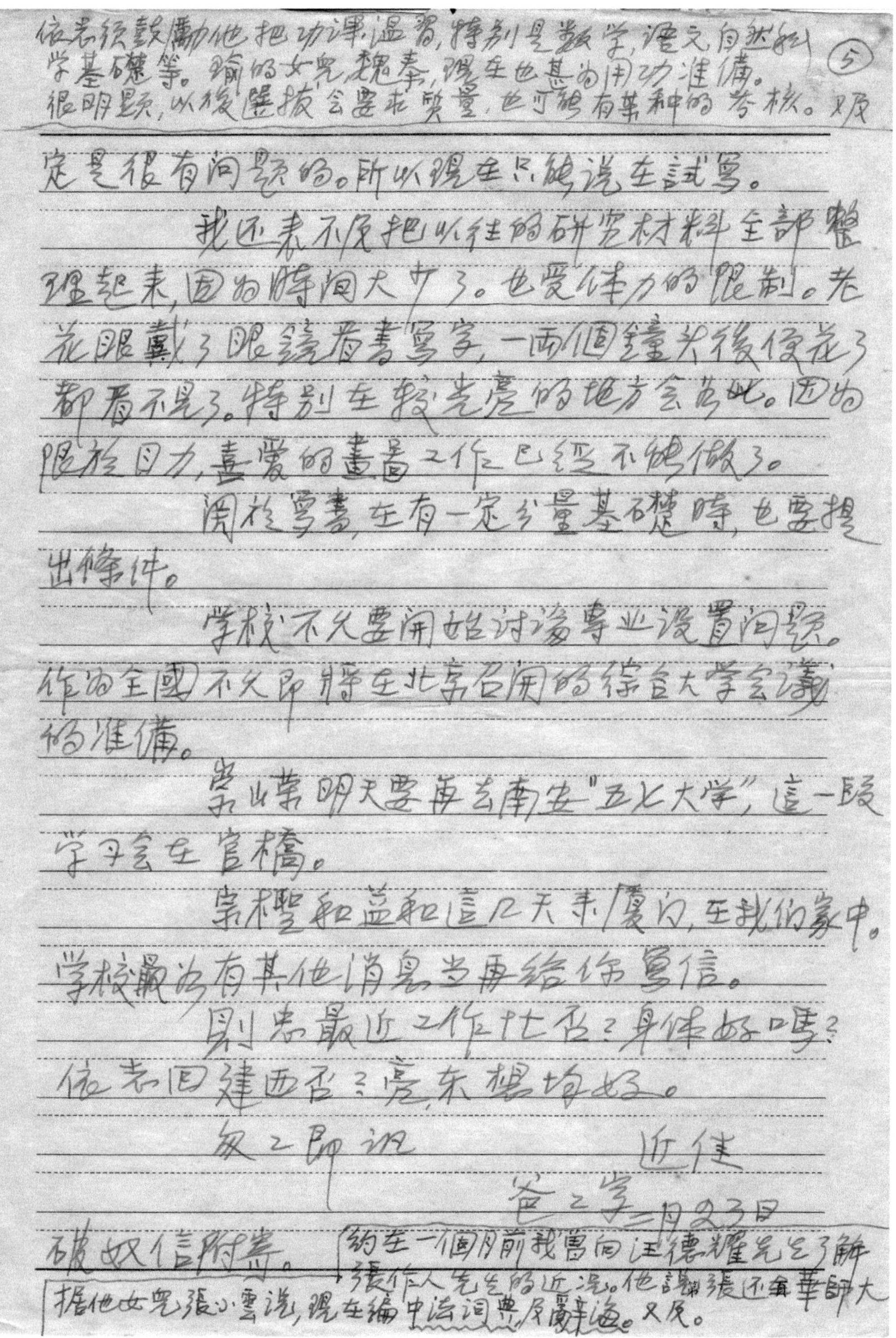

依志須鼓勵他把功課溫習，特別是數学，語文，自然科学基礎等。瑜的女兒魏秦，現在也甚為用功準備。很明顯，以後選拔会要求質量，也可能有某种的考核。又及 ⑤

定是很有問題的。所以現在只能说在試寫。

我还来不及把以往的研究材料全部整理起来，因为時间太少了。也受体力的限制。老花眼戴了眼鏡看書寫字，一两個鐘头後便花了都看不見了。特别在較光亮的地方会為此。因为限於目力，喜愛的畫畫工作已經不能做了。

関於寫書，在有一定分量基礎時，也要提出條件。

学校不久要開始讨论專业設置问题，作为全國不久即將在北京召開的综合大学会議的準備。

崇嶸明天要再去南安“五七大学”，這一段学习会在官橋。

崇櫻和益和這几天来廈门，在我们家中。学校最近有其他消息当再给你寫信。

問志最近工作忙否？身体好嗎？依志回建西否？亮东想均好。

家家即祝

近佳

爸爸字 二月23日

張奴信附寄。

約在一個月前我曾向汪德耀先生了解張作人先生的近况。他說張还在華師大，據他女兒張小雲说，現在編中法词典及辭海。又及。

1972年2月父信2-5

親愛的迪兒：

二月廿日来信收到了。関於文盛現正在作招收工人的工作了，漢夫最近亦有来信说及。如真能到工廠也很好。果如没有，秋季大專学校招生時再代他想辦法。

最近因宇光有信来问寄生虫室人员上調了，又向曾鳴催问。他再一次向廈大第一書记，于付政委谈此了，据答覆会把研究室設立在這里，並上报调室内人员。嘱我要等待。

生物系最近動物組内討論專业设置问题。擬设"动物学專业"。要开寄生虫学课，作为專业课程。果如作出决定，调人就更容易。

師大正在籌辦据闻教師由旧師院，旧二師院，教育学院，旧華大等單位下放干部抽调。

淹到四川後（月餘）有十多天没有信来，不知何故。

嵘已去南安上学了。匆此即祝

近佳

爸爸字

二月27日

6146

1972年2月父信3

親愛的逖兒：

這兩周來，生物系討論專业設置的问题，因为最近國務院教育組派人來福建，不日会来廈大查询各系專业設置的问题，經過醞釀和討論，現已決定設置動物專業，這一專业中有兩個專业組（即專门化）有二，一为遺傳育種，一为寄生虫。已初步作出決定，送往校党委去讨论。與此同時学校已確定要成立寄生虫研究室或研究組，校党委已通過此決定，並定了十人的名額，除了我室调回的人之外，可能还会派一兩個党组织领导干部。昨天見到曾鳴時，他告诉我這消息，說学校調師院寄生虫室人名單已送去了。室的科研计劃，及教学计劃將俟人员来時一起订。为着這事已是十分確定了，這數天来我正在想則忠工作調動的问题。等待有机会時要向领导提出。

數日来都在想今後室的工作问题。有三件事今後要做：①教学，②科研和③写書。不好订的是科研的規劃，好多年头沒有接觸這方面具体研究工作。在研究室大局確定之後就要想這一问題。

今天在路上遇見這的一個付政委他是管组織组的。他告訴我研究室下放干部的上調名單確已送去了。這消息是可靠的。我问他能否調来？他說问题不大。

在廈大設立這一研究机構是得到這里党委的支持。現在的问题是有組織组会不会同意和有沒有師院人員凍结的问题。聞省内下放干部上調事現抓得很緊，看来会很快解决。

6146

1972年3月父信 1-1

還有一件事可能也会产生，即是新的師大在調動名單中也把我列進去。就是要把研究室設在師大。這里教育系一些年青同志有這樣說過。因為我已經調来了廈大，這一研究室在廈大建立，並配合寄生虫專业，作用可能更大。以性質来說，在综合大学建這研究室当然也可以。師大那边，因為文革的関係，人事関係也大大不同了，換一新環境，可能好一些。所以我曾向領导反映我不想回去師大的希望，已由曾鳴轉達给于付政委了。校党委会决定在此建立研究室，這点是一個月以来的新决定。

另一方面，師大可能給我掛上什么職務。如果這樣，就很麻烦，在以往我從来不会做行政工作的。最好还是集中精力做些科研工作，完成一些写作。這樣思想也有暴露過。

新的情况会产生新的困難。

無論如何，高等学校中科研机構要恢復是中央决定的。我们要好好考慮工作的方向和具体的課題。

據最近系内同志到省各單位了解情况回来所说，人体寄生虫現提出重点放在四条虫：①血吸虫 ②鈎虫 ③絲虫和 ④瘧疾。高級寄生虫问题很多，抽選好题目，不怎么容易。春耕後盼能請假来廈一下。

得暇盼来信。滄已回廈。冉隆可能会成功。她可以調到重慶工廠工作。看来明年可能会结婚。嵘已到南安去。可能不久會回来看崇滄。尚此即讯 近好

6146

爸之字 三月九日

1972年3月父信 1-2

親愛的迦兒：

十五日来信收到。最近有新的变化。听曾鸣說，近有傳說師大在籌备，校址據聞在福州長安山。

闽師大要調我回去，這消息從多面聽到可能不久会提名單請省委批准。前星期他曾为我寫信給許或青。告訴他我不願意回去師大。今天我自己也寫一封信给許或青表白自己不想回去師大。來廈门後身体有進步，從前在福州的神經衰弱病等都好轉了，也提出寄生虫科研在综合大学較適宜等理由，不知這信有無效果。

這樣看来向師院调人，更不容易了。我很不喜欢再回去福州，还要想辦法再提出請领导考慮。這了決定权在省委。日内若有机会也想再找廈大于付校長，看之有無其他辦法。

秀敏已經来廈大了，雖是来寄生虫室但倘是和教育系人一起調回師大時她也会走的。

"人体及畜牧蠕虫学"稿是增加了一些但進度是极为緩慢的。也没有其他辦法可以加快。只好等待你什么時候来此。再進行修改。我現在有空就寫稿，全力以赴，俟有一定分量時提出计劃。這件事要花极大的气力。前一段没有估计，没有量力便貿然提出了。現在一定要搞

1972年3月父信2-1

好，以免败了我们研究室的声名。写书知识面要很广，我们自己所知道的有限，日後要集思广益，多徵求别人的意見。

写书和整理科研資料有矛盾。現在整理工作都不可能做了。

得振驤含伯信知三舅近發現血壓高達210，經搶救後脫險。究因何病引起未详。他的问题尚未落实。日内擬去电奋處查问，因奋近才回家探親。

端此順訊

近好

爸字 三月廿日

6146

1972年3月父信2-2

親愛的歐兒：

三月廿六日的信收到了。

崇淹已動身北上，会到三舅那里，尚未收到他的信。

調去師大了，我曾向廈大党委書記，于付政委講不願去師大，願意在此從事教学和科研或寫書的工作。他答應我以学校名義去爭取人。並告訴我他曾數次為研究室調人事打电话給省組织組。学校已設立寄生虫專业，最近在集美的標本拿回来了，分给了兩间实験室。現在只等在集美的实験桌子搬回来後就开展工作。

我見到于付政委時还開了你和宇光名字给他，說最重要能爭取你們二人来。宇光是付系主任，看来較難。

前天福大一批人来此參观，其中有胡琇和王龍，二人曾說師大会調我回去，並云会安排什么職務。我說我不想去。

總之情况不是那么簡單的。硬不去，不知道会有什么事臨到身上来。最好了是要先向領导講一講。

省出版工作的張付政委昨天来廈大，召集了理科和文科教師座谈会，我在会上提出了所寫書"人体及畜牧蠕虫学"這部書的名稱。

科研工作沒有條件的配合，是不容易繼續的。一個人做科研的時候總有限制，大約三十多年，四十年是不容易超過的。明年是我從事寄生虫研究四十年了，（我1933年开始），時過境遷，看来要創造条件不容易了。

陳心陶先生最近時有来信，谈中國科学院

6146

1972年4月父信 1-1

擬编写中國動物誌，科学院已通過這计劃，現在
等國務院批准後就会徵求國内各科学工作者的意
見。心陶先生徵求我对於此事的意見。我也見獵
心喜，因为過去数十年累積不少蠕虫的材料和標
本，吸虫、條虫和线虫可能就有数百种，还有有关动物
学發育史方面的资料，如系统整理起来，还是有用的。
可惜忙不過来。組织人力也沒有辦法。

現在天天还是忙於写蠕虫学的稿。

前幾天去找林治楠，現是校党委第三把手。托他留意以後則忠调动工作的问题。

宇光有信来说他组織生活已宣布恢復，補交了两年的党费。據云他可能下月会调到省五七干校学习後分配工作。看来師院不会放他。汪溥欽因为财兴反映他一些政治歷史问题。还不曉得厦大肯不肯去调他。

我昨天去市医院一位黄医師診听有心臟的毛病。他嘱尚须再作一次心电圖。後再診察。

端此順讯

近佳

爸之字

四月六日

6146

1972年4月父信1-2

親愛的逖兒：

你四月七日来信和媽媽内衫的包裹均已收到了。

最近形勢的發展尚不能預料有如何的變化。听說我們研究室的調人問題要等省的高級会議才能决定。這一会議可能是本月月底開。

听許多人說師大要調我回去。沒有人来徵求我的意見。我已多次表態不愿回去師大，在系及組会上均這樣表示，也向廈大領导這樣說，前不久曾寫信給許彧青同志說這意思。他是文教口的一個領导人。可是他最近去北京開体育会議，可能月底还不一定能回来。如果調回了經省委常委决定就不容易挽回過来。現在要有領导人来支持，也沒有什么門路可走。只好听之。

這裏生物系雖然已把寄生虫標本搬回来，但还不分配实驗室，調来的人也安排在別的部分工作。看来也是有所待。究竟是怎樣一回事，不清楚。

師大前星期听說要辦在長安山，最近二天又听說还未定。主持人是誰也傳說紛紛。也有听到曾鳴要調回去，看来很不像。但他在這裏工作看来矛盾也很大。無非是矛盾是普遍存在的。

這里調来一個新的領导同志林汝楠，曾找他談數次话。也談到你如調来廈大希望能照顧則忠調廈门工作，他曾问則忠喜欢不喜欢

6146

1972年4月父信2-1

教学工作。經济系擬增設財政金融專业，有下列的课程：(1)貨幣與信用 (2).貨幣流通組织與管理，(3)企业財務，(4)会计学，包括商业会计、銀行会计，工业会计和預算会计，(5)國際金融與貿易。我告诉他則忠在商业厅担任行政工作十多年了，沒有教学經驗。現在姑作考慮，如有興趣，並学校得到省组织組同意，把你調来時再一起提出。此間經济系可能设立經济研究室，若成立有缺人。

這裏生物系人多複什，即使研究室在此恢復，也極不容易適應。

現在，在思想上要作兩种可能性的打算，回師大，或在此。退休不可能，這里年老的教師並不許退休了。

我仍继續寫書。綫虫部分已寫了大半了。（因为只限閩西三縣）

小林調回了，系沒有去調。他们叫我们家中填填表，不過是形式而已。這事不要寄托希望。

昨天起暈暈又有些感冒，發熱。

專此順讯

近好

爸爸字

四月十三日

依来进厦大了，今年秋招生時想办法。

志寫信来說愛学圖畫。秋季招生有好多系。從長计議。我想学藝術用處不大。秋季化学系可能沒有再招生。進何系還須想一想。

6146

1972年4月父信2-2

親愛的逖兒：

最近宇光有來信說孫毓芸有信給他說她听到省領导可能把寄生虫室和我都調師大。要我留意，反映要在廈大生物系建立這個室。

師大可能辦在長安山，但尚未最後决定。

一星期來省教育組負責同志來廈大。此人姓任，是來和廈大領导交換意見，接洽有関各高校问题为將於六月召開的省高教会議作准備。昨天（26日）上午他和主持高教的張惠中(?)同志来到生物系參觀寄生虫研究室。曾鳴和林汝楠同志陪他一起来。他听了我和生物系支部書記彙報在廈大建室意見之後，和張同志均表示同意室在廈大建立。並說廈大校党委已向省委打報告了。臨走時任組長和我握手說"支持你"。和他一起来的還有省組織組的一位女同志，前天也来系看我。我和她谈到室人員等待上調事，她說"没有问题。教育組把室建在廈大這事决定，就可以調。"看来建室事不久就可实現了。

師大要調回寄生虫室，這也是好意，但我在這裏提出在廈大生物系辦，從去年八九月起就這樣說了。估计省委会同意在這裏恢復的。所以你要作来廈的准備。

廈大生物系决定設置寄生虫專业。近有四個幹部到廣州，上海，天津，北京等處向各單位取經。在廣州到徐心陶家访問，到上海会到医学科学院寄研所。現已北上去北京。

6146

1972年4月父信3-1

則忠上調工作在進行中。來信寄張則忠工作經歷給我。以便多方面進行介紹。廈大秋季招生名額甚多，依表暨提名的系，看來还是化学系好。化学系秋季有招收有机半导体專业，海洋系也有招海洋化学，及海洋生物專业。物理系有無线电專业及半导体專业。生物系有微生物專业。此外还有文科各系，全校秋季约共招二千人。所以要抓住這机会。大隊也能推薦，公社还要通气。因為提名主要是公社。要早為之计。

我日內会作信给依表徵求他想進那一系的意見，以便在這里進行接洽。他前信说喜欢学画畫。我意学藝術很好，但若有机讀科学更实用些。

馨琬在搞專案，曾到东北看三舅，近接来信已往四川出差。他来信说未調回部之前可能来廈探親。

張作人先生昨有来信。附函寄閱。

三舅住址："遼寧北鎮縣高山子沈阳農学院四營郭宗澤收"。

余此順祝

近佳

爸爸字 四月二十七日

桓泉表兄近来南安講课，回福州時過廈来此一敘。

1972年4月父信 3-2

親愛的滌兒：

十七日来信和寄回畢之的"对蝦"小畫冊都已收到了。昨天系領导给我通知：省組織組已經电話通我校：研究室人員六人已下令去調，將来我校。雖然公文還沒有到，已算是正式通知。前幾天曾鳴对我說：于付政委打电話給省文教組之長，已听到"調令已經下去"。看来很有可能已經有公文到縣和公社了。

預計在下一個月內抽調的人員都要来報到。希望你作思想准備，目前正在担任的化肥廠里或其他的工作要作善後或移交的措施准備。在霞浦兩年了，和大隊及公社關係也很好，這是很難得的。(来此之後为繼續做血吸虫科研，可能还要到霞浦作調查。)

自從去年八月向学校打報告申請恢復研究室，到現在九個月了，才听到人員調来的消息。

系領导今天又派人到集美把室的儀器，实驗桌等搬運来廈大。

系內去京滬一帶參观訪问的人还未回来，不知道是不是决定搞寄生虫專业。可能月底內会回来。

關於訂定科研計劃，現在就要作准備。

則忠調動还在進行中，數日前听潘潮玄說師院以前的書記司守行和商业局之長李敏堂是好朋友，則忠調廈可以托他。我昨天已寫信給司守行，托他作信給李敏堂，要求照顧把則忠調来廈门。潘

1972年5月父信 1-1

潮云和司交情也很好，也擬请他作信與司。司現任永安水泥廠書记。学校方面擬托林汝楠代为想辦法。照顧家属工作，在厦大是一個不易解决的问题。這里百分之80%的教職工家属照顾问题没有解决。厦门市單位少，並且厦大和他们関係也不好。

嵘的户口未知能否和你一起調来厦，或去福州。蒋琳昨日谈此事時说调来工作較易想辦法。耑此即讯

近好

爸爸字

五月十九日

6146

1972年5月父信1-2

亲爱的遨儿：

五月廿八日来信收到。获悉汾江公社召集下放干部开座谈会并通知省组织组调令的情况。但通知的内容有出入，你和宇光、王如如柳，王成等五人是调来厦大的。宇光已有来信说：通知他五号来厦大报到。厦大的组织组也接到同样的通知，有五人的名字，所以这是不会错的。说你调往师大想是传错的。不会又有另一名单。因为省组织组调人是统一发调令的。可能赞寿瑞干等师大也通过省组织组同时在调。但和你的调令是不一样的。你接信后要问个清楚。又听说赞寿也是要他先来厦大帮助一些仪器整理了，但是调教育系。总之他们的调令和你不连在一起。

你厂里承担的工作要好好安排，要有人继续下去。在目前很要紧先把上调的情况查清楚。去查时态度要和气。宇光大约计划接通知后留龙溪到十五号，后回福州。因为有人托他在龙溪做些像具。

今年提早招生，是九月一日上学。所以你未升学问题要作准备。我已调查这里各系要招的人数如下。要好好商量一下要进的系科，好向有关的人做联系工作。今年秋季招生名额如次：

中文60人，历史30人，政治经济学20（经济系）

统计50人，财经20人 会计60人（经济系）

日语30人，物理系半导体专业，30人，物理系无线电专业30人

微生物专业 30人，海洋化学 30人。（今年秋季化学系未招）

6146

1972年6月父信 1-1

我已和教改處老潘谈及志升学事，他说学校大约於本月中会派人出去招生。看届時派的是什么人再托他们照顾。争取升学的各步驟，自己報名，群众推薦，公社或縣領导批准。所以建西那边还要作些准备。

師大闻定在泉州華大旧址。寄生去宜将来要不要調回，我们还须考慮。目前暂定在這里。

專此即讯

近好

爸爸字

六月四日

6146

1972年6月父信1-2

亮甥青览：

最近省文教组领导决定前師範学院寄生虫研究室在厦大恢復，研究室人員均調来此间。你媽々和你都將一起调動来厦门。我曾經查询，厦市有一两個高中辦理很好。如轉学来厦对於將来升学很有利。這裏好的高中有厦门一中及厦门八中。厦八中和厦大很近，將来回家很方便。現在高中只有两年制。厦八中是從前一個較有名的中学，師資質量很好。

关於你轉学了，曾和熟識這裏情况的幾個人商量過，都認为這机会很好。現在高等学校和高中漸々地上軌道了。以後会抓質量。如你轉学時降低一年，高中的基礎会打得好，对於升学有利同時可以容易趕上較高的水平，不至来時学习發生困難。現在高中只有两年，你已經讀過一年了，如照原班轉学，来此還沒有一年就算畢业了。沒有讀什么書，怎能讀好大学呢？我的意思是你要降低一年轉学。因为市的学校和縣的学校質量是有不同的。你轉去霞浦不是也跳高一班嗎？現在跳回来了，也沒有虧本。要迅速和媽々相商。辦好轉学手續。

聽說你体育很好，甚以为慰。毛主席教導我们德智体要全面發展。

耑此順祝

近好

舅父字 六月二十五日

1972年6月父信2

5. 1973～1976年的信

背　景

我从霞浦调到厦门大学之后，我们很快把实验室清扫干净，把父亲在一年多前，从福州原单位（福建师范学院）因为“下马”而废弃的我们原研究室的桌、椅、书橱、标本橱等家具搬来厦门并排好，再把从厦门水产学院地下室搬回的仪器、标本、书籍等放进橱子，又是一个研究室了。原单位又“上马”了，不断有人来说服我们再回去。父亲和我，实在由于“文化大革命”伤透了心，虽然福州是我们的故乡，但我们宁愿“身在异乡为异客”，也不答应回去。我从1972年来到厦门到现在（2016年），转眼间已44年。我喜欢厦门，不仅是厦门的景观和气候都好，尤其是厦门人耿直、热情、不排外，使我在这里就好像是在自己的家乡一样，心情舒畅。

我们很快把实验室整理好，除参加政治学习、教学工作和劳动（每周的校内劳动和一年两次到集美，我们学校农场各两周的春耕和秋收的劳动）之外，我们研究室开始多次到闽南各地进行调查探访寄生虫病存在情况，集体开展了闽南乡村中华分支睾吸虫病流行学及治疗，闽南及福建省沿海禽类嗜眼吸虫病流行学、病原生活史、传播途径和治疗等问题。这些工作，年近七旬的父亲也常参加。

1973年我从农村回到学校已近两年，但此时到1976年这段时间中科研、教学工作逐渐走上正轨。全国性的科学事业也都在开展，我也经常参加这些活动而外出。家中父母亲都多病，家中食物和全国情况一样，十分贫乏。重读父亲当时给我的信件，悲从心中油然升起，体会到父母亲当时的困苦。

在这样的形势下，我在父亲的支持和指导下，在这4年中，我在本学科的科学研究领域中完成了3项重要课题。1973年，在厦门大学海洋系海洋生物专家许振祖教授的要求下，我和他到闽南西边海滩一年多时间，解决了缢蛏黑根病病原（后定为新属新种泄肠吸虫）的宏观发育生物学和流行学问题；1974年夏天我乘出差到福州之便，到曾经调查过的北门外乳牛场，继续调查研究，解决了腔阔盘胰吸虫病昆虫宿主（草螽）的问题，我用电报告诉父亲此消息，他立即带我二儿唐亮和三儿陈东来到福州，我们继续采集草螽，人工感染了一只羊羔带回厦门养在家中，4个月后解剖获得腔阔盘胰吸虫成虫4000多条，证实此调查无误；1976年得知闽北山区浦城农村2000多头耕牛冬天死亡，全部感染有支睾阔盘胰吸虫，在当地农业局同志要求下，我到那里开展研究支睾阔盘胰吸虫的生活史及媒介昆虫宿主的问题，历经两年，确定了此胰吸虫的第二中间宿主不是草螽而是小针蟀。

因此在这段时间，我经常外出，在省内外各地奔跑。父亲给我写信，讨论我的工作内容等。我共保存了10封信。

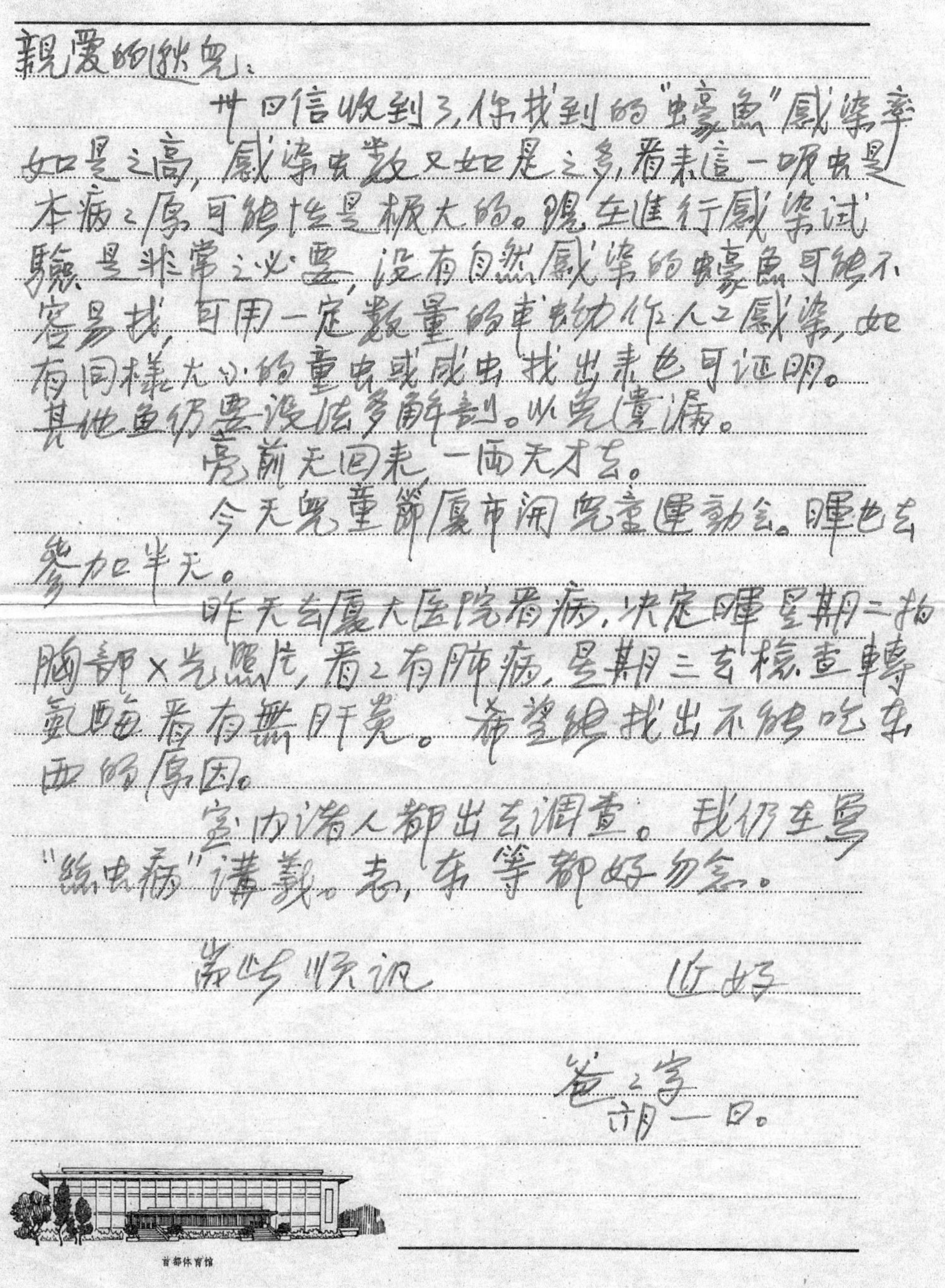

親愛的燚兒：

廿日信收到了，你找到的"蠔魚"感染率如是之高，感染虫數又如是之多，看来這一吸虫是本病之原可能性是极大的。現在進行感染试驗是非常之必要，没有自然感染的蠔魚可能不容易找，可用一定數量的囊蚴作人工感染，如有同樣大小的童虫或成虫找出来也可证明。其他鱼仍要設法多解剖。以免遺漏。

亮前天回来，一兩天才去。

今天兒童節厦市開兒童運動会。暉也去参加半天。

昨天去厦大医院看病，决定暉星期二拍胸部X光照片，看之有肺病，星期三去檢查轉氨酶看有無肝炎。希望能找出不能吃东西的原因。

室内諸人都出去调查。我仍在写"丝虫病"講義。志、东等都好勿念。

匆此顺讯

近好

爸之字

六月一日。

1973年6月父信

親愛的惕兒：

到廣州已十二天了。會議於十九日開始。学习文件及討論進行了三天，聽取了中央科技會議的傳達，学习毛主席有関科技工作的論述。二十二日以後開始大会及分組的学術報告。二十四日後討論如何開展分類学工作問題。至27日以後進行"動物誌"編寫計劃。現又兩天了。我們接受了蠕虫誌，吸虫綱（有四五個科）及絛虫綱的任務。中山医学院是主持吸虫綱的單位。動物所是主持線虫綱（動物寄生線虫）的單位。植物線虫还未有人能担任編寫"中國植物線虫誌"的任務。僅山东農学院有人做這方面工作也是僅僅開始（做花生線虫）。

這次參加会議的老教師甚多。六十歲以上的有60多人。七十歲以上有18人。在無脊椎組中一排並坐的七位先生加起來歲就有五百歲。

我被任命為無脊椎組召集人。因此兩星期來異常忙碌。估計再兩天計劃訂立後可能好一點。

星期天曾往這里外文書店買了數本書："Biology of Animal Parasites", "Advances in Parasitology" 及 Goodey & Goodey 的 "Soil & Fresh Water nematodes"（此書我們研究室已有）。其他寄生虫沒有什么書。

我和張作人先生及鄭重先生住在一個房間。這次会議来了许多代表，約共有一百八十多人。

估計七日可結束。十日可離穗回廈。

崇惕即讯

近好

爸爸

三月一日。

1974年3月父信

親愛的鐵兒：

你六月十九日的信收到了。知道這一段開門辦学一些情况，得悉按計劃進行薑片虫及牛猪等其他寄生虫普查等工作甚以為慰。前一段的開门辦学情况日前清泉曾向系校領导滙報。全班回来後還要做總结。現距学期结束甚近。还要做鑑定畢业分配等估计回来後甚忙。

系領导曾找我们談數次，詢问有関設立專业问題。此事尚在醞釀中。此事要等在建甌的同志回校後詳细討論。特别希望你要多考慮和提供意見，因為是“人畜寄生虫專业”，畢业後為“衛生防疫”及“畜牧业生产”服務。培養的对象是“那里来那里去”的，設想為各地衛生防疫站及獸医防疫站培養寄生虫工作的干部，未知這様專业能為國家輸送人才否。今年招生時间推遲了，想还有時间充份討论。現正在爭取为寄生虫專业增人。

從如柳和清泉處得知前一段在洋上採集，同学们採到了擬釘螺之外还有一种新的小螺並找到了肺吸虫尾蚴。本来我很想和如柳再来建甌一下观察此新的中间宿主，並再做些实驗。因为人太少了，去不成。但極望你们能帶些材料回来，因为在科学上頗有重要性。在未動身離甌前能否安排有數位同学（熟識前地点的）作一次採集，对象为擬釘螺，新的小螺及石蟹。我前次帶回的小螺及石蟹都死了。擬釘螺（及新的小螺）要放幾個小桶内不可太多堆在一起。石蟹也要分开。路上不可放在太熱的地方。（我前次帶回的小螺到福州就都死了，石蟹現在也都死光了，因攜帶的方法不好）

可能現在時间很緊能否和胡志添同志及老

1975年6月父信 1-1

為一商。安排三四個同学作一天的採集。可能須從其他已安排的工作中抽出來。希望信到的時間还来得及。

家中搬新屋後諸事也漸漸習慣了。樓梯上下也没有问题。鍛煉也很好。軾、東在家帮很多了。亮未回來。

工宣隊老黃、胡同志、翁先生、財興、秀敏及同学们均祈代為问好。

專此順祝

近佳

爸爸字。29日

1975年6月父信1-2

親愛的遜兒:

你到京後兩封來信均已收到了。接到你第一封信後曾作一信給吳淑卿先生托她安排你去後去動物所查文獻時住膳的問題，現在從來信得知已經安排好了。在你離廈前也曾寫信給陳佩惠托她在北京医学院代你找一地方，不知她有和你通电話或來看你沒有。可能她还不知道我沒有來京參加会議。

閱信得知開会一些情況。希望多交流有關編寫的經驗。如有可能多了解一些科研動向問題。

獲悉心陶先生身体比去年好，甚以为慰。盼代我多多問候，省衛生局沒有發函邀請他來建甌，不知何故。玉成日內去再往福州，擬再度向有站提出。他們這樣作了，有似兒戲，不知出何心理。據李友松說可能要和血吸虫病区參观團一起邀請，不知是否如此。

動物学報已將肺吸虫稿件寄回，說要刪減至一万字。現等你回來後刪改。

七三級開门辦学，定於五月初七八号在建甌開始，訓練班可能是十号開始。

家中生活照常，阿婆因要去福州，已於二十二日離我家。現煮飯等了都是自已做了。

媽媽心悸病昨天又發作一次。每分鐘心跳120多，服救心丹兩顆。約一個半鐘头方恢復正常。此病象不知何因，在京如打听有心臟專科医生，是否想辦法托人介紹往請教如何治疗護理。日常生活該多何注意。有無

1976年4月父信1-1

必要服药。服什么药最好。以我观察，妈妈常在劳累之後或较延長的体力劳动之後發生此病。現打算先在廈大医作一心电圖檢查。

你在京，如得便能否代我查查我的老師何博礼教授的狀況。如見到佩惠，能否和她一起去看北医的教授，趙振声同志，他從前是和馮兰洲先生住在鄰屋的（燈草胡同，下窪子2号）解放前是9号，現不知有無更改。也了解馮先生身後家庭，師母及子女的狀況。其他以前協和医学院寄生虫系的人和何師較親近有何大夫的秘書强一宏同志，和祝海如教授，但都不知他們住在那里，趙振声可能知道。祝海如同志前在吉林医大，聞他已退休，不知是否在京。强一宏係住在北京，但不知是否健在。

漢夫於十八日来廈，在家六天，已回福州去了。

在京如方便能否買一些腊腸帶回。現在廈買副食品越来越困難。

常此順祝　　近好

爸爸字，26日。

重庆群慧印制厂　75—3

1976年4月父信1-2

親愛的燧兒：

你廿三日来信之後又接連收到廿六日及廿八日兩信，獲悉了参加会議的過程。甚為欣慰。我省科研工作受人家的重視，特别開门辦科研，開门辦学方面得到了讚揚，使我们今後更加鼓勵。

得知你曾到馨哥住几天，会在科学院动物所的招待所一段時间。在外生活一切要小心，北方氣候和南方不一樣不要生病至为重要。

心陶先生回广州了，於二日曾寄来一信，說他那裏没有收到福建衛生局或防疫站的邀请信。昨天又为此事打長途电話給省寄研所所長，我於前一周也写信给刘其端所長，但都没有結果。他们昨天由寄研所付所長来一信說省局和站領导没有發函，因为肺吸虫訓練班是小規模的一個訓練班，毋须请省外的專家。看来這函是不会發了。曾將這情况告知心陶先生。不知他能否爭取以出差做科研的方式来閩。

我於明日（八号）將和73年級学生，室内同志一起赴建甌作開门辦学。下午坐火車去，到南平轉汽車去建甌。由工宣隊胡志天帶隊。他们組织一個領导小組。可能住建甌招待所。

開门辦学在建甌要8周，旅途一周，回来作總結一周。淑蓮留在室内。今日学生已開始上课，室内同志正作装箱准備。

肺吸虫訓練班十日報到十一日開幕。閩寄研所所長及站書记会上去主持開幕。可能他们会请我作有関肺吸虫的報告。這几天在作准備。

1976年5月父信 1-1

听説建甌还有瘧疾，你在京買些治瘧和防瘧的药。带回。

関於畜牧寄生虫部分的开门辦学的计劃，前一段老翁、財兴和秀敏跑去建甌一下。現決定做的主要是畜传虫，还有普查猪、牛的寄生虫。

家中阿婆去後小林顶上做厨房了及买菜等了。

最近副食品奇缺，物價騰貴，應付頗不容易。

媽媽嘱蕊哥要送她衣服，不要买，如一定要买，不要买太贵的高级料。她說那年蕊哥送的毛的確涼褲已穿二三次。現在出买买普通暗色的確涼經常好穿的，做棉襖外衫，(要买五尺二寸的)布料

款一百元已滙寄，料收到了。(款寄淑欽轉)

軾、東在家生活料理得很好。亮前日回家幾天。自行車已騎去了。东工作很積極。他們身体都很好。

媽媽心臟發作一次後這幾天沒有再發。暉暉、昇昇照常上学。身体都好。小林嘱买小孩頭髮上結的花带~~(蝴蝶的)~~(蝴蝶結，粉紅色四条)。

專此即訊
近佳

蒋部長托买黑色鞋油二盒。

林淑雲姨處媽已寫信嘱不要买礼物。

爸爸字
五月七日

重庆群慧印制厂 75—3

1976年5月父信1-2

親愛的敏兒:

你在福州發的五月十二日及在浦城發的十九日的信均已收到了。得悉在福州白水堂乳牛場及东门三角池岳丰乳牛場調查情况,查到了四指蟠牛,達到了给东北来的同志及我们同学学習的目的。並從十九日信中知道十五日離福州十八日到浦城,甚以為慰。現在氣候介於春夏之交,冷熱無常,极容易感冒和得病,望特别小心,今年雖是干旱,但最近山區常有下雨,五六月常有山洪,在調查中须特别注意安全。閱信知你们擬在管厝公社党溪大隊進行工作,並得農业局領导支持,料能顺利完成任務。如柳到霞浦後清泉來信据云已檢查二千人以上糞便,有不少鉤虫病患者,他们也是下月中旬以前回校。(約在10号)。

物理系工廠派东东和另兩位青年(其中一位是組長老高)一起出差,到北京上海武漢等地修理該廠出售给外省單位的儀器。他領了出差费,並媽给他带八十元錢,已辦好手續,買張車票,於今天下午出發,先去福州,後再北上。本来还有去唐山的任務,最近我得[illegible]昌棟先生信云本月十五日天津唐山一带还有地震6.5級,所以我力勸他不要去唐山,因为天氣熱了那里还有疾病流行。

1976年5月父信2-1

18-5

他已答應不去，但不知果能不去否。他要打一圈從武漢也回來。

小林病退已准，崇嶸十多天前曾去永安一趟，回來說手續已辦好。小林現在福州，據云戶口尚未遷入。不知她何時回廈。

崇淹去東北後尚未有來信，不知為何。崇侃、漢夫爭吵，誤解成份居多，我前一段不寫信去責備漢夫，恐怕會激怒他，再引起風波。如寫得太婉轉，又恐說是慫恿他。現過了一段，當寫信給他們二人，勸他們和好。在福州的兄弟姐妹無多，他們真是需要很好地相處。

學校目前政治學習較為緊張，現每周聽報告較多。聽說往下要整黨。

心陶先生近有來信云吸虫誌開会時间可能会和全國人民代表大会時间衝突，建議改在明年第一季度。現正考慮時间，因明年春季寄生虫学課已開始。

今年夏天招生，系已定寄生虫專业招23人。今年五月北京有開各省教育局長会，可能不久会開全國教育会議。

得暇來信為盼。專此順祝工作順利。各同学均代為問好。統民同志均此致候。

爸之字 五月27日

1976年5月父信2-2

282

親愛的迪兒：

你五月十九日的信收到了。関於滙款了，昨天已向清泉提出並去找曹文彬說過，大约一兩天内就可以滙出。

今年畢业实踐学校很重視，已开過一回会總结上屆各系的經驗。今年据说抓得更紧些。現系内定六月十五日以前，要寫好總结，分析成果。每個同学也都要寫個人總结，对於政治和业務的收穫。寫完後还要（經小組討論）經老師寫評語。

各組可能都在十号左右结束。

家中朱々北上後煮飯等家務由媽々和掌嵘做。一切还很好

帯此即祝

今天我已寫一封信給你对象她。近佳

爸々字

五月30日

1976年5月父信3

親愛的逖兒：

你九月十日的信收到了。衣服由包裹寄去了。計羊毛衣二件棉毛衫二件，棉毛褲一條。料不久可收到。信中所述路上頗不平靜，回時應非常小心。坐汽車到南平後再轉廈，或由福州回。務必預先查询清楚為要。

來信述及九牧牛隻畜舍狀况。可能和泉州一樣，不那么集中，牲畜感染係在放牧的山野外。這樣就可能不容易找到天然感染的蝸牛和螽斯。一定要僱人採集，不可三人自己到偏僻的山上採集。

山区天氣逐漸寒冷，晚上要保煖不可着涼。看來你们三人衣服还是不夠。为能採集材料，回來再做实驗較好。如能带活的 E. cladorchis 的卵回來感染蝸牛，好好的養它们也可解决问题。

我三星期的教学已結束，下星期起由柳接下去。再两周便要出去開门辦学（約在十月初旬）。地点可能在莆田。宇光先生今天已去莆田初步了解情况。

学校一周來都在開会哀悼我们敬愛的毛主席全校的追悼会，系的追悼会。十九日全市參加全國定的追悼活動。

耑此 順祝

近好。爸爸字 十六日

秀馥淑蓮均此問好

1976年9月父信1

親愛的敏兒：

你九月十九日的信收到了。獲悉工作開展情况，及你和秀敏、淑蓮在九牧工作生活狀况甚以為慰。天氣開始冷了，這里晚上都蓋被，山区料必更冷，必須注意以免感冒生病。衣服已寄，料已到達。

閱信知已找到有感染的蝸牛，這算是部分地解决這一問題。獐鹿等野生草食動物也有此感染，這是很重要的資料。看来枝睾腺吸虫是如你所說，原為它們的寄生虫。傳播到山区的牛羊來。

第二中間宿主問題，我意還可能是紅脊螽斯，因為它既能分佈到那樣的山區，合理的推測还是能充為媒介作用。所以不能感染的原因，可能是因為所食的尾蚴还未足夠成熟，据信上所說子胞蚴还很小（只有胰阔盤吸虫的成熟子胞蚴一半大）並其中尾蚴活力較差各点可作此判斷。我想还是以餵紅脊螽斯，並再找較多些蝸牛來解剖，再作試驗。無須檢查螞蟻或其他虫种。集中精力解决這一問題，至為重要。

毛主席逝世，全校在悲痛中，十八日全校參加收听全國追悼大会廣播。廈门市有數萬人，花圈排滿公園和中山路兩旁。我们一家解放前流離顛沛，解放后得党和毛主席的关懷，得有安定的生活和工作条件。真是和劳動人民同翻了身。主席的逝世我们有無限的悲痛。今後要加緊工作，当為对毛主席的懷念。

秀敏、淑蓮均此问好

爸字

二十三日

宗楠姪已於本月十四日在滬去世。

重庆群慧印制厂 75—3

1976年9月父信2

親愛的惕兒：

昨天接到你的电報得悉你们媒介昆虫感染成功，提供了枝睾阔盘吸虫可能有完全不同傳播媒介。在較高的山地生態環境不一樣的情況下昆虫宿主可能也不一樣了。在科学論据上，在胰吸虫生物学研究上這是新的收穫，证明不同种的胰吸虫其發育史方面也有差别。请代我向秀銳、淑蓮、統民同志致我的祝賀。你们在山區辛苦的調查工作已作出了貢献。

来信僅提感染成功的是小蟋蟀，它们的棲居習性等均不知道，是否多採集些標本，僱请一些当地小孩来抓。如能檢查出有天然感染那意義更大，当然這可能像"海底撈針"但还可以觀察它们是否有捕食小動物的習性。或它们是否食動物性的食物。

得悉你们將於八日離浦城回廈盼路上多多小心。

此問 顺祝

近好

爸爸 字 三十日

重庆群慧印制厂 75—3

1976年9月父信3

今天我到市一找張医生，把病况对他講一講，他也認為是病毒經咽膛由歐氏管到中耳附近神經系統。開了一些鎮靜神經的藥。並打B12針。昨天晚上及今天都有痛，延至腦後枕部，及額角。下午感覺有微熱。但温度计还測不出来。現在小腦及頸部有些酸痛。不知会怎樣發展。最好見信提早回来。現在感覺非常怕冷，如果只是頸部額角，頸神經發炎还不要緊，如侵入脊髓或腦部就麻煩。

淹已回来（今晨）。在家可能不多天。盼即回。

爸爸

三日

我去野外工作，父亲寄来一便条，催我即回。我即赶回家，他没有病，他只是担心我在野外不安全

6. 1977 年的信

背　景

自从 1974 年父亲与我在福州乳牛场发现了腔阔盘吸虫传播媒介（昆虫宿主）红脊草螽和在浦城发现小针蟀是支睾阔盘吸虫传播媒介，并在学校学报发表文章之后，1976 年末，内蒙古呼伦贝尔畜牧兽医研究所立即派两位年轻同志，钱玉春和吕洪昌，到我们研究室学习有关胰脏吸虫生物学的问题。1977 年 4 月末该研究所的崔贵文研究员亲自来厦门拜访我父亲，介绍他们当地畜牧业情况，父亲对他们那里的历史、人文等情况非常感兴趣，他们交谈数日。最后崔贵文告诉我父亲说 1975 年冬天寒流，在内蒙古科尔沁草原，死了 300 余万只绵羊，全都是胰脏吸虫病的患羊。他提出了想邀请我到科尔沁草原去解决当地牛羊胰脏吸虫病的病原生物学、传播媒介、感染地点和流行病学等问题，有助于他们今后对该病害的防治。父亲立刻答应他，我下班回来父亲告诉我此事，我才知道。我为了能去古代“苏武牧羊”所在的有关地方工作十分高兴，到后来才知道当年苏武不是被关在他们那里，而是在更北方，即现在俄罗斯的贝加尔湖一带。

所以 1977 年，是我跨出省门从事科学研究工作的开始，也是非常繁忙的一年，从年初到年末没有停顿。这次到北方有两个任务，第一个任务是受内蒙古呼伦贝尔畜牧兽医研究所的邀请，到内蒙古科尔沁草原扎赉特旗，去解决当地与南方两种人兽共患胰脏吸虫病原不同种类的胰阔盘吸虫［*Eurytrema pancreaticum*（Janson，1889）Looss，1907］病的传播媒介种类及牛羊感染此病的地点两问题。要解决此问题，首先要寻找当地此病原的第一中间宿主（贝类宿主），为此花费了极大力量。第二个任务是这年国家动物学会 12 月要在天津召开“文化大革命”后首次学术会议，中国科学院动物研究所要求我到北京参加审查此次学术会议的文稿。这两件事都是父亲非常关心的事。1977 年 6 月我结束了在浦城的实验（证实小针蟀是支睾阔盘吸虫传播媒介），回厦门做些准备，7 月初就带助手陈美和浦城的林统民，一起乘火车经上海、哈尔滨到海拉尔。然后再和崔贵文、小吕、小钱，一起奔赴科尔沁草原的扎赉特旗。

父亲对北方科尔沁草原的胰阔盘吸虫病传播媒介问题极感兴趣，多封信写了有关贝类宿主的文献资料，并画了许多相关的图，有的信长达五六页。紧张的野外调查工作和做人工感染试验，忙到 8 月末，圆满完成任务。我为了要继续在北方同时解决世界没有解决的人兽共患双腔吸虫（*Dicrocoelium* spp.）的虫种问题，又用电报和山西畜牧兽医研究所的张学斌研究员联系，想到山西双腔吸虫流行区做些调查，他们很欢迎我去。所以我又去了山西太原和安泽县工作了一段时间，初步查到了当地贝类宿主体内的双腔吸虫幼虫期，为了以后再去详细工作，找到了地点。初步了解了在高寒的科尔沁草原双腔吸虫流行区中的贝类宿主，每年 6 月之后到次年开春之前，在它们体内见不到双腔吸虫幼虫期的原因。

1977 年，中国科学院动物研究所准备在年底前要召开一个因“文化大革命”间断了

10 年的学术讨论会。许多单位和科技工作者踊跃报名和送论文摘要。这几个月我往返山西和北京数次，到动物研究所协助他们审阅了一些文稿。会议确定 12 月在天津市召开，父亲带着挂图千里迢迢从厦门到天津与会。到开会时我也来到天津，与父亲和许多非常难得见面的全国同专业的诸多前辈、同学及友人们相聚。我和父亲同时汇报了有关胰脏吸虫种类和发育生物学及流行病学的研究情况。中央人民广播电台还广播了此次学术会议的情况。

这一年，我共收藏父亲的信 14 封。

親愛的惕兒：

七月十五從哈尔濱寄出及七月廿三日從呼倫貝尔盟寄出的两信均已先後收到。獲悉你已經從哈尔濱、海拉尔，到扎賚特旗，料已安抵調查点上並開始工作了。得此两信無限欣慰，因为這次行程十分遥遠，兼以盛暑行征甚为困難，自你上月八日離廈以来總掛念你身体吃不消，怕途中生病，現知道已安抵目的地，算是越過一段艱巨旅程，但紧張工作正在開始，望注意劳逸結合，北方草原與南方生活環境大異，还須留心保健至以为要。

這次深蒙哈尔濱獸医所、海拉尔獸医所，及扎旗獸医站諸同志盛情款待，大力支持。校領导同志從你来信知道近况後深表感激。请先向各單位領导及崔同志、常同志、姜同志以及其他諸友好謹致謝忱。本次吸虫病大會戰，由四五個單位協作，通過調查觀察和实驗一定能夠摸清东北草原本病流行情况为進一步提供預防措施的準備。今天收到你来电知道已找到流行区有感染的貝类宿主，這可作進一步探討第二中間宿主，媒介昆虫的根據。請你代我向各参加工作的同志致我的祝賀。希望继續進展得到進一步的成就。

1977年8月父信1-1

学校最近传达了华主席对于向科学现代化进军的号召，大家心情奋发，学校正在征求作科研计划到1980的1985的以及到2000的远景计划。昨日又在传阅方毅同志在科学院的讲话，想全国科技战线正在欣欣向荣，科学工作者正大大鼓舞。

阅信知道你到上海，见到张作人先生、叶英先生的情况。他们我都多年没有见面了。吴光先生更是多年睽隔，现在知道了他健康的一些情况也是非常难得的消息。如过沪再代我问候。

你在沪和毅然、光华、心慈、锦江、友权等诸同学晤也非常难得，想也了解了一些沪上科研情况。关于邀请毅然参加写书的事，我当然衷心的欢迎和迫切希望。我深知道一本书如没有新的力量参加是不容易完成的。这事具体如何安排，如何加一把劲，待你回厦后要妥善计划。你再度过沪时最好和毅然再谈一下。当然一定要请得当研所领导的同意。不知他们会赞同否。

东出差北京、太原、唐山、郑州、长沙、武汉等地，已于前月23日回校了。这次到各地完成修理仪器任务，也增长了阅历。到北京也看到大贤。亮因农忙，最近没有回来。依春最近出差经过了福州。

1977年8月父信1-2

侃於前天来厦探親，衍衍也一起来。章一坦
令伯来厦玩，住在我家。宗樫小艽等，前一段也
来此。暑假家中颇热闹。

你电汇妈生日款已收到。妈明天壽辰。
記得1964年你在东北祝壽。暉已經向小学報
了名。因为户口不在厦门，可能要在上学時才能
得正式通知。

今年招生推遲，新生可能要十月後才能
来校。寄生虫專业23人。

関於在扎旗調查，注意除腹吸虫以
有無偏侏型牙形複腔吸虫的流行。如
能觀察到它的胞蚴和尾蚴将提
供重要的种别根据。

我室至1985年计劃中包括有"吸虫志"。
根据我们的標本列出十多科作为第二分册的
内容。其他專題方面有鈎虫病，腹吸虫病，
華枝睾病，还有其他新設想没有来信提及。

腹吸虫在黑龍江草原的昆虫宿主必定
包括有 Conocephalus 属草螽，因为蘇联人已有
报导。現在我國种类有無新的虫种，须精
细考察。針蟀不知有否？找虫子作实驗
如能先观察草原流行区情况将有助於
選擇对象。   嵩此 順祝
近佳
爸爸字
五日

崔同志，常同志，錢同志，呂同志，姜同志以及
其他同志均此问候。 蜂兄及

1977年8月父信1-3

親愛的惕兒：

八月三日来信收到了，知道你到扎賚特旗以後工作的情况。各地领导和同志如是熱烈給我们接待和支持工作，令人甚很感激。又有一個星期過去了，料可能又有一些新的成果。

黑龍江蝸牛和双遼一樣嗎？属而光属一類吧。書上所載矛形複腔吸虫在歐洲的貝類有許多种，甚至有不同属的，所以應注意蝸牛可能有多种能充当中间宿主。蝸牛解剖不能過於隨便，须先預備好昆虫宿主，等候有成熟的子胞蚴和尾蚴即作試驗。

從文獻上知道蘇联人在遠东地区報告 Conocephalus 属草螽是他们國境内的腹吸虫中间宿主，所以我们可以先找這一類作試驗及剖檢。應該同時檢驗及用尾蚴餵飼一些有可能充当媒介宿主的昆虫如針蟋之類。預计找到流行区中第二中间宿主可能性很大。這是完成我國境内胰阔盤吸虫生活史的主要環節。如找到天然感染的中蚴和後尾蚴能於描畫之外拍些顯微鏡照相，如没有设備則保存一些回来後拍照。

如發現有扁体型矛形複腔吸虫的继

6146

1977 年 8 月父信 2-1

感染区，應詳細觀察其子胞蚴及尾蚴的形態。詳細描畫並測量。作為日後和lanceatum型幼虫期比較之用。矛形複腔吸甚為普遍，尾蚴容易找到。可是証明其為純感染区則不易，須廣泛徵求当地標本，或多做些羊只的剖檢。

解剖螞蟻和其他昆虫，工作量頗多，須動員未参加的同志，須將剖檢目的詳向群众解釋。以前到廣大的同志知道一些，一定还有新参加的，不妨將大概略再講解，藉以鼓起熱情。已經找到之後，則可預備羊羔進行試驗。此時不宜多剖以免浪費材料。這樣調節也須和大家講清楚。因為單位多，他們会需要帶些標本回去，須好之安排，普遍照顧。

蝸牛的生態學分佈值得注意，所述黑龍江草原有草短、土硬的丘陵地区，這和北欧矛形複腔吸虫流行区的狀况很相似。欧洲寄生虫學書中照片即如此。观察草原蝸牛也有爬上草莖的。蝸牛如何越冬，這一点希望東北同志能繼續觀察。

蝸牛分佈有很明顯差異性。這和濕度有很大關係。找到在水草丰富的地区

6146

1977年8月父信 2-2

蜗牛多，表示牛羊经常感染的場所。可作為日
後消滅蜗牛的对象地点。這还須進一步
研究。 肝吸虫發育期甚長。隔年的老蜗牛
是否會成熟子胞蚴的主要宿主。進入越冬
期的新蜗牛，体内所含的幼虫期達到什
么程度？從壳層数及大小想能区别老蜗牛
和新蜗。想刘月英先生能帮助有関蜗牛
的许多知识。

今年可能是先進行详细生物学考察
的時候，待掌握一定知识之後再定預防
措施，不知领导会同意否。

上面所述的係今天想出的几点先
寄去。

家中情况如恒。東東同参加劳动。
亮数天前曾回来一次。

厦市現正召開有関科研的座谈
会。

媽和我身体尚好。侃已来此数天。
章一坦舍伯也来厦玩。

崇岭顺问 近佳

爸之字
八月十一日

6146

1977年8月父信2-3

1.

親愛的逖兒：

你八月十八日的信和二十二日的電均於昨天收到，得悉從草蠡体內查出了天然感染。並已先在实驗中獲得感染成功。這都是非常重要的收穫，因為這是解决一個重要環節，是我國境內胰阔盤吸虫生活史的完成並是第一次的報告。現在，在广大的东北草原地区，胰吸虫病主要的傳播媒介已經清楚了。讓我向全組的同志及在执旗的領导同志致我的祝賀的心意。因為沒有党的組織領导，沒有群众和大家的支持和努力是不能得此成就的。有了這生物学的基礎可以進一步探索防治的問題。

我想，抓到了有很多那些蝸牛的条件，可以進一步解决当地双腔吸虫生活史問題，這不但在科学上是新問題，在畜牧业上也是極为重要的。（與胰吸虫有同樣的危害性）。從你信內述到的情况看来有兩种的可能性。一個是扁体型双腔吸虫的幼虫期混什在胰吸虫幼虫期中，不易区别出来，或感染数量較少不易覺察，另一可能性是在另一類貝類宿主內發育。若使根据矛形双腔的情况作比擬，有可能在同一蝸牛內。現在已很明顯，在双盘長尾型的尾蚴是矛形双腔吸虫的幼虫，而扁体型的則另一樣子，與經典的文献所載不同的了。現在对於扁体型双腔吸虫的尾蚴和子胞

1977年8月父信 3-1

2.

蚴試加推測。是否有可能和 *Platynosomum* 属的尾蚴相似。Maldonado 叙述 *Platynosomum fastosum* 的發育史，其尾蚴是短尾型，與胰吸虫极相似，頗難區别，但其排泄囊較短窄，两侧未曾記載有栅狀形表皮細胞如濶盤属各种尾蚴那樣。更明顯的區别在於成熟的子胞蚴没有前端頸部（這在胰濶盤吸虫特别粗大）。據記述 *P. fastosum* 的子胞蚴從蝸牛体排出或在其氣室中時是有椭圆形外壁的，内壁則折叠弯曲。我意以为同一属的個体，或成虫非常接近的种類，其幼虫期經常也很類似。如果是短尾型的尾蚴，就有可能與胰吸虫相混淆，非常詳細區分不容易看出。現把 *P. fastosum* 發育期各图抄出寄给你，以資比較。当然扁体型双腔吸虫，因为是不同种，也不会完全一樣。

其他短腺属（*Brachylecithum*），其尾蚴有巨大的尾巴，有很粗鈍的末端。因为這一属成虫睾丸是前後排列的，相縱距離較遠，和扁体型双腔吸虫不一樣。当然，用扁体双腔的卵喂飼蝸牛，把它们養起来將得到証实。可能時間很長，但可以把实驗的蝸牛帶回来養。

如在現在的阳性蝸牛中没有找到上述扁体属形狀的短尾型尾蚴或其他有双腔科尾蚴特徵的幼虫，那就需多採集並檢驗他种陸生蝸牛。

1977年8月父信 3-2

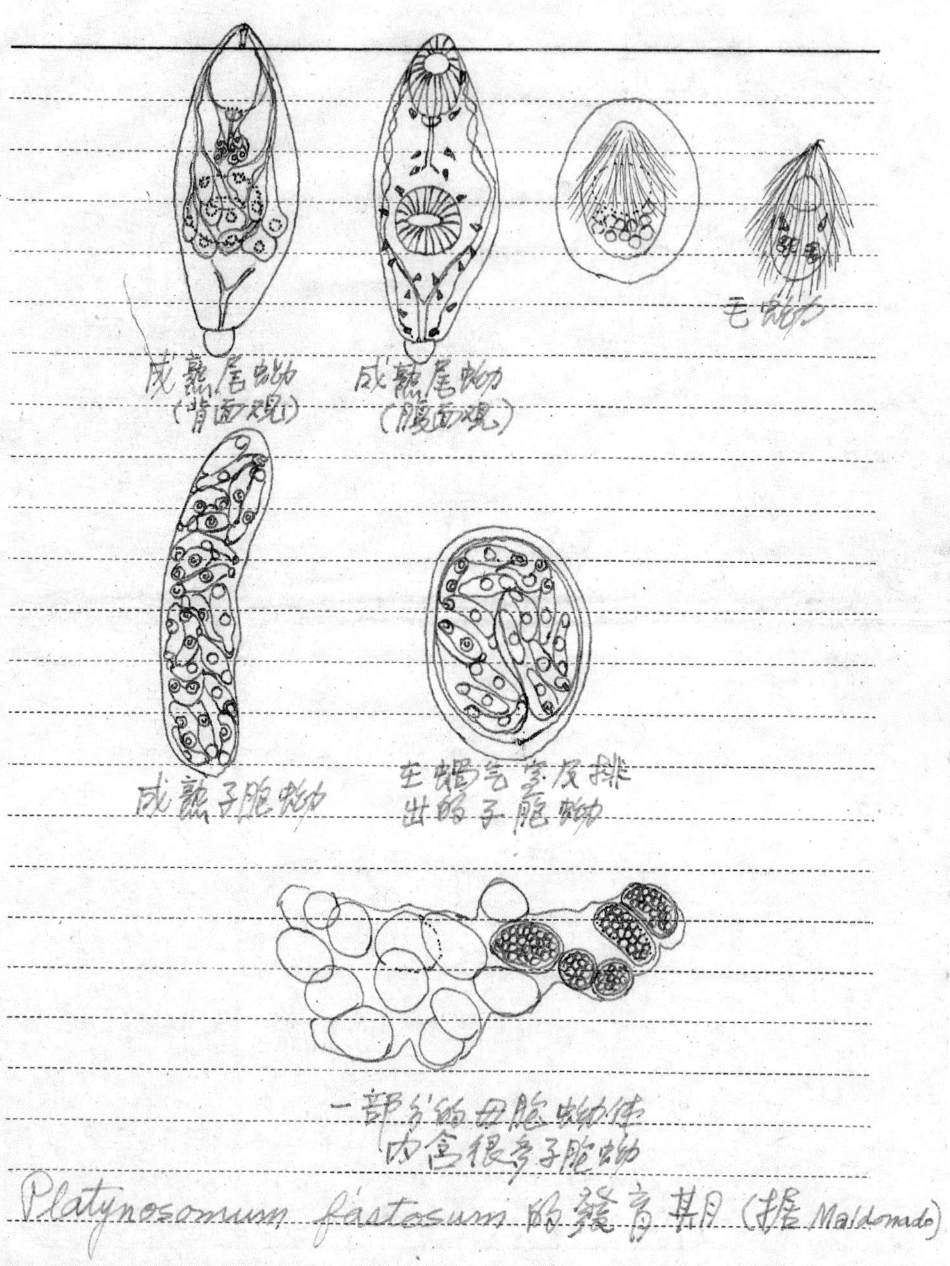

1977年8月父信 3-3

4.

在歐洲采形吸腔吸虫經記錄的陸生蝸牛多种均充为中間宿主.

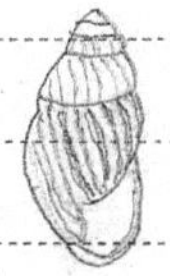

Zebrina detrita  Helicella candidula (欧洲)

Chondrula tridens

Helicella ericetorum 德國
Eumophalia strigella " "
Abida frumentum " "
Zebrina detrita " "

Zebrina detrita 瑞士

Zebrina detrita 南斯拉夫
H. ericetorum " " " "
Helicella unifasciata 蘇联(莫斯科)

Fruticocampylaea narzanensis 高加索(中部)
蘇联

1977年8月父信3-4

*我國東北各省还有多种|网紋蝸牛 Bradybaena.　15.

**短腺属 Brachylecithum americanum 及 B. myadstis 的生活史均已闡明。尾蚴非常相似。

Helicella ericetorum　蘇格兰

Cochlicella acuta　" " "

Cionella lubrica　美國(紐約)

Ganesella sp.*　我國吉林双遼草原

上述各种陸生蝸牛充为矛形双腔吸虫的貝类宿主說明這一問題相当複什。其他双腔科种類也多利用陸生蝸牛。例如 Dicrocoelioides petiolatum 的中间宿主为 Helicella arenosa (Ziegler)。短腺属 Brachylecithum myadstis** 的中间宿主为 Allogona ptychophora 也是陸生蝸牛。所以向這一方面搜集材料是有利的。

Platynosomum fastosum 的螺类宿主为 Subulina octona 係南美洲螺类，歐亚未見有報告。第二中间宿主經 Maldonado 報告为蜥蜴(Anolis cristatellus) 幼虫在其肝臟，貓及野貓吃食蜥蜴得感染。看来蜥蜴也可能是 transport host。它的食物为昆虫。也許还有一昆虫宿主未經發現。在扎賚特這完全是一嶄新的问题。從扁体型双腔與矛形双腔的分佈狀况看来，它们必定是两种陸间宿主的，不然它们怎么会這樣截然分開。這问題摸索不容易！可試檢查蜥蜴。看来不像。

琥珀蝸牛 Succinea 很重要，它也是陸生蝸牛，要大量檢查。這种螺繁衍在較潮濕

1977年8月父信 3-5

的地方。有可能性充为中间宿主。

给科学院动物所革委会的公函（请陈永林同志协助鉴定标本了）日内即往办。

校中近正传达十一大公报。厦市举行庆祝大会，有数万人游行。庆祝会上有革命知识分子發言。校党委派我去講，准備發言稿，参加大会及游行，忙了两三天。方毅同志的講話（在科学院）傳達後，学校十分注意調動積极性，開展科研工作。已討論多次。订了两年，1980年，1985年及2,000年的各階段發展計劃。

中國老一辈的科学工作者漸漸凋謝了。有几個不幸的消息。從許鵬如及李桂云同志来信知道陈心陶先生病很重，已進医院。據診断是「慢性淋巴性白血病」合併「淋巴肉瘤」（屬惡性腫瘤範圍）。因为病情保密關係不給他老人及陈師母知道。聞心陶先生病中尚在病床整理資料稿件，特别関心"動物誌"的稿。最近因为病情有進展（發熱和骨痛），医生已强令卧床休息，爭取一切可能使病情緩解。看来心陶先生患的是癌病，似乎是已經轉移了（在淋巴系統已有）可能到了較嚴重的階段。這樣，吸虫誌審稿会不能在福建開了。我正考慮將我們已經寫的「双腔科初稿」寄往廣州，使他老人家知道這一部分已完成了，又怕麻煩他，使他为

1977年8月父信 3-6

7.

看這稿费精神。另外饒先生已把他所承担寫的13種双翅科的稿寄来了。因为還沒抄,只有一份怕丢失。

在本月月初出於意料的收到了葉英先生爱人洪師玲的短信,報告葉英因中毒性休克(可能因服药关係)在中山医院搶救無效完於八月六日逝世。没有两三天後又收到光華弟来信,云葉英先生因急心包膜急性發炎,热度達40.5°C入医院急救無效,逝世。学校为他开追悼会,光華为我们代送一花圈。我收洪先生信後曾去电慰唁。這次你经過滬上,和他晤敘是最後的訣别。他逝世真是我国寄生虫学方面的損失。文革前他已经用电子显微鏡研究原生動物(阿米巴)的構造。並用实験方法培養蠕虫。

親勲弟最近托人寄我一包黄山出产的茶葉。我还没有给他寫信道謝。佩熹也来了几封信,也没有给她寫信。年紀老了,事情常常疏忽。擱置了就好多天忘记了。許多友好失去联絡。

继宪,你在外身体要小心,不要太操劳,草原偏僻地方去採集都得有多人同去,並很好安排交通工具,至为切要。北方天气寒冷,早晚要多穿衣。须保护不要让蚊子咬。

1977年8月父信 3-7

8

一坦会伯和侃侃行行都已回福州了。一坦会伯十八日回来。侃行係昨天和东东一起去福州。东东係出差福州的工厰拿东西，四五天才能回来。

丝儿，関於扁体型双腔吸虫问题現在可得出下列的几個推論。

1.因为在扎赉特草原的蝸牛体内没有找到像矛形双腔吸虫那樣長尾尾蚴，説明它可能有不一樣的生活史和傳播媒介。

2.扁体型双腔吸虫可能和 *Platynosomum* 屬一樣具有短尾尾蚴，發育期包括母胞蚴和子胞蚴和膜吸虫較類似而不像 *Dicrocoelium* 屬。它可能不是以黏球形態排出而是排出子胞蚴。

3.昆虫宿主可能和矛形双腔不一樣。矛形双腔的分佈，南方没有。是因为適合作为第二中间宿主的螞蟻南方没有。不是因为没有適合的貝類宿主。矛形双腔已証明能在福州凋紋蝸牛体内發育。扁体型双腔没有這限制，它能在南方有分佈区（詹揚桃同志似曾寄来一批湖南的標本）所以想它不是螞蟻傳播的。

丝儿，生活史研究常常不能馬到成功。你为能有一兩個突破就很好了。以後在較南些的地方（如山西）再加以比較。 㞢此 順訊 近佳。代向其他論友好及领导同志问候

爸爸字 八月25日

1977 年 8 月父信 3-8

親愛的徽兒：

来电和信想已經收到。最近工作進行都順利嗎？身体好嗎？調查探討等工作太勞累嗎，肝部沒有疼痛嗎甚為掛念。望時常来信或来电，以慰遠念。生活史探討常不是那么容易，或不那么凑巧，所以一時不能找到，可以放下来等待以後再繼續。

到黑龍江後，胰闊盤的中間宿主和媒介，主要的問題已經解决了，是值得庆賀的。今後的措施，依照当地的情况，能提一些初步意見，作為防治的參考，已達到主要的目的了。在科研方面，螽斯种類可能不同於南方或其他國外的种。廈大革委会給科学院动物所的公函，已經拿到了，茲附信寄給你。以便到北京後請陈永林同志代為鑑定。

关於扁体型双腔吸虫，因為沒有找到矛形双腔那樣長尾尾蚴，這就提供新的可能性，這本身也就是一個突破。

学校最近在学习十一大的公報。華主席的政治報告。數日来由北京傳来邓小平付主席的有关教育和科研的講話，各系都在讨论。中央九月份要在北京开科研規劃会議，学校会派九人前往參加。生物系也提科研机構计劃（一個生物所，包括四個室）（及另一寄生虫室。寄生虫室人员增加计劃，

1977年9月父信1-1

到1980年增至20人，到1985年增至40人。）呈报有科委。据说邓付主席指示，大学要大搞科研。"大学是科学的一个方面军"。大学理科要五年三年基础课，两年做科研。邓付主席有和刘西尧部长及方毅同志的讲话（八月八日）。龚哥有抄一份寄回来。看来是今后大学发展的精神。综合大学有选拔为重点的。希望厦大能争取作重点。

前星期接动物学会通知说今年第四季度要召开寄生虫学术讨论。现在正征求论文已通知学校及我们研究室。须准论文提要寄往。他们又征求我于会中作"文革以来我国寄生虫学的进展"（寄生虫学中一个部分）。我现在还未能作决定，要讲什么。可能分好多题目。我想讲"我国蠕虫学研究的进展"或"我国双腔科的研究"。还没有给他们去信。

章一坦伯和伍及行之均已回福州去了。东东出差福州一星期前天才回来。

今年招生推迟了，可能到春季方能入学。刘月英同志尚在满洲里採集，嘱祈为致候。

专此 顺祝

近佳

老崔同志、老常同志、小吕、小魏、林统民同志、陈美同志以及其他均代问好。

爸爸字 九月一日

1977年9月父信1-2

親愛的惕兒：

八月27日来信已收到。得知在扎旗的胰吸虫調查工作擬於九月十五日结束。經過了两個月多的探索，可說任務是完成和達到目的，因为第一、第二中间宿主都已找出来，並略知其生態分佈情况。他们都是当地的科研單位人員和畜牧獸医工作者，是較有辦法把這些知識結合到防治措施中去，特别篩選出有效的驅虫药物，將来可以大規模实行每年一两次驅虫，藉以减少流行區中虫卵的来源。未知知道有較嚴重的貝類及螽斯感染的地点有無辦法施展消滅（药物）或輪換草場实施的可能。如他们当地的科学工作者能研究這些動物越冬的習性將是非常重要的。另一问题，這次大协作也是第一次嘗試，大家合作得愉快嗎？没有意見嗎？均在念中。在此会戰將结束的時候，作为一個遠道来的参加者要多向各领导表示受到熱情款待的謝意，和大家所有的人表示親切友好。我们雖在不同緯度地區工作，今後还要一起向這一问题進攻，達到真正能消滅這一個对牲畜的禍害。

扁体形双腔吸虫的貝類宿主，這是一個完全新的问题。崔貴文同志如能發動較多的人力採集螺類，陸生的但在較潮濕地区的种类，到

1977年9月父信 2-1

南美洲Platynosoma fastosum的贝类宿主系Subulina octona（八角錐形螺）也是陸生的。该螺也是短咽科（Postharmostomum gallinum）（雞盲腸的）及Davainea proglottina的中间宿主。

实驗檢查，可能有希望。但必须有羊生的地方，方有感染。我想可否在羊羣相当固定的地区，先拿一些羊粪（感染重的）然後選合式地点，從前Krull找到矛形双腔的螞蟻宿主就是這樣找出来的。我想似琥珀蝸牛（Succinea）那樣螺很有可能性。它们是陸生，但是生在較蔭蔽的潮濕地方。陸生螺類或半陸生螺類多找一些。也可以作（比较）在南方流行區中比較用，看有無相同的。如能安排一些人帮助你在实驗室檢查，效率就会高些。扁体形双腔尾蚴最可能是短尾的。因为同属的尾蚴都是相似，這例子极多。Platynosomum曾經被誤为是Eurytrema，它们是較为接近。

估计這封信到達時已近九月中旬，陈美和林统民同志将要去南通了。统民同志真是難得，遠道一起去，不辭辛苦，有此热心和能力是具有科学家的品格，我想他應该继續深造，不知有無可能来我们研究室作一年的或两年的研究生，專心從事科研並充实基礎知識（有关寄生虫学方面的）。学校現在由應華主席和鄧付主席的是否希望能招收研究生或研究班。曾数次和我谈此事。

双腔科的研究是否继續更广泛更深入地把它作为赶超世界水平的课题。全國各地都有材料，也有很大的重要性。如要達到這一目的，还须组织人力。

滙款了已由室打一報告，由曾文彬拿往教革處請批准拿錢。还未得回話。想一两天可以滙往。糧票先附函寄上。已得回話，財務科只肯拿4百元。家里先寄一百元。均已滙。

(50斤) 媽說唐暉和昇昇鼻炎，到京或上海時能否找些藥回来滴。暉是流鼻水，昇是流黃色的膿樣的鼻涕，有臭味。厦门只有麻黃素，用了無效。

还有媽媽最近打"复合維生素B"注射劑甚有效。此藥厦门市上買不到，寄漳浦樓家也買不到。如北京藥房有此針劑，可買十盒帶回。

動物学会擬於第四季度召開"全國寄生虫学（蠕虫原虫）学術討論会"，曾来公函徵求論文寄往宣讀。室內同志這幾天来都在準備。昨天動物学報寄来你以前寄該編委的两稿："九龍江口鯔鰻泄陽吸虫病的研究"及"福建北部山區耕牛枝睾闊盘吸虫病的研究"，請依原稿和修改後的稿（他们建議）鉛印80份送"全國寄生虫学学術討論会"在會上宣讀。

全室今年擬寄的論文提要，可能有十多篇。

崇惕 順訊　　近佳

爸爸字

九月六日

如能去崇淹那里一下，探問他們情況最好。

又及

1977年9月父信2-3

親愛的惕兒：

九月十三日來信收到了。知道胰吸虫病調查研究工作已勝利地完成了。呼盟畜牧局及扎旗之党委给你们三位贈礼物还给学校和浦城農业局贈送錦旗，這都是重大的榮譽。這兩個月又半的工作除了科学上有重要收穫之外，对於当地畜牧业的確能提供一些防治措施。此外作为一個集体会战，由幾個单位協作，作出成果，這也是不容易的，依照一些以前的經驗往往不能各方面都感到滿意。

惕兒，科研工作能真的為人民服務是科学工作無上的慰藉。以後他们如何实施控制本病的流行也希望他们多给我们知道，还要多加思索。今天是20号，预计這信到達時可能是九月底了。我想在北方探索扁体型双腔的工作可能今年已太晚，這也莫須急急。生活史探索常是異常曲折的。那种虫南方也有。今年已解决了更重要的胰吸虫病。你信中所作各地時间安排看来太紧張些，怕身体吃不消，我想太原留待以後再去，因为時间較急迫，地点，地形还未熟悉而冷天已到了。

最近接冉隆信。她已於十二三号由重庆往牡丹江淹廣。是否算探親不知道，你到牡丹江，可能会遇見她。你到三舅那里，可能三舅三妗会多留你几天。

校内情况現一兩星期来都在订計劃

1977年9月父信 3-1

听说厦大可能被列重点综合大学之一。教育部现在抓科研规划会议。我校吴修华同志已初步向教育部会报我校科研情形。据指示生物系科研主要抓三项：①寄生虫 ②生理生化 ③遗传育种。我们室也在订到1980及到1985年计划。如何赶上现代化的提示多。技术革新也须增购一些仪器。你到北京时须多参观一些研究单位。了解新技术和应添置的仪器。我校潘茂元处长，最近才从北京回来。他在北戴河开了数星期的会，关于提高教材质量的会。学校今年之底招生，新生春季入学。系办公室已通知我们寄生虫专业学生招24人。时间是定3年。预计明年开始到1980年会较忙碌。

家中曾写信催促亮作投考准备，并劝其复习数理化。据闻，现在选拔很重质量，而且听说可以自愿报考。信寄多日，没有回信，可能他不大相信可以自愿报考。

希望你转换地点都要来信告知地址，以减轻家里挂念。

你的两件红色羊毛衣，托傅衣凌伯伯带去北京。他的女儿名傅出声，在北京南纬路（天坛对面街）医学科学院卫生研究所。宿舍在所内东楼三楼。我将写信托她寄去。

寄生虫学术讨论会据郑作新先生给宇光信云係在北京开，时间未定。关于请我作"寄生虫研究进展"的专题报告，尚未考虑清楚。还未给他们作答覆。

尚此顺祝

近佳

爸爸字 九月21日

1977年9月父信 3-2

親愛的馨兒，淑欽，徵兒：

徵兒從鉄嶺打的电報收到了，知道國庆節後会到北京。得崇、淹從北京来信知道馨兒出差未知回来否。

徵在扎旗工作两月多，十分辛苦，需要休息一下，盼在京多逗留一段，多吃多睡維護健康，淹在京能幾天休息，再陰能来京一起团聚嗎？淹調動了能和哥哥好好商量一下嗎？福州方面机械廠对調動了的態度（寄档案去後的態度）仕崇寄淹信中所説的我也看到了。需要对該廠多托有関的人。

振乾会伯，瑞徽姨来北京游覽。於月之十四日到京。現在北京工学院吳光漢賜處。如馨兒尚未回来，盼淑欽和徵兒要同到他處探望並約会伯和瑞徽姨到家一玩至要。徵在京得暇最好代我去向陈佩惠好（北京第二医学院）。告她我因忙碌很久没有寫信給她，老了很多了疏忽了。請她原諒。

廈大听說会被定為重点综合大学。科研会大加强。寄生虫学，遺傳育种，生理生化是生物系的三項將要發展的科研。在京多了解寄生虫学發展情况。動物所各医学院校，医学科学院有寄生虫科研的單位多参观一些。了解新儀器，新方法，准備回校後如何充实我們研究室。

1977年9月父信4-1

寄回的包裹，包括解剖镜标本书籍等已收到。呼盟畜牧局送赠我校的锦旗已送交呈校党委。並向曹书记司书记汇报简单工作成果。盼你一回来就打一报告给校党委。

寄生虫学术讨论会闻定十二月初在京召开，我室正在忙於写论文提要和全文。约有十多篇。惕兒的浦城腰吸虫生活史，螠蟶两文均全文提出。宇光先生写肺吸虫，住白虫两篇。还有钩虫调查，猪囊虫流行学，平峰吸虫，嗜眼吸虫，一些鱼类寄生虫，鸭光口吸虫生活史等等。

我意惕兒报告最好包括三种腰吸虫的生活史，流行学及分佈的比较。东北草原羊隻受害状况也要讲些和南方耕牛受害状作对比。崔贵文同志希望也能来京参加这一会议。

教育部现在正催促我校订科研规划，已多次在讨论。厦大现有代表九人在京参加规划会议，谢白秋主任，吴修华付厂长均在北京。生物系係黄厚哲同志任代表。

在京多了解各单位发展科研情况。

崇此即祝

近好

昕昉二孙均此问好。　爸爸字

九月三十日

前寄惕兒处一百元係给惕作旅费的。

6146

1977年9月父信4-2

第 1. 页

親愛的秋兒：

從北京寄回的兩信及太原十月十日的信均已收到了。得知你到太原以後的情況。自從接到你寫的關於双腔類吸虫病的提綱以來都在趕寫那講稿，前一段西藏的都弄掉了。縮小範圍好得多。我們研究室這次共提出約十五六篇的論文（全文或提要）送往学術会議，題目已由李先生寄去，计有①建甌肺吸虫调查，②雞住白虫，③霞浦漳浦兩縣鈎虫病调查，④絲虫流行学，⑤⑥⑦⑧姜片虫实驗四篇，⑨盲口吸虫生活史，⑩鲫吸虫生活史，⑪平睾吸虫，⑫家禽嗜眼吸虫病，⑬浦城腹吸虫（枝睾阔盘），⑭縊蟶泄腸吸虫，⑮盲口侧殖生活史及提早發育現象等。

縊蟶及嗜眼兩文曾僱人抄各一份，前週已掛号由馨哥代設法打印，並寄給他电报請早想辦法。今晨已將嗜眼吸虫全文稿再寄給他去請他打印。另交包裹一包寄你（由家中轉）內有你有毛的大衣和風帽絨綫衣袜綫褲等。前托傅衣遠的帶去北京絨綫衣褲收到没有？你的縊蟶及枝睾阔盘兩前动物学報编委寄回時曾嘱十一月再寄給他们准備出版，所以今天也掛号寄由动物所吳淑卿轉給你，改後即送还动物学报编委。

（厦红印）

1977年10月父信 1-1

第 2 页

這一包里面还有嗜眼吸虫之圖版和平囊吸虫圖版作为制掛圖宣讀论文用。這两篇宣讀後如再修改也可考慮投稿动物学報。

現在最急迫的是"双腔吸虫病"的報告的准備我正在寫講稿，講的是双腔科一般知识，各类属的生物学特点，和五种重要种类的形态，生活史区分，生態分佈，危害性等，現擬依你所寫的提綱作一簡稿寄给你。修改後抄一份给會議預備会组。我想稿要精練不能冗長。參看前次1963幾篇專题講稿都較簡單。這一講稿，如果說有特点就是能為國内牛羊畜牧业服務這一点。我想講時最好有較多的精采掛圖使听衆覺到有興趣。但現尚未畫。

此信寫一半時中午接到你從山西安澤發回的电報知道你已經剖檢羊及当地蝸牛，並找到像腹吸虫那樣的短尾尾蚴。現在關鍵的还要查清它的詳細構造，主要須看子胞蚴的構造特别在蝸牛气室内成熟的子胞蚴看是否與腹渦盤有相同的特点。扁体尾蚴與腹吸虫尾蚴不易區別而子胞蚴可能会区别開。扁体子胞蚴椭圆形，内中只有一個折疊。

（厦红印）

1977年10月父信 1-2

第 3 页

当然以後要精细證明还须作實驗。欣悉你又跑到安澤縣又找到蝸牛和有感染的個体，即使是腋吸虫，也是新找的分佈点。這也是不容易的。我記得1964年我和佩惠及她组内一位技术员三人乘一部小汽車到北京北郊昌平縣採集蝸牛，跑了一整天只在山上找到几個也沒有檢出什么。這樣採集材料是不容易到手的。你從這2000個蝸牛中詳细剖檢和觀察可以大略判断是否扁体吸虫幼虫期。我想借動物所实驗室做一両周就可解决。我想在太原和安澤縣那边現在再继續調查採集，看来目前冬季快来了，螺類和昆虫也快蟄伏了，不是合適的時候。我想如有扁体型双腔吸虫純感染區，明年夏季组织人力作調查，找貝类及昆虫中間宿主那效果可能更好。你今年在北方三個多月了。在十一月间还在山西野外工作，可能气候寒冷会影响健康和工作效率。這一定要考慮的。目前北京气候也已經冷了，應该向淑欽借寒衣穿。我想你乘此時在北京的机会多参查一些文献是很有必要的。

不必再去山西。

你此次在黑龍江找到的草螽，是Conocephalus属中那一种，希望能早些得到解决，盼陈永林

（厦红印）

1977年10月父信1-3

第 4. 页

同志能撥冗多给你帮忙。我想我们搞蠕虫的也應多知道一点有关中间宿主或终末宿主的知識。如能阅一些有关蠡斯方面的参考書將是有利。我们在輔导胰吸虫昆虫宿主方面和蘇联是有競爭的，他们也在阿穆尔河（即黑龍江）上游找本属昆虫。在"蠕虫学提要"（Helminth Abstract）中有下列一文：

Dvoryadkin V.A. Study of grasshoppers of the genus Conocephalus, the 2nd intermediate hosts of Eurytrema pancreaticum in the upper Priamurie (USSR) Vladivostok USSR Trudy Biologo-Pochvennogo Institut (Gel'mintologicheskie Issledovaniya Zhivotnykh i rastenii) Novaya Seriya (1975) 26 (129), 16-20 [Ru en] Institute of Biol. and Pedology. ~~Far-eastern Institute of Biology and Pedology~~, Far-eastern Sci. Centre, Acad. of Sci of the USSR, Vladivostok, USSR

（厦红印）

1977年10月父信 1-4

第 5 页

上述一文未知有無可能通过科学院图書館或動物所資料室得到這篇文獻，就可知道他们採集那些种，我想我國之大，Conocephalus属种是很多的，那些是重要的种值得知道。貝類宿主也這樣，各地蜗牛种不一樣。你這次在黑龍江找到的可能和南方的，甚至和吉林找到的也不一樣。這方面知識也要向人家学习。在九查特殊的蜗牛学名定了没有？針蟀的学名(可能是新种)未定，有無文獻可查。

今年七月底你去东北後動物学報寄来樊培方的两篇有关用扫描电子显微鏡观察肺吸虫皮棘文章两篇，請你審查。因为時间搁得很久。所以我前几天把這两篇稿寄北京動物学報编委，附信說你在北京最好给你看後刊登因为是新技術的介绍最好也在学術会議中提出，会丰富肺吸虫组内容。

最近接中山医学院李桂云同志来信知動物所曾有同志到陈心陶教授處探病並相商寄生虫学術会議了，據桂云同志说陈教授看来不能去参加北京会議，但会派人去，並云会商谈“吸虫誌”了。

我在赶写“双腔吸虫病”講稿。写完即寄你補充。

专此顺祝 近好

爸之字 十月28日（厦红印）

1977年10月父信1-5

第　　页

親愛的惕兒：

我依照你寄我的大綱粗略地寫了一篇稿子作為你綜合的材料。我所包括的只係你所列大綱中的第一，牛羊双腔吸虫病的危害情況，第二存在問題，第三，双腔類的生物學特点。關於双腔類的流行學特点，及防治措施（第四，第五）尚未寫，要你補充。

我所集的是綜合的材料，報告一些國內外對這一問題的研究近況。

我想最重要的將是第四，三种闊盤吸虫生物學，生態分佈（包括貝類及昆虫宿主种類）及流行學的比較。希望這一部分你來講，会更能敘述流行區情況和生態环境。中間宿主不同。牛羊受害狀況。

扁体型双腔因為情況尚未明瞭还是不講。

待你加入新材料後，以後再整理。這里不用的还要刪除去一些。文献參考也正在整理。

尚此即祝

近好

爸爸字　十一月七日

（厦红印）

1977年11月父信1

第 页

親愛的徽兒：

你廿四日來信收到了，從你信中所述從安澤縣蝸牛解剖出來的双腔科虫子，看到你畫的胞蚴和尾蚴的圖，它們有介於矛形双腔和扁体或阔盤兩者之間的形式，真有趣極了。也許就是"中間的形式"。其有生产孔一点，說明它可能以尾蚴黏球排出的，這和矛形双腔相似。另一方面從構造看來，你找到的尾蚴側穿刺腺圍繞腹吸盤兩旁，這一点像扁体双腔或胰吸虫，而不像矛形双腔。根據這一特点很有可能它就是扁体型的双腔吸虫。当然這有待於实驗的證明。現在天气冷了，昆虫蟄伏了，看來要等明春再調查。須組織人力來採集和做檢查。因为我國矛形双腔吸虫病是危害性很大的寄生虫病，將來是否還由太原畜牧獸医所領導來函联系請我們到那裏協助研究這一問題。

今天早上寄去"我國牛羊双腔吸虫病"一篇稿，它只是把有關本科的知識綜述一下。你把新的材料加進去，彙總起來。頭一段太冗長，可能要精簡。貝类及昆虫宿主[illegible]要用表解。報告中試着把双腔科按排出黏球和排出子胞蚴，及短尾型和長尾型來區分。前者有双腔属、短腺属、鏟氏属等，後者有扁体属、擬双腔属、阔盤属及Conspicuum属

（厦红印）

1977年11月父信 2-1

第 页

系统發生方面，双腔科可能要追溯到爬虫类寄生的种類。它们可能来源极古。在遠古遺留下来的巨蜥(Varanus salvatus)就有双腔科吸虫寄生在胆囊内，还有石蜥蜴也隸属於很古的族类。还有寄生於陸生两棲类的半陽属吸虫。它的生活史演化停留在只有一個中间宿主的階段。這些都是极可宝贵的材料。但不知講這樣问题人家会否以为脱離实際。要講否，可加考慮。我最近曾写信给蔡鸿岐請他来厦帮忙畫一些挂图不知能来否。

大会何時开呢？是否在北京开，有無消息？

学校前一段貫徹向科学现代化進軍，学校有呈報十三项科研，寄生虫是其中一项，但教育部是否批准不知道。我们的專业今年年底招生，提出招收23人。可能春季来。厦大已定为重点大学，将来可能教育部直接抓，教学工作将較紧張。我们研究室也要向技術革新邁進。今後需要学校对我们人力物力的支持，但系一级对我们不是積极支持的。现在学校已定四年制，估计專业的教学任務也会加重些。最近还一再要我们招收研究生。已定要招收四名，明年夏天来。時间可能是三年。 最近一個月来科学院及高等学校的科学規劃会議在北京开。我校代表尚未完全回来。各高等学校教材

（厦红印）

1977年11月父信 2-2

第 页

编写会議在成都開，已结束回来。

心陶先生於前月廿九日病逝。三十日我接到广州中山医学院来电，除發去唁电之外还托鹏如先生代送花圈，未知来得及否。据鹏如先生前数日来信已提到心陶先生在医疗中曾發生肺部感染，發高热38°C前曾一次影响心臟，经过抢救後脱险。可能又是這症状發作致死。他的死是我国寄生虫学无可補償的损失。自你七月去东北後，接連死了葉英，吴光先生和陈心陶先生。故舊凋零，曷勝悲感。心陶先生去世後，吸虫誌完成工作将受很大影响。希望在大会中和有关同志商量一下明年如何抓好定稿工作。闻廣州中山医学院寄生虫教研組将派蔡上達，柯小麟二同志来京参加大會。汪溥欽先生最近在龍岩開会，不知他能来京参加大会否。師大有無吸虫会名額。

鹏如曾寄我嗜眼科种类摘要三篇，报告收集一些廣州地區的虫种，还有一新属新种，這些种类丰富了嗜眼科的分类。你如有空，一定为我去北京第二医学院（成绩很好）看佩惠一下。她近年研究疟原虫的组织培養。請告她我近年衰老，很多同学少通讯了，她一定还要多联系。並问她科研教学進行顺利嗎？趙振声教授近况如何不知她知道否。

（厦红印）

1977年11月父信2-3

第 页

福建省高等学校考试办法已在昨日福建日报公布。报名日期在十一月十四日，考试日期在十二月十六日只考两天。刚好三天前则忠出差漳州来厦，现正帮助选择专业。亮我劝他报厦大生物系人畜寄生虫专业。他尚在犹豫中。东我劝他不必去投考，并曾你的信给他看。我想他现在从事的工作还好。如考入大学不知在那里，如在北方，对他气管炎将有经常发作的可能，对健康。他可能一定要去报考。看来不容易说服他。

昨天到曾文彬那里，告他你可能要等学术会议开后才回。他的意思如会在本月内那就等开完回来，省得跋涉，如在下月或未定何时开，还是先回来以后再去。并说去太原用费因为出发时没有计划在内可能财务科会不让报。现在太原不要再去，俟明年另订调查计划。现在已经是十一月八日，北方野外天气很冷了这时去对健康不利。昨天寄稿，係由动物所吴淑卿先生转。专此顺祝

安好

爸之字

十一月八日

（厦红印）

1977年11月父信2-4

第 页

親愛的歆究：

附信寄去兩封由東北退回的信。一封是寇熙的，另一封是曹文彬的。文彬最好要回他一封信。關於去山西太原是繼續胰吸虫和双腔吸虫的探討，其重要性要对他说一下。请他支持。不然回校後報銷可能有麻煩。

胰吸虫，双腔吸虫這一項科研擬把它作为科学大会献礼。最近我校去北京參加科学規劃会議的回來了。據說我們研究室会劃歸教育部管。我們生物系已批准兩個研究室，一是寄生虫，一是細胞学。各有專職人员1985年達30名。

"我國牛羊双腔吸虫病"講稿初步材料前天已掛号寄給由動物所吳淑卿先生轉。

這幾天都在思索你信中所述的安澤縣的双腔科尾蚴。看来是很重要的發現。外側穿刺腺沒有達到体後端而只圍繞腹吸盤兩側，排除了它是短腺属這類最常見的鳥類的双腔吸虫（看你畫中所画），其排列是與 *Platynosomum-Eurytrema* 類群的尾蚴相似的。一個疑点存在就是子胞蚴有生产孔，(尾蚴)尾巴有一点

（厦红印）

1977年11月父信 3-1

第　页

已出，似乎有一点大唇型的樣子，應隸於Dicrocoelium-Brachylecithum類群，但把這兩方面特点來衡量，看来穿刺腺的特点是較重要的，我们應該推測它是大有可能屬於扁体型双腔的幼虫。這裏使我们記起Manson氏的名言"Discrepancies point to discovery""不相符合的就指向新的發現。"這一种双腔吸虫可能就是介於两類群之間的种類。在矛形双腔之中还存在着這一种，以前的科学家是没有作此設想的。以後我们要在這一问题多加研究，看双腔科可否分作两個類群。

我想你回後在有机会做实驗時可把羊扁体型双腔吸虫的成熟卵喂飼蝸牛，而把它们带回南方養。據美洲的P. fastosum尾蚴的發育要60天。在寒冷的環境条件下，可能時间会長一些。

若使第一中间宿主能得到解决，明年夏间还须進一步找第二中间宿主，這在Platynosomum属是完全未知的。書上報导的是蜥蜴。蜥蜴也是食昆虫的，它只能是paratenic host（準備宿主或輔加宿主）。Conspicuum的第二中间宿主是陸生等足類。現在先打听那里阳性蝸牛最多，明年到現

（厦红印）

1977年11月父信3-2

第　　页

塲观察。

亮，東都在很紧張地准備投考。東一定要去考大学。他们兄弟這几天正在考慮报那一個学校。剛好則忠出差到厦门。現可在家数天。他也說东不一定要去考。东的意思要试一试。現在看他夠不能夠說服他。如果一定要报，只報厦大物理系无线电專业，但东又怕這里报的人多。要报福大（第一志願）还想报南京航空学院，据东说這学校是学制造飞机的。我說南京气候不適合。又是火炉，冬天也不好。東有哮喘病还是在厦门好。過三天就报名了（十四号）現都在討論。亮我和則忠都劝他報厦大生物系。数理化熱门和人家競爭不容易。考期是十二月十六日为時两天。分各縣考。据说约有四五十万人参加。招收名額只有四五千。看来不容易。

我室几個名額？

寄生虫学術会議大约定何時召開呢？大会准備情况如何？論文質量如何？寿光先生出差尚未回。

耑此順祝

近好

爸字 十一月九日

（厦红印）

1977年11月父信3-3

第　　页

親愛的惕兒：

接到你十一月七日來信知你又去山西太原進行双腔吸虫探討。現在天气已經十分寒冷了，在做野外观察不適合，南方人不習慣接觸這樣气候会得重感冒生病要十分小心，最好做一些室內檢驗或試驗工作，請当地一些人代作採集。現在關鍵是实驗证明。請他们牢一些羊，把扁体形双腔吸虫喂蝸牛。並把它们養起来。到两三個月後就能得出結論。第二中间宿主以後再找。一步一步進行不能太急。關於对你已找出的子胞蚴尾蚴的看［法］前两信有述。信係寄厦家淑欽轉。

"牛羊双腔吸虫病"講稿（部分）已寄畜牧所吴淑卿先生轉给你。係六号或七号寄出，想已到達。不知她会轉太原给你否。今天已十二号，想此信到達当十七八号。如你二十号爭取回北京可能也来得及把它彙總寫成全文。我的部分只是以往双腔科工作的综述。主要还是三種腔吸虫的比較。這部分未寫。

閱信知大会寄来的摘要約有二百篇，經挑選在大組或小組宣講的只九十多篇，我覺得太少些。学術

（厦红印）

1977年11月父信4-1

第　　页

会議是交流的園地，既有論文摘要来應儘量宣讀。國外科学会議，来稿不讀的，只宣布標題的稱"Read by title"，数量非常之少的，大都是宣讀人不来或来稿過于簡單。你既受籌備組的委托看過稿件，我意應向籌組反映多給宣讀机会。（國外会議時间抓得非常紧，并多分組，所以能多读），如原作者没有来，同單位的人可以代讀。二百多篇文章只有一半宣讀太少了。对於活躍学術風气不夠好。我意這只能作你的意見去反映，不能说我這樣講，因為籌備組委托你先看稿件是内部掌握文章的質量问题。我們绝不可说没有排上的是質量差的。我們只能说看過稿把各個科目作了分類好了。

如知道会議日期和地点要即速告我。関於我在大会上作報告还没有准備好。日昨去信约蔡鴻岐来帮我畫圖，他因已被防疫站请去畫挂図作科技大会獻礼，不能来。所以还没有辦法作掛圖。我現在要抓紧時间作准備。如大会時间推後些更有利。

則忠明天回福州去。亮東報考的学校和專业希望今天能和他商量好。

耑此順讯

近佳

爸爸字 十一月十二日

（厦红印）

1977年11月父信4-2

821

第　　页

親愛的鐵兒：

你去太原十多天，使我很掛念，天天跑信箱那边看有沒有你的信。昨天收到你從北京發來的電報知你已回北京，不知冒着寒冷作現場調查有無得病。甚為懸念。

你的电報（21日）及麗的电報（22日）都已收到得知寄生虫学術会議十二月四日在天津召開，久已盼望的会期確定了，可是不凑巧得很，昨天系辦公室老蔡宣布省五届人大即將召開，我校代表四人，曾書記，我，經濟系張玉文和海洋系一位同志。這是党和人民给我的光榮任務，听說日期系在十一月底或十二月初。省人大很大可能是和寄生虫学術会議幾乎是同時開。所以很難兼顧，而人大会是政治任務不參加是不可以的。（現在明確日期还未宣佈，如在十二月下半月或下旬，我就会去天津，可能不会那么晚，因各省人大都在召開為全國人大作準備）。希望你將此种情况告訴寄生虫会議籌委。我寫"牛羊双腔吸虫病"報告由你代我作。綜合國外双腔科研究歷史和現况之外你可總结腔闊盤，胰闊盤和枝睪闊盤三方面生物学和流行学材料，並对本科双腔研究的展望作簡略預測。這報告有很丰富的内容。

（厦红印）

1977年11月父信 5-1

第　　页

会議用的打印和油印的摘要各80份，前几天已郵寄司徒已到達了。報告用的掛图（双腔吸虫病的）有新画的和旧的班上用的均由宇光先生帶上。

我這次因有人大会時间上相碰不能参加，对於寄生虫会議程序安排有影响，希望你把講演做好以弥補這一缺憾。

另外来参加会議的有很多舊朋友，寄生虫学界前輩以及以前的同事，同学等本来可以欢聚一堂，現在失去了這机会。十分悵惘，你代我向诸友好致意。動物志编寫的诸單位同志，我不能和他们商討審稿了。希望你们（大家聚首不易）商量一下已寫好的稿——並殖科，異杯科，串双科，棘口科，端盤科，前殖孔科，嗜眼科，双腔科，后形科等最好能商討“審稿”定稿的具体辦法。

毅勳鹏如佩惠，最近都有来信盼能在大会晤叙。又一次失去了机会。有许多事要和他们相商。關於寫“人体及畜牧蠕虫学”希望他们共同協作。毅勳弟未知能来廈一趟，藉以暢叙和商量關於寫書的事。鹏如先生曾有来信，商谈嗜眼科虫种事，也邀请她会後来廈一游。

（东文印）

1977年11月父信5-2

现在还在探听省人大会时间。如在下旬，我即争取赴津。将有电报再告。又及

懿奇来电希望我和妈妈能来北京。妈妈和我也盼望能和在京的亲人有一次欢聚，可是现在看来尚未能实现。不过总会有机会。妈妈最近实称甚忙，晚上下午上学很紧张，未来就不能去。

昨天收到你十八日从太原发的信。关于订科研计划了，似乎不能订那样大题目，所列四项，第一项①生活史可进行探讨外，其他②调查（包括黑龙江呼伦贝尔盟）流行病学调查及山西省，③治疗及预防措施④疫苗（免疫）的探讨，面太大了，作为力量很薄弱的外省单位跟也跟不上。最好先对他们说要回去和领导商量。实际上全面铺展也是力不能胜的。我意明年先攻一点，即太原地区（或其他地区）的扁体型双腔吸虫的中间宿主及传播媒介的问题。这一问题我们可以多出力。其他三项都是需要较大工作量和较长时间的，须由各当地畜牧兽医所结合各省情况（较长时间）进行研究和探讨。这了待你回来后再商量。

我曾寄一信由太原省畜牧兽医研究所转给你，未知有否收到。

（耑）此顺祝

近佳

爸爸字 十一月二十四日

（东文印）

1977年11月父信 5-3

第　页

親愛的幽兒：

日前接你和馨的来電並你回京后十一月廿一日的信，約在廿二廿三前後收到動物学会来电，宣告学術会議定於四日在天津宾館召開。因为可能和省人大会時间可能会冲突，所以考慮好多天，請示学校領导。到了25日还未能决定。26日獲悉省人大会不在十一月底或十二月初举行，延期到十二月中，(時间未定)。请示校系領导後决定27日離厦赴榕轉京，並电馨告知。今晨買好了火車票，准備動身時突接到動物学会的延期电。就退了票。還好是坐火車，如早晨坐汽車就已走了。

現在不知何時才開。看来如在月内就和省人大会衝突的机会較多。只好看情况而定了。

曾文彬同志去福州開会已數星期尚未回校你寄他的信，可能须好几天才能收到。

在科学院教育部召集的科学規劃会議中我校派十几個代表参加。現代表们經月餘日讨論後已陸續回来。傳達了在全國科技規劃中我校和中央掛上的任務很多。最重点在化学催化，电化方面。生物学方面主要開展固氮，遗傳育种細胞学等。

（东文印）

1977年11月父信6-1

第 页

我们寄生虫也有掛上，是列在"生態寄生虫"或"寄生生態"方面。現在还不知道会下達什么任務。据說我们是独一的單位，如有和人家合作，我们就是主持單位。可能開展河口或海灘生態調查。

学校現在設立化学（催化，电化）研究所，海洋研究所。生物系設兩個研究室：①寄生虫研究室，②細胞遺傳研究。各定至1985年人數達30名。現在正订好了計劃，填了表格。1978年報的題目有各個人体及畜牧寄生虫的研究，肺吸虫，腸吸虫，姜片虫，等等。据聞部管的研究室每年一人一萬元，我室明年報的購买儀器值15萬元（外滙有12万元）。我们列的是德國的研究用光学顯微鏡，螢光顯微鏡，掃描用的电子顯微鏡配套。因為細胞遺傳研究室也正在建立，可能会买一架外國的电子顯微鏡（可能我室也出錢）。這些计劃已呈報教育部，等待落实。

今年專业招生1978春季23人。他们学习公共課及基礎課约佔两年時间，第三年開始学习專业課，第四年畢业实践，做研究論文。

系要我招研究生四名。1978年夏天來。時间三年。是用我的名義招的。但由室内同志協助。宇光和你都各帶一两個。我想他们除修讀一些寄生虫学参加

（东文印）

1977年11月父信 6-2

第　　页

听課之外，就是做研究。我想你可帶領他們進行一些有関双腔科或其他昆虫基本理論的研究。

我們研究室現在有與以往不同的新的展望。看來成了部管的單位了。目前希望迅速实現儀器和技術革新。还要選拔研究人員（明年報的有4人。1983年內來10人，1985年內再加6人。和現在已有的14人達30人）

我本来很想到京沪一趟，各有关昆虫科研机関和学校，设備，研究課題，工作方向等。可是很不凑巧，這個学術会议可能不一定能参加了。所以你現在在京多注意這方面問題。*能否打听学術会議何時開，最好能延到新年以後那就可以参加。如在長沙就沒有那么冷。果如召開時我不能去，這里畫的一些材料就要由宇光先生帶去。给你做报告用。

螽斯標本未知陳永林同志能给你鑒定嗎？蟋蟀你能在動物所资料室找些参考文献嗎？

亮東現准備考试十分緊張。考期在十二月十五、六号。

淹調動了，襄能出些主意嗎？專此即訊

近好

爸爸字

27日

*到各單位多了解寄生虫学技术革新和设備好的顯微鏡規格，制造的工廠，如借到Catalogue最好。

（东文印）

1977年11月父信6-3

第　页

继宪，你寄回的有关腹吸虫的论文摘要——扎赉特旗腹吸虫生物学研究及药物试验报告两篇我都看过了。里面所述黑龙江疫区的感染率那样严重更证实这个问题的重要性。在流行学方面，找到了牛群经路螺牛等生态断层佈的状况对於提预防措施有重要性。未知这样的標准的流行区有无照相。如没有要烦老崔同志帮您拍了一些。特别是螺牛最多的沼泽地。

"浦城县枝睾吸虫"一文已寄送动物学报发表了，审稿人提意见的纸，翻遍簿子都找不到，未知能对编委说明一下取得原谅否。那篇文最好能争取早些刊出。

爸之字 28日

（东文印）

1977年11月父信6-4

7. 1978年的信

背 景

1978年3月父亲到北京参加两个重要的会议，一个是参加全国政治协商会议；另一个是参加全国科学大会（父亲获科学先进工作者奖，我对胰脏吸虫的研究获科技成就奖）。全国政协会议在3月5号开始，只开3天。全国科学大会在3月15号开。母亲自己从厦门去福州转车去北京，我哥哥去接她先到汉表哥家住几天后到我哥家住。这两个会议结束后，父母亲和章振乾伯伯同赴沈阳看望三舅父郭公佑。母亲身体多病，心脏病经常发作，让父亲非常忧虑。同时，我国“文化大革命”后首次大学招生，父亲的孙辈孩子都在这一关口，父亲也非常关心。父母亲这次外出历时近两个月，父亲时常来信谈会议、各处情况和关心家中的事。

父母亲从北方返回后，这年6月我又要出动去山西安泽县和内蒙古乌兰浩特科尔沁草原，从事人兽共患双腔吸虫病原的调查研究。在山西安泽，研究了矛形双腔吸虫问题；又到科尔沁草原，发现了中华双腔吸虫新种，完成了它生活史的研究，发现其昆虫宿主为黑玉蚂蚁（*Formica gagates*），从中找到大量囊蚴，并做了羊羔的人工感染试验。了解到在科尔沁草原此吸虫的贝类宿主因气候关系它们体内的虫体尾蚴黏球到6月全部排光，而在山西此类吸虫幼虫期在贝类宿主体内，到秋天还存在。

父亲对双腔吸虫的研究非常重视，我用整整16年的时间，调查了我国许多流行区，做了无数实验，于1992年父亲去世前一年，证明了父亲预言“世界上认为‘枝双腔吸虫病原和矛形双腔吸虫病原是同种以及所有人兽共患的双腔吸虫是同种的结构变化’的论点有误，它们不是同种”的正确论断。就是小小的寄生吸虫，都有它们各自的生命规律，如《圣经》所示：所有生物物种，都是“各从其类”。能让父亲看到这些结果，让我自己非常欣慰。

1978年是我从事双腔吸虫工作的真正开始，这一年我保存父亲的信15封。

親愛的邀兒：

到北京來已一星期多了，參加了全國政协開幕大会，列席全國人代大会，聽到華主席的政治報告，葉付主席的有関修改宪法的報告。大会的盛况報上都刊登了。人代代表三千多人政协委员一千九百多人。会的規模是非常之大的。会中每日討论，上下午都有会，代表也不能有客人到宿舍来。懿还未見到，只接到他两次电話。

華主席政治報告题目"团结起来为建设社会主義现代化强國而奋斗"講了三個多鐘头，号召全國人民为此目標而奋斗努力促其实现。我参加的是教育組。聽到很多同志的發言。

一起参加开会的熟識的人很多，他们多屬特邀組，福建来的有松藏先生，李来荣，陈國熙，盧浩然，等。我也曾探望了伍献文先生，童第周先生。華東師大和廣州大学，華南農学院也有代表来，但都不熟识，代表中以理工科的最多，特别是物理，化学尖端的部门。討论中雖發言踊躍但大都講以往学校中受破坏的情况。对於今後如何做法都没有講。

報上重点学校名单已公佈，厦大被列入未知近日有重要变革宣布否。新生到校料各系較忙了。

1978年3月父信 1-1

昨晚接你的信知東々未錄取，須安慰他，經常作準備，夏天再來一試。東年還小，將來大有希望，一定不可泄氣。我还是想以後考廈大。

你身体如何呢？还有水腫嗎？要注意劳逸結合。做了用腦力不能過於疲劳，科学工作是一輩子事，不要中年階段身体就損壞了，希望你要听爸々的話。

媽々未到北京，還在福州，我接你信才知道她於廿三日離廈赴榕。如她來我也想去东北看々三舅，據磐說三舅近來糖尿病又高了，政治結論还未作，可能是以往政治歷史、社会関係搞不清楚。現在是落实知识分子政策的時候希望能得解决，精神会愉快些。在開会中我遇到以前的中学林崧，係天津開业的医生，據云三舅曾有信給他，拯表弟曾帶他愛人來天津就医。林已代她介紹医院療治，不知現已好否。

媽々何時來不知道，磐前星期收到电报（說29日到京）去接沒有接到，後又收緩期的电报。究竟她何時來不知道。

我參加教育組討论了三の天。昨天才發言，提的意見是中学要恢復生物学課程。

暉晚上和你睡很好，好々念書，不要乱跑。公々回時会帶小人書，和好玩的东西給他。

爸々字 3月五日

1978年3月父信1-2

親愛的惕兒：

全國五屆人代和政協会議都勝利閉幕了。人代早兩三天，代表們已離京回去了。政協委员們昨天和華主席及党中央領導首長一起照相後都去参观故宮頤和園和藝術展覽等，明天早晨(12日)將乘專机回各省去，福建代表也這樣。

我兩天前得到通知要留下来等待開科技大会。前天也接到潘蔵元處長的电話說学校有电報来說我要参加科技会。潘處長現住在香壇路國務院招待所.(618房间)。

關於展覽了你那樣計劃很好，三种腺吸虫生物学及流行学比較，題為"牛羊双腔吸虫病"寫成論文展出我看是很恰当的，因為既是生物学问题也與畜牧业生产有關，肺吸虫病也很重要，希望宇光先生王成等也要很好准備。我知道其他單位对展出的科研質量也很認真。我在福州西湖宾館時陳桂光同志曾找我，医学院和省防疫站提出的是福建接蚴表。繪畫及文稿都很好。肺吸虫料北京友誼医院会有展出。所以我們的画頁，文章，照片，標本説明等也須注意質量。

听說福建代表会住在"前门飯店"招待所(未定)李来榮和王獻先生二人也有参加大会。

媽々九日晚到京，現住龍哥處。她在福州曾又一次心跳病發作，擬在京找一專门大夫看一看

北京制本厂印制 77.5 (1426)

1978年3月父信2-1

也有和馨哥商量去东北探望三舅事。因我將於十五日報到，太匆迫，另外媽剛到此又再跋涉太辛苦了，所以只好再等兩三星期科技会開完後一起去。淹可能日内须先回牡丹江去。因为我和媽二人都年老了，去鉄路上接送有困難。馨出差湖南，今晚動身。這里会结束後我擬搬回馨家住四五天。

東東未考取要安慰他，准備下次再投考。听说各省招生名额有扩大些，又听说有走讀的辦法，在不增加学校住宿困難的情况下添收考成绩好的学生，未知有無希望在厦大物理系想些辦法。(翁心橋先生能出点力嗎？)

招收研究生事是我現在最掛念的事。可能在三月底，四月初要出考題。我們研究生考兩门(動物学和寄生虫学)。系内有無議此事，如何組织指导组，閲卷出题的委员及如何招收，修讀科目等看法如何有空试查询。我意现在就要注意提高教材質量的问题。數日曾特地到北京王府井大街外文書店找買新書，買了影印書二本及字典兩本，托瑜因郵寄回。

據這里人説科技大会規模甚大，有七八千人。國家領导人甚为重視，名額如何分配及開的程序不知道。听说会宣布全國科学規劃。

北京制本厂印制 77.5 （1426）

1978年3月父信2-2

寄生虫專业的新生想已来多了。想正在作向新生介紹專业情况。宇光先生已来校。听说有一些我们的新生不是写表願修读寄生虫專业的，还须作些思想工作。

暉暉昇昇都听話。傅衣凌先生明天乘專机回福州轉廈。托他帶回巧克勒糖一包给他们二人。暉要听話，好好讀書，公公已買了很好看的原子筆各一把，俟会後帶回。

東東需要那些有関專业的書，叫他開一單给我，我想辦法買寄回。科技会議福建代表團係住在东城近王府井街，買書較方便。

有信寄馨哥家轉我。我今晚离友谊宾館

匆此 順祝

近好

爸爸字

三月十一日

线虫讨论会在广西南宁开。闻吴淑卿回来已前往参加

北京制本厂印制 77.5 (1426)

1978年3月父信2-3

親愛的遜兒：　三月九日的信收到了。

政協会議結束三天了，我搬到太舟塢居住數天，科技大会明天報到，現尚未知住在何處，媽擬在太舟塢哥家住到月底。俟大会結束後去三舅處，因現在就去接送都是人。慧昨天出差湖南去，五六天才能回。

如科技大会閉幕後才去沈阳，時間会拖得很久。听説閉幕時間会在四月四五号，再去沈阳至少要到四月中，這樣就要影响研究生招收了，特别是出試題的事。我想必須預先作好準備。学校四月初还有其他事否，能讓我多延擱一两周否？我近日知道縧虫討論会在廣西南宁開，未知李光先生有去否。我们寄生虫專业学生来了，誰给他们介紹專业的情况呢？

廣州中山医李桂云信对於"動物誌"的几点意見我尚未作答。她説中山医学院校党委意見數点：①第一册仍由中山医学院寄生虫組主编 ②関於名稱（肺吸虫）之歧問題由動物誌編委会作出决定 ③肺吸虫虫种科学上是非問題應開展百家爭鳴討論。上述几点我都同意。又説蔡上達曾於編寫教材的時候到過北京，據鄭作新先生的意見要在"吸虫誌"審稿会先作出决定後方能由编委作决定。希望"吸虫誌"審稿会上半年開。因為我從去年十一月以来，一連參加了五個会議，要到四月半才能回校，没有時間籌劃此事。至陳心陶先生吸虫科在他去世之前全文已經

1978年3月父信3-1

写好了，（在中山医）他们那里还有柯小麟写的微茎科，汪溥钦先生的棘口科和端盘科，你先生的真杯科和中双科，稿在我们处。将来挑送请所先生審查。至于双腔科最好自己先修改和整理一下。我在科技大会可能会遇到一些有关吸虫志承担者（中山医或南开来的人），或动物所来的人再商量後回去再作计划。

科技大会今天（15日）报到我早上就要离开太舟塢去前门饭店了。估计会议要开到四月初。福建代表已知道参加的有王嶽和李来荣。

现在初步计划在科技大会闭幕後和妈妈一起去东北看三舅一下。但没有人护送可能还有困难。

妈来此後心跳加速已没有。但身体还不好昨晚起又患泄泻。她就在太舟塢住下来。崇渝在這里几天後就要回牡丹江去。

我從去年十一月起到现在接連参加了五次會議。最好省科技会不再安排我参加。

东东希望能作走读生，未知系总書記能帮一下忙否。东的專長是物理，將来还是要向這学科發展。能進物理系最理想。如不可能，先入数学系也好。

曜曜一定要听話，由傅公公寄回的巧克勒糖想可能已到了。要專心做好作业，放学就要回家。如听話公公还会带东西回来。

政協会議闭幕後華主席葉付主席，鄧付主席和中央其他領导人接見全体同志並一起照了相。

科技会情况俟闭幕後再報告情况。此此

顺况　近好

爸之字　三月十五日

1978年3月父信3-2

燉兒：

因为宿舍調整，福建組代表们已改住西苑飯店第三樓328房间。信可直接寄這里，不要寄前门飯店。

今天瞻仰毛主席紀念堂。

媽仍住馨哥家。前天有些拉肚子。淹尚能留一两天。馨出差湖南。

県此順祝

合家平安

爸々字

十七日

北京制本厂印制 77.5 (1426)

1978年3月父信4

親愛的巡兒：

科学大会自開始（18日開幕式）到今天已七天了。活動安排得非常緊凑，每天有討論所以都沒有時間寫信回家。想家裏人都好。

這次空前規模的科学大会開得非常熱烈。全部代表有六千多人，加上了行政工作人員想是萬人的大会。開幕式華主席主持会議，鄧付主席講話，方毅同志作報告。党中央領导人都出席了会議，各部部長也都在主席台上，國家領导对於科学的重視真是到了工业学大庆，農业学大寨的大会一樣的規模了。

昨天上午方毅付總理也来福建組這里看看福建的代表。和大家握手座談了個把鐘头。兩天以前我们还学习了全國科学規劃綱要。大家暢談感想，都把在本世紀內把國家建成社会主義强國，实現四個現代化，作为奋斗的目標。我们高等学校除了促進科研之外还要培養人才。要使高等学校成为國家發展科学一個方面軍。

北京熟識的人知道鄭作新先生，鍾惠瀾大夫有參加会議。聽說毛守白先生也有參加但因不住在一個宾館裏難於見到。雖然在大会時都在人民大堂，因为人多也不容易碰到。

現会議还有十天左右。能否和媽媽一起东北還在考慮。她来京後一直在寓處，沒有人陪她出来，我因每天開会都不能回去看她。

1978年3月父信5-1

家中情形都好吗？東東走讀生能爭取成功嗎甚为念念。听鄧付總理報告中提及今後还继續扩大招收大学生。今年20万，明年加到36万。這樣考取的成份更多了。东东今年如未成功，还须再接再厲作好準備。我估計东东爭取進大学讀物理或數学一定有希望。

渝到北京後西日冉隆也由渝到北京，二人交谈了两天，現均已回去。情况如何，因我在開会不知道详细。馨去湖南出差已回京。今天来电話說媽身体还好。山葉，小林，暉暉和昇昇都好嗎？暉中午，下午散学準時回家嗎？你自己最近身体好嗎？工作緊張嗎？我在這裏一直掛念着家中的情况。

昨天華主席在科学大会作報告。今天和明天各省代表们都熱烈地討論華主席的報告。大会已經到了高峰了。往下还有一部分的代表在大会發言。可能还有七天的時间就閉幕。一共參加十五六天的会算是完成一個重要的政治任務。

在討論会中許多同志都反映自己單位一些情况。看来在萬馬齊奔的情况下，一個偏僻地方的小小的研究室不容易得到人家注意的。（我在一個省領导都在的場合上也說了我们研究室缺乏設備的情况）。親愛的逖児，我们國家目前情况雖是大好，但科研工作前途还极为艱巨，只能不斷努力。

来信仍寄馨處 此頌 近佳

爸爸字 三月25日

1978年3月父信5-2

第　　页

親愛的逖兒：

你給我的信收到了，知道暉暉感冒發熱未知已痊愈否。東東走讀生有否成功甚為念念。這次買了英語書（English for foreign students）一套四本，係自修用的送给东东，另有一套数学書，也是给他的，未知太浅否。這些及其他書擬由郵寄回。

科学大会開了十四天，我已於昨天（31号）参加了閉幕式，我和你各得了一張獎狀。胰吸虫研究一項被大会選出，係我校两三項研究之一。獎狀由趙源付書記帶回廈大。四月二日華主席和其他中央领导人接見全体代表，並分地區和我们合照相片。数次大会都非常隆重。閉幕式時宣讀郭老的"科学的春天"。大家都非常感動。

這十四天会開得非常紧張。代表都在

装　订　线　闽安县印刷厂印制　七七·九（1440）

1978年4月父信1-1

第 页

能告假出来，所以我一次也没有和妈妈一起走走。今天拟和她看看公园。妈十四年没有来北京了，这次来，也只呆坐在馨家里十几天。今天也是第一次来玩。

大会期间，我争取为研究室买一架大型的较好的显微镜，得到蔡启瑞先生及赵源付书记的支持已把它定下来了，我知道我们研究室没有钱，蔡先生也说可由学校科研处设法去买。價钱是12,600元型号是Amprival，出品是东德Zeiss。具有显微照相设备及相差设备，接物镜是非常好的。这次和蔡先生同一房间他知道我室缺乏仪器的情况，支持我们买这一架仪器的。

我和妈妈定于六号探望三舅玄。拟

固安县印刷厂印制 七七·九 (1442)

装 订 线

1978年4月父信1-2

第　页

在他處四五天即回北京，買火車票南返，估計至20日可返廈。

唐昉能得一些有関高考複習的提綱或資料。为东东有，寄他一些。

研究生考試聞推遲至五月。出题目我因手邊一本書籍都沒有。日前四日夜三次開会，沒有時间考慮。日内当擬好寄回给你。

专此順祝　近好

爸爸字
四月三日

周述龍和熊光華都有信请我和媽媽到他们那里。現在時间緊迫均不能去。

1978年4月父信1-3

親愛的逖兒：

我於四月三日大会结束後已搬到馨家裏住，二日華主席接見全体代表並一起照相，這一大典完成後便是科学大会勝利閉幕。該日晚上我和媽媽一起在漢哥家裏做客，漢預備了丰富的筵席，該晚便住在他家裏。次日漢哥还陪同我们玩天安门广场一带地方，並乘了地下鉄道的車一圈。三日晚上到太舟塢来。現已將行李都集中在這裏。其他福建代表定於五日專机回福州。今天是五号馨可能通過一机部买到六日車票，如买到我们明日就要去三舅那裏。今晚馨要打电話给三舅请他設法派車到車站来接。计劃在鉄嶺の五日後返京。以後买票南返。述龍先生来信请我去湖北，光華和毅勳也均有信请我和媽媽往上海逗留数天。我因出来兩個多月了，很疲劳，所以不能去，俟以後有机会再去。

昨天看到你的来信知道東東走讀生沒有分配上，這真是使人懊惱，所云走讀生要有總分数300以上，不知何以如此，正式錄取也沒有這樣高，他受了挫折有生氣，是很自然的。要劝慰他再接再厲，有系統地作准備。附函寄他一封信，轉交給他。

附信寄去研究生考生物学試題。先封存起来，俟較近招考時拿出以免泄露。動物学題再撰。

順祝 近好

爸爸字

四月六日

1978年4月父信2

親愛的逖兒：

我和媽媽已到鉄嶺三舅家中三天了。三舅三妗身体很好。颖和秋斌也来此团住。强也回家来，数天来非常热闹。

三舅糖尿病近来情况较好，每日尿中糖分檢查只中午有微量，早晚都檢不出来。睡眠及食慾都很好。三妗今年也没有哮喘。宗澤已考入沈阳農学院農經系，本月十五日上学。現鉄嶺沈農决定搬回沈阳。基礎課先在那边开学。全部遷回還須两三年。我和媽定於十四日離此回京。

動物学試题已擬了。兹附函寄回。聽說研究生考试係在下月十五号，何時交出看其他科（遺傳育种，細胞学等）的情况。

我所擬的五题，看是否恰当。因为考慮動物学作为一個学科，除综合大学外，其他高等院校学生许多没有讀過，所以只能编於一般性的问题。

趙源付書记及蔡启瑞先生料早已回校。在京時曾向科学器材公司定了一架东德Zeiss公司制造的电镜Amprival型号附有显微照相机及消差设備的，價錢颇贵，为12,600元人民幣。蔡先生及趙書记的意見以为学校教務處

1978年4月父信3-1

可以先付此款，(因为此显微镜係器材公司庫存的，有机会买到手不容易)，他们二人支持买此镜不知学校能否付出此款，如能滙出最好，如不能也就勿须急急。我生怕会否全部积款都拿出还不够用，而影响目前的工作。

我们研究室今後如何能獲得新的資料是一個很重要的了。我参观北京北師大展覧的圖書。抄了一些有関原虫学，蠕带病，生態寄生虫学書名及出版公司，想回校後请厦大图書館購买。有一本Yamaguti著的"吸虫类生活史"一書，價人民幣590元。

大会给你的有関"腹吸虫"的奬状已由趙源書记带回。想会在傳達会上发给。还有其他系的数项。

這次出来参加会議時间花了很多。所以周述龍，熊光華，蕭熟请我去湖北和湖北均不能去。

我和媽到京後买票还须三四天，在福州买票也须两三天。估计须到24日前後才能到厦。

端此即祝

近佳

爸字 四月十日

此次科学大会，張先生和毛守白都是上海代表。因住处相隔很遠又因出去不易，没有見到，甚为悵悵。

1978年4月父信3-2

1.

亲爱的惕儿：

你四月十一日来信收到了。我和妈妈於月之七日前往铁岭，半夜十二时到达铁岭车站，三舅叫宗泽并承陈德鹰同志一起来接。安抵了三舅家。宗强已於二日先回娘家，景颖及秋斌於八日也回铁岭，在那里团聚十分热闹。颖十日先回去，秋斌尚留到十二日才回去。

三舅和三妗身体都很好，三舅糖尿病近来因控制食物，没有发展，每日只中央一次检查有少量糖（不及一个十），早晚均阴性。每餐服食淮山药，看来很有效。三妗今年哮喘没有发作，身体虽然弱些但还能照常上班，和处理家务，这情况最使我欣慰。三舅已退休，沈农已决定搬回沈阳东陵原校址。但因屋子关系，未必全部一下子都搬回。据悉，铁岭要两年才能搬回。学校现由新党委领导。主要领导人是梁秋（以前的付院长）。

三舅的政治结论落实了。日前又打一报告请其尽速办理。曾在一次退休教师座谈会中听说，学校对以前结论会作重新考虑。宗泽这一次考入沈农经济系前天已去东陵上学了。

这次在三舅家蒙其热情款待，日夜欢叙旧了，真不可多得的欢聚机会。我们十五日才离铁岭，十六日又到北京了。这次本来只计划五天，结果因车票卧铺买不到又耽搁了三天。

1978年4月父信4-1

2.

這次媽〻來京一個多月，有一個新的情况發生即胃部覺得脹痛，食量較差，現在服食胃和腰蛋白酶，雖稍增食慾，每餐只能食半碗，或一平碗飯，行走時覺裏面痛。因為有這症狀，所以想要在北京請教一些大夫診察。我今晨已去函佩惠，想和她一起找鍾大夫請其介紹內科大夫對胃有經驗的人診察。這樣要在北京延長多少天还未能定。

另一件事在福州跑一下的即有関恒表弟想調福州化工局研究所事要找黃忠奇和松茂先生，可能也会耽擱數天。

因為有上述情况研究生招考事只能由你和宇光先生去安排了。在鉄鎮時曾寄回一函，內附動物学試題。我出的題目不一定很好，如鄭重先生為海洋系研究生出有試題，如系領導認為可以，合在一起考慮也是很好。出試題或討論試題最重要的是要保密。不能多人看這題目。

関於吸虫誌会，因為稿件还没有審查就緒，看来在科学討論会前開有问題。因為我在外の五個月一些稿还未寄出審查，顧先生的中双科前係定請華師大鄭所先生審查还未寄去。嗜眼科審查人还未定。双腔科請顧先生和金大雄先生審查也未寄去。同盤科和棘口科不知金大雄先生和李兆白先生已審查好否。我想這個会还須考慮較周到，以後開。審稿问題

1978年4月父信4-2

3.

当然癥結还在於並殖科，這一科審查人依中山医学院李桂云同志所定係由我審查（從前心陶先生在時並沒有這樣定）這一複雜的任務我是不能担負和解决的。應該由這一写作組以外的人來承担更好。在國外，生物名稱優先權問題常有組织專门委员会來調查和解决，而我们動物誌有人數很多的编委，为什么他们長期以來不來解决此事而任其爭吵發展，到現在牵涉的面不止一种而是好几种，牵涉的事不止誰先誰後問題而是許多複雜的過程，現在動物誌是國家的刊物，对於並殖科内容如何写，兩方各不相讓，编委又不來管，如何能由我一人來審查和定稿呢？所以我想最好是今年動物学会在夏秋開会時把此問題解决了，以後再定吸虫誌。我同意中山医学院党委的意見：他们写道："目前的問題是：第一卷包括並殖吸虫的爭論内容而這一部分陈教授在世時已基本写好，由於時间及我们学識能力所限，对以陈教授名義主编的這一卷有関並殖吸虫内容，我们很難作出大的更動，因此我们估計在第一卷审稿定稿過程中可能会引起继續的爭論，甚至会影响到該卷的定稿出版。对此問題我们学院领导的意見最好上交给中國科学院《中國動物誌》编委会处理。也指示我们多在廈门定稿会議听听大家的意見。"桂云同志來信接下去又說："蔡尚達同志赴京专门拜訪了

1978 年 4 月父信 4-3

4.

鄭作新先生及動物誌編委会孟祥玲同志等,再次徵求他们的意見,他们仍是天津開会時的意見,希望上半年在廈门開定稿会,能一次定下來更好,他们不准备再审稿了。""他们說让我们開会時讨論決定。

看上述的信,要編委会来廈门此了,他们是不肯的,向我们這一审稿会未提。在短之会议期间如何能達到此目的呢?他们的意見紛歧歷時已久,經過很複雜,只看那本背景材料就知道了,我们对許多曲折了又不明了,單之介紹一下都有困難,在会上爭論此了也不怎么好,对於年青人也無教育意義。即使我们願意盡力做調協了也無可能,因为心陶先生已逝世,稿是不能改了。鍾大夫的意見以及友谊医院其他大夫的意見那樣堅持和激烈也是不能改的,處於兩難之间我们幾個人还能做什么呢?我们現在不要急於作出決定開会的時间,因为各科稿也还没有审查清楚。

要告訴曾文彬和学光不可即定,俟我回去後再讨論

我想在我未離京之前要到動物所一下,探詢看之,編委会有無可能向中山医学院及友谊医院接洽,取得解決的辦法。開审稿会了,回去後再议

總之,我國整個科学界和大学教育都在大变動,我们研究室教学和科研的任務十分艱巨。来京以後都在尋找較新的教材書籍。

顯微鏡问題能解決嗎?

整個高等学校问题要等教育会議才可能解決。

1978年4月父信4-4

5.

[illegible]不知缝合處有無漲裂甚念。一定要小心，如能換工种，目不是老站着的，可能好些。也要請教一下医生。

昇昇又患扁桃腺病一次。要十分小心，經常用鹽水漱口。注意有無發炎化膿，這种球菌很可惡。会侵入腎，消化系统以及其器官产生嚴重病症。

暉暉也要注意扁桃腺炎。也要漱口。

現待媽身体檢查好了就準備南返。

1978年4月父信4-5

親愛的逖兒：

接你四月十四日來信，獲悉东东已進入廈大化学系作走讀生，這裏一家人听了都極为欣喜。特馳函向他祝賀，希望他不斷努力。

媽媽昨天由佩蕙帶去友誼医院初診，由一位姓項的女大夫看，很詳細，初步診斷是缺酸性胃炎，但尚須作數項檢驗，如肝功能及大便潛血等，明天又須和佩蕙一起去檢查。媽媽昨天又再作一次心电圖，鍾大夫也給媽診看。他認为心臟現象較为重要，心电圖充份表明供血不足（T波下降），心臟甚为虛弱，也是冠心病。要十分注意不可勞累。媽媽早晨未起床前有腦頂痛，鍾大夫認为是缺氧所致。媽媽經查是高血壓，底壓100，高壓170。可能也是血管硬化。（前此以为是低血壓是完全錯的。）明天要檢查腦循環电圖和眼底血管硬化情況。还要檢查有無糖尿，肝的情況，胃的情況，等等。估计得結果後即買車票南返，（約在二十四五号）月底当可到家。

行李很多，想托運一部分。

耑此順祝

近佳

爸爸字

四月20日

第一机械工业部

1978年4月父信5

親愛的惕兒：

你發來的4封电報，（1封太原，3封安澤）都收到了。今天又收到你6月廿日發自臨汾的信，知道路上及到安澤後一些工作的情况。

今年夏天全國天气酷熱，野外工作倍增困難，要特别小心。今年各地出差回校的人都說夏天特别热，還有流感，所以在外要很注意健康。

從电報上简單的報导知道在安澤已檢出蝸牛体内扁体型尾蚴5%。电文寫尾蚴像長尾，未知長度和矛形双腔尾蚴接近否，果如是那樣，穿刺腺和排泄囊只能夠有小区别，因为同是双腔科的不会有太大的不同。看来，以前說想扁体型有類似扁体属的發育形式，這已被你找到的事实所否定了。我想現在要做的幾点：

①詳細比較扁体型尾蚴和矛形双腔尾蚴。考察其形態学上主要不同特点。

②觀察其排出黏球的情况。看它和矛形双腔是否一樣。

③在陽性蝸牛散布的地方收集地面细草連表面的土，拿到实驗室来篩檢昆虫（這是Krull用的方法）。

④看来螞蚁还不能排除，还要多驗。試驗要用整窠螞蚁。

⑤其他昆虫或節足動物也要注意。一般寄主都是数目多的和較容易吞食的。

曾經在双腔科第二中间宿主的有金龟虫和陸生等脚類如鼠婦。這是以往報导。要注意有沒有新的昆虫。

1978年7月父信 1-1

依目前所知幼虫的情况，可能还是蚂蚁，而不是针蜂。不過蚂蟻种類較多。或許于形状腔的有所不同。真正的宿主还有待於發現。

研究生複試的題目我於前星期已出了交给教務处。複试時间定七月20日。

省科委最近召集開座谈会展制定規劃会，本来有邀请我去参加，我因身体不好请宇光代去。

前月下旬湖北省幾個单位，宜昌縣的衛生站，衛校等组织，一個肺吸虫调查研究组来我校要求指他们学习。我为他们講了两三天課，後来宇光又带他们去漳平觀察現場。隨後他们去福州到省站進行参觀访问。

上海的血防会尚未通知何時開会。我因为研究生複试関係，這一月看来也不能动。

東東流感病，你走後數天才痊愈。後来昇昇也流感了，一星期多才好。小林昨天去福州去辦理户口了。亮和東東都十分用工。暉暉在他们监督和影响下也多讀書，做作业，十分紧張。下周就学期考试了。

媽媽昨天在下楼時，在下一層跌了一交，從石階滑下去，坐骨尻頭後都碰了頭後腫了一個大胞瘩，肘後也碰傷了，还好僥幸没有脑振動。現在正在休息。能走动，勿念。

1978年7月父信1-2

兔子用作弓形双腔類試驗宿主很好，因为曾經有天然感染的報告。新生羊羔当然也頂好。

螞蟻窩飼養，要注意给水。法用淺碟，或用棉花浸水放在窩内。

来信沒有寫通讯地址。只能憑你所寫住獸医院。来信告我详细地址(最好由那裏單位同志轉以免一投不到就退回)。

專此順讯

近好

陈美同学均此问好。張学斌同志和小吕同志请代问候。

爸々字

七月十一日

1978年7月父信1-3

亲爱的秋儿：

全国科协最近要召集各省科协以前任职的人在北京开会。因为我从前任过省科协副主席的职务，前数天得省科委通知要我到北京参加于本月24号在京召集的会。地点不知在那里。时间是6天。我定于今晚坐火车到福州和科委那边的人一起去。我得知在京地址后再告你，以便通讯。

要学校汇款了，前星期向系曾文彬提出。知款已汇寄。想已收到。

你十六日发的电报已收到。下阶段为何计划希来信告我。

蚂蚁已找出虫蚴，矛形双腔的生活史已获得解决。现在可以详细比较两型的形态。

嵘和小林已返厦。侃，樱，爱平均已回去。厦大，26日上学。

专此顺讯 近好

爸字 二十日

1978年7月父信2

親愛的遜先：

從安澤打回的五封电報都已收到了。得知你工作得到了新的收穫。矛形双腔问题的大体的生物学特点已經明顯了。通過成熟尾蚴，中间宿主——螞蟻，以及它体内尾蚴的發現使整個问题的概念和你出發前的掌握的材料有大大的不同。現在知道尾蚴既是長尾形，穿刺腺和排泄系的構造，雖略有不同將不会太大。現在必須注意的螞蟻和东北、新疆等地有無种内的不同。如果有，可能由於螞蟻分佈的差異可以解釋病体型和正常的矛形双腔的分佈状態。也可以解釋何以东南各省没有此病。

山西省曾有報告人体感染双腔病例的記載，如有可能到太原後或從卫生界人士了解一些人体感染此病的情况。矛形双腔的病多從尸体解剖中看到。

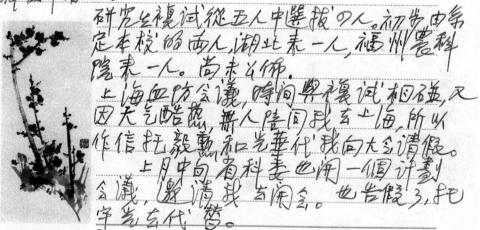

研究生複试從五人中選拔四人。初步由系定本校的两人，湖北来一人，福州農科院来一人。尚未公佈。

上海血防会議，時间與複试相碰，又因天气酷熱，無人陪同我去上海，所以作信托毅勳和光華代我向大会请假。

上月中旬省科委也開一個计劃会議，邀请我去開会。也告假了，托宇光去代替。

1978年8月父信 1-1

媽媽跌倒後現已逐漸恢復。最近震平和琴琴從南平來，侃和依行，虎櫻和小辰都來我家，非常熱鬧。小林因公回去赴福州。一兩天後小葉也要到福州。震華九月初要分娩。

最近依姑家中發生一個不幸事件，即林戡表嫂因食道癌開刀，不幸得肺炎併發症，於手術後四五天即逝世。今後依姑生活照顧將發生問題。

最近校黨委要我填一份表格，據云係学校向上面請給我任命什么職務。对此我思想负担很重。即使僅是荣誉職，我也覺得不稱。自從去年冬季以來，恢復了省人民代表，被選全國政協委員以及參加全國科学大会和獲得奖状。毛主席說過"盛名之下，其实難符"。我自己需要戒驕戒燥，做好教学科研工作。現在如再增加職位，將不易完成國家的付托。

今年教育部撥給我们学校很多款項。頭一次一百萬元中，我们分了四萬。來德Zeiss大型鏡扣去了一萬多元。剩下约三萬元。第二次教育部又撥了一百多萬元來。我们又分了约四五萬元。我们和系一起又開了一批儀器包括螢光顯微鏡，扫描电鏡等。均系合在生物系内。因为新的儀器我们自己沒有用過，開的型号不確切。更因为這些事都由生物系經手管理，能爭取買到否不知道。

Zeiss鏡（科学大会時定購的）已運到了。非常好。

1978年8月父信 1-2

亮和东学期考试均已结束。现正大力学习英语。二人均甚勤学，一学期来英文已增进不少。晖第一年也考试完毕，语文数学均九十多分。昇昇幼儿园毕业了，下学期拟入南普陀小学。今天和她爸爸一起去福州。

今年天气特别酷热，福州和厦门都在三十八九度。在外调查要特别小心。不要生病。至要！关于矛形双腔问题，蚂蚁种类鉴定将来可请教广州中山大学利翠英教授。一般的分类参考书也要寻找。

你何时结束安泽调查？是否结束后去东北？调查地点仍在扎旗吗？扁体型矛形双腔的生活史也是阐明了。这问题也非常重要。

今天得毅勤信，知道上海血防会已于八月结束。

专此顺祝

近好

爸爸字　八月六日

关于吸虫志了，中山医方面尚未作明确的决定。前不久徐秉锟去北京，未知曾否和钟老有所协商。因为中山医未作确定，你的书稿会不知何时可开。关于张韵同志了，日前又接张作人先生一封信嘱再作信给钟老。我特又去钟老一封信，并已函覆张先生。又及

1978年8月父信 1-3

親愛的懋儿：

前天由蕙轉来你一封信，昨天，這里招待所服務台又轉来你九月五日發的另一信。知道你最近工作的一些情况。目前全国人代和政協会議已到了較後的階段，再過兩天就結束了，十二日閉幕式。因為動物誌編委会時間不能定下来，我想还是先回去。這里委員有參加民主黨派的，他們还有兩天会，至十七八号才走。昨天有統战部一位秘書来联系徵求意見，一些政協委員可否和人大代表一起回滇，大约時間是十三号或十四号，是坐飛机。我已决定這樣回去。預计你收到我的信時我已离開北京了。明天十一号佩蕙会来帶我去看鍾老，想請教他有関媽媽心律不齊的問題，近来頻繁發作，越来越多發作可能有後患，但不知明天会碰到鍾老否。媽媽經常服什么药也不知道。我想我如不能遇到，你到京時專程去請教他一下，我和佩蕙联系，你来時可和她同去。

还有想去看羅慰慈。他也调来北京。

你帶款夠用嗎？我留款一佰元蕙處，你来時向他取用。

三舅處你能去看望一下最好，前一段听說他常患頭暈，現在不知如何，此病一定檢查清楚，明瞭其原因，至為重要。有無腦血管硬化？会不会發生腦溢血。天天譯書有無妨害？要多請教医生。要加意保護。

1978年9月父信 1-1

阅信知道你三个月来检查不少双腔吸虫虫蚴。如有多量的具有大吸盘的後蚴的虫蚴能否感染一個小羊羔，托老崔及小吕小钱诸同志代我们養数個月，以後解剖将肝臓内的虫解剖出来，寄给我们。如果再一度能證实"中華双腔吸虫是生活史"，我们應該作一較详细的叙文的報道。

你很快又在学习班講課了盼望身体要好好照顧。来京前先和馨哥联，听他说他还要出差。

学校已开学。蠕虫学由秀敏开講了。清泉在北京讨论线虫论一段時间。他和溥欽先生往江苏南京一带採集鱼类寄生虫。宇光先生带周家振、文川等去四川採集和考察。参加條虫论碰头会。

在四川成都召开的牧畜寄生虫会議，我不想去参加。如有信给靳家声尼胡孝素代我説一说。

漢夫崇淹有电给馨云即离重庆不知去那里和何時回闽。

嵩此顺讯

近安

爸字

九月十日

1978年9月父信 1-2

我開会地址：在省軍區第一招待所
省科技大会代表宿舍。

親愛的秋兒：

我於九月一日離京，三日中午到福州，四日五日在福州，看了依姑並進城探望振乾舍伯，五日晚又搭火車返廈，六日到達。接到你八月19日的信，知道兩月以來工作的情況。在野外採集，檢驗並探索昆虫宿主，這是非常艱巨的任務。因為成果不是輕易得到，而是海底撈針那樣困難和不可預計。現在是檢到了，是多麽快慰的了啊。并形双腔问題在國內沒有人調查研究過。它是人体家畜共患的寄生虫病，十分重要。

關於扁体型幼虫期包括尾蚴和后蚴的比較是非常關鍵的。如能在吉林長春医大或回北京動物所設法拍些顯微照片作比較有重要意義。你前後各封信中所述的形態區別，看來以排泄囊的形狀最為重要。尾蚴的穿刺腺位置和後蚴腹吸盤和口吸盤大小比例和虫齡有關，須注意，最好測量較多的虫体。尾蚴的口錐刺，看了有無形狀的不同，這是較為可靠的特徵。其他如体部和尾部形態，如選成熟的尾蚴拍照比較，最好。虫蚴整体形態也要照相。因為我沒有看到腺体顆粒顏色和分佈的狀況，不能判斷這一点能否作為分類的特徵。從你所得到的成果，定為扁体屬，或新屬是不可以的。待月底回來後再作決定。一定要把比較形態用同樣倍數

腹吸盤那樣巨大是很特殊的。

1978年9月父信2-1

畫出。可能要建新种或新亚种，但须十分慎重。

矛形双腔曾经许多著名蠕虫学家研究過，能分出一個不同种或亚种是重大的，足为我國科学增光。詳細报导待你回来後再考究它的名称。我想今年送去動物学宣讀。

福建省科技大会將于本月十六日在福州召開，我们学校有代表约20多人。我於明天离廈到榕，会於23日结束。

毅勳曾有信来，云他將於10日离滬来榕，参加我省寄研所"耕牛体内老龄血吸虫衰老及产卵力的生理研究"项目，准备结合組織化学研究。他將在所内建立有关組織化学方法。（可逗留2—3周）協助。我擬約他来廈一趟，並商讨今後在我们研究室開展這方面工作以及其他问题，想你回来時可遇到。

我们廈大已由部定建立两所（化学所，海洋所），两室（寄生虫研究室，细胞及遗傳研究室）。数日来都在呈报研究计劃及購買儀器计劃。

研究生十月来。進修生史继明同志（南京江蘇新医学院）已到校。

你到榕再叙。路上要小心。今年各地有散發性霍乱病例。专此順祝近好

爸之字 13日

1978年9月父信2-2

8. 1979年父亲的信

背 景

1979年我在解决了内蒙古科尔沁草原流行的牛羊中华双腔吸虫全程生活史、媒介和流行病学的问题之后，知道新疆有双腔吸虫流行区，与在乌鲁木齐的新疆畜牧兽医研究所齐普生研究员联系，与他合作到天山牧场进行一次双腔吸虫问题的调查。我带了当时的研究生曹华、潘沧桑和由南京医科大学来的进修生史志明，于7月离开厦门，到上海乘火车三天四夜到达新疆乌鲁木齐。火车离开兰州以后的沿途景观，让我体会到“羌笛无须怨杨柳，春风不度玉门关”的诗意。

到乌鲁木齐后，我们在白杨沟上了海拔2000米在森林草原中的天山牧场，此时羊群已经到3000米靠近高山草甸的夏季牧场。我们全体住在冬季牧场牧羊人住的房子，在那里进行了一个多月的野外调查，查获矛形双腔吸虫病原和它的贝类宿主，以及一些蚂蚁种类。工作很辛苦但也感受到夏天一天中“早穿棉袄午穿纱，围着火炉吃西瓜”的气候变化情况，早晨很迟天才亮夜间十一点太阳还挂在西边半空中，在哈萨克族朋友帐篷中作客喝马奶酒，哈萨克族向导用树枝为我做了一个手杖，年轻的小王在高山草甸与终年冰川之间给我采回的雪莲等乐趣。

此项调查工作结束回到乌鲁木齐，伊犁畜牧兽医站站长等同志特意来乌鲁木齐邀请我去伊犁解决察布查尔乳牛场东毕血吸虫病媒介的问题，查到并确定了该病在当地的中间宿主——贝类（感染率达到50%），以及乳牛的感染地点，可见其严重性。回到伊犁，在伊犁河畔享用了甜美的新疆瓜果，同时也听到了我福州乡亲、民族英雄林则徐，当年被贬到新疆为新疆治水作出巨大贡献的事迹。

离开新疆后去了天府四川和抗日战争年代陪都重庆，乘船经过三峡到武汉，再到南京，最后回厦门。这一路，我拜访了成都华西医科大学寄生虫学专家胡孝素教授和她的实验室、重庆血吸虫专家前辈包鼎成教授和他的实验室、中国科学院武汉水生研究所鱼类专家前辈伍宪文教授和他的实验室，到南京参观了中国科学院古生物研究所。收获良多。

由于此次外出路途遥远，加上地点不断改变，所以只收到父亲一封信。从父亲的只有两页的信中得知家里情况和学校里有不少新任务。

曹華，潘滄桑，史继明三同学均此问好。弹又及。

親愛的遨兒：

你七月五日的来信约經過了八九天才到達廣州。我於月之中旬回来，回来後，家中好幾個人都患流感，媽々、暉々、昇々等都發熱輪流生病到今天才稍好。所以好久沒有寫信給你。

你發回好幾封电報都收到了，知道在烏魯木齊的調查工作已經獲得成果，找到了貝類宿主，和螞蟻宿主，想主要的目的已經達到。电文說貝類宿主是有点似琥珀蝸牛的螺类，未知是否像欧洲的Zebrina detrita一类的貝类它是長形的。螞蟻宿主想来也可能有所不同。我最近找到一篇有関矛形双腔吸虫螞蟻宿主的文章，附有一check list 及分佈地区（Srivastava G.C. 1975）。内列Formica及其他螞蟻种类25种。我想把它抄下来，待你回来作參考。

昨天得你电報，知你在烏魯木齐牧場調查已结束，並已到了新地区伊宁，作生態学觀察。伊宁從地圖上看已到了接近蘇联边境。最近蘇联边境常有新侵犯我國了。你一定要十分警惕，不可滞留多日，一定要早日提前结束，准備南旋。切々。校系領导也這樣說。

此次調查去的地方甚遠又在異常生疏的地方，劳苦備至。主要資料掌握後就

44

1979年8月父信1-1

要回来，不可大意。回来的路途也很遥遠，從四川走，還要很多天。我意你畢業後，就要整頓作返回计劃，不必再逗留了。沿途要给我打电報，使我能放心。你来途是從四川走嗎？過滬还要找些有関蟑螂分類的文獻。

学校九月上学，今年進修生很多，可能有十人。九月上课就开始講学。所以時间也很紧。進修生的進修计劃还须先订。

今年下半年教育部召开生物学各分支学科的座谈会。寄生虫学要我们和中山大学一起提出國内外本学科的動態和我们今後發展的计劃和具体研究工作的以往報告（论文）。現正在收集编寫中。

你寫的「中華双腔吸虫生活史」一文，廈大学報已排印了，不久可印發，今天正在校对稿件。

室内工作，宇光先生現在建瓯調查。

関於研究生教務處現發来培養计劃表。要填寫科研论文（畢业论文）的计劃。現等你们回来一起商量。

今年来考的研究生成绩都不好，大概系領導不准備收取。

你到伊宁後来信还未收到。[illegible]和此信由齐善生同志轉你，可收到否。日前由校汇你款1,500元料已到。未得覆甚念。爸二字 8月5日

1979年8月父信1-2

9. 1980 年的信

背　景

1980 年 6 月我离开厦门北上去内蒙古乌兰浩特继续进行中华双腔吸虫第二中间宿主（昆虫宿主）蚂蚁的证实工作，而到 8 月我还在乌兰浩特的时候，我的嫂子陈淑钦研究员突然因脑溢血去世，我从乌兰浩特赴北京奔丧，待丧事办完，才又回内蒙古，到科尔沁草原继续野外调查直到 8 月份。我二儿唐亮暑假也来科尔沁草原见习。我应青海省畜牧兽医研究所的邀请，9 月去青海讲学，在青海西宁给他们开一个学习班，并在青海先做初步调查，同时与青海同志约好，我以后会再来，对青海的双腔吸虫问题进行专项调查研究。青海的任务结束后我又回内蒙古科尔沁草原工作，到秋末才回学校。这段时间父亲只在 6～8 月给我写信，其他时间我行踪不定又路途遥远，邮递困难无法通信。但 6～8 月这段时间是我家和我工作的多事之秋，从父亲的来信中就可回忆一二。

1980 年夏天，我主要是在内蒙古从事中华双腔吸虫全程生活史的详细研究，设法取得其贝类宿主（枝小丽螺）排出的黏球进行昆虫宿主（黑玉蚂蚁）的人工感染，以科学证明我们从此蚂蚁中查出的囊蚴确是螺体所含的双腔吸虫尾蚴的后一世代，然后再做羊的感染，证明它们都是中华双腔吸虫的幼虫期。在这两年的试验工作，都逐步获得成功。

1980 年夏天，我在科尔沁草原工作期间，又应青海省畜牧兽医研究所的邀请，去了一段时间，后来于 1982 年我和我的儿子唐亮（他大学毕业，学校将他留校作我助手），来到青海高原开展了一个夏天的调研工作，收获甚佳。

这段时间我保存父亲的信 7 封。

第　页

親愛的逖克：

你到烏兰浩特後来的兩封信，以及在路上寄的蠕虫学教学小结（兩次）都收到了。大前天收到了你十七日發的电報，知道工作已經開始。看来今年工作也是很艱巨，關於寄款500元事，已經向学校說了，財務科答應汇，但說七月初才能汇去，因为這一個款緊張，待月初我当再去催。

畜牧寄生虫研究現在雖然引起人们的重視，但調查研究還不能一下了就見效，在經济上还不能夠引起過大的期望，所以研究的範圍还是小一点为宜。

關於亮暑假去內蒙事，我意一定要他去協助。使你不至過於劳累。旅费外公外婆出一百元。已对亮講好了。可能还須爭取半價，並已初步联系和曹耘一起走，路上能互相照顧，因为亮是第一次遠途旅行。学校現進入学期考試和结束階段，七月九日放假，可能即行北上。

学校近在抓研究生工作。前星期開了三天的研究生会議。總结兩年来各系進行研究生工作的經驗。结合最近人大常委通過实行学位制

（厦门二印厂出品）

1980年6月父信1-1

度。学校很注意生源问题，对於厦大這一班七七届学生，要動員他们考明年招收的研究生。他们还差一個学期才畢业，但已得教育部同意可以提考。因为有這消息，已和厦大說要抓住這机会，充份作准備。

耀娟現正在作論文題目選擇和找材料的努力中。因为是女同志不能跑很遠，前一段請她考慮魚類血居吸虫问题。厦门島上是没有這材料。現在想結合其他淡水魚寄生吸虫的研究。要向龍海那邊發展，最好能充份利用西邊站作为找材料据点。她暑假要回探望小孩，回来將是下半季，如果題目没有定好就要落空。其他研究生現也正在督促他们加緊工作。老刘数日内就作英语過関考試。絲虫感染試驗也在進行。潘沧桑植物线虫也在趕作。曹華如能多搜集一些標本帶回。最好在解剖蝸牛時注意有無短咽科 *Skrjabinotrema ovis*，果如有，注意它的在蝸牛体内發育各期。解剖羊時也注意有無成虫。

1980年6月父信 1-2

第　　页

漢夫和愛華最近來厦门小住一段時间。

我寫書工作照常進行。因为眼睛不好抄插图也有困難。現在除參考Levine教授書籍外，也扩大從專门雜誌找资料。現在要儘快寫出。华睾吸虫標本望帶來。

專此即问

近佳

爸爸 六月23日

《厦门二印厂出品》

1980年6月父信 1-3

第　　页

親愛的邀兒：

你七月一日的信收到了，五佰元的款已由財務在月初汇去，想這時当已收到了。

亮九号才季考結束，本擬考畢亮和曹耘一起赴滬轉京，因为曹耘不能在滬多呆，故计劃即速北上。为着這緣故亮曾寫信給毅重請他不要来站接。不料曹耘物理学一科学校要重考不能九日离厦，亮只能在滬等他，所以又变了計劃，决定九日先行，在滬寄研所小留，曹耘今天（11日）行，亮到站去接他。然後一起赴京。估計十七八号可到烏兰浩特。因为在路上（上海和北京都会停留一两天。

今年南方天氣酷熱，未知内蒙如何。你身体不好一定要注意劳逸結合。工作計劃不要定得太大，太繁。草原採集及調查一定要十分注意，車輛來回計劃要周到，要集体行動。防止迷路（或車）陷入泥灘。要多〻倚靠当地牧民及公社。甚为重要，前日報載彭加木同志在新疆作調查時因行車缺水，單独在沙漠尋覓水源而失踪了。在沙漠和草原最易迷路，因为沒有標誌，

《厦门二印厂出品》

1980年7月父信 1-1

第　页

四面八方都一樣。迷路了，就不得了。所以採集時要密切注意這一問題。

你項上那些腫塊有無再縮小？在內蒙居住飲食適合嗎？現在除曹華外还有幾個人幫助你。關於东毕吸虫的研究，從前許绶泰楊平描述的程氏东毕血吸虫沒有明確的模式地點和標本可資比較。該虫种还未看到國外学者有所徵引。進行這方面虫种區別问题不如精研它的形態和發育可以作為和其他已經確定的虫种作比較。

標本櫃裏的东毕血吸虫封片標本，已經全部拿出来裝一盒由亮帶去给你作比較。

你去內蒙後我一直在寫蠕虫学稿，两個月来寫毛圓綫虫類及家畜及动物絲虫類。從外國材料有不少知識須包括在我们書內，資料頗不少。元經已把第一批寄去的圖畫好了，發算約七十多元。現準備寄往第二批。蠕虫学一書篇幅將是巨大，要寫好質量必須認真对待。你在內蒙有很好机会搜集畜牧蠕虫標本，極盼烏兰浩特獸医所和崔貴文同志能贈送他们

《厦门二印厂出品》

1980年7月父信1-2

第　　页

已有的蠕虫標本。這將对我们有很大的帮助。马牛驢等反芻獸有絲虫种，多数在頸部或鬐甲部或足腱寄生。Onchocerca屬有結節，少有虫，如有宰牛宰馬机会能否將托人代为留意。腸内蠕虫，线虫類居多，如能採集並註有標簽將是非常宝貴的材料。

线虫方面現依Levine氏分章節的辦法，把线虫分为多少類，以各類为單元，（不是以各個虫种为單元）。這樣可能包括的面更大，如能成功這樣寫，將对獸医工作者及衛生保健人员更有用處。

我们要花較大的力氣，寫的内容要更扼要，全面。人体重要蠕虫病也不能忽視。

要把這一本書寫好要组织人力，待你回來詳細安排。

進修生大多数已离厦回去了，尚有張雲美及孫建華二人未走。暑期内滄桑及老刘二人在系進行論文工作。張耀娟今天回去。漢夫愛華來厦玩。愛華前星期已回去，漢夫後天也要回。尚此順祝　近好

爸爸字　7，11日

（厦门二印厂出品）

1980年7月父信1-3

年 月 日 第 1 页

親愛的逖兒：

從布特哈旗寄來的信，收到了。

我和媽媽於六月13日到達廈門，由於離校四十多天，回來後諸事猬集，兼以旅途辛苦，在福州食物不慎前白齒又碎了一個，神經裸露不能嚼物，回廈兩次到醫院拔齒，由於諸事的紛擾到今天才能給你寫信。閱讀來信知你安抵內蒙並已開展工作。路途遙遠，人地生疏，工作的艱巨可以想見，还好崔貴文同志派人支持和在經濟條件方面的協助，要不然這方面工作很難開展的。前(12日电)接电報得知你已經剖檢螞蟻找到去年越冬的成熟虫蚴，這对於中華双腔初夏感染季節的可能提供例证。你对於螞蟻生態的注意觀察是非常重要的。它为傳染媒介的螞蟻种類，它们的分佈決定双腔吸虫病的分佈。從它们在土内做窠的習性，需要乾燥的地，可能這一点或

国家仪器仪表工业总局

1980年7月父信2-1

年 月 日 第 2 页

尚有其他生態条件，限制了它们不向南方（華中和華南）分佈，單單関於這一点的説明，將是很重要的貢献。所以我想你那里重要种类的螞蟻如有可能注意观察它们的習性，做巢的環境，土中的温度和濕度，结構，（巢的照片如有可能拍一些），育幼虫的方式，食物等等。蘇联科学家報导，螞蟻的头部如感染有串蚴，行動会遲緩，我们的种类不知道和它们區别多大。属的分佈，可能是舊北区的形式從欧洲可能横貫北亚，一直可到东北三省。而南方东洋区可能無此分佈。

我最近在增写関於旋毛虫的一章，最近在東北得到有関的資料，雲南，西藏，及哈尔滨均有相当数量的感染人数，和未經知道的流行状况（據報告我國西南少数民有吃生肉或半生肉的習慣，經常有大批人感染旋毛虫，哈尔滨發現

国家仪器仪表工业总局

装 订 线

1980年7月父信2-2

年 月 日 第 3 页

有吃"涮羊肉"而得感染的例。直到市場中出售的羊肉中雜有狗肉，或羊因和犬在一起養，因糞便污染了草地，或因羊偶然吃了老鼠，（這問題尚待研究。）這些新材料使得旋毛虫這一章要重新增補和改寫了。

研究生的論文，我回来正在抓緊，要他们加緊完成，全面並逐項加工，叙述，繪圖，測量，实驗補充，那些未做或做不夠的实驗要七八兩個月內全部寫好。曹華最近加紧是有必要的。学位的授予，教育部很重視，最近又要召開一個会討論這了。寄生虫方面请来主持论文答辩的擬請龔建章教授及吳淑卿先生。

寄往北大生物学集刊的文章已經發表。出版社應允我们的要求，印了複印本各90本。已經存入複印本的箱子內了。每一文稿費我和你各40元，已由余之存起来了。

国家仪器仪表工业总局

1980年7月父信 2-3

年 月 日 第4页

此次在京磐哥處看到唐昕的精神狀態不大健全，表現沉默寡言，目光直神，探问他的思想，說是因為沒有女朋友而發愁，他說班上的同学都有朋友，只有他沒有。哥哥為他很担心，只怕舊病重發。他快畢业了，一個问題是，果如分配到北京以外的地方，可能会引起他巨大憂慮而發生毛病。前闻潘蕙雲在北航学校內有熟人。她從前来厦门剛好碰磐哥，当時曾說日後昕分配時她可以帮忙。前数天你以前的同学李洪，来厦门開会時，来我们家看你。從他處探问潘蕙雲現在地址是北京西苑中医研究院住院部七病区234号。你看是否方便作信给她，请她轉托人注意帮助昕（現在校名唐文暉）的畢业分配了。他本来念的是師資班，如能留校任教学，最符合他的專业，（不必說有病）。

蕙雲現在北京，可能跟西学校領导時能代为力。

1980年7月父信2-4

年 月 日 第 5 页

這次到沈阳探望三舅，看到了三舅的新住屋和了解一些三舅近来的健康狀况。三舅還經常有头暈，糖尿尚有小量，消化力不太好，跟宗澤在家里住，帮助料理一些家務。

媽媽從北京歸途中，心跳過速時有發作。回家後仍如此，最近在门口石階又跌了一跤，現腰部時時作痛。須十分注意。我每日咯痰仍頗多。在京時血壓高，現已下降。你在外身体須注意保護。注意劳逸結合。更須注意校區中流行的疾病，至为重要。單身在外，一切要自己小心。

因为学校正在推行学位，大学畢业擬授與学士学位，要畢业論文。每人要交一篇，或一篇中某一部位，這我们所指导的两個組，(一組3人)(一組5人)要適当分開，均要给新题目。正在调節中。

耑此順訊

近好

爸爸字。

七月一日

国家仪器仪表工业总局

1980年7月父信2-5

到青海時見宗恒表弟，对他説在福州現正在联系環境保護研究所，探询有無需要化学人才。另一方面又打听福建師大化学系有需要人。还要他

亲爱的巡儿：写简歷一份寄回。以备如环保不成時試向師大進行。还要简写社会関係表。

接电報知你已再度上内蒙。你来信説尚滞留北京照顧哥哥一段。

秋荣從上海来此住十多天，今日已往福州，回上海。

亮、東暑假在准备考研究生，讀書十分紧張。東暑假中因家中嘈雜搬在同学宿舍中居住。

研究生和77屆趕畢业論文的同学五人在系做实験。宇光先生数日前已動身往新疆。

前月下旬寄一包寄生虫玻片標本90多片由馨哥轉给你。未知收到否。該包裹係寄三里河一机部科技局。可能因淑欽逝世時忙乱未交给你。如未收到月中旬到京時要往取。

我暑假仍忙於写作。書稿未寄给你因想你近正在忙。寄回的绘虫草稿均已照收。

当此順祝

近好

赴青海旅途来往要多多小心。

爸爸字

八月七日

渝三 78—10

1980年8月父信1

親愛的谢儿:

你到内蒙後来的信於昨天收到。我於前天刚發一信往内蒙,估计你將於14日離内蒙可能又不会收到。

在你赴京期间曾寄去蠕虫(玻片)標本一批包括三种腺吸虫,两种双腔吸虫,成虫和各幼虫期,还有血吸虫類等片子共九十多片(供往青海講学用)。這一包裹係寄三里河一机部由馨收轉给你。估計,淑欽丧了期间係在太舟塢家里住,這包裹單可能还在科技局那里。因为没有在你信中提到已收此包裹,請到京時注意。

学校的证明已去打了,將直接寄青海给你。

馬弟(郭宗恒)的最近地址不知道,今天已去电三舅處请他即告恒去找你並將你青海地址告三舅。見恒表弟時告他現在進行接洽環保研究所。如不成当試師大化学系。見他時问喜欢任教学工作否。

滴眼药水,"晴可明"滴眼液。長春市春城制药厂出品,如長春有熟人可托代买数瓶。

爸爸字 八月10日

請恒寫簡歷和簡單社會關係寄一份給学佩。

1980年8月父信2

厦门大学

逖儿：

恒表弟近有来信，他現在的工作地点係在青海乐都氮肥厂。一星期前我曾去信三舅处请他转告恒表弟来西宁找你，并通知他你的地址。

（未回信）見他時请商量工作了。环保局似不成功。前師大化学系有人说需要教師。如願去就進行。需要寫简歷和社会関係。

另一單位是厦门海洋三所要人做放射性实验。可能関於魚类的问题。如有意再查。请来信。

附信寄去证明書一份。係寄青海科協的。

爸之字

八月十三日

1980年8月父信3

年 月 日 第 页

親愛的敏兒：

接21日电知你已来京，漢夫昨有信来說，如厰領导允許請假当和淑欽妹家人依鑑弟等一起来京。現在兄弟姊妹有數人在京，望能發揮一些寬慰馨的作用。

這次淑欽逝世是我家大不幸，馨經此巨變，打击之大，恐健康經不起，昕昉失去慈母，也是傷痛之情難以克服。這樣有全綫崩潰之勢。但死者不可復生，馨和昕昉二孫還望能控制哀思，注意身体健康。

現在趁親人在北京的時候，能否做一些改變環境的措施，避免每時每事都"觸景生情"。未知一机部領導能否照顧屋子。当然屋子不可能一下子就有，需要調整，如有臨時住的先暫借西橺，也能在目前發生較有利的作用。

国家仪器仪表工业总局

装 订 线

1980年8月父信4-1

年　月　日　　　第　页

第二件事是關於昕畢业分配，希望能照顧在北京，俾能多一人照顧，父子相依，昕昉應多關心爸爸日常生活。這事未知潘慧文同志能帮助否。

家中得連續急電後，不但悲痛，且思想非常乱，不知为何是好。總怕慧担当不起這挫折。希望他能理智一些对付此遭遇。三男慶有地址否？

第三，榕廈二地家中人都希望慧能請假一段時间回家休整一下。昕昉正值暑假也盼望一起回来。

你應青海寄生虫学习班講课事，学校已收到他们的公函邀請。標本已挑选好，共90多片，包括三种腹吸虫，矛形及中華双腔，日本血吸虫，毛毕及土耳其斯坦东毕，嗜眼吸虫，*Tracheophilus*等成虫及發育各期幼

国家仪器仪表工业总局

1980年8月父信4-2

年 月 日 第 页

出，均由亮分别包好，今天已用木匣子寄第一机械部科技局盤收轉給你，想不日可到，注意查收。

寄回的書稿及老崔拍的照片都收到了。稿的字数已達四十五萬了，许多圖未计算在内。未上正稿，还有五六個科。合起来至少有五十多萬或六十多萬。是一個巨大的工程啊。

研究生論文正在趕。亮东在准備考書。家中照常。

專此順祝 近好

侃，漢夫，均此。

爸之字 廿三日

附：侃未北上前，仕華寄她的信。

装 订 线

国家仪器仪表工业总局

1980年8月父信4-3

10. 1981～1983年父亲的信

背　景

从1981年夏天至1983年冬天，我进行了多方面的科学活动，共有四件大事。

第一件，1981年夏天，我和合作者崔贵文研究员团队在内蒙古布特哈旗科尔沁草原，继续进行中华双腔吸虫生活史的研究。在对4000多粒枝小丽螺检查其感染率的过程中，我能分别出其具有十分成熟幼虫期的阳性螺。我和同伴们趣言我有“特异功能”，可以知道这些螺能排黏球。这些螺我亲自饲养，第二天清晨4点我就给它们饲养及螺清洗，盖上湿的纱布，早餐后这些螺果然排出像琼胶一样透明的黏球，内含无数活泼的尾蚴。它们在自然界无法获得，因为它们极其柔弱，螺蛳爬行时就会将其压破。由于我们能获得这些黏球，才能进行此吸虫昆虫宿主（黑玉蚂蚁）的感染试验。我们预先准备好11窝黑玉蚂蚁，各放进一些黏球，立即有蚂蚁围来吸食。经检查，虫体在这些蚂蚁体内发育良好，成熟后给羊羔吃食，最终获得此吸虫的成虫，完成了这一吸虫的全程生活史的研究工作。

第二件，1982年夏天，我和儿子唐亮一起去青海，进行该省牛羊的双腔吸虫种类及其中间宿主（贝类宿主）的调查研究。我们和青海省畜牧兽医研究所王奉先研究员团队合作，在3000～4000米海拔的农村、高山、森林内进行调查。找到了中华双腔、矛形双腔、枝双腔、客双腔4种双腔吸虫及其贝类宿主。青海是双腔吸虫病重感染流行区，高原交通不方便，许多地点走不进去。我们检获的几种双腔吸虫幼虫期组织化学及电镜观察，见到它们的差异，初步否定了公认的“所有双腔吸虫是同一种类”的论点。

第三件，1983年4月我应香港大学国际贝类研究会邀请，到香港新界对因从南美洲进口热带鱼而携带来并大量蔓延繁殖的扁螺类高杆双脐螺（人体曼氏血吸虫病贝类宿主）的调查。世界卫生组织担心它们携带此血吸虫病原。我检查了各乡村的高杆双脐螺共5000多粒，及同样地点的各种扁螺亦共5000多粒。结果从当地扁螺查出多种吸虫幼虫，而外来种高杆双脐螺全部阴性，也没有曼氏血吸虫病原，它们尚未适应作我国吸虫类的贝类宿主。5月初返回厦门。

第四件，1983年冬天，我应邀在内蒙古呼伦贝尔畜牧兽医研究所，开一次“寄生虫病原生物学研究”的培训班，历时1个月。所以我在该年12月带了进修生郁平北上，在那里过冬。

这3年，由于在外工作地点流动性大，我只保存父亲的信9封（1981年4封、1982年3封、1983年2封）。

第 页

親愛的澂兒：

你到烏蘭浩特後來的兩封信，以及在路上寄的蠕虫学教学小结（两次）都收到了。大前天收到了你十七日發的电報，知道工作已經開始。看来今年工作也是很艱巨，關於寄款500元事，已經向学校說了，財務科答應汇，但說七月初才能汇去，因为這一個月款緊張，待月初我当再去催。

畜牧寄生虫研究現在雖然引起人们的重視，但調查研究還不能一下子就見效，在經济上还不能夠引起過大的期望，所以研究的範圍还是小一点为宜。

關於亮暑假去内蒙事，我意一定要他去協助，使你不至過於劳累。旅费外公外婆出一百元。已对亮講好了。可能还须爭取半價，並已初步联系和曹耘一起走，路上能互相照顧，因为亮是第一次遠途旅行。学校現進入学期考試和結束階段，七月九日放假，可能即行北上。

学校近在抓研究生工作。前星期開了三天的研究生会議。總结两年来各系進行研究生工作的經驗。結合最近人大常委通過实行学位制

（厦门二印厂出品）

1981年6月父信1-1

度。学校很注意生源问题，对於亮东這一班七七届学生，要動員他们考明年招收的研究生。他们还差一個学期才畢业，但已得教育部同意可以投考。因为有這消息，已和亮东、説要抓住這机会，充份作准備。

耀娟現正在作論文題目選擇和找材料的努力中。因为是女同志不能跑很遠，前一段請她考慮魚類血居吸虫问題。厦门島上是没有這材料。現在想結合其他淡水魚寄生吸虫的研究。要向龍海那邊發展，最好能充份利用西邊站作为找材料据点。她暑假要回探望小孩，回来將是下半季，如果題目没有定好就要落空。其他研究生現也正在督促他们加緊工作。老刘数日内就作英语過关考試。絲虫感染試驗也在進行。潘滄桑植物线虫也在趕作。曹華如能多搜集一些標本带回。最好在解剖蝸牛時注意有無短咽科 *Skrjabinotrema ovis*，果如有，注意它的在蝸牛体内發育各期。解剖羊時也注意有無成虫。

《厦门二印厂出品》

1981 年 6 月父信 1-2

第　　页

漢夫和霞華最近來廈門小住一段時間。

我寫書工作照常進行。因為眼睛不好抄插圖也有困難。現在除參考Levine教授書籍外，也擴大從專門雜誌找資料。現在要儘快寫出。东毕吸虫標本亦帶來。

耑此即祝
近佳

爸爸字 六月23日

（厦门二印厂出品）

1981年6月父信1-3

第　　页

親愛的遨兒：

你七月一日的信收到了，五佰元的款已由财务在月初汇去，想這時当已收到了。

亮九号才季考結束，本拟考毕就和曹耘一起赴滬轉京，因为曹耘不能在滬多呆，故计劃即直北上。为着這缘故亮曾写信给毅勤请他不要来站接。不料曹耘物理学一科学校要重考不能九日离厦，亮只能在滬等他，所以又变了計劃，决定九日先行，在滬寄研所小留，曹耘今天（11日）行，亮到站去接他。然後一起赴京。估計十七八号可到烏兰浩特。因为在路上（上海和北京都会停留一两天。

今年南方天氣酷热，未知内蒙如何。你身体不好一定要注意劳逸結合。工作計劃不要定得太大、太繁。草原採集及調查一定要十分注意，車輛來回計劃要周到，要集体行動。防止迷路及（汽車）陷入泥灘。要多多依靠当地牧民及公社。甚为重要，據日前報載彭加木同志在新疆作調查時因行車缺水，單独在沙漠尋覓水源而失踪了。在沙漠和草原最易迷路，因为没有標誌，

《厦门二印厂出品》

1981年7月父信1-1

第　页

四面八方都一樣。迷路了，就不得了。所以採集時要密切注意這一問題。

你項上那些腫塊有無再縮小？在内蒙居住飲食適合嗎？現在除曹華外还有幾個人帮助你。関於东毕吸虫的研究，從前許绶泰楊平描述的程氏东毕血吸虫没有明確的模式地点和標本可資比較。該虫种还未看到國外学者有所徵引。進行這方面虫种區别问題不如精研它的形態和發育可以作為和其他已經確定的虫种作比較。

標本櫥裏的东毕血吸虫封存標本，已經全部拿出来装一盒由亮帶去給你作比較。

你去内蒙後我一直在寫蠕虫学稿，兩個月来寫毛圓線虫类及家畜及動物絲虫类。從外國材料有不少知識須包括在我们書内，資料頗不少。元經已把第一批寄去的圖畫好了，發票约七十多元。現准備寄往第二批。蠕虫学一書篇幅將是巨大，要寫好質量必須認真对待。你在内蒙有很好机会搜集畜牧蠕虫標本，很盼烏兰浩特獸医所和崔貴文同志能贈送他们

（厦门二印厂出品）

1981年7月父信1-2

已有的蠕虫標本。這將对我们有很大的帮助。馬,牛,驢等及野獸有絲蟲种,多数在頸部或鬐甲部或足腱寄生。Onchocerca屬有結節,少有虫,如有宰牛宰馬机会能否嘱托人代为留意。腸内蠕虫,线虫類居多,如能採集並註有標簽將是非常寶貴的材料。

线虫方面擬依Levine氏分章節的辦法,把线虫分为多少類,以各類为單元,(不是以各個虫种为單元)。這樣可能包括的面更大,如能成功這樣寫,將对獸医工作者及衛生保健人員更有用處。

我们要花較大的力氣,寫的内容要更扼要,全面。人体重要蠕虫病也不能忽視。

要把這一本書寫好要組织人力,待你回来詳细安排。

進修生大多数已离厦回去了,尚有張雲美及孫建華二人未走。暑期滄寧及老刘二人在系進行論文工作。張耀娟今天回去。漢夫愛華来厦玩。愛華前星期会回京,漢夫後天也要回。　崇煬　順訊　近好

爸之字　7,11日

（厦门二印厂出品）

1981年7月父信1-3

第 1 页

親愛的遊兒：

你最近由布特哈旗寄回的信及6日發的电報都已經收到了。我從北京回廈以後寄你的信，想此時也已到達了。

学校已考完畢，開始放暑假了。今年研究生定於九月招考。前不久教育部有來指示，減缩名額，現以我，你，和宇光名義招收的只有三名了（縮減一半）。生物系各組，以及全校各系也都缩減。可能是因為全国各大学，各單位招收研究生的非常之多。故此教育部發令減缩，为着是保证質量。

学校77屆学生報考研究生的很多。這幾天来填表，填報考的專業，進行報名，亮和东东也领取了表格。亮是報我的研究生，東東報化学系的。化学系招收的有三個專业，蔡先生的催化，田昭武的电化，及傅学民的無机化学。考慮催化專业報考的人数甚多，

79·4

1981年7月父信2-1

第 2. 页

錄取的可能性不大，東最近決定報考顧先生的有机專业。據了解報這專业的人不多，研究生名額共有兩名。

現在報考寄生蟲專业的有十幾個，競爭也很緊張。東、亮二人現在都開始準備溫習各门的書籍了。

77届寄生虫專业学生在做畢业論文的科研。因为学校要实行学士学位制题目要公開。我们担任指导的两個組共8人。要多选些题目。他们中有的回去過暑假，有的留在学校。

得悉曹華論文稿即將完成，甚慰。滄桑、家振及老刘現都在系裡做論文。希望能做出較高水平的論文。現都在催促他们。耀娟已回南京。

教育部最近召集一個授與学位的委員会，来电要我去参加。因回来後支气管炎又發作

1981年7月父信 2-2

第 3 页

咳嗽，痰，都增多，怕盛暑北行將会加劇所以告假不能去。

崇淹婚了，經他研究所領导介紹，还有林戳表兄女婿的介紹認识了一位地質学院畢业的女同志，楊似華，現在福州地質局下一個單位工作。她因分配青海十年（北京地質学院畢业時25岁）1980年才调福州，所以婚姻了担擱了，現年35岁尚未結婚。她家很有意。崇淹和她本人也同意儘早结婚（二人認识後看来很溶合）。我和媽這次從北京回榕時，崇淹帶她到我们家里，見了面，看她是一個嫻靜的女子，崇淹说她只懂得讀書。身体可能弱些。關於崇淹已往的婚姻歷史也告诉她和她父母，崇淹说她们也了解認为是对方的不对。在我和媽未離福州前，曾全家讨論一次何時结婚，她家要早些，婚礼並可簡單些。女家無任何條件要求。但我家晚上讨論，正因为崇淹過去婚姻太草率，這次结婚應該很正式。但不

73.4

1981年7月父信2-3

第 4. 頁

鋪張。招待親友兩家在一起辦几棹酒席，可以在福州，婚後二人可來廈玩數天。本來定較近的時間结婚，後來因為似華單位派她往北京学习做資料工作，參加学习班三個月。所以婚了要遲延到十月。我和媽和她本人谈話所得的印象是性格很溫和，似乎柔弱些，淹说她是書呆子，因為身体弱，現組织照顧她使她幹資料工作，不必出差，做爬山越嶺的了。從谈话中看來頭腦很清楚。也很有礼貌。我很注意何以身体弱這一点。问她，她說因為食量不多每餐只一碗的緣故。她父母親在東街新華書店做了。看來是知识分子家庭。淹也常到她家里。関於婚了她家態度很明確，不但主动托人來講，而且都不提任何物質條件，連什么脚踏車，縫衣車也不提。我对淹的婚了抱有很大希望。希望她能匡扶淹走上生活和学习的正軌。

79·4

1981年7月父信2-4

第5.页

来电告诉用黏球感染蚂蟻11窩成功，這是又一個重要的收穫。關於雙腔吸虫在我国的生物学和流行学问题，很重要。有关双腔吸虫的探討將是我室今年最重要科研成就。

專此順訊

安好

爸爸字 七月十二日

1981年7月父信2-5

親愛的惕兒：

我來北京參加全國政協和第五屆人代会議，於26日到達，到今天已五天了。

現住在國務院第一招待所。地址：北京西城区文興东街一号。國務院第一招待所712号房间。有信可寄這里來。或寄藝轉

大会已進行一半。据日程要開到本月十四号。

到此之後剛好碰到亮。同在磐家過夜，他第二天就南返了。從他说话中得知在内蒙调查的一点情况。你身体可好嗎？调查何時可以结束？我北上前收到你的电報。因为23日就離廈门了，电报中說寄我信，可能寄到了但没有看到。現在工作快结束了，錢夠用嗎？頸部腫塊消了没有？念念。

本來还要在北京继續開動物志编委扩大会議，听说因为地点安排不來，还要另定時間，不能在15号接近的日期開。如在十月初以後開你是不是能來代我？我估計在京还有半個月時間，你來信还來得及收到。

1981年9月父信 1-1

蠕虫学写稿我在暑期增写了两三章，圖稿寄了三批给元經先生。已畫好了一批，寄回来了。你北上後我写的是"毛细线虫科"及"動物線虫科"。

你寄回的南京医学院主编的稿三章已寄趙魁元教授了。

我在京期间如得便將看々動物所及友谊医院的朋友。

此次人代及政協会議内容丰富。現國務院領导人換了班。因为纠正"老化"的缺点，可能号召年老的行政領导要让位。現在我也在考慮在適当時候是否要辞去行政職務。你看如何？

曹華及东北老崔，小吕小錢諸同志代我问好

耑此順祝　近好

爸々字
九月一日

漢夫常滄孙達
重庆後已有电给
馥哥。

1981年9月父信 1-2

第 1 页

親爱的秋兒：

你七月五日和22日先後两信都收到了。知道你和亮安抵西寧，甚为欣慰。閱信知已開始工作，並檢查有双腔吸虫的貝類，螞蟻宿主和發育期。這些資料都極宝貴。因为在青海前此是沒有人做過這樣調查。雙腔属的矛形双腔及其接近的种有特殊的分佈形式，它们在东北，西北，西南，華北各省均有分佈，只有东南省份沒有。這大概是螞蟻种类及其生態分佈的限制。你在各省已得不少的標本和記錄。現在在高原地帶的資料会更充实一些新知识。希望檢驗阳性的螞蟻，其种区别及巢窝的地下位置要注意其生態條件如温度及濕度。並须拍有好的照片。將来作一详细的分佈圖。

学校已放假。研究室也有一些人回去。

北京市电车公司印刷厂出品 八〇·五

(1509) 20×15=300

1982年8月父信 1-1

第 2 页

宇光先生和家震民洪凌仙，離宁夏銀川時有来信，他们大概已到新疆。翁先生最近开会才回来。

今年國家自然科学奬我们"胰吸虫及矛形双腔吸虫的生物学及流行学"又評上三等奬且給有數百元的奬金。這也是國家对你深入牧區調查研究的鼓勵。前數天科研處要我寫一份関於該項研究的簡介。（限一千五百字）。我已寫了給他们但寫得不好。該簡介將打字寄教育部。

元經来廈繕首已近二十多天了。於八月七号就要回去。七月以来我都在整理各類綫虫文獻並打字，現在已完五六類綫虫的参考。看来全書的文獻会甚多。工作量頗大。

暑期中樱、侃、崇淹都来廈。媽生日昨天提前慶祝，家中煮了一大桌歡祝，也請元經先生来。

北京市电车公司印刷厂出品 八〇·五

(1500) 20×15=300

1982年8月父信 1-2

第 3. 页

東〻暑期往廬山、黄山遊覽，到滬時有来信。不日將由榕返廈。

科研费今年教育部撥来的较少。我们寄生虫室撥三万。但因系内有的教研组没有撥錢，曾文彬代表系领导来问可否我们只取七成（二万一千元）剩下的支援其他组，我初步已答應。因为系内经费確是困難。

暑期中研究生工作仍在進行。張耀娟論文稿已交進来了（她报告三种異形吸虫及东方次睾吸虫的生活史）。老刘还在写。他描述鳥類絲虫十餘种。歐秀考取研究生，学校已给她通知了。她有来信说九月初上学時到校。我想通知她在她家一段之後早些来校。錫張申请加州大学黄明〻博士当研究生已得其收錄。攻讀Ph.D.要三年。主攻为寄生虫免疫学。

北京市电车公司印刷厂出品 八〇·五

(1509) 20×15=300

1982年8月父信1-3

第 4 页

亮擬於九月份往北農獸医系听外国專家講生理生化及人畜共患病寄生虫问题，甚好，我日内当往系找蔡錦之請其發一介绍信，想不成问题。

今年九月我们研究室有论文答辩。很想再请金大雄先生及郎所长参加答辩。好不好？

十月加拿大的Meerovitch教授会来厦。我已再和他通一回信。他正在籌措国際飞机的旅费。他可能經香港来厦，以後到上海和北京。我们该时会忙於招待。

最近接何毅勳一封信，他在美時间会延長至年底。血吸虫尾蚴经X光照射後会产生免疫。徐锡藩先生明年二月会回国進行科学试驗。

許錦江最近来一封信，说曾到加州大学黄明之教授處。说黄明之教授要和我们合

北京市电车公司印刷厂出品 八〇·五

(1509) 20×15=300

1982年8月父信1-4

第 5 页

作丝虫调查问题。云拟向美国衛生实驗院申請研究费。錦江信中說黄明〻对他講美国NIH有一筆經费將在1984年以後在美国以外的国家和地区使用，她希望能和我们合作利用這筆經费在福建地区進行丝虫病实験研究和流行病学调查。她已經寫一份详细计劃送到美国有関部门申请。但是這一項申请需要我们学校及有関部门提供材料。錦江說黄教授有寄表格来。来時再和你商議。

関於和她協作事我们以前曾作信给她提出一些人畜共患病如弓形体病之类。及動物血吸虫的调查研究。没有得她回覆。估计丝虫病方面像瘧疾及其他人体疾病一樣，係在衛生部系统管理下。我们無權决定计劃和外国卫生系统合作来進行调查，即使我们有数據也不能寄往国外。况且我们也很久没有做丝虫的调查研究了。我想擬作信與她说

北京市电车公司印刷厂出品 八〇·五

(1509) 20×15=300

1982年8月父信1-5

第 6 页

如和她协作，还是伦理论证的，实验方面的问题。国内直接和外国，国立卫生机关合作，或受他们资助进行研究的，外现在还没有。像丝虫调查研究最好由世界衛生组织，向我国卫生部或省卫生厅提出交好。

耑此顺祝

近好

爸爸字 八月一日

香港大学动物系寄来开会的专家名单一纸兹附函寄上。我校李復雪先生亦被邀请。我拟和他联系。

北京市电车公司印刷厂出品 八〇・五

(1509) 20×15=300

1982年8月父信1-6

第　　页共　　页

親愛的继儿：

關於亮擬往北農大听講生物化学的介紹信，現已打来了。茲附函寄上。听這方面国外專家的講演，未知北農大有收费否？如有，即速告知。再去領取滙寄。

前函料已達覽。暑期進行野外採集工作，一切盼小心謹慎，防止各种意外。

元經编畫已结束回去了。

我尚在做抄文獻工作，和看研究生的論文。

专此順讯

近安

爸爸字　八月十二日

北京市电车公司印刷厂出品　八〇·七

1982年8月父信2

第 1 页

親愛的邈兒：

連接你兩封电報知道一切書籍包裹共来了12包。好像你电報寫的是14包，不知有誤否。

昨天收到你八月25日從烏兰浩特發的信得悉你在烏兰浩特大約要逗留至九月初。然後去北京。這信想寄北京，不知会正好碰上否。

你給Basch教授信请他推遲到明年天气温煖時候来很好，前一段我考慮会跟Rausch教授来属時间相碰。他已定五月初来。經详细考慮我認為如六月七月兩月来這里較好。因夏季可在户外多观察。七月雖然熱，往北行气候还可以。为呼盟畜牧獸医研究所可以接待Basch教授到那边演講，順便看草原牧場。但不知海拉尔是否开放城市。

關於到各校講学后參观日本血吸虫病區3南京，武漢，浙江

北京市电车公司印刷厂出品 八〇·五
(1509) 20×15=300

1982年9月父信 1-1

第 2 页

衛生实驗院都提出有困難。今天收到四川成都医学院胡孝泰来信亦說因任務繁重不能接待。其他單位能接待但不能負担經济的有南京武漢及浙江卫生实驗院。這事要分别对待，方不致遭到全面的困難。

我收到你电報後當往外事組了解 Baach 教授来華後，到各校講学的费用问題。看来邀請的單位要出招待的费用。不能出的我们就必須考慮。外事組老高說：向中美文化交流委员会申請這筆款是違反原則的，去做会犯錯誤，所以他不同意代我们打电話。至於日後巡迴演講一事，用费將是浩大，廈大不能出這項款。（專家旅行用款甚大，每日膳食五十元。旅社住處房间费也是數十元，還有車费）前次 Meerovitch 參观訪问，我校用了五千元。這次如無其他單位共同邀

北京市电车公司印刷厂出品 八〇·五

(1509) 20×15=300

1982 年 9 月父信 1-2

第 3 页

請,用费会多出比 Meerovitch 两三倍。那就不容易解决。现在只好多徵求一些其他要请的單位出有一些,才定参观访问的行程。现在初步看来,要到没有開放流行区参观,也有困難。這困難不能踰越,因为當地的机関單位不肯带。要带须得省人民政府批准,這也不容易做到。所以在徵求邀请單位時說明不一定要去疫区,请的人可能会多些。

你乘在北京的方便望特地去找佩慕一下请她安排 Basch 在北二医講学一星期並要学校出招待的费用。希望她能支持。周述龍方面也要再去信。也请他支持一下。湖北医学院有一進修生来我室已答應他来。

杭州原正要去遊覽的,如能请卫生实验院参加一下。這12個單位都有待再努力接洽。等有頭绪後再寫信给 Basch 詳談。

(1509) 20×15=300

北京市电车公司印刷厂用品 八〇·五

1982年9月父信1-3

第 4 页

Bach教授到上海後会去见毛所長和参观寄研所的。

毅勳弟日前有信由郁平带给我，说今年九月底十月初间会回福建探親，擬来厦。我想请他来研究室为研究生講组织化学或血吸虫生理生化问题。我日内和生物系黄主任说，请他發函邀請。

你和亮，如去陕西早些日回来。

耑此 顺讯 近好

爸々字。九月三日

本学期有线虫学课向研究生开。是我和你共同担任的。現正在備课。

请对馨说豆粉不必再寄。还有很多，吃不完

昉考夜大学，不知有上否？又及

馨哥裤 小袄已做好。將寄上海秋萍處，嘱哥去上海时去拿。

北京市电车公司印刷厂出品 八〇·五

(1509) 20×15=300

1982年9月父信 1-4

親愛的欣兒：

連接你二月21日及23日從杭州發的兩封信知道你在杭州的情况。王茂茂同志已於本月初來廈，事先曾接李非白教授來电，我即向系内請蔡錦〻同志查詢宿舍有無位置，剛好本学期因一些進修生回去了，可以容纳，於是即發电給李非白教授，這樣就解决。

全國科協第二次代表大会將於十五日在北京召開，我被選為代表和福建代表团的付团長。已定於九日在福州科協報到，十日離榕赴北京。昨天学淦來电說鸞哥有信，要媽〻一起去京，經好久的商量，媽決定同行。已買好八日離廈去榕的車票，後天就出發了。預计為十日離榕，十三日可到京，離福州時当發电給鸞哥。媽帶的衣服太少，也沒有夠保煖的大衣。未知鸞能否帶一件大衣給媽。進修生課，宇光先生及翁先生的專題報告先提上來，可延至本月下旬，屆時我們也要回來了。

這數天來，我把數篇審阅的稿全清理了。計有西藏艾曉輝同志一篇，即所先生單殖英一篇（昆明"動物学研究"），鍾昌棣、申紀偉的西沙群島魚類吸虫一篇（青島海洋科学集刊）和李敏〻同志的一篇（動物学集刊）。因為怕一出去開会，又要拖很長時間。

1983年3月父信 1-1

研究生除了潘滄桑以外都已經来了。老劉帶了向许錦江要的鳳第馬来生长的資料来！我叮嘱他们要抓紧時间進行論文工作。老劉經過上海曾見到熊光華，據云他和周祖傑可能在四月来厦。

学校正安排這学期教学科研工作。我参加了校黨委学習鄧付總理的報告和五中全会公報。

亮打算参加生物系的留学生考试，考三本書。生物学、生物化学和外语（英语）（云是生化專业），听说就在本月十一日至十三日考试。

日前寄去有関嗜眼吸虫病调查一文料已收到。校对修改料甚麻煩，未知能趕得上付印否。

专此顺祝

安好

爸爸字。

三月五日

1983年3月父信1-2

第　　页

親愛的越儿：

你到滬後的來信及到北京後的電報和信都收到了。你這次出差使我很不安心。每天晚上電視机上報告全國氣候，呼和浩特及哈尔濱都是零下十幾度，南方人那能適應。大衣已經買了，很好，但全套武裝（还）要注意。鞋帽，棉褲等都要添置，还須請教北方人要買那一种才好。

你行後這里有（全国）細胞学会議在我校召開，我代表学校開幕時致欢迎詞。這次張先生及（女儿）小雲也有來。正值盧衍豪所長（及夫人）也來此，我家請一次客。招待這四個客人。張先生是你動身後第二天來。他听你嚴冬往内蒙，也甚不安心。說要寫信請你多多注意。

香港大学Dr. Dugeon有短信來，說寄的文章收到了。他称讚你的排版 Quite excellent.

北京市电车公司印刷厂出品 八〇·五

(1509) 20×15=300

1983年12月父信 1-1

第　页

想一定要那Proceeding刊登。

　　数天前内蒙興安盟有来公文到学校要求请你在1984年初为他们培訓班講课20天。俾他们能從事家畜双腔科吸虫的调研與防治。我们考慮明年之初已答應呼盟在那裏講课。如再加20天势必延遲回校日期，妨礙春季准备和Basch教授合作的工作。所以请他们考慮参加呼盟那里的講習班。未知合在一起听講有無困難。並建議興盟派数（少数）人来廣大進修。以後回去担任這工作。不知這建議切合他们实際否。預计此時你已經到達海拉尔。想他们也必定向你请求。不知如何解决。

　　关於学校换領导班子事，教育部最近有工作隊来，配合省委派来的人，開了数次会，我和其他年老的領导同志，算是都退了，换了新的人来。听

北京市电车公司印刷厂出品　八〇·五

（1509）20×15＝300

1983年12月父信 1-2

第　　页

說曾書记到有任科，文，数组主任。学校新党委書记係宋力之。校長仍是田昭武付校長換年輕的四五人。這事对我来說真是"無職一身輕"可以多做些学術工作了。

今届新研究生，二月考。前天已出了寄生虫学及動物学題目。

我心臟時闷痛，媽心跳早搏也偶發作一次。我们自己知道注意。你在海拉尔要十分注意。此是我國最北城市。接近西伯利亚一切都要小心。工作完成後早些南旋。

到海拉尔後把情况略告，为慰。

從海拉尔發的电報已收到。

耑此順讯　　近好

崔貴文同志及小吕，小錢，都平均此问候

仲璋
十二月22日

再者：我们書中序言列有国内已出版各書有北京農业大学孔繁瑶主编《家畜寄生虫学》一書未予列入。應補上。

北京市电车公司印刷厂出品 八〇·五
(1509

1983年12月父信1-3

11. 1984年的信

背　景

1984年也是我科教工作繁忙的年度，共进行3项工作。

第一项，1983年冬天至1984年3月，在内蒙古海拉尔市（现为海拉尔区），为兽医科技工作者举办了“寄生虫病原及媒介生物学研究”培训班。从各地来了100多位学员。大家都非常认真学习，对我也是一个鞭策。

第二项，上述培训班的工作结束后，我立即赶回厦门，准备迎接美国斯坦福大学公共卫生学专家、美中学术交流委员会讲学访问学者，P. 巴施（P. Basch）教授来华讲学访问，共10周，全程由我陪同。巴施教授于5月下旬到达，第一站到厦门大学寄生动物研究室2周。我们邀请了全国许多单位专家学者来听讲，盛况空前。然后，我陪他到了上海中国医学科学院寄生虫病研究所、杭州卫生实验院寄生虫病研究所、武汉湖北医学院及血吸虫病疫区，共费时近一个月。最后，到内蒙古，除作数次讲座（从自治区内外来听讲的专业技术人员又百余人）之外，考察了呼伦贝尔草原的东毕血吸虫疫区。最后在副盟长崔贵文研究员陪同下，到乌兰浩特。除讲演外，到科尔沁草原考察胰脏吸虫病、双腔吸虫病和东毕血吸虫病各流行区的传播媒介。8月初访问讲学和考察工作结束，巴施教授非常满意这一次的旅行，在乌兰浩特的欢送晚宴上他站起来，拿着酒杯激动地说：“我的血管里也流着蒙古人的血液”（他15岁时才和他的父母亲从匈牙利移民到美国）。第二天，我送他到北京机场，他乘机回美国。巴施教授是一位非常好的学者，遗憾的是前几年，他因动心脏手术，没下手术台就走了。他去世前一年，我在美国与他通电话，他邀请我再去斯坦福，我答应他第二年我还会去美国，一定去看望他，可是数月后就接到他夫人来信告知他走了。

第三项，当年在送走巴施教授后，我立即返回科尔沁草原继续双腔吸虫的研究和试验工作，到10月才回厦门。这期间，我儿子唐亮考取世界银行贷款出国留学的名额，到加拿大麦克吉尔大学（McGill University）攻读博士学位。

这年我共保存父亲的信4封。

第 1 页

親愛的逖兒：

一月一日的来信收到了。知道月来你忙於修改書籍，並作了複印。前星期郵寄複印本也收到。同時也接到John H. Cross编的有関管圆线虫Angiostrongiasis的複印本。已把它订好，借與邵鹏飞参考用了。寄来的書籍複印稿我已按次序把它们分放在五個黑布書夾裏。準備修改用。我也用小鐵夾把全書分43部（連索引在內）夾上，按原定号數次序排列。這樣分量大的書稿一定蕴存着很多應该修改的地方。可是我没有朋友肯用心把它校订。我记得陈心陶先生的「医学寄生虫学」稿從前就有许多人替他看過，如姚永政、陈国杰，我自己都曾为他效劳。如有机会，我们还要争取一些人为我们校订。

学校领导班子更换了已实现了，教育部派来了

北京市电车公司印刷厂出品 八〇·五

(1509) 20×15=300

1984年1月父信 1-1

第 2 页

一個工作組，收集听取各方面群众意見。並聚集一些群众举行投票。选了一些新的領导班子。党書記以下的校党委委員和各付校長都撤換了。現在只等省委、教育部命令一下就算交换了。

加拿大Meerovitch教授前月來信，再代亮申请Clifford Wong的Fellowship。已重寫申请書及介紹信寄往。請到與否还未知。可是前幾天学校教務處已正式通知亮，謂去年參加的出國考試有效。雖分數差數分，可以去。但要往上海補修英語訓練班一学期。命亮二月就要去上海，參加学习。估计六月可结束。爭取暑期中辦好手續出国，希望九月能上学。我今天已作信和米教授说了。亮得教育部资助後，还是要到他那McGill大学Institute of Parasitology求学。希望能得到学位。研究的是Experimental Parasitology。数日後亮自己会寫信详细报告。

北京市电车公司印刷厂出品 八〇·五 （1509）20×15=300

1984年1月父信1-2

第 3 页

Bauch教授四月中旬(十五日)到厦门。现在要充份作准備。怕的是计劃不周到，来此後遇冷場。出去参观访问時又无人招待。主要困難是衛生單位不願意承担接待任務。我最近曾寫信和毅熟及周述龍讨论此事，尚未有很好辦法解决。

培養用的一些玻璃器皿亮已请系去購買，亮如上海学习外出，将由滄桑继续料理。

和我们協作的有关日本血吸虫流行学问题，现正從事收集一些近日的资料。因为我们已經二十多年没有调查血吸虫了。

Rausch教授五月初来厦。两人间隔僅二周，会重疊。届時招待要花全力。

我希望你能早些日子回来，因为有很多準備工作要做。

北京市电车公司印刷厂出品 八〇·五

(1509) 20×15=300

1984年1月父信1-3

第 4 页

關於寫吸虫部分的書籍尚在醞釀中。可能要一個一個專題来解決。這可不容易須很好考慮。

耑此順訊　　近好

旭平同志均此問好

爸々字

一月十五日

北京市电车公司印刷厂出品 八〇·五

(1509) 20×15=300

1984年1月父信1-4

第 1 页

親愛的歐兒：

你的二月十六日和廿一日的信先後接到了。估計你七号就要離海拉尔，這封信如寄海拉尔会收不到，所以寄三舅處轉给你。

今年天气特别冷，你雖在最冷的海拉尔度過冬天，可是後面在旅程中还要经受寒冷，特别在上海，屋裏没有御寒设備，要特别小心。

関於Basch教授来華後参观訪问的單位依照他的建議曾联係上海寄研所，湖北医学院。据叔勲弟及述龍弟来信，俱已同意，但都要求有公函。所以曾一度和我校外事组相商，向教育部外事组请求發函给五個單位，请其接待。可是通电话结果，还是不肯下達函件，因大部分單位是卫生部和農业部管的。最後老高同意，厦大直接發函给下列五個單位。

北京市电车公司印刷厂出品 八〇·五

(1509) 20×15=300

1984年2月父信 1-1

第 2 页

1. 上海中国医学科学院寄生虫病研究所
2. 杭州衛生实验院寄生虫研究所
3. 武漢湖北医学院寄生教研組
4. 海拉尔呼倫貝尔盟畜牧獸医研究所
5 北京医学科学院。

這五個單位是依照Basch教授計劃中提出的。它們不一定都作同意的反應。如果有一半，也可以應付得過，不然太難堪了。廈大公函不日可以發出。參觀單位因為時間關係也不能太多。

Basch教授不久前有詢問來廈的交通情況。已答覆他由香港來較方便。他信中說：到廈的時間可能是四月15-20間。Rausch教授是五月初到廈，可能他們二人會碰見。

準備需要培養的器材，亮赴滬後滄桑買了一些，昨日已派他往福州接洽買動物血清

北京市电车公司印刷厂出品 八〇·五

(1509) 20×15=300

1984年2月父信1-2

第 3 页

买一些器具。培養操作的地方，暫借凌峰樓，实驗中心一樓一間房子，可用二個月至六月初还他。（和蒋心橋接头的）

關於和Basch教授討論流行学也初步作些準備，对於我國近年来防治的成就的資料已通過毅勳向寄研所抄得一些以免講話時口徑不对。我想關於日本血吸虫的討論應多偏於理論方面，他演講時的听众也應該邀請一些人。我曾寫信邀請毅勳，源華和述龍。毅勳回信说不能来，述龍答應可以提早来，因他會来参加Rausch氏演講的。其餘擬邀請的有浙江衛生实驗院宋昌存，福州的林樑城，陈国忠，陈桂光。

Rausch講演参加者宇光已邀請多人。包括翻譯的莫若明。我们也须物色一人作翻譯。我自己想多準備一些有关釘螺發育分佈和

北京市电车公司印刷厂出品 八〇·五

(1509) 20×15=300

1984年2月父信1-3

第 4 页

生態的问题。

我想通過這次培養的实验，以後能建立一個培養螺虫的实验室。今年最好用科学基金助款購买一台倒置显微鏡。1983年的撥款已用於購买日本Olympus型显微鏡多台。现室内人员均已有鏡用了。你到京時可到佩惠處了解应置（什么有关螺虫培養）的器材。堯於一月十二日離厦赴滬，现已一月多。加拿大Meerovitch教授（麦基尔）入学證書(Admission letter)已寄来，暑期中可辦出国手续。堯还须往北京一趟辦理領取護照。希望能早些到加，能於九月上课。

得知書稿已送往中國科学出版社，未知今年能送往付印否。

带此顺讯

近好

爸 字

暉寒假以来較用功。每晚都到十点十一点。三门功課已補考過。分数未公佈。
宝玉的女儿和儿子到厦门游覽。在這里数天。

1984年2月父信 1-4

第 1 页

親愛的逖兒：

你28日從烏兰浩特發的电報收到了。亮和歐秀月底離家往福州，亮從福州往北京，料已見到。按教育部預定，可能八月三日由飞机經東京直接往加拿大。今天是三日，料航程已開始了。歐秀送到福州後今天已回到厦门来了。

亮這次出国求学机会很好。但也很艱巨。要去闖。羅立（鐵的兒子）也考上了，現去北京教育催辦手續。爭取暑期後入学。

Meerovitch教授有通綫回信。最近来信說現在McGill大学等亮，帮助辦理入学手續。這次嘱亮帶去一個漆的茶盤送他。（這茶盤是Baach教授送的質量很好。）

亮未行前曾將我歷年的複印本寄烏兰浩特給你。関於出論文集了，在家中我和馨及亮都

北京市电车公司印刷厂出品 八〇·五

(1509) 20×15=300

1984年8月父信1-1

第 2 页

有争论。我认为我已往的文章是不够出论文集的质量。這事應好好考慮，不要貿然答應。和我同時的師友如馮大夫，陈心陶，吴光，徐锡藩等都没有印他们的论文集。現在複印的条件發達已經無需重印從前的论文了。

我自己要综合和总结的科研如吸虫綱的分类，系统發生，分佈及和宿主平行演化等问题現在还须蒐集資料，我想再继续工作，先寫论文（包括我國吸虫志等等）待你六十五岁以後再整理成專書。如能更早当然更好。這件事日後由你来完成。我現在正着手整理異形科和杯叶科。

吴淑卿先生来信云擬在厦门召开動物学会寄生虫专业的会议，擬请正式代表70人，自费代表50人（共120人）但只撥款2,000元。十多日来为此事向市科協及我们学校商量请款。

北京市电车公司印刷厂出品 八〇·五

(1703) 20×15=300

1984年8月父信1-2

第3页

结果虽奔走多日，仍無法多籌款項。看来必须由動物学会多撥款，至少要六千元。如今年動物学会款已用完，延至明年之初也可以。這事要由厦大直接向動物学会作答覆。

数月来在北京和上海一些同学曾表示要慶祝我八十壽辰出一論文集。對此，我曾表謝意，但想不要這樣做。出紀念集一般是紀念大科学家的做法，同学们是因為愛我過甚而忘其有否足夠条件。另外徵求得一定数量文章很難，縱使文章夠了，印刷也不容易。就是印刷也有辦法了，如不是有名的雜誌的特刊，而是私人的出版物以後人家看到我们的文章不普遍，徵引有问题，埋没了這些文章。我想還是把這些研究成果，無論是論文或提要的形式都集中在成立全國寄生虫学会的会議上，把這一重要会議開好。

北京市电车公司印刷厂出品 八〇·五

(1509) 20×15=300

1984年8月父信1-3

第 4 页

東到南京已有来信。可能要在那裏一個多月。

亮的公费助学金学校只给一年。看来到加拿大後十分艱巨。情况如何要等他到那里才知道。

系下学期招收寄生虫專業学生。还有研究生任務，此後教学工作会增加。因为動物專业的选修课仍继續要開。

Basch教授到美國後有一封来信。

專此 順訊

近好

爸 字

八月三日

北京市电车公司印刷厂出品 八〇·五

(1509) 20×15=300

1984年8月父信1-4

第 1 页

親愛的秋兒：

九月一日的信收到了知道你數月来進行了興安盟一個山地兩种双腔科吸虫的流行学及防治实驗，這是很好的。对胰吸虫及双腔吸虫的研究能貫徹始終，從調查到防治這是很有意義的。因為草原及其他地形的牧區範圍太大切实有助於消除的辦法可能從羊群服藥較易收效。同時可減少草場上的感染源。翁先生今年度正在研究胰吸虫服药將来可以和他合作或向他请教，把有效药物在牧場試用。得知你研究螞蟻的矛索线虫這也是別開生面的生物防治。

你送寄生虫学会成立大会的論文提要五篇，這是非常適時的。關于"建国卅五年我们關於牛羊双腔类吸虫的研究的综合報道"望好好総結

北京市电车公司印刷厂出品 八〇·五

(1509) 20×15=300

1984年9月父信1-1

第 2 页

各地的生態環境，拍好照片，做幻灯片，佐以各地的貝類、昆虫宿主的种类，病原虫种的不同和分佈，想大家会有興趣。我現在正整理一些從前搜集的鳥類吸虫資料，杯叶科，短咽科，異形科等新属新种生活史等，現正寫成提要，作為我和你共同宣讀的一部分。如時间许可擬再總結吸虫类和它宿主鳥类關係，共同演化的问题。

關於去西双版納调查问题。詳細考慮我覺得太緊迫，欧秀和鵬飛一些有関論文的实驗还在做，鵬飛教学实習尚未完成，边防証有去申請但尚未領到，看来即使他们二人能於十月十五日離此，出發往昆明要在十月下旬。十一月初到達昆明之後去西双版納要有一段時间在那裏还要探討流行情况，又要趕路回来，太匆促了研究调查和一月份的大会准備工作都

北京市电车公司印刷厂出品 八〇·五

（1509）20×15=300

1984年9月父信1-2

第 3 页

做不好，並且你自五月底和Basch教授一起出發以來一直沒有休息，所以反覆考慮後決定還是不要去。今晨特先電告你。西双版纳如情况安定，明年再去不晚。

学校新領导班子已正式宣布，我脫去了副校長職務，現每周不必參加会議，時間分配更自由些。

昨日收到崔貴文同志寄来前北平博物杂誌刊出的兩篇論文複印本多份。並前數星期由他寄来全套的複印本及原文均已照收，请代我向他道謝。這些舊作，僅有此一份。古人說"敝帚自珍"供自已的回憶，現在尚缺在美国發表的兩篇已托林小慧同学代为複印不知能得到否。我的文章量與質均不夠，如天假之年能活到九十多尚可勉强增加一些。須大大努力。

北京市电车公司印刷厂出品 八〇·五

(1509) 20×15=300

1984年9月父信 1-3

第 4 页

顧先生已允東之和人交換，調往南京，东正在接洽中。亮到加後Meerovitsch教授有来信云曾接亮到他家中小住數天。並云亮英語大有進步。現在正计劃跟一位教授名Roger Prichard，係寄生虫生化專家。

系内本学期招收的寄生虫專业学生已報到了，共二十人。中五人来自本省，十五人来自西北、東北各省。現財興被派為班主任。本学期動物組还有一寄生虫選修班。

今年科学基金要求彙報研究成果已將你1983年發表的两篇及亮的一篇，滄桑的一篇寄去。学校各系正在進行教学改革。其餘無甚变化。

專此順訊 近好

爸之字 九月十日

北京市电车公司印刷厂出品 八〇·五

(1509) 20×15=300

1984年9月父信1-4

12. 1985 年及 1987 年的信

背 景

1985 年夏天，我照常到内蒙古科尔沁草原继续野外工作从事双腔吸虫病流行学调查研究，及其昆虫宿主黑玉蚂蚁索科线虫的生物控制问题的探索。当时我已得到美国科学院及美中学术交流委员会的美方邀请，定在 1986 年赴美国 6 个单位进行讲学访问，为期 10 周。我在从事科学研究工作的同时要为此讲学访问做准备。我准备了血吸虫病问题、泡状棘球肝包虫病问题、双腔吸虫病问题、胰脏吸虫病问题共四个题目。1985 年，父亲的工作和活动也很多，去北京参加全国政协会议，母亲同时北上并赴沈阳探望她三哥（我三舅父）一家。

这一年秋天，在呼伦贝尔盟（现为呼伦贝尔市）崔贵文副盟长的经费支持下，我国寄生虫学专业学会在厦门成立，参加者老、中、青三代人近三百人，盛况空前。

1986 年 4 月，我第二次到香港参加香港大学莫顿（Morton）教授主持的国际海洋贝类研究会，我被邀请从事红树林地带及沿海的贝类寄生吸虫幼虫期种类的调查研究，5 月初工作完满结束回到厦门。只过 1 周就需动身赴美国。此时我母亲病已很重，我临行时她痛哭，可能她想将见不到我了。她知道车子已在楼下等我了，才强忍住，我带着这样悲伤的心离家远行。到美国讲学访问 10 周后，又应加拿大麦克吉尔大学邀请去作讲演 2 周，8 月从美国回来。回来后我服侍母亲两个月，带回的药也挽救不了母亲的病，她于当年 10 月 14 日离开我们了。这一年，我外出期间流动性大，父亲没有给我写信。

只有 1987 年，我在外还收到父亲的一封信。这 3 年我共保存父亲的信共 9 封（1985 年 8 封，1987 年 1 封）。

親愛的徵兒：

你到南京後發來的电報已收到。

你動身後收到了教育部囑托評審申請的科研項計有四項：

1. 張作人教授组织領导的《纖毛虫細胞皮層的分化及其調節控制机理》

2. 江静波组织領导的《瘧原虫休眠體復發机理的研究》

3. 江静波组织領导的《瘧原虫紅細胞外期的培養》

4. 郎所先生组织領导的《單克隆抗体对寄生虫病的免疫診断》

因为時間緊，考慮寄去上海給你，恐怕来不及，所以就直接寄北京二医唐昉轉给你。因为他们所申請的款額都很大三十四萬，十幾萬或幾萬，評審了

（1403）21×15＝300

1985年5月父信1-1

在張作人教授領導下的本項研究《纖毛虫細胞皮層的分化及其調節控制機理》，是從原生動物形態發生的角度探討纖毛虫（原生動物中較高級的一個綱）的個体發生及演化的機理。張教授在原生動物學研究有很多建樹，從六十年代初期以來他的有開創性的觀念與方法為國際原生動物學者所徵引，目前他組織了一個具有很大活力的梯隊進一步應用新的技術，深入窺探原生動物發生的奥秘，了解纖毛虫皮層細胞骨架構造及分化的現象，從亞顯微結構及分子水平上探索纖毛虫細胞模式的形成。並对核質関係亦將有所闡發。估計本項研究有很大的重要性和艱巨性，但張教授是這一創造性學科的先驅者現在又組織有充份的人力他的科研設計必將有成的。

1985年5月父信 1-2

江静波教授申請資助的研究:《瘧原虫休眠及復發机理的研究》係一瘧疾学中帶理論性的探討。試圖对瘧疾復發現象進行尋找生物學上的根據,即子孢子侵入肝臟後最早存在的位置。申請者計劃以食蟹猴瘧原虫為試驗材料,從按蚊唾腺中收集大量子孢子,用以接种猕猴,在接种36小時至229天之間,活檢猴肝,用免疫螢光方法檢查試圖發現有休眠体。申請者根據接种大量瘧原虫子孢子,在宿主肝內只有少數能發育的試驗,並一些种類如諾氏瘧原虫和伯氏瘧原虫沒有休眠体也沒有復發的現象提出了休眠体的假設(Hypnozoite Theory),認為有這樣病原体存在,在一段時間後会重新活動而引起瘧疾的復發。果能從實驗證実則在瘧疾学中爭論已久的復發問題將有所貢獻。

1985年5月父信1-3

很重要。曾经想先代草擬評語，看来也不行，如对單克倫抗体在寄生虫病的诊断我是完全门外漢的。張先生的纖毛虫细胞皮層的分化調節控制机理的研究我相信他有很好的條件能完成。江静波的瘧疾原虫休眠及復發的研究，如經很大努力也可能有希望完成。關於這兩项我試寫了意見，以作你的參考。这兩紙附信寄你。对張先生的研究你知道更清楚。

第三项關於瘧原虫紅外期的培養，我想你最好請教佩蓉，看是否可行。並和她瘧原虫培養有無重複。

第四项單克倫抗体在寄生虫免疫诊断的應用問題，如不能判断，可推薦[illegible]北京首都医科大学劉尔翔教授评審。

你見到吳淑卿時請托她代催動物学報關於我的文章《叶形吸虫生活史》盼能即予發表。

見到施芝卿時告訴她，關於論文集希望寬些時間，能增加更多篇的較近的論文。專此順祝

春安

爸爸寫。五月二日

1985年5月父信1-4

親愛的逖兒：

五月十七日從海杜尔發出的信收到了。關於論文集承施士卿的意見要出，是為着纪念我這方面工作五十多年，這是可感的。我想要出版一定要更充实些，現在既有一两年時间再努力一段看。钱出学圖版說明尚在排印，可見正文还未開始印，也可見出版社印刷很擠。我希望能快些。

你送别Rausch教授後，到海杜尔想工作很忙。我最近写整党的对照檢查，整整花了一個星期。今天已完成了。

昨天從系辦公室蔡棉棉處獲悉科研处送來教育部下達的一個公文，知道中美互換学者項目中，美方邀請你赴美講学，邀請人為Bauch教授。時間為两個月半（10周）。訪問的單位為斯坦福大学医学院，加州大学（Berkeley本校）

1985年5月父信2-1

及Bethesda, Maryland国立医学图書館和Beltsville美国農业部圖書館。他们还邀请你在斯坦福大学及国立衛生实驗院NIH作有関畜狼寄生虫，血吸虫，及其他有经济價值的寄生虫的学術報告。他们寫的是Seminar，可能是指小型的演講。

他们擬定的時间是1986年春季。時间合適嗎？

院已按外办的所定步驟先由系簽註意見，後由外办送往校領导审批。正式的複印文件想不久会寄来，以後再寄你。我先將文件中英文原信先抄一份给你，你知道大概。雖然時间还有半年，准备報告及要搜集的文献的准备会很緊張。你秋天回厦後还要练习一些英文口语。关於這方的准备，你考虑後再详商。NIH是美国最高的寄生虫学的机関。在華盛頓你身体要很好注意。要有很好的营養和休息。

1985年5月父信2-2

唐暉季考成绩不好。学校定6月20号左右再一次補考（模擬考试）7月初中考。

看来上高中希望很小。

現在距補考時间只有二十天。每天还上學校听课。

专此快讯　全好

爸爸字
五月30日

Bach教授还未来。

1985年5月父信2-3

第　页

親愛的逖兒：

離家不覺有十多天了。我到福州就擱了三天至一日方乘飛机北上，媽媽滞留在福州，至五日坐火車到京。漢到七日到車站接往，和瑞徽姨同住漢家里。七日晚漢請我和会一起到他家吃飯辦一丰盛的酒席。媽說她過上海時，磐哥來火車站看她，說十日可回北京，並說打算護送媽到三舅處，估计十二或十三媽会去沈阳。

我每日都有会，大约須等22日結束。看開会日程表，可能17日後有三天較空的時間，会伯或会在那時一起去沈看三舅，至20日回京参加閉幕。我也擬定那時间去回回，不知三舅肯放行否。我想到22日媽已去沈10日，也许三舅可以放走。如不肯，可能我就要不能参加閉幕式，不知可能告假否？這還尚待商量。數日後可解決。昉孫昨天已見到。知哥哥的房子一机部已給了哥结婚何時沒有消息

1985年6月父信 1-1

第　　页

探问昉和昕对此事的態度。說没有意見。不表示反对，但也不怎麼表示贊同。我想這事哥哥自己作主好了。问题还是在女方。如在上海結婚，討厭的是旧的对手还在那里。不知房屋问题現在如何解决。待媽見到鹏哥時方能知道清楚。

我开会还很輕鬆，但多掛家里及工作。Rauach博士不知何時来。盼能在我回家之後。已托宇光給信與他說明。我还要作一封欢迎他的信。因在開会沒有時间寫。在此京丰宾館，離北京市很遠。不能往那里找人。見到了金大雄教授及鐘老。他們也来參加政協会議。他倆要来此一下。我托她代向施艺卿致意。不知道能見她一下否。鍾老告訴我說科学院有一些要倡議組织寄生虫学会，及辦寄生虫学報。我没有表示要參加他们的倡議，不知他会再来找我否。

現在我最担心的是研究生的工作。一定要

1985年6月父信1-2

第 页

大大的努力。不然会失败。全国各大学变革，人事变動都將在八月份。不知我們学校如何。

我和傅先生及鄭重先生在一起。

振乾会伯等住另一招待所不易見到。

我的通讯地址是北京招京丰宾館十樓1034房间（政协代表）我收。

在此開会時间可到六月22日。

訂 線 裝

專此順訊

近好

爸二字

六月10日

1985年6月父信1-3

親愛的逖先：

你六月三日，由興安盟發的信，及6月四日由海拉尔發的信都收到了。很久沒有给你覆信，因為我和媽媽前月下旬都生病了，拉肚子，约經一星期多，可能因食了不潔淨的东西。两人一起病，症狀相似，可是是同食一种致病的什么細菌。媽媽比我更利害些，一天拉了二十多回，最早服黄連素無效果，後服土霉素也不差，後服痢特灵及打庆大霉素針始慢慢的好起来。现已完全好了，飲食照常了，勿念。

歐秀和邵鵬飛論文評審及答辯了忙了數星期。前月文稿两篇均整理和打印，附圖也影印和照相。宋昌存所長和潘欽先生經評審後，於前月30日来我系，一日開答辯会，由宋所長任主委員四人，我和如柳参加。（宇光先生刚好

1985年7月父信 1-1

第 页

去非洲参加國際原生動物学会議)。經上午答辯,下午評審,順利完成。他们二人会將印好的論文寄你並寫信彙報答辯的經過。二位客人我们請他在家宴請一次,二個研究生在学校餐廳也宴請一次。他们兩位於三号已坐火車回去了。学校月前就已决定兩位研究生都留校。

宇光先生前天從非洲經北京回来,(開会只四五天)談在Kenya会場中遇到Meerovitsch教授夫婦。他们邀请宇光吃飯。曾盛贊亮的工作成績及待人接物,誠懇熱情。現已考上研讀博士的考試。約兩三年可得学位。他们正在西欧秀找机会。据云他们寄生虫所沒有植物線虫專业,要在其他單位找机会。

曾華偉曾檢查樁象數百只,沒有找到索科線虫。他想要请你给他多定題目。

北京市电车公司印刷厂出品 八〇·五

(1509) 20×15=300

1985年7月父信1-2

第　　页

其他兩個研究生暑假也要他們開始找材料，開始工作。劉昇發我想要他做鴨鷄的前殖孔吸虫。黄蘇明想依你前所說做華支睾。但這一問題濤鋭先生的研究生正在做。

最近收到加拿大政府辦的漁业和海洋的机關 L. Margolis 教授來信說曾寄一些複印本(關於寄生虫的) 說由 Rausch 教授介紹的。另一信由美國 Nebraska 大学, University of Nebraska State Museum, Harold W. Manter Laboratory, 的一位女科学家 Mary Hanson Pritchard 教授寫的。說經 Rausch 教授介紹，她寄我一批複印本（約重 8.5 磅的包裹）內含了 Manter 教授生前有關吸虫的著作。因為是船運，可能一兩月才能到。她的信非常熱情地請你到她那裏，說如你行程便利希望到她那研究室。以我所知這 Manter Laboratory 是美國

北京市电车公司印刷厂出品 八〇·五

(1509) 20×15=300

1985 年 7 月父信 1-3

第 页

经典寄生虫学的中心，在那裹参观訪问将会有很多好處的。我正在想寄一套我们的複印本给她。不過郵费甚贵。尚在犹豫。

海洋鱼類的吸虫是未经開發的園地。標本就已经不易採集。生活史的闡明更是困難。只好不断努力。

你准備赴美後作Seminar報告的文稿，其外文稿，如写好可先寄回。明年香港大学的会議如不给旅费参加就会有困難。香港近来一封信，詢问对採集设备有何要求。我想香港会可能和赵

学校自实行改革後，经费大大壓缩。我们研究室今年只分到三万元。欠科研處有三四萬。要逐渐扣去。宇光出国参加会議，旅费向科研處借萬元多，也要扣。

廈大辦一開發公司，听說進口一些彩电，錄象机等，因为價格控制的缘故，賣不出去。积壓

北京市电车公司印刷厂出品 八〇·五

(1509) 20×15＝300

1985年7月父信1-4

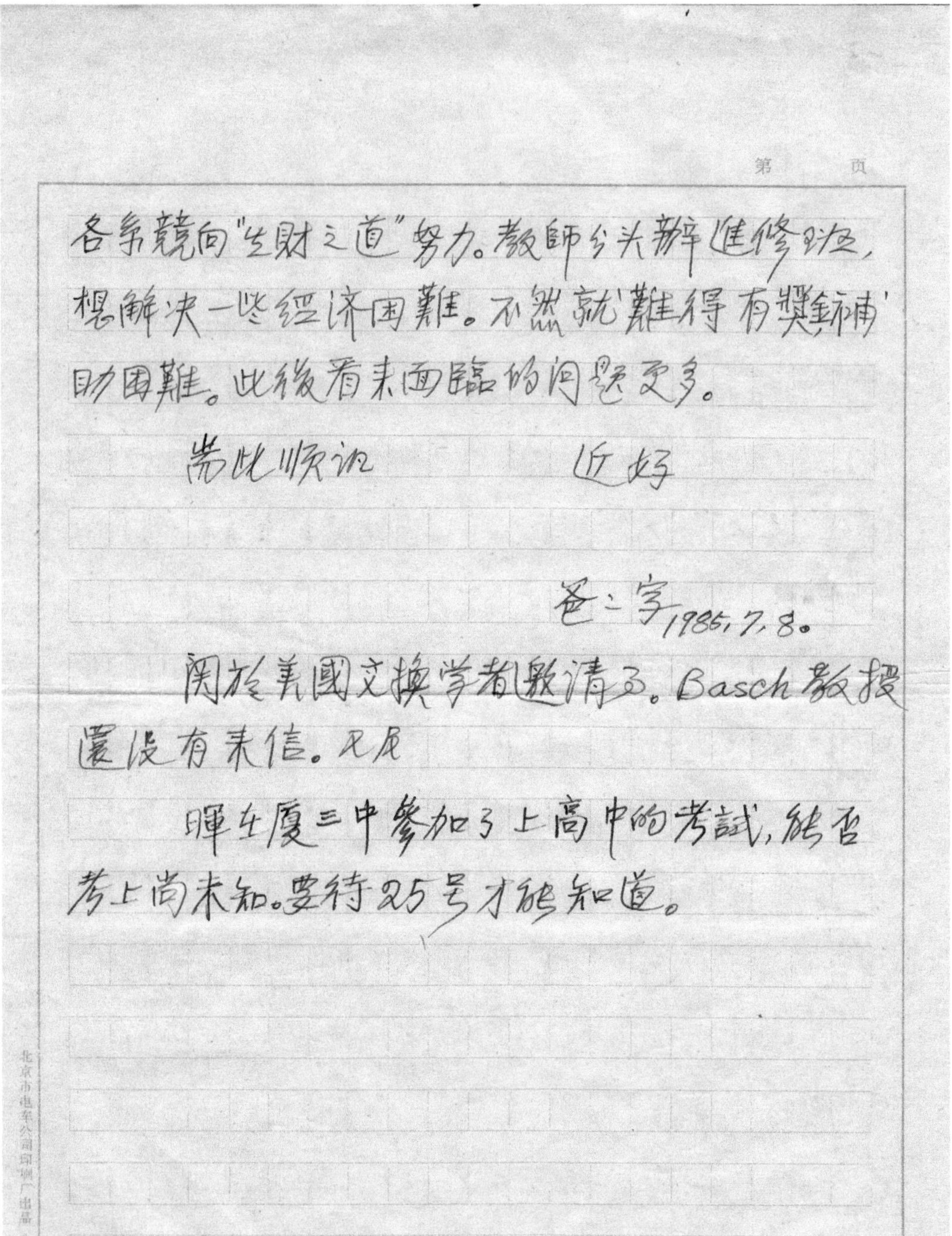

第 页

各系競向"生財之道"努力。教師分头辦進修班，想解决一些經济困難。不然就難得有獎金補助困難。此後看来面臨的问题更多。

常此順祝 近好

爸爸字 1985.7.8.

关於美國交換学者邀请函。Basch教授還没有来信。又及

暉在廈三中參加了上高中的考試，能否考上尚未知。要待25号才能知道。

北京市电车公司印刷厂出品 八〇·五

(1509) 20×15=300

1985年7月父信1-5

第 1. 页

親愛的歡兒：

數日前寄去一信想已收到。暉中考總分為230，分數雖不高，可是都有上線，因為廈門考區有五千人，而限額要有較多的學生上高中所以分數線低一些。學校錄取的標準要在235分才可能。果如能錄取，同時也就算初中畢業，那算是幸運了。前一段填寫志願是寫三中，希望能爭取再念三年，走做學問的路，不然真不知如何辦法，回福州，工作年齡又太小，進中學很不容易。前曾托娥奴表姐說法入十六中旁听，也做不到，她勸我們還是在廈門想辦法。暉，太不懂事了，放假後還是整天看小說，一本很厚的小說一二天便看完了。不知道刻苦奋鬪。學校發表錄取後要爭取編在好的班。解決後，勸他回去福州一段，讓他父母管束一下。今年還好沒有回福州去考。听說，福州學校（錄取）要考出水平，分數線定360。（這樣同分數線淘汰学

(1599) 20×20＝400

1985年7月父信2-1

第 2 頁

生有很大的副作用,因為大量青少年失学,在社会上产生不良影响)。

關於應邀出國講学事,昨天見到科室許小鍾知道学校已批同意,現已送教育部審批。所以还須等待。估計还須數周方能落实。

昨天我回了 Dr. Mary H Pritchard 的信。她寄给我们有關吸虫的複印本还未收到。我先覆她熱情邀請你到她單位, H.W. Manter Laboratory, Division of Parasitology, 529-W Nebraska Hall Lincoln, Nebraska 68588. U.S.A. 我說已寫信给你轉達她的邀請,並向她道謝。昨天我也寄了我們的複印本45篇给她,因為太重了,只能用普通郵件寄,但费了十三元郵費。(还需一個月才能到達)這一机関和我們性質相近,也是在做吸虫的研究。Pritchard博士本人為圖數吸虫研究者。她们那裏存留着有

(1509) 20×15=300

1985年7月父信2-2

第 3 页

関複殖吸虫方面經典研究的傳统。這個研究室存有八萬份的標本约2,200种(中有1700是副模(Paratype)。收存有44,000複印本，800本圖書及许多寄生虫雜誌。我们和她联系有很多互益之處。

暑期中我還在整理論文，現有三四篇，没有地方投稿。囊形吸虫稿在動物学報那裏已有两年之久。去年夏天該学報編輯把該稿寄来修改，審查人对该文的意見評語甚好，可是修改後寄往又一年了还没印出。你的香港貝類吸虫调查一稿。退回評語只限2,000字。看来也是不给刊登之意。這樣，我们今後須另找發表刊物的園地。

你在内蒙地區開展了有関多房棘球蚴的調查研究並找出鼠体内有3%—10%的感染率

(1580) 20×15=300

1985年7月父信 2-3

第 4 页

這是非常重要的。因为多房棘球是一种危險性很大的人畜共患病。它的分佈地区的探测，如能劃出（自然疫源区），对当地衛生问题有重要意義。不知内蒙医院有無人体病例的報告。這一问题的發現算是对於内蒙人民衛生保健的重要貢献。

你的工作十分煩忙，我最担心的是你身体能否担当得起。飲食生活要十分注意。一定要注意劳逸結合，重視营養。切之。現在一邊進行繁重的調查研究和实驗，一邊还要准備到国外做報告並且又要會外賓。現在要合理適当安排這幾方面工作，如不緊迫可以通知 Bosch 教授，緩一年去也可以。Rausch 教授因为多忙，也曾延緩了兩次。

關於你赴美做報告的選題，可以試行考虑將你我们所做的多种吸虫生活史和分類分佈演化等问题

1985 年 7 月父信 2-4

第 5. 页

用中国材料讲座问题的不多。我先陈列条目，待你回来後讨论整理成文。有丰富内容的讲题当然要是我国畜牧寄生虫（一些重要情况如何防治）史料、各地生态环境、中间宿主、传播状况，流行学等问题。各种生态的照片，控制方法等等。一定要预备好的灯片。现在已是七月底再过二個月你就回来，再继续准备。

学校自实行改革後，经费支绌，路程出差经费都拿不出。号召各教研室作有经济效益的课题。今年研究费我室分了二万五千元。但因前欠科研处两三万元，结果仍是無款用。我先生年头新闻里出的方研究请得一萬研種補费，由陈来，另外申请也得一萬數千元

欧秀鹏先生已定留校。欧秀青假已回福州看她母亲。你寄来的寄生虫文摘已收到並已送图书馆。为妈妈複印的書也收到。

专此顺祝　　近好

今年暑假东东有计划回厦否？爸爸字 1985,7,21.
路平迄無来信，也不知有回厦否。

(1700) 20×25=500

1985 年 7 月父信 2-5

第 1 页

親愛的遐兒：

昨天收到美中学術交流委員会(Committee on Scholarly Communication with People's Republic of China)簡稱CSCPRC，的主席Dr. Herbert A. Simon從華盛頓寄來的一份正式邀請訪问的信。說自從1979年以来有170美国学者和130中國学者参加這交流的来往，他们在兩国之间進行了演講，商討科研问题及会見同行的專家。

今年中國方面贊助參與交流的机関有中國科学院，中國科学技術協会，中國社会科学院及國家教育委员会(可能就是教育部)。

信内說美中学術交流委员会正在准備你的訪问，你的邀請主人，斯坦福大学Basch教授将寄你邀請信，請你在美國作兩個月又半的參观訪

1985年8月父信 1-1

2

间，时间在1986年春天。他将寄你称为IAP-66的簽証的申請書。並告訴你如何得訪问學者的簽証。交流委员会(CSCPRC)將共同安排你的旅程。他建議你直接寫信和Baum教授商量參观旅程，講演或研究的題目以及日程。

信內附有一本名為Bound for the United States: An Introduction to U.S. College & University Life.（美国的大学及学院介绍）（啓程往美国）這手冊也附信寄往。

這封信是正式的美中学術交流委員会的邀請信及Grant Information for Participants in the Visiting Scholar Exchange Program (VSEP)一份，均複印一份寄你。原信保存在家裏，你可能請簽証及做護照時有用。

Grant Information对於中國学者的指示甚詳，如預備赴美，申請簽証，到達，用費，在美旅

1985年8月父信 1-2

第 3 页

行，管理Traveler's checks之類的知識，要詳細讀過。他們強調在美期间，款要存在銀行，用Traveler's check領取。在美两個月又半，每天以$75美元計算，还有旅行费用如飞机票，火車票等。国際的飞机旅费不算，在美期间会領給五千多美元。

信内还鼓励你到北京時訪问美国CSCPRC駐中国的代表，Director, Robert Geyer，他的"美中学術交流委员会"辦公室在北京友誼旅社，如在京遇有同時受美中学術交流委员会邀請的人，可一起去看他。

今天到外事辦知道已經得到教育部批准的通知了，並通即去北京外語学院学习三日，時间是八月27—29。生物系下午将打电報給你，叫你直接往北京。一起学习的有十三人。旅费以後向財務科報銷。教務處發給的証明直接寄往外語

1985年8月父信1-3

4.

学院。

這封信現寄北京，由佩業轉給你。

料你在京学习三天之後可能又要回海拉尔去。我想將美中委員会的複制信兩份，一寄北京，一寄海拉尔，使你一定能收到。

詳讀美中委員会来信，關於国際飛机来回旅費由我国出或美方出，最好在京要問教育部。

Grant Information 中有說委員会会把在美用款寄至主人的單位（即斯坦福大学 Basch 教授處）。在剛到美未發錢之前，最好袋中至少有 75 美元。關於這一項，家中最近由益和父親處換了一百美元，媽說要給你帶去用。

歐秀去加拿大的准備工作已得学校准許，驗体格及政治審查均順利，將作為自費公派赴加。但尚未知何日可往京辦出國手續。

1985 年 8 月父信 1-4

慧慧哥秋葉回厦結婚，只住十日。因秋葉弟弟回國，又家家回去上海。

昨天周香安來此云，新從美回國，現接受鷺江大學聘，在該校教英語。並云陳碩已退休，今年十一月會移家來厦。

暉可能會進三中職业高中（針織班）自費學和修。第一年有五六門課。政治、語文、數學、物理、化學及專业課，但需讀英語。他近回福州。23日將來校，25日註冊。

專此順祝

安好

爸爸字

八月21日

1985年8月父信 1-5

親愛的微先：

好久沒有给你寫信因為知道你要往杭州衛生实験院講学，又听东說可能往南京小住数天。

学校室内的工作照常。歐秀和郭鵬志还在継續做实験。前一段他們也各寫一篇文提要准備在動物学会寄生虫專业会議宣讀。我自己也整理四五篇報告都是有関吸虫方面的新种新属的报道，都是我和你協作的文章。尚有一篇全文的，题為《福建省数种杯葉科吸虫的研究》现已脱稿，尚在整理中，文内一些观点待你回来相議。

前月省頒發科学奖金我和你的文章共得一個二等奖，一個三等奖，学校和系一共抽去百份之三十，现已領回700元。你回來後还須取出一部

(150)20×15=300

1985年10月父信 1-1

我的老师C.R. Kellogg的女儿 Mrs. Virginia Hoadley 从美国近来信云本月26日会到厦门会来我家看望。并她信内云喜欢见你。又及

分给合作者。得奖文中有蟾蜍蝌蚪生活史的合作者许振祖要分一些。稍后些时间山西省有双腔吸虫研究得奖的（女生申请）寄来你的奖状一份。奖金一百元，也已交和你存。省的奖状和山西奖状，对你日后申请升级有用。听说省评级已解冻了，你得到副教授学衔间隔的时间已到，可以考虑申请教授了。

动物学会寄生虫专业会议初步定1985年一月份在厦门（厦大招待所）召开。动物学会资助三千二百元作开会用，代表预计有170人。经费手紧些，我数周前写信给省科协学会组申请补助。并托章伯〃向学会组人员〃〃说，结果得补助一千元。不无少补。

知你不日将又往杭州讲学，长期在外劳累，望自己多注意健康。南京宝玉、争波、希洛、伟锦、李桂金等诸同学均希代我问好。此祝 近安

爸〃字 十月十日

1985年10月父信1-2

厦门大学
XIAMEN UNIVERSITY
(Amoy University)
Xiamen Fujian China

親愛的逊兒：

你從沈阳寄回九月廿四日的信收到了。這次你探望三舅三妗，我和媽均甚欣慰。老年的兄弟，遠隔天涯，不易見面，你到那裏一下，也知真实的健康的情况。接到你的信後第二天便寫信给三明市真菌研究所林樹錢托他代買《天麻蜜環菌片》十瓶。但不知还可買到否。讀你的信所敘述三舅三妗健康情况，看来还須要小心保護。

你從海拉尔寄回兩篇有関腹吸虫，双腔吸尾蚴腺体的英文文章及中文稿，均收到了。我花了近十天的時间把文字修改。因为一些组化的名称我也外行，尚等待你重行打字後核定。這兩篇文章用组化方法探索尾蚴腺体作用，联系到這兩类吸虫抵禦乾燥环境的行为習性，並講到這兩虫排出尾蚴粘附于子胞蚴的共同作用，甚有意義。你投往動物学報的兩篇中文的稿已接受並寄回修改，希望你回来後改好寄往爭取早日發表。稿现留在家裏。

美中学術交流委员会寄给你正式的邀請信和附信的Grant Information（邀請須知）已複印寄给你，料你在赴沈阳还没有看到。还有一小册子称"Bounds for the United States"

1985年10月父信2-1

介绍美国各大学的情况。因为小册子厦门大学
较厚没有複印寄你。那封 XIAMEN UNIVERSITY (Amoy University) Xiamen, Fujian, China
美中学术交流委员会的信和小册子
都留在家里，怕遗失。

最近数日前斯坦福大学又寄来《交换学者
身份证明書》Certificate of Eligibility for Exchange
Visitor (J-1) Status 一式三份联在一起用三种
颜打字的。我特请教曾以访问学者身份出国的
林能書，问他这证件作用。据云第一面作簽证
出国時用。第二張是另一份複寫，由 Information Agency
收去存檔。第三張访问学者留身边，和護照放一起
作为身份证。另有斯坦福大学给访问学者的
信。因为怕这正式文件丢失了，我只複印第一
張身份证明書，及那封信寄给你。原证件及信
均存在家里，待你回来细看。

昨天收到加拿大麦基尔大学寄生虫研究
所所長 Roger K. Prichard 教授的两封信，邀
請你在赴美講学的旅程中到麦基尔大学寄生虫
研究所作一次 Seminar 有關中国牲畜的吸虫及線
虫的问题。另一封信告訴你在那边讀書的情况
與博士論文的題目是：馬来絲虫和彭亨絲虫的
生物化学。他得了学校的奖学金 Bindra
Fellowship，為期两年。

1985年10月父信 2-2

XIAMEN UNIVERSITY
(Amoy University)
Xiamen, Fujian, China

歐秀已赴北辦出國手續。住鄭孃门大学昨天已把加拿大聘請信，及体檢單據寄往，想会成功。她是自费公派，学校会出旅费，這樣經济方面就可解决。

媽交代你從內蒙回来時，如方便買奶粉數包（一半胡如玉需要）因為厦门這里奶粉都是假的。不知什么原料做，放在開水裏都不溶解。

前數天收到美國Nebraska大学Manter Labontary的Mary H. Pritchard教授於6月中旬寄来的複印本包裹。由普通邮件寄，三個多月（近四個月）方始收到。中有H.W. Manter教授的全套有関魚類吸虫的著作，真是学殖淵深，代表他一生的主要研究成果。我在收到Pritchard教授的信後，除回信外也寄她一套我們的著作。料也会邮遞數個月，未知是收到。関於她邀請你到Nebraska大学Manter研究室，你考慮後與Bacch教授商量後答復她。經過Rauch教授的介绍我也得到加拿大太平洋生物站魚类與海洋系寄生虫部Dr. L. Margolis的著作一套，也是非常宝贵的資料。

端此順讯

近好

爸之字 1985.10.10.

1985年10月父信2-3

親愛的澂兒：

到海拉尔及烏兰浩特的寄及七月十六日的信均已收悉。佩兒14日來廈，東於南大國際化学会議結束後二日回廈，月来家中甚为热闹，特别昊二可爱，全家均喜爱他。东二可能因工作忙显消瘦些。昊二回廈月餘日現已学行走，能行二三十步。但尚不会說話。東、寧琳伴他们的一位表姐到廈各地游覽。並擬明日到福州看寧琳的外祖母。今天東二、寧琳、小昊和那一位表姐一起坐便車福州去了。

奖金三千元已發下来，学校科研處扣去150元，並扣750元給系研究室，餘2,100元现命东暫存銀行，俟你回来後將一部份分給内蒙等有關合作的人员。

Rausch教授送给你一本美國寄出的实驗指导。其他一些送来评審稿件及信都存留抽屉内。

近闻三舅三妗身體不太好，你去探望一下甚为必要。三舅家中最好要僱保姆一人，不然三妗將太勞累。不知肝結石病最近有好一点否。

東二的导師要他20日回南京。阿鑾也定於20日和他兜了

厦门大学
XIAMEN UNIVERSITY
(Amoy University)
Xiamen, Fujian, China

1987年8月父信 1-1

但又说不一定

一起回同安，阿婆云要回去约一星期。佩兒因福大上學，定八月十八日回福州。佩與櫻姪相商，請小芯来我家照顧小昊一段時間。估計家中会有一段人手缺乏的時候。

唐昇已能上八中高中，衍了考書差一份，不能上线，仕荣奔走，楼乾舍伯也代为說项均無效，可能要往二中讀高中。我也曾作信给三中的校長請他们允许在三中作寄读生。看来也無希望。我看二中也是很好的学校，但衍不滿意。

福州今夏甚热，達39度。今年全國各地气候不正常，你旅行中要多加小心避免感染疾病為要。

盼望此信能在你未離島之港澤時能到達。

專此順訊

近好。

爸爸写

八月十日

廈门大学
XIAMEN UNIVERSITY
(Amoy University)
Xiamen Fujian, China

1987年8月父信1-2

13. 1991～1992 年父亲的信

背　景

1986 年 10 月 14 日，母亲临终时父亲在她床边休克了，母亲眼看着他不能言语，我一边让研究生潘沧桑赶紧把我父亲抱到另一张床上，一边对母亲说："妈您放心，我会照顾爸爸的。"话刚说完，只听母亲喉间咳了一声，就离开了在床边的 6 个儿女和与她相守 60 年的父亲，回天国去了。距今已整 30 年，此景此状，还历历在目，痛彻心肠。

母亲离世后，父亲陷入非常悲伤之中，加上自"文化大革命"之后身体已显著衰弱下来，现在更加多病，经常休克，又有高血压（家族遗传疾病）。父亲夜间常常失眠想念母亲，作了 60 多首思念母亲的诗词。虽然如此，父亲还是很关心研究室的科研和教学工作，经常在家中给研究生上课，在家中开博士生毕业论文答辩会等，只有这时他才暂且忘记悲伤。这种情况持续了 7 年，于 1993 年 7 月，在我外出开会之时，他脑溢血，我赶回来虽极力抢救，但无法挽留他的生命，他丢下我们到天国找我母亲去了。

1987 年开始，每年夏季我在安排好亲属照顾父亲之后，仍旧要到野外工作数月。我继续在探究双腔吸虫类的问题，终于在山东省滨州地区查获两个乡村，分别有单独感染枝双腔吸虫的流行区和单独感染矛形双腔吸虫的流行区。我分别观察了它们贝类宿主（陆地螺）和昆虫宿主（蚂蚁）自然感染的矛形双腔及枝双腔无性世代幼虫期各个体的结构，发现了它们的显著差异特点。1992 年夏季我们大量采集了山东省两种双腔吸虫的贝类宿主，带到呼伦贝尔草原，用科尔沁草原非流行区的蚂蚁，进行人工感染，证实了从天然感染媒介体内发现的各幼虫期是准确的，并发现它们对异地蚂蚁宿主特异性的差异。再用各实验蚂蚁分别人工感染内蒙古羊羔，数月后，从羊肝脏检获单纯的枝双腔吸虫成虫和单纯的矛形双腔吸虫成虫。距离 1966 年父亲预言"它们是不同种类"整整 16 年的探究，证明了父亲的话是正确的。这项研究结果也说明：各物种的"各从其类"，各有各的生命规律。这段时间我还穿插进行牛羊东毕血吸虫问题的研究。

母亲去世后，父亲很少给我写信。只有 1991 年我应日本国家科学促进会的邀请到日本讲学访问 10 周，其间收到父亲的信两封（我给他的信有 10 多封）。1992 年我在海拉尔进行上述两种双腔吸虫人工感染成功时，收到父亲来信一封，这是我此生收到父亲的最后一封信。这两年只有 3 封信。

第　页共 1. 页

親愛的巡兒：

你4月24日及4月28日兩信先後於距離約五六天時間收到，大約由日本到此的信要十幾天才能到達。雖是航空，可能須兩三次轉折。閱此兩信後，我懸掛的心安下来了。知道你不但平安到達盛岡，生活也安排得很好。我想盛岡的緯度和我們东北差不多。外出時要多穿衣服。在日期间能多做些整理工作較为合適。因中國論料，他们可能较缺少的。獲悉坂本教授为人和善周到，及他对你的招待，爸也十分感激。我想如可能，整理一些有関中國或东南亚蠕虫的文章，待你回来後，寫好，並译成英文寄給他在他的学校刊物或日本寄生虫学雜誌發表。但不知有関分類形態的文章合適否。待你回来後商量。

你有機会在东京參观到寄生虫博物館見到日本過去各著名的寄生虫学家的照片是非常難得的。他们都是有創造發明的堅苦卓绝的科学家，堪为我们效法的。

北京市电车公司印刷厂出品 八三·八

(1460) 20×20=400

1991年5月父信1-1

第　　页共 2 页

来信所述在日本所見的有秩序的情况，以及人们工作，休息，和有礼貌的風俗習慣实在是很好的，中国学生应能多派人到那边留学。據聞日本对研究生也是很嚴格的。

這裏我校推薦科学院的生物学部三位学部委員，科学院来通知，要每人再選送10篇有代表性的著作，並各複印三份，科研處要派專人送往。此事前星期已經照辦。

三個碩士研究生，紅暉，葆忠，克夫曾兩次一起来会报過工作，並述了所做的观察。紅暉已收集了約近20种的植物线虫。葆忠和克夫則集中观察一個螽斯的索科线虫。他们將所畫的圖给我看。雖畫出了頭部及其他構造但只有一条虫，儘管他们努力去研究，一种虫怎能生出兩篇論文呢，所以我動員他们再去採集，還好一星期後又在海邊近炮台的田地又找到另一种索科线虫寄生在螽蟖體內，整個埋在土裏。可能体内不止一条。現正在詳细观察，依照徐所给他们複印的文献去区分。並在实驗室養活他。

北京市电车公司印刷厂出品 八三·八

(1460) 20×20=400

1991年5月父信 1-2

第 页共 3 页

室内近况如常，鹏飞已调去科研处，任秘书去後曾来看我两次。看来他认为做行政秘书工作，前途还比在系裏还要大些。"人各有志"，我也不怎么讲他。洪凌仙等三人赴新疆调查，闻尤医生说，不久将回来。两星期前周述龙来我们家请他吃便饭。第二天便去福州，托他带去廖翔华寄口吸虫(Clinostomum)生活史的一张图版约有我家吃饭棹面略小一点，是廖翔华自己从广州拿到我家的。他说他的文章要在五月份写好。现收到的文章，袁昆勋的有关"中国境内各株系的血吸虫"一篇，刘希贤的"血友病的遗传"一篇，许光辉有关生态学现象一篇，周述龙可能写一篇有关血吸虫子胞蚴的超微结构。不知在宇光处还有几篇。专籍出来後质量如何很难估计。

前几天宁琳从南京有电话来说要到6月又回来20日才能来厦。回去。東東在瑞士常有信否？工作发展如何，时以为念。亮不知能在伦敦作博士後否，甚以为念。顺祝

近佳。 5月六日信昨收到 爸爸字 5月18日

家中都好。勿念。请安心。

（1460）20×20＝400 北京市电车公司印刷厂出品 八三.八

1991年5月父信1-3

第　页共　页

親愛的逖兒：

你最近發的五月18日的一封信於昨日6月一日收到。這已是第五封信，每封信都要約10天才能到達。回覆你的第一封的信，於五月中旬寄往，不知何故尚未到達。可能被誤列为海運的信，以致延擱至今。我用的是航空的信封並貼足兩元的郵票。料是有夠。小林和細弟也有寫信，料也該到達了。

你各信所述日本年青人有禮貌和勤勞等習慣，應該我们中國人的效法。我國人古代的一些生活習慣，例如席地而坐的生活，他们还保留至今。朝鮮也一樣，我们應該和睦共處，在此生存競爭的世界中奮發有为。和衷共濟，就將对世界的科学和文化有所貢献。

寧琳和旻旻於昨天晚上乘飛机来廈（4日晚上。這兩三天来都是她料理家務。她只能在此十多天。20日便要回南京。阿姨已回去4，5天了，看来可能不会来。因为五月份薪水已滿期，六月份薪水还未拿。她去時说只告假

北京市电车公司印刷厂出品 八三·八

(1460) 20×20=400

1991年6月父信 1-1

两天，現時间已過了三天，还不来。看来是不可靠的。

研究生三人：最近都在催他们把論文趕寫，及繪圖上墨。這三人分配工作都定了。紅暉應厦门本地一個農业研究的單位，椿忠由北京動物所（吳淑卿處）接受。克夫由溫州医学院要去，教寄生虫学。現在还不知道，他（她）们能否如期完成論文，是關鍵的了。

福州和厦门這几天来，天气酷熱。室内温度都達31°度。

如果三人的論文能如期完成，那在七月底（或八月底）就要進行答辯，寄往校外審查的專家初步想的有這几個人：汪溥欽，吳淑卿，还有一人名關從龍，是你熟识的人。此事等你回来再決定也可以。兩個人也就夠了。現在先完成論文。正在催促他们努力。

餘容後敘。專此即祝

近好

爸々字。6月8日

北京市电车公司印刷厂出品 八三·八

（1460）20×20＝400

1991年6月父信1-2

第　　页共 83 页

親愛的邀兒：

你到北京時电話及10日到海拉尔時發的电報均已收到，知已安全到達，慰甚。电报後又来兩封。我在家生活都好。厦门下了数天小雨後這兩天来又轉晴天熱起来了，料你在海拉尔定还是冰天雪地，仍是嚴冬天气。要注意不要着凉。

前天研究生院通知：考你的研究生楊玉容已錄取，要命她来我處覆試英語。在一兩天再不来，要去催她。後来17日寄生虫組：宇光、如椰、清泉、洪凌仙和我四人在我们家中主持覆試。除问她是否今後是否為我國寄生虫学工作献身之外，並决心為博士科研盡力鑽研之外，还考她閱讀英語能力，她的回答作好錄音以後才通過。听説楊玉容已懷孕四五個月。要待分娩後才能正式入学。

学校轉由宇光来问我亮在國外主要有何創作，已在那种什誌發表。云将在我校学報宣傳。我因不知詳细情况，没有答覆他。

北京市电车公司印刷厂出品 八三·八

（1460）20×20＝400

1992年7月父信 1-1

第 页共 页

阅信获悉，内蒙中华双腔和山东的核双腔的粘球在黑玉蚂蚁和山东蚂蚁中的发育也有所不同。这可作以往生活史发育显示出不同形象的佐证。知道小吕小王二人能悉心帮助你甚以为慰。

坂本教授将于廿七日到北京并将和你一起到海拉尔参观访问。在海拉尔会逗留几天估计何时会南来厦门。盼电告以便作准备。

此次在山东及海拉尔均采集得粘球及适合的昆虫宿主可资比较。这在我国双腔科的科学是有贡献的。

希望早知南来的消息。

我血压在170多及180多之间。馀余。

家中一切都好。佩何时转来厦门，尚不知道。福大放假大约在七月18，19，如她有电话就可确知。玉梅大约会等佩来后才回去。

你在外旅行，一切注意小心。专此顺祝

近好

爸爸字

(1460) 20×20＝400

北京市电车公司印刷厂出品 八三·八

1992年7月父信1-2

二、我给父亲的信

1. 1991 年在日本给父亲的信

厦门大学
XIAMEN UNIVERSITY

亲爱的爸爸：您好！

离开厦门才十天，好像已过了很久。由于交通工具的先进，从厦门到上海，从上海到日本东京分别都只用了一个多小时和二个多小时，儿此次旅行十分顺利，这段时间虽然天气都不好，但儿从厦门到沪，从沪到东京的飞行时间，天气都非常非常好，晴空万里。在上海时取登记和机票耳时到接时取到。儿和诸同学相聚，以慈、锦汇、毅超和子美，以及淑宝都热情地招待了儿。也见到了友礼、佩华，大家都十分热情友好。佩华近日要到厦门开会，大约会来看望您的。儿在沪时也到医院去看望了毛宗白部长，他已被诊断是癌（肺、胸部癌），不过他的精神还十分好，他的儿子在医院中照顾他，毛部长他已知道得的是什么病，但详细病情他本人尚不清楚，要儿不要跟别人说。

儿廿日按时从沪起飞来东京，下午二时半起飞，三点多就到了。坂本教授到机场接儿，从上野到东京，在东京逗留到第二天下午。坂本教授带儿到东京的寄生虫博物馆，在那里见到龟谷先生，该博物馆有日本过去各著名的寄生虫学者的照片，还保存有Yamaguti的收集的标本。在东京时儿还与唐所通了电话，嘱咐他抓紧学习。廿一日下午乘火车，如同地下铁道的火车一样，它有时在地下走，但大部时间在地面上走，一路上可见到从东京到盛冈的野外风光和沿路的城市。无论火车上、以及公车内，所到之处都十分清洁。日本各住家到房内都要脱鞋，换拖鞋或只穿袜子、或赤脚，所以房中也十分清洁，这清洁的习惯是非常好。

学校安排儿住学校的外国教师宿舍，很大的一套房子（这里有一卧室、一书房、一客厅、饭厅及厨房，还有浴室，总面积比我们家一套房子还大，一个月房租大约五万日元。宿舍内设有傢具齐全，电器、煤气设备也都有，但日用品要自己准备，儿买了羽绒被、毛毯、毛被单以及炊具、餐具、煮东西的器具、茶杯等，花了约三万元。实验室距宿舍仅有我们从家到第一教学楼那么远，走十分钟左右，食堂就在实验楼旁边，生活上十分方便。这里一周工作五天，星期六、星期天是假日，坂本教授说假日时去观光（sightseeing）。在实验室也给儿安排有一个房间，工作起来真正好。这里见到的日本学生，无论男女老幼都十分有礼貌和热情，有二个男学生骑自行车带儿上街去买日用品儿来此第二天就收到东东的来信，说亮已到位了。他们二人现实验室的工作都非常之忙。瑞士很清洁，所以东东的气喘毛病全好了。要告诉亮要特别注意身体健康，也要努力拿学位，因为外国青年也都十分用功的。锦锦妹呢，作何事要告诉她，儿十分惦念峰峰 双

厦门大学
XIAMEN UNIVERSITY

保姆阿姨的腰痛病如何了？请代问她问好，请把她的腰痛病治好，并代儿望候她 双

他们会用一些英语与儿谈话，他们也都能懂得儿的意思。

这里学校，校园中很安静，平常在校园中只看到间散的人，只有午饭后一些时间见到青年学生在草地上坐坐，或打打手球。学生们都很努力学习和工作。

儿到此后，坂本教授就替儿在银行以儿的名义存款了，以款卡给儿，随时可以用款卡到自动取款机取钱，非常方便。儿早餐在住处自己烧些早点吃，中饭和晚餐都在食堂吃，一顿饭大约300日元左右。一个学生储所，一个月连同房租和伙食等大约只要十万日元。儿大约也只要如此之费用。如果出去旅行就会花费大些，因为车费和旅馆费就会贵些。总之儿在此一切都好，坂本教授也非常客气和善，请勿念放心。

勿念在家情况如何，峰峰近日学习情况如何，均在念中。勿念自己要多珍重，走路小心，不要独自外出。气候变化，衣服穿多少，要掌握好。洗澡要选天气暖和，而峰峰弟在家的时候洗。吃药也要适当，不能没有服，但也不要服太重的药。

研究所的事情，勿念总不要去过问和参与，由郭先生和如柳去处理。研室先有到家请教您和问题时给予指点、指导即可。没有事也不必去找他们。他们的学习问题，儿都已安排好，他们自己大约也会抓紧时间学习工作的。

儿有时会给您打电话，有打电话也会选在星期一下午四时左右，您是夜中睡好。那时峰峰弟、锦之妹都在家，有什么事可在电话上立即相告。

有见到研究所的同志们都代儿向他们问好。嘱峰弟要像世界上各国的青年一样，努力学习创造自己的事业。专此祝

安好

儿 [illegible] 于盛冈市
日本
1991.4.24

盛冈这里车多人少，气温在-1—14°C，由于气温较低，现在正是这里樱花盛开季节（日本南方樱花是在四月初盛开），校园中樱花红白如云，十分美观。各房中都有自动控制的电加热器，随时可以加暖和冷。儿的住处中的生用东西，有桌子、椅子、沙发等等，不直在地上的，但地上很干净，穿袜子走，袜子不黑。

厦门大学
XIAMEN UNIVERSITY

2-1

厦门大学
XIAMEN UNIVERSITY

各朋友们家中许多都尚无此等设备。儿只一人在此，就太静了。昨天楼上一位美国人教师（在此校教英语）和他的一位日本朋友，来请儿与他们一起去此地附近"高雄之池"（相当于一个大公园）观赏樱花。一个弯曲的大湖周围都是樱花树，樱花盛开，花瓣纷纷散落，许多游人。湖中大量鱼成群，一只只鱼大约都有尺、八斤大和重，很大，许多小孩子买了麦包包喂它们，如此爱护动物的情景就如儿在美国时已见的一样。

爸爸您近日身体如何？天已转热，请一定要多加珍重。保姆阿姨都好吗？代儿向她问好，希望她一边能把她的腰痛病治好，一边能精心照顾好您。儿在俭时和慧哥谈保姆事时，他也谈起该如何安请保姆，好的保姆善待她，长期留住，对爸爸的照顾有好处！儿的时间也就可充裕些。

儿尚望挂念翠翠，不知她近日身体如何？希望她也能象日本女孩子一样勇敢刚强和文明有礼貌。这里儿已见的青年男女学生都十分朴素，精神都表现出向上。不管大人、小孩、青年都整齐清洁，不奇装怪服。青年学生在学校都勤奋学习、工作，校园中很少大家来去匆匆，假日里，就见不到人了，街上也不见什么人，不知是都在家中还是外出郊游去了。希望翠翠这几个月一边注意身体，一边培养自己刚强的精神，努力拼搏，争取学习有好成绩，能考上大学。日本的大学也是要通过考试录取的，可能还要交学费，家长们付钱念书，当然可能因此大家就会更认真一些。总之，儿在此已见，就想我们的青年也能如他们一样就好。

均此向嵘弟和锦云妹问好。此祝

安好

迪儿冕宁于日本盛冈
1991.4.28日

下一周（五月三日），如果没有外出，在中午或下午四时左右给家中电话，爸爸如在午睡，不要特意拿电话，因为也许会外出就不能打电话

2-2

厦门大学
XIAMEN UNIVERSITY

亲爱的爸爸：您好！

来此后寄回二信，不知已收到否，本来想星期一时候弟和弟妹、妹妹们都在家时给家中打电话，但来此二周，星期一都是休假，加之电话时也无钱询问来说明，电话费很贵，一次电话都要过2000日元。但从电话中知道您和家中大家都好也就放心了。请爸爸继续多保重。

来此才二周，都过了有七天假日，头二天（20-21号）在旅途中不算。第一周末二天加上第二周的星期一是"绿色日"（green day）共三天假日。第二周的星期五是宪法制定的纪念日（memory day），周末二天中的星期天是儿童节，所以本周一补假一天，连着四天的假日。这里休假日，所有机关，大部商店都关门，学校中也都关门，大家都野游去，大约如此，因为街上也只见到很少人。昨天星期日是儿童节，学生儿信家里驾驶小汽车领儿去郊外，日本最有名的小岩井农场参观，此农场是一牧场，100年前（1891）由三人到此创建，小岩井此三字就是此三人的姓的首字合成。现此牧场很大有很好品种的奶牛，还有各种乳产品的加工厂，此地还是一个很好的野游的地方，昨天牧场的停车场（很大）全停满翔生、端弟、锦云妹均此问好。爸近为刻意工作，不在晴朗收出，双膛收出，皮革球蚴问题的原叶文献稿再整理，简单些，准备如期刊物子刊登。给爸打文稿，这里有很好的打字机（电动）。又及

厦门大学
XIAMEN UNIVERSITY

小车、旅行车和女教大车去约中年者以上，数不清之多，许多游人和儿童。这有特殊的烧烤餐厅。所以爸来此后说不上是在休养。爸可自由地做自己的工作，和看些杂志。从厦门寄来的书和车票等都已到了。爸已将书送给主人教授，他向您致谢。他对我们一家三代人都从事寄生虫研究表示钦羡。他也提到准备向合作的合作申请基金。合作研究的课题尚未商量。爸与主人教授的兴趣的寄生虫种类相近，今后在一些问题上合作，也是很好的。

来此后仅见到一位中国留学生（听说本校有中国留学生十余人），可能学校各部的学生较多，其他的都没见到。在市内也见不到中国人，据说在东京、横滨那边较多，听说他们大都在华人银行或旅馆工作。爸来此后尚未见到韩亲，学校的工作人员是华人或外国人。这里的青年们都很勤奋，他们所考虑的都是毕业后在本国工作，所以他们都没有不顾自己的专业学习或工作去热衷于学英语。室内的学生们常常手拿着日英字典与爸谈话，十分有趣。平时他们都按着规矩，都守规矩、严肃、认真。爸预备在此与他们完成工作后，访问南方之后，再去北部之北海道考察球蚴流行区。以后再写。专此祝
安好
爸爸亲字于1991，
5月6日

厦门大学
XIAMEN UNIVERSITY

亲爱的萱萱：您好！

又过了一周，本周中仍然是在实验室中工作，看了一些日本的期刊中论文，并为今后的合作工作，而在整理一些资料。主人教授指导学生和善，他的工作非常忙碌，几乎他天天都在实验室内，从早到晚，连假日也都见他来校。我完全在工作日到实验室，其他时间在自己的住处，住处非常大，静寂。有电视可看日本各电台播放的各种节目，节目都很好，都含积极向上的精神，尤其节目中许多场面男女的服装都很像我国古代人穿着的一样，有时好像在看我国的古装戏和音乐一样。这里一些朋友谈天时也都说中日有共同的祖先。这里民众平时都穿现代的时装，但常常可以看到他们穿和服，尤其男女老人，也有青年妇女，好像在正式的场合他们都这样穿着。

按安排下周四（5月26日）将到离此比较远的靠海边的一个鹿场去採集，并观看那里的情况，然后再下一周中将参加此地自然保护部的鹿研究会的一个活动。除这些活动之外，完全是有较多时间做自己的工作。

日本的儿童也是很快乐的，这里对儿童的培养，除了已成习惯的各种学業和技术等体训练，也注意培养他们有技巧和迅速完成各项事的能力。在电视中常常可以看到儿童比赛的节目，可以见到只有五六岁的男女儿童们各在五六十分钟左右时间内一个接一个连续表演道具表演不同的技艺，其速度之快，及技巧的新颖令人惊奇。也就是从小培养儿童的工作能力。这里的青年到大人就更努力工作。社会秩序很好，许多大小电器（这些是都没有见过的）许多新的产品出现于市场。楼内外商店内的物品可自由选取，而后计价，价格都定好，没有讲价的。厦门自由市场那样物品价格可以讲价到一半，实在不是好的。上海的商店中的情况也较好。这里的老人好像也很有逍遥自在，在附近住处，常可见到穿着和服的男女老年人在庭院漫步赏花，在公园中也常可见到老年的游人。好像日本的可见樣也

4-1

厦门现在的气候怎样了，在这里很少能看到有关世界各地气候情况的电视，这里的气候最高是只20°C左右，如厦门的秋天一样，不热也不冷，也好。潘境他老师回来了没有，如已回来了请代向他问好！家内各同志、有到家中的都请代致意。

厦门大学
XIAMEN UNIVERSITY

门是及社会秩序均现代化，但他们仍保存有像我国古代的一些传统精神，不像西方国家那样自由化，大家彼此之间很客气，有礼貌，又很严肃、尊重。这些习惯与我以前在家中时看日本的电视中的情况很相似。我对此民族的精神还是欣赏的。学校中已见青年学生们都在自动努力工作，没有见到他们闲逛、闲谈，或当众[illegible]如西方那样。

盛冈是个不大的城市（与东京等大城市相比），人口只有23万，但城市十分现代化，十分清洁，也十分清静，街道上各种车辆很多，如流，但行人道上行人十分少。此地中国人非常之少，我来此后才只见到一人。所到之处的机关、单位、商店、大会堂也都是日本人，没见到外国人在其中工作，所谓语言学校，在此地就没见到。

日本的语言中有不少字的音是与中国的一些地方话（如先生、繁忙等），有的与我们福建的话都有些相像，但语法完全不同，所以我不会听懂，文字也不容易。

前二天收周先生、红晖、宏[illegible]三位研究生的来信，知道他们毕业论文有些进展，也很高兴，希望他们更加努力，达到我已对他们提出的要求，从而在8月底之前整理好材料，写出论文初稿，等我回来时再与其他同志商量后决定。知道红晖和宏[illegible]都已联系有去处的单位，也好。周先生想留研究室，从工作来他们不够勤奋的表现，所以我本不想将其留校，现在如果能改变，能知道努力工作，也可以考虑，我已给杨教授写信，请他根据条件，也给予考虑。至于到研究室的人，不重视此类的位置，不想在此专业工作上去发展的人，我的意见就不要强留他们，让他们去找适当的去向，也许会有好的，会知道努力工作。只要有此决心和毅力，是相信他们都可以有发展的。再强留他们，没有这方面的志向，再好的位置也是没有用的。我希望我们的青年也应有自己奋斗的精神。有见到如柳时，可与她和曾看看，如果今年毕业生分配我们研究所有二名名额的话，是否可以考虑一个本科生，一个硕士研究生。当然，你只要告诉如柳一声，如何决定由她们去考虑。为了研究所能够有生气力，我认为在研究室的人员也不一定要静止不变的，能够做工作的留下，不愿做的就走，把名额给愿意做工作的，进来以后再好好干，还可以再换掉。这样对研究室的发展和个人的发展都有好处。

望你自己多多保重。请常和[illegible]妹妹她们问好。六月份才能回厦门，有无来信询定时间：[illegible]也要努力学习。日本的也在读小学，都是很有精神的。你母阿姨的腰背痛也好了，请弟弟再带她去请教治疗医生帮助她治疗。专此，祝

安好

[illegible]
1991.5.12

4-2

每周都有给您写信，不知都有收到没有；寄回国的给大家的信，一次也没有得到回信。兄给亿博一册也去了一信，很快就回信来了，不知为何国内的邮件如此之慢又没

厦门大学

XIAMEN UNIVERSITY

亲爱的莲莲：您好！

又过了一周，来此已将近一个月，离家已一个月多。不知您的身体都好吗？均在念中。不过时间也过得很快，已过了来日访问日期的1/3多。每周主人都有给兄安排一些活动。不过兄的自由时间还是很多。因为到此的一个项目内容双方以发表的文章早已互相知道，一些问题也是需今后继续慢慢研究的。主人邀请兄来，看来主要是友好的招待，让彼此双方见见面，促进瞭解，有助于今后的交往。按邀请申请书上所提的目的，基本上都已完成，除尚要到南方各地访问访问外，在此主要之要求均已达到了。兄每天都在为写收出之一书在收集材料，翻译一些材料。

这一星期中有一天这里有的自然保护部门的二负责先生和坂本教授带兄乘小车去三陆町（靠近日本北部沿海）的自然保护区去观看那里的养鹿场。路程甚远，来去乘小汽车都要近三小时。早上九时出发，到中午才到。自然保护区负责人给大家作了介绍，然后就招待我们午餐，是完全日本式的午餐。饭后主人小车，带我们的小车上山去"视察"养鹿场，那里的自然环境很像我们过去在吉林看的左家特种试验场一样。那里的鹿也感染有中华双腔吸虫。作些各种小生物之采集之后，就回来。自然保护部的那位年青先生驾车非常好。到下午二时半车把我们送到学校实验楼下。自然保护部的二位先生和我们（坂本教授等）不断互相鞠躬致谢，他们都讲日本话，兄听不懂。这样不断鞠躬致谢总有十来分钟。大约自然保护部的先生们对学校的教授去鹿场视察表示感谢，教授对自然保护部的先生们的驾车带大家去，并给予关照等等表示感谢。大家不断弯腰致谢，十分有礼貌。兄看了很受感动。

5-1

厦门大学
XIAMEN UNIVERSITY

昨天，坂本教授又带儿到他们学校的电镜室去观看他们对材料的观看、分析仪器设备等，设备技术都十分好。观看了后他们又请[illegible]和大家的招待大家，大家又都互相致谢。无论到哪里坂本教授都向他们介绍说我们一家三代都从事寄生虫工作，说爸是世界有名的寄生虫学家。他们讲"三代"这字音和中国话很相像。儿不会日语，他们大部分也不会英语，都靠坂本教授作些翻译。他们都很客气，儿也学他们的礼节行事。

下周三，有一个[illegible]研究会的集会，儿也去参加。

昨天坂本教授要介绍儿，他现在正[illegible]和明年[illegible]澳大利亚的学者去中国的旅行中请给费，其中也包括儿在内。时间是一个月，儿带他们去内蒙看看。在北京逗留几天，然后来厦门逗留不是一周，就到上海，回来。儿已帮他把行程路线、日程，以及费用作了大致估计。这样的有经费的旅行很好，我们可以和更多的同行学者接触交流也是十分有益的。坂本教授在澳大利亚进行寄生虫问题的研究很多年，现在他每年要到新康[illegible]澳大利亚工作数月。坂本教授十分和善，也十分勤奋。日本的经济情况很好，他们用在科学上的经费不少，人们的也都十分节约。看他们[illegible]，也养着实验动物，大和牛，也有狗。儿看他们没有什么工人来饲养这些动物，而是学生们在负责饲养。儿见学生们每早[illegible]跑到实验室取了钥匙就跑开动物房（儿在实验室窗户就可看到），把牛牵出来，狗也放出来，给他们吃东西。儿见一个学生把在喝[illegible]饮料，喝以后也把这饮料倒给狗喝。他们照顾动物很好。这方法我们的实验室也应该学习。这里各自工作都负责任的精神也应学习。

[illegible]

儿[illegible]
5.18

峰东、锦云妹均此问好。也向保姆阿姨问好，把腰疼痛有好些吗？
又及

厦门大学
XIAMEN UNIVERSITY

亲爱的蓬蓬：您好！

本周儿除给这里学生作些讲演，在实验室把日本的样本进行鉴定处理之外，还（由主人安排）参观了国家农业研究所，有昆虫研究所及果树育种研究所。他们都十分热情，尤其在昆虫研究所和他们谈及我们进行西里伯瑞氏缘蝽及其利用以防治生物防治研究中，是蚂蚁作它们的中间宿主的问题，他们特别感兴趣，问了许多问题。他们一下子就发现西里伯瑞氏缘蝽这一文章是在日本出版的学报的第一卷第一期第一页上开始刊载，连看读了几遍。儿高兴地说这是我们的荣幸。儿见他们对这些问题的兴趣，就把这几篇的文章单行本送了他们。这次该室教授带领儿参观了他们的半场，以及果树研究所。苹果育种室的一位年青负责人陪招待儿，并在那里赏各品种的苹果滋味，走时还特意送一大袋苹果。那苹果非常之大，有平常的二个更大。他们都能说相当好的英语，所以大家都非常愉快地交谈。在那里见到一位中国进修生，是国家出资，一年约100万日元（约4万人民币）。

本来安排下周去九州岛南方一些地方访问，可能还回来九州岛那边一些地方山上火山熔岩在

厦门大学
XIAMEN UNIVERSITY

喷发，南有一些地方发生泥石流。电视上天天播放那些地区情况。主人教授安排六月上旬只去北海道一些大学访问、参观。北海道是日本最北之大岛，风景很好，并是蓄名棒球的旅行区，儿也很想去看看那里的情况。主人说如果现在去南方再回这里要花很多旅费，如果能七月上旬在要离日本之前到东京后再去，会节省许多，那样儿也会带有好处。

日本是很发达的国家，许多电器、电子、汽车等等产品都是世界之最，但民众十分节约，他们自己买的汽车都很小，不像西方人讲排场讲阔气都要买时式的汽车，稍旧就换。日本的勤奋俭朴之风实是很好，民众们衣着整齐雅观，但都不奇特。日本的社会治安也是很好，没有痞子。尤其民众的住宅都是一幢幢小小的，房屋材料都是用硬塑料板等制成，色泽配调美观，窗户很大，全是玻璃的，都不见有铁门，或像我们在阳台上那样铁笼样的防盗装置。

厦门近日气温如何？这里都在20°C左右。

您身体好吗？请多保重。二月将[illegible]

[illegible]

燕学习情况如何？听说今年招生量增加一倍，学生较难，希望她努力进取，今年能成功。此祝 安好

逵儿 1991.5.26.

6-2

厦门大学
XIAMEN UNIVERSITY

亲爱的秀秀：您好！

不觉又过一周。本周比较忙些。坂本教授请上次去参观的那个鹿场，送来了十个冰冻的鹿肝。本周检查这些鹿肝，结果十只鹿均感染有双腔吸虫。这几天也把这些双腔吸虫染色，发现其虫种形态有些与内蒙的中华双腔相像，许多的形态不同，也是在我们国内未见过的。按我们在内蒙的该吸虫生活史研究，及野外的调查，均无形态个体变异情况。已可以日本的鹿场的双腔吸虫的虫种问题，以及那么大的鹿场感染率如此之高，究竟其感染的地点在何处，其宿主陆螺、蚂蚁宿主情况均有待研究之问题。坂本教授对我们提出的这些问题亦感兴趣。坂本教授为他以一些澳大利亚的朋友明年来中国参观访问申请基金（包括我在内）。最近又另为与我进行国际合作课题（人畜共患寄生虫病问题）在申请另一项基金。我想进行国际合作研究问题，也是解决科学的一个好办法。如香港多次的国际的研究会（海洋生物）就是很短时间解决了不少问题。我看坂本教授已写的申请书中已列到我的工作内容也就是父亲想要进行的工作。

父于本月十日左右去北海道访问那里的大学数天。最近这里的药学医学会邀请父于本月下旬在他们的学会中作一讲演。父给他们的题目是"中国高等动物的进化生物学研究"。父想强调一下生物学研究的重要性。来邀请父的那位教授说那天晚上还有一个恳亲会（就是一个宴会）。日本的宴会非常有趣的，一人一桌，食品花样不少，餐具很多是精工的漆器。还有的是当场烧煮的。

日本南方的火山熔岩喷发尚未停止，天天电视都有详细地观察记的报告。七月初父是否到那里访问一方面要看那里的情况，以及现父正在进行的科研工作进展情况。也许坂本教授会安排再到鹿场寻找陆生贝类去。如果能观察一下这些地区种群隔离的动物也相当有意义。但鹿场非常之大，有好几座山头，要找陆生螺有一定困难。坂本教授也许会请鹿场的人，也许也会让学生们一起去寻找。这次检查陪同就是学生们帮助检查，学生们工作得十分好，父很喜欢这些学生们。他们都认真工作。

宁琳到厦门了吧，还是时间太短，来去很辛苦。宁琳大约六月下旬就要回学校。如果白天没有人在家，钥匙千万不要自己保管好。保姆阿姨在家已多日，小华弟和锦文妹妹给予安排好，让阿姨睡觉好些。她的腰痛病有无差些？

七月份高考将至，虎华一定要好好地复习，使她复习好功课。日本的大学生虽是自费，但也都要经过考试录取的。那么也一定要争取考上大学。大家好好的复习好。祝安好

逸宏字

1991.6.20

北海道大学是日本建国来创设的四个大学之一，是日本的历史最久的大学之一。其前身建于一八七六年(左右)，全是外国教师。北海道大学前面的大草坪有克拉克教授的塑像，以及学生们的笔记本(英文)。这学校当时请了一些外国教师(老师)，其中有名的是在美国大学的博士，他的名字那里的学生都知道，他的 Dr. Clark 的名字更是……

厦门大学
XIAMEN UNIVERSITY

亲爱的……，您好：

上周六由坂本教授陪同前往北海道岛(日本四大岛之一)的首城，Sapporo City (札幌) 参观。火车经过地下(海下)隧道到该岛上。星期日去游览了该城市的名胜之地，在高处远望全城景色，这城市并不太大，高楼大厦林立，星期天所有的商店都关门(除了一些餐馆食店)，街上的行人和车辆如流，那天该城在进行马拉松比赛，许多道路不准车辆通行。坂本教授的儿子和女儿都在Sapporo工作，儿子在北海道大学，女儿在一药品公司。我们和坂本开车上午到山上看市景，中饭后下午参观北海道的圆山动物园。这动物园是世界有名的动物园中之大者，我来从没去到过，许多国外引来的动物，大象、长颈鹿、北极熊、企鹅、袋鼠、鸵鸟等，看了一些动物……许多都是模仿其自然生长的环境，有的就放在园中，一些都在大园，也有的会表演……，刺刺有趣，还有杂相也多，游人非常之多。

星期一上午到北海道大学，……参观他们……一层楼，各教研组房间都很大，有许多书和仪器。本来的日程……参观那里……作半小时的讲演。结果取消，该系的Kamiya教授(研究……的问题，Rauch教授等曾到他那里)及副教授(研究双曲空间)上午与我交谈，还见他的桌上有我的多篇文章的(……)复印本，来了一些讲师和研究生，谈到中午，他们请我们到学校高级餐厅就餐，餐后又交谈有关……

8-1

厦门大学 XIAMEN UNIVERSITY

双[illegible]吸收问题。坂本教授也带去许多他在南美洲的照片。那位副教授给儿看了北海道的双[illegible]吸收标本。儿也与他们谈了我们对内蒙标本的[illegible]与西北[illegible]以及阿拉善地区的[illegible]种的关系，他们都十分赞赏，高兴。儿才给他们及学生们做一讲演，主要谈以放射[illegible]有关双[illegible]来吸收的问题。讲后许多研究生都提出问题，因为他们有的也在研究这一问题。到讲演及讨论後，已到下午五点多，再到实验室，各自谈论不同的问题，以往年青人围着又问了许多双[illegible]来的问题。晚上教授和一位年青教师单独请儿到餐馆吃晚餐。饭后坂本教授再三想请儿找好时间再来日本，到他北海道大学呆一些时间，说可以向文部省申请基金，也像他们请Rausch教授等一样。儿告诉他，儿现在工作也很忙，不知什么时候才有空去。他又再次告诉儿他有朋友在文部省工作，能提到他们的研究工作，劝儿一定再来。儿告诉他会考虑他的邀请，并谢谢他。他又告诉儿如果儿有学生，可以到他那里作研究生（攻读博士学位）（坂本教授的一个学生，现就在他那里念博士学位）。他说他可以帮助取得基金资助。儿也谢谢他，告诉他儿如果有好的学生，一定介绍到他那里作研究生。儿谈到学生的语言问题，他说可到日本学日文同时学习。[illegible]教授原来也曾在那里访问三个月（连儿讲演及半天时间在内）。结果由于十分欣赏我们的工作，以及十分尊敬高老，也欣赏儿现在进行的研究工作，所以十分高兴地陪儿一天，最后[illegible]地对儿提出上面教授邀请儿，以及要我们的学生作研究生的要求。儿告诉他，儿将考虑这一问题（这位教授英语很好）。今天儿本从北海道回来，[illegible]途中先和坂本教授谈谈，又不准备去南方访问了，[illegible]在此地度过[illegible]的十分难得的假期，[illegible]我到的双[illegible]吸收标本也在观察（此地以北海道的双[illegible]吸收物和我国的不一样）。到[illegible]中，[illegible]又在此地一个学会有一个讲演，所以没有时间再去南方（同时也要提早二三天去东京，看看老师的生活及工作情况），坂本教授说他将再申请基金，再请爸来。以后爸才告诉他昨天Kamiya教授对爸的邀请。爸请坂本教授代爸向Kamiya教授转达谢意，同时爸谈了自己的意见。爸和坂本教授谈了日本的双腔吸虫虫种奇特，和中国不同。爸说如果爸再来的话，愿意帮助北海道那几位年青副教授，及坂本教授这里，进行日本的双腔吸虫的生活史比较观察。爸认为此问题是科学上、以及防治上都有重要性的问题。他同意爸的看法。（由于Kamiya教授邀请爸十二月份来北海道，他十分赞赏北海道的风光，并说屋内不冷）。所以爸对坂本教授说如果为此双腔吸虫问题来的，就需要在夏天，冬天是不适合的。他也同意。所以爸请他向Kamiya教授转达爸的意见。（这位教授，仍在聘）

厦门大学
XIAMEN UNIVERSITY

爸此次访日，还是成功的。这里有位研究昆虫的教授，也向爸有关学生。大概是他也想要爸的研究蚂蚁的学生。他还要爸在此帮助他设计饲养蚂蚁的方法和容器，他不会讲英语，还特意打印了要请教爸的问题（的材料），请了一位留学生（科学的）来作翻译。并要爸再和他一起去牧场，他很希望能找到同时具双腔吸虫的蚂蚁，爸告诉他，需先找陆地蜗牛作起，现时间太紧了。

日本各方面的条件都十分好，他们的实验室中书籍都很多，但培养学生都严格，学生主要都要动手工作，绘画没有绘描绘器的，这里实验室没有见到，像我们实验室那么多的描绘器，爸到此画图也是徒手画的，他们很惊奇我们的图。爸觉得日本人生活条件虽好，但他们简朴，不追求享受和消费，这和西方国家不同，我们国家的青年也应该如此，只有像他们这样都努力工作，都出贡献，国家才能富有，大家的生活才能都提高。我们的一些青年光讲享受，消费，而不讲工作，十分危险的。Kamiya教授去过[illegible]学院，也去过瑞士的巴塞尔大学，他十分赞扬这二所大学，知道[illegible]在此二大学十分赞赏。锦云妹的信收到，[illegible]，有就买下。翼翼要努力念书，应向日本青年学习。祝全家好，琳琳和安安好。爸[illegible]字于1991.6.11日请告诉俊驿，如果他要去山东的话，于七月八日之前到北京。内蒙的老崔和小吕于七月八日前到北京，八日他们会去机场接爸，在北京逗留一天去山东。赵哥七月初会到北京，爸到那里看情况再决定去山东时间，可能多逗留数天也说不定。

六月下旬珠珠要回南京，家中请安排好对蓓蓓的照顾，蓓蓓自去千万不能自己单独自己去接。阿姨腰痛病尚无见差，请家中多关照她，有她在家，爸在外地放心些。代爸向她问好。又及。

刚刚把信封上注明寄，收到爸爸和宁群的六月八日的二信，知道爸爸为研究生事操心。研究生事按照儿子前给他们安排的去，到儿八月下旬返厦时再审阅他们的工作。他们平时不用功，拖到今天，他们自己应知道努力，不使爸爸为此操心。我们国家把大学生、研究生还看作幼儿园学生一样对待，[illegible]日本学生每天自己工作，从来不是老师去追问他们什么。所以请爸爸也不必过于关心了。更不可自己跑出去找他们，希望听家中人的意见。又及

XIAMEN UNIVERSITY

亲爱的爸爸：您好！

儿从北海道回来，不觉又过一周，由于事情多，时间也就过得很快，在此现只有廿天，在此廿天中，除了要把上次暗陵(?)采到的与中国的略见不同的双腔吸虫标本写制片、保存之外，他们又邀请儿再去鹿场一次，那里双腔吸虫感染率很高，他们多方学者及人员均对此很注意。此外下旬尚需在本省的一个学会会议上再作一个讲演，儿想讲讲人畜共患病（zoonoses）问题。再加上要准备回国，整理东西，处理一些事情，所以似乎时间也很匆忙。

前二天逛上街，看看有什么好带回去，市场上东西是多极了，海关(?)也不准许带什么好东西。儿只买了一个自动血压计（电动手指）（这次准备再买二个，一个送给宁，一个给锦锦用），即只要把手指插在此血压计中，打开开关，即可显示出高压和低压数字，而且还可有心跳数字。儿想这样爸爸天天检查血压，就比较方便，不必脱衣服。儿试用一下，与儿之血压平时情况完全相符。锦锦妹要的服装书也找到了，买了三本（不相同），都是今年五、六月份才出版的，都是最新服装，有照片，及剪裁图样。街上服装是特多，儿没有买，好的儿也穿不出去，一般的国内也都有，只是国内的服装手工质量太差。儿在上海也买了一、二件衣服（套装和西装服），一件在一次宴会上，扣子掉了下来，另一件在一次讲演中，也掉了扣子，儿赶紧把线头扯掉。以后，回来后把所有衣服的扣子都重缝过。日本，学校中大家的服装都很普通，这和西方也相像，学生男女常并不穿好衣服，只是开会、宴会时才穿好些。在街上见到日本人的穿着也不太新奇，但看上去，质量都较好，

9-1

研究生们如有来家中，要告诉他们应学习日本青年的自觉勤奋的精神，并要提醒他们，他们即将出去工作，实际上他们学习到的工作能力与要求很大距离，应在尚未出校之前加倍工作学习，按一个标准科技工作者的条件来要求自己，训练自己才可以。

厦门大学
XIAMEN UNIVERSITY

爸和伦伦七日离此去东京，在东京二天多时间主要看看厦昕的出国留学情况。昉将出来学习进修事，还在请他留意此事，由于他是在针麻教研组（电生理）工作，但实际是管理仪器些方面的专业，他都不要到大学进修应有的学业基础资历也可以。不过是尽量在探听，看看有无机会。日本学校学习或进修学费也不少。

宁琳和爱爱，在此信到厦门时，他们可能已动身回南京，明天爸和伦伦再给家中打电话。在此地打电话也不方便，要请有人教授等先请他拨好转接电话，讲好要结束才告来应付电话费的通知，而且电话费也相当贵，一次要2-3千元日元，相当人民币100元左右。已可以来来想一星期给家中拨一次电话，也就不这样做了。

爸七月八日到北京，在北京稍停二、三天后就去山东，伦伦在山东一个月，约于八月中旬去赣过厦，看工作情况如何而定。清黎如果决定要去山东的话，请告诉他们，七日到达北京，可坐地铁到西直门上来找西直门饭店，距离很近，走路约10-15分钟就可到。

今年夏天，康昇和依纷都要考大学，希望他们准时到考上，现在时间很近了，即要注意身体，也要注意功课各都有一个系统的概念。

日本九州那边一火山在喷发熔岩还在喷，喷口本来在山顶上，此山顶都喷缺了而凹了。岩石喷到很远，今天还在喷。从电视中见到菲律宾有一座山也在喷。日本要好善比菲律宾幸运，这里救灾工作也做得比较好。

今天上午和家中通了电话，知道家中大家都好，很高兴。虽然打的通电话费3-4千元（日元），家书值千金，能听到大家讲话，花些钱也值得。 此祝

安好

爸写于日本

1991.6.17日

亲爱的爸爸：您好！

您收到此信时，可能儿即将或已到达北京了。到北京后再给家中打电话。

儿最近忙极了。这里借住一自然保护区（在山上）的屋子，将采的双翅目昆虫标本均已制完，忙着绘图。其种形态与国内的有很大不一样，可能是一新的虫种。

今天下午在此地裏區学会的会议上作一讲演（内容：掠蝽科昆虫及中华双翅目昆虫），会后会餐，是日本式的用餐，一人一饭盒，内有许多个小框各种不同之食品，也有一框是生的（鱼、肉、及虾），儿不敢随意吃下一个生虾，大约不会有事的吧！儿讲演后，主席當场给儿一份"御礼"信封（这是其他国家没有这样的），儿也不知道是什么，回来后打开一看原是一万日元。会后用餐时许多人过来给儿上酒并交谈，好几位是年青的教师、助教授，也有年纪很大的，他们都很友好。儿放幻灯到最后放了三张爸爸在案桌端坐和章鑫的照片给大家看，大家看到您的照片以及高东帮助您与章鑫的照片，都非常羡慕和高兴。

儿明天又要去自然保护区，是应一位老教授的邀请，他对蚂蚁很感兴趣。这位教授是坂本教授的老师，原是此校的教授，他退下来后推荐坂本副教授当此学校的教授。所以明天坂本教授也和我们一起去，在那里逗

10-1

第二天，这位老教授想饲养这些蚂蚁，要爸帮助。他对我们用蚂蚁作西里伯绦虫以及双腔吸虫的昆虫宿主感染试验时已经观察到的蚂蚁生活十分有兴趣。

爸昨天从自然保护区回来，就要准备结束此次访问的扫尾工作。此次访问还是很成功的，爸完成了交流、讲课、访问以及科研工作各任务，他们都很满意。爸到此地访问的各单位以及学校，都认为是女的专业人员，所以到每个地方，见到爸是教授都表示惊讶，但他们对我们的科研成果以及在此的工作都很赞赏。

爸已定六月廿四离此，要到东京停留三天，主要去看昕的生活及他学习情况，已让昕代爸在东京预定旅馆，请这里一位学生送爸到东京，昕到车站接爸。

爸出国好几次，这次是条件最好的，生活得很舒适，主人教授私下为爸一切都安排周到。坂本教授在任何地方介绍爸时都说爸是世界著名寄生虫学家，以及我们一家三代都从事寄生虫学研究，也许也为此，大家对爸也就特别友好。

此致

安好

爸遥致字

全家均此问好！

一九九一、六、廿四
于咏。

10-2

2. 1992 年在海拉尔给父亲的信

呼伦贝尔盟畜牧兽医研究所稿纸

亲爱的爸爸：您好！

儿六日离厦门顺利到达北京，小吕小王都到机场迎接，立即坐呼盟驻京办事处派的车到了西直门饭店。次日乘火车到九日晨到达海拉尔，蒙汉弟子这里的老朋友到车站迎接，很快就住进了已预定好的宾馆住房，由于对工作、吃饭方便，工作室就设在儿住房的套间的客厅中。山东来的小王也住在宾馆内，每天二位小吕（马佳尼和吕尚如）都到宾馆参加工作，研究所的同志们也时常来。崔学文同志最近又去英国参加谈判，但这里一切他都安排好了，所以儿在此工作、生活都无问题，盟长署和研究所也时常给予关照，请放心。

小吕和小王从山东带来的山东枝双腔吸虫宿主，马佳尼同志从乌兰浩特也采来这里中华双腔吸虫的蚂蚁宿主（黑山蚂蚁）。山东枝双腔吸虫的螺中排出黏球，感染了黑山蚂蚁，黑山蚂蚁体内有枝双腔吸虫黏球中的尾蚴（虽然枝双腔吸虫黏球与中华双腔吸虫黏球很不相同，前者具有很厚的黏球壁），但蚂蚁含在

20×15=300　　第　页

1-1

呼伦贝尔盟畜牧兽医研究所稿纸

半天时间,把数据球一直吃完为止)。黑山蚂蚁和山东的蚂蚁

仅仅颜色不同,大约仍是同一个属(Formica)的蚁种。但实验

结果,发现枝双腔虫囊蚴虽能侵入黑山蚂蚁的脑腔,能正常

发育十二天,但三四天之后即开始出现异常情况,体内增

加特别多的褐色黑颗粒。此外尚在继续观察中。此实验结果说明

了,我国各种双腔吸虫,为何具有明显的分布区,以及内蒙东部地

区为何只有中华双腔吸虫一个双腔吸虫虫种的存在。幸好的是

山东蚂蚁和内蒙蚂蚁,蚁种十分接近,而寄生宿主特异性

在双腔吸虫也是如此的问题。就这个情况用内蒙中华双腔

吸虫的囊蚴去感染山东枝双腔的蚂蚁宿主。小王为此,这一二

礼拜动身回山东采集蚂蚁窝,以再采那里的蜗牛。而想用枝

双腔的囊蚴再感染其合适的蚂蚁宿主(山东蚂蚁)观其发育

情况,以作对照。小吴、小王,在此工作配合得很好,已使

此工作能够达到按预期设计的进行,并取得结果。

自离厦到北京的,那实验材料到手,每天忙于整理材料的

20×15=300　　第　页

1-2

呼伦贝尔盟畜牧兽医研究所稿纸

和蚂蚁以及实验工作，已经十分忙碌，好在路上有小吕、小王照顾，到上海以后我买到一批用于分解做蒸馏器材和药品，几位年青同志在旁边帮助，已经开始工作，工作得很愉快，也很顺利。儿想此次能[illegible]支持试验的结果，特别感谢爸爸关于"[illegible]"同[illegible]的控制理论。

儿将于廿四日和吕[illegible]去北京，迎接日本坂本教授，坂本教授廿七日来北京，廿八日和他一起来海拉尔考察访问。待儿到北京后，再给您打电话。这里电话比较差，一直打长途回家，就是打不通，已经拍了二次电报，主要让爸爸放心吧！

爸爸在家，见气候预报，厦门气候在28°C—29°C，太好。爸爸在家多走走，但要小心，不要勉强，疲倦了就坐坐，不能跌倒。

请代向玉梅问好，关于她孩子绘画的事，请告诉她要把孩子，把给他的那一张图样画好，要使画得和图样的画的一样，才基本掌握此技术，以后再给其他图样再练。

崇滨、锦云姐弟，最近均好，不另

此颂

安好

惕儿敬禀于海拉尔

1992年6.19日.

20×15=300

Ⅲ　对亲人及往事的怀念

一、我的外婆

1. 我的外婆和舅父母

我外公郭冠峰，是唐朝郭子仪的第六子郭暖（唐代宗之女升平公主驸马）的后代。外婆是郭杨乖宋（1868—1966 年）。我有 3 位舅父（郭公弼、郭公傑和郭公佑），我母亲郭如玉最小，外公在她约 20 岁左右时因病去世，他临终时关于女儿的婚姻大事特别对大儿子作了嘱咐，交代一定要把她嫁给我父亲。从他要把心爱的女儿嫁给一个家贫如洗还在半工半读的苦学生的决定中，可以看出外公是一位有思想、不嫌贫爱富的人。他认识的诸多人士中不乏富有人家，他欣赏我父亲的志向和为人，在那么紧要时刻安排了自己心爱女儿的婚姻大事。大舅父遵从外公的遗愿，事后特意约我父亲出游福州鼓山，途中谈此婚事。父亲回答须征求他四叔（他在福州的唯一长辈）的意见。我四叔公很高兴答应了这一婚事。

前排外公和外婆；后排（从右到左）大舅父、二舅父、母亲、三舅父、大舅妈

外婆祖籍是福建泉州，后移居福清，最后到福州，由于三位舅父不在福州工作，外婆一直和我们家在一起。她福州话说不准确，与母亲讲闽南话。外婆从小在海边渔村生长，有海边人的性格，为人吃苦耐劳、明理善良、胸怀宽阔、慈爱好客、敦亲睦邻。她对子女的朋友及其子侄也都十分关爱，我小时候家中常有外地亲朋好友来家住。时有安徽灾民来讨饭，在家门口唱好听的安徽歌曲，我见外婆给她们钱和饭后赶快到楼上把自

己还在穿的好衣服包一包从窗口丢下去给她们。外婆一生都善待他人，她年老时，母亲特意请一位佣嫂帮忙照顾她。冬季白天外婆也多躺在放上热水汤壶保暖的被窝中，床前桌上放有家里任何人都不能去拿吃的香蕉。有一天母亲到外婆床边查看暖壶情况，外婆眼力不好，误以为是帮佣嫂，说："把香蕉拿去吃，别让先生娘（指我母亲）知道。"我听到母亲轻轻地离开后到前屋对父亲笑说此事。外婆年轻时很好客，家中常有很多客人。

1931年，中间者外婆的前面是我和我哥；
父亲（左2）、母亲（左5）、章振乾伯伯（左3）等客人。

我很小还没有记忆时，父亲重病住院医治，母亲在医院照顾。我和我哥从小由外婆照顾，在外婆身边长大，到我念中学时还习惯跟外婆一起睡。幼时我在外婆身边的一些事还印象深刻：我大约只有3岁左右，每天牵着外婆的衣襟不放，妨碍外婆做事，她把我送到隔壁一家有位女老师和一些小朋友的家庭幼儿园上学，外婆先陪我在椅子上坐，给了我一个乒乓球，我玩弄小球一转眼外婆不见了，立刻躺倒在地大哭，老师赶快找来外婆把我抱走，从此就没有再去这幼儿园。有一晚上，家附近新民小学有话剧演出，家里人都去看，我被话剧女主角的悲伤情景吓得大哭，母亲赶快把我抱回。5岁时和外婆到连江作客，有一晚上离开外婆，至今还记得那心焦的滋味。我5岁左右就被送到附近的新民小学上学，不久该校停办，1934年才和我哥一起到在烟台山山顶的天安小学正式上学。

父亲在城内福建省立科学馆任职，业余开始进行血吸虫等寄生虫问题的科学研究，母亲天天和父亲一起去，当义务助手，他们早出晚归。那时我们住在福州南台仓前山康山里，围墙内有20余家相连接的一排两层楼红砖房，楼前有条水泥路，每家前边都有一块空地，可以种花种菜。我们家门前台阶两旁放几盘花，路那边还有空地外婆种些小菜和许多花，有指甲花、海棠花和小西红柿，还有各种颜色的菊花等。外婆每天亲自浇水看顾。在围墙内左边还有一排五间两层楼小平房和一大空地，还有一座小山头。傍晚各家孩子们都在这园子里和小山上奔跑嬉玩，我独自采野草假作烹调玩。我每天上学放学后，在山中一路上也是独自玩着回来。家中虽有帮佣嫂，但孩子们的生活还是外婆照看。每逢节日，外婆会给我穿好看衣服，衣扣上挂几个香袋，衣襟上别上一束小花，至今想起还非常温馨！到1938年因抗日战争我们开始逃难之前，是我非常快乐的童年时代。

我两位妹妹（二妹唐崇骞、三妹唐崇夔）相继于1934年和1936年出生，外婆同样照看她们。二妹崇骞才两三岁，傍晚就能跟着大孩子们跑很远去玩。每天此时外婆端着饭碗在家门口大声喊："骞仔回来吃饭！"（因为"骞仔"福州话音同"犬仔"，为此我们大笑）。二妹听到就很快跑回来，外婆喂她吃。三妹崇夔两三岁时也能自己吃饭，外婆把我们兄妹四人放在配有四张小凳子的红漆小四方桌上吃饭，外婆给每人一碗饭和一盘菜肴。有一次我哥戏耍我妹，把筷子伸到她盘子中夹好吃的菜，我妹大喊："外婆快来看，我的菜被哥夹去了！"外婆立刻过来，温和地说："要想多吃，必须自己到海里去讨，不能拿别人盘里的东西。"外婆家乡是海边渔村，她用渔民应该如何"为人"的话教导孩子。我终生不忘外婆这句话和她的神态，这句富含哲理的话，也适用于科学工作者不能剽窃！

外婆爱清洁，我小时候每天早晨见外婆起床后第一件事就是叠被、洗漱。用米荫柴（福州音）液梳头，头发梳得一丝不乱，穿戴整整齐齐后才下楼。楼上地板拖洗干净，我们常常坐在外婆房间地板上，听她房间的收音机里父亲在广播电台的科学讲座。外婆非常勤劳，每天不停地迈着小脚做事情，每件事都做得井井有条，精细而且整齐清洁。90多岁时每天傍晚还亲自把家里洗晒干的衣服全部收回，一件件折叠整齐分放到各人的衣橱里。我曾听到父亲对母亲赞扬我：逖做家事就像在实验室里做事一样，整齐清洁。其实我这习惯就是从外婆那里潜移默化中学来的。

左图：1932年外婆抱着我哥和我；中图：1935年外婆与我兄妹三人；右图：1936年外婆和我父母与兄妹四人（兄崇悫、崇逖、二妹崇骞、三妹崇夔）

父母亲把我们送去学校，他们天天忙于科研工作，早出晚归。母亲严格管过我背诵"数学乘数表"和"织毛线"。其他学习的事她让我独立处理，生活由外婆管，我很自由。上小学后，老师让我参加学校歌舞团，有一次老师带领我们外出表演，演出后在一张铺有白布的长桌上，招待大家吃糕点，每人一份。我看着面前这盘糕点，只吃一点点，心想带回去给外婆吃，结果走时老师没让拿，但这记忆很深刻。我每天上学和回家常蹦蹦跳跳地跟在我哥后边，傍晚放学，他常把书包往我面前一丢，就跑走了，和同学们在山上树林里打野仗。我哥高我两级，课本比我多，母亲担心他会把书本丢失，把他的全部课本合订成很厚的一本，加上大砚台和作业本，他的书包特别重。我只好背着他的重书包和自己的书包回去。我自己放学回家也是一路玩着走，在路两旁树林中捉蝴蝶、采野果、看蚂蚁搬家，回家很晚，外婆留饭菜给我们吃，给我们洗澡换衣服，从来没责备我们晚回来。家中经常住着父亲和舅父的朋友及他们家人，尤其是章振乾伯伯家的表哥表姐们常来。外婆买许多龙眼装在很大的藤筐中，给大家吃。我和我哥几次随父母亲或外婆或我们自己到连江在章伯伯的姐姐（我称她二姨）家度假，非常快乐不愿回家。我在天安小学三年半中从来没被老师体罚过，回忆是快乐的。我没有用功念书的记忆，但也没有补考和留级。父亲晚年时也常笑谈我每天放学替哥哥背书包的趣事。

1937年全面抗战开始，大舅父和三舅父分别从外地回到福州，他们和外婆住在康山里，我们一家搬到城内在靠近福建省科学馆附近的剑池后，和一满族人家合租一有前后院的中式房子住。我和我哥到附近实验小学念书，这学校老师严厉，胖胖的语文老师几乎天天用竹板子打没能背书学生的手心。我也被打了一次，终生难忘。我们在这学校只待了一学期，我快乐的童年也就此结束了。

抗日战争日寇两次占领福州。1938年夏天我们开始逃难，从此开始了7年灾难生活。我们家先到沙县，后连续两次到邵武。外婆和大舅父、三舅父也分别逃难到福建其他地方，她先和大舅父一家在一起，1942 年她到南平的三舅父家住。那时我正在南平中学念书，生活异常艰苦，半年里不停地患疟疾，学期结束我和我哥要回邵武父母家。临行前，我又患疟疾发高烧，睡在外婆床上。晚上我迷迷糊糊见外婆坐在床边手中缝着东西，听到她自言自语：“明天要上路，还烧得这样高。”次日清晨我起来，外婆一边帮我穿衣，一边告诉我，“有一些钱缝在你这衣服下襟里，要用钱时取出用”，我默默听着。每次读孟郊的《游子吟》“慈母手中线，游子身上衣。临行密密缝，意恐迟迟归。谁言寸草心，报得三春晖”，我就会想起外婆对我做的这件事和她那慈祥的样子，暗叹“古今相同”!

抗日战争胜利，我们各家陆续回到福州，外婆住在三舅父家。有一天我去看望外婆，只有她一人在家。她见到我来立即迈着小脚到厨房，端出一碗稀有的热气喷喷“红蟹蒸糯米饭”，一定要我吃几口！这是外婆对我始终不变的爱！

1953年夏，外婆长外孙崇憙（右1）、孙媳陈淑钦（右2）大学毕业分配去北京工作时照的全家福。自左到右前排：四弟崇嵘、二弟汉夫、外婆、三弟崇淹，后排：四妹崇侃、堂妹爱平、父母亲、崇逖

福州解放后，大舅父由于解放前在法院当法官，虽然非常清廉公正，被人称为“郭青天”，但解放后的日子很不好过。三舅父到东北沈阳农学院任教。外婆又与我们在一起，我们家住在学校附近一间三层楼的民宅里。那时她已越八旬，除视力不大好外身体还很健康。一天深夜下雨，全家人都睡着，她一人轻轻地下楼，把在厨房旁已劈好的木柴搬到地下室墙边排得整整齐齐，第二天早晨大家起来才知道。母亲急得埋怨了她一阵，父亲对外婆说：“娘，以后千万不能这样，跌倒了怎么办？”她笑着说：“不会，我很小心。柴被雨淋了就不好煮饭了。”

2. 四 代 同 堂

我的大儿子陈轼出生，是我外婆第一个重孙，他一岁多能走时，母亲特意雇车载外婆和我儿子，我们一起到照相馆照第一张的“四代同堂”照片，非常高兴。那时，高校院系调整，父亲在福建协和大学和华南女子文理学院合并为原“福州大学”任教。以后，外婆的重孙一个个地出生，她都疼爱有加。我的二儿唐亮、三儿陈东，小时候每天去上学时，都会到我已过九十的外婆房门口说声：“太奶奶，我上学去了”，她总会十分慈爱地应声：“要勤勤读呵！”

左图：1952年，外婆、母亲、崇逖、重孙陈轼四代人；右图：1958年冬，外婆左右为重孙唐亮和陈轼，后排自左至右：四弟崇嵘、三弟崇淹、父母亲、崇逖手抱三儿陈东

外婆一生勤俭持家、善待他人，从来不唠叨。她思维敏捷理性，平时舅父和母亲都会给她一些钱，她把钱包放在身上肚兜里，还会诙谐地拍拍肚兜里的钱包，用福州方言有韵地讲：“仔呀仔，莫抵身边一包仔！”。我常笑着告诉一些朋友外婆这句话，提醒大家都应该有储蓄习惯，到老的时候就可以无所忧虑。

1965年外婆已97岁高龄，有一天午饭时，我坐在她旁边，她说，“唉！年老了”，我对她说：“外婆，你没老，你会活一百岁。”她立即答道：“一百岁，也只有三年了。”她不仅没有糊涂，而且还会敏捷算数。我为她健康而高兴。当时已是“文化大革命”的前夕，在我即将下乡去参加“社教”，在家里小客厅中父母亲和当时在家诸人与外婆照了外婆生前最后一张照片。

这一年底春节我回来，外婆已病了。外婆始终在沉睡，天天挂瓶滴注葡萄糖等营养液，大家轮流坐在外婆床边照顾。我回家度假，多是我陪伴外婆。有一天，我听外婆在昏迷中喊着：“老三雇辆轿子，我要回福清渔溪去。”福清渔溪是外婆从小生长的故乡，在她已昏迷不醒即要离开人世弥留之际，心底唯一存着忘不了的故乡，她要“落叶归根”。那时我大舅父和二舅父已故，三舅父（老三）健在，外婆昏迷中没喊错人，我感到十分惊奇！

1959 年我哥携子回家探亲全家照：前排外婆左右为 4 重孙唐昕和陈东、唐亮、陈轼；后排自左至右：三弟崇淹、大哥崇悫、父母亲、四弟崇嵘、二弟汉夫、崇逖、四妹崇侃

1965 年当时政治运动已是“山雨欲来风满楼”，外婆 97 岁高龄，生前最后一张照片。自左至右，中排：崇逖、母亲、我二儿唐亮、父亲、四妹崇侃，后排：四弟崇嵘、二弟汉夫、三弟崇淹

1966年3月9日，外婆在沉睡中走了，回到天国去了。父亲当时赋诗一首寄给远在沈阳的三舅父，寄托对外婆去世的哀思。《赠佑哥》：“故人废读蓼莪篇，欲慰哀思已怆然，垂老方欣同有母，侍亲难得是增年。苍霞旧梦过卅载，闽海辽云阻八千，恍惚慈颜犹在室，深宵两地涕应悬。”5月，下乡参加“社教”的人都回来了，“文化大革命”开始了。上天还是顾眷和厚爱一生善良的外婆，没让她看到随后几次“抄家”、父亲进“牛栏”等事故而受惊吓，外婆是有福气的人!

我舅父们和我母亲虽然都遗传有外公耿直严厉的性格，但他们对自己母亲都是很温和孝顺的。我小时候外婆对我谈她年轻时多病情况，及我自己几十年所见所闻，都可看出他们的孝心。外婆告诉我她40岁左右时身体很不好，胃不好吃不下东西，那时三舅父在城里念书，每天回来都给她买雪片糕，她早晨起来就是喝些茶吃这些雪片糕度日。家里人都以为她得了不治之症，大舅父特为她买了上好的楠木寿板（我小时候还见过这寿板放在客厅里，外婆告诉我这是她以后睡觉用的）。当时有一位老中医，是外公好友，到家给外婆诊视后说：“没什么病，每天喝些米酒就可以了。”舅父们立即买回几坛绍兴酒，三兄弟每天陪外婆喝酒，本来无酒力的外婆练成每天三餐都能喝几盅绍兴酒，她的病就如此奇迹般地好了。我小时候见到舅父为外婆买了十几坛绍兴酒，叠在厨房墙边。外婆吃饭前自己拿一小酒壶从酒坛舀上一勺酒，放在灶上的小热水锅中热一会儿，吃饭时都先喝那几小盅绍兴酒后才吃饭。我晚上跟外婆睡，她有一身酒香味。到抗日战争四处逃难后，外婆喝酒的习惯也就自然地停止了。

我大舅父是位法官，任职清廉，秉公办案，众称他“郭青天”。他一向在东北、山东等地工作，每逢外婆生日，他才携全家回福州。他对外婆都是笑容满面，我没见过他发脾气。我两三岁时他常把我抱坐在他肩上四处游逛。抗日战争开始他即回福建，不久全家带上外婆逃难到闽北，这期间他的一个儿子（我的一位表弟）夭折在那穷乡僻壤之地。抗战胜利后回福州，大舅父在高等法院任法官，有人给他送两瓶酒到家中放下就走，大舅大怒提着这酒追出去，追到小区围墙大门口，人已跑了，大舅怒把酒丢到大门外的池潭里。可是，新中国成立后他作为旧司法人员被解聘回家，处境不太好。那时大舅父家在台江，外婆和我们一起住在南台郊区施埔。已60左右的大舅父常常步行来看望他的老母亲。他要走过两条长桥，爬过一座山，还要走很远的路来到我们家。他单独坐在外婆房中和外婆谈天好久，然后不在我们家用饭，原路走回去。如此一片赤子之心连续多年。可是不幸的是，1959年，他患病到医院就诊，医生没有检查清楚就给挂点滴，大舅就在如此“点滴”之中逝世。大舅妈立即把大舅父抬回家。那时，我和父母亲正在福州郊外农村搞调查工作，接到此噩讯立即赶回，傍晚才到大舅家。大舅父去世后大家瞒着外婆好多年，外婆一直查问，有一天外婆对母亲说：“我见到大哥来，跪在我床前。”大舅妈也不敢来见外婆。最后还是被外婆发现了，她在大舅妈匆匆走过的身影中，见到她头上戴着一朵小白花，知道大舅父已经去世了。她流着泪追问母亲，母亲只好实言告知，外婆痛哭一场。大舅妈是一位很能干的人，她靠做一些小生意维持家用，供子女上学（我表弟郭宗楠才艺超强，上同济大学）到毕业。儿子结婚后，她还帮忙照看孙子几年。“文化大革命”初期，她不幸罹患肝癌，得病后我到她家看望她，见她还照样在料理家务，口中淡然地说："皇帝也不能活万万岁。"她子女送她到医院治疗，到后期，我到医院探望，见她坚决地把插在手上的滴注针头拔掉，拒绝继续治疗，几天后去世了！

1933年，前排外婆中坐，我和我哥在她两边，前面是两表弟；
后排左起：我母亲、大舅妈、大舅父、二舅父、三舅父、我父亲

我二舅父，一直在厦门司法部门工作，也都是遇到外婆生日才全家回福州住几天。他有重男轻女思想，我还很小的时候，他都不要我走到他跟前，而对我哥疼爱有加，见他跌倒赶快跑过去抱他。二舅妈性情较软弱，见二舅父打女儿都不敢阻止，跑来要我母亲去解决。二舅妈生了三男两女，最小儿子宗灏出生后不久就去世了。我有见过二舅家两位双胞胎表妹，名叫书、船（福州音如此，实名不详）。她们在二舅妈去世后不受父爱，不久都夭折了。二舅父晚年到福州住我们家两三年，患肺结核病已晚期。1960年在肺结核病医院住院治疗，约一个月就去世了。父亲对母亲叹气地说："二哥如果有女儿在，晚年就会过得更好一些。"

我三舅父思想开明，没有重男轻女的思想，我小时候他对我和我哥一视同仁。三舅父自己非常勤奋，非常严厉地要求家里小孩努力学习，对学生及好朋友的子侄们也都如此，大家都非常怕他。他疾恶如仇，天性耿直，见到不好的事，即使是他上司，都会直指批评。新中国成立前他因此常常更换工作单位，我曾听三舅父自己说："我做工作，在每一个单位最多都只有 8 个月。"新中国成立后，他一直在沈阳农学院任教。也许因为这样的性格而得罪了一些人，"文化大革命"期间，无端被扣上"历史反革命""现行反革命"的罪名，受尽苦头。

三舅父在南京金陵大学读研究生时，每逢暑假回来都会给大家带礼物。记得有一次他送我哥一个小巧的工具箱，里面有各种小工具，给我一个小皮球。夏天，每天傍晚都有卖各种小点心（像汤丸等）的挑担到各家门口叫卖，三舅父常会买了请他的朋友们吃，也会给我们小孩各人买一碗。三舅父和父亲及章振乾伯伯是中学时好朋友，他们常相聚，

各人都有两个外甥也在那里，他们笑称此为："三舅六外甥"（章伯伯的两外甥、我姑妈家的俩表哥、我哥与我是三舅的外甥）。我是个最小的女孩，也被算在内。以后三舅父常跟我提起"三舅六外甥"的往事。三舅父对我的学习要求非常严格，有一个夏天，我还没真正上学，母亲晚上把我带到三舅父房间，要我在三舅父旁边念书。我心中非常害怕，偷偷躲到外间小屋内，三舅父把我找出来痛打一顿，我大哭，母亲赶快来把我领走。从此，我再也不肯到三舅父房间念书了。

左侧：母亲抱二妹崇骞，其前我哥和我；右侧：二舅妈抱宗坚，其前宗尧和他两妹妹（1935 年）

1940 年，父亲在北平协和医学院工作，母亲和妹妹、弟弟，也在北京。我和哥哥到长汀上学，我在省立汀中，我哥在县立汀中，住在三舅父家。他很关心我们的学习，时常会到学校去了解我们的学习情况。有一天，他对我说："我到你学校，你老师告诉我你学习还好，整天都在教室里坐着。你课余可以看些其他书。"不久，他从因抗日战争迁移到长汀的厦门大学图书馆，替我借回一部《野人记》小说，也就是这一部小说引出了我终生酷爱文学的兴趣。三舅父还会检查我家中课桌，有一天，他拿着我放在书桌上"晚上做梦记"本子（已写了一篇晚上梦见和父母亲在一起快乐的梦境），笑着对我说："很好，以后可以继续写。"我念书遇到不懂的词去问，他都会很高兴地给我解析。如有一天我读书对"秋毫"两字不理解，就去问三舅父，他挽起袖子，让我看他手臂皮肤细毛，对我说："这就是'秋毫'"。有时他让我下课后到他实验室替他烧蒸馏水，这也是我第一次接触做科学研究的工作实践，印象都很深刻。这些都是我学习表现好，三舅父高兴的时候。但遇上表现不大好的时候，三舅父照样会拿着鞭子痛打我一顿。有一个暑期，三舅父要我哥学会手工，把他送到一家木匠店去当学徒。我哥对这木工非常感兴趣，和老板的关系也很好，学了不少终身受用的制作技术，都不想离开这店了。开学时三舅父把他叫回来，继续上学。几十年后，我哥替我制作了一百多个精制的三合板卡片盒，这功夫，就是在那时学的。抗战胜利后我回到福州上高中，三舅父到我家见到我，还查问我每学期的学习情况。我参加工作很多年了，三舅父从东北回来住在我们家，见到我首先问我的工作情况。三舅父没有重男轻女的思想，他认为每个人最重要的就是“要念好书，做好工作。”他对每一个人都同样要求。我出生时父亲为我起名‘唐崇逖’（崇尚古人祖逖“闻鸡起舞”的勤奋精神），我到长汀投考中学，因为没带小学毕业证书，只能用同等学力报名，要另起名字。三舅父为我起名“唐崇惕”，除音与原名相近，也另有含意。为了感念三舅父对我的教育，这名字我沿用至老。

我三舅妈非常优雅美丽，不用化妆，都比那些浓妆艳抹电影明星好看好多倍。她是一位外柔内刚的女子，为力求自己的前途和人生价值，努力奋斗不懈。她原来是一位护士，结婚后，她想继续学习，三舅父坚决支持她。1940 年我第一次见到她，她已是一个儿子（宗奋）的母亲，一年多后又添一位女儿（宗毅）。她为了要投考大学，每天日夜复习数、理、化等多门功课，没有休息。其艰巨性可想而知。最终，三舅妈考上了福建协和大学与上海的暨南大学，1950 年从暨南大学毕业，分配到沈阳农学院植物学任教升至教授。他们一家“父严母慈子女均有为且有孝”。

左图：1942 年长汀霹雳岩，后站三舅父三舅妈，前坐舅妈的母亲、我哥、我及宗毅表妹和宗奋表弟。
右图：1974 年三舅父三舅妈（前排中央）来到厦门

我母亲，由于她三位兄长都长期在外地工作，她负起侍奉外婆的责任。母亲数十年对外婆非常尽孝，父亲侍奉外婆亦如亲娘。外婆一生中大部分时间都和我们一起生活。家中有照相，母亲和父亲一定都是站在外婆身后。外婆很听母亲的话，但有时也会生气，母亲就赶快避开，事后好言相劝。在那物资非常欠缺的年代，母亲给外婆准备的食物、水果，明令家中任何人都不能去拿。冬天外婆床上日夜放着大铜热水壶在床尾脚边，两旁各放两个热水瓶，都用大毛巾包紧保温，让外婆不会受冷。家中请有保姆，她的一个职责就是要照顾外婆。母亲有时要跟随父亲外出或去北京、沈阳，她一定请她的好友吴姨来家住，专门帮助照看外婆。外婆 98 岁身体无器官疾病，出现身体不适状况，而后转入昏睡，母亲请医生和护士天天到家，为外婆滴注葡萄糖等营养液。母亲护理外婆数月，让外婆一身干干净净。家人轮流在床边照看，最后（1966 年 3 月 9 日）在“文化大革命”即将来临之际，外婆离开了人世，没有受到惊吓。

左图：我与三舅父三舅妈及表弟妹们在沈阳农学院校园；右图：我在沈阳农学院三舅父三舅妈家中

二、我的母亲

我母亲郭夫人如玉（1905—1986 年）是我外公外婆最小的唯一的女儿，受父母钟爱。小时候外婆要给她缠脚，她性格刚强坚决反抗，留下了一双天然脚。在那女子不能外出的年代，外公外婆送她到教会办的陶淑女子学校（小学）和文山中学上学。据说往返都是坐轿子。外公在我母亲 20 岁时因病去世，临终前遗言要将她许配给我父亲唐公仲璋。当时父亲还是靠半工半读在福建省协和大学求学的一个苦学生。大舅父遵父遗命向我父亲提亲，父亲征得他四叔的同意后才答应这一婚事。母亲嫁给父亲后，住进了“贫民窟”，开始和父亲过苦日子。父亲曾经告诉我：“当年我替学校采集动植物标本，回来要处理，都是妈妈帮忙工作，许多植物蜡叶标本都是妈妈帮忙做的。当时妈妈一再安慰我说‘不要紧，钱可以慢慢集聚的’。”1986 年母亲去世，父亲写下《采桑子 忆妇》：“伤心六十年前事，一见钟情，一见钟情，不辞贫苦结同心。记曾穷巷小楼住，喧市为邻，灯火荧荧，不因陋室锁眉颦。明月多情应笑我，笑我劳辛，不负山盟，相对应怜太瘦生。记曾避寇穷荒地，种菜经营，贫病交侵，号恸荒郊哭女声。壮年南北奔驰苦，归路遥赊，海阻山遮，生死危樯一发差。追思少小乖身世，遭遇堪嗟，无份繁华，枉抛心力事虫沙。怜君嫁作黔娄妇，艰苦备尝，疗疾无方，闲坐悲君亦自伤。只今相赠余何物，几束花香，热泪两眶，一寸孤心，千结肠。”从中可知母亲和父亲一生中所遭遇的苦难生活的一斑。母亲和父亲同甘共苦一辈子，不图自己名利，义务协助父亲从事科学研究工作 60 年。

父亲成家后，我哥崇悫和我相继出生。父亲为了家庭开支，除了在学校的学习和工作之外，每周还数次从魁歧到福州理工学校兼课（生物学），培养了好几位昆虫学家（他们后投考燕京大学生物系昆虫学专业，成为杰出的昆虫学家，如卢衍豪院士、赵修复教授等。照片见父亲的各选集）。父亲太累而病倒了，病了整整两年。这两年母亲是如何渡过难关的，从来没有听母亲说起，只听她笑谈过每天如何偷偷把饭碗换大，让父亲在不知不觉中增加饭量而慢慢恢复病体。在母亲精心的照顾下，父亲的身体逐渐恢复，于 1932 年他又到学校完成学业。我记得还和母亲、哥哥一起到魁歧参加父亲大学毕业典礼。

父亲大学毕业后到福建省科学馆工作，工作之余自己从事寄生虫的研究，母亲每天及周日和父亲一起进城帮助他工作，天天早出晚归。母亲一生不计任何名誉和报偿，父亲一生和我数十年的科学工作的成果，有母亲一半的功劳！

我的生命是父母亲给予的，而我能生活、成长和发展在“唐门”家内，首先要感谢母亲对我的爱！我出生在福州的教会办的玛歌爱医院，当天有九个女孩子出生。我出生后护士抱来给我母亲看一下说是女孩，就在那么匆匆一刻中，母亲认真端详了我那像小猴子一样的面孔，发现我额上有上帝给予的一颗小红点印记。第二天清早，所有孩子洗了澡，穿上别着名字的小白长袍。护士把大家抱到各自母亲床位喂奶，我母亲把孩子接过来一看，立刻对护士说：这个不是我的孩子，我女儿额上有小红痣。护士说那是偶然有的。母亲坚持要她到各床位去看看，结果，从别人怀中把正在吸奶有此小红印记的我，抱回到自己母亲怀中。在那重男轻女的年代，母亲第一眼看自己的女儿会那么认真，并坚持找回自己的女儿。我衷心感谢母亲对我的爱，不然，今天的我在何方？还在世吗？还能有此幸运追随父亲从事我所深爱的专业工作？还能有我今天的生活吗？我感谢上帝有预见，当我还在母腹中就给我作了印记，我感谢母亲对我的爱！

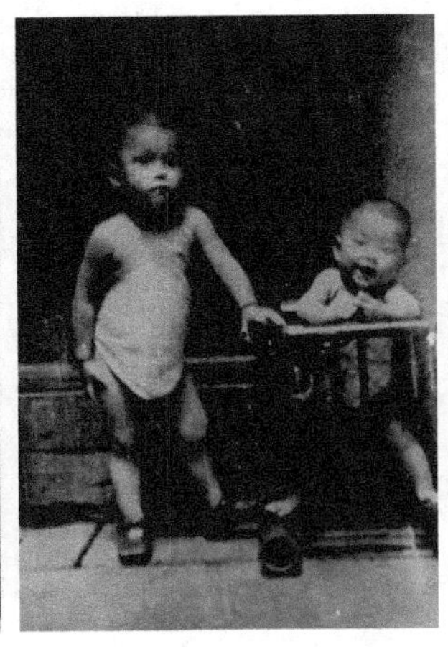

父亲重病前后与母亲、我哥及我；左图：父亲重病前；中图：我和我哥；右图：父亲已病愈

我生命中还有一次，是父母亲把我从重病垂危中救活来！我三四岁时，福州流行危重的麻疹病，许多孩子得病死亡，我也被传染上。我记得，我发烧躺在床上，母亲正在擦拭窗户玻璃。我鼻子突然出血，我喊：“妈！我鼻子出血了”，母亲立即到我床前，抱起我并用湿的草纸卷塞在我的鼻子里，但血流把纸卷冲出，我感觉口内都是血吞了下去。母亲紧张地对只大我两岁的哥哥说：“快打电话给爸爸。”我哥小小年纪拔腿就跑，跑到离家很远的岭后街的日本领事馆，给在城内科学馆工作的父亲打电话（他还那么小，能办这件事，让我至今还感到惊奇）。此时，我已没有任何印象了，到我父亲带着一位医生到来，我才稍恢复知觉，见围在胸前的一条白浴巾满是鲜血，听到吓得大哭的哥哥被父亲拉到房门外的声音，又失去知觉。到我醒过来已是几天后了，见到自己不在楼上房内，而在楼下客厅新铺的一小床上（夏天楼上太热，楼下阴凉些）。我如何被抱到楼下、这些天怎么过的，毫不知晓。我大舅父家大我一些的表哥，与我同时患病却已夭折了。我在母亲照顾下一个月后痊愈，是父母亲救了我，使我的生命得以延续！

母亲从来不给我穿花衣服，把我头发剪得短短的像个男孩子，我哥则被剃成光头。母亲重视孩子的教育，她说：“我如果有钱，不会去置田产，只把它给孩子们念书。”我父母亲对孩子们的教育是让孩子们从小独立自主，能按自己的兴趣活动。他们把孩子送学校后，要求孩子按老师规定的复习功课。开始母亲把我送到离家不远的在岭后街的新民小学，这学校不久被取消了并开了离别会。当年秋季我和我哥到在福州南郊仓前山的烟台山顶上的天安小学上学。我们除每天上学、完成老师布置的作业外，下课后都是在山上玩，我哥与小伙伴们满山打野仗。我也在山上采野果吃、抓蝴蝶、津津有味看蚂蚁搬家，都非常快乐（我以后的科学研究，有多项研究的病原其媒介是不同的蚂蚁，我需饲养它们做人工感染试验，都获成功。这得益于幼年时看“蚂蚁搬家”的兴趣，更得益于父母亲不干涉我们在外边玩）。我在那里念到小学四年级上学期，抗日战争开始全家搬到城内，我们转学到城内实验小学，快乐的童年从此结束了。

左图：新民小学师生离别会，我（前排左3）、我哥（2排左11）；右图：我生日照

我八九岁时，母亲布置了我两个“课外作业”，而且经常要检查的。这两个“作业”让我终身受用！一个是要我学会织毛线衣，要我学会起针、织平针、织上下针、收针等基本织法，母亲一定认为作为一个女子需要会织毛衣。另一个是要我熟读乘数表，母亲也一定知道数学对于各门科学的重要性，而且认定女子需要和男子一样会从事科学工作。她要我能将1～9的全部乘数结果（如1×1=1，2×2=4，3×3=9，…，9×8=72，9×9=81）流利地背出来。奇怪的是，数学这门课竟然是我各门功课中成绩比较好的一门。抗日战争胜利后，我们家搬回到福州，我考上在三牧坊的省立福州中学。当时家中经济很困难，为了能有一些收入，假期我常到一些人家中做家教，给一些低我班级的中学生补习数学，如“代数”和各类“几何”等。当时我教过的一些孩子现在见到我，还常高兴地谈说我当时教了他代数中的某些“窍门”，他们由此“一通百通”。 这也可能是我母亲在我还很小的时候就给我打下的数学基础。

1939年我们家在邵武，当时我和二妹崇骞（一年级）、三妹崇夔（幼儿班）在城东的汉美小学上学。每天天未亮母亲就起床，在房间里的小炉子上，把昨日留下的饭用猪油和虾皮炒热给我们吃。这饭的香味和母亲那瘦弱的身影永刻心头！

抗日战争期间，我们躲避日寇在闽北山城，那是我们家极端困难的年月。体弱多病的母亲不仅亲自开荒种菜和地瓜糊口，坐在小凳子上磨石膏做粉笔，她还做豆酱、酱油、虾油、麦芽糖等物，以为可以卖些钱补贴家用，谁知都卖不出去。记得当时家中吃饭曾用麦芽糖蘸虾油下饭，这事以后生活好些时，将其作为笑话谈说。我在邵武中学住读时有次回家，父母亲特意给我煮一个鸭蛋，笑着看我吃饭，我眼泪都快要流出来。我们两度到缺医少药的邵武山城。我三妹（1939 年）和二妹（1943 年）相继夭折身亡，给我们家庭雪上加霜，母亲原来瘦弱的身体，加上伤女之痛病倒了。邵武基督教教会的执事姐妹给母亲很多安慰和帮助，渡过难关。母亲要我每周六下午放学后，到聚会处帮忙打扫礼拜堂的卫生工作，礼拜天参加“主日学”活动。母亲引导我信仰基督教。

母亲爱国家，关心时事，每天晚上一定和大家一起看新闻联播。她是虔诚的基督徒，数十年都是参加“家庭教会”的，后来学校要求父亲告诉母亲，她不能去这教会，母亲流着泪答应父亲，但她的信仰终生不变。母亲是位没有公职没有收入的家庭妇女，父亲每月都笑嘻嘻地把他工资全部亲手交给母亲，家里全部收支由母亲管理。但母亲常年备有账本，所有收入和付出每一笔都记清。母亲是虔诚基督徒，常给教会做奉献，但从来不用家中“公款”，她把子女们在她生日或节日送她的“私房钱”都留起来做奉献。1986 年她病重临终前，她不告诉任何人，把属于她自己的缝纫机、衣服和钱全部送给教会里的姐妹们。

母亲非常热爱科学，她和父亲刚结婚不久就开始协助父亲处理他采集回来的动植物标本，做植物蜡叶标本。父亲大学毕业后到福建省科学馆工作，母亲每天陪他一起去，给他的研究工作当助手。我们的寄生动物研究室成立后，父亲和我的研究工作的许多主要的辅助工作，几乎都是母亲在承担。例如，检查动物收集标本、标本制片（包括整体染色和病理切片），她制作的精细玻片标本可以以万片计。有时还协助我饲养实验动物。我们外出去疫病流行区野外调查，她也经常跟我们一起去现场工作，纯粹是位非常称职的技术人员。她不仅没有收国家一分工钱，也从来不在我们父女发表的文章上署名。母亲如此义务工作，竟会遭到当时一些年轻人的嫉恨。在“文化大革命”大贴大字报运动中，有一天我到实验室见到桌上有一大卷尚未贴出去的大字报，我随手翻开见到是写母亲的大字报，我心知是谁写的但立刻卷上不看也不说。估计他们没有得到他们上级的许可，这大卷大字报才没有问世。“造反派”多次的抄家、对家人的无礼、父亲进“牛栏”，等等，太伤母亲的心了，从此她不再到父亲和我学校的实验室，只在家中帮助我们工作。

左图：母亲和父亲在实验室；中图：我和父母亲在吉林省双辽大草原野外调查工作；右图：晚年母亲

父亲在“文化大革命”中被挂上“国际间谍”和“反动学术权威”的牌子，关在“牛栏”劳改一年多。“造反派小将”多次到家中抄家、谩骂、横行，母亲都淡然视之。被关的教师一批批“解放”了，但都没有从来与人为善的父亲的份。每次我都哭着回来告诉母亲：爸爸又没有“解放”！我惊奇地看到，孤身一人在家中的母亲会那么冷静和沉着，好像这一切都是在她意料之中的事。她平静地对我说：“没关系。”我想是她的信仰在支撑着她。最后，父亲终于“解放”回家了，母亲高兴地把在福州的子女和孙辈们叫回来，到照相馆拍了张全家福。

1970年父亲从“牛栏”回家，母亲领全家到照相馆拍照。自左至右，前排：崇逖、母亲、父亲手抱对他有所慰藉的孙子汉夫之子唐晖、崇侃；中排：崇逖二儿唐亮及大儿陈轼、汉夫之妻付爱华、崇嵘之妻林锦云；后排：崇逖三儿陈东、崇嵘、汉夫、崇侃之夫施仕荣

“文化大革命”结束后，母亲已罹患心脏病，经常心绞痛。她在家中还尽力帮助我们的研究工作和著书事务。我们研究人兽共患胰脏吸虫病原发育学，做了羊的人工感染试验，羊养在家中，母亲和父亲天天牵羊到外边去吃草。在这样的情况下，她还陪父亲到鼓浪屿寻找到了一百年前在厦门发现丝虫病媒介的英国著名科学家曼森（Manson）

1982年师生合照于厦门鼓浪屿即将拆除的曼森医师工作过的原海关医院前

医师的故居和医院，还和父亲一起带我、我的儿子和其他师生去瞻仰这非常有意义的地方。我们著书要做图版，母亲知道自己来日无多，不顾自己的病体，赶着替我们做纸板。我听她自言自语："要赶紧做，要不就来不及了。"

母亲对外婆十分孝顺，外婆大半生都是和女儿一起生活，几十年来家中照相，母亲总是站在外婆身后。母亲照顾外婆如同对待小婴孩一样。冬天外婆的床上，日夜都在被褥中脚部放着一个大热水铜壶，两侧各放两个用毛巾包裹的热水瓶，可以保暖很长时间，外婆随时可以在床上躺卧。在物资十分贫乏的年代，母亲给外婆买的食物、水果，家中任何人都不能享用。我的大儿子陈轼出生后，他是我外婆第一个重孙，母亲特意雇车载她一起到照相馆拍张"四代同堂"的照片。我 3 个孩子到上学年龄时，每天上学离家时一定都要到太奶奶房门前说一声："太奶奶我上学去"，外婆都非常高兴。母亲和外婆说话都是用她家乡闽南话低声细语，我们都听不懂。外婆在母亲无微不至的照顾下，直到 98 岁无疾而终。

父亲有很多感情深厚的学生，他们毕业后回来时一定都会来探望老师和师母。父亲非常高兴，会细问他们的生活和工作情况，而且还会就一些学术问题展开讨论。有时谈一两天都谈不完。母亲也会很关心地查问他们家人情况，同时亲自下厨安排准备饭菜，留他们吃饭。父亲的许多学生都和慈爱的师母很亲近，母亲也非常慈祥可亲地对待他们，如同对自己家的孩儿们一样。

左图：1954 年毕业在上海和福州工作的学生来厦门；右图：新中国成立前毕业在北京和沈阳工作的学生来厦门

母亲对子女比较严厉，但对孙辈孩子疼爱有加。我大儿子陈轼出生，她非常高兴，从医院回到家中，她立即教我应如何科学育儿，例如，每天早晨第一件事是给他洗澡，洗澡后才给他喂奶一次喂饱，要六小时喂一次奶其间只喂加蜜开水，以及应如何给他穿衣，睡时应如何包裹衣被，等等。第一天全部由母亲做示范给我看。我的每个孩子的成长过程，都在她的爱护和密切关注中。我哥在北京工作带孩子回来、我大儿子结婚生子（陈谌）回来，母亲更加喜悦。

母亲虽然多次讲对孩子不能溺爱，但是从来没见过她对孙子、孙女责备过，都是百般关照。我见到我小弟的女儿唐昇生病时，母亲多次陪在她床边和她说话。她还多次对我说要爱我大儿子陈轼。我二儿子唐亮 1983 年考上世界银行贷款出国留学，她非常高兴，没有舍不得的样子，她想孩子出国留学完成学业后就会回来。而同时，我小儿子陈东投考上南京医科大学化学系戴安邦院士的博士研究生，她赶紧买两个大麻袋，一针一线地为这外孙缝制可以装棉被的行李包，真的也是："慈母手中线，游子身上衣。临行密密缝，意恐迟迟归。"她对我说："我心很'焦'（难过），东东到南京去，念毕业了一定会在那边工作不会回厦门了。"（至今我保存母亲缝制的这个行李包，留作纪念。每每见到，都不由感到伤心。）

左图：母亲很重视的第一个的"四代同堂"；右图：我小儿子陈东到实验室，父母亲教他如何看显微镜

左图：父母亲与外婆、我哥（后中）、四个孙子（前排）；
右图：父母亲与重孙陈谌、孙媳茜叶和孙唐晖

东东博士毕业后果然被学校留用。他在南京与我同班好友黄宝玉的女儿尹宁琳结婚，母亲非常高兴亲自为他们准备新房。在父母亲的十个孙辈中，母亲最挂心的是我二弟汉夫（崇衡）的儿子唐晖。因为，唐晖出生于 1969 年"文化大革命"期间，父亲进"牛栏"，我们在福州的兄弟姐妹们也都进了各自的学习班，只有我的堂妹爱平来家与母亲做伴。唐晖的出生给母亲极大的安慰，同时孩子母亲付爱华也要上班，母亲亲自喂养这个孙子。自此，唐晖也就在我父母亲及我的身边长大到初中毕业，才回他父母家，母亲日夜为他挂心。母亲临终"回光返照"时刻，唐晖和他父亲赶回来，母亲高兴地摸着他的头和手说："变乖了，变乖了。"第二天清晨，母亲依依不舍地看着围在床边的六个子女和已休克了的父亲，回天国去了。

左图：父母亲高兴地在陈东和宁琳的新房中；右图：父母亲带着唐晖和我们一起公出去泉州

母亲大爱无疆。我还很小的时候，那时伯父仲琮（翼举）病重从南洋回到福州。他孤身一人，父亲考虑他以后年老无人照顾，和母亲商量，为我伯父收养了一个养女。她比我还小一些，她来到家里，父母亲为她取名“爱平”，他喊我父亲“叔”，喊我母亲“婶”。在我兄弟姐妹中按年龄大小称呼，比她小的都喊她“爱平姐”，她喊我哥和我与我弟妹们一样称哥、姐。1941 年我伯父病逝，她照样按此身份在我们家中生活。1937 年抗日战争开始后，她和我们一起流亡内地，也吃了不少苦。其间，1940 年她跟随我父母亲去了北京，很快就能讲一口标准的北京话。她小时候，我母亲教她念书学字，她不喜欢，要我替她对母亲说她喜欢做事不想念书。抗战胜利，1946 年我们回来福州，我们家许多事都是她在料理。我弟弟妹妹对她的感情比对我还亲。1949 年左右她认识了附近中学职工张水泉，他们谈恋爱了，父母亲立即应许了他们的婚事，并厚嫁了她。她生儿育女，不久他们全家搬回水泉的老家南平。每年爱平都会带孩子来福州看望叔婶一家，回去时，母亲总是尽量把对她有用的东西送给她。母亲还资助她的大女儿张秀兰四年大学的费用，亲如孙女。

母亲的辞世对父亲是很大的打击，不仅当时他休克过去，之后更是无尽的思念。如果夜间能梦见母亲，他都会很高兴。有一天早晨我见到父亲起床后很高兴地走出房门，对我说：“我昨晚梦见妈妈了，见到她在天国遍地开花的乐园中向我走过来，还在我脸上轻轻地亲一下，看着我走去。”为这个梦他高兴了几天，还写下记梦这首词《鹧鸪天 记梦》：“玄夜相逢在梦中，流萤数点发幽光，吻亲两颊摩肩去，倏转双眸款款行。情未了，夜偏长，枉思续梦诉衷肠。今宵剩把残更数，凄寂情怀月似霜。”但是没有梦到的时日太多！母亲是虔诚的基督徒，我不能忘记她在世时教会中的许多她的姐妹对她所做的事情：她和父亲的寿衣（从头到脚、上下衣服从内到外五件）两套一式一样，我背着父母请教会给制作的。因为母亲病重临终前她对我妹妹崇侃说：“我担心以后在天国和爸爸穿着不同的衣服。”我知道后偷偷地请教会替我办了这件事。母亲还在世时，我忌讳对母亲说这事，母亲离世后，我也忌讳对父亲说这事。现在他们双双在天国，都穿着白色绸缎长衣，宛若天使。母亲是清晨在我们学校医院离世，是教会德高望重的心菲姐为母亲化妆的，看过去母亲就像天使一样美丽。我不知道心菲姐那么早怎么会知道母亲离世的消息？心菲姐是《夜间的歌》的作者，笔名“恩典”。朋友送我这本书。这自传式的书，我一看其中受尽苦难的经历，我心知是心菲姐！她是一位音乐家，有很好听的歌声还弹一手好钢琴。后来我拜访了她，问了她，这书的确是她写的。她现在也回到天国去了。我不能忘记杨玉珠老师，她是父亲过去在福建协和大学的学生，也是当时我在邵武中学念书时的老师。她原在厦门第一医院工作，也是虔诚的基督徒。我们家到厦门后，她对我父母亲非常亲切，尤其与我母亲更加亲密，母亲会告诉她许多都不会对我说的话。母亲离世后我有事找她，她也随请随到。她在一点痛苦也没有的情景中离世回天国去。我在此提及她们这两位母亲亲密的朋友，也是我对她们的怀念。

爱平（后排左1）带秀兰（后排左2）和长子一家来厦门看望已年迈的叔、婶

母亲回天国已整 30 年，我始终不能忘记母亲已年老多病的那些年还在为家中大小的事操劳而心感不安。记得 1986 年 5 月我首次去香港，回来时带回一个彩电和一个冰箱，我们家第一次拥有的东西。母亲对彩电没说什么，只对我说：“你去的时候，我心中就想你回来时，如果能买个冰箱就好，生活方便多了。”但我离家外出时她没给表示过这个想法，她是不愿意给我添麻烦。此后家中买了一些鱼、肉就冻在冰箱里，每天早晨母亲从中取出一些为当天全家三餐食用。初次使用冰箱，不知道放在速冻柜里的鱼肉应预先切成小块分开冻。有一天我去上班前，看到母亲费力地在一大块肉上切，我赶着上班，不知母亲后来怎么解决的这块肉。30 年来想起母亲，就显现母亲那费力切肉的景象，我自问：“上班有那么重要吗？我为什么不接过母亲手中的刀替她把肉切了？”像这样当我早上上班的时候，母亲需要我帮助做事而我都因急着上班没做，至今悔恨不已！在我们家凉台里有一个大木柜，里面紧紧叠放着全家人冬天的棉被和垫被，各床的一角

上写有各人名字。一次我早晨上班时见母亲在那里要找某一床被子，见到我要我帮忙找，我说："妈，我要上班没时间了，等后些再找吧！"等我下班回来母亲没再提此事，不知后来是谁帮她解决了这件事，我也没再问。再一次也是早晨上班的时候，我拿着书包到父母亲房门口告别，见母亲拿着扫把扫地，床底下灰尘扫不着，我见到就快快地拿了她的扫把到天井里浇上水，甩干就到父母亲的床下三两下扫一扫，灰尘是没有了，但污迹还会有。这些事都是我 30 年来不能忘的事，每次想起，我都一样问自己：我每天去上班常常很迟回来，母亲总是替我留下好饭菜，而我那时候为什么不替母亲搬出她要的那床被？我那时候为什么不拿个拖把把父母亲房间拖洗一遍？工作真的就那么重要吗？工作有的是时间，而母亲却不等待我了！我真的也需要像父亲告诉我的那位老学者一样，要在大雨中淋着来向母亲谢罪！

深切怀念劳苦一生的母亲

三、我的父亲

父亲唐公仲璋，字翼起，生性温和，待人宽厚仁爱，但对工作事业坚韧不拔。他自己一生就像他的名言“科学工作者对工作应该锲而不舍终生以之”。他的个性一方面遗传他母亲我祖母极其善良的性格，另一方面又遗传他父亲我祖父对自己要求严格，在极其困难条件下不放弃自己钟爱的事业的秉性。

父亲出生才 8 个月母病逝，12 岁父为病人医治霍乱病被传染而亡故。他靠自己半工半读极其艰难地读完中学和大学。大学毕业时由于自己重病，同时见到血吸虫病晚期患者身亡的痛苦，人兽共患地方慢性病对人的威胁，他领悟健康对人类的重要性而放弃了他喜爱的昆虫学研究方向，走上了艰难的寄生虫病病原宏观发育生物学和流行病学的探讨路程，几十年如一日。即使在抗日战争时期，在避难邵武时，家徒四壁、无米下锅、两个爱女先后亡故，他依然含泪在实验室工作。我忘不了他穿着打大补丁的衣服抱着书去学校给学生上课，下课借贷买米抱着 15 斤的米回家，等等悲凉身影。新中国成立他担任学校行政任务后，我也难忘他遇上一些无理刁难的人和事时忍辱负重为难的样子。父亲行政工作完成后，一向立即赶回实验室，到很晚才回家。

父亲一向强调，在高等学校工作的教师，应当教学和科学研究“双肩挑”。他常说：“科学研究是探讨科学真理，教学是传播科学真理，是统一的，不可偏废。”父亲一生从不间断对教学工作的热忱，即使专职在研究所工作也会到高校（医学院和协和大学）授课。晚年多病体弱不能去学校，也在家中给研究生上课。他更强调科学研究工作应当创新从事在科学理论和实践中未被人了解的问题。他还常说：“人和动物的寄生虫病原无数，而我们人生的岁月有限，我们应当首先选择世界最重要的病原种类、其规律性在科学上尚未被人类了解和阐明的种类，最迫切需要解决的问题，进行详细研究，才能解决人类迫切要防治的问题。”

“文化大革命”期间，父亲虽然也被戴高帽、游街、批斗、关在“牛栏”一年多，1970 年被“解放”调到厦门大学任教，他仍然对科学研究和教学工作的热情不减，此时他的体力已逐渐衰弱，但他在厦门大学恢复了寄生动物研究室，添补研究人员近 20 人，他和大家一起下乡，到闽南一带了解存在地方病的情况，和我们大家在漳州步文乡从事华支睾肝吸虫病的调查和治疗；还和大家一起到泉州进行当地流行严重的禽类的嗜眼吸虫病的流行病学、病原发育学及治疗的研究。这期间，他没有间断教学工作，1977 年开始除收寄生虫学专业本科生之外还招收硕士、博士研究生，一直到 1993 年他离世。父亲在世时，我们生物系的党总支杨振士书记，是非常好的一位书记。他很关心我们的工作，在系里实验室房间非常紧张的情况下，为我们调整工作室。他也非常关心我父亲的健康、生活和工作，常常带领研究生来探望我父亲，讨论各种学术和工作问题。

1970 年在建瓯南雅的学习班。父亲（后排左 6）和我（前排坐地左 5）

左图：1977～1978 年的父亲常与研究生张耀娟、关家震、曹华、刘亦仁、潘沧桑谈论问题；右图：1986 年母亲去世后，杨振士书记（前右 2）常与研究生们来看望父亲，谈论各学术问题

左图：父亲在家撰写《人兽线虫学》；右图：1974 年父亲在福州乳牛场查找胰吸虫病媒介

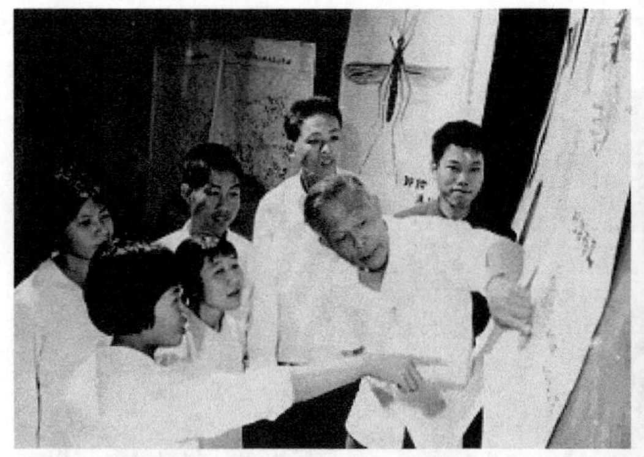

左图：1975 年父亲上课后给提问题的学生们讲解。2017 年此班学生返校举行毕业 40 周年纪念，林丹军（后排左 1）展示这保留 40 年的照片。同学们深情回忆父亲的温和慈爱。右图：父亲（中）热情接待湖南血吸虫病防治研究所科研人员姚超素研究员（右 2）等人

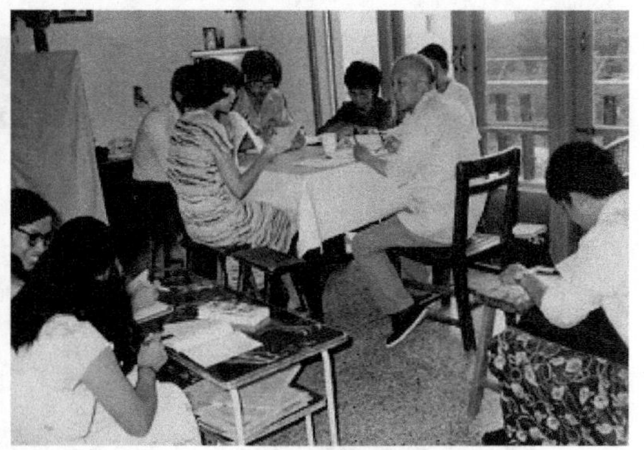

左右两图：父亲晚年体弱多病，不同季节在家中客厅，给研究生们授课

父亲爱学生如子女，但他终生都非常怀念他自己的老师们，怀念在他成长和学习各阶段所遇到的帮助他、关心他和培养他的多位老师。父亲多次对我谈他的老师。父亲第一位恩师是他福州青年会中学的一位教打字的美籍史密斯（Smith）老师，父亲 13 岁时高榜第一名考取该校中学，入校时却是个父母双亡的孤儿，家中一贫如洗，生活费和学费都无着落。史密斯老师很爱他并很关注他，几年之内都让他做些事情给予经济报酬、有钱生活并交学费，如此直到他中学毕业。我问父亲："他让你做什么事情？" 父亲说："没什么大事，只是替他整理书架、收拾房间等小事情。" 到圣诞节史密斯老师给他和别的苦孩子送棉长衫过冬避寒。父亲说老师虽然爱他，但上他的打字课，却给了他个"不及格"，要他整个暑期打字，打了很厚一大本，才给"及格"。父亲打字很熟练，不必看打字机只看要打字的材料，会又快又好地打出来，这就是这位老师对他的真爱，对他技术训练。父亲中学毕业那个夏天，史密斯老师要回国不再来了。老师临行时要他送行，一起从福州乘小船到大约 30 公里外马江上赴美大轮船。当时，父亲因中学毕业想能继续到大学学习，步行到 15 公里外魁歧的福建协和大学，打听有无半工半读的可能，获得校领导首肯的回答，大暑天又步行回来。为此中暑生病发高烧，躺在教室里好几天。父亲说给史密斯老师送行乘小船去马江一路吹着风，结果把病吹好了。父亲深切怀念地

告诉我，他从小好问，平时常问史密斯老师许多问题史密斯老师都给予解答。在送老师回国的大轮船上，还问：“这么大的船如何知道船头和船尾？”史密斯老师慈祥地告诉他：“只要看烟囱，它所朝向的方向就是船尾。”史密斯老师是位虔诚的基督徒，博爱，一直帮助多名苦学生，没有要受帮助的人给予任何回报。父亲摇着头感叹史密斯老师回去后没有再联系，以后就不知他的去向了！

父亲的第二位恩师是福建协和大学昆虫学家美籍 C. R. 凯落格（C. R. Kellogg）教授，父亲 8 年半工半读作他助手，学了很多昆虫的知识，对昆虫产生极大兴趣。父亲常告诉我有关凯落格老师的事，有次笑着告诉我，当时学生们下课后常常会围着凯落格老师问一些问题，他都会详细回答。有时学生会乱问，他也不会生气，会说：“I don't know, no one knows（我不知道，没人知道）”。父亲还告诉我，他大学临毕业时因过劳而咯血，被校医误诊为肺结核，对他精神和身体造成沉重打击而病倒了，是凯落格老师亲自雇两辆轿子到我们家，送我父母亲到城北最好的柴井医院医治，休养两年才恢复。父亲经常想念凯落格老师，历年直到晚年多次把老师的姓作为发现新种的名称如 *Pithecotrema kelloggi* Tang et Tang，1982（克氏猿猴吸虫新属新种）等，以寄托思念之情。1982 年 4 月，凯落格先生的女儿弗吉尼亚·凯落格·霍德利（Virginia Kellogg Hoadley）和几位朋友来华，到福州看她幼年生活的地方，特意到厦门看望我父亲。父亲非常高兴，对我说：“当年我做学生时，她才五六岁。”不久后她送我们一本凯落格教授回美国后于 1967 年出版的书，回忆在中国从事科学研究工作：*Entomological Excerpts from Southeastern China*（*Fukien Province*）*A Borigines: Silkworms, Honeybees and Other Insects*［来自中国东南部（福建省）的昆虫学摘要：家蚕、蜜蜂和其他昆虫］。在该书序言中有一句谈及我父亲：Nor can I forget Tang Chung Chang with his overpowering thirst for scientific information（我也忘不了唐仲璋对科学信息的强烈渴望），颇有感人至深的“师生情”。

父亲在福建协和大学求学时魁歧校景、业师凯落格教授、获得学位

1982 年，父亲（前排中）大学凯落格导师女儿霍德利（前排右一）特意和几位朋友到厦门看望 59 年前她父亲的学生，当年她才五六岁

父亲经常想念的第三位恩师是北平协和医学院寄生虫系主任瑞士科学家 R. J. C. 贺普利（R. J. C. Hoeppli）教授（中国名：何博礼教授）。他 1925 年从美国约翰霍普金大学毕业后不久来到中国工作，直到 1951 年被要求离开中国，培养了我国著名寄生虫学者无数，他是父亲非常崇敬的老师。1932 年父亲开始从事福建血吸虫病区流行病学及病原生物学等问题研究，发表的文章，受到何博礼教授的称赞，1936 年、1940 年，他两次邀请父亲到北京协和医学院公共卫生系从事研究工作。师生情深谊切，他离开中国前，把几十年私人收集国际著名寄生虫学家的科学研究文章数以万篇的单行本，装好几箱全部邮寄送给我父亲，我们珍藏至今。他离开后音讯断绝。1977 年，父亲经北京到天津参加学术会议，想念老师，独自到当年北平协和医学院寄生虫系旧址访旧。想念几十年没有再见的

左图：父亲和何博礼教授；右图：父亲在何博礼师赠送的文献旁写作

何博礼教授，回来写了："感旧传经处，当年钟子期。倥偬戎马日，破碎山河时。人老学犹拙，时迁讯未知。天涯昧生死，云树直凄迷。（访北京协和寄生虫系旧址回忆何博礼夫子，1977 年）"这首伤感诗。我国改革开放伊始，父亲立即向国外友人探查何博礼教授的下落，才知道他离开中国后，到东南亚一带工作，于 70 年代已逝世。他去世后国外学术刊物还有专门悼念他的纪念文章。父亲也用 *Cercarioides*（*Eucercarioides*）*hoepplii* Tang et Tang，1992（何氏蚴形吸虫新亚属新种）这名称纪念他。父亲非常珍惜何博礼教授赠送的文献，视为珍贵的纪念品。我看装每份材料的原来的纸袋都破了，想将其更换，父亲都不肯。到最后实在太破了，才让我按其原来次序用好纸袋换下来。前几年，现任北京协和医学院病原学负责人王恒教授，特意到厦门我家中看这些材料。我送她一帧何博礼教授的照片。

1948 年，父亲启用了在抗日战争前已获得的世界卫生组织留学名额，赴美国约翰·霍普金斯大学留学，指导老师是科特（Cort）博士。仅一年多，国内解放，父亲立即赶快回国。对相处很短时间的老师，回国后也经常想念。用 *Cortrema corti* gen et sp. nov.（Tang，1951）（柯氏长劳管吸虫新属新种）作为纪念。

科特博士和何博礼教授是 20 世纪 20 年代美国约翰·霍普金斯大学医学院的学者。1986 年我访问美国农业部寄生虫学研究所时，所长送我一张当时该医学院寄生虫学系教师、同事和学生的合影照片，其中就有科特博士和何博礼教授。我回来把这照片给父亲，他如获至宝，珍藏在相册中。

约翰·霍普金斯大学公共卫生系 1925 年教研人员照片，其中有父亲的两位导师：
科特博士（2 排左 3）和何博礼教授（前排右 1）

父亲二十多岁还在协和大学求学期间已开始从事教学工作，直到晚年，从无停止，他的学生可以称得上"桃李满天下"，他外出所到之处都可遇到他的学生。他热爱教学工作，授课时对每一问题都像讲科学史一样，生动地结合世界各国科学家同时对该问题进行研究的情况和结果，逐步阐明其规律性，最终如何解决了该门类的科学问题，深得学生们欢迎。父亲对学生达到“爱生如子”的程度，学生们对他的感情也非常深，他所到之处都有不同时期的学生来看望他，亲切交谈。已在外工作的学生，回来一定都会来看望他，常谈他们的生活和工作情况。也会讨论有关的学术问题、难题和可以进行的对策，等等。还谈彼此都认识的学者、朋友、同学们的情况，等等。有的学生如何毅勋、熊光华，父母亲还会留他们在家中住几天。几天都有说不完的话。他的学生们也爱他如父亲。

左图：早年父亲在福州理工学校任教；右图：1955 年父亲（前排左 2）获全国先进工作者称号，回来路过南京与当年理工学校学生现在已是古生物学专家的卢衍豪院士（前排右 2）等学生

左图：1955 年父亲（后排左 4）在北京与过去的学生们相聚，其中有名医罗慰慈（前排左 1）和我哥崇悫（后排左 2）；右图：父亲“百年诞辰纪念大会”，父亲的博士研究生张耀娟教授讲话

父亲和母亲同甘共苦整六十年一往情深，母亲是位虔诚基督徒，出身衣食无忧小康之家。她和父亲在一起过着长期极其穷苦的生活，养儿育女、克己待人，并一直支持和帮助父亲从事科研工作。父亲工作之余，常喜欢在家走廊远望吟诗作赋。经济条件稍好后，我见到父亲每月领到工资回到家，立即笑嘻嘻地把钱全部给母亲。1986 年母亲因心

力衰竭而离世，临终时，父亲休克了！这是给父亲最大的打击。此后父亲的精神和身体垮了下来，时常休克而且血压很高。父亲写的《采桑子·忆妇》：伤心六十年前事，一见钟情，一见钟情，不辞贫苦结同心。记曾穷巷小楼住，喧市为邻，灯火荧荧，不因陋室锁眉颦。此诗词述及他们结婚时的情况和母亲不嫌贫穷的心。有一天早晨，父亲高兴地告诉我：

左图：1990 年博士研究生曹华（右） 毕业，将赴美国前，和妻子齐襄（左）来向导师告别；
右图：2016 年，曹华和妻子齐襄从美国回国探亲，来家探望，在恩师和师母遗像前留影

左图：1990 年毕业的博士研究生关家震，赴美国哈佛大学医学院工作多年，2017 年回国探亲，在恩师和师母的遗像前留影。右图：在福建省淡水生物研究所工作的学生袁定清看望老师

左图：1963 年父母亲在福州；右图：1985 年父母亲在厦门胡里山炮台前海边

左右两图：1964 年母亲和父亲及我去吉林省双辽草原进行牛羊胰吸虫病媒介调查

左右两图：1985 年左右，年迈体弱多病的父母亲，相伴在厦门住宅区附近

左图：1985 年母亲时常看父亲的写作；右图：1986 年母亲去世后哀伤的父亲天天看母亲遗像

“我昨晚梦见妈妈在天堂了”，为此梦父亲还写了几首诗。数年间，父亲悼念母亲悲伤地写下数十首诗词（见《唐仲璋教授文集》）。母亲在世时，父母亲相亲相爱相伴随，很是快乐。母亲去世后，父亲非常悲伤，每天亲自到户外采野花放在母亲遗像前。母亲生前培植的非洲菊在我家凉台上，父亲天天浇水照看。父亲看书时喜欢坐在此凉台中，旁边放着他一直在护理的非洲菊。

父亲在他已照看近 7 年的非洲菊旁边看书

父亲对自己的姐姐、哥哥非常挚爱。姐姐晚年很困难，父亲一直给予资助。与哥唐仲琮（翼举）自幼亲密无间，他哥早年在南洋谋生，是一位诗人，有绘画天赋又很有文采，一生留下诗词无数。他题有“一年将尽夜，万里未归人”的一幅漫画，看着令人感到悲凉。20 世纪 30 年代，他因病回国在我们家住，父亲特意去收寻他喜欢的好纸张和本子来给他写作，但他于 40 年代初因病而逝。父亲晚年经常摇头叹息地看他和祖父的诗稿，很希望能把它们出版。可惜父亲生前没能够看到，我哥崇惪和我在 1999 年把我们祖父、伯父和父亲的诗词遗作全部放在了我们纪念父母亲 95 年诞辰出版的《唐仲璋文集第二卷》中了，为憾！

左图：1937 年伯父（后排左 1）与我们一家；中图：1938 年沙县，自左至右为二妹崇骞、父母亲、四妹崇侃在母怀中、三妹崇夔、哥崇惪、崇逖；右图：1939 年 4 月 4 日沙县儿童节，三妹崇夔（左）获健康比赛第一名，二妹崇骞（右）获第七名

父亲对子女十分慈爱，他从来不责骂或打孩子。我一岁左右，父亲因重病住医院治疗，母亲在医院照顾，我由外婆抱去。我记得很小时每天早晨严厉的舅父未离家之前，我都躲在门后不敢出来。父亲晚年很不忍心地对我说：“你那时，常两眼含泪红肿，面朝着墙壁坐在一小板凳上。”可见我那可怜的样子，在慈父心上挂了一辈子。父亲病愈后我就回到自己家，1932 年，我快乐地和母亲、哥哥一起到在魁歧的福建协和大学，参加父亲的毕业典礼。至今还有父亲穿着毕业礼服在美丽校园草坪上的印象。

抗日战争时期，父亲当时虽然已是知名科学家和大学教师，但是每月薪金不够一家半个月的最低生活费。父亲穿着打补丁长衫，小妹妹冬天没鞋穿，无米下锅经常要向人借钱，是常有的事。在缺医少药的邵武，父母夭折了三女唐崇夔（1939 年）和二女唐崇骞（1943 年）两个爱女。父亲的兄弟般亲密助手林国樑（1943 年）亦因鼠疫身亡。我见父亲痛哭跌坐椅子里说着：“我完了！我完了!”新中国成立后，父亲两次乘火车经过邵武，都写下他想念两女儿的诗《忆骞夔二儿》：（1962 年 12 月夜 12 时经过邵武站）音容已渺事成埃，午月当空照蒿莱，一别山城二十载，暂为若父讵忘哀；（1973 年 3 月 10 日薄晨又经邵武）山城此日又重经，漠漠荒烟倍怆情，客地无依怜两小，凋零泪雨暗沾襟。弱国受欺凌，多年艰苦抗战，大多数家庭都处在水深火热、民不聊生的境遇中！

我父母亲都是在当年美国来华办学的教会学校求学，受的是西式教育，他们按自己受教育的模式对待孩子。孩子到上学年龄送进学校，孩子按学校老师安排学习，孩子课余玩耍从来不干涉。我就是在这样的气氛中完成小学和中学的学习。我们投考大学时，父亲会按照他平时对孩子的观察，根据孩子的性格和长处，要求孩子报考大学的专业门类。我哥崇悫自幼在数理化方面很好，但他酷爱艺术，有很好的绘画天赋。他考大学时想报艺术学院，父亲要他报考物理系，并说艺术绘画，可作业余爱好。我报考大学时父亲要我报考生物系。父亲崇尚科学，希望我们从事理科的学习和工作，对国家会更有益。其实，我中学上生物课时，对要记“昆虫几条腿、几对翅膀，等等”，一点兴趣也没有。我的生物课老师对我说：“你父亲是很知名的生物学家，你怎么会对生物没兴趣？”父亲要我报考生物系，我顺从地进入了这奥妙的生物科学之门。

我进大学一年后因病休学了两年。后期到南平贸易公司门市部做出纳工作一年，父亲认为我还没有受到完整的教育，他每次去北京开会经过南平，总是对我说：回去再去念书。我当时日夜也想再回学校念书，但阻力非常大，生活非常苦恼。我终于向单位呈送了辞职报告，结果拿到的是一张“不服从革命需要”的证明，这在当时是一张会断送我一切生路的“证明”，我不顾一切地收拾了行装。门市部的同志们热情地给我送行，我非常感谢他们那一片真诚的友谊，以后，他们到福州时都会去看我，我有出省要经过南平时，也会去看望他们。可惜现在几十年过去了，大家都怎么样了？无法知道。

我回到福州家中，父亲看了我的“证明”，没说什么，只让我等着。后来才知道，这样的“证明”办不了复学手续。当时，全省已开始院校调整，福建协和大学已经没有校长，校务委员会主任是省领导许彧青部长。父亲找他商量，他同意我复学，并亲自对教务工作人员说：“已经回来了，就要让她继续学习。”父亲和这位领导开通了我继续学习的道路，也改变了我的生活轨迹，让我的生命获得了重生，我为此感激终生。三年后，我大学毕业时，父亲对我说：“逖，你大学毕业了，是爸爸最高兴的事!”我不善言语，只默默听着。但当时父亲站在我们家饭桌边的位置，他说话时慈爱的笑容，至今还清晰地留在我脑中！

上图：南平贸易公司工作同志们送别我（左 3）；左下图：我复学及毕业照片；
右下图：我和父亲在野外调查工作

大学毕业，我被分配到上海华东师范大学生物系工作，临行时父亲郑重地嘱咐我两件事：一是到学校后，如果有问要做什么专业，你回答要在无脊椎动物学这个专业；二是华东师范大学生物系有一位张作人教授是著名的动物学专家，你要很好地向他学习。这是父亲对我专业工作的正式指引，我听着虽然没回答任何话，但记住了，以后按着他的嘱咐去做。我在华东师范大学工作三年，第一年担任本科动物学助教，第二年被调任无脊椎动物学研究生班的助教，成为张作人教授的助手。我认真优质地完成研究生的无脊椎动物各门类的实验课的教学任务，每次实验我都提早一个月开始准备，把各类无脊椎动物体内所有系统单独解剖出完整的模式样品，给学生们作样品，便于学生自己解剖时作参考。张先生和研究生们都非常满意，我从工作中学习了许多知识。同时，我还协助张先生从事原生动物（草履虫）胚胎发育学的研究。这许多工作都给我一生从事寄生虫病原发育生物学及其各类媒介（中间宿主）研究打下了坚实基础。张先生很爱我，我们情同父女。

1956 年我意外地听到教研室主任朗所教授手上拿着 “调令” 对我说：“福建省要调

你回福州”，我没听父亲说过此事，十分惊讶，也舍不得离开张先生，不知如何回答。朗先生见我不回答，就说“明年再说吧”；张先生知道后，坚决不同意。这年底，在福州召开的全国学术会议，张先生被邀请参加，我跟随张先生同去。在省领导的招待会上，我在旁边听到江一真省长对张先生说：“福建缺少人才，老唐工作没有助手，您让小唐回来帮忙他工作吧！” 江省长说服了张作人教授，回到上海张先生对我说：“是你父亲需要你，不然，任何人要你，我都不会放的。”1957 年我调回福州，做我父亲的助手。

1957 年夏天，我回到父亲身旁，从事我大学时就已选择的寄生虫学专业工作。父亲跟我谈了当时迫切需要解决的几个问题：①人体血吸虫病患者发现不少异位病例（如脑型病例等），其机理如何；②我国南北方农村稻田血吸虫性皮炎的病原生物学及致病规律性如何；③福建各地不断发现幼儿感染人鼠共患的瑞氏绦虫病，其媒介是什么；④全国农牧区严重的人兽共患的胰脏吸虫病的传播媒介（第二中间宿主）是什么。父亲一下子就给我提了这么多还没有解决的问题，没有具体要我做什么。父亲从来不会要手下人或孩子去做什么事，都是凭大家自己意愿做事，对我也一样。但我知道，这些都是我应该去研究的问题。我就这样开始了我的新工作任务。我从“从事慢性地方病研究的理念”开始，进入了新阶段的学习和锻炼，数十年我按着这方向，进行了多种地方病病原的发育学和传播流行规律性问题的探讨。1985 年我受美中学术交流委员会美方的邀请，次年（1986 年）要到美国六个学术单位讲学访问 10 周，这六个访问单位及讲演的题目和主要内容，都是父亲为我确定的，使我很好地完成这一使命。我的工作有些微成功，得益于父亲的引导和培育，感谢父母亲的培养和帮助。

父亲虽然担任学校和系里的行政任务，但公事一办完，总是回到实验室做他自己的研究工作。下班后，父亲和我一起回家，路上父亲常常给我讲些寓意深刻的故事。有一天父亲笑着告诉我国外有一位寄生虫学家，一天在去上班的路上，树上一只鸟的粪便掉到他的帽子上，他高兴地拿出一张纸把这鸟粪包了，拿到实验室检查，看看有什么寄生虫虫卵。寓意学者是如此执着于他的工作。

父亲非常疼爱儿孙和重孙，我三个儿子都在外公外婆身边长大。我小儿子陈东在南京大学获得博士学位，1991 年要赴瑞士巴塞尔大学作博士后，临行前回厦门看望外公。外公给他在纸上写了一首寓意深刻的前人诗中的一段：“人生到处知何似，应似飞鸿踏雪泥。泥上偶然留指爪，鸿飞那复计东西。”孩子应该知道，外公意示“做学问不必太在意功名”。我孙子陈旻、孙女唐恺鸥各都曾随他们父母回厦门，父亲和他们在一起特别快乐。他们长大后都进入美国约翰·霍普金斯大学攻读研究生，知道太爷留学就在此校公共卫生医学院，多次特意到该楼前太爷照相的地点拍照。他们对太爷也十分怀念。

我祖父唐植庭医学世家，医术虽好，但他喜爱文学，行医不挂牌，只替亲朋好友看病。所以父亲自幼家贫，祖父准备送他去药店学艺。父亲喜爱念书而涕哭，他姨姨知道了对她姐夫说了句“孩子爱念书，就应该让他去念书”，救了他。不久祖父因给病人医治霍乱被传染身亡。我祖父去世后，父亲深受他姨和表哥们的疼爱和关照，父亲经常对他表哥的儿女（我的表哥表姐）说：“我们是最亲的人。”父亲故后，于 1994 年和 1999 年，我们为纪念父母亲的九十诞辰和九十五诞辰，分别出版了《唐仲璋教授选集》两卷，我送了这两本选集给我的大表姐庄破奴（她是我姨祖母的大孙女），她给我一封长信，述说她对我父母亲的怀念，非常感人。

左图：我儿子陈轼、唐亮、陈东，从小都沐浴在外公外婆的深爱之中；右图：陈东妻子尹宁琳每年抱着他们儿子陈旻到厦门照顾外公，太爷高兴地抱着陈旻在怀中

左图：1948 年父亲（左）在约翰·霍普金斯大学公共卫生系学习，重孙陈旻和恺鸥（右）也在该大学学习；中图：陈旻获博士学位又站在太爷站过的地方；右图：陈旻获博士学位，与父亲陈东和母亲尹宁琳合影

父亲待人忠厚诚恳，我在上海的 3 年中，有两个暑假我都回福州跟随父亲从事寄生虫的研究工作。1955 年夏天，我在父亲的指导下完成了成虫寄生在两栖类、幼虫寄生在剑水蚤的东亚尾胞吸虫（*Halipegus*）的全程生活史及其种类问题，父亲非常满意。1956 年夏天，我参加了父亲领队到闽北农村进行血丝虫病的调查，父亲也非常高兴。父亲虽然很舍不得我离开，但知道我在上海很得张作人教授的赏识，需要我当助手。父亲从来没对我表示要我回来的意愿，父亲来信中一句都没提起省里要调我回去的事，所以我一点也不知道。我离开上海后，有出省经过上海时一定首先去看望张先生和师母。父亲和张先生也经常亲切来往，学校有开学术会议时，都邀请张先生和师母来厦门。有一次全国细胞学会议在厦门大学召开，张先生和他女儿张小云来参加，父亲事先不知道，我到

野外也不在家。回来时父亲笑着告诉我：张先生和张小云由熟人引路来到我们家里，第一句话就说：我今天带女儿来跟你换女儿来的。1988 年我去法国参加学术会议回到北京，与父亲通电话他立即告诉我，张先生近日要庆祝九十诞辰，要赶快给他祝贺。我即到艺术品商店买了一幅“松鹤”锦绣图寄去，父亲写一首《祝寿诗》（见《唐仲璋文集》）让字写得很好的学生曹华抄缮寄送张先生。我后来在张先生的书房书桌的玻璃板下看到这首《祝寿诗》，张先生对诗和字赞不绝口。

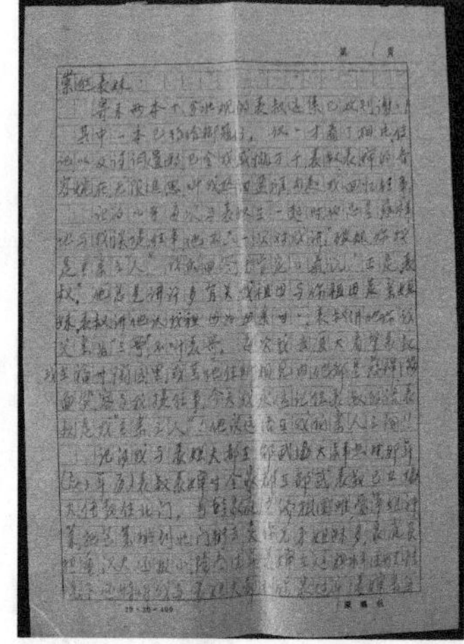

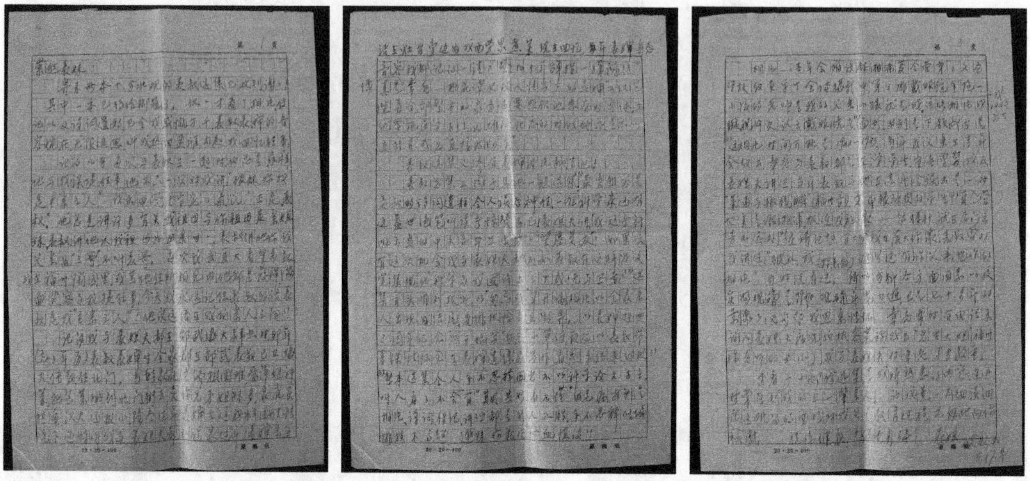

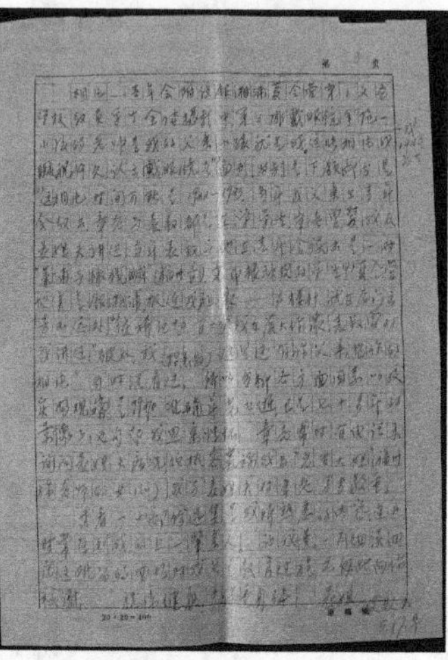

庄破奴表姐的信（3 页）

父亲（前排右 1）邀请张作人教授和师母（前排右 3 和右 2）来厦门大学与诸学者合影

父亲中学时代有多位好朋友，如陈希诚、黄建中、章振乾伯伯们及我三舅父郭公佑等，为终生挚友。黄建中伯伯不幸罹患肺结核病，在抗日战争胜利前夕英年早逝，各家庭亲密联系如亲兄弟家族。1983 年父亲和章振乾伯伯一起到北京参加全国政协会议，会后他们和我母亲同去沈阳看望三舅父。父亲赋诗一首，叙说三人早年情同手足及延续始终之情：拟和乾弟往沈阳有感书赠佑哥乾弟（1983 年），人生千里与万里，黯黯离愁嗟不已，绿鬓婆娑能几时，萧萧白发长过耳。苦多去日渺云烟，六十年前三少年，枕戈宵起大被眠。哦诗明月上高檐。倾危国势学运起，陈词慷慨常有三，街头喉舌虽无补，当时意气若丘山。中年向学同伏案，银鲟生计在书间，历时坎坷相慰藉，如鱼濡沫度难艰。韶光倏忽飞矢翔，垂垂家累走四方，辽云闽海山水长，累年隔绝结衷肠。何期今夕复何夕，裹装挈妇上君堂，青灯绿酒平生活，安康互祝一称觞。

左图：父母亲与章伯伯（右 1）和他夫人瑞微姨（左 1）；中图：父亲与客人笑听章伯伯（左 1）讲笑话；右图：父亲故后，章伯伯（前排右 2）来厦门和他家人与我（前排右 2）及我小弟和弟妹相聚

父亲辞世后，章振乾伯伯多次对我说：“逖，你就是我亲侄女”。他百岁时出版了他的《章振乾百岁文集》，把第一个样本赐赠给我。与我通电话时，知道我即要去美国，在电话中再三嘱咐我要小心注意安全。没想到这是我与章伯伯最后一次的通话，我还没回国，他就驾鹤西去了。父辈的感情传到了下一代，几家子侄也亲如兄弟姐妹。

左图：我与章伯伯儿子章迈（右 1）儿媳毕真（左 1）相聚；右图：黄建中伯伯儿子黄一镗医师（右 2）和夫人（左 2）从澳大利亚回来与我和我小弟崇嵘及弟妹（右 1）锦云（左 1）相聚

父亲在念大学期间与化学系的王贤镇也成为好朋友，两家亲密来往。抗日战争期间，1942 年父母亲带孩子们从北京逃难南归，长时间滞留上海无法返闽，住在上海基督教教

堂里，白天全家6人到化学家、民营企业家王贤镇家吃饭，有一个月之久。抗日战争胜利后回到福州，父亲与专业、工作均不同的林振骥（化学家）、王贤镇等十多位朋友，定期每周日轮流在一家聚餐，餐前由一人主讲他近期的研究工作，然后大家自由谈论，互相启迪，既交流学问又增进感情。

父亲对工作单位生物系里的同事，也是非常友好，真诚相待。父亲一有空闲，就会到教生理学的陈德智医师（教授）办公室谈天。我外婆九十多岁后，陈医生常到家中看望我外婆给她检查身体，和她聊天。每次来都会为外婆开些保健药的药单，让母亲买给外婆吃。外婆平常很想抽烟母亲不让她抽烟，陈医生来了她会向他要烟抽几口。陈医生对我母亲说："年龄这么大了喜欢抽几口烟没关系。"我们家有谁生病，父亲总要去请教陈德智教授。

20世纪80年代初，国家开始改革开放，国外多位学者来访问父亲，父亲都分别召开学术讲座，并邀请国内有关单位科技人员参加，国内外同行学者们相聚交流，都非常高兴。但此时父亲身体逐渐衰弱，已不能再到研究室从事科研工作；母亲也开始出现心脏病症状，父亲忧心忡忡到处求医问药。他在家中忙着撰写《人畜线虫学》专著，同时关怀着我科学研究的进展。我工作有所收获，他会高兴地对我说："逖，你延续了爸爸的科学生命。"我每年夏天到野外去，不断用电报和长信向他汇报工作情况，父亲会给我写很长的信（见本卷的"父女信"）。

1986年我母亲逝世后父亲身体愈加衰弱！我在外地的兄弟姐妹一有时间，都常回厦门看望他，陪他到校园中散步，看看校园景色，他都高兴。有一天吃饭时候，我问父亲："爸，我喂你吃好吗？"他笑嘻嘻地点点头。从此三餐饭都由我喂他吃，傍晚我陪他到校园里散步。

左图：我的第一张照片就是在因过劳而快要重病父亲的怀中；中图：每天三餐我帮助晚年父亲进餐；右图：在厦门大学美丽的校园里我陪父亲散步

母亲去世后，父亲虽然很哀伤，但他仍然没有停止看书、写作和工作，从中减少悲伤情怀而获得一些快乐，尤其观看自己多年科研工作的结果会喜笑颜开。

1993年6月21日，福建省疾病防控中心李友松研究员带着我们学校77届毕业的校友尹怀志来到厦门我们家中，给父亲拍录像，要为"我省消灭血吸虫病"作总结，并一起照了相，没想到这是父亲生前最后一次接待来访者，也是我与父亲最后一张合影！意外的巧合，早年父亲因见到血吸虫病患者开始从事寄生虫科学研究，而最后竟也在为福建省血吸虫病的消灭作总结，告别了人生工作舞台！

左图：父亲把重要的资料装订成册，时常翻阅；右图：父亲夜间还在看书

左图：1992 年父亲从教 60 年；中图：我们家获首届全国"优秀教育世家"第一名；
右图：父亲工作上有所成绩时的喜悦

左图：1991 年早年毕业的学生何毅勋（前排右 2）从美国到厦门探望唐老师（前排右 3）；
右图：1992 年研究室的教师们到家里探望唐仲璋教授（前排中）

父亲是福建省血吸虫病区和媒介唐氏钉螺的发现者，而且做了全县血吸虫病流行病学的大量调查和得到了实验的数据，使福建省在全国开展"一定要消灭血吸虫病！"的群众运动中，首先于 1976 年告捷，消灭了省的血吸虫病。

左图：李友松研究员（后左）、尹怀志（后右）与我们合影；右图：我和父亲的最后合影

在福建省疾病防控中心李友松研究员等来厦门录像完成后，第二天我就出差，先到江西南昌参加一星期的评审会议，立即转道赴北京，参加中国科学院的学部会议。会议尚未结束于 11 日晚上我接到了学校生物系杨振士书记的电话，告知我父亲脑溢血的噩讯，我痛哭流涕，第二天早上学部替我想办法买到机票，乘飞机赶回来。回来后得知父亲于 1993 年 7 月 10 日晨身体不适，研究室来了几位同志看望他，就在讲话时候脑溢血了，家中赶快送他到市第一医院就诊。没想到，我回来赶到市第一医院已是傍晚时分，父亲还在医院拥挤的观察室中，没采取任何措施，整整耽误了两天抢救时间。我见父亲已昏迷不能言语，我喊他并握他手，有他手心握我的感觉，他知道我回来了。当时市第一医院没有 CT 设备，我立即决定转院到中山医院，当夜做了 CT 检查了解病情，医院组织急救小组，经过近十天的抢救，也无法挽回了。于 21 日晨 8 点 15 分呼吸功能衰竭而离世。父亲走后，我问侄女唐昇："爷爷得病时，有说什么？" 她告诉我爷爷跟她说，"快去叫大姑回来"，至今想及此话还心如刀割！1992 年夏我在内蒙古海拉尔，进行我国三种双腔吸虫后蚴与蚂蚁宿主反应的比较试验。日本寄生虫学家终身荣誉教授坂本司先生到海拉尔我们实验室参观。本来计划当年他可与我一起到厦门大学访问。父亲很高兴，

日本著名寄生虫学家坂本司教授（右）参加唐仲璋院士遗体告别典礼

来信探问坂本司先生何时能到厦门（见本卷“父女信”的最后一封）。后因实验工作延长不能成行。坂本司先生与我约定他次年 7 月来厦门看望我父亲。坂本司先生于 1993 年 7 月 20 日傍晚到达厦门，要次日到医院，而父亲在次日晨离世，在 25 日的遗体告别仪式上，坂本司先生与我已“睡着”了的父亲见了一面！

我喜欢《少年壮志不言愁》这首歌，这首歌让人知道武警、消防员等保卫人民和国家安全战士们的超越技能、工作艰辛及热爱祖国和人民的精神，让人们由衷地钦佩。我跟随父亲从事人兽共患寄生虫病原宏观发育生物学、媒介种类、生态分布及流行病学研究工作，至今六十余年，知道其中之艰辛。我感到父亲一生，作为一个科学工作者和教师，完成各种任务，也经历了类似的艰难困苦，也具备了精湛技能和不畏困难的精神。我感到父亲就像这些战士一样，也是“少年壮志不言愁”，他做到了让“母亲微笑”和“大地丰收”的工作成绩；父亲所获得的多项国家奖励，也是“热血铸就”的，都是值得永远怀念的纪念品。

四、我的家族史

我们唐氏最早祖先，按百家姓所记是尧帝，他即王位前，曾先后有封地在陶（今山东陶丘）和唐（今山西冀城西），故称陶唐氏，即王位后，国号为唐，国都建在唐，所以史称唐尧，其部落逐以唐为姓。唐朝末年，河南光州固史县（今信阳）的唐绮随王潮、王审知的队伍入闽。在五代十国梁太祖时，封王审知为闽王，唐绮被赐封为开国昭义大元帅。唐绮为入闽唐氏的始祖，至今繁衍 46 代。在明洪武年间，唐绮后人唐章迁居南屿尧沙。我父亲是唐绮的第 36 世孙，到南屿尧沙后辈分排序中“……道遵孔孟，惟以崇文，自福兴家……”的“以”辈。

我家族的祖家在福建省闽侯县尧沙乡。我了解我的家族应当从我祖父的祖父（我的太曾祖父）这一代说起。我太曾祖父（孔字辈）十分贫困也没有什么作为，每天喜欢喝酒。太曾祖母带着还只有五六岁的小儿子（我的曾祖父唐穆增，孟字辈）在一位安徽籍的官员家做佣人，不久这位官员不在福州任职，回安徽。我太曾祖母带着小儿子随主人一起去安徽。她的大儿子（我曾伯祖父）在一家中药房做工，所得工资供应他父亲生活和酒资直到他父亲去世。他父亲去世后，他辞去工作，单身从福州一路步行前往安徽，寻找母亲和弟弟。千里迢迢，途中经历千难万险，还遇到太平天国的军队被刺受伤。经过长时间的长途跋涉，最终到达安徽母亲和弟弟所在的城市。又经过长时间的寻找，最后，神奇的是，在一处避雨时听到俩人乡音说话，竟然就是他的母亲和弟弟。他带着母亲和弟弟，又经过长途跋涉才回到家乡福州闽侯尧沙乡。回家乡不久，他因多年的劳累过度、受伤，不久就去世了。

这家的小儿子，我的曾祖父，稍长大后也到中药房做工学制药和医病。他结婚娶亲后，和媳妇（我曾祖母唐卓氏）非常孝顺，侍奉母亲。他们兄弟俩传奇的经历和这位孝顺的媳妇，成为乡里间有名的孝子，他们的家被称为“三孝堂”。民国初徐世昌总统题“孝阙流芳”烫金大字的匾挂在祖家大厅屋眉上，和刻“孝阙流芳”大字的石牌坊在我祖家附近的村口路上。抗日战争胜利后，我家搬回福州，我念高中的时候，寒暑假常自己回老家到堂三伯母处住几天。走到乡村口要问路，都只问三孝堂在哪里？人家就会给予指点。那时，我看到了祖家大厅“孝阙流芳”的匾和村口的“孝阙流芳”石牌坊。“文化大革命”期间这些才被除去。但在我家乡（福建福州郊区闽侯县南屿镇尧沙村，全村都是唐氏家族）的祠堂里还挂着“孝阙流芳”这个匾，称我父亲唐仲璋为“三孝堂后裔”。

我小时候常听姑妈唐仲瑛说：“我们唐家没有‘不孝之子’。”我不知是什么意思，后来，我才慢慢地知道这个传奇性故事，十分动人，都可以写成一篇很好的小说。我的曾祖父有四个儿子，他们的儿女在祖族中的辈分是“以”却用“伯、仲、叔、季”命名，祖父（惟字辈）四兄弟（都是行中医，并能制药），祖父唐植庭排行第二，父亲兄弟姐妹均用“仲”命名，但伯父和父亲又名：翼举和翼起，“翼”为“以”的谐音。我大伯祖父带了他母亲（我曾祖母）到厦门行医，并制药开药房（恭安药房），他的儿子（唐伯糊和唐伯珩）继承祖业行医制药，我三叔祖父和四叔祖父的儿子们（我父亲的堂兄弟），我两位堂伯父和三位堂叔父也都到厦门恭安药房帮忙制药。我父亲堂兄弟姐妹们，也都是对父母孝顺，兄弟间互相帮助、十分友爱。我获得我堂伯父唐伯瑚和唐伯珩所著的“三孝堂”简单史料《先人孝行事实并遗诗》，现复制于此。

先人孝行事實并遺詩

先父諱德念字德福先本生父諱瑞字端武先本生母卓氏世居福建同安縣杏淨鄉性皆至孝前清道光間先王父諱斌孔公慕蓮安徽寧脊於無爲州居焉咸豐初年先王父攜先父回閩展墓留先王母梁氏及先本生父於寓中未幾洪楊難作髮逆陷延道途梗塞音書隔絶者七年先父以舌耕供菽水善楷書頗鬧將軍聘爲時先王父春秋高常善病先父日侍湯藥衣不解帶三年如一日先王父聞金陵失守憂不起先父哀毀骨立廬墓三年日夜號泣欲變身往安徽先叔祖菲孔公止之曰安徽廬鳳兵燹汝母與弟存亡莫卜汝年輕且文弱深入賊地設有不測將奈何無已必成家室得一線血胤後行先父泣曰娶妻生子不但遷延時日若家室已成更多阻力遂哭別叔祖趨裝首途途者皆垂淚時大江南北遍地干戈先父風雨

三孝堂孝行事實

間關隻身萬里至戰地疑爲奸諜拘於囚者數矣一日入賊壘遇賊被縛於野自分必不免是夜有一老者偕同囚縱指令向東疾走勿回顧先父伏地叩姓名老者忽不見晉逃七八里復遇賊兵伏叢莽中賊刺草一刺幸只傷肩負痛匍行至某村大兵過境藏匿山谷絕食數日幾瀕於危二年餘始至無爲州凄涼兵燹舉目皆非轉從流離死生莫問深山窮谷蹤跡幾遍而消息渺然先是先本生父於賊亂之時奉先王母避入山林異地孤棲備嘗艱險採薪以易米或射獵以供糧嘗在九華峯深處行獵一虎突至見前見人竟辟易而去風鶴頻驚棲止無定七年避亂皆在山深林密之中以數先父至無爲州而舊址不可覓矣先父此時只有爾蹤跡賊專心尋母而已先父體本弱沿途艱險阻備嘗幾有跬步難行之勢復值暑天炎酷發痛不堪行至山隈忽見烏雲蔽天雷雨驟至倉皇道左正窘迫

間仰見山上一寺忽投止爲千佛寺門緊閉開寺中有人語細聽之操閩音云骨肉分離十稔不通音問未知能來覓我否即能來不識從何處覓我內有人答曰慈親勿憂從來亂久必治先父聞慈親之語不禁大聲呼曰慈親兒某在此速開門於是母子三人未及詳問相對而哭十年離亂相見一朝互詢之下積翻爲笑遂議翌日回閩其時萑苻出沒遍野繞道而行迫遇霪風雨載途令舟至東梁山遇賊追趕行糧盡劫至舟往泊岸候潮先本生父登岸購糧未幾人聲鼎沸大呼賊至岸上扶老携幼奔避而來舟子恐人多爭渡舟必沉皆解纜離岸先本生父購糧返舟不敢登相望呼號手足無措幾奔來欲棄舟欲行不能待時追卒急先本生父仰天一呼躍身於水所幸浮沉竟得攀舟而上幸知官賊交鋒水路不通不得已棄舟從行先父擔負先本生父負母不幸復遇賊拽去無所有幾莫本生父

三孝堂孝行事實 二

雖僅欲扶之同行先父泣曰吾弟體能負母歸若與吾弟去必死吾母也寧吾去吾身雖弱能爲兄下司筆札賊見之先本生父曰吾兄三年跋涉山萬死一生之堪吾天訓地角之覓兄與母相依爲命若聽吾只兄去是死吾母也母死吾何生爲無寧吾去三人放聲大哭爲首者曰難兄難弟孝友人也取其一必死其二將舍之且贈銀糧一囊而去自此晝伏夜行數十里至津頭將渡江有老者呻吟樹下求曰欲往江湖尋子半途遇病乞扶登舟遂憐之扶且同至舟中舟中人見老者贓目斥曰此老病渾身濕臭不可近危在旦夕故阻其登舟汝何方人敢掬柔遂耶汝既憐之汝三人留侍此老翌日渡江登臨渡上岸掛帆而去是夜三人共宿樹下老者半夜果死舉而瘞之天明渡江至舟中聞昨日之舟至半江遇颶風而沉全舟無一活者是日非臨渡上岸不免同葬魚腹舟到黃陂行二

百餘里至寧國府是夜滿城驚惶譌言匪至男女老幼哭聲動地翌夜闢塞出城望野逃走行李盡棄數日至杭城先父病難支半月餘盤費告罄幸前有預存江友處數十金取回稍供藥餌當先父在將軍署時遇有三江友人多以金貸之或寄存之早決入皖尋親之佑證也迨至浙城遇旱水淺無船皆乘竹筏過灘先王母失足墜水先父入水救免數年往返艱難險阻不能稱述難經至一年餘始抵閩時閩中父老稱爲奇孝是時年甫弱冠克盡孝節使骨肉團圓同歸故里未始非蒼蒼者有以默佑之也先父生平言笑無苟行坐必端終身無一筆草書其端謹如此在家時與先本生父日以事親爲人生第一樂事生平克盡子職皆人所難能鄉里至今猶樂道之先本生母卓氏天性純孝先王■母驚心過甚因而成疾臥床者幾二十年先本生母日侍左右奉事惟謹待先王母食而後食寢而後寢遊衣藥事必躬親奉侍稍違先王母之意先王母病篤割臂和藥願以身代遠近稱之先父謝館後閩中變親族謂宜延譽爲先本生父曰事親乃人子應盡之職有何奇節再三懇謝之有題詩數十首當時事實多詳於詩民國八年秋蒙

大總統褒揚孝子孝婦題贈孝闕流芳匾額各一方以表孝行而闡幽光至於詩之工拙假學問一道顧小子不敢致先人之意故斷簡另編在所必惜詩其緒餘焉耳

男唐 和孫 謹述

三孝堂孝行事實　三

如父唐穆齋公稷增公詩序

唐君韞庭名和余結契兄弟也幼承伯父　穆齋公嗣其祖而　穆增公余嘗時猶及見之習聞桑梓至今猶想見其爲人而初不知其能詩也余弱冠與韞庭同游帖括辛卯科試韞庭補弟子員不數年竟棄帖括而從事岐黃一若道知科學之必廢也者韞庭眾族居盤江余亦東走西奔蕭商燕北間或數年不謀一面且不通一函遐物殊愛惜吾兩人之締結留之以俟異日默不然何若合若離有令人不可思議者歟國紀元九年庚申余適有盤江之役韞庭出其先人孝行事略及遺詩見示余歎之淚爲之下乃歎曰山野人其一舉一動自有千古者在而士夫之儀以其詩與其觀者皆未爲奢也世之衰也門內道喪少儀弟子嬉諸宮縟博之家且置不講而欺飾自好之士稍明温清之義輒目爲可貴難能以視夫二公之孝行卓卓誠有不可以道里計者生平事實多詳於詩雖著墨不多而一片至情至性流露行間則信夫純乎天籟而無人爲者矣夫文人無行自古皆然嘗見國初諸君鉅製細篇非不附哀人口而識者要其才未始不惜其節可知士之能傳者不專在文字也余於詩之一道亦矮人之觀場耳顧韞庭欲揚先人之芬余又烏忍沒孝子之志因摭題什梓以垂不朽並誌存即其人存傳其孝與之俱存也是爲序

亦男鄭雨訥謹識

三孝堂韻齋吟草　序　四

亂離吟草上卷

閩侯縣曾福余著

男 稚採伯 曾採槃 同謹校

侄 師採仲 叔 季

苦亂

骨肉乖離昀未蘇還鄉當日計全非干戈滿地音書斷悵望關河徹夜機

記憶

冷落山厨一盞燈私衷默祝老親年無多苦事堪陳奏祗有禍皆可告天

過雁

遠背雲顛七載餘更無音問慰安居于歸海上曾勞汝肯為傳來一

三孝堂亂離吟草 五

紙書

秋夜營中

獨坐荒齋短燭燒隔牆歡笑鬧通宵樓頭夜半雨初歇一點流螢過野橋

赴軍署試帖

萬縣蠅頭料先習蠅頭字正筆與正心馨然在廷試

訪友不遇留宿以待

枕上溪流盤簷前月影斜更深人未返今夜醉誰家

哭前妻父行乞尋母

嘉門一哭淚潸然滿地干戈路萬千親舍白雲何處是四山風雨鷓鴣天

舟發洪山

洪山西去水迢迢片席滄江趁晚潮舟子似知吾意愿途人多贊不停橈

夜宿木口

江陵夜半雨初晴最是寒天不易明叠叠山川皆是恨茫茫宇宙總無情何年再得逢終身盡一日經兼萬里程收說前途行不得此心早與薇蕨盟

途中元旦

異鄉風景覺年新無酒陶然負客身歲首未逢求福禮天涯苦夜祝長春

夜行

十年骨肉苦流離此去前途任所之何日庭闈能聚首背相對月團時

三孝堂亂離吟草 六

仙霞嶺拜大士像

前生到底種何因第一紅塵苦孽身乞度金針完骨肉再來稽拜是三人

行路吟

東窠西奔奔復秋天涯親舍望悠悠未知骨肉棲何處不憚奔馳走一週

宿仙霞嶺

輾轉繩床夢不成殘燈風雨苦宵征天心厭亂成處落未卜何年見太平

渡河

傍晚到西河打行嘆奈何身輕舟疊重增是狼狽多

雪夜過馬當

他鄉轉徙備流亡一夕倉皇避禍當多謝蒼穹憐人苦從無求救耐
風霜

乞食尋親

廬山面目轉愁予吳市吹簫學子胥百結鶉衣疑破衲一枝竹杖當
安車傷心陟屺瞻雲及忍淚沿門痛有餘提綆自憐形隻影長途客
淚濕羅襟

夢中見母及弟

一夢醒來歲客身分明見弟與慈親蒼天若肯從人願指點桃源何
處津

途中風雨

長途跋涉去尋親草綠平蕪始覺春如此江山非昔日不堪風雨亂
離人

三孝堂亂離吟草

過兵被囚獻詩求釋

稿謀圖中少讀書慈親尚在皖城居樓臺道路危疑甚襤褸衣衫乞
丐如非分作奸慵不實有饑將母詣非虛將軍若肯憐人子乞註恩
音話涸魚

第二度被囚釋出作此

匪盜流亡最可傷斯民何罪慘遭殃兵戈海內無寧歲欲上昆崙問
彼蒼

半夜聞雞

越石聞雞起舞時是歲我亦一男兒惡聲抵日偷何敢公晚來雙修
可知喔喔村莊知唱和淒淒風雨更支離何堪風鶴天涯路遊作勞
人一味悲

中途聞警走避山寺

原蜀愧予天涯人子願十載遊書

夜行過賊避入山中

殺人今日已盈城為問何辜累衆生幸有蒼穹憐遊匿亂臨明月照
人行

途中連日風雨

行盡山巔與水涯春來何處最銜悲來聽日日風和雨天意茫茫不
可知

病中

萬里獨尋親無端竟採薪艱難風雨夕淋漓可憐人

香心廟

人同潔玉與堅金名節豐全亘古今萬里間關過此地心香一瓣拜
香心

三孝堂亂離吟草

山寺題壁

客路三千里流離劇可憐艱難尋骨肉風鶴嘆年年

撫州

三年尋母路傍徨每把私衷訴彼蒼一望撫州上路四山無語日
黃昏

將至撫州兼程夜走

行行日已暮望見一州城到此忘勞頓山程又水程

初至撫州

風雨淒淒恨月嫌山河破碎苦遭兵災紫轉徙無遺類故址經過恨
隔生滿地煙塵空有淚衙時草樹近無情一家離亂知何處欲訪桃
源纔淚行

到撫州舊居已遭兵燹有感

天涯覊旅腸初斷對此無家淚暗隨長質面今隔七載不知轉徙在何方

骨肉睽違作此志感

遙憶風和雨細臨入夜聲名天地寄骨肉相爭亂

寺中與弟夜話

生憐明時信是儂每談往事淚沾襟欲揚嚴客路敗幾年歸守舊園意寄管及此節疑非簡陋相遺獨李各牽前途蕭瑟猶遠家計憂惜春歸共方田

歸園時節得悠游手弟過往陳得隨室肯不敢近相望呼喚手

是無恃子弟傷天一呼攜入水中立世攀高崗上識事事也常身體木牛浮沉天壞當能擊此心事念懷從長計議竟今孝子亦臨深

歸遙遙憶子與弟爭先救死賦兩首之

仲稚低身伯攬登往返三年斷腸根毛髮夫親膝一個裂紛佳間弟和兄

歸園到側宿寶調大士田步翻閣

願向菩提證淨因分明崖草現金身系生大小流離苦乞取慈悲渡世人

別家

離鄉攜卸好林泉今日歸來景自便好待從征戰安一橋最戀隔柴三椽親朋邀詞捐親骨肉園田有天元氣滿堂時須取春暉寸草太平年

與族團及弟夜話

童戲聯蹤十載餘回頭今何幸得團圓共食甜白家常對燈話古送青解讀書病痛手中寶重念影去膝下願長樂縱然能閱風霜苦也算蒼天不負子

親朋慰問作此以謝

辱承慰問寂寥閑幹陋巷歸返故山愁歲深明朋堂底嘗從萬死得生還

風塵吟草上卷終

風簷吟草下卷

閩侯唐藝甘著

男 世且 舜仲 叔季 同校

孫男 和軒 振銘 同校

夢臨故里

慚愧庸才學絕衍衾寒消息病何如驛樓邂逅三杯酒已隔家園七載書無限情懷關杜宇不堪風雨世如何時雨得展翼猶恨雲天

秋夜

不敢負圖學仲舒生逢亂世賃居廬白雲應隔三山外落葉飛多九月初寂寞秋聲聞蟋蟀荒涼夜色看螢蛛愁從王粲登樓賦聊把道書

北埠過風際山

大兵斬壓地拔劍在山巔不敢放懷言逆旨往頻偏

驗驚爲州舊侶

星散鄉井饑月路西風吹斷故人情爭墜公船戰雲窮何長歸既死生何日相逢時還曾入夢幾分明遠時鄉音劉從別世苦圖難忘恩學

山居

避亂頻將白髮生七年奔走住山城起看北斗皆兵氣坐念中原有實管何日靖雲塵身見亂國安培獨佩留滿庭風雲但真堪人蹤不平

下山聞警

郵電頻傳警事生風雲變色攪侯城登臨一望成陽火暗遙深處遙

尋覽

青龍嶺

獨步青龍嶺白雲過眼前片帆飛夕照疏雨落寒泉絕壑千尋路平林一抹煙山中無所事整日如年

寓新山下聞警

日日寓新幾山居意自便綻城消息總不敢告堂前

有感

遠倒儒冠來救貧何當亂世不才身長年奔尋深山裏聊與我桑麻與探薪

登九華樓

淒涼風雨斂面斜一片黎山古靈圖故舊飄零何處去九華樓上寄流域

山夜思鄉

愁聽荒雞隔遠村絕無消息到柴垣行人若讀月當戶劉我皆居雲到門夜拍籬花低笑傲唱歌林鳥聚寒啼四更倚枕睡成寐起看青山月半香

悲秋

家鄉何處日依歡十載飄蓬尺素書離亂住山盤落木蕭間臨水流孤鴻涼風街邊簾殘新孤月簫寥但綿居看取流光容易換經寄何事更愁余

登高有感

絕頂登臨九月秋茫茫今古兵轉州回頭一望猶須勝何處江山歸
衢遊

有感

富貴若知猶功名世有賢十年前壯志歸龍是堪憐

避亂

此地三旬已九遷幾回搔首問青天道途兵燹音書斷風鶴年年劇可憐

奉母避亂東山

名州久客便爲家廿載風塵夢除不歡殘棲梵宇竟從離亂度年華征鞍吹歲西風緊攜擔歸時夕照斜夢裏關河眞咫尺兩天涯望白雲遙

友人辭官有感賦此

一枝椽筆六鈞弓文武才兼有父風可惜盛山隨鹿早橫流誰願百川東

避亂雲巖

結舍雲巖好避秦更無過客問前津移家傍人無償奉母空存不孝身避地淨緣參貝葉亂時生計託樵薪鋒鏑自鄉關還第一流離苦難人

聞曾國藩練水師

大有憂時者深中算早成求賢能下士守土獨登壇戊戌將旗氣幟驕子弟兵樓船看破賊數國是儒生

遊龍巖山

竟歲巖棲不見人同來避亂若比鄰此間奉母無甘旨數尾山禽錯雜陳

樵歸

直上層巒附薜蘿歸來擔擔自行歌山中有母依朝夕不敢觀棋怕爛柯

遇虎歌

避亂高岡時夏五奉母乏糧學烹父忽然撲面來驟風深林躍出一斑斑虎亂世心如履尾凶況途遇虎能無懼因顧我人徒返身射箭不及但揮拚誰知此虎似驚弓未就狼狽首先俯近身一喝辟易奔伏匿山君不我侮吁嗟乎我非周處射南山我非北平矢沒羽徒恃此心堪萬夫不磨此虎不爲武虎今去矣我無憂虎仰來兮我不害幸則帶箭走深山不幸使毛歸我庖人不虎虎虎人仰天長嘯聲擊穹諸此山無兕我糧台虎勿與我爭盤土今朝遇虎望覓糧上山不得下山取倚門望我供晚餐歸乎弋數禽歸作餐

登高山

不慕名山不慕仙偶因採樵上層巔初臨峽口疑無路再轉柔順始見天雖擔薪僅能作晨炊深流水飼羹餘少餘足庭闈蔬下嶺巔

寰瀛大千

登明遠臺

明遠台高一望秋白雲無際寄離憂千丈滿地歸何處海外曾聞有九洲

奉母避亂路逢寇兵盤查

滿地皆荊棘關門備檢圖何時得歸里寂求赤歡娛

明陵有太平天國之兵保護

十年海宇習刀兵還辱明陵蔽衛寬是遠是王跡有定不因成敗始分明

在我家族祠堂大厅挂 20 个祠匾，我们家族有：“孝阙流芳”和“父女双院士”两匾

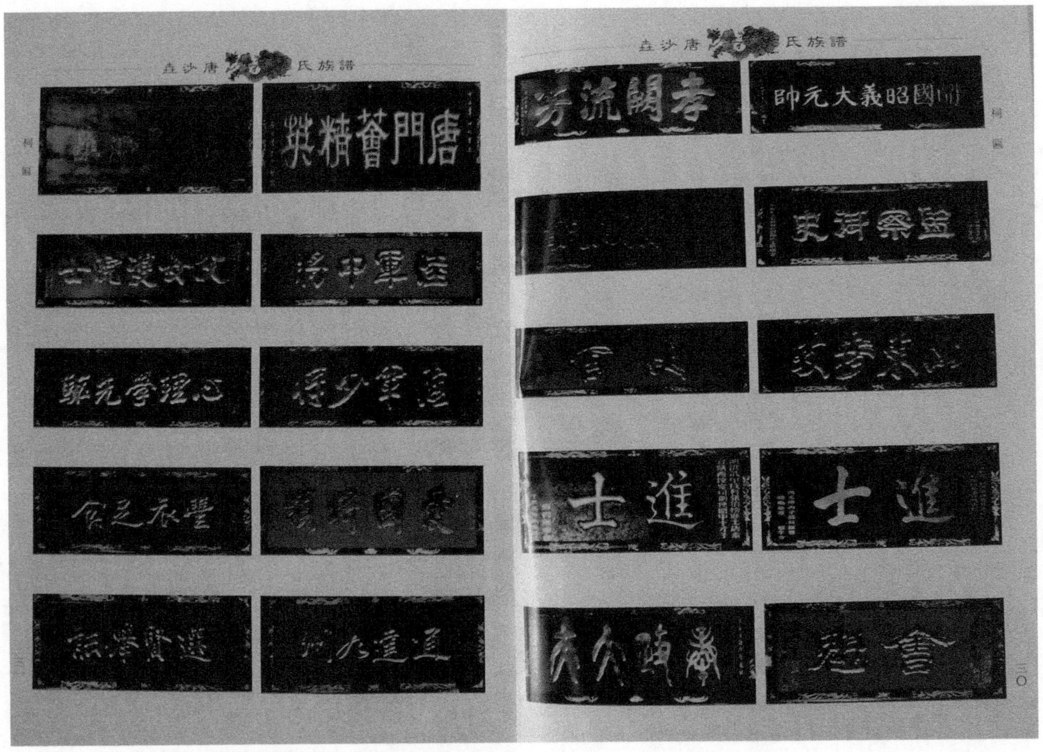

我祖家已很破旧，我曾祖父以下的子孙后代，分散世界各地，此屋现空，在那里供乡人放杂物。

五、边 城 今 昔

呼伦贝尔草原是我国最大最美的草原，面积达 10 万平方千米，其间海拉尔河、额尔古纳河是黑龙江的上游和源头，在呼伦贝尔北边为中俄交界处，河的中央是两国的交界线。隔岸就可见到俄罗斯人民在辽阔的西伯利亚草原上活动。从兴安岭山脉流下的弯弯河流淌过的呼伦贝尔草原就如同歌词“蓝蓝的天上白云飘，白云下面马儿跑……”一样，青青牧草遍布草场，骏马成群，牛羊肥壮，矿藏丰富，牧民豪爽热情。呼伦贝尔草原是内蒙古自治区最富有的地区之一，历史悠久，也是多民族的发祥地。3000 多年来多民族部落在这里繁衍生息，以蒙古、鲜卑、柔然、突厥、契丹等为代表的各民族先民们，分批逐次地从大兴安岭深山老林里走出来，到呼伦贝尔草原，再到其他地方发展宏图。如突厥人在近 2000 年前，横跨欧亚大陆建立了游牧民族的帝国；拓跋鲜卑族，在 386～534 年主政了我国南北朝时期的北朝（北魏），其后人尚延续到隋、唐（李渊）朝代；拓跋鲜卑的柔然人，在 5～6 世纪统一了我国北方漠北地区；11 世纪，成吉思汗就是在呼伦贝尔草原成家、霸业起步，与其子一直打到西夏，并建立元朝；主政过我国清朝，源于白山黑水的英勇女真族，也有一部分人进到呼伦贝尔大兴安岭生活。这里的民众，是综合有许多英雄民族先民们优良基因的后裔。

2010 年我带我三儿陈东和以前博士研究生李庆峰与张浩再次来到美丽的呼伦贝尔草原

呼伦贝尔地区首府是海拉尔市，这市名之意为“草原之花”，在该市周围都是一望无边无际的大草原，一个小小城镇在其中就如同一朵花。在 20 世纪初期还只有几万人口，现有人口 30 多万，已经是个开放的北疆边陲小城。过去俄国沙皇时代和十月革命前后的大批俄罗斯人所谓“白俄”，以及欧洲一些国家的人民，都从满洲里进入我国，经过海拉尔，再到黑龙江哈尔滨及国内其他各地。作为我国北方自古以来一个著名的对外通商口岸满洲里，在 20 世纪 80 年代还是只有 3 万人口的小城，现在已建成非常美丽的现代化“国门”城市。1982 年加拿大寄生虫研究所所长的俄裔梅罗维奇（Meerovich）教授和夫人，到厦门大学，特意来拜访我父亲唐仲璋院士，父亲为他举行了盛大的学术讨论会，邀请了国内许多单位的专家来参加，他作了几个精彩的学术报告。后来我陪他们访问了北京一些单位。有一天梅罗维奇教授告诉我：“我年轻时是从西伯利亚经满洲里来到中国，在海拉尔住过，后在哈尔滨和上海上学，然后才去加拿大。”他还会解释一些汉字笔法。1986 年我讲学访问加拿大麦克吉尔大学，当时他已退休，邀请我到他家做客，见到他家客厅里摆满许多中国古董和器具，中国好像是他的故乡，怀有极深的感情。我和他告别时见到他流了泪，他非常怀念尤其他曾生活过的包括海拉尔在内的故土，可惜不久后就听到他去世的消息。

现是楼房林立和有很气派的盟（市）行署高楼的海拉尔，在这河岸高楼中有我可避暑的家（2011 年摄）

在过去只有七八万人口的海拉尔，有很多是俄罗斯人。现在许多俄罗斯民族的后裔也是呼伦贝尔多民族家庭的成员，并有繁荣的中俄贸易市场。自古以来这儿已是我国和欧洲各国相通的一个口岸，所以这儿成为与我国“海上丝绸之路”“ 陆地丝绸之路”并列的“草原丝绸之路”的起点。这里长期频繁地与境外人接触，形成的民风更增加了待人热情不排外，衣装洋气，并且传承了欧洲的“崇尚科学文化精神”。在这样背景下，我来到了这美丽大草原和这个城市，断断续续地在这里工作了 40 年。

左图：1982 年梅罗维奇教授看望唐仲璋院士；右图：1986 年唐崇惕在梅罗维奇教授满是中国物品家的客厅

最早是在 1977 年，我被呼伦贝尔盟畜牧兽医研究所邀请来从事人兽共患胰脏吸虫病问题研究，此后进行多种人兽共患寄生虫病问题研究，其中有的是本地区重要疾病，有一些是流行于新疆、青海、山东、山西等地区，但这儿的盟畜牧兽医研究所成为我的大后方、有力的支持者和合作者。四十年来的工作、生活，参加他们举办的专业培训班和接待多次外国著名学者来此的学术活动，见证了他们已有的“崇尚科学文化精神”和城市建设的变化。

1975 年冬天一次特大的寒流，全国南北方许多牛羊因人兽共患胰脏吸虫病而大批死亡。福建省浦城县两千多只耕牛因之倒毙。为解决其病原学和流行病学问题，我在浦城工作了两年，病原是支睾胰脏吸虫。同时期，在内蒙古科尔沁草原也有大批牛羊因此疾病死亡。1976 年冬，厦门大学接到内蒙古呼伦贝尔盟畜牧兽医研究所的公函，要求派

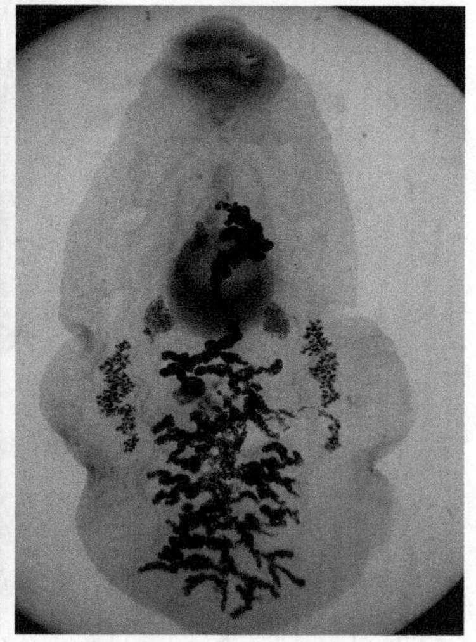

受感染的胰脏及其病原体

两位年轻研究人员来我校学习胰脏吸虫病原生物学，学校接受了。不久该所的钱玉春和吕洪昌同志就来到我实验室工作。数月后该所寄生虫研究室组长崔贵文研究员亲自来到厦门拜访我父亲唐仲璋教授，介绍他们那里的疫情情况，并提出请我到疫区解决病原和流行病学等问题。父亲概然答应，事后他才告诉我。

左图：1977 年 4 月唐仲璋教授和学生们在家中接待从呼伦贝尔来的崔贵文、钱玉春和吕洪昌 3 位客人；右图：2004 年 12 月崔贵文、钱玉春、康育民来厦门参加唐仲璋院士百年诞辰庆典并在庆典上讲了话

1977 年 7 月我带着对遥远草原好奇和激动的心情来到海拉尔。当时全国普遍贫穷，海拉尔市的建设也一样十分简陋。在许多单位都轻视知识和标本的形势下，我惊奇地看到在简陋的呼伦贝尔盟畜牧兽医研究所建筑里，寄生虫研究室内满墙壁整齐排着装满各类寄生虫标本署有标签的标本瓶橱柜，和刚刚出版的一本牛羊寄生虫病与防治专著。“文化大革命”的狂风暴雨没有破坏掉他们坚持真理的思维，让我从心里感到敬佩。不久后当崔贵文被提拔作为该研究所所长时，我曾对他说，“你们这里可以建设一个很好的人兽共患寄生虫学研究中心”；此后多年，每年我都从家里带来各类寄生虫生物学国际经典专著，在此和崔贵文一起复印和装订，然后把原书再带回去。这些复印的经典专著，现保存在近年我在海拉尔一所 18 层高楼中买的一处公寓作为夏天避暑房子客厅的书橱中。

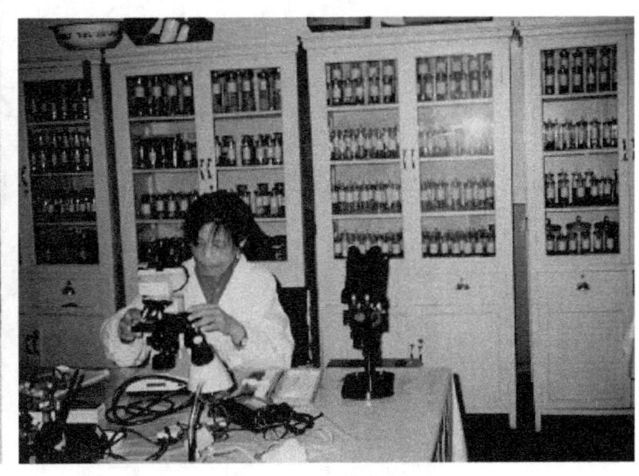

左图：20 世纪 70 年代呼伦贝尔盟畜牧兽医研究所大门及其内部分景观；右图：20 世纪 70 年代及其后呼伦贝尔盟畜牧兽医研究所寄生虫研究室之一面墙示整齐有序的标本橱

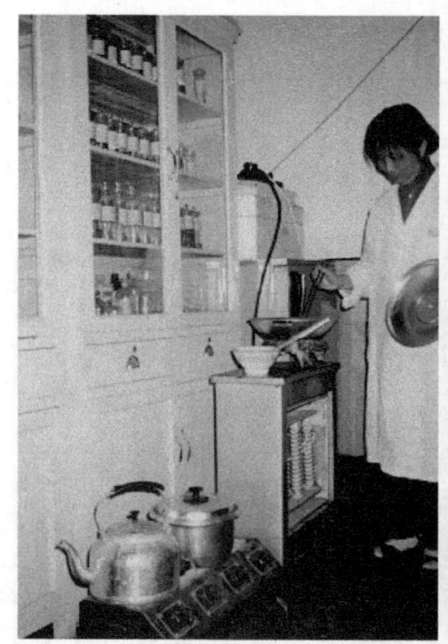

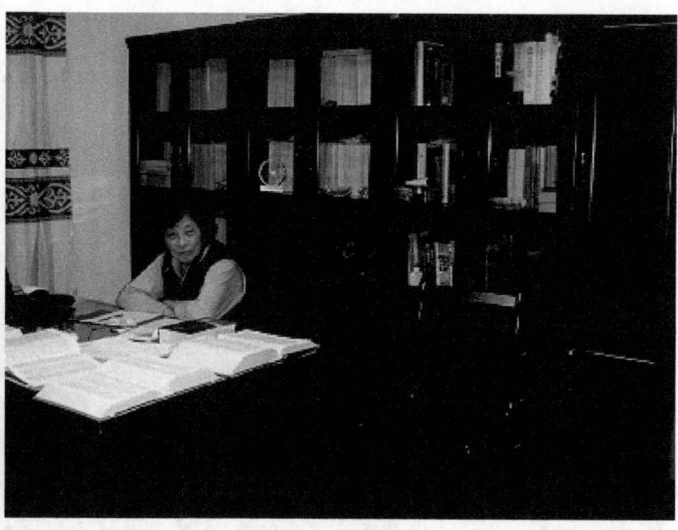

左图：20 世纪 70 年代及其后研究所寄生虫研究室排满标本橱的另一面墙之边角，我在那里煮饭；右图：2010 年我在海拉尔河岸高楼中购买一处公寓避暑，客厅之一角示保存多年在此复印的部分书籍

1977 年夏天除我被邀请外，崔贵文还邀请了中国科学院动物研究所贝类专家刘月英教授一行，来草原进行贝类的调查研究。我们一起生活了一个夏天。当时草原的条件还很落后，但我们经过一个月的艰苦努力后，完成了使命，找出了在扎来特旗科尔沁草原胰脏吸虫病的两阶段的传播媒介枝小丽螺和中华草螽及在它们体内所携带的病原幼虫期，以及牛羊受感染的生态地点和季节。我们的实验羊感染成功，证明了工作无误，并由此可制定出当时环境条件下可采取的防治措施。任务完成，大家都非常高兴。这也奠定了以后我们可以继续合作的基础。

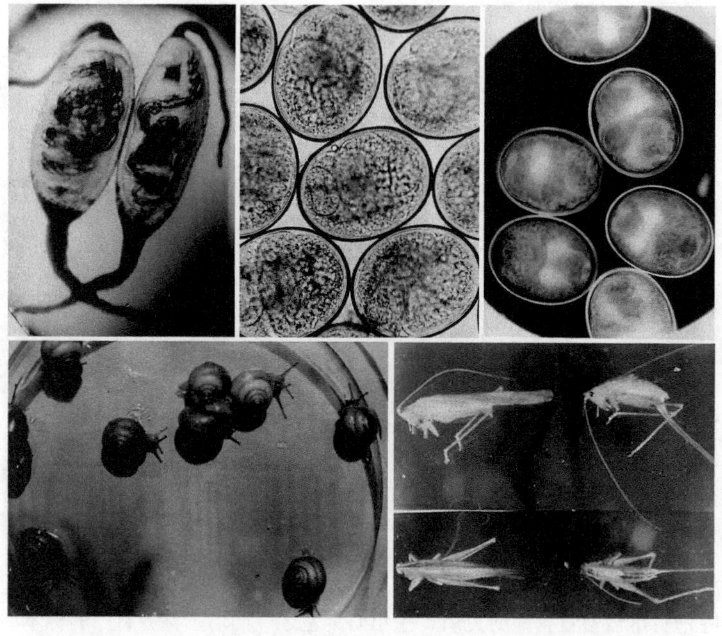

在科尔沁草原发现的胰吸虫幼虫期及媒介

1977 年 9 月我开始从事人兽共患肝脏双腔吸虫病问题的研究，历时 16 年。地点涉及内蒙古、山西、新疆、青海和山东 5 省（自治区）。崔贵文和他助手钱玉春、吕洪昌及吕尚民参加了我在内蒙古、山西和山东流行区的工作。直到 1992 年在海拉尔做最后媒介和羊的人工感染试验成功，阐明了全世界认为只有一种的双腔吸虫，实际上是包括发育学完全不同的 3 种"各从其类"病原的独立种类。在 1998～2007 年我和崔贵文、钱玉春、吕洪昌及康育民合作调查研究呼伦贝尔草原的人兽共患多房棘球肝包虫病原生物学及流行病学的问题，也取得完满结果。以及上述的胰脏吸虫病问题，这三项重要研究成果吸引了国外著名专家学者（两位美国学者和一位日本学者）来到海拉尔，关注我们的工作。

呼伦贝尔盟畜牧兽医研究所研究人员都很重视自己的研究工作，所内在兽医方面除寄生虫病研究室外，还有传染病研究室；在畜牧方面有牛、马、羊，以及牧草等诸多方面的精湛工作成果。研究所内不断有送到日本留学的男女青年研究人员。他们很重视人才培养和进行学术交流，我在这儿就参加过他们举办的两次扩大（预先通知本自治区其他盟及东北三省）的培训班和 4 次外国专家到来的各系列讲座。两次寄生虫病原生物学与流行病学培训班分别在 1983 年冬季和 1984 年春天举行，当时已经调任为呼伦贝尔盟常务副盟长的崔贵文亲自主持会议。参加培训班的人员不仅是本盟各旗县，还有来自内蒙古其他盟（市）、黑龙江省和吉林省的专业人员。

1983 年夏天，美国斯坦福大学著名的公共卫生学家巴施教授，作为美中学术交流委员会学者，来中国讲学访问 3 个月。他在访问厦门大学寄生动物研究室、浙江省医学科学院、上海寄生虫病研究所和湖北省血吸虫病疫区，最后来到海拉尔访问呼伦贝尔盟畜牧兽医研究所。在厦门期间，我父亲唐仲璋院士为他安排并组织了一个盛大的学术报告会，国内许多大学和研究单位的教授专家与会。

左图：1983 年巴施教授访问厦门大学，唐仲璋院士为他安排盛大的学术报告会，并在欢迎会上致欢迎词；右图：巴施教授和来参加学术报告会的周述龙教授、宋昌存教授等参观父亲和我研究工作的实验动物

巴施教授来到呼伦贝尔盟海拉尔后，在崔贵文副盟长安排下，在研究所作了两场讲演，也邀请了内蒙古自治区其他盟及其他省的专业人员来海拉尔听讲，盛况空前；并陪他到呼伦贝尔草原和科尔沁草原考察人兽共患牛羊的东毕血吸虫病和胰脏吸虫病流行

区，为期两周。当他要离开内蒙古时，在兴安盟领导和朋友们为他送别的晚宴上，他激动地举着酒杯说："我的血管中流有蒙古人的血液。"我知道他在少年时全家从匈牙利移民到美国，匈牙利是过去蒙古人横跨亚欧大陆到过的地方，他是蒙古人留在美洲的一个后代。他对中国很有感情。

崔贵文和我陪同巴施教授考察呼伦贝尔盟草原上的牛羊血吸虫病疫区，并在蒙古包中用餐

1986 年 5 月，我应美国科学院与美中学术交流委员会的邀请，到美国大学和研究单位共 6 所讲学访问，为期 10 周。第一站是在加利福尼亚州的斯坦福大学医学院，讲的题目是"我国日本血吸虫病及媒介钉螺问题"。记得当时，我在那坐满听众的大厅讲台上讲演中，该校寄生虫学室的一位资深教授不断地好几次给我提问。讲演结束，这位教授笑着走上讲台与我握手致意。我走下讲台与许多围来的听众交谈后，巴施教授陪我走出去，口中不停地自己讲着"excellent，excellent"。我在斯坦福大学逗留一周多，参观了校园，知道了令人感动的校史和培养出众多的杰出人才。也参观了巴施教授和他夫人娜塔里西亚·巴施（Natalicia Basch）的实验室，周末出去野游。

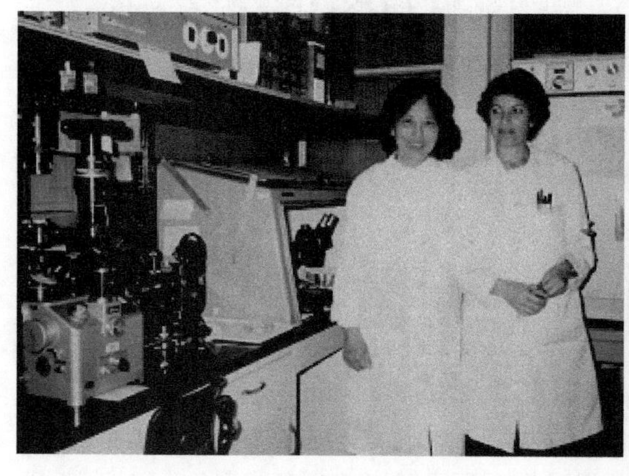

左图：我与娜塔里西亚在他们实验室；右图：我与巴施教授及
他母亲和夫人娜塔里西亚在美国酒城午餐

巴施教授是一位热爱中国的学者，在 20 世纪 70 年代初，中美邦交刚刚恢复，他就曾作为美国医学代表团团长带队访华，考察人体血吸虫病问题，这期间他突发严重心脏

病，非常危险。他夫人还特意从美国赶来，他在上海医治好后就回到美国。1983 年，他再度来华访问，介绍当时西方已研究新的生物科学问题。前几年，我在美国与他通了电话，他热情邀请我再去斯坦福大学看看，我对他说："今年没有时间了，明年我会再来美国，一定去看望你。"没想到数月后，我收到他夫人娜塔里西亚的来信，告诉我巴施教授在医院进行心脏手术，没有下手术台就走了。我后悔数月前在美国没去看望他这么好的一位学者。

也是在 20 世纪 80 年代，呼伦贝尔盟科技局和盟畜牧兽医研究所共同主持了邀请美国密歇根大学泰泽尔教授等几位牧草专家来海拉尔进行学术交流。由于我在研究人兽共患病问题之余，也进行植物寄生线虫的研究，也调查研究呼伦贝尔草原牧草和兴安岭植被的线虫，所以对牧草专家的学术交流，也感兴趣。他们在研究所报告厅作了几场学术报告，我还为泰泽尔教授作了两场翻译。

左图：呼伦贝尔草原上茂密的牧草；中图：已任呼伦贝尔盟常务副盟长的崔贵文与他研究工作助手们正在采集要检查的兴安岭中各种植物；右图：我们去兴安岭原始森林采集各种植物，在途中过夜的唯一旅店客栈

左图：我与呼伦贝尔盟科技局崔显义局长和美国泰泽尔教授等牧草专家在盟畜牧兽医研究所门前；右图：我在为泰泽尔教授关于草原牧草问题的报告作翻译

我知道的来到呼伦贝尔草原海拉尔进行学术访问的外国专家中还有日本著名寄生虫学家坂本司终身荣誉教授，他进行了多方面人兽共患寄生虫病问题的研究，成绩卓越。1991 年我应日本国家科学促进会邀请到日本讲学访问 10 周，坂本司教授陪同我到东京、岩手大学、北海道，以及靠近海洋的自然保护区等单位。

左图：坂本司教授陪我到北海道医科大学讲学访问，寄生虫教研室神谷教授（左2）与他的留学生和博士生；右图：我在盛冈市兽医学会作一次讲演后的照片，前排坐着的是正教授，后排站着的是副教授

左图：坂本司教授与岩手大学前教授长谷川陪同我到野外采集；
右图：我离开日本前夕坂本司教授与长谷川教授及他们的研究生们欢送我

我与呼伦贝尔盟畜牧兽医研究所崔贵文、钱玉春、吕洪昌和吕尚民，自1977年开始合作研究人兽共患肝脏双腔吸虫病原生物学问题，历经16年，到1992年要进行关键性的最后的人工感染第二中间宿主（昆虫媒介蚂蚁）及终宿主羊的试验。这工作在从山东、山西收集必备的材料后，在此疾病非流行区的海拉尔进行。坂本司教授知道后也来到海拉尔观看。崔贵文副盟长为我们安排了盟宾馆几间房屋，进行工作并接待日本来的贵宾。这个夏天，我们的工作完好，成功结束。证明了我父亲唐仲璋院士三十多年前的论断："所谓全世界的人兽共患双腔吸虫病原是同一种类，从它们有不同流行区现象，它们一定是不同种。"我国3种人兽共患双腔吸虫的宏观个体发育生物学研究工作结果，证实了这一论点。我庆幸父亲生前见到了这个结果，也会很高兴我在海拉尔把从枝小丽螺排出黏球的固定标本，赠送给友好的坂本司教授。

1993年7月20日，坂本司教授专程从日本来到厦门看望我父亲，而我父亲却在第二天清晨，因重病抢救无效而离世。我让学生陪伴坂本司教授，在我实验室逗留一周。他参加了我父亲的遗体告别仪式，见到了我父亲的遗容。1992年我们本来约定：他先到厦门看望我父亲，然后我再与他一起去呼伦贝尔草原工作。因我父亲不幸辞世这一变故，没有实现我们原先的约定。

左图：崔贵文和大家陪同坂本司教授在呼伦贝尔草原；右图：在盟宾馆供实验工作房间的一角

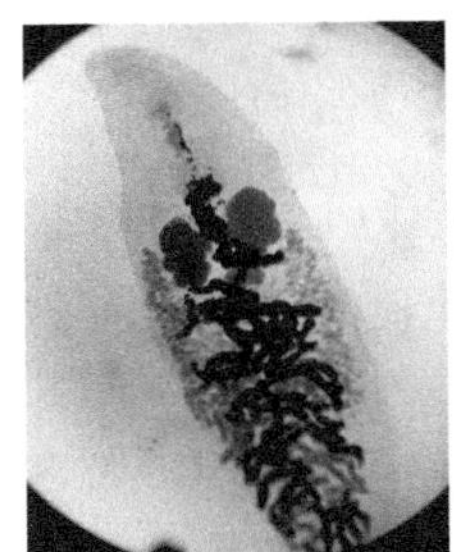

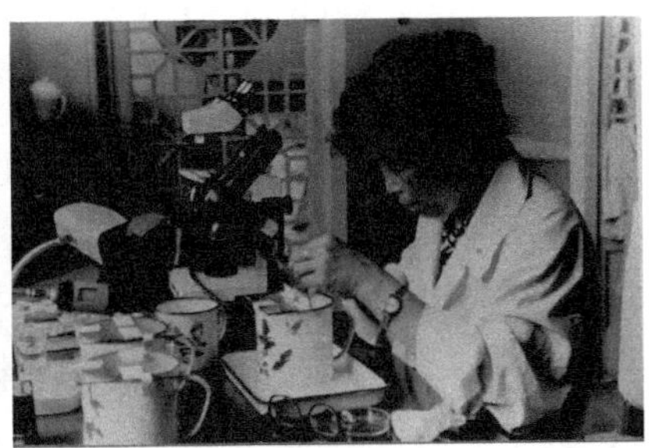

左图和中图：中华双腔吸虫及其幼虫期媒介；右：在观察人工感染的蚂蚁

左图：1993 年 7 月 25 日坂本司教授来到唐仲璋院士灵堂；右图：坂本司教授到我实验室参观

美国寄生虫学理事长、华盛顿大学 R. L.劳施（R. L. Rausch）教授，是世界上非常著名的，尤其是在人兽共患绦虫病原生物学做出巨大贡献的寄生虫学家，他是美国终生功勋教授，也曾经来到呼伦贝尔盟畜牧兽医研究所访问并参加了一个月的工作。20 世纪 80 年代初我国开始改革开放，他和夫人弗吉尼亚·劳施（Virginia Rausch）开始频繁来我国访问。1983 年开始，他们多次到厦门大学看望我父亲，他们在一起谈论很多方面的科学问题。他们对我父亲有很深厚的感情，父亲于 1993 年去世后，劳施教授于 1998 年在世界著名当时已有 80 多年历史的美国寄生虫学杂志上发表纪念我父亲的文章：In Memoriam Tang Chung Chang（C. C. Tang）1905—1993。劳斯教授对我父亲的感情延伸到我，对我十分慈爱。

左图：1983 年劳施教授和夫人弗吉尼亚在厦门我家与父亲唐仲璋院士讨论宏观科学问题；右图：我多次住在劳施教授温暖的家中，他手中抱的猫原是流浪猫，他们收养并养成不离左右的胖猫

1986 年我应美国科学院和美中学术交流委员会的邀请到美国讲学访问，第三个学校就是华盛顿大学。我在那里讲的是在我国呼伦贝尔草原布氏田鼠查到的劳施教授在北美洲阿拉斯加发现并定名为西伯利亚棘球绦虫的肝包虫。劳施教授和他夫人特意驱车带我到野外玩两天，看到许多银杏化石林。他们还邀请我到他们家做客，同时还有好几位客人，其中有两位台湾学者。此后，我无数次去美国常到西雅图去看望他们，尤其是自 1997 年我开始调查研究呼伦贝尔草原三种多房肝包虫病原生物学和流行病学问题后，我每次去美国都要去拜访他们，给他们看我们工作的情况，请教他许多问题。每次到达西雅图机场劳施教授和夫人都是亲自接站，弗吉尼亚手上一定有朵康乃馨花，而劳施教授一定替我拉行李小车。他们家在离西雅图有相当一段海路的一个美丽的小岛上，他们几次请我住在他们家中几天，后来从学校搬回许多书，他们为我在他们家附近旅馆定了一个舒适的房间，白天到他们家吃饭并讨论问题。弗吉尼亚亲自下厨准备饭菜，把我当贵宾一样招待，有一次我还带在美国工作的我二儿一起去。无数美好往事常常会涌上心头。前几年我在上海参加一个国际会议，一位日本学者告诉我，劳施教授去世了！后来会议画幕上也出现悼念劳施教授的词句。

劳施教授在 20 世纪 40 年代后期就已开始研究人兽共患的棘球绦虫肝包虫病原问题。当时全世界学者都认为在欧洲等地从人体中查出的囊状肝包虫（*Cyst echinococcusis*）和多房肝包虫（*Alveolar echinococcusis*）是同一种病原，即多房棘球绦虫（*Echinococcus multilocularis* Leuckart，1863）是细粒棘球绦虫（*Echinococcus granulosus* Batsch，1786）的同物异名。关于这个问题，学者间的争论异常剧烈，不能决断。此时劳施教授和德国资深绦虫学家福格尔（Vogel）都对这两种绦虫的生活史进行研究，他们分别在 50 年代初都确定细粒棘球绦虫的中间宿主是牛、羊等食草动物两蹄类，而多房棘球绦虫的中间宿主是鼠类等啮齿动物，这场学术争吵才告以结束。但是，当 1954 年劳施教授等报道在美国阿拉斯加从北极狐找到有差异的命名为西伯利亚棘球绦虫（*Echinococcus sibiricensis* Rausch et Schller，1954）新种时，德国福格尔教授坚持认为它是细粒棘球绦虫的不同地理株（亚种）。非常大度的劳施教授没有影响他对福格尔的感情，而且在以后又找到另一种棘球绦虫时，将其命名为福氏棘球绦虫（*Echinoccus vogeli* Rausch et

Bernstein，1972）。如今，1978 年夏天，劳施教授和夫人弗吉尼亚知道我们开始研究呼伦贝尔草原泡状棘球绦虫问题，接受我们邀请来到海拉尔，受到崔贵文副盟长热情接待，他们在我们实验室逗留一个月，也参加鼠类检查。之后，一直到 2007 年这课题结束，发表了多篇文章。在这 10 年中，劳施教授一直知道我们在呼伦贝尔草原 3 种泡状棘球蚴病原流行病学调查研究及生活史全过程的人工感染试验比较观察的工作进程和结果。我感到欣慰的是，在他生前知道了他所发现的西伯利亚棘球绦虫是独立虫种，以及苏俄棘球绦虫（*Echinococcus russicensis* Tang et al.，2007）和多房棘球绦虫都是幼虫期具有完全不同的胚细胞发育规律的“各从其类”的种类。这一结果得到国际棘球肝包虫协会和学者们的认可。

左图：劳施教授和夫人弗吉尼亚于 1998 年夏天特意从美国来到海拉尔，在此逗留近一个月；右图：崔贵文副盟长陪同劳施教授和夫人弗吉尼亚考察呼伦贝尔草原肝包虫流行区，在路边蒙古包午餐

左图：劳施教授和夫人弗吉尼亚在呼伦贝尔盟畜牧兽医研究室寄生虫研究室工作；右图：我们合作团队成员在呼伦贝尔盟畜牧兽医研究室寄生虫研究室从事多房棘球肝包虫研究工作

以上提及多位世界著名的外国专家学者，都是对我非常友好而且都是来到过呼伦贝尔草原的友人，我经常会想念他们，所以特在此述及，寄托我的思念。

我在呼伦贝尔草原和海拉尔从事多项研究工作，至今时间跨度达 40 年，这儿有我艰巨工作历程，也有我工作成功的喜悦，尤其是也有我许多友好的合作伙伴和朋友。至今我还会遇到一些当时在此地研究所其他研究室工作的同志，他们都还记得我而且亲切友好地待我。2014 年夏天，我到陈巴尔虎旗草原，见到当时研究所传染病室还很年轻的呼和吉勒图同志，他对我说："唐先生您那年冬天在此过冬，您说我们住的房子是在一个很大冰柜中的一个温室里。"我记得确实说过这句话，是在锅炉旁打开水时对也在打开水的同志们说笑。都已过去 30 多年了，他不仅认得我，还记得我说过这么一句笑话，令我十分感动。我在海拉尔用的手提电脑，是 IBM 刚问世时买的，至今已 10 多年了很不好用，我舍不得丢弃。2011 年我带着这个本应该淘汰的手提电脑来到海拉尔，这电脑开不了机，原科技局局长崔显义研究员替我将它交给海拉尔他熟悉的一家电脑店修理了 3 天，换了许多零件，就可用了。可是到 2013 年，这电脑又不能用了，这里市疫病防控所一位高级技师董老师，他替我改装成为"董氏精品自由天空"版，3 年来，我用起来如同新的。他还教了我不少不同程序的技术。在这边陲小城，竟然也有如此高技术人才！海拉尔等于是我的第二故乡，这儿有许多我熟识和不熟识的朋友，他们对我都"不是亲人，胜似亲人"。在此从事艰巨的科研工作年间，也还有许多愉快的回忆，如在草原上穿着蒙古袍坐草原列车。往返多了，不同班次飞机上空姐都熟识了，都高兴与我合影留念，我朋友遍天下。还有许多，都是人生难得的快乐。

多年来，呼伦贝尔草原已成为我的第二家园，每年夏天我都要到这儿住几个月。我过去的学生、我的儿子及我的一些朋友也会带着他们的家人来到这儿，我与他们到我曾工作过多年的美丽草原和湖区欣赏美景。

左图：我像个蒙古女子在草原列车上；右图：我在来海拉尔的飞机上与热情的空姐们在一起

左图：1986 年到美国讲学访问时介绍内蒙古草原的人兽共患病的病原生物学及流行病学问题；
右图：现在的工作条件比过去优越许多

2015 年 9 月初再次来到美丽的呼伦贝尔草原。左图：和崔贵文研究员与已毕业多年现已担负重任的博士研究生李庆峰（右 1）、张浩（左 3）及其家人；右图：和我的大儿陈轼（左 1）夫妇及二儿唐亮（右 1）夫妇

2015 年 9 月初再次来到呼伦贝尔草原中如海洋般的呼伦池（达赉湖）。左图：和崔贵文研究员与已毕业多年现已担负重任的博士研究生李庆峰（左 2）、张浩（右 1）及其家人；右图：和我的大儿陈轼（右 2）夫妇及二儿唐亮（右 1）夫妇

1992 年在海拉尔给父亲的信

数十年，我凡是外出，尤其是出国、出境，或到野外进行调查研究工作，都会经常给父母亲写信，详细汇报在外工作和生活情况。当工作有新收获时，我会急不可待地拍电报禀报。遗憾的是，母亲于 1986 年和父亲于 1993 年先后仙逝后，我在家中都找不到我给他们的信。只在父亲卧室书桌抽屉中找到 1991 年我访问日本 10 周给父亲的全部信，以及 1992 年我来海拉尔的这封信。这是唯一保存的在海拉尔给父亲的信，从中也可见到海拉尔朋友们待我之情的一斑。

亲爱的爸爸：您好！

儿六日离厦门顺利到达北京，小吕、小王都到机场迎接，立即坐呼盟驻京办事处派的车，到了西直门饭店。次日乘火车到九日晨到达海拉尔。贵文带这里的老朋友到车站迎接。很快就住进了已预定好的宾馆住房。由于对工作、吃饭方便，工作室就设在儿住房的套间的客厅中。山东来的小王也住在宾馆内，每天二位小吕（吕洪昌和吕尚民）都到宾馆参加工作。研究所的同志们也时常来。崔贵文同志最近又去苏联参加谈判，但这里一切他都安排好。所以儿在此工作、生活都无问题。盟公署办公室也时常给予关照，请放心。

小吕和小王从山东取来的山东枝双腔贝类宿主，吕洪昌同志从乌兰浩特也采来这里中华双腔的蚂蚁宿主（黑玉蚂蚁）。山东枝双腔的蜗牛排出黏球中的尾蚴（虽然枝双腔黏球与中华双腔黏球很不相同，前者具有很厚的黏球壁，但蚂蚁会花半天时间把黏球吃完为止），黑玉蚂蚁和山东的蚂蚁仅仅颜色不同，大约仍是同一个属（*Formica*）的蚁种。但实验结果发现枝双腔尾蚴虽然侵入黑玉蚂蚁的腹腔，能正常发育一二天，但三四天之后早期囊蚴即出现异常情况，体内增加特别的褐色颗粒。此仍在继续观察中。此实验结果说明了，我国各种双腔吸虫为何有自己的分布区，以及内蒙古东部地区为何只有中华双腔一个双腔吸虫虫种的存在。奇妙的是山东蚂蚁和内蒙古蚂蚁，蚁种非常接近，而昆虫宿主特异性在双腔吸虫是如此的明显。儿想用枝双腔的黏球再感染其合适的蚂蚁宿主（山东蚂蚁）视其发育情况，以作对照。小吕、小王在此工作配合得很好，所以工作能够按预期设计进行，并取得结果。

儿离厦到北京后立即实验材料到手，每天忙于照料蜗牛和蚂蚁以及实验工作，所以十分忙碌，好在路上有小吕、小王照顾。到此后研究所一批同志拿仪器送器材到宾馆，几位年轻同志在旁边帮助，所以生活、工作得很愉快，也很顺利。儿想此昆虫宿主交叉感染试验的结果，能证实爸爸关于双腔吸虫不同分布的推测理论。

儿将于二十四日和吕尚民去北京迎接日本坂本教授，坂本教授二十七日来北京，二十八日和他一起来海拉尔参观访问。待儿到北京后再给您挂电话，这里电话比较差，一直挂长途回家，就是挂不通，所以拍了两次电报，主要让爸爸放心而已。

爸爸在家，见气候预报，厦门气候28～29℃，甚好。爸爸在家多走走，但要小心，不要勉强，疲倦了就坐坐，不能跌倒。

请代向玉梅问好，关于她孩子绘画的事，请告诉她要她孩子，把给他的那一张图样画好，要能画得如图样所画的一样，才算基本掌握此技术，以后再给其他图样再练。

嵘弟、锦云妹、昇昇均此不另。此祝

安好！

逖儿敬禀于海拉尔

1992年6月19日

很遗憾，这是我给父亲的最后一封信，第二年，父亲就离世远行了。

Ⅳ　求学成长路程

一、师辈关怀

引　　言

年轻时候，我有幸见到国内外的生物学界及寄生虫学界的许多著名前辈学者。国外如美国前寄生虫学会理事长、著名的终生功勋教授R. L.劳施等。国内像冯兰洲先生、李非白先生、张作人先生、吴光先生、张奎先生、丁汉波先生、王正仪先生、陆宝麟先生、赵辉元先生、金大雄先生等。他们之中有的是父亲的老师，如冯兰洲先生。有的是父亲的学长，如张作人先生、吴光先生等。此外，大都是和父亲同辈的学者。他们对我都非常慈祥可亲，我都得到了他们的厚爱和教导。还有许多位父亲的学生，是我的老师级大师兄，如叶英先生、廖翔华先生、周述龙先生、林宇光先生等。他们也都对我非常厚爱，给我很多帮助。对于他们，有的我专门撰文纪念，有的就在此文表示我的思念。

1954年我大学毕业被分配到上海的华东师范大学生物系工作。上海是个文化繁荣的城市，我在上海工作3年期间，经常参加有关的学术交流会。大约在1955年，一次在复旦大学召开的学术会议上，我遇到我的大师兄叶英先生（他是上海第一医学院的教授），他非常高兴地拉我去见吴光先生和张奎先生，向他们介绍我是唐仲璋老师的女儿。叶英先生还为我们拍照，留下了两张珍贵的照片。吴光先生是中国医学科学院上海寄生虫病研究所资深研究员，我以后还拜访过他几次。1977年7月初，我赴内蒙古野外工作经过上海，特意到他府上看望他，他正在发病，不能多说话，我说待我从内蒙古回来时再来看望他，他欣然同意。没想到，我还在草原上未归，8月中我就得到一代宗师吴光先生去世的消息，非常遗憾！

左图：左1吴光先生、右1张奎先生；
右图：和与会的上海市第一人民医院的温廷桓（右1）等老师（叶英先生摄影）

张奎先生住在上海绍兴路，20 世纪 80 年代，我和父亲经过上海到他府上拜访他，父亲与他交谈甚欢。

1963 年 11 月，中国动物学会在北京召开全国代表大会，每个单位只给两个名额，父亲带我大师兄汪溥钦先生赴会。中国动物学会会务组给我单位发电报，再给一个名额，指定唐崇惕参加。我比父亲晚两天到会。到时见到父亲，他立即带我去见冯兰洲先生。父亲对他说："冯先生，这是崇惕"，冯兰洲先生立即放下手上的事情，满面笑容亲切地跟我握手说："久闻大名！久闻大名！"真的让我无地自容。会中有遇到他时，他总是慈祥地向我微笑。不幸的是，"文化大革命"开始后不久，一天早晨他穿着便服提着篮子到菜市场买菜，晕倒在地，被人抬到街上一个普通诊所，没有人知道他是谁而不治身亡。父亲听到这消息后不断摇头叹息："真可惜啊！这么有名的教授！而且还是全国最有名的北京协和医院的名教授，会得不到救治而去世！"这是我刻骨铭心的记忆！

金大雄先生年龄比父亲小几岁，和父亲交往更多些。20 世纪 80 年代，金先生很多次来厦门大学参加学术会议。我最后一次见到金先生是在 2001 年。全国寄生虫学会在贵阳召开，那年是金先生的九十诞辰。我到贵阳当天立即和几位朋友专程到金先生府上向他祝寿。谈了很久才告别回住地。没想到当天晚上我从酒店的 6～7 层楼的梯上摔倒了，摔断手骨，并从头到脚大面积瘀血。当晚我的学生吴建伟（当时他已是贵阳医学院的教授）立即送我去医院把摔断的手骨接好，到半夜 12 点多才回酒店。第二天上午我照样吊着包着石膏的手臂、鼻青脸肿地去参加学会的开幕式。见到金先生，他笑着对我说："你昨天去看我，今天是我来看你了。"在开幕式上我还作了已定好的学术报告，

左 3 赵辉元教授，左 4 汪溥钦教授，左 5 金大雄教授，左 6、8 张作人教授与夫人，右 2 唐仲璋教授，右 3 翁玉麟教授，右 5 林宇光教授

在听两位其他人的报告之后，身体实在不支，就悄悄离会回房休息。整整一周，我无法离房外出。离开贵阳时也无法去向金先生告别，不久后就得到金先生去世的消息。十分遗憾！但感到安慰的是在他离世前我去看望了他！

中间金大雄先生，右 1 为胡孝素先生（1985 年在厦门大学，背景为两座生物楼）

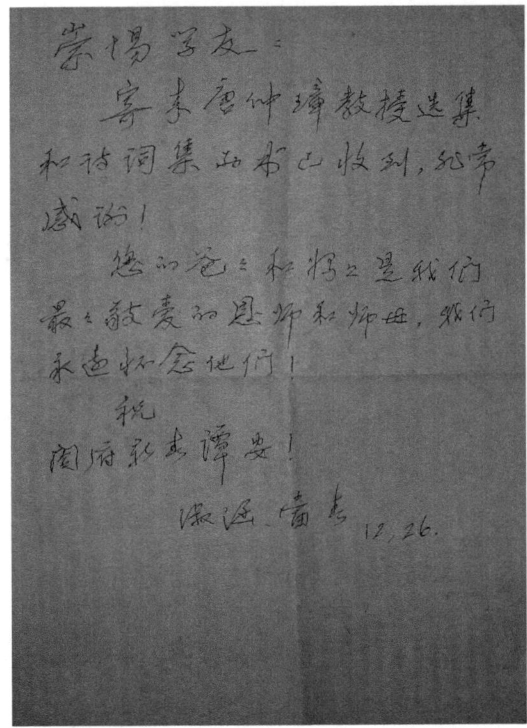

崇扬学友：

寄来唐仲璋教授选集和诗词集两本已收到，非常感谢！

您的爸爸和妈妈是我们最最敬爱的恩师和师母，我们永远怀念他们！

祝

阖府新春谭安！

淑涵、啬夫 12.26.

方淑涵先生信件

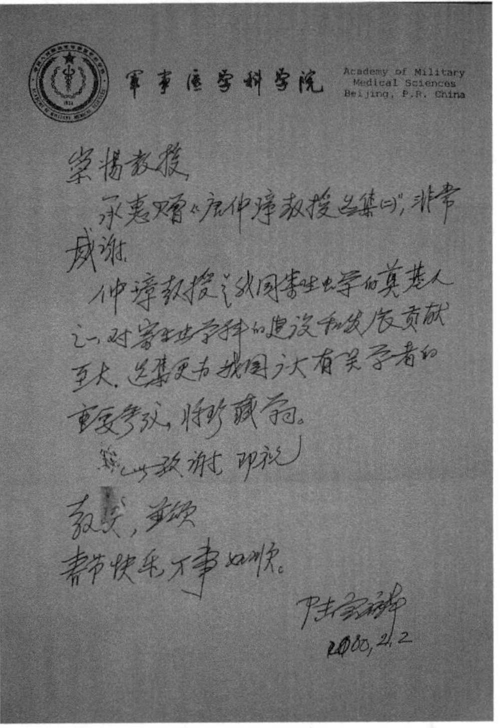

军事医学科学院　Academy of Military Medical Sciences Beijing, P.R. China

崇扬教授，

承惠赠《唐仲璋教授选集(二)》，非常感谢。

仲璋教授是我国寄生虫学的奠基人之一，对寄生虫学科的建设和发展贡献至大。选集更为我国广大有关学者的重要参考，将珍藏阅。

专此致谢，即祝

教安，并颂

春节快乐，万事如意。

陆宝麟

2000.2.2

陆宝麟先生信件

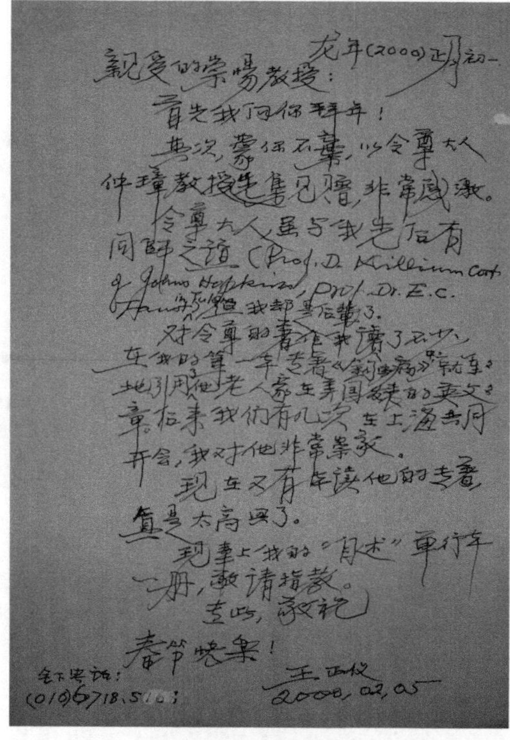

亲爱的崇惕教授：　　龙年（2000）正月初一

首先我向你拜年！

其次，蒙你不弃，以令尊大人仲璋教授选集见赠，非常感激。

令尊大人虽与我先后有同师之谊（Prof. D. William Cort of Johns Hopkins, Prof. Dr. E.C. Faust 的学生）我都是后辈了。

对令尊的著作我读了不少，在我的第一本专著《钩虫病》中就多次地引用他老人家在美国发表的英文文章。后来我们有几次在上海共同开会，我对他非常崇敬。

现在又有幸读他的专著，真是太高兴了。

现奉上我的"自述"单行本一册，敬请指教。

专此，敬祝

春节快乐！

舍下电话：(010)6718.51[illegible]；

王正仪
2000，02，05

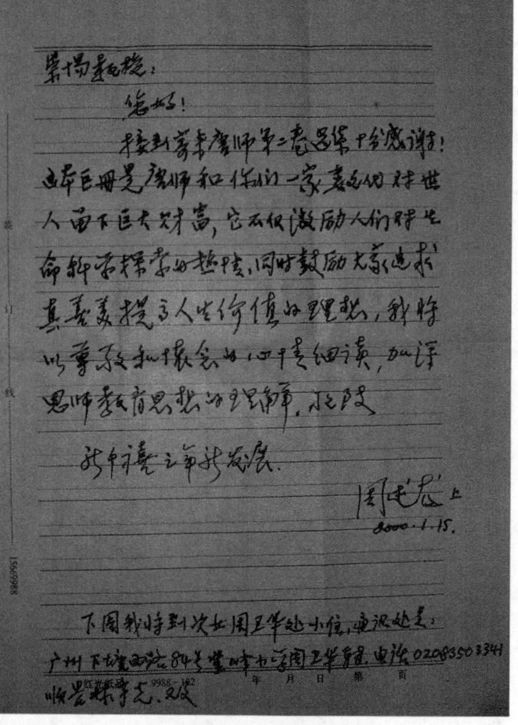

崇惕教授：

您好！

接到寄来唐师第二卷选集十分感谢！

这本巨册是唐师和你们一家专家们对世人留下巨大财富，它不仅激励人们对生命科学探索的热情，同时鼓励大家追求真善美提高人生价值的理想，我将以尊敬和怀念的心情去细读，加深恩师教育思想的理解。祝您

新的一年有新发展。

周述龙 上
2000.1.15.

下周我将到次女周卫华处小住，通讯处是：

广州下塘西路84号 紫峰中学 周卫华 转 电话 02083503341

顺告崇华、文彬

周述龙先生信件　　　　王正仪先生信件

1. 深切怀念敬爱的章振乾伯伯

（原载于 2006 年《章振乾教授逝世周年纪念文集》）

2005 年元月下旬的一天傍晚，我在厦门收到敬爱的章伯伯从福州邮寄来的有他签名并亲自署有"第一样本"的精美的《章振乾百岁文集》，我立即被这本包含丰富史料又

极具文采的“百岁巨著”吸引，在十分感动和喜悦中我立刻给章伯伯挂电话，首先谢谢他的惠赠，并告诉他我要精读这本宝书，从中我可以了解许多历史问题。在电话中我听到他健康爽朗的笑声。最后，我请他一定要保重身体并顺便向他禀告我数日内又要去美国工作数月，他像往常一样，在电话中亲切地嘱咐我：“你是在延续你父亲的科学生命！你就像我的亲侄儿一样，一定要注意自己身体健康。”我带着章伯伯温馨的祝福远跨重洋来到美国，才一两个月，在异国他乡就听到章伯伯病重和仙逝的消息。我无论如何也不能相信这是真的！他刚刚出版的“文集”墨迹未干，他健康豪爽的笑声尚响在我耳际，为何能这么快就走了呢？他是我在这世上如同父母一样的亲人，现在，他也随着我亲爱的瑞徵姨、我父母亲、舅父母及我所有老一辈的亲人们驾鹤西去了，都离我走了！令我伤心至极。岁月如流，亲爱的章伯伯离开我们整整一年了。每当我想起章伯伯，不禁就会联想到我的外婆、父母、舅父母、我的快乐童年、我的一生道路。

章伯伯和我父亲唐仲璋及舅父郭公佑三人，是七十年如一日、相爱相助亲密无间、“不是亲兄弟胜似亲兄弟”的好朋友。他们自幼就都具有对自己要求严格、对朋友真诚、敬老爱幼、热爱祖国的高尚秉性，他们在中学时，我父亲是无父无母的孤儿，章伯伯是背井离乡来福州求学的少年，我舅父有个温馨小康的家和特别有爱心的母亲（以后成为我的外婆）。我舅父常邀请两位同学到家中，外婆关怀他们如同自己的儿子一样。中学毕业后他们都进入了福州协和大学继续学习。不久章伯伯和我舅父都因参加学生运动而转学到厦门大学，我父亲是靠半工半读维持生活和求学，不能离开福州协和大学。从此，他们各自一方。但在寒暑假，他们仍然经常相聚在我外婆家，亲如一家。我舅父学化学，我父亲迷于生物，章伯伯研究社会科学和经济学，虽然专业不同，但丝毫不影响彼此的感情，他们毕生互相帮助互相支持，许多我知道的事都是让我终生难忘的。

抗日战争之前，章伯伯在日本留学时攻读农业经济，他时常到书摊替我父亲购买在国内无法买到的生物学和寄生虫学的日本旧杂志和书刊邮寄回来，如有关日本的血吸虫病的著名的《片山记》等，父亲将它们分门别类装订成册，至今还保存在我们家的书房中。这些装订本既是珍贵的科学文献又是赤诚友谊的见证物，我每次翻阅它们时，都会心潮起伏激动不已。抗日战争时期，章伯伯在当时福建省省会永安的福建省研究院任职，1945年夏，我父亲也要到福建省研究院工作，我们一家人乘租一艘小船从邵武顺水行舟到南平，又逆水行舟前赴永安。一天中午，突然见到前方顺水急驶下来一小船，我父亲惊喜地指着那船大声地说：“是振乾！”接着，他立即站起来，对面小船上的章伯伯，见到我们，也站了起来，我听到他们大声互喊着：“仲璋！”“振乾！”，章伯伯的小船在急流中飞奔而下。我见到父亲神色惆怅异常，摇着头在低吟诗句。我不知父亲吟何诗词，但我可以猜想到章伯伯此时也一定像父亲一样在摇头吟诗。当时年轻的我被他们强烈深沉的感情所震撼，此情此景深刻在我心头至今历历在目。1946年，福建省研究院从永安搬回福州，我们家和章伯伯家同在仓前山岭后的一条街上，我经常见到父亲和章伯伯下班后一起回家，就在家门口那条小路上来回地走着、谈着，不到很晚不分手，不回各自的家。当时，我家人口多又有重病人，每月父亲的工资总是入不敷出，章伯伯常常给予帮助。有一天，我又见到父亲和章伯伯在门口的小路上，他俩的手在推让着一些钱币，大约是我父亲要还他钱，他不肯，我听到父亲用英语对他说：“我们 half by half”，最后章伯伯是否收了，我就不得而知了。在那艰难困苦的岁月，章伯伯对父亲不仅在经济上时常给予解困，更是在心灵上给予温暖如春的抚慰，此情此景我终生难忘。1957年，章伯伯受到不公正的对待和冲击，从厦门回到福州，父亲和章伯伯一直没有机会相见。有一天，父亲到城里开会回来，一到家，他就高兴地对我母亲说："今天我见到振乾了，我过去和他握手，他只说'以后再谈，以后再谈'。"我可以想象到，当时父亲和章伯伯一定是含着泪紧紧握手，日夜的思念尽在不言中。此后，我父母亲常常在周末请章伯伯和瑞徵姨到我们家做客，有时我也陪父母亲到城里博物馆宿舍看望章伯伯和瑞徵姨，在传达室我们时常要忍受值班员难看的脸色和难听的话语。可以想象得出章伯伯一家天天都要忍受着如此的屈辱。但章伯伯、瑞徵姨和我父母亲在一起时，如同什么事也没有发生一样，照样谈笑风生，就是说及不愉快的事，也像在说笑话似的。

"文化大革命"父亲和章伯伯都遭了难，都进了"牛栏"，章伯伯受的苦更甚。"四人帮"倒台后拨乱反正，几次我和父亲从厦门来到福州，在章伯伯家我们除了依旧享受着章伯伯和瑞徵姨的幽默、妙趣横生谈笑的快乐气氛，还见到章伯伯为多位朋友蒙受冤假错案而生气，并在为他们落实政策的事积极地活动着，我深深地被章伯伯的侠肝义胆所感动。回想章伯伯从少年开始，就把国家兴亡匹夫有责的担子挑在肩上，在中学、大学和留日期间从不放下。1937年"七七事变"爆发，在那国难当头时刻，他立即偕妻抱子从日本回国，从安定的海外生活环境回到就要被日本帝国主义侵占的福州前线。我那时八九岁，家中来了美丽的瑞徵姨和她怀抱中用白浴巾包裹着只有三四个月大的章果弟弟，全家快乐的景象，我至今记忆犹新。我知道章伯伯从那时开始到全国解放，始终冒着生命危险从容不迫地参加建立新中国的革命斗争。新中国成立后，我见到意气风发的章伯伯对新社会的热爱和积极工作的身影。就是在以后十分抑郁的岁月，也没见章伯伯愁眉苦脸过。章伯伯的心胸开阔如大海啊！在激动人心的香港回归和澳门回归的两个伟大历史时刻，章伯伯已经年过九旬而且是在重病之后，他都在儿子们的陪伴下亲临两盛典现场，含着老泪观看国土的收复。在事后他的一些文章中都可窥见他那激动的爱国之心。

章伯伯多年身困逆境，孩子们的求学和工作都受很大的影响。章家诸弟妹们从无怨言，都在自己所在的位置上努力工作，做出斐然成绩。他们一个个都用他们赤子的爱温暖着父母的心，精心照顾着父母体弱多病的身体。我多次看望章伯伯时，他常向我赞扬他的儿媳们像自己女儿一样照顾他，十分难得。但他从不说儿女的孝心，他不说自己儿女好就像他从来不说自己好一样！章家诸弟妹们的孝心也是世上少有的。瑞徵姨和章伯伯先后都患重病动了大手术，在子女的细心服侍下，瑞徵姨手术后近20年才辞别世人，章伯伯享年百岁。四兄弟夏季送父母亲到鼓岭避暑，冬天送父母亲到香港章迈弟家防寒。有次我到章伯伯家去看望他，刚好他在洗澡，是章重弟在里面帮助他洗。更可贵的是，他们会顺着父亲所有意愿，帮助他一一实现：陪伴他到各地参加会议和社会活动，在家中帮助他整理资料，完成了珍贵的《章振乾百岁文集》。也是在儿子们精心安排下，章伯伯才能先后到香港和澳门观看了一般人看不到的"回归大典"，让自己父亲如愿以偿，了却毕生最大的心愿。这些都是一般做儿女很难做到的。我体会到体弱多病的章伯伯能有百岁高寿，到老年时还能为革命理想发挥光和热，除了有他自己的坚强不屈的意志和锻炼身体的毅力，还因为有也像他自己一样坚强、富有爱心和聪明能干的儿女们在他身旁。虽然一些亲友们称赞我是“孝女”，但和章家诸弟妹们相比，我愧感不如。

章伯伯是我们家的亲人，这是从我记事开始就有这样的感觉。当我还是襁褓中的婴儿时章伯伯已经像慈爱的父母亲一样注视着我和关怀着我。多次章伯伯笑哈哈地对我提起我父母抱着只有一岁多的我去他家乡连江的事，他说：“经过连江的关帝庙时，你要你妈妈把庙里的泥菩萨买回去！”说完摇头大笑。可见多少我们两家的往事在他心中留着欢乐的回忆！章伯伯也多次给我提到“三舅六外甥”（就是当时在我外婆家的章伯伯、我舅父和父亲与他们三人各自的两个外甥）的故事，我就是当时这“六个外甥”中最小的一个而且是唯一的女孩子。他们没有重男轻女，对我这个才五六岁的幼女就像对男孩子一样抱着希望。抗日战争胜利后，我们回到福州，我在念高中，有一暑期章伯伯让我到他研究所的资料室做临时工抄写卡片，也算是勤工俭学增加一些收入。有一天，我听到章伯伯向我父亲赞扬我做的工作，父亲回答说那是因为有工资的，章伯伯立刻说：“不，不，和工资无关，是工作的态度和精神，这是很宝贵的。”这是我第一次知道工作的态度和精神是不能用金钱来估价的。他这具有重要意义的话语，我终生铭记并受益匪浅。我十分庆幸自己出生在这样可钦可佩的父辈们之中，虽在青少年时遇上国难和多事之秋，和父辈们一起在生死线上遭受劫难，但在他们的保护和教育下，我才走出自己有价值的人生道路，我要万分感谢关爱我至深的包括章伯伯在内的父辈们！

我快乐童年的回忆也是和章伯伯的家族分不开的，在我有记忆的童年中，我有两次去章伯伯家乡连江。第二次是和大我两岁的哥哥跟随外婆去章伯伯的母亲（我喊婆婆）和二姐（我称二姨）家做客，第三次只和哥哥一起到连江二姨家度暑假。二姨和章伯伯的姐弟亲情是被所有人称颂的。二姨家有以后都很有成就的三位表哥和四位表姐（他们亲热地喊我外婆为姥姥，称我父亲为舅，称我母亲为姨）。我们在连江受到章伯伯和二姨全家极亲切的招待，每天清晨，二姨就给尚未起床的我外婆端来一碗洒些盐花的浓米汤和一条刚出锅的油条，我睡在外婆旁边也被喊醒喝几口热米汤和吃几口香脆的油条。比我们大四五岁的三表姐吴玑端（我称她玑姐），像姐姐一样爱我们，但她天天都在房中念书没有跟我们一起玩。最小的表姐吴瑜端（家里人叫她瑜哥、我称她瑜姐）大我两三岁，每天我兄妹俩和这位小表姐在后花园中追逐、打闹、爬树，甚至爬上了屋顶，那时一定给慈祥的二姨添了不少麻烦！记得第三次去连江，我和哥哥在二姨家玩得“乐不思蜀”，暑期结束应该回家，我们东躲西藏地不肯离开。在百般劝说下才由二表姐夫领着乘轮船回福州，流着泪被送到家。至今，我还记得当时心中那浓浓一片的失落感和母亲迎接我们的第一句话：“玩到不想回家了？”我的快乐童年只存在于抗日战争前很短的一段时间中，而章伯伯、二姨和他们家的表哥表姐们是我回忆快乐童年时最常思念的人！我享受到了人世间最美好的“不是亲属胜似亲属”的亲情，这份亲情就像拥有父母的爱一样让我终生感到幸福！

章伯伯对父亲的感情延续到他们的下一代。1970 年，父亲从被关了一年多的“牛栏”里“解放”出来，调到厦门大学工作，只身来到厦门。后来父亲告诉我他到厦门大学报到时竟然会遇上在厦门大学任教的我的小表姐吴瑜端，她惊喜地喊：“仲璋舅！”瑜表姐的表姐夫魏嵩寿及我的三表姐吴玑端和表姐夫罗季荣也都在厦门大学任教，他们都已是很知名的教授了。当时，受迫害数年精神创伤很重的父亲能在异乡遇到亲人，对他来说可是天大的安慰。半年后母亲也来到厦门。无论是在仍未平静的“反右倾”年月还是拨乱反正后较安定的日子，两位表姐及她们的家人都极尽爱心无微不至地照顾我父母和我的一家。有一次，玑端表姐去美国刚回来，生着病脚不能走，她在大家撑扶下艰难走上我家几十级楼梯，到我父亲床前探病，亲切地安慰他，忘了她自己是个路都走不动的病人。我父母亲每次到北京，三表哥吴兆汉总是要接他们到家小住，亲热侍奉如同亲舅和亲姨。1983 年开始，我多次到香港参加国际贝类研究会的野外调查研究工作或学术会议，章伯伯家的章深妹在广州和章迈弟在香港都尽心尽力地照顾我，接站、送站、家中休息，如同对待亲姐。我和我四弟一家多次经香港赴美赴德，也总是受到迈弟和毕真妹一家的照顾和热情的招待，情同手足。这一切的一切，都是亲爱的章伯伯深厚的爱的延续啊！

敬爱的章伯伯虽然离开我们了，但他光辉灿烂的精神和他博大的爱永存于世！他永远活在我们的心中！章唐两世家的情谊也一定会像一江春水绵延流长！

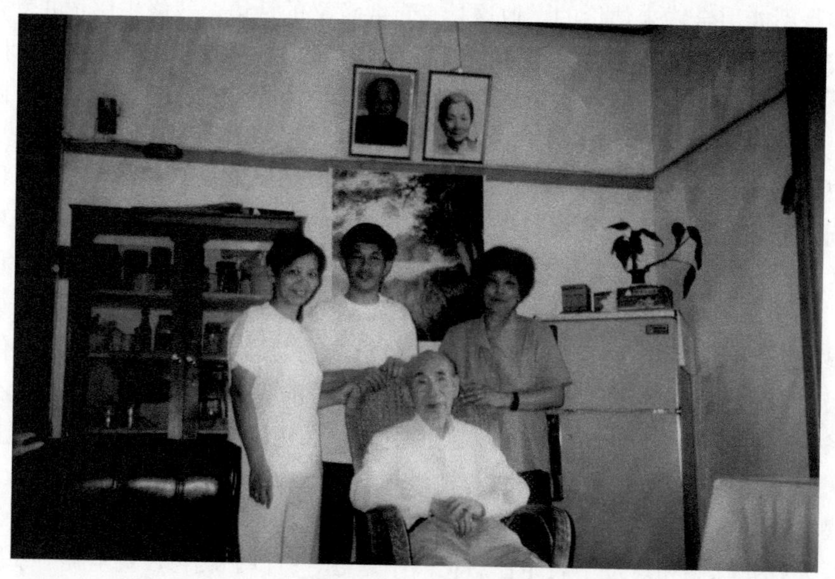

中间坐在椅子上的为章振乾教授

2. 深切怀念陈心陶教授

我们敬爱的陈心陶教授离开我们已经 27 年了。他是在我国“文化大革命”的磨难刚刚结束、“科学的春天”正要来临之时离开了我们，离开了他的亲人，离开了他的朋友和学生们，离开了他所热爱并为之奋斗一生的科教事业。1977 年 12 月全国动物学会在天津召开“文化大革命”后的第一次“科学讨论会”，“文化大革命”后还健在的科学工作者们都兴奋地带着材料赴会。我和先父唐仲璋教授也千里迢迢从东海之滨厦门来到天津参加会议，心想在会上一定又可以见到我敬仰的陈心陶教授，因为去年我在北京的《中国动物志》会议上还见到他，他曾亲切赞赏地翻看了我在北京复印效果很好的一大沓科学文献资料，他慈祥的音容笑貌就在眼前。可是，在无脊椎动物学和寄生虫学的专业组上，主持人沉痛地向大家报告了陈心陶教授已逝世的消息。我知道陈老有病身体不好，但没有想到他这么快就走了。与会的代表们在惊讶之中都默默地起立，含着泪低头向陈心陶教授致敬、默哀！此情此景我终生难忘。我常常想，陈心陶教授虽然走了，但他的精神和贡献是永垂不朽的，他永远活在我们的心中。

陈心陶教授是我国也是世界非常有贡献的老一辈寄生虫学家。我从学生时代开始直到现在已进入古稀之年，数十年来在从事寄生虫科教工作生涯中，常常要拜读和参阅陈心陶教授许多的科学论文和他的《医学寄生虫学》经典专著。陈心陶教授知识渊博，他科学研究领域广阔，涉及寄生虫群类中的大部分门类，包括扁形动物门、圆形动物门、节足动物门等许多的寄生虫病原种类和寄生虫病及其他病毒病等的媒介种类。陈心陶教授的许多科学工作都有很强的开创性和科学性。绝大多数的寄生虫病都流行于农村、山区和牧区，而且大多是穷乡僻壤的地方病。寄生虫病多是顽固而又严重的慢性疾病，它们威胁着疫区劳苦大众的健康甚至危及生命，它们破坏疫区人民所依存的经济命脉，使群众生活在贫病交迫之中。陈心陶教授热爱祖国心系人民大众，在艰苦的环境中，从事多种重要寄生虫病的病原生物学、流行病学及防治学的研究，为我国寄生虫病的防治和发展寄生虫科学做出了不朽的贡献。即使在“腥风血雨、众叛亲离”的“文化大革命”中，在“知识无用”的声浪中，他仍然不停止工作，而且还“忍辱负重”地带病主持了多次学术研讨会。我数次在这样历史背景的学术会议上见到带着忧郁心情的陈老，我从心中敬佩他，由衷地爱戴这位忠诚于人民、献身于科学的陈心陶教授。

日本血吸虫病是我国五大寄生虫病之首，新中国成立初期全国有十三个省市、数百个县和数不清的乡镇存在“万户萧疏鬼唱歌”的悲惨疫区。党中央提出“一定要消灭血吸虫病”的伟大号召，毛泽东主席三次接见寄生虫学家陈心陶教授并听取他的意见，令所有寄生虫病医务人员和寄生虫学工作者都大受鼓舞。我们国家的血吸虫病防治工作，采取诊治病人、管好粪便虫卵、改良水域生态环境、消灭媒介钉螺等有效措施，在疫区人民的艰苦奋斗下，短短几年，使我国大部分有血吸虫病的地区消灭了或基本消灭了此疾病，许多血吸虫病患者“枯木逢春”重获健康和生命。1975 年，我和先父唐仲璋教授一起到广州参加陈心陶教授召集的《吸虫志》会议。在险恶政治气焰还十分逼人的氛围中，在只有一周的会议期间，陈老安详地主持了会议，讨论了《吸虫志》的工作安排，他还为大家组织了两天“久违”已近十年的“科学讨论会”。大家虽然预先没有准备，但都积极上台讲了各自的科研工作。记得当时，我也报告了有关福建沿海缢蛏吸虫病的研究情况。会后，陈老慈祥地笑着赞扬我、鼓励我，让我高兴异常。会议的最后一天，陈心陶教授安排所有与会代表从广州乘车去三水四会参观六泊草塘。六泊草塘原来是广东省血吸虫病的重疫区，多少年以来，凡到此草塘上从事农活的人们，生活一段时间，就会全家得病而后死亡，到后来没有人敢到那里，很大的草塘几乎空无一人。我们来到经过陈心陶教授治理过的六泊草塘，已不见血吸虫病疫区的踪影，但在草塘上还见到特意留下过去被人们称为“鬼屋”的房子。陈心陶教授自 1950 年开始，亲自在六泊草塘进行血吸虫病的流行学调查研究，他根据血吸虫病存在和流行的规律，提出治理方案：应用“水（建水利）、垦（垦良田）、种（种作物）、灭（灭钉螺）、治（医病人）、管（管粪便）”六字方针来驱除“瘟神”。在人民政府的支持和群众的日夜奋战下，经过不长的时间，不但消灭了血吸虫病，而且还开发了六泊草塘成为一个现代化大农场。看到六泊草塘过去的照片与眼前的草塘对比，让代表们更加坚信不是“知识无用”，而是“知识有力量”，知识可以灭病可以转化为生产力。我深深感到陈心陶教授为国家和人民做了大贡献。我在那里详细记下所见到的一切变化，回到学校把它们编入教材讲给学生们听。今天，见到我国一些省份原来已被控制的血吸虫疫区，“瘟神”又卷土重来，听到不少军民又受血吸虫病侵害的消息，不禁想起经陈心陶教授治理的六泊草塘。

陈心陶教授一生从事科学研究，成绩斐然、卓著。他研究了许多人体重要寄生虫病的病原生物科学理论问题，而且都是开创性的，他的经典性研究论文给后人、给世界范围的寄生虫科学工作者对这些问题的继续研究开辟了道路。陈老多年在广东研究寄生人体肺部和内脏的肺吸虫（并殖吸虫）。1938～1940 年，他和先父唐仲璋教授，不约而同地分别在广东和福建，同时详尽地研究了不同于卫氏并殖吸虫发育的怡乐村并殖吸虫生活史和福建并殖吸虫生活史。他们是大学同学、同行又是至交好友，他们对这两种肺吸虫生物学的研究风格竟如此相同！这两篇科学论文都是国际上肺吸虫问题的经典著作，被转载和引用，是世界各地研究肺吸虫问题时必须参考的文献。陈心陶教授发现和命名的斯氏并殖吸虫是很重要的并殖吸虫病原种类，它在人体内的移行途径、寄生部位、游走产生肿块、致病情况和传播媒介种类等，都不同于卫氏并殖吸虫。此型肺吸虫病的流行区在国内分布很广，它在福建闽北山区流行的范围也很大，我们厦门大学寄生动物研究室师生们无论因教学或科研工作接触到此虫种时，都要提到陈心陶教授大名无数次，佩服陈心陶教授工作的科学性和先驱性。

陈心陶教授在广州发现的广州管圆线虫新种，也是人兽共患的寄生虫病原，它的成虫寄生在老鼠的肺部，它的幼虫期在玛瑙螺等陆地蜗牛体内发育。人如果吞食了污染有此线虫的活幼虫，它们可在人体内的消化道进入循环系统，经血流进入脑部引起寄生虫性的嗜酸性粒细胞浸润的脑炎。1983 年，我到香港大学参加一个国际研究会，香港大学动物系一位教授给我看了广州管圆线虫的一位约五岁儿童患者死后的脑部断面，上面有此线虫幼虫引起的病灶多处。我在心中立即想到陈心陶教授。后来，我让我的一位硕士研究生邵鹏飞进行厦门广州管圆线虫病原流行情况的调查，结果发现它的成虫在终宿主鼠类与幼虫期在中间宿主玛瑙螺都有很高的感染率，他用这些幼虫做实验鼠的感染试验，结果百分之百实验鼠都有此线虫幼虫期迁移到脑部的情况。可见这是一种多么可怕的病原！是陈心陶教授首先发现此线虫，在科学上准确地给它们分类定位并给以科学名称。这些都是陈老在不大的年纪时就已对科学、对人类所做出的巨大贡献。

以上所举，仅是陈心陶教授无数科学贡献中的一点一滴。我常想，陈老不幸遇上“文化大革命”，被摧残身心而罹患重病，在 1977 年“科学的春天”正在来临之时走了。如果晚走几年，他一定会在我国改革开放大好形势中，会有一些更好的条件，带领年轻的一代大展宏图，有更多成绩和更大的贡献。

在陈心陶教授的一生中，他不但不懈不倦地从事各种重要人体寄生虫的科学研究，而且始终都在为国家培养寄生虫科学人才。他毕生都在高等院校中从事教育工作。在抗日战争时期，我虽然还小，但我知道在邵武的福建协和大学生物系先父唐仲璋教授处就读的许多学生，如蔡尚达、许鹏如、徐秉锟、江静波、吴青黎等学长，他们大学毕业后都到广州岭南大学，到当时还只有三十多岁的陈心陶教授处读研究生，他们以后都是我国知名的寄生虫学家。陈心陶教授除培养了来自福建的学生之外，还培养了来自全国各地的许多学生、研究生、进修生和培训人员。陈心陶教授的实验室和教室，成为培养我国寄生虫科学人才的大摇篮、大基地、大本营。不仅在广州聚集了许多寄生虫学人才，而且在我国许多知名的医学院校，他们的寄生虫学教研室的负责人、教授和博士生导师，都是出自陈心陶老师之门，如非常有贡献的华西医科大学的胡孝素教授及南京医科大学的沈一平教授等，都是陈心陶教授的高徒，由他们又培养出一代又一代的寄生虫学的接班人。陈心陶教授是我国寄生虫科学教育史上的一代宗师！

我从事寄生虫科教工作也已有半个多世纪，陈心陶教授不仅是我专业领域的前辈，拜读他的许多著作都使我获得很大教益，我非常尊敬他。除此之外，我还非常敬仰他的谦和为人。我第一次见到陈心陶教授是 1956 年夏天，当时我在上海华东师范大学生物系当助教，跟随著名的生物学家张作人教授带领研究生和进修生到广东沿海一带进行野外教学实习。到广州时，张先生特意带我到中山医学院拜访陈心陶教授，我见到了在我做学生时就听到先父时常提起的名教授陈心陶先生，见到他和蔼慈祥的样子，我心中感到十分亲切。记得当时江静波教授也在座，他向我们介绍他的细胞学方面的研究工作。

陈心陶教授是先父唐仲璋教授的大学同学、师兄。他们大学毕业后分别在广州和福建从事着相同的寄生虫学专业工作。他们拥有共同的学生，他们在不同的地域进行着一些相同的寄生虫病（如血吸虫病、肺吸虫病、异形吸虫病、华支睾吸虫病、丝虫病等）问题的研究，他们还共同承担了编写《吸虫志》的任务。但在他们两人之间，没有同行相争而只有互相支持和帮助。他们在世时，亲密无间交往数十年，只要看看他们在一起时脸上的灿烂笑容，就可知道重逢是他们多么快乐的事！我有幸于 1963 年在北京和 1975 年在广州的数次全国性的专业会议上，见到陈心陶教授和先父唐仲璋教授两好友在一起时的热情友爱、倾心交谈的情景，让我感受到老一辈科学家的美好情操和高尚精神境界，他们是我们永远学习的榜样！

欣逢陈心陶教授百年华诞（1904～2004 年），今年也是先父唐仲璋院士的百年诞辰（1905～2004 年）之岁。回顾往事，历历在目如在昨天，不胜哀伤和感慨！只有祝愿在我国改革开放的大好形势下，新的一代又一代的寄生虫科学工作者能不断成长、多出成果，能“青出于蓝而胜于蓝”；祝愿我国寄生虫病的防治工作和寄生虫科学事业能不断蓬勃发展；祝愿我们的国家能更加国富民强。以此来安慰我们科学先辈们的在天之灵！

唐崇惕　谨书于美国北卡罗来纳州（North Carolina）

2004 年 6 月 15 日

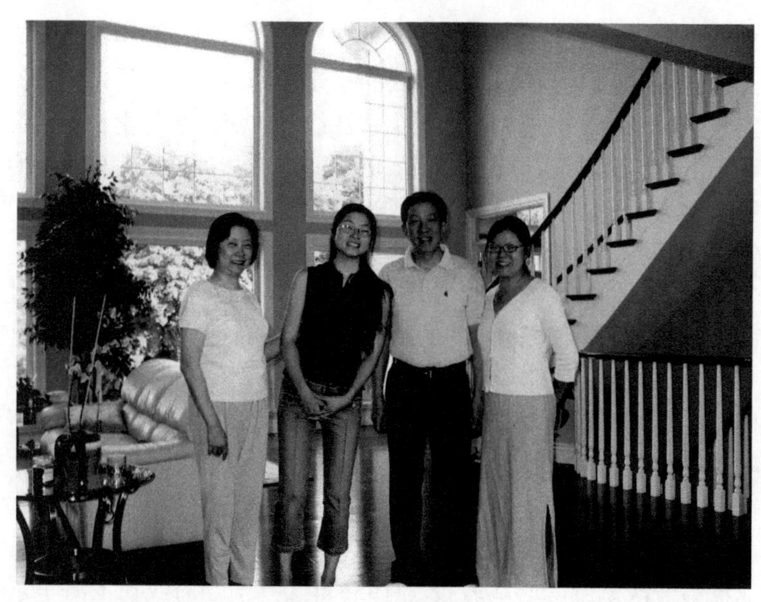

陈新陶先生儿子陈思轩在加拿大的家

3. 深切怀念恩师张作人教授

我大学毕业被分配到上海华东师范大学生物系任教，临行前父亲对我说该校生物系有位著名的张作人教授，是无脊椎动物学专家，嘱咐我要很好地向他学习。我和同班同学严如柳、苏文颖，还有从厦门大学分配来的陈惠芬，到华东师范大学报到后，学校很多位年轻教师热情地接待我们，带我们到校内各处参观，并向我们介绍生物系诸多名教授的情况。当介绍到张作人教授时说，他会替草履虫洗澡。

我和如柳都分配在无脊椎动物学教研室当本科生的助教，我不知道为什么老先生们会知道我是唐仲璋的女儿，首次去见他们时，朗所先生对我说："吸虫的盾盘亚纲是你父亲建立的"，去见张作人教授时，他坐在办公室桌子后，只对我盯着看，没说一句话。我和如柳负责不同班的无脊椎动物学实验课，我们的指导老师张金安讲师，她是张作人教授的助教兼助手。这一年中，我没接近张作人教授。第二年，严如柳调回福建师范学院生物系工作；我在华东师范大学生物系被调到无脊椎动物学研究生班当助教，并成为张作人教授的助手，开始在张先生手下工作。我带研究生们有关无脊椎动物各门课的实验。上实验课，张先生从不来，要我自己独当一面。我非常认真地优质地完成任务，张先生和所有研究生都很满意。教学工作之外，我要帮助张先生进行科学研究，张先生研究草履虫胚胎发育学我开始学"替草履虫洗澡"基本功，经过努力工作，完美地阐明草履虫胚胎各小器官形成经过，发表的文章［张作人，唐崇惕. 1957. 就草履虫分裂期间银线系的移动现象讨论口、腹缝及肛门的形成. 动物学报，9（2）：183-194］被我国著名胚胎学专家朱洗教授列在"建国十周年胚胎学进展"一文中的首项成果，张先生非常高兴。我在华东师范大学张先生身边两年另完成几项工作，张先生常让我单独参加上海学术交流。

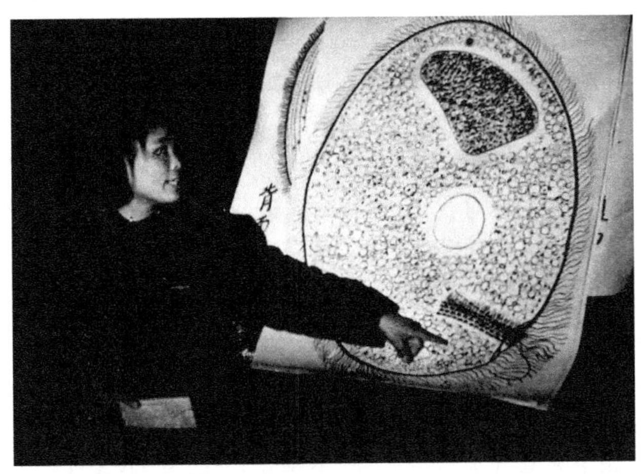

1956 年在上海复旦大学召开的学术会议，我报告了钉螺体内的纤毛虫新种

另附这两年工作发表的 5 篇文章题目于下，作为纪念。

张作人, 唐崇惕. 1956. 草履虫肛门的构造. 动物学报, 8(1): 95-98.

张作人, 唐崇惕. 1957. 就草履虫分裂期间银线系的移动现象讨论口、腹缝及肛门的形成. 动物学报, 9(2): 183-194.

张作人, 唐崇惕, 黄咸凤. 1957. 螺触毛虫一新种(钉螺触毛虫 *Cochliophilus oncomelanice* Tchang sp. nov.)的观察报告. 动物学报, 9(4): 345-350.

张作人, 唐崇惕. 1958. 如何观察棘皮动物的神经系、水管系、围血系和血系. 华东师范大学生物集刊, (1): 54-60.

唐崇惕. 1958. 毛肤石鳖(*Acanthochitona dephilippi* Tappasoni – Canebri)的解剖. 动物学杂志, 2(1): 30-36.

张先生给研究生及进修生们上课，每学期我都陪张先生带学生们到野外实习，有一年去了广东沿海，更常去太湖，去太湖要经过苏州。第一次去太湖经过苏州时，研究生们出去逛街并参观各著名景点和园林，回来问张先生：“大家都说苏州出美女为何我们出去没见到美女?”张先生淡淡地回答：“好看的不出来，都待在家里。”大家都笑了。又有一次去太湖，经过苏州大家一起在路上走，研究生们要张先生给大家讲个故事，张先生给大家讲了张继进京考试落第回家，经过苏州船泊苏州城外，作了《枫桥夜泊》：月落乌啼霜满天，江枫渔火对愁眠。姑苏城外寒山寺，夜半钟声到客船。张先生含意深刻，一个科举落第的人，他的诗被千古传咏，而许多中举的状元未必能及！这是我第一次听到这首诗，以后每次再见此诗时都会再现当时的情景和在野外的点点滴滴。

1956 年福建省要调我回福建工作的消息，张先生知道后，他开始以为是我自己想回去，对我说：“许多人都想来上海工作，你在上海了还想回去。如果你不喜欢在这学校，我可以调你去科学院工作（张先生当时也在科学院任职，我也有随张先生到青岛科学院海洋研究所从事海洋原生动物研究一段时间）。”福建省领导江一真省长在福州的学术会议期间亲自向张先生请求，1957 年张先生终于同意让我调回福建。

张先生待我如女儿，我回福建后继续与我有联系，我有机会到或经过上海，第一事就是去看望张先生和师母。有一次我刚到张先生家正在书房与大家谈话，张先生的在科技大学任职的小女儿张小云，急急忙忙地拉着当时还是她男朋友也在科技大学任职的张维德从卧室跑出来，对他说“这个就是唐崇惕，这个就是爸爸整天说着的唐崇惕”，逗得大家都笑了，我为张先生的恩师情十分感动，此情此景，我铭记终生。

20 世纪 80 年代初，我出差经过北京，知道张先生正在北京参加国家科学五年规划会议，我去看望他。谈话间他对我说：“我很想去我已离开 60 年的母校（北京师范大学前身）旧址看看，你星期天来陪我去，好吗？”我立即答应了。那个星期天我到张先生开会住处，陪他坐了转几路的公交车，才到张先生念书时的学校。张先生看了当时的教室、宿舍和图书馆，高兴地说：“我好像又回到了 60 年前的时候了。”我替张先生拍了几张照片，请他人替我与张先生在图书馆前留了张照片。那天中午我请张先生在餐馆用膳，点了他喜欢吃的东西。来回乘公交车我扶张先生上下车，有一售票员对张先生说：“您女儿真好！”张先生高兴地大声说：“她不是我女儿，是我学生。”有此“亲如父女”的师生情，是我的福气。

左图：我回华东师范大学看望张先生和师母；右图：我陪张先生到他实验室与我诸师弟师妹们

我陪张先生回到他 60 年前的母校，在图书馆前留影纪念

1991年，我被邀请赴日本讲学3个月，临行前我的学生及助手邵鹏飞陪我到上海。我知道张先生病了住医院，我和鹏飞先到华东师范大学看望师母，师母留我们午餐。张先生和师母的住房很小，书房也是客厅、餐厅就在卧室里。我见到1988年，张先生九十诞辰时我刚从法国参加学术会议后回国，在北京买的那幅很小的《松鹤锦绣图》，竟挂在张先生和师母床的墙壁上，而屋内没有见到张先生九十诞辰时任何礼品。我非常不好意思地对师母说："这么小的一幅画还挂在这么重要的位置处。"师母对我说："张先生觉得你的感情最纯朴（后来张小云告诉我，这幅画最终放在她父亲的骨灰盒中作为陪葬品）。"

这天下午，我和邵鹏飞一起去华东医院探望张先生。病房内两张床，另有一位病人，都有专人照顾。我问候了张先生，安慰张先生安心治病，不久会好的。张先生只对我说一句话："我这样真没意思！"为了不影响张先生休息，我们不便久留。最后，邵鹏飞帮我与张先生拍张照片，就告别了。我还在日本，就接到张先生驾鹤西去的消息了。华东医院成为我见张先生最后一面的地方。

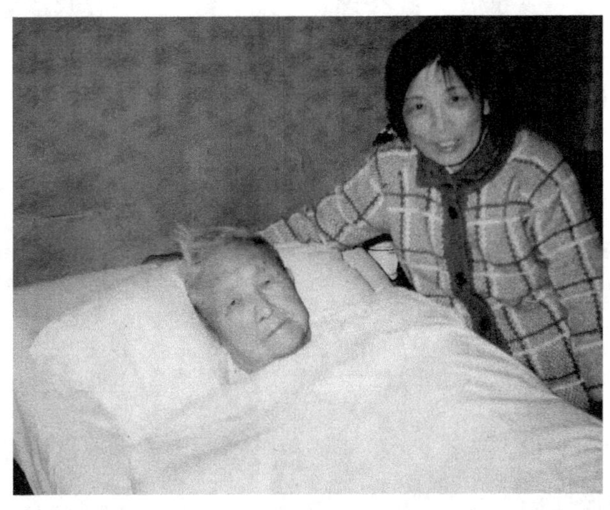

我和恩师张作人教授的最后一张合影，于1991年在上海华东医院

20世纪80年代，有一次，张先生和他小女儿张小云教授一起到厦门大学参加全国的细胞学学术会议。我外出野外工作，不在家。张先生带着小云师妹找到我家，见到我父亲第一句话是"我带女儿来跟你换女儿来的"。我回来父亲立即笑着告诉我。张先生故后，1992年小云和她夫婿张维德到厦门，俩人再到我家，亲热地跟我父亲谈天，也像是我父亲的女儿，并多次在深圳款待我。我在上海工作时，小云才15岁，还在中学念书，我看到她放学回家走进华东师范大学美丽的校园，她总是一边走一边用手挥舞着书包，嘴里哼着歌。小云有音乐天赋，会唱歌、会弹钢琴。她是张先生最疼爱的小女儿，张先生常常向我说小云的事。有一次张先生跟我谈起他早年在中山大学当教授还兼作学校训导长，学生爱国运动闹学潮，国民党兵来抓人没抓到，却把当训导长的张先生抓去关在监狱一个月。他摇着头说："我被抓走坐上汽车时，看到还只有五六岁的小云躲在树林里偷看我，真可怜。"我在上海时，见到张先生的儿女都有艺术天赋，他的小儿子，

小云的二哥会绘画。他参军服役后回来，张先生亲自送他去杭州到著名的杭州艺术学院学习，成了大画家。张先生故去的遗体告别的灵堂上，张先生的巨幅遗像，就是他画的，重现了张先生神采奕奕的容貌。

左图：20 世纪 80 年代父亲（左 1）接待来厦门开会的张作人教授（左 2）和他女儿张小云（右 1）；
右图：1992 年张小云来厦门看望我父亲，我们照相时父亲拇指正指着小云跟我说关于她的一些事

左图：与上右图同时，我和小云，师姐妹俩在我家的阳台上；右图：2015 年夏天，
小云和维德来到内蒙古呼伦贝尔草原旅游，在我家住几天

张小云和张维德分别从厦门大学生物系和化学系毕业后，一起在中国科技大学任教。国家改革开放初始，建设深圳市，创办深圳大学。小云和维德立即辞去在科技大学的职务，一起到刚刚开办的深圳大学任教。小云任生物系主任，维德任化学系主任，一起创业，都作出突出成绩，直到退休。小云还在职时，就开展可供医疗用的电磁床等的研究，成绩斐然。退休后和儿子张弼，一起开公司办企业，他们做各种电磁床供不应求，维德给予多方面支持。每年他们一家“周游世界”，到各国家著名胜地游览，享受自然美景的乐趣。小云遗传了她父亲张先生许多优秀的基因：刚毅、聪慧、豁达，真可谓是一位“女中豪杰”。

4. 深切怀念美国华盛顿大学 R. L.劳施终生功勋教授

R. L.劳施教授（1921.7.20～2012.10.06）是世界上非常著名的绦虫学家。在 20 世纪 40 年代，国际上普遍认为多房棘球绦虫（*Echinococcus multilocularis*）与细粒棘球绦虫（*Echinococcus granulosus*）是同一种类病原，它们幼虫期（肝包虫）在人体寄生致病是相同的。是美国的劳施教授和德国的福格尔教授通过它们的生活史比较研究，在 50 年代初阐明了多房棘球绦虫的中间宿主是啮齿类（鼠类等），幼虫期为泡状棘球蚴而细粒棘球绦虫的中间宿主是牛羊，幼虫期为囊状棘球蚴，它们是完全不同的两个独立虫种，大家才科学地把它们区分开来。劳施教授于 1956 年在美国阿拉斯加从北极狐发现西伯利亚棘球绦虫（*Echinococcus sibiricensis* Rausch et Schiller，1956），而福格尔教授却认为：它是欧洲的多房棘球绦虫（*Echinococcus multilocularis* Leuckart，1863）的亚种，定名本为多房棘球绦虫西伯利亚亚种［*Echinococcus multilocularis sibiricensis*（Rausch et Schiller，1956）Vogel，1957］。虽然在学术上有不同见解，劳施教授心胸开阔，他不久又发现一新种，以福格尔名命名。

这些病原种类在我们国内也有流行，后来我们经过十多年的调查研究，仅仅在内蒙古呼伦贝尔草原，除牛羊的细粒棘球绦虫的囊状棘球蚴之外，在鼠类发现 3 种幼虫期为泡状棘球蚴的此类病原，此 3 种病原是完全不同的独立虫种。它们成虫体内的结构、幼虫期的发育规律、对中间宿主（包括人体）的病理反应等都完全不同，其中就有劳施教授发现的西伯利亚棘球绦虫，不仅证实它是正确的独立虫种，而且幼虫期对中间宿主（包括人体）产生病理危害最严重。我也由于研究这一项目与劳施教授和夫人弗吉尼亚多年密切联系，得到他们许多帮助。他们都是学问渊博、为人非常宽厚和蔼的学者，我有幸认识他们受益匪浅。

20 世纪 80 年代初我国改革开放开始，1982 年，劳施教授和夫人来厦门，访问厦门大学寄生动物研究室，并进行学术讲座，父亲邀请了国内许多单位学者来参加听讲，这是一个难得的盛会。他们对大家都非常友善，大家交谈也非常亲密。会后，我陪他们到厦门集美学村参观。我们研究室林宇光教授研究绦虫类，曾带队到西北、宁夏等地调查肝包虫，劳施教授和夫人曾和他们一起去西北。据说他们在宁夏解剖了两千多只鼠类，查到 3 只阳性。我有一次出差经过北京，正好与他们相遇，我看到弗吉尼亚像大姐一样嘱咐宇光先生要注意身体健康等事。她也送我一瓶珍贵的香水，我保存至今。那次我特意陪劳施教授和夫人很快乐地游览了长城。

1985 年我在内蒙古呼伦贝尔草原做鼠类和沙狐的调查时，发现了西伯利亚棘球绦虫的幼虫期肝包虫及其成虫，当时尚称之为多房棘球绦虫西伯利亚亚种。1986 年 5～8 月我应美中学术交流委员会和美国科学院的邀请，到美国 6 个单位讲学访问，第三个访问单位是在西雅图的华盛顿大学。在那里我讲的内容，就是呼伦贝尔草原发现的西伯利亚棘球绦虫，在布氏田鼠的幼虫期肝包虫和在沙狐的成虫的情况。我在西雅图的一周中，受到劳施教授和夫人的热情招待，他们还花两天时间带我到野外去做鼠类调查，并观看一处有大片的银杏林化石，弗吉尼亚特意送我一条化石项链，我保存至今。他们还邀请我和几位日本学者到他们家作客。他们家在西雅图附近的一个不大的长条状海岛上，要坐相当长时间的轮船才能到达，岛上郁郁葱葱，房子周围有许多高大树林。他们家窗户边挂了一个大盘子，上面放着供鸟吃的各种食物，常引来各种鸟来吃。

左图：我父亲和劳施教授及夫人讨论问题；右图：我陪他们参观厦门集美学村

我陪劳施教授和夫人游览长城

1998 年我申请到一项国家自然科学的重点基金，专门调查研究内蒙古呼伦贝尔草原棘球绦虫肝包虫种类生态分布的问题。我告诉了劳施教授和夫人，并邀请他们来呼伦贝尔草原看看，他们非常高兴。当年夏天他们带着简单行李来到呼伦贝尔盟首府海拉尔市，我到机场迎接他们。在那里和我们一起工作了一个月。我们多次一起到草原野外采集，有次去新巴尔虎右旗（西旗），突然下雨，草原被水淹，我们匆忙返回。那年洪灾很严重，劳施教授还为此捐了款。

左图：1986 年，我和日本学者在劳施教授家作客；右图：同时我与劳施夫人

左图：1986 年，劳施教授和夫人带我到野外；右图：同年我要离开西雅图时在机场

左图：劳施教授和夫人到达海拉尔机场；右图：他们在我的实验室工作

劳施教授和夫人在呼伦贝尔草原逗留一个月，由于洪水，同时当年该草原发生鼠间鼠疫，许多鼠类都逃逸，开始捕获的鼠类不多。很遗憾，在此期间他们在实验室和我们一起检查布氏田鼠，都没有收获。他们回美国后我逗留到 9 月底，就查获到了。去信告

诉他们，他们非常高兴。

左图：劳施教授和夫人在研究所门前；右图：他们临别时大家送别践行

劳施教授是世界上非常著名的绦虫学家。全世界各国至少寄生虫学界的学者没有不知道他的，各国有重要学术活动都邀请他参加。他是一位非常博学的学者，为人和蔼可亲。他和夫人的住处简单朴素，一间卧室、一间客房，餐厅就和厨房在一起，客厅简单雅致，在客厅里有个高柱其上的一圆盘，是他们收养的一只流浪小猫已养成大猫的座位。在这单层房屋的底下是一间半地下室的大书房，两面墙壁到顶的书架上，摆满书籍。房中间一个大书桌，大约是劳施教授在家里工作的位置。这书房门外边就是有树林的原野。

劳施教授实验室，在华盛顿大学大楼地下室，室内堆满大小标本瓶、书籍、资料和各种仪器，后来他把许多书籍搬回家放在客房里。

泡状肝包虫课题我一直进行到 2007 年，通过野外调查和人工感染试验，以及大量切片观察，证实呼伦贝尔草原存在北美洲、欧洲及苏联最重要的 3 种人鼠共患的泡状棘球绦虫病原。近 10 年的工作期间，我多次到美国特意去西雅图拜访劳施教授和夫人，向他们讲述我们的工作情况。他们都非常热情地接待我。我多次都住在他们的家客房里，后来劳施教授把他私人在学校中的图书资料搬回家，放在客房里。我再去西雅图时，

左图：在劳施教授（手抱流浪猫）和夫人家中客厅；右图：清晨到他们屋外

在劳施教授和夫人家中，清晨到屋外林间散步

著名学者劳施教授的实验室

就住在他们家附近的一个旅馆里，白天到他们家讨论问题。2006 年我们在美国 *J. of Parasitology* 刊物初步发表有关世界 3 种重要泡状棘球绦虫棘球蚴发育差异的问题，投稿前我向劳施教授建议署上他们名字，他们没有同意。他建议我在苏联流行的这个种应另给学名，后来我定名了苏俄棘球绦虫（*Echinococcus russicensis* Tang et al.，2007）。

发表的论文如下。

Tang C T (唐崇惕), Qian Y C, Kang Y M, Cui G W, Lu H C, Shu L M, Wang Y H, Tang L. 2004. Study on the ecological distribution of alveolar *Echinococcus* in Hulunbeier Pasture of Inner Mongolia, China. Parasitology, 128: 187-194.

Tang C T (唐崇惕), Wang Y H, Peng W F, Tang Land Chen D. 2006. Alveolar *Echinococcus* species from *Vulpes corsac* in Hulunbeier, Inner Mongolia, China, and differential developments of the metacestodes in experimental rodents. J. of Parasitology, 92(4): 719-724.

唐崇惕, 崔贵文, 钱玉春, 康育民, 彭文峰, 王彦海, 吕洪昌, 陈东. 2006. 我国内蒙古大兴安岭北麓泡状肝包虫种类的研究. I. 多房棘球绦虫(*Echinococcus multilocularis* Leuckart, 1863). 中国人兽共患病学报, 22(12): 1089-1094.

唐崇惕, 崔贵文, 钱玉春, 康育民, 彭文峰, 王彦海, 吕洪昌, 陈东. 2006. 我国内蒙古大兴安岭北麓泡状肝包虫种类的研究. II. 西伯利亚棘球绦虫(*Echinococcus sibiriensis* Rausch et Schiller, 1954). 中国人兽共患病学报, 23(5): 419-426.

唐崇惕, 康育民, 崔贵文, 钱玉春, 王彦海, 彭文峰, 吕洪昌, 陈东. 2007. 我国内蒙古大兴安岭北麓泡状肝包虫种类的研究. III. 苏俄棘球绦虫(*Echinococcus russicensis* sp. nov.). 中国人兽共患病学报, 23(10): 957-964.

此项研究获的国际奖，2011 年国际肝包虫学协会（International Association of Hydatidology）授予奖牌和证书

1993 年 7 月父亲不幸去世。劳施教授于 1998 年在世界著名的《寄生虫学学报》撰文纪念。文中照片是父亲生前劳施教授在厦门大学拍摄的。

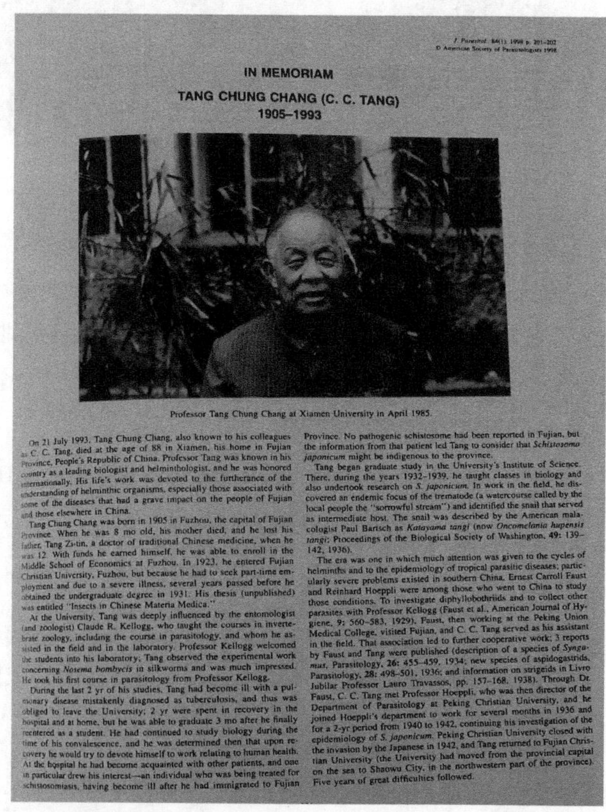

J. Parasitol. 84(1), 1998 p. 201–202
© American Society of Parasitologists 1998

IN MEMORIAM

TANG CHUNG CHANG (C. C. TANG)
1905–1993

Professor Tang Chung Chang at Xiamen University in April 1985.

On 21 July 1993, Tang Chung Chang, also known to his colleagues as C. C. Tang, died at the age of 88 in Xiamen, his home in Fujian Province, People's Republic of China. Professor Tang was known in his country as a leading biologist and helminthologist, and he was honored internationally. His life's work was devoted to the furtherance of the understanding of helminthic organisms, especially those associated with some of the diseases that had a grave impact on the people of Fujian and those elsewhere in China.

Tang Chung Chang was born in 1905 in Fuzhou, the capital of Fujian Province. When he was 8 mo old, his mother died, and he lost his father, Tang Zi-tin, a doctor of traditional Chinese medicine, when he was 12. With funds he earned himself, he was able to enroll in the Middle School of Economics at Fuzhou. In 1923, he entered Fujian Christian University, Fuzhou, but because he had to seek part-time employment and due to a severe illness, several years passed before he obtained the undergraduate degree in 1931. His thesis (unpublished) was entitled "Insects in Chinese Materia Medica."

At the University, Tang was deeply influenced by the entomologist (and zoologist) Claude R. Kellogg, who taught the courses in invertebrate zoology, including the course in parasitology, and whom he assisted in the field and in the laboratory. Professor Kellogg welcomed the students into his laboratory; Tang observed the experimental work concerning *Nosema bombycis* in silkworms and was much impressed. He took his first course in parasitology from Professor Kellogg.

During the last 2 yr of his studies, Tang had become ill with a pulmonary disease mistakenly diagnosed as tuberculosis, and thus was obliged to leave the University; 2 yr were spent in recovery in the hospital and at home, but he was able to graduate 3 mo after he finally reentered as a student. He had continued to study biology during the time of his convalescence, and he was determined then that upon recovery he would try to devote himself to work relating to human health. At the hospital he had become acquainted with other patients, and one in particular drew his interest—an individual who was being treated for schistosomiasis, having become ill after he had immigrated to Fujian Province. No pathogenic schistosome had been reported in Fujian, but the information from that patient led Tang to consider that *Schistosoma japonicum* might be indigenous to the province.

Tang began graduate study in the University's Institute of Science. There, during the years 1932–1939, he taught classes in biology and also undertook research on *S. japonicum*. In work in the field, he discovered an endemic focus of the trematode (a watercourse called by the local people the "sorrowful stream") and identified the snail that served as intermediate host. The snail was described by the American malacologist Paul Bartsch as *Katayama tangi* (now *Oncomelania hupensis tangi*; Proceedings of the Biological Society of Washington, 49: 139–142, 1936).

The era was one in which much attention was given to the cycles of helminths and to the epidemiology of tropical parasitic diseases; particularly severe problems existed in southern China. Ernest Carroll Faust and Reinhard Hoeppli were among those who went to China to study those conditions. To investigate diphyllobothriids and to collect other parasites with Professor Kellogg (Faust et al., American Journal of Hygiene, 9: 560–583, 1929), Faust, then working at the Peking Union Medical College, visited Fujian, and C. C. Tang served as his assistant in the field. That association led to further cooperative work; 3 reports by Faust and Tang were published (description of a species of *Syngamus*, Parasitology, 26: 455–459, 1934; new species of aspidogastrids, Parasitology, 28: 498–501, 1936; and information on strigeids in Livro Jubilar Professor Lauro Travassos, pp. 157–168, 1938). Through Dr. Faust, C. C. Tang met Professor Hoeppli, who was then director of the Department of Parasitology at Peking Christian University, and he joined Hoeppli's department to work for several months in 1936 and for a 2-yr period from 1940 to 1942, continuing his investigation of the epidemiology of *S. japonicum*. Peking Christian University closed with the invasion by the Japanese in 1942, and Tang returned to Fujian Christian University (the University had moved from the provincial capital on the sea to Shaowu City, in the northwestern part of the province). Five years of great difficulties followed.

After the war, in 1948, perhaps with Hoeppli's support, Tang Chung Chang received a grant from the World Health Organization to enable him to undertake study in the United States. He began work on the M.S. degree at Johns Hopkins University, studying under the guidance of Professor W. W. Cort in the School of Hygiene and Public Health. Because of his prior accomplishments in parasitology (by then he was author or coauthor of 17 publications), Tang was able to complete requirements for the M.S. degree in 1 yr. His Master's thesis, entitled "Sweet-potato cultivation and hookworm disease in Fukien, South China," was published in the American Journal of Hygiene (50: 236–262, 1949). In 1951, Tang named 2 trematodes in honor of his mentors: *Ornithobilharzia hoepplii* and *Cortrema corti*.

Tang returned to China in 1949. He held professorial positions at Fujian Christian University, 1949–1950; at Fuzhou University, 1950–1953; Fujian Teachers' College, 1953–1970; and at Xiamen University, from 1970 to the time of his death. The Parasitology Research Laboratory now at Xiamen University was founded in 1956 by Professor Tang as part of the Department of Biology, Fujian Teachers' College in Fuzhou; the Laboratory was relocated to Xiamen University in 1972.

Professor Tang was one of the founders of the Chinese Society of Parasitologists, which was organized at Xiamen in 1985. He was author of the first reports in volume 1 (1964) of Acta Parasitologica Sinica and in Acta Parasitologica Medica et Entomologica Sinica, a journal established in 1990 by the Chinese Society of Zoology and the Chinese Society of Entomology. He was elected to membership in the Chinese Academy of Sciences in 1980.

Tang Chung Chang was author of 80 scientific reports distinguished in text as well as in the excellence of the illustrations. His daughter, Tang Chong-ti, was coauthor of many of those contributions. Together they wrote the first comprehensive volume concerning nematodes to be published in China: Nematology of humans and domestic animals, Sciences Press, Beijing, 1987, 774 p. (The original work—a great handwritten volume—my wife and I were privileged to see in 1985 at Xiamen, before it was sent to press.) A second monograph, concerning trematodes, will be completed by Tang Chong-ti. In addition to his scientific work at Xiamen University, Professor Tang supervised the studies of numerous graduate students.

Professor Tang was the recipient of many honors during his long life. Despite personal tragedies and suffering during the war, he never lost the objective view of the scientist, nor did he lose his enthusiastic spirit and dedication. The volume "Selected works of the late professor C. C. Tang" was published in his honor in 1994 (Sichuan Education Press, 774 p.); it contains 50 of his original reports, in Chinese or in English, as well as a great deal of detailed information about his life and work. Professor Tang's wife, Guo Lu-yu, died in 1986. His daughter, Professor Tang Chong-ti, is the present Director of the Parasitology Research Laboratory at Xiamen University.

Robert L. Rausch, Department of Comparative Medicine, School of Medicine, University of Washington, Box 357190, Seattle, Washington 98195-7190.

现在劳施教授已逝世数年了，至今想起他，我仍然深感悲伤，但能让他在生前知道他于1954年所发现的重要的北美洲的西伯利亚棘球绦虫，长期被世界误认为是欧洲的多房棘球绦虫的错误已更正过来了，我感到欣慰。我在劳施教授指导下从事世界最重要的3种人鼠共患的泡状棘球绦虫病原的发育生物学问题，共发表了以下12篇论文。并获得了世界公认和2011年国际肝包虫学协会（International Association of Hydatidology）所授予的奖牌和证书。愿以此献给劳施教授在天之灵！

内蒙古大兴安岭北麓泡状肝包虫研究发表的12篇论文目录如下。

唐崇惕, 崔贵文, 钱玉春, 等. 1988. 内蒙古呼伦贝尔草原多房棘球蚴病病原的调查. 动物学报, 34(2): 172-179.

唐崇惕, 唐亮, 钱玉春, 等. 2001. 内蒙古东部新巴尔虎右旗泡状肝包虫病原种类及流行学调查. 厦门大学学报(自然科学版), 40(2): 503-511.

唐崇惕, 唐亮, 康育民, 等. 2001. 内蒙古东部鄂温克旗草场鼠类感染泡状棘球蚴情况的调查. 寄生虫与医学昆虫学报, 8(4): 220-226.

唐崇惕, 陈晋安, 唐亮, 崔贵文, 等. 2001. 内蒙古西伯利亚棘球绦虫和多房棘球绦虫泡状蚴在小白鼠发育的比较. 实验生物学报, 34(4): 261-268.

唐崇惕, 陈晋安, 唐亮, 崔贵文, 等. 2001. 西伯利亚棘球绦虫和多房棘球绦虫泡状蚴在长爪沙鼠体内发育的比较. 地方病通报, 16(4): 5-8, 120-122.

唐崇惕, 陈晋安, 唐亮, 钱玉春, 等. 2002. 内蒙古呼伦贝尔泡状蚴(*Alveolaris hulunbeierensis*)结构的观察. 中国人兽共患病杂志, 18(1): 8-11.

唐崇惕, 王彦海, 崔贵文. 2003. 内蒙古多囊蚴, *Polycystia neimonguensis* sp nov 新种记述. 中国人兽共患病杂志, 19(4): 14-18.

Tang C T (唐崇惕), Qian Y C, Kang Y M, Cui G W, Lu H C, Shu L M, WangY H, Tang L. 2004. Study on the ecological distribution of alveolar *Echinococcus* in Hulunbeier Pasture of Inner Mongolia, China. Parasitology, 128: 187-194.

Tang C T (唐崇惕), Wang Y H, Peng W F, Tang L, Chen D. 2006. Alveolar *Echinococcus* species from *Vulpes corsac* in Hulunbeier, Inner Mongolia, China, and differential developments of the metacestodes in experimental rodents. J. of Parasitology, 92(4): 719-724.

唐崇惕, 崔贵文, 钱玉春, 康育民, 彭文峰, 王彦海, 吕洪昌, 陈东. 2006. 我国内蒙古大兴安岭北麓泡状肝包虫种类的研究. I. 多房棘球绦虫(*Echinococcus multilocularis* Leuckart, 1863). 中国人兽共患病学报, 22(12): 1089-1094.

唐崇惕, 崔贵文, 钱玉春, 康育民, 彭文峰, 王彦海, 吕洪昌, 陈东. 2006. 我国内蒙古大兴安岭北麓泡状肝包虫种类的研究. II. 西伯利亚棘球绦虫(*Echinococcus sibiriensis* Rausch et Schiller, 1954). 中国人兽共患病学报, 23(5): 419-426.

唐崇惕, 康育民, 崔贵文, 钱玉春, 王彦海, 彭文峰, 吕洪昌, 陈东. 2007. 我国内蒙古大兴安岭北麓泡状肝包虫种类的研究. III. 苏俄棘球绦虫(*Echinococcus russicensis* sp. nov.). 中国人兽共患病学报, 23(10): 957-964.

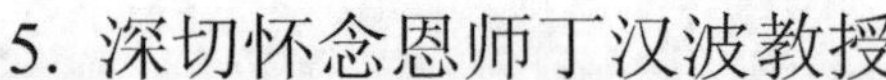

5. 深切怀念恩师丁汉波教授

丁汉波教授是国内外著名的实验脊椎动物学、两栖爬行类动物学专家。他青年时代生活在内忧外患战火不断的旧中国，身体健康不是很好，但自幼好学，成绩斐然。大学及硕士研究生，都是在我国最著名的燕京大学和北京协和医学院（1931～1940 年）求学，9 年中只回家乡一次。在他只有 19～28 岁年龄的青年时代，就拥有十分丰富的生物科学知识。抗日战争及第二次世界大战美日开战后，北京完全沦陷。丁老师立即离开北京，回到因抗战内迁到闽北山区的福建协和大学生物系任教。当时他已在从事教授和研究员的教学和科学研究。燕京大学、北京协和医学院及福建协和大学综合的校魂：爱祖国、爱科学，真诚、博爱、谦和、宽容等诸多美德，都融会在丁老师身上。抗战胜利后，1947 年丁老师出国深造获得博士学位。1950 年朝鲜战争爆发，他又立即离开美国，历尽艰难回到祖国。仍然到已由福建协和大学与其他院校合并的原综合性福州大学任教。他循循善诱地培养教育他的学生们具备一个从事生命科学工作者应有的条件。我有幸能作为丁老师的一个学生受到教诲，终生得益。

无论是福建协和大学还是原福州大学和原福建师范学院的生物系，老师们对学生们的培养都是根据生物科学工作者应当具备的各方面基本知识设置基础教育课程。同时，老师们很重视引导学生对生物科学产生兴趣。对本科学生如同对待研究生一样，培养大家具有独立工作的能力。所有学生在必修课之外，可根据兴趣选修各方面的课程及选择毕业论文的研究工作。丁老师开设生物系学生都必须具备的基础知识的多门重要课程：细胞学、胚胎学、比较解剖学（鱼类、两栖类、爬行类、鸟类、哺乳类）、组织学和动物生理学等。授课内容丰富多彩、深入浅出，使学生们了解这些科学知识的精髓。这些课程对我在大学毕业后从事的科学研究工作，帮助非常大。当年，我专业方向是寄生虫学，修读了丁老师所有的课，毕业后数十年在高校从事教学和科学研究，幸好有丁老师所给予的这些方面的知识垫底，工作才能有所成绩，终生受益匪浅。我在从事各类寄生虫病原发育生物学及病原与宿主关系的研究时，深深体会到当年丁老师和系内教师们对培养人才的远见卓识。目前我国许多大学生命科学学院生物系都没有这些传统经典课程，我遇到的许多青年研究生对各类动物的器官结构、病理组织和宏观发育生物学的知识非常欠缺，对各类物种生命规律性的探索有很大阻碍。

丁老师作为生物系主任，在教学科研非常忙碌的情况下，每天清晨来校，首先巡视一遍系里的方方面面，见有不合适之处即给指正，然后才到自己实验室，工作到很晚才回家。他视学生们如同自己儿女，关怀备至。有一次他对我们全体同学讲话，最后嘱咐大家："三月天乍暖还寒不要太早减衣，免得感冒。"还说了一句"晾九捂三"福州普通话，同学们快乐地笑开了。数十年来，每到3～4月，我总会想起丁老师说的这句话和他说话时的慈祥身影。1997年我到福州拜望丁老师时，无意中被他人拍摄下珍贵照片，照片中近九旬的丁老师如同见到远方归来的儿女显现出慈父神态（见《丁汉波教授纪念册》2005年）。

丁老师对朋友真挚亲如兄弟，1970年福建师范学院"下马"，我父亲唐仲璋教授和我相继调到厦门大学。80年代后期，丁老师有一次到厦门开会，他特意到厦门大学看望我父亲，他们久别重逢见面时热情握手、亲密长谈互问情况，关怀之情溢于言表，令人感动。回顾当年生物园中，老师们之间友好合作，对如何办好生物系和培养好人才有共同目标。他们授课之外都在实验室忙于科学研究，学校学报专辑一本本地出版，名闻国内外。老师们彼此之间友好相待和热爱科学的风尚，言传身教，潜移默化学生们的思想。学生们学习都非常努力，彼此友爱互助。那段光辉灿烂温馨快乐的学生生活，令人终生难忘。半个世纪过去，同学们相见仍然口称："不是兄弟胜似兄弟"。

在那有许多珍贵树木花草的美丽生物园中，常常见到活泼可爱只有八九岁的友真师弟和五六岁的友玲师妹，他们来找父亲丁老师，并在园中玩耍。其他教师的孩子们也同样喜欢到生物园中来玩，他们彼此也成了好朋友。这样情趣代代相传，是生物园中一幅天真美丽、生动活泼的景色。

我（前排左4）大学全班同学毕业前在生物楼前与陆维特校长（2排右5）、丁汉波教授（2排左5）、周贞英教授（2排左6）、唐仲璋教授（2排右4）、林琇瑛教授（2排右3）等老师合影

我部分同班同学于1997年回母校团聚并看望已九旬的恩师丁汉波教授（从左到右：前排，颜清华、陈灼华、唐崇惕、丁汉波教授、林宇光教授、史婉琳、郑明光、陈华美；后排，熊光华、金章旭、蔡鸿歧、林耀庭、宋友礼、林永铭、郑辑、梁喜乐）

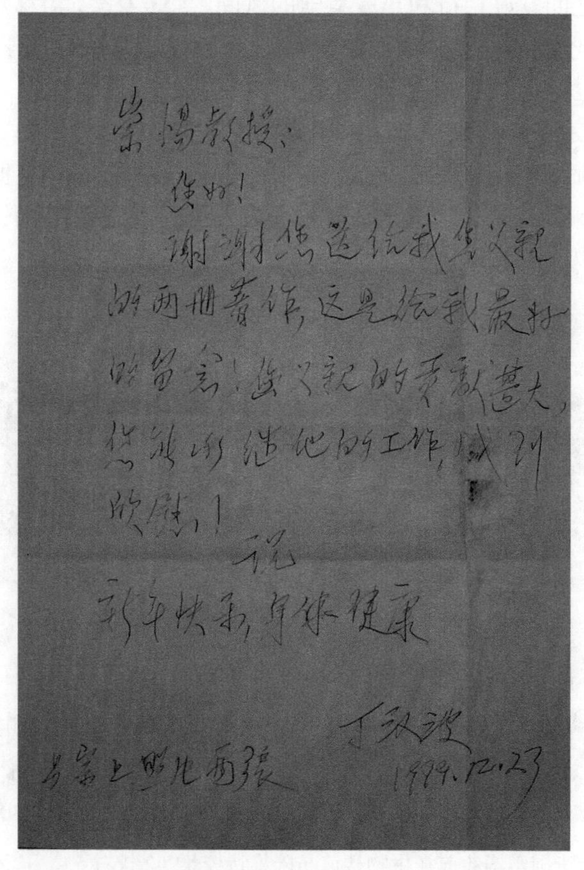

崇惕教授：

您好！

谢谢您送给我您父亲的两册著作，这是给我最好的留念！您父亲的贡献甚大，您能承继他的工作，感到欣慰！！

祝

新年快乐，身体健康

丁汉波

1999.12.23

另寄上照片两张

1999年我送丁汉波教授我父亲文集“卷一”“卷二”两册，丁老师回信给我，称我教授，实受之有愧

6. 深切怀念李非白先生和宋昌存先生

宋昌存教授是浙江医学科学院寄生虫病研究所前所长。浙江医学科学院前身是我国著名的浙江人民卫生实验院，该研究机构是我国寄生虫学者前辈洪式闾教授所创建的。过去我国肺吸虫病流行很广，尤以浙江绍兴等地为重灾区。洪式闾先生于 1950 年在杭州召开全国肺吸虫病防治学术会议，在会议上操劳过度，于闭幕会讲话中竟发生脑溢血而不幸去世。我父亲参加了这个会议，亲眼所见，后来他很难过地告诉我的。洪式闾先生是献身于寄生虫病学事业，倒在与肺吸虫病防治做斗争的战场上的著名科学家！

李非白教授是洪式闾先生的助手，继承洪先生遗志，继续领导浙江人民卫生实验院从事多方面的寄生虫病问题的研究。我有幸于 20 世纪 80 年代初陪美国斯坦福大学寄生虫学者巴施教授到杭州访问浙江人民卫生实验院。我单独拜会了李非白教授，那时李先生身患重病，已不担任实验院的领导工作，已由宋昌存教授担任寄生虫病研究所所长职务。但李非白先生非常慈祥地接见了我，当时李先生还特意邀请我与他和另一位老教授（我没记住这位先生的姓名，实在很不应该！）在这著名的研究机构门口拍照。李先生和宋昌存教授还请我到外面餐馆品尝杭州美食和绍兴酒。此情此景终生难忘！不久之后，李非白教授就驾鹤西去了！我能有今天的一些工作积累，都与老一辈科学家超人风范对我潜移默化的影响及我对他们由衷的钦佩有关。

李非白教授（左 1）和另一位教授（右 1）与我在单位门口留影

宋昌存教授大约就是接李非白先生的班，任浙江医学科学院寄生虫病研究所所长。1982～1983 年我国改革开放以后，加拿大、美国、法国等国家著名的寄生虫学家（米洛维奇、巴施、劳施、王明明、孔布等）相继来厦门访问我父亲，并作学术演讲。其中尤以加拿大寄生虫学研究所所长米洛维奇教授和美中学术交流委员会派来的斯坦福大学巴施教授的学术讲座最为盛大，连续 2～3 天。父亲预先发函通知当时国内各寄生虫学教研单位，欢迎他们派人参加。当时来了许多人，盛况非常。浙江医学科学院寄生虫病研究所所长宋昌存教授一定都会来参加（见巴施教授纪念文照片）。1985 年全国寄生虫学会在厦门大学成立。每次会议，都盛况空前，我都能见到宋昌存教授。1986 年他请我到他单位给大家讲授几天“吸虫学”问题，我愉快答应。可惜，那时李非白先生已作古了。此后，我数次公出经过杭州，宋大哥和他研究所同志都非常热忱地招待我，此情此景终生难忘！

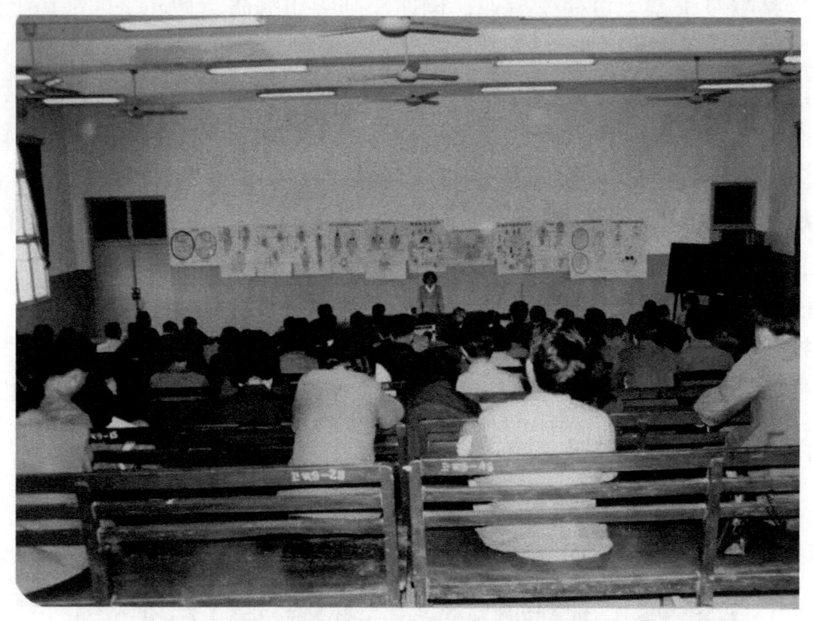

1986 年我在杭州的“吸虫学”讲座

20 世纪 80 年代，几乎每年我国寄生虫学会都有学术会议在不同地方召开，宋昌存教授都会参加，他和蔼可亲，像个大哥一样对待我们，我们都喊他“宋大哥”。记得有连续两次会议在成都和西安召开，我和我校洪凌仙教授一起去参加。洪老师是浙江人，也和宋先生很熟悉，我们笑谈他们是同乡，也许宋大哥还是洪老师的“表哥”，于是我们有时又喊他“表哥”，他也会答应。有一次，宋大哥和我及洪老师闲谈，他告诉我们去年我送他的一包福州燕皮（肉质薄片，用来做包“肉燕”的外皮用），他不知道是什么东西，还以为是雪片糕，回家给家人一人一片吃，大家吃不出什么味道。后来他问了单位的福建人，才知道搞错了。他说得让我和洪老师笑痛肚子。每年岁末，我都会收到宋大哥的贺年卡，他的毛笔字非常漂亮。他总是在卡上嘱咐我要注意身体健康，大哥之情溢于言表！

我们学校每年都有硕士或博士研究生毕业，经常请宋昌存教授作为答辩委员会主席来校主持这会议。他平时虽然非常随和，但对工作非常认真严肃，不开玩笑，对问题总要深入讨论，作出评价，使大家获益匪浅。

照片中拿讲稿的为宋昌存教授

7. 深切怀念赵辉元先生

我第一次见到赵辉元教授是在 1964 年夏天。那年夏天吉林省兽医科学研究所所长赵辉元教授邀请我父亲到双辽大草原（在吉林省与内蒙古交界处）开展危害严重的牛羊胰脏吸虫病流行病学的调查研究。我和母亲跟随父亲所带的队伍一起前往，一起去的还有研究室的汪溥钦先生和年轻的技工吴芳振同志。赵辉元先生先在长春非常热情地招待我们两天，然后，他和几位研究所年轻同志带我乘火车去四平，再转车去双辽。我们是第一次来到东北，一切都非常新鲜，赵先生不断地向我们介绍东北各处的风土人情和历史故事。到双辽草原看到四周都是一望无际的大草原，我们到草原上首先镜检当地的胰吸虫的种类，全部都是胰阔盘吸虫（*Eurytrema pancreaticum*），没有我们南方的腔阔盘吸虫（*Eurytrema coelomaticum*）。之后，每天到草原寻找它们的贝类宿主蜗牛，有一次大家走了我还在找，自以为会知道返回的路。这时候见草原领导文场长一直跟在我后面，原来我走错方向了，我们南方走路是认前后左右，而北方是认东西南北。还好文场长跟着，不然我就要在这大草原中迷路丢失了。文场长为人非常和蔼可亲，几十年过去了，他的音容笑貌还留在我脑中。

左图：赵辉元先生（左 1）文场长（右 1）与我父亲在双辽草原；右图：大家在双辽草原上寻找蜗牛

我们在双辽草原工作近一个月，卓有成效，在捡获的蜗牛中查到胰阔盘吸虫的幼虫期，其结构不同于腔阔盘吸虫幼虫期，而且与当地牛羊感染的只有胰阔盘吸虫情况相符合。证明腔阔盘吸虫在我国只分布于南方，而胰阔盘吸虫分布于全国。这结论后来与我 1977 年在内蒙古扎赉特旗科尔沁草原的调查结果相一致。这两种阔盘吸虫的终宿主、贝类宿主和昆虫宿主（草螽）都同类，为何会有如此不同的地理分布？这还是一个谜。工作结束时，由于当时我国此类吸虫的昆虫宿主尚未解决（1974 年我和父亲才解决了此问题，1977 年在科尔沁草原证实），赵先生笑对我父亲说："你让闺女留下好不好？"父亲用笑声回应了他的好意。离开双辽草原后我又回到长春，赵先生又按父亲的请求带我们到血吸虫性皮炎很严重的朝鲜族地区考察病情和传播媒介问题，到 9 月才回福州。

父亲和赵先生友情非常深厚，每天他们在一起，除讨论正在进行的科学调查研究的工作之外，得暇时还一起背诵和谈论古诗词。我看到他们都非常快乐。这也是"文化大革命"前我们最后一次愉快的科学之旅！也是我们与赵辉元教授认识并凝结亲情般的感情开始。我以后有一次见到他（那时父亲已逝世），我喊他赵伯伯，他郑重地对我说："你不能喊我赵伯伯，你只能喊我赵叔叔。"他那时的神态我至今不忘！

1977 年夏天，我应邀到内蒙古扎赉特旗科尔沁草原进牛羊胰脏吸虫病流行病学调查研究，包括解决当地此疾病的传播媒介牛羊受感染的地点和季节等问题。经过一个多月的工作，确定病原种类只有胰阔盘吸虫一种，其贝类宿主是枝小丽螺（*Ganesella virgo*），昆虫宿主是中华草螽（*Conocephalus chinensis*），感染地点就是在有枝小丽螺栖息的山谷型的草原。我们野外采集的枝小丽螺和中华草螽体内都查获有不同世代的幼虫期，又在室内实验草螽及羊羔感染试验成功给以证实。野外工作结束后，我与长春白求恩医科大学的白功懋教授联系，他应允我携带病原标本到他实验室做显微照相。我和合作单位的崔贵文研究员一起携带枝小丽螺和中华草螽等实验材料来到长春，找赵辉元教授，他热情地安排我们在他研究所住宿和工作。我们工作顺利完成时，正逢中秋节，赵先生和师母热情地请我们在他家共进晚餐过节。第二天我们离开长春，我要乘去辽宁铁岭的火车（再乘汽车去迁到那里的沈阳农学院，探望我舅父舅母）。临行时，赵先生拿着一大包月饼给我说："师母给你的，带在路上吃。"浓浓亲情，终生难忘！

20 世纪 80 年代，父亲在厦门主持了多次学术活动和学术会议，赵辉元教授都有来参加。我多次赴内蒙古兴安盟乌兰浩特科尔沁草原野外工作，都先到长春转车去白城，再去乌兰浩特。回去时返程路线也经过长春，有时也要到赵先生的研究所住几天，整理材料，赵先生都为我安排妥当的食宿问题。1993 年父亲谢世，在厦门的大型寄生虫学术活动几乎停止了。2000 年初，有一天早晨我去上班的路上，遇到我校艺术学院音乐系赵教授（他是赵辉元教授的侄儿，他夫妇俩都是我校音乐系教授），对我很友好，我们见面时都会谈些话。那天他对我说他叔叔赵辉元教授很想念在厦门的亲友，很想有机会能再来厦门看看。我立刻回答："我可以邀请他来厦门。今年 6 月我有几位硕士和博士研究生要毕业，要开毕业论文答辩会，正好邀请赵先生来指导。"6 月，赵先生由他儿子陪着来到厦门，担任答辩委员会主任。会后，他侄儿把他接去和在厦门的亲人们相聚了几天。没有想到，这一次竟然是和赵先生的最后相聚，第二年夏天我在科尔沁草原收到吉林省兽医科学研究所发来的“赵辉元教授逝世的讣告”。实在太意外了！

左图：赵辉元教授（前右 4）在 2000 年厦门大学研究生学位答辩会；右图：同年我与赵先生和他儿子在厦门大学

20 世纪 80 年代父亲（右 2）在厦门大学接待赵辉元教授（左 3）、金大雄教授（左 5）、张作人教授与师母（右 6、5）等学者，唐崇惕（左 1）陪同

吉林省兽医科学研究所

崇惕教授：

蒙赠《唐仲璋教授选集(二)》谢谢。

这是一部寄生虫科学的经典论文选集。该选集的出版为寄生虫学学界提供了极珍贵的文献资料，将进一步促进寄生虫学科研工作的发展。

你们又做了一件很有意义与价值的工作；感到很高兴。希望再过五年，也就是令尊令堂诞辰100周年纪念日，见到第三集的出版，预祝成功！

恭贺2000年

新年快乐！

全家幸福！

万事如意！

辉元

99.12.29

20×18=360　第　页

1999 年赵辉元教授来函墨宝遗迹

8. 深切怀念廖翔华先生

廖翔华先生是国内外著名的绦虫学和鱼病科学家。他是我父亲 20 世纪 30 年代末在福建协和大学的学生，以后他任教于广州中山大学生物系。他尤其对与鱼病关系密切的假叶类绦虫做了许多精细的生物学与流行病学的研究，80 年代我们多次邀请廖先生来厦门大学给寄生虫学专业的学生授课。父亲也对假叶类绦虫有些研究，廖先生每次来后，父亲都非常高兴地与他亲密谈论问题不停。父亲多次向我赞扬廖先生的科学精神和极其精细科学研究的工作作风。

左图：廖翔华教授在工作室；右图：1986 年 10 月 14 日我母亲辞世，父亲极度悲伤，廖先生特意来厦门慰问

1975 年，“文化大革命”还没结束，我和父亲一起去广州参加陈心陶教授召开的有关《吸虫志》的一个学术会议。有一天见到廖翔华先生手提着渔具和篮子来看望父亲（他大约一会儿就要去渔场），我听到他对我父亲谈一种成虫寄生在鹭鸟咽喉的假叶绦虫，其幼虫寄生在人工饲养的鱼类腹腔中，对鱼危害很大的情况。这是我第一次见到廖先生并见父亲很有兴趣地听廖先生谈工作情况，印象十分深刻。

1983 年 5 月，我应邀去香港参加国际贝类研究会。因为从南美洲进口热带鱼携带来的美洲曼氏血吸虫（*Schistosoma mansoni*）贝类宿主双脐螺（*Biomphalaria*）已在香港新界等地大范围繁殖蔓延，世界卫生组织对此很重视，要求查清其中有无携带曼氏血吸虫病原。我负责的研究工作是去调查研究这一问题。自此之后到 1996 年，每隔 3 年都有一次国际海洋生物研究会在香港召开，我都受到邀请去调查研究海洋贝类寄生虫问题。我去香港回来经过广州，常常到中山大学拜访时任生物系主任的廖翔华先生，他和他夫人杨琇珍教授都非常亲切接待我，请我到他们家吃饭。廖先生带我参观他的鱼病研究室和江静波教授的实验室。江静波先生是我父亲 40 年代在福建协和大学的学生，他们俩都是我的大师兄（确切地说，他们都是我老师级的大师兄），他们都像大哥哥一样对待我，给我介绍他们的科学工作内容。廖先生发表新文章时也常给我寄，都让我受益匪浅。他给我写信非常宽厚而且十分谦虚，令我不安。

1992 年，父亲的从教六十年庆祝活动，廖先生还特意来参加。就在廖先生在台上讲话的时候，父亲休克了，极力抢救，一个多小时才醒过来，抬回家后不再参加活动。那次是父亲最后一次见到廖先生。次年，1993 年，父亲辞世了。这之后，我每次公出到广州，一定都要去中山大学看望廖先生和他夫人杨琇珍教授。廖先生身体慢慢变差了，以后，我多半是到他们家中看望他们。最后一次是 2010 年，我去看望他们，我带一条围巾送廖先生，杨老师立刻给他围上，我们一起合影。大约一两周后，廖先生就住进医院治疗已经非常严重的糖尿病。3 个月后，一代著名科学家廖翔华教授逝世了。之后，新年之前，我照样给杨老师寄贺年卡，不见回复（过去，他们俩都会回我一张贺卡）。我以为她到美国儿子那里去了。过两年，我一打听，才知道杨琇珍教授也因病去世了。岁月太匆匆！

中山大学

Zhongshan (Sun Yatsen) University Guangzhou, People's Republic of China

崇惕教授，新年好。

收到赐赠唐师论文及诗词选集，万分感谢。在本世纪即将结束，千禧年到临时出版具有特别深远意义。唐师贡献毕生精力，呕心沥血，为我国寄生虫学作出卓越贡献。每当阅读唐师文章时，他的慈祥和蔼可亲的笑容就显在眼前，他的形象永远活在我们的心中。他对寄生虫研究，献身事业，勤奋拚搏精神，永远激励我们向前开拓。对晚辈有点滴成绩时，他从内心发出喜悦，给晚辈极大的鼓励，增强对工作的信心。唐师为人诚恳，无半点虚伪，热爱学生，学风严谨，身教重于言教，为人师表楷模。

我在大学时代，唐师授我寄生虫知识。当时我从事鸟类，追随任彰师身旁。大学毕业后继续鸟类及鱼类研究。出国后，攻读海洋生物生态学，50年代回国后，又从事鱼类寄生虫研究，可见唐师对我影响之深。可惜因生产需要，50年代后期以至60年代又从事鱼类繁殖研究，文革中折近10年。70年代又转入鱼类营养及饲料研究，80年代才有部分时间又重返寄生虫研究。

廖翔华先生信件 1-1

中山大学

Zhongshan (Sun Yatsen) University Guangzhou, People's Republic of China

假如当时能坚持鱼类蠕虫研究，可能有更多机会求教于唐师。

唐师一生并不平坦。抗战年代，生活十分艰辛。在43年即将离开邵武时，一年内唐师丧失爱女，接下得力助手林国操又被鼠疫夺去生命。唐师身心一连遭受沉重打击，其痛苦非一般人所能忍受。但唐师仍能鼓起勇气，继续攀登科学高峰。为后来者展示如何不向困难低头，是杰出的榜样。解放前，科研条件远不如今日，研究项目并无国家经费。唐师为研究日本住血吸虫及马来丝虫病流行学，深入农村山区做野外工作，生活艰苦，树立生物学工作者如何从实地获得第一手资料榜样。如今年青一辈，将野外工作视为畏途，不愿参加野外工作，丧失从自然界获取知识能力。

我们探索鱼类寄生蠕虫谱系关系，今年毕业两名博士生，分别从序列分析，探讨阐明不同地区分布的头槽绦虫种间的谱系关系，以及台湾绦虫与其他似叶目绦虫属种间谱系关系取得一些进展。另一名博士生正开展鱼类寄生单殖吸虫分子系统学研究。今后祈多赐予指导为感。

即祝

新年快乐

廖翔华

27-XII-99

廖翔华先生信件 1-2

地址：广州市新港西路135号　　图文传真：(020)84186300—7584
电话：(020)84186300(总机)　　邮政编码：510275

崇惕教授：

来函及大作均已收到，深谢。连日因接待弟妹从远道归国探亲，致未能及时致谢，深以为歉，望谅。

先生长期在西北牧区进行双腔吸虫深入研究，近年又在泡状棘球蚴进行系列研究，硕果累累，至为感佩。国内寄生虫研究似有衰落趋势，但厦大寄生动物研究室仍独树一帜，尤以唐师连续三代坚持寄生虫学研究，更为国内该学科的头羊，带领学科发展，功绩显赫。

先生手背受损未全，仍望早日完全康复。

此致

安康

廖翔华

2002年十月廿二日

第　页

廖翔华先生信件 2

中山大學 ZHONGSHAN (SUN YAT—SEN) UNIVERSITY
地址：广州市新港西路135号 图文传真：(020)84186300—7584
电话：(020)84186300(总机) 邮政编码：510275

崇阳教授：

周前鸣松贵阳医学院吴建伟先生专程从广州外国语学院来舍下看望我，蒙您关心和爱护，至深感激。吴先生在您教导下，对卫生学发展，殊有创新和开拓见解，能有机会到国外深造，相信对今后工作必有大助。

贵体受损谅已康复。骨骼保健甚为重要。我国过去对该方面知识宣传不够，饮食中缺少钙者或多，致不少人导至骨质疏松。赵修谦夫人因咳嗽引起肋骨骨折。广东人膳食中常加骨汤，殊为有益。用猪脊骨或肩胛骨加淮山、枸杞、红枣在高压锅中慢火中煮一小时，冷却后除去表层脂肪，与汤加热饮用。牛奶不可缺少。保健品中可选加钙片。国内产品为高能钙等价格高昂，且吸收效果不佳。国外有钙胶囊（"Calcium 900" plus D" soft gels，每天服900 mg + Vit. D 有助于吸收。国外产品每1胶囊为300 mg，每次服3囊。国外价低，可否请居亮去问，先作信参考。

祈多保重

此致

敬安

廖翔华 顿

12-XI-2002

廖翔华先生信件3

2010 年初我最后一次拜访廖翔华教授和杨琇珍教授

9. 怀念我们寄生动物研究室前主任林宇光教授

林宇光先生的父亲林振骥伯伯是我父亲好朋友，新中国成立前任福建省研究院化学所所长。他于 1944 年进入福建协和大学生物系学习，师从我父亲。1948 年毕业后进入福建省研究院动植物学所工作，又成为父亲的助手。然后虽经过数次单位及大学的院系调整，他们俩 45 年（1948～1993 年）始终在一起，情同父子。父亲 1993 年脑溢血进医院抢救，我匆忙进出中，见到他站在窗户外往里看，哭着，口中低声喊着："先生，先生……"令我感动。

宇光先生是我师兄，也是我老师。我念大学时修读父亲多门课程，他和汪溥钦先生（也是父亲的学生）都是作为助教分别带我们实验课。"文化大革命"后，我们研究室从"下马"了的福建师范学院调到厦门大学，父亲就不再担任研究室主任，由宇光先生担任。我和宇光先生有时会因对工作的不同意见而争执，但不影响彼此感情，他照样喊我的小名"依逖"，照样常常到我家中找我父亲谈天。我同样在外面听到有人对他有所非议时，也会为他鸣不平。尤其是父亲去世及他退休后，他多次给我写信叙述对我父亲的怀念。他写了好几首悼念老师的诗，都先抄写给我看（宇光先生给我很多封信，可惜只留下此文所示的 3 封，见下文）。

宇光先生退休后对寄生动物研究室仍然怀有极深厚的感情，有一长段时间，研究室的牌子被人偷去了，到学院搬到翔安校区，其他室的牌子都挂上了，唯独我们研究室没有牌子，他一直念叨着，直到把牌子补上他看了才放心。

宇光先生对研究室的发展十分挂心。他的学生苏新专博士（美国中央卫生研究院终生研究员）被我们学校聘为特聘教授，开展疟疾学研究并培养博士研究生留校开展工作。宇光先生非常欣慰。他还想另引进人才，种种原因不如人意，他引以为憾。

宇光先生的母亲享年百岁，我们大家都认为宇光先生也可以达到百岁高寿，没有想到这么快就离开了。当年（1972 年）父亲提议要编写《蠕虫学》，议定由父亲和我负责《线虫学》和《吸虫学》，宇光先生负责写《绦虫学》。遗憾得很，他没有写完！他在给我的信中也提到此事。早年，宇光先生做了不少绦虫类的研究工作，也积累了不少资料。可惜出专著的事，被许多别事耽搁了！ 国内专门从事绦虫类研究的人不多，现在有谁能替他完成此事？！

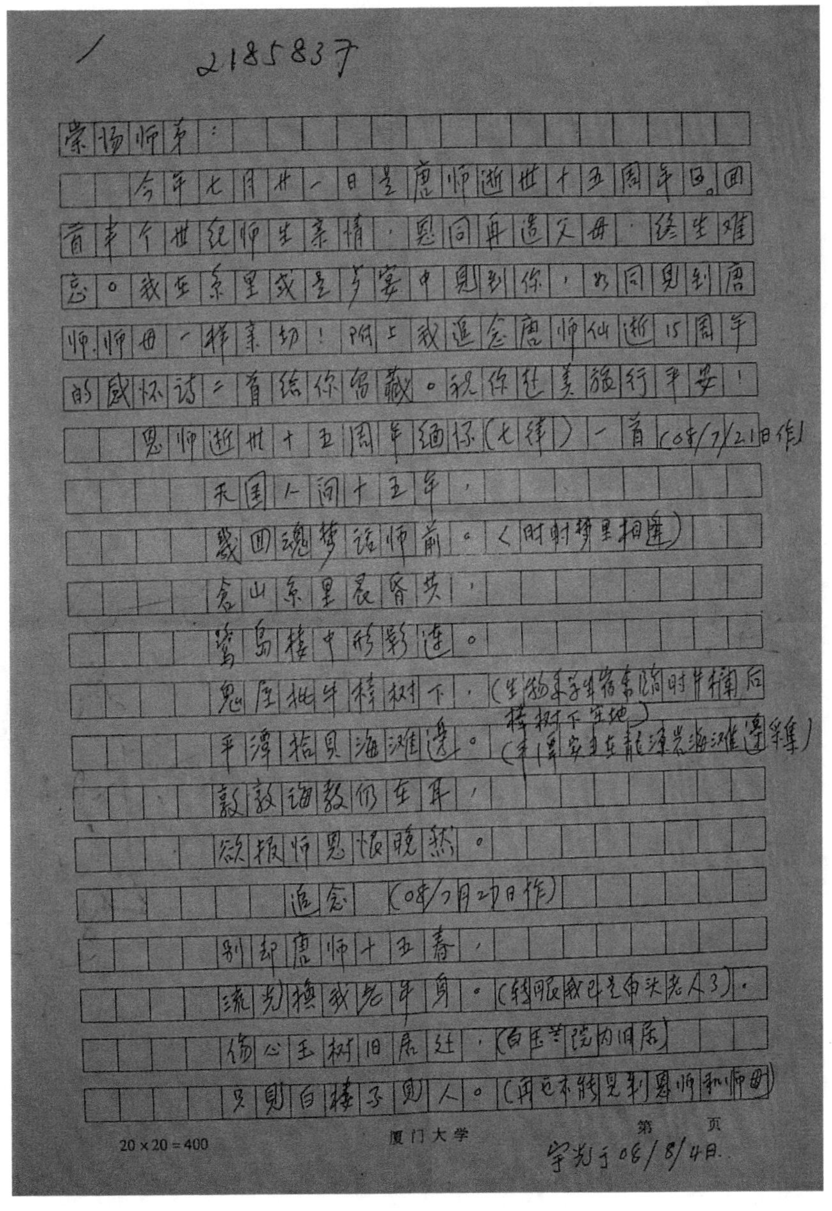

1　2185837

崇扬师弟：

今年七月廿一日是唐师逝世十五周年日。回首半个世纪师生亲情，恩同再造父母，终生难忘。我在家里或是梦寐中见到你，如同见到唐师、师母一样亲切！附上我追念唐师仙逝15周年的感怀诗二首给你留藏。祝你赴美旅行平安！

恩师逝世十五周年缅怀（七律）一首（08/7/21日作）

天国人间十五年，
几回魂梦绕师前。（时时梦里相逢）
仓山家里晨昏共，
鹭岛楼中形影连。
忽座枇杷樟树下，（生物系学生宿舍临时草棚后樟树下空地）
平潭拾贝海滩边。（平潭安美东龙涛岩海滩边采集）
谆谆诲教仍在耳，
欲报师恩恨晚然。

追念（08/7月24日作）

别却唐师十五春，
流光换我老年身。（转眼我已是白头老人了）。
伤心玉树旧居处，（白玉兰院内旧居）
只见白楼不见人。（再也不能见到恩师和师母）

20×20=400　　厦门大学　　第　页

宇光于08/8/4日.

林宇光先生信件 1

五、师情难忘

恩师逝世后，我时常想念，难以忘怀。尤其是每天上下班经过恩师的故居“造反楼”时，都不免要仰望楼阁而思念。（该楼因在“文革”被“红卫兵”据作司令部故被称为“造反楼”。唐师一家于1975—1985年住在该楼的顶层上。）

1999年四月，落红满地，万木枝头碧绿如染。举目望恩师旧居，楼台依旧，早已数易主人。见景黯然，曾留诗为念：

落尽红棉绿满园，凌峰千树着新妆。楼台依旧音容渺，人事已非世态凉。

半夜无眠思勉诲，幽冥何处话衷肠。怯怜风雨催霜鬓，惟有师恩一念长。

（唐师先翁家教：“年富家贫，全凭才学。”恩师言教并身教）

2002年7月21日是唐师逝世9周年。当日路过“造反楼”唐师故居，回忆昔日每次由老师故居辞别时，唐师总是几度笑着留我多坐些时，我频频仰望，无限思念。边行边吟一小诗留念。并将抄录给崇惕说：“同你共寄我难忘的师情。”

唐师逝世九周年有感

隔断人天足九秋，论诗课业思悠悠。

白楼碧树旧居处，犹见恩师笑挽留。

（笑挽留：指唐老时常挽留在家吃便饭。）

我于2003年7月21日唐师逝世十周年之日，曾又留诗一首志念如下：

恩师逝世十周年感怀

漠漠人天梦十春，文章科研一生工。披星戴月行瘴地，废寝忘餐战恶虫。

雄卷篇篇留学范，旧居处处见师魂。人间洒遍恩和惠，笑喜九州桃李红。

（行瘴地：泛指走遍荒村山地等处的流行病区）

179

摘自2014年《唐仲璋院士百年诞辰纪念文集》林宇光先生撰写的

“长近半个世纪（1944～1993年）师生情结的追思·师情难忘”中的几首诗

棠杨师妹：数月来未曾见过你，安康否？

十分感谢你于2009年冬在福州师大召开了楼纪念唐师和你班级毕业55周年纪念会时，送我一盘VCD唐老100岁诞辰纪念片，盘面有唐师和师母的合照。现在放在我的书案上，使我天天如同和唐师、师母在一起。两位慈祥和微笑的脸面，翩翩如生前一样，令我感同父母一样的亲切和蔼温暖。当我每日写作疲倦时，或是心情不好时，只要面对唐师和师母的相片凝眸一望，我便感到心情喜悦，顿觉轻松！

我一般上午看书写作，午后黄昏，只要风和日暖，我时常散步西湖，有时和吴素瑜兄结伴同行。每到西湖紫薇厅前，我必徘徊片刻！记着唐师同我到西湖博物馆拜访章振乾老伯一家时，经过紫薇厅，唐师告诉我，他解放前和师母就在此厅举行婚礼。从此，我对紫薇厅便生有感情，每到此厅前，便会留连依依。浮想当年唐师师母婚时的欢乐时刻！而今时换景迁，紫薇厅已非解放前当时歌舞娱乐场所，楼上窗门紧闭，可能改作职工宿舍了。厅前冷落，又

20×20=400 厦门大学 第1页

林宇光先生信件2-1

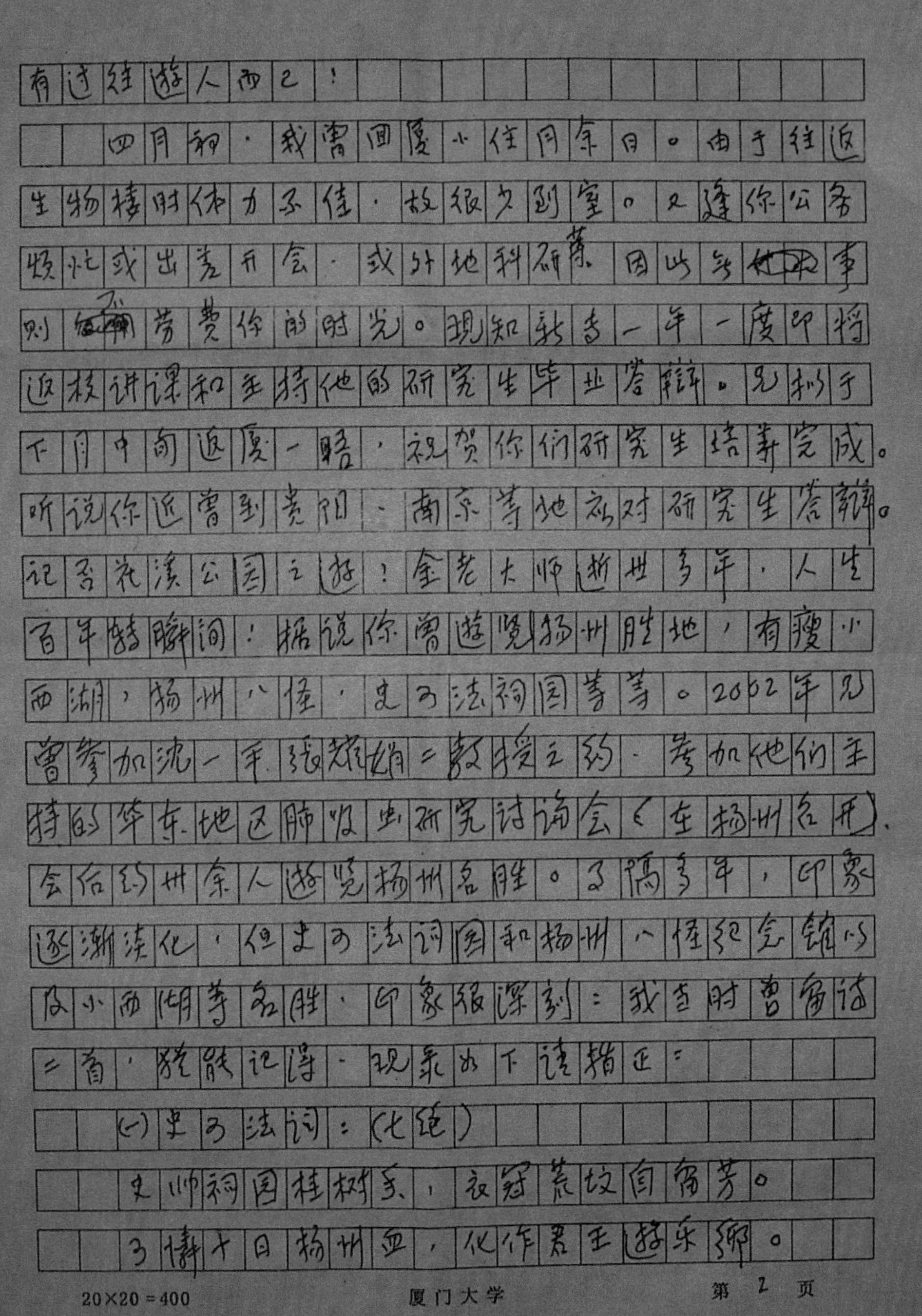
有过往游人而已！

四月初，我曾回厦小住月余日。由于往返生物楼时体力不佳，故很久到室。又逢你公务烦忙或出差开会，或外地科研等，因此每事则不劳费你的时光。现知新吾一年一度即将返校讲课和主持他的研究生毕业答辩。兄拟于下月中旬返厦一睹，祝贺你们研究生培养完成。听说你近曾到贵阳、南京等地去对研究生答辩。记否花溪公园之游？金老大师逝世多年，人生百年转瞬间！据说你曾游览扬州胜地，有瘦小西湖，扬州八怪，史可法祠园等等。2002年兄曾参加沈一平、张燕娟二教授之约，参加他们主持的华东地区肺吸虫研究讨论会（在扬州召开）。会后约卅余人游览扬州名胜。多隔多年，印象逐渐淡化，但史可法祠园和扬州八怪纪念馆以及小西湖等名胜，印象很深刻：我当时曾写诗二首，犹能记得，现录如下请指正：

(一)史可法祠：（七绝）

史帅祠园桂树香，衣冠荒坟自留芳。

可怜十日扬州血，化作君王游乐乡。

20×20＝400　　厦门大学　　第 2 页

林宇光先生信件 2-2

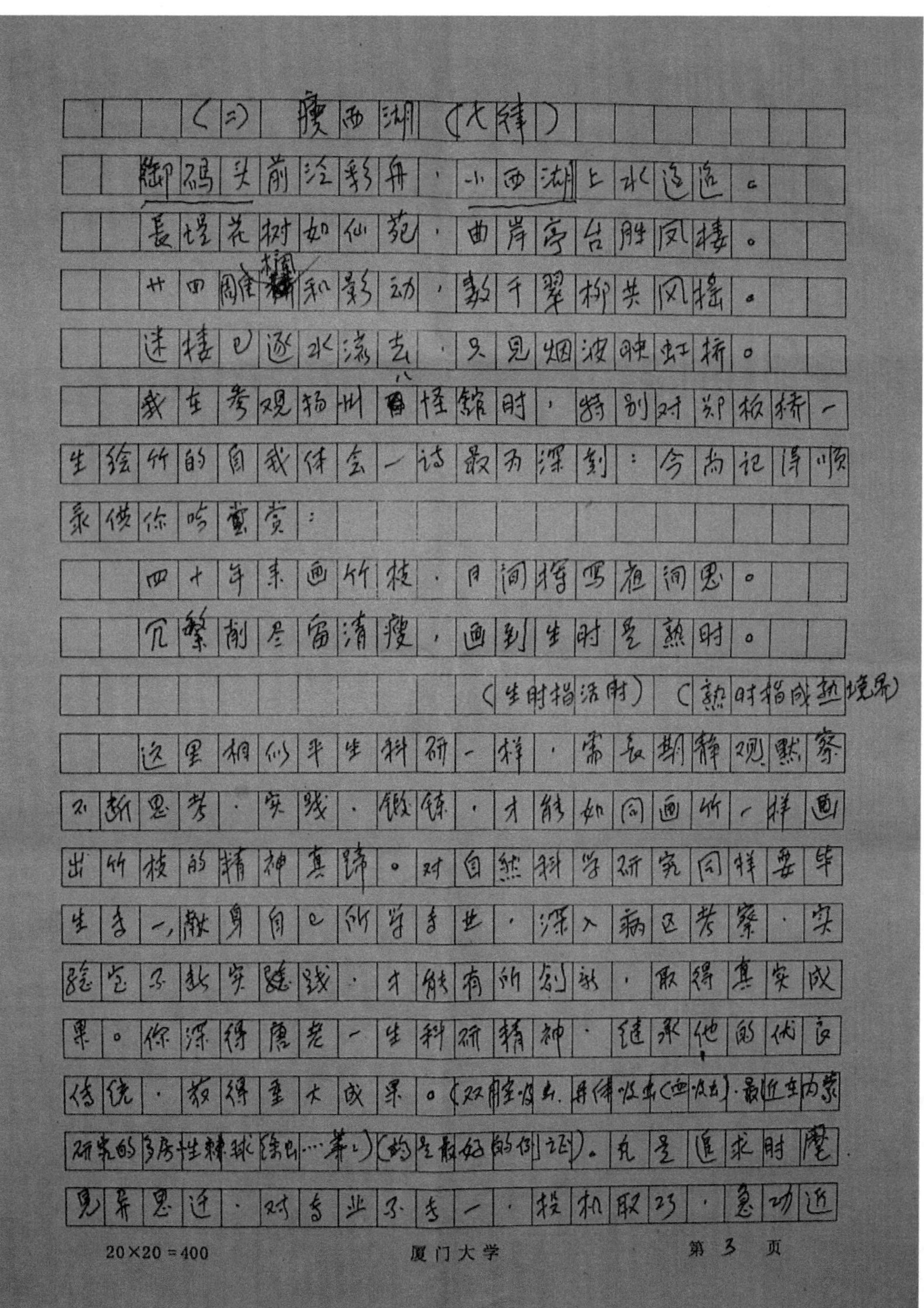

（二）瘦西湖（七律）

御码头前泛彩舟，小西湖上水迢迢。
長堤花树如仙苑，曲岸亭台胜凤楼。
廿四雕栏和影动，数千翠柳共风摇。
迷楼已逐水流去，又见烟波映虹桥。

我在参观扬州八怪館时，特别对郑板桥一生绘竹的自我体会一诗最为深刻：今为记得顺录供你吟赏：

四十年来画竹枝，日间挥写夜间思。
冗繁削尽留清瘦，画到生时是熟时。
（生时指活时）（熟时指成熟境界）

这里相似平生科研一样，需长期静观默察，不断思考，实践，锻炼，才能如同画竹一样画出竹枝的精神真谛。对自然科学研究同样要毕生专一，献身自己所学专业，深入病区考察，实验室不断实践，才能有所创新，取得真实成果。你深得唐老一生科研精神，继承他的优良传统，获得重大成果。（双膦酸盐、丹参收虫（血吸虫），最近在内蒙研究的多房性棘球绦虫……等等）（均是最好的例证）。凡是追求时髦见异思迁，对专业不专一，投机取巧，急功近

20×20＝400　　厦门大学　　第 3 页

林宇光先生信件 2-3

利，不肯刻苦钻练，缺少长期钻研，最后只能跟在别人的屁股后面，难以超过前人的成果。忘记我们寄生虫学科是一门实践性强，危害农林牧渔等各类病害的学科。必须深入病区实际，长期调查考察，才能发现病原的问题所在，然后开展现代科技手段进行研究，才能取得突破性的创新成果，解决除病灭害的实际问题。4月中我返校时，曾看过我系二位研究生的论文，虽然我看不懂其内容的真谛，但大体知道这二位研究生是有继承我系的专长，并能通过新的技术，取得很多创新的成果。看来我室后继有人，国家投资科教不惜巨资。只要我室抓住机遇，坚持我室优良传统，大胆引进人才，鼓励年青一代，掌握继承与创新的辩证关系，不怕深入重要人畜寄生虫病区，调查考察，看准各自专业所在问题，养成长期钻研专题方向，不计急功近利，要像唐老和你一样，坚持一个课题的深入研究和实践，才能获得一个又一个的创新和突破式的重要成果。唐师常说论文不在多，而在于有否创新和解决某方面问题的质量。回首纵看唐师之卷雄文，篇篇珠玉成果，即是有力

20×20＝400　　厦门大学　　第 4 页

林宇光先生信件 2-4

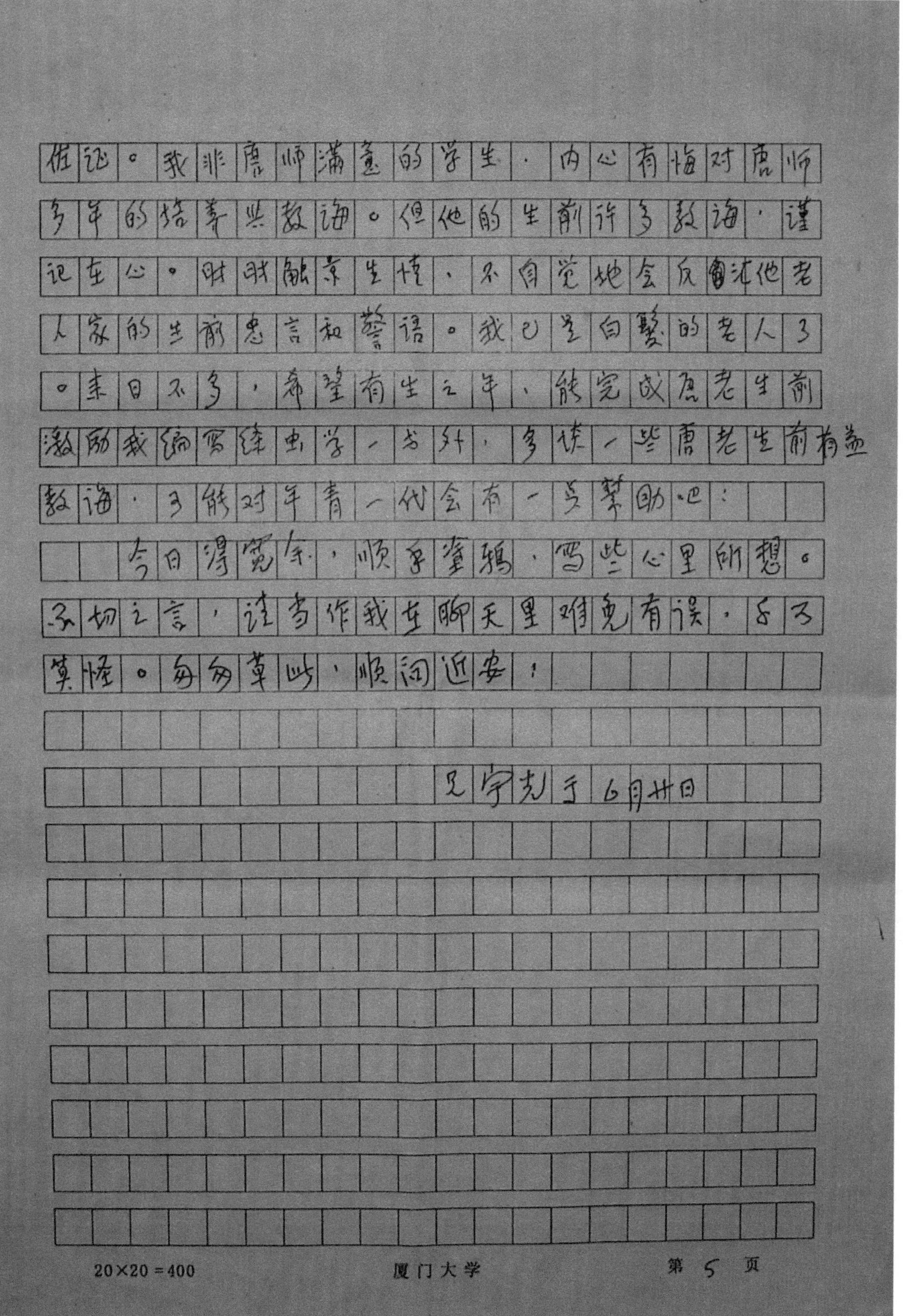

佐证。我非唐师满意的学生，内心有愧对唐师多年的培养与教诲。但他的生前许多教诲，谨记在心。时时触景生情，不自觉地会反述他老人家的生前忠言和警语。我已是白发的老人了。来日不多，希望有生之年，能完成唐老生前激励我编写续史学一书外，多读一些唐老生前有益教诲，可能对年青一代会有一点帮助吧！

今日得空余，顺手涂鸦，写些心里所想。不切之言，请当作我在聊天里难免有误，千万莫怪。匆匆草此，顺问近安！

兄宇光于6月廿日

20×20=400　厦门大学　第5页

林宇光先生信件2-5

崇惕师妹：你好！数月未见，甚思念！

兹转保海学弟给你的书信和其著作目录一份，请详阅。前月刘乐仁学弟從武汉来榕旅游，我同他到省防疫站（疾病预防中心）寄研所参观，巧逢刘心机医生由美加州回来探亲，相见喜出望外，不胜欢欣！我们回首1955-1956年时共事丝虫病病区和实验室的调查研究，时间虽短，情谊深長。我们特别垂溢唐老恩师艰苦而严谨的工作与为学精神，诲人不倦和关爱农村病人的美德，深刻影响并鞭策后辈工作者为除病灭害而努力奉献。刘医生说：唐老恩师诚恳待人身教言教，真真不愧为人师表的楷模。他回忆过去曾到建阳浦城丁布防治丝虫病时，当地防疫站長和工作人员赞扬唐老当年亲自教导他们识别蚊媒形态习性，以及蚊体内感染丝虫蚴的动人情景，念念不忘！刘医生回榕仅二周后即于10月31日返美。

保海学弟是197[illegible]届我室专业工农毕业生。细读他的书信及其著作目录，言语朴实情诚、工作踏实刻苦，令人钦佩。三十余年献身医

20×20＝400　厦门大学　第　页

林宇光先生信件 3-1

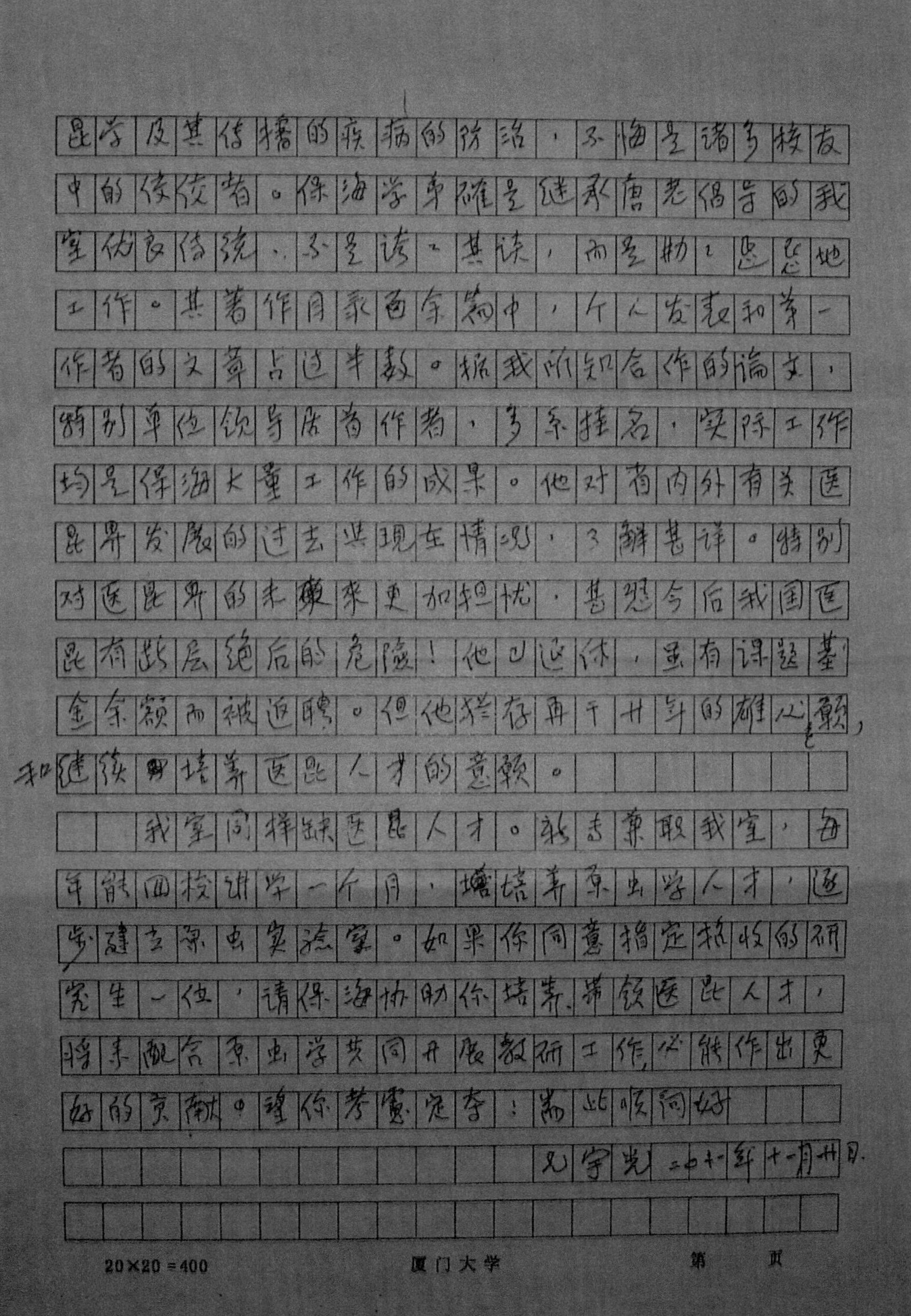

昆虫学及其传播的疾病的防治，不愧是诸多校友中的佼佼者。保海学弟確是继承唐老倡导的我室优良传统，不是夸夸其谈，而是勤勤恳恳地工作。其著作目录百余篇中，个人发表和第一作者的文章占过半数。据我所知合作的论文，特别单位领导居首作者，多系挂名，实际工作均是保海大量工作的成果。他对省内外有关医昆界发展的过去与现在情况，了解甚详。特别对医昆界的未来更加担忧，甚恐今后我国医昆有断层绝后的危险！他已退休，虽有课题基金余额而被返聘。但他尚存再干廿年的雄心勃勃，和继续培养医昆人才的意愿。

我室同样缺医昆人才。敬请兼职我室，每年能回校讲学一个月，培养昆虫学人才，逐步建立昆虫实验室。如果你同意指定招收的研究生一位，请保海协助你培养、带领医昆人才，将来配合昆虫学共同开展教研工作，必能作出更好的贡献。望你考虑定夺！专此顺问好

林宇光 二〇一〇年十一月卅日

20×20＝400 厦门大学 第 页

林宇光先生信件 3-2

左图：我和父亲、林宇光先生（左 1）、沈一平教授（右 1）在学术会议上；
右图：我和父亲在家中与林宇光先生讨论问题

左右两图：林宇光先生见到老朋友潘潮玄先生夫妇（左图，右 3、右 2；右图，前排右 2、右 1）返厦，都要宴请他们大家一起相聚

左图：20 世纪 90 年代研究室师生，林宇光先生在第 3 排中央，来访的美国加利福尼亚州大学王明明教授在后排左 5；右图：宇光先生（前排左 4）和研究室部分师生及美国回来探亲的曹华（前排右 4）一起聚会

10. 往 昔 断 忆

父亲从他还在大学念书的时候，到福州理工学校任生物学课教师，开始从事教学工

作。大学毕业后虽然曾在福建省科学馆及以后在省研究院的研究单位工作，但他一直都受聘到福建省医学院兼任寄生虫学课程。他终生都是科研教学双肩挑。他的学生可以说是满天下，而且在许多不同性质的单位工作。师徒关系极好。

1977 年 12 月在天津召开的全国动物学学术会议，会议中有 14 位是唐仲璋教授的学生。前排左起：施兰卿、汪溥钦、吴淑卿、唐仲璋、许鹏如、江静波、林宇光；后排左起：郭源华、何毅勋、周述龙、唐崇惕、陈佩惠、王翠霞、许锦江、黄庆广

福建省农林大学赵修复教授来厦门看望唐仲璋老师

父亲在大学求学时跟随导师昆虫学家凯落格先生学习，对昆虫学有深刻认识和兴趣，本来也想终生从事之，重病后体会到健康对人类的重要性，又在医院中见到血吸虫病患者的痛苦，才改变要从事寄生虫病问题的研究。但病前他在福州理工学校担任生物学课程，他的昆虫学兴趣感染了多位学生，他们以后都成为著名的昆虫学者。著名的昆虫学家赵修复教授就是他当时的学生，还有研究与昆虫有亲缘关系三叶虫的古生物学的卢衍豪院士。赵先生对老师感情极深，父亲在世时经常来探望，俩人非常高兴地谈论正

在从事新的研究问题。他们都是凯落格先生在中国科学事业的卓越优秀的继承人。父亲去世后，他题词“师恩如山”。20 世纪 50 年代我在上海工作，暑期回福建在建瓯转车，意外地遇到赵修复先生身背采集包等器材，手拿昆虫网在从事野外作业。

1986 年我母亲去世，父亲极度悲伤，父亲过去在福建协和大学的学生都特意远道来厦门探视慰问。有从广州来的中山大学生物系主任著名鱼病专家廖翔华先生（照片见本卷“我的父亲”）、从上海来的中国医学科学院寄生虫病研究所副所长周祖杰教授夫妇、从北京来的首都医科大学寄生虫学家陈佩惠等。他们的到来给父亲带来莫大的慰藉。

1986 年母亲去世，特意来厦门探望父亲的学生，陈佩惠（左 1）、周祖杰及其夫人左（3、4）

父亲早年的学生们几乎都是我老师辈的师兄师姐，他们对我父亲的挚爱也都施恩于我。我大学毕业后参加工作，所到之处，遇到父亲过去的学生们，他（她）们都非常厚待我。除本卷本章节以上所记之外，再举数位如下。

吴淑卿先生　当我还是中学生时，就见到年轻的吴淑卿先生，那时（1942—1945 年）我们家住在因抗日战争迁到邵武的福建协和大学理学院后面的教工宿舍，我上学进出理学院楼时常见到吴淑卿先生在给学生们上实验课。她下课后常到我家和我母亲聊天，我才认识她。新中国成立后，她在北京中国科学院动物研究所主持寄生虫研究室的工作。20 世纪 80 年代，她组织力量在厦门成立我国的寄生虫学会，并担任了中国动物学会寄生虫学专业委员会理事长，主办寄生虫学专业刊物，花费许多心血。八九十年代，我多年到内蒙古东部呼伦贝尔草原和科尔沁草原进行野外调查工作，返回时常经过北京，带回许多活的标本，常常需要拿到吴先生实验室里处理，有时要到科学院图书馆借些参考书，也要找吴先生帮忙。她对我关怀备至，给我帮助很多，还会用家乡方言跟我谈天，感觉特别亲切。不幸她从一次体检中发现卵巢癌，治疗几年，我到北京一定都会去看望她，希望她治疗有效。可是最后还是无法治愈而作古了！

许鹏如先生　她是父亲在 20 世纪 40 年代的学生，抗战胜利后父亲在省研究院工作时，她还跟随父亲从事科学研究一些年月。后来，她到广州华南农业大学任教。1980 年我与她一起参加北京农业大学举办的寄生虫学的培训班讲课。与她很亲切地一起生活一个月。但不久就听到她患病的消息。起因是夏天有外宾到她学校参观访问，她带外宾到冰库看她的实验样品。盛夏，她穿短袖旗袍，只披盖一件棉衣进去，不料在冰库中生存的病毒，侵入她身体到脊椎中去，第二天即开始发烧得病，而后开始从胸部以下瘫痪了。用各种进口药治疗，都不见效。1983年，我赴香港参加海洋生物国际研究会，回来经过广州，特意到石牌的华南农学院去看望她。见她躺坐在床上，全身因服药而发胖。她笑着对我说："这药会让人身体如牛、头像猪头。"她床头放着好多本书，身上放着一个木板书架，有纸和笔。她还在写东西。她很乐观，与我谈了许多话，非常亲切。我还在她家里用了午饭后才离开。没想到，这是与她最后一次相处，我回来后不久就得到她去世的消息！

1980年许鹏如先生（左1）与我（右1）同在北京农业大学寄生虫学培训班授课

叶英先生 叶英先生是我父亲非常亲密的学生，他1940年夏毕业于福建协和大学生物系，也是福州人。他英俊热情、博学多才，具有音乐等艺术天赋。我很小就认识他，而他的悲剧式的人生遭遇，给我非常深刻的印象。

1955年在上海第一医学院，我（前排左2）和叶英先生（前排右1）及他同事

我第一次见到叶英先生，是 1940 年夏天在邵武，我小学毕业，他大学毕业。当时我和我哥崇悫要离开邵武去长汀舅父家上中学，而叶英先生要回福州。父亲托他带我们坐长途汽车到南平，并托他再替我们买从南平去永安的汽车票。一路上他像大哥哥一样照顾我们，非常和蔼可亲。和叶英先生同行的是一位闽南的女同学，也要到南平转车。他们很亲密，她可能是他的“准女朋友”。他们在南平旅馆整理行李箱，我有趣地在旁边看着，叶英先生学她用闽南话讲行李箱中发现的蚂蚁，大概说不准确而大笑的样子，我也非常快乐。第二天一早叶英先生送我和我哥上了去永安的汽车，他们一位去福州，一位去厦门，就此分别。我听说了，叶英先生英语非常好，大学毕业后到前线在抗日盟军中当英语翻译。抗日战争期间福州沦陷两次，厦门一直沦陷。可能因为战争的缘故吧，叶英先生与大家都不通音讯。1942～1945 年我几经辗转，又回到邵武念中学，抗战胜利前夕我在邵武听说，叶英先生回来了，去找他的那位“准女朋友”，可是她已经结婚了。叶英先生与她在一学校的操场篮球架边大哭一阵，伤心地走了，出国去了！这样古今雷同的爱情悲剧，竟然也发生在叶英先生身上，令我感到非常遗憾！

我第二次见到叶英先生，大约是 1950 年我在福州，见到叶英先生怀抱着一个包裹在白色大浴巾中只有一两个月大的儿子，他正在与他美丽的夫人说话。他夫人关丽玲老师是澳大利亚名门华侨的后裔，不会说中国话，他们讲英语。不久后听说他们到上海第一医学院任教。父亲曾告诉我，1951 年叶英先生刚到上海工作后不久，有一天到一家百货商店购物，惊奇地见到吴淑卿先生（他在福建协和大学的同学）在那里当售货员，立刻介绍她也到上海第一医学院工作。后来我也见到，他们还合作共同发表了“上海亚唐似吸虫新种”的重要科学文章［叶英，吴淑卿. 1955. 上海沼虾 *Genarchopsis shanghaiensis* n.sp. 新种（吸虫纲：半尾科）及其早熟现象的初步报告. 动物学报，7（1）：37-42］。不久后吴淑卿先生才调到北京中国科学院动物研究所担任寄生虫组的负责工作。

1954 年，我大学毕业分配到上海华东师范大学生物系工作。大约是父亲写信告诉叶英先生我在华东师范大学工作，有一天他来看我，并带我到他家中做客。好几次他都请我到他家过周末，他总像大哥一样和关老师盛情款待我。他们儿子已 4 岁多，关老师和孩子说英语和不熟练的中国话。我常看到关老师弹钢琴，叶英先生在琴旁男高音唱优美的外国歌曲。他们一双儿女也遗传了父母的音乐天赋，是非常幸福的一个家。上海经常有学术会议，我参加时都会见到叶英先生，我做报告时他给我拍照，还常把我介绍给我父亲的朋友老前辈，并为我们照相。叶英先生有一次要我教他的助手们制作原虫纤毛网基粒染色制片方法。我到他实验室工作一天，中午在他家中用餐，晚上他和关老师邀请我到餐馆用餐，用餐时叶英先生把手放在关老师手臂上轻声说：“有点发烧。”他好像有点不舒服，还特意招待我。

叶英先生把我当亲人，常告诉我他的苦恼。他和我说：他们的第二个孩子是个女儿，请了一位保姆照看，他和关老师去上班。一天，保姆把孩子放在摇篮里，把装满牛奶的奶瓶放在孩子的嘴里，走开了。牛奶流到孩子的呼吸道而窒息死了。他最后摇着头说：因为她是“工人”，这事也就这样不了了之，他只能忍气吞声。又有一次叶英先生又告诉我，由于抗日战争期间他曾担任美国盟军的英语翻译，历次政治运动他都成为重点斗争的对象。他都曾经把他所有玻片标本注明登记，做好了会被捕入狱的思想准备。虽然每次运动结束时，校领导都在全校教职工大会上宣布他没有问题，可是另一政治运动来到，他又成了重点斗争对象。

1957 年我从上海调回福州工作。20 世纪 60 年代初，叶英先生从事吸虫类研究特意从上海回福州到我们学校，和父亲讨论吸虫类的问题，并观看相关的吸虫标本。他在福州逗留好几天，穿着非常朴素，在父亲面前又像过去做学生的样子! 1963 年 11 月，在北京有好几个学会召开代表学术会议，每一单位有限定代表名额参加，动物学会给我们学校两个名额，父亲带汪溥钦先生已经赴会去了。动物学会特意发电报给我的单位，指定再给我一个名额，要我速赴会。在会上见到叶英先生和诸多有名前辈和同辈的学者都到会。会议第二天早晨正在进行学术交流时，突然接到通知，要去中南海，中央首长要接见学会的代表。叶英先生是很注意仪态的人，我见他非常高兴地对大家说："稍等一下，我要刮下胡子！"很快，他英姿翩翩地出现在大家眼前。那一天是毛主席和所有中央首长接见六个学会的代表并合照，叶英先生坐在前排。这是他生前留下的最有丰采的影像！

我最后一次见到叶英先生是在 1977 年 7 月 13 日。我是赴内蒙古草原野外工作，需要在上海转车去哈尔滨，然后再转车去海拉尔。临行前父亲嘱咐我到上海再忙也要去看望叶英先生，让我带他的"三句口信"给叶英先生。我心中本来也决定到上海要去看望叶英先生、张作人先生和吴光先生等老师。大约父亲已给叶英先生写信告诉他我会到上海去看望他的消息。我是到了要离开上海那一天才去看望他，由大学同学熊光华带我去叶英先生的住处。我按门铃，关老师来开门。我进入客厅就听到叶英先生喊着说："崇惕：我以为你被上海的热吓跑了！"接着听到他喊关老师给他拿衣服，显然他也很迫切想见到我。很快他坐在轮椅上出来了，非常英俊的叶英先生变成满头白发的一位老者，只有一只手，另一只手只有上臂，轮椅两旁有装满杂志和报刊的口袋。说明他每天仍然耕读不辍！

叶英先生见到我们非常激动和高兴，跟我们谈了许多话，告诉我们，他儿子到东北农村"上山下乡"当知青，他会拉手提琴。有一天夜晚听到远处优美的手提琴音乐声，吉林省文工团团员朝着这音乐声方向巡声找到了他，立刻把他收入到团中，这文工团现在长春；也告诉我们，他们女儿现在在音乐学院上学，等等家里的事。我也转达了父亲要我告诉他的三句话："①我给你写信你要回信；②国家要出版《吸虫志》，大家都在写了，完成时，要请你参加审查委员会；③有时间你们回家乡来住些时候。"再谈了一会儿，我需去火车站的时间到了，我们向叶英先生和关老师告别，我告诉他当天傍晚我要离沪去哈尔滨再转车去内蒙古，待我回来经过上海时一定再来看望他。他对我说："我知道这班火车的时间，我儿子每次回来后返回东北都是乘这趟车。今天我不能招待你了，我让在长春文工团的儿子招待你。"没想到这一次相见竟成为与叶英先生的诀别。1940～1977 年，与像大哥一样的叶英先生相识相处，就此结束！

仅过一个月，8 月，我还在内蒙古科尔沁草原扎赉特旗，接到熊光华来信称："叶英先生一天中午因发烧到他学校附属医院诊治，医生立即给他输液，叶英先生在输液中去世了，距离从家到医院不到一个半小时。吴光先生近日也去世了。"真是太意外了！我经上海时也曾去看望我国寄生虫学前辈吴光先生，他正在生病不能见面，我让他家人告诉他：待我返回时，一定再来看望他。而他们俩在这么短时间竟双双都驾鹤西去了！

二、求学历程

引　言

虽然，我数十年在高等院校从事教学和科学研究工作，获得一些成绩。但在我自己受教育的历程中，我没有很正规地上好小学和中学。从小，父母亲工作很忙，把我送进学校就由学校管我的学业，在家中由外婆照顾我兄弟姐妹的生活。1934 年开始背书包上小学，母亲把我头发剪得像个男孩子，我每天放学后就跟在我哥哥背后在山上跑着玩，有时就自己在山上看蚂蚁搬家等有趣的事，很晚才回到家。记得小时候常常因为书背不出来，被老师用戒尺打手心。到念初中以后又迷上阅读著名文学书籍，也耽误了功课。所以，我是在糊里糊涂中念完小学和中学，书也念得不好，每学期虽然没有留级，但名次都是在中下。又由于抗日战争的不安定生活，我的中小学在不同地方（5 个小学和 7 个中学）读书。其中有福州仓山新民小学和天安小学（1934～1937 年）、福州实验小学（1937～1938 年）、沙县西山小学（1938～1939 年）、邵武汉美小学（1939～1940 年）、省立长汀中学（1940～1942 年）、省立南平中学（1942～1943 年）、省立邵武初级中学（1943 年）、私立文山格致中学（1943～1944 年）、省立邵武中学（1944～1945 年）、南平私立剑津中学（1945～1946 年）、省立福州中学（1946～1947 年）。我虽然成为许多学校的校友，但由于在每个学校逗留的时间很短，有的只有一学期，所以在每一个地方每一个学校，亲近的同学和熟悉的老师都很少。我小学毕业，我父亲带我母亲和弟妹到北京工作，我和我哥哥寄居在舅父家，到长汀念初中。那时才十一二岁的我，开始喜欢读小说和各种文学作品。记得我读的第一部小说是我舅父替我从当时迁到长汀的厦门大学的图书馆借来的 12 本《野人记》，说的是一个英国婴儿因海难父母双亡后在孤岛猴群中长大的故事。课余，我从文艺作品中得到很大的快乐。从此，我喜爱上了小说，在那一年多的时间里，我读完了巴金的《家》《春》《秋》三部曲，还有《西游记》《水浒传》《红楼梦》等书。我常常站在书店里连续几天把一本本书读完。我如借到书，上学放学的往返路上能一边走路一边看书，这些文艺书籍让我痴迷也让我淡忘了生活中的苦难。以后，到南平、邵武和福州等地的学校上学时，许多同学都记得我有时还会上课时偷看小说的事。记得，《牛虻》和《钢铁是怎样炼成的？》等书是在福一中时读的。我对文学作品的爱好，一直保持到现在，但不同时期喜爱的书有所不同。在大学时代，主要是在假期看小说。读了不少苏联的高尔基、托尔斯泰等文豪的作品及西方的名著。如今，我每天中午休息时或外出旅途中，喜欢阅读与历史有关的书籍或一些人物的传记，这是我最好的娱乐和休息。

抗战时期，我的家是在颠沛、贫困和艰辛的生活中度过。因此，在我青少年时期，给我有快乐回忆的只有抗战前的童年和抗战胜利后一年半的三牧坊生活。在那一年半的福一中学习生活，有很美好的回忆。我忘不了和同桌本家唐贞铭形影不离，到她家在西湖边半玩半念书的快乐，和潘慧云到三牧坊对面省图书馆自习的怡然心情，和要好女朋友们一起到林赛英、李玉轩在农村的家中过寒假的亲密无间友谊；我也忘不了和男女同学一起参加我们班级同学所引发数次学生运动的火热生活，和潘慧云一起参观了李洪家藏有进步书籍的秘密书房；以及许许多多忘不了的青年激情和紧张学习备考的情景。

在三牧坊的一年半中，虽然抗战胜利后，我的家仍是十分贫困，在省福中住宿，食堂的膳费欠交经常榜上有名，通知要停膳。其中有两次，我受到帮助的事，使我终生难忘！其中一次，是高我们一年的吴瑜端同学，她带我到她同班同学黄德璋家借钱，黄德璋的父亲黄老先生是省科学馆的原馆长，德高望重，我父亲曾在科学馆工作过，是他的属下。黄老先生知道了我的情况立刻把钱给了我，解了我被停膳的燃眉之急。周末我回家告诉父母亲这事，第二周的一天傍晚，我父亲特意到三牧坊学校找我，带了我到黄老先生府上献上所借的钱，并向他致谢。黄老先生和我父亲亲切交谈，此情此景感动我终生！还有一次，我又被通知停膳。女生集体宿舍午间无人，我们年级文组平时与我并不太熟悉的林淑璋同学，她轻声地对我说她要回家（在乡下）去取钱，她会多带一些来借我交膳费。那一次，是她帮助了我。我时常想起她，想到她时总忘不了她在三牧坊女生集体宿舍对我说要回家取钱借我的情景和她的神态。

高中毕业后，我曾走进社会一段时间。我做过家教，做过小学教师和初级小学校长，当过百货公司的出纳。虽然有了工作，但我想继续念书的愿望十分强烈，在父母亲的支持下，我才完成了大学学业。大学我最初在福建协和大学生物系学习，后因国家高校院系调整，虽在同一地点同一学校，却换了几个校名。1954 年我们全班同学都作为厦门大学学生毕业。大学时代我开始学习生物科学并喜爱上这门科学，学校中许多良师益友，对我走上科学研究道路的影响很大，终生难忘。

大学毕业后，我先后在华东师范大学生物系、福建师范学院生物系和厦门大学生物系任教和从事科学研究工作。在高校工作，我有幸先后作为著名原生动物学家张作人教授（华东师大，1954～1957 年）和先父寄生虫学家唐仲璋教授（1957 年起）的助手，受到他们的教诲、训练和庇护。我如同站在巨人的肩上，每天做着他们想要研究的、科学上未解决的问题的研究，使我得到很多教益。

1. 我小学中学的老师和同学

小 学 阶 段

我 5 岁左右时，父母把我送到离家不远的岭后街的新民小学读书。我对在此学校所有情况没有记忆，但有温馨的感觉。这学校过去常常有文艺演出，记得我还很小的时候，有一次他们演话剧，我们一家都去看，我是被抱着去的。当剧情里女主角很悲痛地哭时，我心中会非常难受而大哭，母亲赶快把我抱回家去。这个情景的记忆至今尚有。我到此不久，学校就被取消了，我参加学校全体师生离别游艺会后的合影，我坐在地上眼睛看着地面，并不注意照相这件事，我哥在第二排。

左图：我（前排左3）；崇懿（2排左9）；右图：我在天安小学，生日当天母亲带我到照相馆留影

第二年我正式进入福州南台烟台山的天安小学念书，1934～1937年我和我哥都在这所学校上学。这小学是在山顶上，每天上下午上学都要爬一座小山；路的一边是外国领事馆，另一边是一片大树林。我和我哥放学后都会在其中玩。我哥和一伙男孩子打野仗，我都是独自玩，在路旁的树林里采野果、抓蝴蝶、看蚂蚁搬家，等等，一路玩到家。我父母亲都是在教会学校受的西方模式的教育，所以他们对子女的教育也是这样方式，让孩子独立自主地活动和学习。我在天安小学上学很愉快，课余还参加学校的歌吟团，有时老师还带大家外出表演，还受到糕点招待。

1937年后，我8年的小学和中学都是在逃难中不断更换地点、不断更换学校，快乐的童年结束了。首先我和我哥都转学到福州城内的实验小学，只念一学期，父亲工作单位（福建省立科学馆）因避日寇内迁到沙县，我进入沙县西山小学念五年级。一年后父亲应聘到内迁至邵武的福建协和大学任教，我又转学到邵武汉美小学念六年级。这几个学校逗留时间短，对老师和同学都没什么印象。但是在福州城内的实验小学和沙县西山小学，我都受到体罚，因而终生难忘那几位老师的形象。我在福州城内的实验小学念四年级下半学期，语文老师是一位胖胖的穿着白色短袖T恤衫的男老师，上课一进来总是坐在讲台椅子上，立刻点名叫学生到台前背诵前一课的课文，背不出来就用很厚的竹板打手心或在台前墙壁边罚站。我也被这位老师用很厚的竹板打过手心。在沙县西山小学念五年级时，该校男女教师都习惯用“罚跪”来处罚学生。我也曾两次和其他同学一起被男女教师罚跪。作为学生的我，临事都只能痛哭一场。一次是在大操场上排队，我大约只是低着头，突然就被林姓体育男老师喊出来，跪在操场上；又一次只因下课后我没把书本放到抽屉里，书被一位女老师没收，并被叫到她办公室跪在水泥地上，同时罚跪的另一位女同学李淑英我就不知道是为了什么缘故。她以后也在厦门大学任教。2015年我们在一起用餐，距离那次一起罚跪已77年了，她先对我提及此事，可见她对此同样印象深刻！我小时候喜欢自己单独在户外玩耍，六年小学期间没有朋友的记忆，唯一记得只有李淑英一人，我与她不是一起玩的伙伴，而是同“受难”的同学。这几位老师和学校给我的印象深刻，是我小学生涯中最不喜欢的记忆。

厦门大学教授李淑英（左），当年在沙县西山小学同班同学，曾一起被一位女老师“罚跪”，她是我小学六年唯一记住的朋友，2015年分别77年后相见，她即向我提起那次的体罚

中学阶段

1940年我在邵武汉美小学毕业后，我的学业进入中学阶段。抗日战争年代我虽然是在后方，也一样过着流亡的生活。我一共读过7个中学，包括：①省立长汀中学（两年）、②省立南平中学（一学期）、③省立邵武初级中学（一学期）、④私立文山格致中学（一年）、⑤省立邵武中学（一年半）、⑥南平私立剑津中学（一学期）、⑦省立福州中学（一年半）。这么多学校而且逗留时间有的很短促，对逗留时间很短促的学校中的老师和同学们印象都不深刻；逗留时间稍长的学校，由于我不善交往，有印象的也有限。但还有些同学给我留下难忘美好的记忆。

省立长汀中学

1940年夏天，父亲应聘到北平协和医学院工作，父母带着几个妹妹去了北平，把我和我哥留在后方。我和我哥到长汀，我哥转学长汀县立中学。我报考省立长汀中学，因为没带小学毕业证书，只能用同等学力报考但要改名字，我名字从唐崇逖改成了唐崇惕。父母亲每月寄钱回来，我和我哥都在学校食堂用饭。

1941年12月7日，日军偷袭美国珍珠港，促使美国参加了第二次世界大战与日本开战，在北平的北平协和医学院立即被日军占据了。父亲立刻辞职离开该校，并想方设法返回福建。父母亲整整经历了一年多时间千辛万苦携带孩子们回到邵武。我和我哥在长汀就没有了经济来源，姑妈在福州把属于我伯父和父亲的一间房子卖了寄来钱，钱不多无法在学校用膳，我们只能到内迁长汀的厦门大学的小餐馆包饭，一天只吃一顿饭，有时吃早餐，有时吃晚餐。后来也不能到餐馆包饭，回家吃农民给的地瓜和芋头当饭（家中把尿水包给农民，一年他们会给几百斤的地瓜和芋头），生活非常艰难。

长汀是红军根据地，我们看到长汀墙上到处都还留着红军的红色标语痕迹。我学校附近就是瞿秋白就义的中山公园，学校里有不少进步的教师，我们的音乐老师组织歌吟团，我也被叫参加，都是当时的进步抗日歌曲。校长非常朴素，我在食堂用饭时常见到他拿着和大家一样的餐具到食堂就餐，可惜不久听说他去重庆开会死在重庆了。后来又听说校中一位老师被逮捕了，说是共产党员。有一次老师带全班同学郊游，是去一个山村看大山的“石燕洞”，洞很大而且非常深，我们进去见到许多蝙蝠飞来飞去。老师对大家说，“这里过去是红军朱德毛泽东开会的地方，上面有飞机轰炸，山很高不影响里面的开会”，还给大家讲了一些红军的情况。这是我第一次听到的“朱德毛泽东”和红军的故事。走出洞外见到一些一直沉默不语的妇女们在忙着农事，我知道了这里是红军北上后的老区。1963 年我和父亲参加全国动物学会的代表会议，和另外 5 个学会（电子、计量、微生物、地质、建筑）的代表一起受到中央领导的接见并一起合影，有幸见到了毛泽东、朱德、刘少奇、邓小平等我国第一代中央领导集体，我心中就想起了 1941 年在长汀到过的石燕洞和听到的故事。

当时长汀县，在我去学校的大街上有一家书店，里面书架上有许多文学书籍，我放学后或周末常到这家书店看书。我近两年时间，就是站在书架前看完巴金的《家》《春》《秋》三部曲，以及我国古典的《红楼梦》《西游记》《水浒传》等书籍。书店店员非常和气，从不干涉我看书，我一看几个小时，再去时可以从上次看到的地方继续看下去。有的时候我也可以从同学处借到书，周日我会拿着书到汀江旁小灌木中半懂不懂地看一整天，把整本书看完。我只觉得看书是件非常快乐的事，让我忘记了当时非常困苦的生活境遇。我当时最大的愿望就是：将来能有一间用面包砌成的房子，屋内装满各种书，让我能不饿着肚子在里边看书。我至今喜欢看文学和历史书籍的兴趣就是从那时开始的，这兴趣贯穿我整个中学、大学和参加工作后的各时期直到今天。

我不善交际，朋友很少，在长汀中学唯独一位名叫吴媚媚（后改名为吴媚）的女同学让我记忆终生。记得有一天非常温和的她邀请我去她家玩，还在她家吃饭，饭桌上只有她的父母亲、她和我，虽然只是便饭却很丰富。她的父母亲对我非常和蔼，她父亲文质彬彬像是一位文化工作者，她母亲家居装扮却很文静美丽。那时我与我父母亲和弟妹们已不通音信，生活十分艰难，心情苦闷，在她那么温馨的家中心里有一种说不清的感受。1945 年抗日战争结束，我全家回到福州，家住在南台岭后街琴鹤山馆，我在城里三牧坊福一中就学。有一天我在回家的路上意外地遇到媚媚，才知道她就在我家附近的华南女子中学（及学院）上学，我立即带她到我家看看，以后她还来我家几次。我高中毕业后到农村当小学教师，家又搬了几次，从此又与她失去联系。1977 年我应邀到内蒙古呼伦贝尔草原和科尔沁草原进行当地牛羊胰脏吸虫病的流行病学及防治研究，工作结束后我到辽宁省铁岭沈阳农学院看望我三舅父一家。在那里又意外地遇到吴媚媚，她已改名为吴媚，已是该校园艺系教授。以后沈阳农学院搬回沈阳，我每次夏天到内蒙古野外工作后都会到该校看望三舅父一家，都能见到吴媚。知道她父亲早逝，她奉养她母亲和三个弟弟，育有一双儿女和孙子们，都很成材。我三舅父和三舅妈相继去世后，我已多年没去沈阳农业大学，近年我托亲友打听吴媚的电话，想和她谈谈话，才知道她两年前也作古了。我很后悔没有早些与她联系。最后找到了她儿子姚平教授，要到了她妈妈的几张照片（青年、中年和晚年）。她可以算是我的第一位好朋友！

左图：年轻时的吴媚媚；右图：在沈阳中年吴媚（中抱儿子）一家和母亲（右）与3个弟弟

左图：晚年吴媚在校园；中图：吴媚与子孙们一家；右图：吴媚与儿子姚平及孙子在校园中

省立南平中学

1942年夏天我离开长汀来到南平，转学到省立南平中学，寄宿在学校中，父母亲仍无音讯。我只在这学校半年，可是贫病交加，是我最困难的半年。我患上疟疾，天天发冷又发烧，不断呕吐，连胆汁都吐出。我带病口含茶叶去上课，回宿舍躺在对着进出大门的床上，发冷又发烧，因为我是新生，全宿舍没有人认识我，进进出出许多同学，没有人理我，大约也嫌弃这么一个贫穷的病人。我至今也不知道这学期各门课我是怎么样念的，竟然都能及格，没有补考过。这年年底，父母亲有消息了，他们千辛万苦地从北平坐火车到上海，住在教堂里，白天全家到大学同学且是好朋友王贤镇先生家中吃饭一两个月，最后坐小帆船从上海开到敌占区厦门，就像父亲的诗词中所写：“生死危樯一发差。”在厦门住在我堂伯家一个多月，由他安排全家乘一小船到厦门附近无人小岛，在那里再乘小船到大陆，雇一挑夫挑一担子，一边坐着我4岁的妹妹崇侃，一边是简单的行李，父母亲轮流抱着我1岁的弟弟汉夫和我另外两个妹妹，一起步行回到福州，再乘轮船到南平再去邵武。他们经过南平时，我哥崇悫很早就到码头去迎接，我正在发疟疾，发高烧躺在三舅父家中，见到父母亲来到，我听到父亲亲切地喊我，我竟不由自主地痛哭流涕。父亲什么话都没说，赶快走开。过一会儿，他又走回来，笑着和我四五岁的四妹说：“你有什么好东西可以给逖姐？”她立即从毛衣口袋里掏出一团纸给我。一家虽然逃难归来，但弟妹们的衣服都整齐美观。

父母归来我们一家和三舅父（后排左1）与外婆（中坐手抱奋表弟）合影，
我（后排左3）正在发疟疾发冷又发烧

学期结束我和我哥立即离开南平，临行前我还在因疟疾发高烧，乘长途汽车离开南平，回到邵武家中。父亲立即给我检查血液，发现我身上有两种疟原虫（恶性疟和间日疟）。所以我在南平时一天会两次发冷又发烧，父亲立即为我取来奎宁药，我治愈后从不再患了。在南平中学贫病交加，却也把课本读好。

省立邵武初级中学、私立文山格致中学、省立邵武中学

1943年初我回到邵武家中，得到父母亲的照顾，把疟疾治好了，家中生活虽然清苦，也都快快乐乐的。我和我哥转学到省立邵武初级中学，一学期初中毕业后，我考进了私立文山格致中学，一年后，邵武中学成为有高中部的完全的省立邵武中学，我重新回到邵武中学学习到1945年夏天。在这两年半的时间，我多半是在学校住宿。在这阶段中，我认识了好几位福州籍和邵武籍的同学如张其珍、黄忠奇、陈扬春、黄玉清（忠奇的姐

姐）、林瑞英、王式玲、黄敦福（后改名为黄志刚）、尹嘉述。当时我和其珍经常放学后一起到富屯溪中的岩石上复习功课和谈天，有时也会到她家中玩。她父亲早逝，母亲体弱多病还在福建协和大学做工来养育她和她弟弟，有时她会给我吃她母亲从福建协和大学学生食堂带回的大米饭锅底粑，我们吃得津津有味，记得有一天在宿舍里她为家中的困苦而大哭。我父亲虽在福建协和大学任教，但我家在邵武生活得也非常困苦，借贷度日，还夭折了两个妹妹，因此我与她很有共同语言。她中学毕业后就去工作奉养母亲和供弟弟上学，她母亲于 20 世纪 50 年代初就去世了。2016 年 11 月我参加福建农林大学 80 周年校庆，通过校方找到已退休的她，她很健康，我们欢谈旧时同学和旧事，无限感叹！

我在邵武时的好朋友　左图：张其珍（后排左）、黄玉清（后排右）、我（前排左）；中图：林瑞英（后排左）、我（后排右）；右图：王式玲（后排左）、林瑞英（后排中）、我（右），小孩是我二弟汉夫

2016 年 11 月与张其珍重逢于福州金山福建农林大学的 80 周年校庆

黄玉清也是我在邵武的同学好友，她非常温柔可亲。她的弟弟黄忠奇也是同学好友，我也常到他们家。他们父亲亦早逝，母亲做工养育一双儿女，母亲身体也不好经常胃疼。忠奇高中毕业后回到福州，还到福建省研究院动植物研究所，作我父亲科学研究的助手，经常一起下乡进行钩虫病调查。我和我哥去当小学教师，之前假期，我也曾到研究院资料室打工做资料卡片，我们常联系。邵武同学陈扬春是我哥好朋友，经常到我家，忠奇和他都考上厦门大学，一个在物理系、一个在生物系植物学专业，毕业后一个到中国科学院、一个到福建省农业科学院从事科学研究工作，均获不少成绩。2004 年 12 月我父亲百年诞辰纪念，我哥带长孙自森从加拿大回来，他们两位也来厦门赴会，分别多年的好朋友难得相聚言欢！

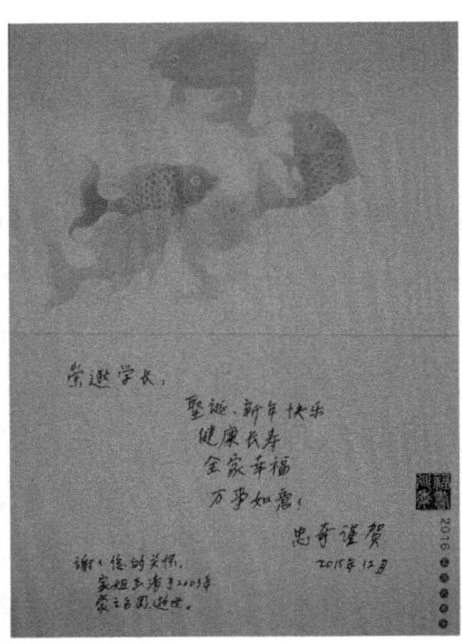

左图：从左到右，黄忠奇、唐崇惕、陈扬春（2004 年 12 月 10 日重逢于厦门）；右图，2015 年 12 月收到的黄忠奇贺年卡，回复我探问他姐玉清的情况，玉清已故多年

在邵武的好朋友林瑞英也是美丽温柔，当时她父亲是邮电局局长，她母亲管理家务整齐有序，每天把家中所有家具都擦拭干净利落。我到她家，常请我一起吃饭，虽然简单但非常可口。她吹一口好口琴，我就是从她那里学得吹口琴。离开邵武后我们就失去了联系，每当拿起口琴，就想到她，但不知她在何方？

王式玲也是我在邵武中学的好同学，我们曾经想一起去参加青年军，结果都没去成。我们班上只有一位名叫陈德懿的女同学去了，前几年她一家还到厦门大学我的实验室来看我。我们班上还有一位女同学詹新恩，她是福建协和大学一位美籍女教师资助上学的一位工人的孩子，到春天桑树叶茂时，她会养蚕吐丝，做成一个个心形书签，上端穿过短短的两根小丝带。她写一手好字，在书签上面用钢笔写诗词，送给大家，非常好看！不知她以后的去向，是否与那位美籍女教师一起去美国了？

我还得在此纪念一位同班同学黄敦富（以后参军入伍改名黄志刚），新中国成立后，作为南下服务团成员回到福建。他来厦门看我，让我与过去邵武中学的多位老同学如万素英、尹嘉述等联系上，后来我与他们都通了几次信，现在又不知他们情况如何了。我父亲晚年，敦富特意让他妻子玉梅来我家，帮助我照顾我父亲一段时间。可惜他们俩回去后不久，先后都因病故去！

南平私立剑津中学

1945 年夏天，父亲应聘到时在临时省会永安的福建省研究院动植物研究所任职，我们一家离开邵武乘小船沿富屯溪而下，两天后到达南平，才知道日本无条件投降，抗战胜利了！然后船继续沿江逆水而行，很多天才到达永安。住进王亚南院长为我们安排的房子，他即将离任去厦门大学，送了不少他们不带走的家具给我们。从闭塞冷清的邵武来到繁华的当时省会，尤其是晚上灯火辉煌，广播里的音乐，与在邵武时的境况相比，真是两重天。家安顿好了，我哥和我的上学出现了问题，当地的省立永安中学的招生已过，我们得知只有在南平的剑津中学于 9 月还有第二次招生，我和我哥立即乘长途汽车从永安赶到南平去报名，在等待考试的几天中，我们住在当医生的庄劲表叔家中，我一边备考一边听他讲要成为一位好医师之道。我和我哥都考上了，搬到在黄金山上的剑津中学的宿舍住下，我每个月自己到山下米店买 30 斤大米，扛上山，交给厨房（这样会比交膳费省钱）。男女生宿舍离很远，膳厅也不在一起，我不知我哥是怎样处理。剑津中学的环境非常优美，一片高高的小叶桉树，过去没有见过，在其中会感到心情舒坦振奋。学校里同学们都非常用功，女生宿舍有学习间，下课后许多同学都在那里复习功课，鸦雀无声；晚上熄灯后不少同学都在走廊灯下用功。在这样好的学习氛围环境里，我才感觉到学习的乐趣，我也被融在其中。这半年的认真念书，打下了 1946 年初回福州后，考上省立福州中学名校的基础。在剑津中学，我唯一记得两位女同学：陈娟（她常在宿舍的学习间作功课，她与我不同班，好像高我一年）和黄金凤（同班同学，男同学们常打趣她：黄金山上黄金凤……所以有印象）。

福建省立福州中学

1946 年初我投考福州唯一的公立中学——福建省立福州中学。这学校学费不高，是许多寒门子弟向往的学校，投考此校的竞争比较激烈，校内学生努力学习（被称为 Booker）成为校风，我有幸被录取。我们年级分三班：理科甲班、理科乙班和文科班。我在理科甲班，教室内双人座桌子成三纵行排列，共有七横排。

毕业时因为学生运动全部离校，只能收集各同学个人照按座位排列成全班集体照

全班同学共 40 位，男女生各按身高从左（靠窗户）到右（靠门口）排列，第一横排是 6 位女同学：林泽莘、潘慧云、刘履信、林赛英、唐崇惕、唐贞铭，我在女同学中第五位。我与同桌同姓，互称：本家。男同学 34 位［刘季南、徐楚孚、萧世英、潘纯青、林致尧、林伯明、李增鋈（李洪）、林洪照、史祖镇、李亨源、林文纲、王渊（?）、邓繁森、陈启康、梁敬泉、郑增凯、缪敬敏、林震威、姚荫东、陈壁宏、张铭官（张枫?）、蔡梨官、林彬官（林准）、陈昭弼、吴大仁、吴家麟、张金（?）、郑仁贵、池泉胥（?）、黄政、林中文、徐家瑜、陈明亨、郭时杰］。

男同学从第二横排开始，第一位男同学是刘季南（他最小，大家戏称他“季男哥”，照片 1 排左 4），第三横排第一位是李增鋈（李洪，照片 2 排右 3），座位在“季男哥”后边，他们俩常常早晨上课之前互相拉扯着从教室门外拖着进来，从我们座位前拖过去，我们看着都好笑。靠近前面的男同学，都较小，与我们女同学这一排接近，课间会与他们说说话（数十年后，我在厦门大学工作，季南突然来我家看我，我还脱口喊他：“季男哥”，我们很愉快地谈天，他告诉我他的工作情况。想不到不久后就听到他因病英年早逝了）。当时和增鋈常在一起的林伯明（照片 2 排右 2）很文静，文史很好，并写一手好字。毕业时我和同学去过他家，记忆中他家是在福州著名的“三坊七巷”的文化区，文史涵养很高。教室座位后排的男同学高大，与他们很少接近，较生疏。黄政（照片 4 排左 5）虽在最后一排，因他来自邵武中学，是省立福州中学邵武中学校友会的负责人，时常与我有联系，毕业后我的毕业证书还是他替我代领送到我家。他在校时很活跃，校剧团演话剧，他常是“男主角”。

1947 年“3·25 学运”，起因：3 月 23 日下午，我们班上两位同学陈昭弼和林洪照乘公交汽车，在南门兜车站因车票事，被公交公司人员殴打受伤住进医院，引起同学与公交公司和警察局的纠纷。全校罢课、全市各中学罢课和游行示威。各校派代表到医院慰问受伤的陈昭弼同学。男同学忙于与政府交涉，女同学忙于接待各学校来慰问的代表。就在那时，我认识了华南女子中学领队的陈硕，以后我们在福建协和大学成为同学并成了好朋友，深切友情延续 40 多年，直到她因病去世。

我们班上引起的第二次“学运”，是由于班上一位同学用膳问题与校内掌管膳食的“青年军学生”发生矛盾，在膳厅打架，一位同学受了伤。不久，班上几位住宿男同学，在一天晚上 12 点，打了半夜才回来的“青年军学生”。第二天清晨，省教育厅下令全校停课，提前放假回家，但要扣留我们班上住宿的男同学。男同学翻出校后墙，女同学帮助他们把行李拿出校门，大家集中到南台仓前山。当晚，大家先到历史教师程世本老师家，他家煮了一大桶稀饭和福州的“黄土菜蒲”招待大家，大家吃得津津有味。晚上大家都到潘慧云家，打地铺睡。一连几天，男同学外出办事（包括与“青年军学生”谈判），李增鋈不是住宿生，也天天来；女同学在家煮饭给大家吃。直到得到消息“六二要大搜捕”的前夕，大家才解散回家。我们毕业考试回校秘密进行，同学们无法集中照相，班长收集全班同学的个人照，按座位排列，做成上面这张集体照片为“毕业留影”。

1946 年初我回到阔别近 8 年的故乡福州，进入福一中，在校仅一年半时间，印象深刻。学校在福州城内东街口三牧坊内，家在南台仓前山，我必须寄宿学校。我们全体女生的宿舍，在大操场旁边的一个古老建筑的院落里，宿舍大厅里整齐地排 4 列上下铺单人床架，每人一小书桌靠大厅两边墙壁。后边有一个小天井，边上几张桌子，供大家放热水壶和脸盆牙罐等。当时，我的表姐吴瑜端高我一年，也寄宿在此，非常照顾我；女同学们住在一起很友好，其乐融融。大厅前方隔个较大的天井，有两个房间，靠内的一间住着我们学校的资深生物学老师邓碧玉先生，她是我们女生宿舍的主任，但她对我们十分和蔼。靠外的一间是刚来不久的年轻陈兆璋老师，她教历史。她是只比我们高几届的校友，刚从厦门大学毕业回母校任教，许多老同学都认识她。有同学告诉我，她是我们学校过去很优秀很用功的学生，每天早晨很早起来到外边念英语，同学听到她口里一直反复念着："鸡母 hen、hen 鸡母、 鸡母 hen、hen 鸡母……"，背后就给了她"鸡母 hen"这个别号。大约在 1947 年，我们知道她有一位很清秀的男朋友每周都会来看望她，后来听说他是在福建省研究院社会研究所工作的郑道传。当时章振乾伯伯就是这个所的所长，我寒暑假都到章伯伯办公室帮忙整理资料卡片，当小工赚些钱上学时用。我父亲当时也在这研究院工作，是在动植物研究所。所以对陈老师的这些"消息"印象深刻。1972 年，我从下放工作两年的霞浦沙江公社调到厦门大学生物系工作。路上有一次偶然遇到陈兆璋老师（1924～2010 年），她在厦门大学任教，去她家中看望了她几次。后又听到多才多艺的郑道传先生（1919～2002 年）在 1957 年"反右"中蒙难，1972 年见到他两眼失明了，手拿拐杖走路。深叹"人生无常"!

我在省福中只有一年半时间，又是新生，但在这一段时间我认识了多位终生难忘的好朋友。当时家中经济很困难，我来回学校常常要步行，还经常拖欠学校膳费。有一位同年级文组同学（林淑璋），她本来高我们好多年级，抗日战争时期，福一中初迁内地，她在学校非常优秀，成绩非常好，但在一次意外中受惊吓神经严重受损，变成不会学习，每年总不能升级。她转学私立华南女中后情况依旧，以后就在这两所学校轮流上学，变成与我同年，这两学校十分善待学生！有次学校要交膳费，她回家去取钱，问我需不需要多带一些钱来借我，这一次她的确帮我救了急，我终生难忘。不幸的是，毕业后她病情逐渐加重，十多年间，她常从乡下走到我家，跟我说些她"重要"的事，有时到我工作单位找我。最后一次，告诉我她父母亲都亡故了，家人不善待她，以后就不知音讯了！

我在福一中人缘很好，在理甲、理乙和文班都有与我要好的女同学，如理甲的林赛英、理乙的李玉轩和文班的连敏文等，她们也是住宿生，寒假邀请我和大家到她们家玩，吃"年糕"等，非常亲热。我与我的同桌"本家"成了好朋友，她是走读生，放学她就回家去了，到周末她常到南台找我一起去塔亭医院看她的姑妈（姑爹是医院院长，很有名），有时周末邀我到她在西湖边上的家门外复习功课，又能欣赏西湖美景。她高中毕业后到医学院就读，以后在北京解放军医院当军医。20 世纪 60 年代我出差到北京和在京的同班同学李洪及班长林中文去她家看望她，她穿着军衣。近年她已是退伍军人，给我寄来照片，也已是近九旬老人了！当年，在学校一起寄宿的潘慧云（集体照片 1 排右 5），她是班上的高才生，学习成绩是班上前二三名，不知为何她会喜欢我，常找我一起到学校附近的省立图书馆复习功课。后来她在北京大学、郑州大学任教，我到北京和郑州时，她都盛情款待。她常给我寄河南大枣。她回福建，也一定来看我长谈。

左图：高中三年级时我与潘慧云（右）；右图：21 世纪初我到郑州开会，潘慧云（右）来看望我

左图：在福一中同级不同班的好朋友李玉轩（后排右 1，理乙）、连敏文和陈明西（前排右和后排左 1，文班）、林赛英与我（后排中及后排右面，理甲）等；右图：唐贞铭近照

毕业多年后，同班同学还亲切相聚。当年女同学最娇小的林泽莘（集体照 1 排右 1），她是走读生，穿着时尚，来上课时总是昂首阔步，目不斜视走到座位上，下课后也如此离开回家去。像一位“大家闺秀”，我不敢与她联系。到我们都年过七旬后，她对同学和班级事务非常热情，我告诉她当年我对她的想法。她才告诉我，她小时候是在孤儿院生活，嘴还被老鼠咬了，也是在苦难中长大的。我们成了知交好友了。她在新中国成立初期，就读“革命大学”毕业后分配到省卫生厅工作，当左英厅长的助手。她对医学和医学界名医非常熟悉。她多年和陈昭弼、黄政、林文纲（集体照 2 排左 4）共同组成为我们班级班友（校友会）的“班委会”的负责人，他们为让同学们毕业后 70 年这么久了还能经常联系而繁忙。

左右两图：我与林泽莘多次相聚在福州

左图：我们相聚于福一中 80 周年校庆，班委陈昭弼（前排左 2）、林文纲（前排左 1）、黄政（2 排左 2）、林泽莘（前排右 2）、我（前排右 1）和林伯明（2 排右 1）是从厦门来的；右图：我与林文纲（左）和黄政（右）相聚于福州

当时班上的男同学有 34 位，我刚转学到福一中时，对班上的男同学都不认得，最早认识的是坐在最后一排的黄政（集体照 4 排左 5），他是邵武中学校友会的召集人。我不知道他怎么会知道我曾在邵武中学念过书，他来找我让我参加邵武中学的校友会，他因为校友会的事找过我多次。我小学、初中、高中，都在邵武待过。在邵武有我深刻的悲欢离合遭遇，邵武也成为我从少年到青年生活的第二故乡。黄政当时在我心中成为“从故乡来的人”而有好感。他很清秀文雅，写一手草书体的好字。知道他家在建阳文化之乡，出于名门，很有文化涵养。他很活跃，在学校许多集体活动中，他常是台上人物。他有文艺天赋，学校时常演话剧，他总是剧中的男主角。他对我很友好，我们班上由于“学运”毕业后而离散，发毕业证书时，是他替我领了我的毕业证书送到我家。我常记起他穿着灰色厚大衣到我家的身影。新中国成立初期他也参加“革命大学”，后分配教育系统工作，但 1957 年后，历尽坎坷 20 年。晚年虽然体弱多病，但乐观对待。

在班上的男同学中，我当时比较接近的还有李增鋆（集体照二排右 3），因为慧云跟我很要好常在一起，而她和增鋆是从初中到高中的 6 年同学，非常熟悉。他们常常谈话就带上了我。在两次学生运动中，他不仅对“学运”事务上有与他人不同的看法，而且

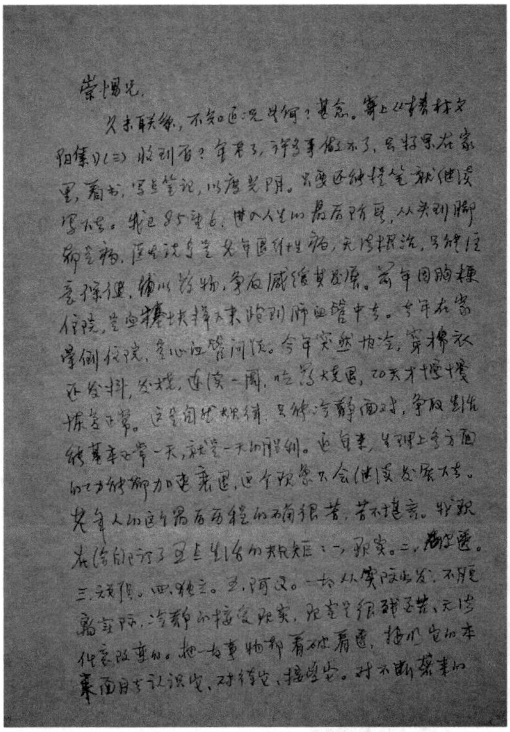

黄政的信

有一天增鋆邀请潘慧云和我到他家做客，他引我们到他很小的“藏书密室”，看到书架上许多当时延安的进步书籍。他曾借给我看《牛牤》《钢铁是怎样炼成的》《复活》《高尔基三部曲》等文学书籍；假期我需要去当家教，打工赚钱，他熟悉的人很多，替我介绍好几家的孩子；他高中毕业后进厦门大学，第一年暑期回福州，到我当小学教师的港头小学看我，告诉我他参加了共产党，证实了我的猜想。再次见到他时知道他已离开学校，参加游击队了。新中国成立后他随部队进城，并接收厦门电视台，在那里工作数年没有接受领导安排到省从政，他要求到北京邮电局工作，他“不当官要从事科技创新”。还在 20 世纪 50 年代初，大家都还不知电子通信为何物时，他已开始瞄准这个方向。他自学这方面的知识，并到清华大学听相关的课程。数年后他担任了有上千人的“数字控制研究所”所长，专为军事部队建设电子通信设备，直到退休后还参加联通公司的工作。李洪是我的好朋友，会对我说对他有生命危险的“绝密”事，我从来不告诉任何人他的事。他对其他人说：“崇惕是我‘不是恋人的红颜知己’”。从在福一中做学生时起，到以后数十年，无论我学习和工作在不同地方不同单位，他都与我保持联系，都有机会来看我。1963 年我第一次去北京，他和潘慧云带我游览故宫博物院请我吃北京烤鸭；以后我多次去北京或经过北京，只要让他知道，一定盛情款待，带我去看不同的名胜，看望在京的同学，等等。1948 年，他到我家，动员我父亲让我到上海去念书。那时上海临近解放，时局不稳定，我父亲不肯。他走时我送他出门，他对我说：“你父亲是技术超政治。”我在厦门工作以后，他多次来厦门和林伯明到我家，和我父亲谈古论今，以及谈论教育问题、社会问题等，与我父亲亦成“忘年交”。不幸的是，他最后患上帕金森综

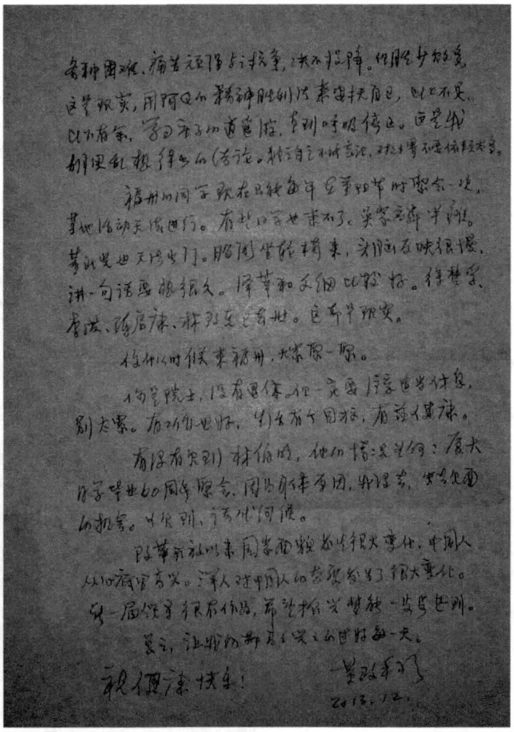

合征，靠服进口药物和自身锻炼延续多年。大约 2010 年，有一天我接到他的电话，对我说："我病好了，"还谈了不少话。过四五天，接到林泽莘电话，告诉我："李洪去世了!"我说："他前两天还给我电话说病好了?"她说："那是回光返照!"他会在那么短暂清醒片刻记得给我电话，也是"桃花潭水深千尺"。

上左图：20 世纪 80 年代与李洪和林中文在北京；上右图：20 世纪初李洪（中）林伯明与我在厦大白城；下图：21 世纪初我公出北京，李洪带我游览民族宫

在省福中高中毕业后，我去当小学教师，有的同学考上大学，有多位同学去了台湾。李增鋆（李洪）和林伯明等进厦门大学后到游击区打游击数年。林斌官（林准，集体照片 3 排左 2）毕业后北上去延安，新中国成立后任中央领导人秘书，后长期任国家人民法院院长，直到因病去世。有一次我到北京，李洪带我去林准家，他外出了，只见到他夫人。他们的家和普通老百姓的家一样清贫。还有同学新中国成立后参加解放军，新中国成立初期，张铭官（张枫？集体照片 3 排左 4）穿着军装到我上学的原福州大学生物系看望我好几次。

我们班上的同学高中毕业后许多位都考进了厦门大学，如潘慧云（她第二年再考去了北京大学）、李增鋆（李洪）、林伯明（集体照第二排右 2）、黄政、陈昭弼等。林伯明在福一中时，很少说话，也是写一手好字，在文史方面表现突出。他是走读生，但与增鋆很要好。毕业前有一次我和好几位同学去他家，他家在福州著名的文化故居

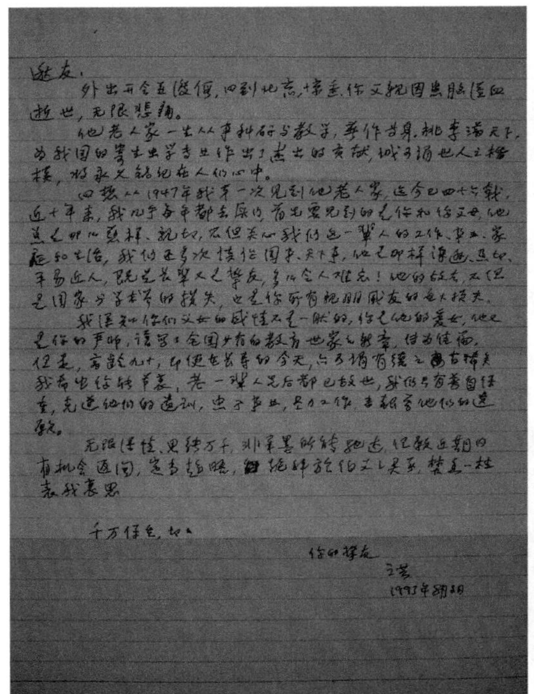

逖友：

外出开会五天后回到北京，惊悉你父亲因患脑溢血逝世，无限悲痛。

他老人家一生从事科研与教学，著作等身，桃李满天下，为我国的寄生虫学事业作出了杰出的贡献，堪称为世人之楷模，将永远铭记在人们心中。

回想从1947年我第一次见到他老人家，迄今已四十六载，近十年来，我几乎每年都去探望，首先要见到的是你和你父亲，他老人家那样慈祥、亲切，不但关心我们这一辈人的工作、事业、家庭和生活，我们还多次谈论国事、天下事，他是那样谦逊、亲切、平易近人，既是长辈又是挚友，多么令人难忘！他的故去，不但是国家与学术界的损失，也是你所有亲朋戚友的重大损失。

我深知你们父女的感情不是一般的，你是他的爱女，他又是你的严师，谱写了全国少有的教育世家之新章，传为佳话。但是，高龄九十，即使在长寿的今天，亦不[illegible]古稀矣，我希望你能节哀。老一辈人先后都已故世，我们只有善自保重，克遵他们的遗训，忠于事业，尽力工作，来报答他们的遗愿。

无限深情，思绪万千，非笔墨所能表达。但愿近期内有机会返闽，定当趋晤，[illegible]敬献[illegible]灵前，[illegible]一枝，表我哀思

千万保重，切切

你的挚友

[illegible]

1993年[illegible]

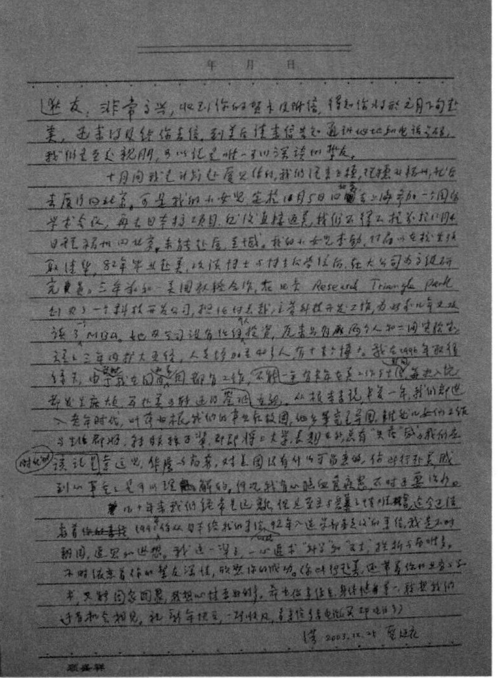

年　月　日

逖友：非常高兴，收到你的贺卡及附信，得知你将于元月下旬赴美，still[illegible]

[illegible] Research Triangle Park [illegible] MBA [illegible]

[illegible] 2003.[illegible] [illegible]

李洪信件 1-4

“三坊七巷”中的“郎官巷”（也去附近黄政的姐姐家拜访黄政）。文质彬彬的林伯明，到厦门大学后也参加了地下党离校去打游击战。新中国成立后他和李洪一起进厦门，李洪到了电信台，伯明进了建筑系统。1956年我在上海华东师范大学工作，有一天他带着新婚夫人侯碧华（她当时在华东师范大学就读）来看我。1972年我到厦门大学工作，得知他们家住鼓浪屿，常在周末去他们家看他们。李洪来厦门时常和伯明一起到我家，我在厨房忙着煮东西，他们俩和我父亲谈古论今（见我父亲去世后李洪给我的信），伯明会谈很多历史问题，父亲非常高兴！时光如流，一晃几十年过去，已物是人非，我和伯明都已进入耄耋之年。我们同班同学中在厦门的也只有伯明与我两个人，我们是同乡，

2017年2月初（中学毕业后70年）在林伯明家

又是两校（福一中和厦门大学）校友。我印象中伯明身体矫健，电话中听碧华说他身体见差，这年正月初五，我在友人陪伴下去看望他们。和我自己一样，伯明身体也比过去差了些，整整 70 年前的老同学，“不是兄弟姐妹，胜似兄弟姐妹”。但他屋里屋外依然文化气息浓厚，小区大门两旁还是他写的一对新春联。约好近日再相见，我因还要再去看望一位受伤的朋友而离开。有望以后能常相见。

2. 我大学的老师和同学

我大学是在美国基督教会捐资兴办于 1916 年成立的私立福建协和大学就读，学校在闽江畔、鼓山脚下、山清水秀，风景极其优美。校内有理学院、文学院两座大楼，还有农学院和许多楼房。父亲当年就在这所学校半工半读 8 年（1923～1931 年），学校有很好的师资。父亲要我哥攻读物理学，要我攻读生物学。1950 年新中国成立初期，学校和私立华南女子学院、福建学院合并，成立原综合性福州大学。在这里我遇到了 1947 年“3·25 学运”时见到的华南女子学院附中领队人陈硕，她多才多艺、学习成绩斐然、人优雅美丽，被称为“校花”，追求她的人无数。不幸的是，她父亲因为一些“历史问题”蒙冤被捕入狱（数年后释放出来身染肺结核病，拖了几年不治而逝），一夜间她从“高山”跌到“低谷”。她是家中的长女，下有弟妹，她四处奔跑，精神受压而患上甲状腺病 ，脖子肿大眼球突出。虽然经过医院手术治疗，但容貌改变。当年信誓旦旦的众多追求者，跑得无影无踪。就在她这样的境遇中，我与她相逢，与她同住一寝室，成了好友。1952 年她毕业分配到当时算是很遥远的西安卫生学校当教师。以后我两次去了西安，一次在 1966 年，一次在 1982 年，我都去看望她，她都非常热情款待我。1966 年 12 月严冬我因公去甘肃兰州兽医研究所，途经西安去陈硕家看望她，她小儿子周俊勋才 4 岁，我临别前他见到妈妈把许多新疆葡萄干往我包中塞时，他哭着拉他妈妈的衣服喊：“家中没有了，家中没有了!” 陈硕从口袋拿出一小盒给他，说：“家中还有，家中还有。”陈硕一家特意与我到照相馆拍照。1982 年夏天我和我的二儿唐亮一起到青海进行科研野外调查，结束后途经西安，我们去看望陈硕，并在她家逗留一周，那时俊勋已与他父亲去了美国求学和工作，家中只有陈硕和俊祥。我肩周炎半年右手不能举起，在陈硕指导下俊祥给我做 3 次（隔天 1 次）针灸和推拿医术，治好了此疾病。我和陈硕同居一室，日夜深谈，她告诉我她家弟妹的情况，晋安和俊勋（勋勋）在美国近两年的情况，她自己的工作情况，人事不如意概况，身体病情及医疗事故，等等。她心中多少的苦闷，对亲人一吐为快! 她和俊祥天天下厨烧煮好吃的招待我们，我就站在她身边看她做事，听她诉说。一周间她安排我们游览西安的重要的名胜古迹：兵马俑、华清池、捉蒋亭、古人类遗址、大雁塔等。在每个地方都留下不少值得怀念的照片（我以后因开会和公事多次来到西安，再也没有到她领我去看过的地方，但总会想起当年的难忘情景）。三四年后，周晋安回国应聘到厦门当年的鹭江大学（现改称厦门理工大学）任教，该校就在厦门大学附近，陈硕也退休来到厦门。她经常来我家看望我父母亲（她的老师和师母），陈硕和我母亲也有深如母女之情。她当年回福州生长子阿祥时，她父亲已出狱回家但患严重的

1952 年生物系新民主主义青年团组织送别陈硕（前排中）等佩花毕业团员，我在 2 排左 3，比我小一年级的许振祖（站着前排右 1）被号称“小公鸡”，因每天起床号一响他就吹哨要大家来做早操

左图：1966 年我到西安，和陈硕（后排中）一家（周晋安和他们儿子周俊祥和周俊勋）；右图：21 世纪初我在美国，周俊勋特意从芝加哥驱车到犹他州看望我，他母亲已故，说见我如见他母亲

左图：1982 年秋和陈硕游西安大雁塔；右图：20 世纪 80 年代末，陈硕在厦门到我家

肺结核病，她担心影响刚出生的婴儿被传染而住在亲戚家，我母亲知道后要我去接她到我家坐月子，天天在脸盆里替个子非常小的阿祥洗澡，看着孩子一天天地长大，直到满月他们回西安。陈硕退休来厦门，把我家视同娘家，我如同她亲姐妹，经常来看我们，我母亲去世她与我抱头痛哭。我母亲不在了，她仍然常到我家看我父亲和我。她每次来我家待一天，晚饭后我必送她回家。从我家（厦门大学白城）穿过校区一直走到校外，走到鹭江大学通向教工宿舍的边门，她向我吐露心中的许多压抑。我们经常会在离她家很近的那条小街上来回走无数遍，话还说不完。多才多艺的陈硕，退休离开专业岗位来到厦门，没有了工作，在一个大家族内生活，有许多她不习惯的人情世故，她非常苦闷，只有向我吐露。我不断安慰她，都无济于事，她心情长时间压抑悲伤，不久后患上了恶疾癌症，不治而逝。我参加了她的遗体告别，不禁无声痛哭。我看到一个非常娇美的才女，在那个年代“不幸”的不如意的一生！她离开已近 30 年，想到她，我最好的朋友，心中仍感痛楚。

1951 年福建协和大学和华南女子学院等校合并后，学校离开魁歧美丽的校园，我们生物系单独设在仓山进步路环境非常优美的原德国领事馆的大园子里。据说那位德国领事是一位植物学家，种了许多珍贵的树，许多古树参天，郁郁葱葱。这个园子就像是一个植物园，校长陆维特常来我们生物园散步。陆校长是知识分子的老革命，早期在苏联很长时间，很看重师生们业余的文化生活。他平时很和蔼，与诸教师来往，常参加师生们的活动，许多学生他也都认识。

20 世纪 80 年代父亲和我的一项科学研究获得国家自然科学奖，我到北京领奖，住在西苑饭店遇到好多位熟识的人，其中有父亲早期的学生，著名的古生物学家卢衍豪院士（他与我谈了许多当年我父亲教他们昆虫学的事，影响了多位学生毕生后研究昆虫类，他研究古生物三叶虫也是与昆虫学有关）；我还见到了当年福州大学的陆维特校长，当时已任福建省科学技术协会主席，陆校长非常高兴地和我合影留念。

我们的老师都来自原福建协和大学生物系、福建省研究院动植物研究所和华南女子学院生物系的资深教授。例如，从华南女子学院来的植物学家周贞英教授、从福建协和大学来的生物学家林琇瑛教授、丁汉波教授和时任生物系主任我父亲唐仲璋教授等。我们班级是院系调整之后的一个班级，但一切学制照旧为学分制，每学期开学，父亲作为系主任与每个学生见面，挑选课程，一学期 20 个学分，除必修课之外还可选个人专业方向的课程。同学们学习积极性很高，都把学分选满，对每门课都非常认真修读。

老师们博学多才，周贞英教授讲授植物学，她是早年留学美国的博士，穿着朴素、年纪虽然大了但仍然常亲自到野外采集标本；刘团举老师自己热衷于同位素等新兴科学，但做周先生的助教，经常领全班同学到我们的“生物园”中熟练地指导学生看各种植物：苔藓植物、蕨类植物（恐龙时代茂盛的植物）、铁树（千年开花）、水杉（活化石）、南洋杉（非常高大雄伟）、羊蹄甲（它的叶子像羊蹄，是豆科植物，树上挂了许多很大刀形的豆荚），等等。 我当时对植物学非常感兴趣，我甚至对周贞英教授说我将来就研究植物，对这些植物至今记忆犹新。

丁汉波教授给我们上多门很重要的课程：细胞学、各门脊椎动物的系统解剖学、胚胎学和组织学。当时盛行苏联的“勒柏辛斯卡娅学说”（从无细胞组织浆中可以生出细胞和胚胎），丁汉波先生当然不会同意这观点，课程结束时他要学生们对这一问题去看资料写一评论作业；组织学课程他要学生们在实验课中详细辨认各组织的玻片标本。丁先生的助教是吴美锡老师，她非常认真负责地带我们实验课。丁先生非常爱学生们，当我们毕业多年后回到母校，已九十多岁高龄的丁先生一定独自拄着手杖，像慈父一样来看大家。

我们系的林琇瑛教授是福建协和大学所有学生都认识的生物学教授（福建协和大学过去全校一年级学生都要修读生物学），非常慈祥。早期学校有政治运动时，我总是作为“只专不红”的靶子受批评，她会陪着我流眼泪。她的儿女张石芬、张石夫、张石芳，都非常杰出。“文化大革命”结束她退休后，我常到她家看望她，见她在水井边和邻居谈天，显露出没有工作后的寂寞。我建议她去翻译两本美国新出版的生物学书籍（她英文非常好，而她的两位小叔子在美国可以给她书源），她接受了我的意见，而且把书出版了。不幸的是她晚年患上了老年痴呆症，连儿女都不认得；我不敢去看她，怕毁了我脑子里对她美好的形象，而且她已不认得我了。她去世时，我收到她作为上海一大工厂总工程师的长女石芬的来函，我回信详告她我的心理状态，她送了我一张她妈妈生前的彩色照。

陈德智教授是一位医师，是父亲的好朋友，他给学生们上动物生理课程，讲授巴弗洛夫学说及人体所有系统的生理状况，内容非常生动。实验课由张琇恩老师担任，她每次实验都要求一位学生配合做实验，我总是举手参加。有一次做碘对甲状腺的影响，我服下了她给的碘片，喉部痛了好几天；有一次做氧呼吸量试验，我已坐上实验椅子，要开始插管时，发现不是像大炮一样的筒，不是“氧气筒”而是“二氧化碳筒”，我幸免一事故，同学们戏称我是“敢死队”。

1954年我班级毕业，在新建的生物楼前，全班同学（我坐地左4）和老师们（2排从左到右：陈德智、张琇恩、林宇光、刘团举、丁汉波、周贞英、校长陆维特、唐仲璋、林琇瑛、吴坤平、吴美锡）合影

左图："大炼钢铁"我和父亲及林琇瑛教授（左1）、陈德智医师（右1）建炼钢炉；
右图：20世纪80年代我与陆维特校长在北京参加自然科学奖颁奖典礼

我们的生物化学是化学系王岳教授任课，我也非常认真学习。学期结束考试，我竟考得 100 分，王老师回化学系向人惊叹我这一成绩（他人告诉我）。总之，大学期间所有课程我都感兴趣，都想可以终身趋之。王岳教授博学多才，新中国成立之时他全家从美国回到家乡，任教位于魁歧的福建协和大学化学系，院校调整后和大家一起搬到福州，在原综合性福州大学。他想应用化学手段研究生物学问题，除给生物系学生上生物化学课程之外，还建立微生物研究室从事抗生素研究。我们班上金章旭、史婉琳、宋嘉琪、张晓峰4位同学跟随他做毕业论文和听他专门开的课。我们班毕业后，金章旭留校在他研究室工作，张晓峰和宋嘉琪到著名的石家庄药厂工作到退休。王岳教授 1950 年举家回国，可惜因历次政治运动及"文化大革命"而均受到冲击，无法正常工作，"文化大革命”结束又全家回美国去了。而完美地继承王老师业绩的是后我几届的师弟程元荣，虽然那时已经是师范学院，没有专业设置，由于他成绩优秀还在学期间，王老师送他到北京大学学习两年，回来毕业后留在王老师的研究室工作。“文化大革命”之中，他独自到福州西湖挖湖泥，从泥中找到庆大菌株培育出至今还在用的庆大霉素，“文化大革命”后期福建师范学院“下马”，他把研究室独立出去成立了福建省微生物研究所，并出国留学，回国后任所长到退休，现由他学生继任。

我们班到三年级时分专业，按学生们自己的兴趣选择专业，跟随某位教授从事一年的毕业论文的研究。我虽然对每一门课程都很有兴趣，但修读了父亲的多门课：系统动物学、蠕虫学、高级蠕虫学、原虫学、寄生虫学。之后，他像讲故事一样讲述世界各国科学家如何艰苦工作、互相启发地阐明了各病原的发育和传播规律的历史。他生动的讲演、漂亮的板书和栩栩如生的板画，引起同学们的巨大兴趣。我和全班三分之一同学一起报名要学寄生虫学专业，从事寄生虫病问题的研究。我们共分三组：血吸虫病组、钩虫病组、血丝虫病组，我和何毅勋、熊光华、张天祺参加血丝虫病组，完成了两种血丝虫的流行病学的研究。

左图：唐仲璋教授（2排左3）、助教林宇光老师（2排左2）和全体寄生虫学课题组同学；右图：唐仲璋教授（后排左3）、林宇光老师（后排左1）、汪溥钦老师（中坐左1）带同学下乡调查血丝虫病

左图：唐仲璋教授（后立）指导血丝虫病组（从左到右）：何毅勋、唐崇惕、熊光华、张天祺；右图：唐仲璋教授、林宇光老师、张天祺和唐崇惕在农村祠堂戏台上检查血丝虫病患者家中蚊子媒介

左图：2004年唐仲璋教授百年诞辰纪念，我们血丝虫病组的何毅勋（左1）、熊光华（右1）分别从美国及上海回来参加庆典；右图：继承王岳教授事业，任福建微生物研究所所长并兼任福建省科技厅厅长的程元荣，在唐仲璋院士百年诞辰纪念大会讲话

左图：21世纪初同学们与丁汉波教授（前排右4）和林宇光教授（前排右3）在母校旧址相聚；
右图：我拜望十分慈祥的丁汉波老师

1954年大学毕业，我与苏文颖及严如柳一起被分配到上海华东师范大学生物系工作。我与严如柳在无脊椎动物学教研室，苏文颖在人体解剖教研室工作。

我们刚到华东师范大学时受到年轻教师的热忱接待，严如柳（左3）、唐崇惕（左4）、苏文颖（左5）

左图：1956 年我和苏文颖在上海；右图：2016 年我和严如柳在厦门大学

严如柳在华东师范大学工作两年后就请调回到福州到福建师范学院生物系工作，一年后又调回闽南，到华侨大学工作。“文化大革命”后，我们寄生动物研究室调到厦门大学，她又回到研究室，我们又在一起共事到她退休。我 1957 年离开华东师范大学回到我们的寄生动物研究室，那时，苏文颖调到昆明师范学院工作，开始我们通信到她告诉我说要到香港去了，以后就不知她的去向了。我在校学习时，在“生物园”中住宿 3 年是和黄宝玉同住一间两人的小屋。她毕业后分配在南京科学院地质古生物研究所工作，后到苏联留学 3 年从事双壳瓣鳃类软体动物的研究。她对同学很热情友爱，以后我们俩成了儿女亲家，我们就经常联系。她女儿能干而有教养，我母亲非常欣赏和喜爱她。她对待我像是我女儿一样称我“厦门妈妈”，称她自己母亲为“南京妈妈”。我母亲 1986 年去世后，每年夏天我要到北方草原野外工作，她怀抱儿子陈旻来到厦门照顾我父亲，从儿子几个月大到四五岁他们一家出国。

左图：我小儿子陈东（后排左）在南京大学戴安邦院士处获博士学位后与尹宁琳（后排右）在南京结婚，他岳父南京农业科学院同位素所所长尹道川（后排中）和岳母黄宝玉（前排左）很爱我儿子陈东；右图：2017 年我和道川宝玉夫妇（左 1、2）及严如柳（右 2）、宋嘉琪（右 1）同班同学相聚于厦门大学

我们班同学不仅在校时友爱相处，同窗情谊延续到毕业后多年甚至终身。大家有机会，无论在什么地点都远道来相聚，在国际学术会议相遇更是亲切。

左图：20 世纪 90 年代我与部分班友相聚福州，特意到怀念中母校的旧校址前照相留念；
右图：2004 年 12 月 10 日唐仲璋院士百年诞辰纪念，一多半班友到厦门大学相聚

左图：1988 年我与何毅勋（左）和郭源华（右）共同参加在法国召开的国际血吸虫病学术会议；中图：2001 年我与何毅勋共同参加在美国巴特摩尔召开的国际寄生虫病学术会议；右图：好友何毅勋陈子英夫妇喜获孙子

何毅勋在校学习期间成绩很好，知识面很广，被同学们号称“博士”，毕业时被分配到北京中国医学科学院，立即转到南京我国研究寄生虫病著名的卫生实验院。我们班上当时分配到中国科学院南京地质古生物研究所多位同学中，郭源华、熊光华、许锦江、林心慈，很希望继续研究寄生虫病问题，在我父亲早年学生的卢衍豪院士所长的支持下，批准他们要求转到南京卫生实验院工作。研究所副所长周祖杰，是高我们两年的校友，也是我父亲的学生。何毅勋担任病原室主任、郭源华担任血吸虫病媒介室主任、熊光华担任黑热病组负责人、许锦江担任丝虫病组负责人、林心慈从事资料文献工作。该单位 1956 年改称为中国医学科学院上海寄生虫病研究所，迁至上海瑞金二路，他们也都到上海。还有班上的研究药物的宋友礼也在上海工作，我们班的同学在上海大会合。毅勋的女朋友陈子英在上海第二医学院就读，周末常在一起相聚，其乐融融。我调回福州后，和父亲每次外出都一定要到上海转车，我们都会欢聚数天，师生、同学的情谊深切。

当年我们班上学习最好的除何毅勋之外，还有班长郑治周，他毕业论文是单独从事人体生理方面的研究，师从陈德智医师。虽然专业与大家不同，平时常与大家一起学习。他们毕业分配与毅勋同时分到北京中国医学科学院，郑治周留院从事生理学研究，开始时事业和生活都发展得很好，都准备要出国赴苏联留学。1957 年发生变故，以后却历尽

坎坷，调到唐山煤炭医学院工作。1961 年假期回到家乡福州，郁郁寡欢，同班同学金章旭、高我们一班的刘宜超和我三人陪他上鼓山游玩散心，也不解他的愁闷心情。他晚年父母兄姐接连亡故，自己又患帕金森综合征多年而逝，是我们班上谁也想不到的“悲剧”同学。

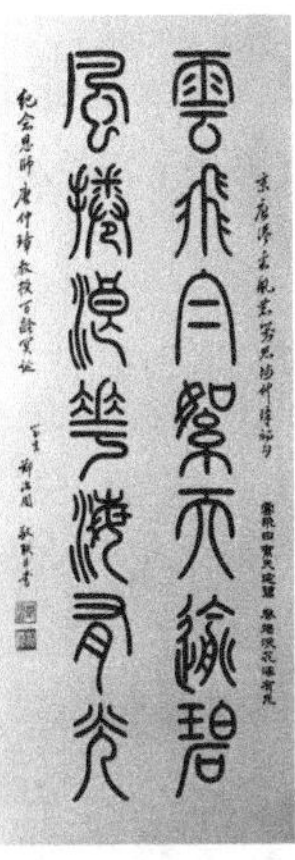

左图：从左到右刘宜超、我、郑治周、金章旭，在鼓山；中图：郑治周晚年照；右图：郑治周的书法

在福建协和大学还有我在学已离开学校的老师，与我不同班，高我班或低我班的同学，都令我十分怀念。首先是郑作新教授，在 20 世纪 20 年代末（我刚出生时代），还不到 30 岁的郑作新教授已经是福建协和大学的教务长及生物系主任和教授。他是鸟类专家，每天清晨带学生到树林里听鸟叫。在福建协和大学担任领导和教授数十年。新中国成立初期到北京中国科学院动物研究所任职，1980 年当选为中国科学院院士。20 世纪 80 年代，我每年去内蒙古科尔沁草原和呼伦贝尔草原工作，回来经过北京，都要到动物研究所工作几天。我常去看望郑作新老师，他总是立即放下手边工作，细问我的工作情况，此情此景我记忆犹新。

20 世纪 90 年代在北京中关村，左起我、郑作新教授、郑陈嘉坚师母（延续郑师著作到近百岁）、薛攀皋师兄（我父亲的学生，1950 年毕业后分配到中国科学院，从事科学管理工作，时任生物学部主任）

我在学期间也有好多位与我不同班的同学，毕业后也常联系，如比我高两班的陈佩惠和张雅英，她们毕业后都分配到北京工作，陈佩惠在首都医科大学主持病原生物学教研室工作到退休；张雅英是一位优秀的中学老师，身体不好但也坚持工作到退休年龄，她们待我都如亲姐妹。我有时出差经过北京，都常会住在她们家中。平时电话联系时，都常深情地说："崇惕，你什么时候来北京再到我家住几天吧！"陈佩惠比我大两岁，我喊她"佩惠姐"，她跟我说话就像个姐姐。张雅英比我小，我在邵武念中学时就相识，我们两家离得近，常相约一起上学。所以到大学时，虽然不同班，却常亲密联系。人生难得有知己！

左图：我与陈佩惠在北京；右图：我与张雅英在北京她家附近

我大学三年级结束时，原综合性福州大学与厦门大学合并，未毕业的学生都并到厦门大学，老师们留下与福州师专合并成为"福建师范学院"，我们班三年级时已定专业方向，选好毕业论文题目和指导老师，所以"寄读"在原校，毕业时拿厦门大学的毕业证书。低我一班的学生都到厦门大学了。本文第一张照片里的"小公鸡"到了厦门大学就读，并留校任教。1972 年我被调到厦门大学任教，第一天到生物楼报到，在生物楼前的石阶上见到一位男同志手拿一大抽屉内装许多瓶海洋标本。对我喊："崇惕，认得我吗？我是'小公鸡'呀！"近 20 年不见，竟然还认识我！海洋生物专业原属生物系，这时与"海洋化学专业"和"海洋物理专业"一起合并成立"海洋系"。许振祖忙着"搬家"，老同学又相会，他的夫人张娆娗是生物系植物分类教授、专家，我们认识后成了好朋友，常来往。许振祖研究海洋浮游生物，也研究贝类养殖，工作卓越有成，他还像过去做学生时那样开朗风趣。1973 年有一天他到我实验室，告诉我龙海一带海滩许多蛏埕得了"黑根病"，死了许多，有的蛏埕甚至颗粒无收，要我去看看。我告诉他我是研究人兽共患的寄生虫病害的，没有研究海洋贝类病害的问题。他依然笑嘻嘻地说："你是在为贫下中农服务，也应该为贫下中渔服务吧！"说得我无话回应。他给我看了缢蛏体内许多吸虫幼虫期，尾蚴体部有明显黑色的排泄管和尾部有毛的奇特虫体。他说村里人都推测其成虫可能是寄生在鸭子或鸟类的体内。我把照片拿回家给父亲看，父亲说这应该是鱼类的寄生虫，并找资料，拿大致这一类吸虫的图给我看。我心中有数地带着放大镜、显微镜和检查工具，跟着振祖乘火车、自行车，来到龙海称作"西边"的一个小村庄，在当时称为“革命委员会”的办公室后边的一间小屋住下，那间也是我的工作室。那时群众生活很困难，从我房间窗户向外看，早上常会看到一个女孩子，手上拿着一个布袋，一直站在门口大树下，不迈步。我想她一定是为了“要去谁家借粮”在为难，而迈不开步，我心为她难受，至今想起这情景还觉伤情。

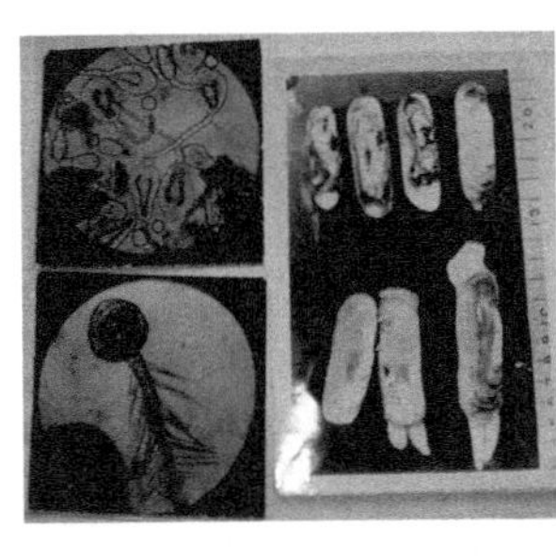

左图：示健康蛏、病蛏及其体内的吸虫幼虫期；中图：振祖（右）看满仓同志给我介绍；右图：我们采集标本

对这一问题，我们首先在不同“潮区”的 20 个蛏埕进行了流行病学的调查，感染确实非常严重，“高潮区”严重性超过“低潮区”，有的蛏埕此吸虫病感染率高达 95%，几乎是颗粒无收。为这个问题我前后去“西边”多次，花了一年多时间，找出此寄生虫的终宿主数种食肉性虾虎鱼等小鱼，第二中间宿主是小虾、小鱼苗等。对此吸虫特别的发育生物学的观察，再到该尾蚴的早期发育胚体，就有排泄管和肠管相通的奇特结构，到童虫及成虫时会形成“肛门”的结构，我们定它为“食蛏泄肠吸虫”新属新种，研究结果知道缢蛏受感染是与虾虎鱼等粪便含此吸虫虫卵排在滩涂上有关。沙质底“低潮区”由于每天两次潮水的海水冲刷，留在滩涂上的虫卵少，缢蛏少被感染。而泥质底“高潮区”一个月只有几天有海潮冲刷，泥质滩涂上留的虫卵多，蛏被感染的机会多。养蛏有一年蛏（一年就可收获）和二年蛏（两年才收获）之分，我们建议他们多捕捞有营养价值的虾虎鱼供应市场，并在“低潮区”种养二年蛏，在“高潮区”只养一年蛏，可减少灾害。我与振祖师弟合作此问题一年多，共同发表了 3 篇文章。以后“西边”的“小伙子”就没为此事来找我，却常送他们种的优质头水紫菜给我。

V　教学及科学研究历程

一、教学工作经历

1. 在小学任教

在我还很年轻的时候，曾当过一年的小学教师。1947 年高中毕业，由于家庭经济困难，我和我哥都去工作，到小学当教师，第一学期到市郊城门乡城门小学当教师。学校离家很远，住在学校。星期六傍晚回家，星期一早晨很早去学校。没有公交车，靠走路，走过三四个乡村才到。学校在山顶上，大门口外还有一棵大树，后门有一片奇石，校内还有一个小花园，风景很好。宿舍在楼上，教室在楼下。我担任高年级的数学教师，我念中学时，喜欢数学，还没毕业寒暑假去给好几家的中小学生做家教，就是给他们补习各门数学，所以在城门小学当小学教师教数学，没什么负担。有一次，下午第一节有课，我竟午睡睡过头了，班长上楼叫醒我才下去上课，都已过了半节课了。这些学生大约都只比我小几岁，如果他们还健在的话，也该是 80 岁左右了。

我在城门小学时的几个学生

在城门小学任教只有一学期，第二学期已是 1948 年的春天了，我和我哥被教育局调到一个初级小学工作，地点在福州南台上渡，靠近家。但是这初级小学只有两个教师编制，正好我和我哥两个，我当校长（除教学外，要经常跑到城内教育局办行政、经费等杂事）。学校设在一个旧祠堂里，办公室在楼上正中的戏台上，教室两间在戏台两侧厢中，是“复式班”，一年级和二年级为一班、三年级和四年级为一班。上课时，一个年级先自学，一个年级先上课，之后互换上课。除教他们课本之外还要教音乐，也很紧张。楼下有厨房和宿舍，我哥住在学校，我每天傍晚回家，早晨来学校上课。学校附近有许多家木材厂，整天都是锯木料的声音。每月工资总是欠发，到学期结束给大米，我和我哥一起可拿到几百斤大米，把家中常常是空的米缸装满。母亲看着我和我哥往米缸倒米，笑着说："给家里这么多的米！很好！但妈妈更希望你们能多读书，将来能做更多更好的工作。"现在一想起此景此情，还很是心酸！

2. 在高校任教

1954年大学毕业，我被分配到上海华东师范大学生物系任助教。临行时，父亲嘱咐我两件事："①到校后，系里分配工作时，如征求你的意见，你说要进行'无脊椎动物学'工作；②华东师范大学生物系有一位著名的动物学家，张作人教授，你要很好向他学习。"我到学校后，生物系领导给新来的年轻教师分配工作，果然征求我的意见，我按父亲说的讲"无脊椎动物学"。新来的年轻人也集体到各位教授办公室拜望他们。到张作人教授办公桌前时，张先生没有说什么，没有表情地对着大家和我看。虽然记得父亲的嘱咐，我没有说话也一直没有去找他。我和与我同时分配到华东师范大学生物系的同班同学严如柳一起被分配担任本科四年级无脊椎动物学实验，主讲教师是张金安讲师。她是张作人教授的助手。这一年级班很大，上课一起上，实验课分两班，我和如柳各负责一班，我们都认真地备课，完成教学任务。第二年如柳调回福建师范学院生物系工作，不久又调到靠近厦门家的在泉州的华侨大学医学院工作。我还在上海，第二年学校生物系把我调到无脊椎动物学研究生班担任张作人教授的助教。这一班级的研究生是去年和我一样大学毕业的十多位男女学生，来到华东师范大学生物系，他们是研究生来学习的，还有从外校来的教师，来进修的也在这班上，我是来工作的。张先生每周上课，系统地讲授无脊椎各门动物的结构等生物学问题，我每周实验课要单独到教室上课，要把张先生所讲授的各门动物体内外各器官系统（包括外形结构、体内消化系统、循环系统、神经系统、雌雄生殖系统、排泄系统、水管系统等）分别单独完全解剖出来，各做一个示范活体标本放在他们教室里，要求学生在一周内也要把各系统解剖出来，不懂问我，我要"随叫随到"地向他们解析。每个实验，我都提前一个月准备。我做了他们两年助教老师，除张先生的"无脊椎动物学"外，还担任朗所教授的"寄生虫学"。他们对我很尊重，好几位年纪比我大，口口声声喊我"唐先生"。几年后，在一些学术会议上遇到，对我都十分客气。

在华东师范大学生物系3年，我从事无脊椎动物学实验的教学工作，为我以后几十年从事"人兽共患寄生虫病原发育生生物学、媒介及流行病学的研究"工作，奠定了雄厚基础，使我对各类的寄生虫病原和各类媒介，都能从容应付。

部分教学实验结果发表的文章如下。

张作人, 唐崇惕. 1958. 如何观察棘皮动物的神经系、水管系、围血系和血系. 华东师范大学生物集刊, (1): 54-60.

唐崇惕. 1958. 毛肤石鳖(*Acanthochitona dephilippi* Tappasoni – Canebri)的解剖. 动物学杂志, 2(1): 30-36.

1957年，张先生终于同意我调回福建工作。无论"文化大革命"前在福建师范学院，还是1972年调到厦门大学生物系，我作为父亲的助手，都是科学研究和教学工作，都要担任。父亲提倡作为一个大学教师，除应当努力做好教学工作之外，还应当从事本学科的科学研究，才可以提高教学质量。而且，他对我说："科学研究是探讨真理，教学是传播真理，两者是统一不矛盾的。"早年没有招收研究生，"文化大革命"前在福建师范学院，1972 年来到厦门大学后几年，都只担任本科教学，1977 年开始招研究生，还是讲师的我协助父亲担任研究生和进修生的教学和培养任务。1985 年，国务院学位委员会办公室授予我"博导"身份，我开始每年都有培养硕士、博士、硕博连读研究生，或博士后学生的任务。我最后一位博士研究生黄帅钦，2018 年 6 月毕业，就没有再招收研究生了，在高校担任教学任务的生涯整 64 年。学生毕业后长存的师生情是人生巨大的幸福财富。

培养研究生，我要给整个研究生和进修生班上包括吸虫学、绦虫学、线虫学的高级蠕虫学专业课。在 20 世纪 90 年代之前我还没有用电脑，长期上课，都需要自己预先画好挂图来上课。我受邀请到浙江省医学科学院寄生虫研究所和内蒙古呼伦贝尔盟畜牧兽医研究所，开培训班授课，也是如此，预先画好挂图然后讲课。这些图他们在课中和课后都可慢慢观看，效果比一闪而过的幻灯片好。

在校或受邀到外单位讲课的情况

除上课之外，我还需要给自己的研究生指导学位论文的科学研究。我遵照父亲的"培养学生独立工作能力的原则"，都是每人有自己单独科学研究的课题。当他们入学进校开始要从事课题之前，我先征求他们每人自己对哪一类生物（原虫、吸虫、线虫和节足动物）有兴趣。他们各自表态后，我才考虑各人可以开展研究的课题。对各人说明该课题的重要性、存在的问题、需要解决的问题和进展的主要研究方法等，然后由他们自己单独去思考和进行，我时常到他们实验室看他们的工作进展情况而给予意见。当我要外出到其他地方进行自己的研究工作一段时间时，也分别和他们讨论该段时间他们工作的重点，我从野外回来时再检查他们的工作情况。到他们快毕业前半年多，见他们工作结果很好了，就要求他们写学位毕业论文，然后替他们修改，再写，常常要修改两三次才完稿。毕业后他们投稿发表文章，我要求他们不要署我的名字，因为是他们自己独立工作的结果。

我自己进行探索性的科学研究工作，时间漫长，没让学生参加。但在我自己课题进展过程到野外某一片断，也带几位研究生和进修生一起去做调查，工作结果他们作为合作者在我们发表的文章中署名。如在我进行了 16 年（1977～1993 年）才完成的两种重要的人兽共患的双腔吸虫病原（矛形双腔吸虫和枝双腔吸虫）发育生物学的比较中，于

1979 年去新疆与新疆畜牧兽医研究所齐普生研究员等同志合作，在白杨沟天山上森林草原至高山草甸（海拔 2000～3000m）中的矛形双腔吸虫流行区进行调查时，我就带了进修生史志明及研究生曹华和潘沧桑一起去工作。

左图：我与潘沧桑、曹华和史志明在白杨沟山下；右图：我与曹华、史志明和潘沧桑在天山森林草原中

发表的文章如下。

唐崇惕, 唐仲璋, 齐普生, 多常山, 李启荣, 曹华, 潘沧桑. 1981. 新疆白杨沟绵羊矛形双腔吸虫的研究. (史志明的名字在文章首页下注中). 动物学报, 27(3): 265-273.

史志明、曹华、潘沧桑（研究植物线虫的）和关家震（林宇光教授的博士研究生，研究绦虫类的），只有史志明和曹华是研究海洋鱼类寄生虫的。有一次他们都跟我去我们学校海洋系许振祖教授在龙海县“西边”海边的海洋鱼苗育种基地，在那里进行海洋鱼类等寄生虫的调查，也很有收获。

左图：（从左到右）史志明、潘沧桑、唐崇惕、许振祖、关家震、曹华；右图：许振祖教授在“西边”的鱼苗养殖研究基地，阿兴（右 2）捞取鱼苗给我们看

发表的文章（史志明和曹华另有单独署名的文章发表）如下。

唐崇惕, 史志明, 曹华, 关家震, 潘沧桑. 1983. 福建南部海产鱼类的吸虫. I. 半尾科(Hemiuridae)种类. 动物分类学报, 8(1): 33-42.

1998～2007 年，我和内蒙古呼伦贝尔盟畜牧兽医研究所同志合作在内蒙古呼伦贝尔草原开展“呼伦贝尔草原人兽共患泡状棘球肝包虫生态分布和流行病学调查研究”，1989 年夏天，我知道美国华盛顿大学国际著名终生功勋教授劳施和夫人也要来呼伦贝尔参加我们的工作。我当时的博士研究生中的邹朝忠，他外语很好，我让他带着自己学位论文课题（鱼类寄生吸虫）跟我一起去内蒙古，他一边做自己的工作，一边也可以陪劳施教授和夫人。

1997 年，我也已经开始探试“应用鲶鱼的外睾吸虫作材料对日本血吸虫病媒介钉螺体内病原的生物控制”的工作，此项工作一直做到 2018 年。此项研究是从 20 世纪 90 年代开始，先了解鲶鱼外睾吸虫的详细生活史及此吸虫幼虫期与钉螺的关系情况。

左图：我和邹朝中在被洪水淹没的草原间的路上；右图：2010 年我带领已博士毕业的学生李庆峰（左 2）、张浩（右 1）和国外回来的儿子陈东在过去合作者崔贵文带领下再到肝包虫流行区

左图：我带王云（前排左 1）及博士留学生 Theeraamol Pengsakul（泰国）（后排左 1）和 Kyassir Abdemageed Sulieman（苏丹）（后排左 2）、博士生郭跃（中排右 2）和姜谧（中排左 1）、硕士生邓海军（前排右 1）等人，给我父母亲扫墓；右图：我带博士生舒利民（右 1）、罗大民（左 1）、杨玉荣（左 2）到呼伦贝尔草原，他们进行自己的研究工作，我们在满洲里国门

到 2006 年才开始到血吸虫病疫区进行“生物控制”的试验工作至今（2018 年）整 20 年时间。已硕士毕业留校作我助手的王云和在读的博士生舒利民参加我此项研究课题，都做出很好的结果。2006 年后不同时期的博士和硕士研究生都参加与我共同探讨。

发表的文章如下。

唐崇惕, 王云. 1997. 叶巢外睾吸虫幼虫期在湖北钉螺体内的发育及生活史的研究. 寄生虫与医学昆虫学报, 4(2): 83-87.

唐崇惕, 舒利民. 2000. 外睾吸虫幼虫期的早期发育及贝类宿主淋巴细胞的反应. 动物学报, 46(4): 457-463.

2006 年我在结束了“内蒙古呼伦贝尔草原泡状棘球肝包虫病原发育生物学与流行病学”的研究后，就带第一批硕博连读研究生郭跃、姜谧和王逸难到学校开了介绍信，去湖南长沙到省政府畜牧兽医厅又开了介绍信，去了常德地区政府畜牧兽医处，他们介绍我们去汉寿县。这期间，我们师生 4 人还去了韶山瞻仰了毛主席故居。最后才来到了湖南西洞庭湖汉寿县，与当地防疫单位合作，在西洞庭湖的目平湖，先开始血吸虫病和鲶鱼感染外睾吸虫成虫及钉螺感染各种吸虫类幼虫期情况的流行学的调查。而后，才进行钉螺

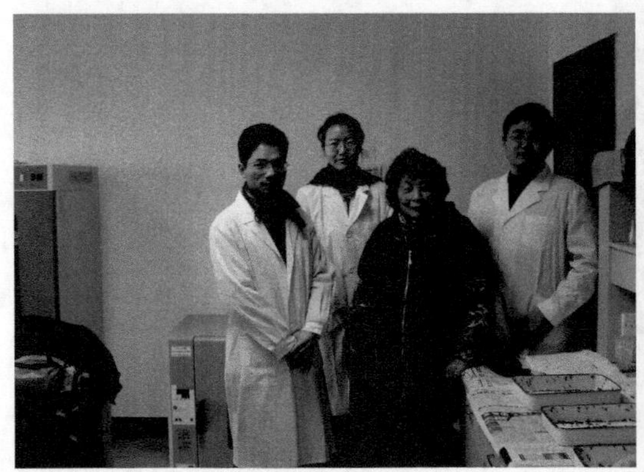

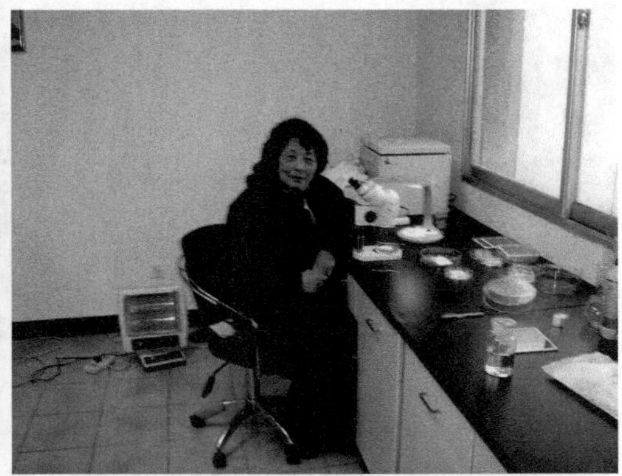

左图：冬天我与郭跃、王逸难、姜谧和采获的钉螺；右图：我在防疫站实验室的工作位置

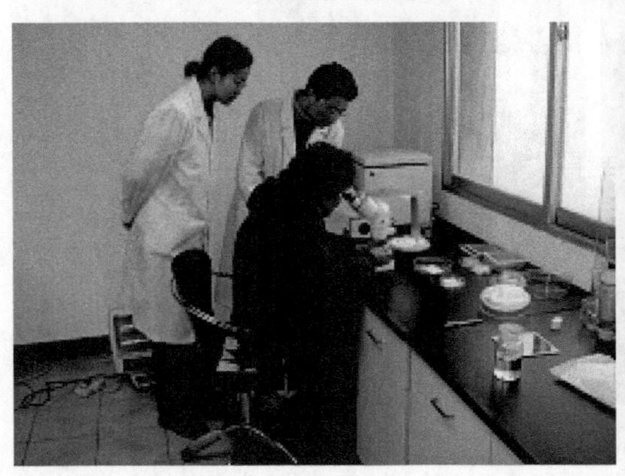

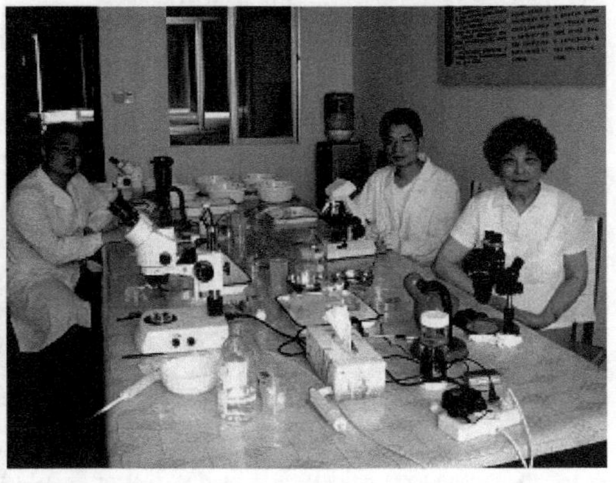

左图：王逸难和郭跃看我检查出的东西；右图：夏天姜谧和郭跃与我在防疫站实验室工作

感染日本血吸虫、外睾吸虫几种不同形式的研究工作。此项研究工作，我的小儿子陈东一直与我们合作。我们连续几年去了多次，工作逐步地有成绩，最后证明了我的思路无误，钉螺感染了外睾吸虫的幼虫后，会杀死所有再感染的血吸虫幼虫，即贝类被一种吸虫寄生后会抵制其他吸虫在其体内生存，并且观察到钉螺体内在不同情况条件人工感染下存在不同的变化。同时，我让郭跃开始从事此项目的微观机理方面的工作，并让他享受当时国家自然科学基金委给在学研究生可以出国学习的机会，到美国犹他州立大学陈东副教授的实验室，开展血吸虫生物控制的不同条件钉螺体内分泌物蛋白质结构等方面问题的探讨研究两年。他回来时已经硕博连读六年期满，通过博士论文答辩毕业，但无法留校而到浙江省内一大学任教。

发表的文章如下。

唐崇惕, 郭跃, 王逸难, 姜谧, 卢明科, 彭晋勇, 武维宝, 李文红, 陈东. 2008. 湖南目平湖钉螺血吸虫病原生物控制资源调查及感染试验. 中国人兽共患病学报, 24(8): 689-695.

Chong-ti Tang (唐崇惕), Ming-ke Lu (卢明科), Yue Guo (郭跃), Yi-nan Wang (王逸难), Jin-yong Peng (彭晋勇), Wei-bao Wu (武维宝), Wen-hong Li (李文红), Bart C.Weime (美国学者), Dong Chen (陈东). 2009. Development of larval *Schistosoms japonicum* block in *Oncomelania hupensis* by pre-infection with larval *Exorchis* sp. The Journal of Parasitology, 95(6): 1321-1325.

唐崇惕, 卢明科, 郭跃, 陈东. 2009. 日本血吸虫幼虫在钉螺及感染外睾吸虫钉螺发育的比较. 中国人兽共患病学报, 25(12): 1129-1134.

唐崇惕, 卢明科, 郭跃, 王逸难, 陈东. 2010. 日本血吸虫幼虫在先感染外睾吸虫后不同时间钉螺体内被生物控制效果的比较. 中国人兽共患病学报, 26(11): 989-994.

唐崇惕, 郭跃, 卢明科, 陈东. 2012. 先感染外睾吸虫的钉螺其分泌物和血淋巴细胞对日本血吸虫幼虫的反应. 中国人兽共患病学报, 28(2): 97-102.

唐崇惕, 卢明科, 陈东. 2013. 目平外睾吸虫日本血吸虫不同间隔时间双重感染湖北钉螺螺体血淋巴细胞存在情况的比较. 中国人兽共患病学报, 29(8): 735-742.

2012 年，郭跃、姜谧和王逸难博士毕业了，又来一批研究生，有攻读硕士的彭午弦、曹云超，攻读博士的 Theeraamol Pengsakul（泰国）、Kyassir Abdemageed Sulieman（苏丹）和硕博连读的博士黄帅钦。我带他们去江西鄱阳湖，在庐山下的九江星子县，工作地点设在血吸虫病防治站病房楼下。我先带他们到疫区进行了宏观方面的调查研究工作后，让他们在我的二儿子唐亮（常定期应用微信开会）指导下，开展“应用外睾吸虫作材料对血吸虫病病原和媒介钉螺进行生物控制的机理”的探讨，他们各自在此大课题中有独立完成的部分。泰国学生专门比较观察钉螺体内大、中、小 3 种血淋巴细胞的结构；苏丹学生应用“生物控制”的理念，在陆地上用不同生物进行了数种生物控制的试验。他们也参加在鄱阳湖对钉螺的流行学调查。他们都按时完成学业，准时毕业。彭午弦在实验室内成功地培养了一批又一批从钉螺卵、胚胎发育、幼螺到阴性成螺，还从经生物控制的钉螺体内发现了“硫氧还蛋白”并进行了它的克隆等系列工作。曹云超应用组织化学的方法显示，硫氧还蛋白分布在钉螺体内的消化腺细胞质和消化道肠壁细胞质中，阐明了硫氧还蛋白的功能是钉螺增加营养的一种自身保护的功能，与其体内血吸虫幼虫被杀死无关。黄帅钦的微观研究工作的领域更广泛。他们都在赞许声中按时毕业。

左图：我与彭午弦、黄帅钦、Kyassir Abdemageed Sulieman（苏丹学生）、Theeraamol Pengsakul（泰国学生）在星子县血吸虫病防治站；右图：同时期，在我两边是星子县血吸虫病防治站的领导

左图：与上图同时期，在实验室；右图：曹云超（左 2）和黄帅钦在我家便饭与导师唐亮（右 1）

我与研究生们共同进行机理研究发表的文章如下。

唐崇惕, 郭跃, 卢明科, 陈东. 2012. 先感染外睾吸虫的钉螺其分泌物和血淋巴细胞对日本血吸虫幼虫的反应. 中国人兽共患病学报, 28(2): 97-102.

唐崇惕, 卢明科, 陈东. 2013. 目平外睾吸虫日本血吸虫不同间隔时间双重感染湖北钉螺螺体血淋巴细胞存在情况的比较. 中国人兽共患病学报, 29(8): 735-742.

唐崇惕, 黄帅钦, 彭午弦, 卢明科, 彭文峰, 陈东. 2014. 湖北钉螺被目平外睾吸虫与日本血吸虫不同间隔时间感染后分泌物的检测与分析. 中国人兽共患病学报, 30(11): 1083-1089.

Huang Shuaiqin (黄帅钦), CaYunchao (曹云超), Lu Mingke (卢明科), Peng Wenfeng (彭文峰), Lin Jiaojiao (林娇娇), Tang Chongti (唐崇惕), Tang Liang (唐亮). 2017. Identification and functional characterization of *Oncomelania hupensis*Macrophage migration inhibitory factor involved in the snail host innate immune response to the parasite *Schistosoma japonicum*. International Journal for Parasitology, 47: 485-499.

Huang Shuaiqin (黄帅钦), Pengsakul Theerakamol (泰国同学), Cao Yunchao (曹云超), Lu Mingke (卢明科), Peng Wenfeng (彭文峰), Lin Jiaojiao (林娇娇), Tang Chongti (唐崇惕), Tang Liang (唐亮).

2018. Biological activities and functional analysis of macrophage migration inhibitory factor in *Oncomelania hupensis*, the intermediate host of *Schistosoma japonicum*. Fish and Shellfish Immunology, 74: 133-140 .

唐崇惕, 卢明科, 彭文峰, 陈东. 2018. 钉螺感染日平外睾吸虫的分泌物及其杀灭不同时间再感染日本血吸虫幼虫的进一步观察. 中国人兽共患病学报, 34(2): 93-98.

左图：陈东（左 5）回国到翔安校区，在生命科学学院门口与课题组师生及几位老师合影；
右图：唐亮（右 1）回国，我过去的博士后吴建伟教授（左 3）来访，与课题组师生在校本部相聚

在我所有的硕士研究生中，有一非常优秀的女学生廖燕玲，她是本校 20 世纪末生物系毕业生，免试保送来作我的研究生。她第一天到我实验室就对我说：“我只读硕士，我母亲要我到美国读博士。”我问：“你以后想学什么?”她答：“细胞学。”我说：“那你在我这儿就学原生动物，原生动物是单细胞生物，学好可以为你以后研究细胞学打下很好的基础。”她同意了，我给她一个题目：调查厦门大学校园内陆地的原生动物的种类。这是一个很难的课题，她需要在不同生态条件无水分的泥土里去寻找非常小的原生动物的孢子，进行单个纯种培养、观察、分类定种、绘图等系列工作。她二话没说就独自开始动手了。在她的长长实验桌上摆上许多培养皿和参考书，每天独自外出在校园的地上寻找很难看到的几微米大的小圆球。不久，我就看到她的桌上的培养皿里有水了，水中可以见到慢慢多起来的各种小原生动物，她开始在显微镜上观察和画图。我介绍几位当时从事自由生活原生动物学者的名字给她，不久她的实验桌上多了好几本厚厚的参考书。她自己观察自己定种，两年半的时间她除上必修课和选修课之外，都不停歇地专心从事她的课题研究工作，她的独立性很强，到最后一学期她按时完成她的学位论文和答辩，在赞赏声中毕业。学期结束，我要外出到野外工作，此时她国外继续攻读博士学位的学校尚未联系好，我对她说：“你不着急，就在我实验室待着工作，我可以给你付劳务费。”我出去大约只过一个月，就收到她来信告诉我她已被美国纽约大学录取读博士，从事细胞学微观机理研究。2008 年我到美国旧金山，她当时在旧金山斯坦福大学作博士后，她到我家看我，并开车送我去加利福尼亚州戴维斯分校看望黄明明教授和参观该分校的植物搂实验室，并遇到在那里进修的我们学校生物系学生刘凡。不久她又回到纽约大学工作，现在已成优秀的科学家，时常会来电话问候，师生情不减当年。

2008 年 1 月我与廖燕玲、刘凡在美国加利福尼亚州大学戴维斯分校植物楼实验室

左图：1992 年父亲从教 60 年，福建省动物学会赠送的锦旗；右图：我工作的年轻时代

我的侄孙女丽莎小时候对生物学的图书和标本特别感兴趣，
常到我家和实验室看图书和标本

我自 1954 年开始在高校从事教学工作，至今（2018 年）已 64 年整。我都遵循父亲教导的两个原则："教学工作与科学研究并重，培养学生科学研究工作的独立性。"我觉得很有成效，我的科学研究工作没有间断，一项课题接着一项课题都成功完成；教学工作上课尽责，对研究生让他们独立思考和完成所给予的课题，毕业后他们都有所获并独自享受到成功的喜悦。我也享受到所有学生真诚的数十年不变的师生情，这是人生最大的快乐和幸福，是最大的财富。我深深感激父母亲的养育和引导之恩！

二、教学研究工作经历

引　言

我从1951年经历生活极其无望的艰难历程后，知道了一个人的“独立”和“有知识”的重要性，在父母亲的鼓励和帮助下，有机会再回到学校复学。改变了过去从小学、中学到大学一年级时不重视念书的秉性和学习方法。经过一学期的努力拼搏，各门功课走上了正轨。之后，两年半的时间，均在愉快的心情中学习，我体会了“置之死地而后生”的含意。

也可以说，我从1952年至今（2017年）从事专业科学工作的65年，都是在对学习和工作着迷和醉心中度过的。总感到时间过得太快，还有许多事没做，如果一觉醒来，还是年轻人，有多好！如今在写自己数十年的科学工作经历，会陷入非常美好的回忆之中，即使很艰巨，回忆起来也是快乐的。

在这65年历史一瞬间，我做了大大小小无数项课题，现在归纳起来有九大类。本文叙述的九大类科学研究的经历如下：①专业基础知识学习和技能锻炼；②我的第一次科学研究；③瑞氏绦虫病媒介的研究；④血吸虫问题的研究；⑤胰脏吸虫的研究；⑥双腔吸虫问题的研究；⑦鱼类与贝类的吸虫问题研究；⑧泡状棘球肝包虫问题的研究；⑨动植物其他寄生虫的研究。这些，不是要讲述其科学的具体内容，而是主要记下我难忘的事和人，还只能重点叙述。主要是对给予我帮助的许多朋友和老师表示我的谢忱！尤其是到如今已“知交半零落”的今天，对远去的人更多的是怀念！

1. 专业基础知识学习和技能锻炼

大学四年的学习使我打下了生物学普通的知识和技能的基础，在大学四年级从事毕业论文，是我从事寄生虫学工作的基础知识和技能的训练。在父亲指导下和何毅勋、熊光华、张天祺3位同学很友好的密切配合下完成了任务，虽然发表了一篇科学性很高的文章，但对我来说，也只是初步掌握了从事科学研究的精神和方法。我大学毕业后，几十年能熟练地对各类寄生虫及它们中间宿主（媒介）进行精细观察，得益于毕业分配到上海华东师范大学生物系，作无脊椎动物学研究生班助教，对多门类无脊椎动物的精细解剖；并作为张作人教授的助手，协助他进行草履虫（*Paramaecium aurelia*）发育胚胎学及其他原虫类的研究观察。

当张先生对我说：“单细胞的草履虫有口沟、肛门、体表纤毛着生的基粒等结构，当它们横分裂变成两个小草履虫时，这些小器官怎么变成双倍？它们怎么产生的？”并让我去研究。我精细地洗净大批玻片和研究器皿，准备培养草履虫的培养液并高压消毒后放在冰箱中，采集校园池塘里的草履虫，由单个培养到一群纯种草履虫，每天给它们换培养液。我刚到这学校时年轻教师们给我们介绍“张作人教授会替草履虫洗澡”，现在我每天给草履虫换培养液，也学会了“给草履虫洗澡”这一技能，只有这样才能在很清洁培养液中培养大量纯种草履虫，供下一步制片用。然后学制片染色，制片也非常麻烦，挑出的一条虫放在洗净晾干的玻片上，进行固定、上琼胶、脱水、脱酒精、封片等程序，才能在显微镜下观察。要在大量草履虫中挑选正在分裂的虫子做玻片，开始时挑出看似正在分裂的虫子，做好片子看，两小虫的各小器官都已形成了，要重做。这些无用的玻片，要溶树胶，洗干净再用，我从中学会了有耐性。一次元旦我想做一个好片子给张先生拜年，一直做到下午，才做好一个还好的片子，张先生来到实验室，推开门，见我穿着被固定液沾满黑斑的蓝色工作服，说：“我就想我的唐崇惕怎么没到我家拜年，原来在这里忙着。”我给他看刚制好的片子，又前进一步，张先生很高兴。有一次，我晚上做了一个好片子，已经 11 点了，我赶到张先生家敲门进去，就想让他早些知道这好消息。事后，张先生多次对人说：“我平生这么多学生，只有唐崇惕半夜到我家敲门，告诉我新消息。”经过大半年艰苦工作的磨炼，最终成功了，并发表了两篇文章如下。

张作人, 唐崇惕. 1956. 草履虫肛门的构造. 动物学报, 8(1): 95-98.

张作人, 唐崇惕. 1957. 就草履虫分裂期间银线系的移动现象讨论口、腹缝及肛门的形成. 动物学报, 9(2): 183-194.

我作为无脊椎动物学研究生班和进修班的助教，主要任务是教学，上述的科研工作都是在业余时间进行。研究生和进修生班的寄生虫学课程，是朗所教授讲课，也是我带实验。我在大学念了父亲教的多门寄生虫学课程和实验，此时是再一次实践，困难不大。其他所有的课都是张作人教授上的，他对无脊椎动物各门类的独特结构，讲得很详细。我负责实验课，在实验课中，我需要把张先生讲授过的各门无脊椎动物（如环节动物蚯蚓、棘皮动物海胆、软体动物门四纲代表种石鳖、河蚌、螺、乌贼等）代表种的所有器官系统（消化系统、神经系统、循环系统、排泄系统、生殖系统等）逐一地单独解剖出来，作为模式样本，给学生们参阅，他们也要用一周的时间自己解剖出来，不了解就会来问我，我要一一给予辅导。各门无脊椎动物的内容，我此前未接触过，每个实验我都要提早两周做准备。张先生教我把要解剖的固定标本材料，先放在 5%的硝酸里浸泡一天，可以增加生物薄膜的韧性。这方法非常好，尤其是像棘皮动物的海胆，外表那么多的刺怎么剖开？石鳖那么厚的外壁怎么剖开？放在 5%硝酸里看着它们在溶解那些钙质，而且解剖进去它们体内物体不糊杂一团。我耐心地把每一种动物各器官系统逐一地解剖出来，我自己不仅学到了方法，还学到了许多知识。同样的方法教给研究生们，他们也非常高兴。他们都与我同龄，好几位还比我大，他们一直喊我唐先生，毕业后他们分配各地，多年之后，常在学术会议上遇到他们，他们都极尊敬我，还如此称呼我。我给张先生的研究生们和进修生们当助教，其实就等于我自己也在作一个勤勉的研究生，在学习。父亲有远见，当我大学毕业分配工作，临行离开家时，父亲郑重地嘱咐我“要好好向张作人教授学习”，并说：“我在念大学时，张先生已经是位教授了。” 我在华东师范大学工作 3 年，一年当本科四年级主讲无脊椎动物学的张金安老师的助教，两年从事张作人教授“无脊椎动物学研究生班及进修生班”的助教工作，对我有关这一大门类的科学知识、从事精细观察和动手操作技能的锻炼，以及离开上海后几十年从事寄生虫及其各种媒介的研究工作，都有极大的帮助。我这两年的教学工作，也弥补了前人所见的不足，发表了两篇文章如下。

张作人, 唐崇惕. 1958. 如何观察棘皮动物的神经系、水管系、围血系和血系.华东师范大学生物集刊, (1): 54-60.

唐崇惕. 1958. 毛肤石鳖(*Acanthochitona dephilippi* Tappasoni – Canebri)的解剖. 动物学杂志, 2(1): 30-36.

张先生由于新中国成立前曾担任中山大学的训导长，所以，新中国成立后历次的政治运动，他都成为被斗争的对象。有一次运动正在进行，张先生又被隔离，一个人在办公室写“检查”。正好父亲去北京开会，在上海转车，他一人到华东师范大学看我，我到学校大门口接他，一路走向生物楼去我实验室。谈话间父亲问我：“张先生都好吗？”我把“张先生被怀疑是特务被隔离”的情况告诉他，正好经过张先生办公室门口见张先生正在伏案写字，我们也不便进去。到我实验室，父亲激动地对我说：“他是一位名教授，怎么会是特务？”没再说什么，父亲看了看我的实验室就离开回宾馆去。我忘了那天父亲跟我说了什么，但父亲这句话给我很大震动，当时父亲说话的神态和话语，至今还在我脑中。我第二天很早到实验室，只有张先生一人在他办公室，我一冲动，就进去对张先生说：“您有没有什么研究工作想做，没时间做，我可以帮您做？”张先生放下笔，立即对我说：“我在想草履虫单细胞动物，分裂生殖时，它身体上各小器官怎么产生？”我简单问一下方法赶快离开，然后就独自开始了这项原生动物胚胎学研究工作。不久，运动结束，张先生又恢复了自由。经过近一年时间如意地完成这项研究，发表了两篇文章如上已述。

1977年夏天，我应邀去内蒙古科尔沁草原解决当地人兽共患的胰脏吸虫病流行病学的研究工作，路经上海，我到华东师范大学生物系去看望张先生。但张先生经过“文化大革命”作为学校“第一号被斗争对象”，已离开生物系到“辩证唯物论组”去了。我到生物系在一个很大很空的教室，来了二三十位我认识的与我年龄相近的老师，他们都来欢迎我回校。不久，张先生来了，我赶快迎着他向他问候。张先生严肃地对我说：“听说你当年离开华师大时说我这里没有什么好学，所以要离开的？”我当年离开是带着依依不舍的心情走的，哪能会说这样的话？这一定是在“文化大革命”中有在场的年轻老师们“批斗”张先生时编了这话。我有口难辩，也不愿意在这样场合去辩解。我顿了一下，在大家面前，缓缓地对张先生说：“张先生，您那么渊博的知识我是学不完的。我在您这儿，我学会了您做科学研究的方法。离开您后，我这些年的工作如果有些成绩，是要归功于从您这儿学到的这些科学研究工作的方法。”这是我真心的感受，也缓和了那时的气氛。大家都笑了，张先生也高兴了。不久以后，张先生在《中国青年报》上撰写一篇讨论我“重视掌握科学研究方法”的文章，让许多人知道了我的名字。

我的专业是从事人体、动物、植物、经济贝类的寄生虫病原，尤其主要是人兽共患寄生虫病的病原个体发育生物学、流行病学和防治的研究，从病原及它们的一个或两个的中间宿主（媒介），这些动物许多都是“无脊椎动物”的种类，都是我需要详细研究的内容。我大学毕业要到上海去的时候，父亲还指示我：“你到华东师范大学生物系工作，学校如问你要从事什么专业，你就说要从事无脊椎动物学的工作。”我到华东师范大学的时候，果然生物系领导征求了我对专业的意见，我就按父亲嘱咐的说，系领导同意了。现在回想起来，我虽然不在父亲身边，远在上海，我的学术道路是父亲预先为我指点的。来到华东师范大学，幸运的是又能在张作人教授身边，整整学习了3年“无脊椎动物学”的方方面面，确实给我之后整整60年的业务工作打下坚实的基础。我感谢父亲的指点，感谢作人教授恩师的教育，也感谢“上帝”给我的安排。

2. 我的第一次科学研究——血丝虫病

1953年我在原福州大学生物系已是三年级的学生，我和大家都要开始进行毕业论文的工作。我和何毅勋、张天祺、熊光华3位同学组成一小组，参加我父亲唐仲璋教授指导的寄生虫病学课题组（丝虫病、血吸虫病、钩虫病三个小组）中的丝虫病小组。在19世纪70年代初英国著名寄生虫学家曼森医师在福建厦门设在鼓浪屿的海关医院行医，诊治了许多大阴囊的班氏丝虫［*Wuchereria bancrofti*（Cobbold，1877）］病的患者。1876年他与他的助手在厦门，经实验首次发现丝虫病的传播媒介是蚊子。他的这个发现启迪了研究疟疾的科学家，才发现疟疾的传播媒介也是蚊子。在20世纪50年代初，父亲唐仲璋教授和林宇光先生也发现了在闽北山区一带有许多大腿症状的马来丝虫［*Brugia malayi*（Brug，1927）Buckley，1960］病的患者；在福建省的闽侯、永泰等县山区也有不少“大腿丝虫病患者”。知道了福建是两种丝虫病流行区，父亲要研究这问题。

左图：1985年冬我父母亲（前排右2、3）带领我和我儿子陈东（后排中站高处）及几位师生与进修生到鼓浪屿，在100年前曼森医师发现班氏丝虫病媒介蚊子的海关医院（照片背景）门前拍照（不久此医院要拆掉改建新的医院）；中图：我父母亲和进修生郁平（后）在曼森医师当年的故居前；右图：1985年我再次来到曼森医师故居及海关医院前留影

1953～1954年，我们（何毅勋、张天祺、熊光华和我）开始我们的课题工作。唐仲璋老师授意我们课题小组以“福建省马来丝虫病与班氏丝虫病流行学的比较研究”作为毕业论文题目，他亲自设计和指导本课题，林宇光和汪溥钦两位老师也参加，宇光先生

经常参加我们的野外调查的工作。我们在唐仲璋老师的指导下进行具体工作，这一年多的“两种血丝虫病病原发育学和流行病学的比较研究”科学研究的实践，得到很完美的结果。结束时，父亲要我们4个学生分别写一段此论文的初稿，最后由他汇总进行修改重写，于1956年发表刊出［唐仲璋，何毅勋，林宇光，汪溥钦，唐崇惕，张天祺，熊光华. 1956. 福建省班氏及马来丝虫病流行学的比较研究.福建师范学院学报（自然科学版），(2)：1-33.］，得到同行专家们的赞誉。这项工作给我一生科学工作生涯打下很好的基础开端。

我有幸在大学最后一年得到博学父亲的指导，才知道应当如何做科学研究。也和几位同学一起经历了艰苦工作的锻炼，使以后几十年对艰苦科研工作习以为常了。我和3位同学进行“我省两种丝虫病流行病学及病原发育生物学研究”的任务很重，既要先到各疫区进行人体及不同蚊子媒介受感染的流行病学调查，还要完成人工感染两种丝虫病原到不同蚊子媒介体内的试验，比较观察它们的发育情况，近一年时间没有空闲。流行病学调查是十分艰苦的工作，我们没有研究经费，农村山区交通闭塞，我们每次到一县城后，去病区调查靠步行，途程至少数十公里。有一次我们去福州市北面的北岭山区内调查。我们从南台乘公共汽车到城内北门外，要翻过一座大山顶再往下整整几十里路，走一天才能到达目的地。我们雇一位挑夫替我们挑卧具行李，大家走累了坐在地上休息几分钟再走。多年后我看到光华保留了一张当时途中的照片，他们站着而我非常疲惫地坐在山坡上，可惜现在我手上没有这张照片，不然，是很好的纪念品。那次调查到目的地后，住在当地一位干部家中，3位男同学同住在楼下一房间内，我一人住在这家屋顶阁楼里，回到家父亲知道我独住阁楼，对我说：“以后出去应当住在同学们近旁，不能单独一人住在远处。”我们进行了像这样的野外调查无以计数。

平时外出调查到了病区，有时住在已放暑假小学的教室，有时住在农民家，或在乡村废弃的祠堂的戏台上。睡觉和工作都在住的地方，有时要自己煮饭。血丝虫病患者体内微丝蚴出现时间都在半夜，我们都在晚上11点钟提着马灯出去，挨家逐户地到每家给他们验血。有一次我走在夜间窄窄的田埂上，滑落跌到水田里，只能爬起来再走。我们到各家在他们的饭桌上放显微镜，在每人手指上采滴血在玻片上，在显微镜下检查看有无活的微丝蚴。有些地方感染率很高，达到50%左右，不少有家族传染，一家有好几个人都是阳性。阳性患者的血需立即再制作涂片带回住所，染色制片鉴定病原种类。检出的患者，都请当地医师立即给予治疗。第二天上午我们要立即去患者家中各处，尤其在他们床上抓蚊子，回来在住处进行蚊子剖检，经常都可以查到有丝虫幼虫的阳性蚊虫。虽然很辛苦，但大家都乐此不疲。有的地方疟疾很厉害，父亲、天祺、光华都先后感染了疟疾。在一个两种丝虫病混合流行的疫区，检查出两个十三四岁女孩，一个是班氏丝虫病患者，一个是马来丝虫病患者。她们都愿意跟随我们到福州，在我们学校住一段时间进行医治。父亲把她们带回学校，托在香港的朋友用美元购买了海群生，请系里生理学教授陈德智医师制定治疗方案为她们治疗并治愈。在两位患者服药之前，我们已预先从野外田间采回库蚊和按蚊的幼虫，在室内分别饲养到成蚊。用她们的血液分别给蚊子做两种丝虫微丝蚴的人工感染。我每天照顾许多蚊子，给实验蚊子清理卫生并饲喂用水新浸泡过的葡萄干。大家定期解剖它们，观察两种丝虫幼虫在实验蚊体内的发育和分布情况，父亲立即绘画各期幼虫，比较两种丝虫幼虫在不同蚊子体内各期的发育情况。实验证实，马来丝虫微丝蚴在中华按蚊体内发育很好，班氏丝虫微丝蚴在致倦库蚊体内发育良好，最后都从实验蚊子吻部检出第三期成熟丝虫蚴。班氏丝虫微丝蚴在按蚊体内，只偶尔会找到它们不成熟的早期幼虫。这工作让我们知道了“寄生虫是有宿主特异性”的特点。

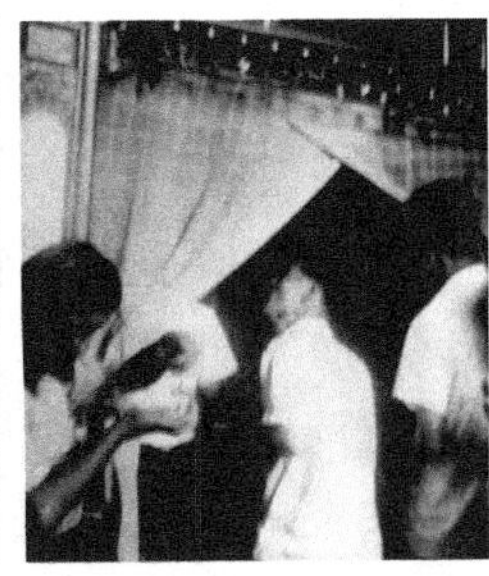
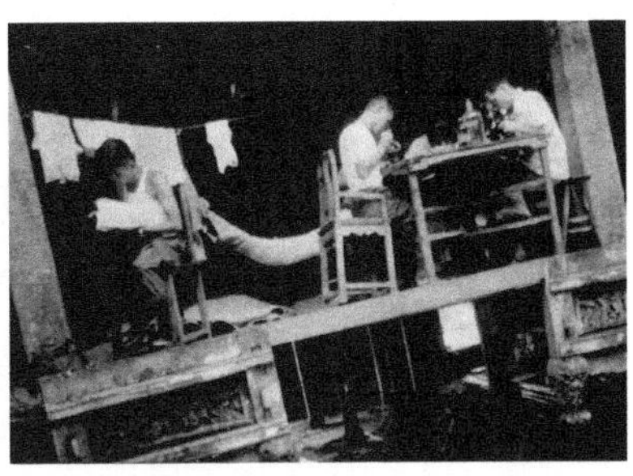

左图：父亲（后中立者）、林宇光先生（后排左 1）、汪溥钦先生（2 排左 2）和我们小组 4 人（从前排、中排、右排到后排有：张天祺、熊光华、何毅勋和我）及其他小组同学林耀庭（中排左 1）、谢庆平（后排左 2）；左边两女孩是两种丝虫病早期患者；中图：父亲（中）和我（右）到患者家中找蚊子；右图：4 人在祠堂戏台上工作，父亲、林宇光先生和我在桌上检查患者家中的蚊子，张天祺在阅读文献资料

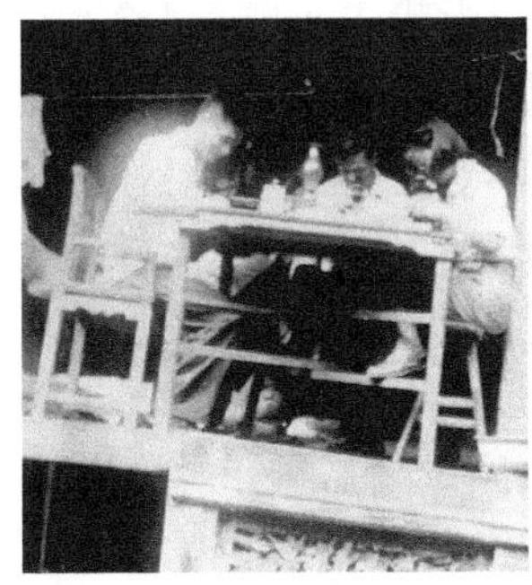

左图：父亲（中）和天祺与我在戏台上检查患者家中的蚊子；中图：父亲（后立）指导我们（从左到右：何毅勋、唐崇惕、熊光华、张天祺）进行人工感染实验工作。右图：1953 年暑期父亲（中排中）带领几位师生去永泰乡村调查丝虫病，住在小学里工作。同班同学有 6 人（前排从左到右：张天祺、谢庆平、郑治周、何毅勋、林耀庭；我在 2 排右 1）

我们 4 位同学始终同心协力、相互配合地努力工作。工作结果发现传播媒介和我们实验结果相同：马来丝虫病流行区都是在山区、丘陵地带有按蚊分布的村庄，周围梯田环绕。那里的传播媒介是中华按蚊（*Anopheles hyrcanus* var. *sinensis* Wiedemann），密度很高，在中华按蚊体内查到了成熟的第三期马来丝虫蚴，人群感染率较高。班氏丝虫病流行区主要在沿海城市和农村城镇的环境，在那里此病的传播媒介是致倦库蚊（*Culex pipiens fatigans* Wiedemann），它们在水沟等水域滋生很多。我们从致倦库蚊中也找到了自然感染的第三期的成熟班氏丝虫蚴。

父亲给我们指出：“两种丝虫病分布区的不同是与那里的媒介蚊种不同相关，病原生物学特点和媒介蚊种滋生生态学因素决定了两种丝虫病的不同流行学规律。据此，在制定蚊媒防治措施上应有区别对待。”我们毕业以后，父亲继续带领几位助手及省卫生

厅派来的刘心机医师和张爱雪护士合作的团队，对福建省近 50 个县（市）进行了两种丝虫病分布调查。当时我在华东师范大学工作，暑假回家也参加他们的野外调查工作。调查的结果，证明了父亲的论点是正确的。

父亲培养学生有多种方式。工作时他要我们精读冯兰洲教授的文章，了解马来丝虫蚴在中华按蚊体内发育的全过程，对照我们的工作，深感冯老的博学和工作精细。父亲很健谈，常和学生谈天。无论在野外调查途中，还是在实验室工作间隙，父亲常常与我们聊天。在丝虫病问题上，他谈了 19 世纪英国的曼森医师如何在厦门发现“致倦库蚊是班氏血丝虫的中间宿主（媒介）”，如何发现“血丝虫微丝蚴在患者血液中有周期性出现”，以及如何在英国皇家学会作报告时有著名学者问“微丝蚴是不是有戴手表才那么准时出现？”的周期性机理问题等有趣而生动的故事，使学生们对科学研究产生了极大兴趣。父亲还谈了冯兰洲和姚克芳两位前辈在浙江湖州首次发现马来丝虫病的微丝蚴，赞扬冯老在丝虫病媒介研究上做出巨大贡献，还谈及胡梅基先生在多种蚊虫上探讨它们与两种丝虫病的关系，等等。这不是普通的故事，每句话、每桩事，都是在鼓励和引导着学生们要向科学进军。我们参加这次的丝虫病调查研究工作及父亲的身传言教，给我们后来数十年的科学工作奠定了坚实基础。父亲以“科学工作者对工作应该是锲而不舍、终身以之”，激励学生们要终生向科学攀登。

我们课题组几位同学共同工作一年，相处非常友好，他们都成为我毕业后几十年“不是兄弟，胜是兄弟”的益友。当年在校时，毅勋博学多才（同学们都叫他“博士”），对同学友爱幽默，对老师非常尊敬，我父亲非常爱他；光华待同学诚恳热情，多年对我父母亲都非常尊敬，我父母亲也很喜爱他；天祺是位虔诚的基督徒，他沉默寡言，总是默默地做事。可惜如今，他们都已先后离世，尤其是天祺，因为宗教信仰问题，毕业后不久，就从北方一个中学失业回老家，听说他经过福州时，曾走到我们母校生物系（他心中留恋的地方），站在系围墙外向内看了良久后才走的！听说他回家乡后当了三轮车车夫谋生，没多久在当地一次政治运动中，受迫害而绝食身亡！光华几年前因胃癌医治无效而离世，他在医院时，我经过上海，去看望他一次，他很平静地对待自己的疾病；毅勋前两年，圣诞节前两天还从美国给我打越洋电话，谈了很久，想不到仅过三四天，就接到他在全家坐游轮出游时，途中得病而立即离世！最要好的同学朋友，就这样一个个地离开了，如今确是有“知交半零落”之感！

1954 年以后，福建卫生厅知道父亲带学生查出福建省两种血丝虫病在部分县（市）流行情况，立即派省防疫站的刘心机医师和张爱雪护士到福建师范学院生物系唐仲璋教授实验室学习，并给予研究经费。父亲带领生物系几位教师及技术员调查了福建省的马来血丝虫病流行区、班氏血丝虫病流行区，和两种血丝虫病混合流行区共约 50 个县（市）的城镇和乡村，并阅览大量文献资料，分析了全国两种血丝虫病的流行区分布情况与媒介蚊种分布的关系。我还在华东师范大学工作时，1956 年暑假回来参加一个夏天的此项野外调查工作；调回福建师范学院生物系后，参加了父亲关于全国此病分布的文献资料的整理工作，从中都增加了不少知识和经验。

左图：我（前左 1）1956 年去闽北途中，父亲（中）、林琇瑛教授（中排左 1）、刘心机医师（后左）、张爱雪护士（后右 1）、唐瑞金高级技师（后中）、汪溥钦先生（前右）、黄玉治室验员（中左 1）；右图：夜间为群众验血。父亲（右，坐着登记验血者名单）、我（中，站着为群众采血片）、林琇瑛教授（左，看显微镜检查血片），发现有血丝虫微丝蚴，立即报告登记，医师和护士给药治疗

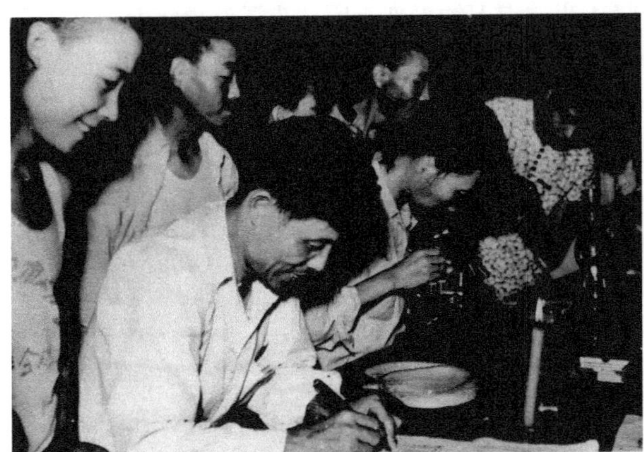

左图：又一次夜间给群众检查血丝虫病情况，在众人前，父亲（前 1，登记检查者）、我（后，站着给检查者采血片）、林琇瑛教授（中，在显微镜下检查血片）；右图：我和琇瑛教授到微丝蚴阳性者家中采蚊子

此项工作发表的文章如下。

唐仲璋, 林宇光, 汪溥钦, 林琇瑛, 唐崇惕, 刘心机, 等. 1959. 福建省班氏及马来丝虫病区调查和我国两种丝虫病分布的研究.福建师范学院学报自然科学版, (1): 1-40. (福建师范学院寄生动物研究室与福建省卫生厅合作)

我在父亲指导下与 3 位同学，从 1953 年到 1954 年从事我们大学本科的毕业论文，都是我们 4 个学生的第一项科学研究，大家都有收获。1956 年我有幸又参加了父亲领导的此项血丝虫病全省及国内的调查研究，获益匪浅，其结果如下。

唐仲璋, 何毅勋, 林宇光, 汪溥钦, 唐崇惕, 张天祺, 熊光华. 1956. 福建省班氏及马来丝虫病流行学的比较研究. 福建师范学院学报自然科学版, (2): 1-33.

我们班的同学许锦江毕业后，到中国医学科学院上海寄生虫病研究所工作，从事了多年有关血丝虫病原和各种蚊子媒介问题的研究。以后我带的研究生刘亦仁，也做了些这方面的工作，许锦江研究员还送我有关这方面的人工培养的材料，“同学之情深似海”！

我们一起从事同课题毕业论文的同学好友熊光华，他多年后发表了一篇有关我们做毕业论文时的往事回忆：“忆唐仲璋教授（院士）研究丝虫病的一段往事”。当时天祺已去世，光华把没有参加写作的毅勋和我的名字，也放在作者之列。现斯人们（父亲、宇光先生、溥钦先生、唐瑞金先生、天祺、光华、毅勋，和常跟着我们外出的摄影师林彤）都已远去，我对他们十分怀念。兹将此文列在本文集中，以作为对师友们大家的纪念！

3. 忆唐仲璋教授（院士）研究丝虫病的一段往事

熊光华　何毅勋　唐崇惕

20 世纪 50 年代初，在福州有一些从北方南下的干部，因传染了丝虫病而请教于唐仲璋教授，遂引起他的注意。他请助手林宇光与汪溥钦老师和原福州大学生物系应届毕业生刘希贤和林有祥下乡，进行丝虫病的探查。了解到在闽侯、永泰等县的山区有“大腿病”患者。1953 年，我们三人和现已故的张天祺是生物系三年级学生，需要开始毕业论文工作。唐仲璋教授授意我们以“福建省马来丝虫病与班氏丝虫病流行学的比较研究”作为毕业论文题目，参加唐老师亲自设计和指导的本课题，我们在老师的指导下进行具体工作。参加者尚有林宇光和汪溥钦两位老师。我们作为学生，在这一年多的科研实践中获得很大教益，为我们大学毕业后的科学生涯打下很好的基础。

1953～1954 年，我们在福建进行的丝虫病调查研究，结果表明马来丝虫病的流行区主要分布在山区、丘陵地带的村庄，周围梯田环绕。那里按蚊族密度很高，在中华按蚊体内查到了成熟的第三期马来丝虫蚴，人群感染率较高。班氏丝虫病流行区主要在沿海城市和农村城镇的环境。例如，我们在福州市小桥头，连江涫头镇、福清城关镇，经调查都有班氏丝虫病患者。那里的致倦库蚊为传播媒介，人群感染率较低，我们从致倦库蚊也找到了自然感染的班氏丝虫蚴。

我们在实验室内，用由幼虫饲养到成蚊的中华按蚊和致倦库蚊，分别吸食马来和班氏的丝虫病患者血液。结果马来丝虫微丝蚴在中华按蚊体内发育很好，感染率与感染度都甚高，从它们吻部常可检出成熟的第三期丝虫蚴。班氏微丝蚴则在库蚊体内发育良好；在按蚊的胃内和胸肌中，只找到它们的早期幼虫，仅偶尔有第三期丝虫蚴。

唐老给我们指出：“两种丝虫病分布区的不同是与在那里分布的媒介蚊种不同相关，病原生物学特点和媒介蚊种滋生生态学因素决定了两种丝虫病的不同流行学规律。中华按蚊是马来丝虫最佳中间宿主，是该病的传播媒介；致倦库蚊是班氏丝虫最佳中间宿主，是班氏丝虫病的传播媒介。据此，在制定蚊媒防治措施上应有区别对待。”后在福建省近 50 个县进行两种丝虫病分布调查的结果，证明了唐老的论点正确。这些研究为丝虫病治理对策的制定提供了科学依据。

福建省闽侯县北岭、南港一带山区交通闭塞，我们每次到病区调查靠双足步行，途程至少数十华里，往返就是100多华里，走累了停一下，休息几分钟再走。天热时，经常汗流浃背。到了病区，暑期住小学教室，有时住在农民家，有时住乡村废弃的祠堂，睡觉和工作都在祠堂的戏台上。由乡长分配轮流在农民哥家吃饭，每餐一人1角钱，那鲜香的蔬菜，配上小咸鱼干，吃得津津有味、可口难忘。

到病区调查，就会见到丝虫病危害的严重，“漏血”是病区患者常见的症状，即淋巴管腺炎引起整个下肢红肿疼痛，发病时要卧床，严重影响劳动。乡亲们怕“漏血”病，都会主动积极配合我们的调查，几乎人人都愿意让我们做血检。晚上我们提着马灯挨家逐户到群众家中，借用农民的饭桌放显微镜，为每人采血在镜下检查活体微丝蚴。检查出的患者都请当地医师给予治疗。白天，到微丝蚴检出者家中抓蚊子剖检，经常可查到有丝虫蚴的阳性蚊虫。

下乡调查研究，生活和工作都十分艰苦。有一次到闽侯县洋门乡调查，我们虽然都带了蚊帐，没有住几天，唐老、张天祺和熊光华先后都染上了疟疾，可见那里的疟疾也很厉害。

有一回在慕田里调查时，检出两个十三四岁的女孩感染有血丝虫，请唐老为她们治疗。唐老把她们带回学校，托在香港的朋友用美元购买了海群生，请系里生理学教授陈德智医师制定治疗方案为她们治疗。在治疗中见到血内微丝蚴逐渐减少并消失了，体格也强壮了，我们都与她们分享治愈的喜悦。

那一年除下乡调查外，我们在学校实验室的工作也很忙，要经常到野外采集按蚊和库蚊的幼虫，饲养到成蚊，分别人工感染两种丝虫微丝蚴。我们每天要照顾许多蚊子，定期解剖它们，观察两种丝虫幼虫在实验蚊体内的发育和分布情况。我们精读冯兰洲教授的文章，了解马来丝虫蚴在中华按蚊体内发育的全过程，对照我们的工作，深感冯老的博学和工作精细。我们也读了乐文菊先生的丝虫病文献综述，其中蚊虫密度与蚊体微丝蚴感染度的相互关系，对我们也深有启发。我们四位同学始终同心协力相互配合努力工作。可惜张天祺早走了，至今我们三位班友，仍然是相互关怀和经常切磋学术的最好朋友。

唐老健谈，培养学生有多种方式，聊天是一种。无论在野外调查途中或在实验室工作间隙，常常与我们聊天，谈的全是做科学研究的故事，前辈科学家们如何想方设法研究阐明各种寄生虫病原的生命规律、他们的毅力与贡献。他也谈自己的经历，怎样由兴趣昆虫学向寄生虫学转变。回忆自己30年代在福清县发现日本血吸虫病区和进行流行学调查过程，研究日本血吸虫尾蚴在媒介钉螺体内发育全过程和观察媒介钉螺生物学生态学的情景。在丝虫病问题上，他谈了19世纪英国的曼森医师如何在福建厦门发现致倦库蚊是班氏血丝虫的中间宿主（媒介），及血丝虫微丝蚴在患者血液中出现周期性的生动故事。他谈了冯兰洲、姚克芳在浙江湖州首次发现马来丝虫病的微丝蚴，赞扬冯老在丝虫病媒介研究上做出很大贡献。还谈及胡梅基先生在多种蚊虫上探讨它们与两种丝虫病的关系，等等。那不是普通的故事，每句句、每桩桩都鼓励和引导着我们学生向科学进军。

我们参加这次的丝虫病调查研究工作，以及唐老的身传言教，给我们后来数十年的科学工作奠定了坚实基础。唐老的丰富学识、人格魅力和他的名言：科学工作者对工作应该是“锲而不舍、终身以之”，一直激励着我们向科学攀登。

作者简介：

熊光华　中国预防医学科学院寄生虫病研究所原媒介室主任，研究员

何毅勋　中国预防医学科学院寄生虫病研究所原病原室主任，研究员

唐崇惕　厦门大学生命科学学院终身教授，中国科学院院士

4. 艰难的人鼠共患瑞氏绦虫病媒介的研究

西里伯瑞氏绦虫［*Raillietina*（*R.*）*celebensis*（Janicki，1902）］（同物异名：*Taenia madagascariensis* 及 *Raillietina madagascariensis*）是鼠类肠道寄生虫，人体可以受感染而得病。患者每天大便中常带有虫体的白色米粒状小节片，它们有的还能蠕动。人体感染此绦虫病的历史悠久，于 1867 年自人体中发现之后，在亚洲、非洲、澳洲和南美洲都不断出现本类绦虫人体感染的报告，而在东南亚各国尤为普遍。例如，在印度尼西亚的雅加达、菲律宾的马尼拉、泰国的曼谷、日本的京都和我国的台湾、福州及晋江等地都有人体病例报道。钱德勒（Chandler）等推测各地人体的瑞氏绦虫原本是各地区啮齿类或猴类的寄生虫，后来各地学者调查证明西里伯瑞氏绦虫原是褐色沟鼠（*Rattus norvegicus*）的寄生虫。但此鼠类的寄生虫如何侵入人体，它的媒介（中间宿主）是什么，过去无人知晓，有一些学者推测可能是蟑螂之类的昆虫，但无实验证据。1952 年开始，福州和晋江两地医院陆续不断地有感染西里伯瑞氏绦虫的儿童及幼儿到医院就医，说：“孩子每天的大便里有会动的白色米粒样的许多虫子排出。”各医院医师都拿着这“包含有头节的新鲜虫子”给父亲看，请教是什么寄生虫。父亲告知这是一种“人鼠共患的西里伯瑞氏绦虫病原”。医院替患者驱虫治疗。父亲 1954 年开始调查福州的褐色沟鼠肠道，常采集到西里伯瑞氏绦虫虫体，经详细比较发现，福建人体的西里伯瑞氏绦虫和褐色沟鼠的西里伯瑞氏绦虫的形态结构相同，证明它们是同一种绦虫。说明在福建褐色沟鼠也是西里伯瑞氏绦虫病原的天然宿主。由于褐色沟鼠绦虫材料在福州很丰富，父亲就想从事世界上尚未了解此病原的生活史和中间宿主种类问题的研究。

1954 年母亲协助父亲开始此项研究，当时我还在上海华东师范大学生物系工作。父母亲用与鼠类及人体都有接触的昆虫，如鼠蚤幼虫（3 批共 54 只）和猫蚤幼虫（8 批共 180 只）做感染试验，感染后 8～21 天逐个解剖检查，全部阴性，没有成功。随后，他们又考虑用与鼠类粪便能接触的昆虫如赤拟谷盗（*Tribolium ferrugineum*）（7 批共 77 只）、谷蛾幼虫（*Pyralis farinalis*）（4 批共 17 只）、蟑螂（*Periplaneta americana*）（2 批共 16 只）、洋虫（*Alphitobius piceus*）（20 只）、蜗牛（*Bradybaena similaris*）（6 只），做感染试验，全部阴性，又没有成功。1957 年，我调回到福建师范学院生物系工作，父亲告诉

我此项问题需要研究。我除开展血吸虫性皮炎机理、人兽共患胰脏吸虫病昆虫媒介等问题的研究之外，从 1957 年开始也关注西里伯瑞氏绦虫病的传播媒介问题。经过艰巨的几年工作，终于到 1962 年，才和父亲一起解决了此项问题的研究工作。

1957 年，医院又送来一位仅 8 个月大患此病婴儿的绦虫。我们到他们家中访问，父亲查问："这么大的孩子除吸母亲的奶，还能吃什么？"家长告知孩子不久前曾在地上爬，抓食了一口猫饭。我们看了那个猫碗，见其中爬满蚂蚁。父亲对我说："蚂蚁很可能就是西里伯瑞氏绦虫的中间宿主，此病的传播媒介。需要做人工感染试验以证实。"于是我开始了西里伯瑞氏绦虫的蚂蚁感染试验工作。

要确定蚂蚁是否是人鼠共患瑞氏绦虫病（Raillietiniasis）病原西里伯瑞氏绦虫［*Raillietina celebensis*（Janicki，1902）］的中间宿主，这些病原幼虫期是否能在蚂蚁体内发育成熟，首先需要能在实验室内成功地人工饲养蚂蚁。我前后做了多年许多蚂蚁的采集、人工饲养和人工感染的工作，都是失败。蚂蚁感染试验有多方面的困难：首先，蚂蚁种类很多，我们不知道何种蚂蚁是此绦虫的中间宿主；其次，蚂蚁是群居的社会性昆虫，抓一些蚂蚁，在培养皿里，它们不活动，也不吃东西，过两天就死了。我开始和年轻的实验员吴芳振，挖掘了各种人居附近的蚂蚁窝，在实验室内饲养，只要窝内有蚁王（雌蚁），乱作一团的蚂蚁会逐渐安静，集聚到土的深处建巢，也能把给予的食物和绦虫节片都搬回巢穴。泥土太多，也许因为蚂蚁种类不对，饲给绦虫节片后 1～2 周，用乙醚麻醉蚁窝，蚂蚁都死在土中，细心检出包括蚁王、雄蚁、工蚁和兵蚁，所有蚂蚁逐只剖检，全部阴性，如此摸索了 2～3 年。

1960 年，我们模仿菲尔登（Fielde）氏玻璃盒饲养蚂蚁的方法并加以改进，把厚玻璃切割胶制成中间有通道的三小间的玻璃蚁房，上面用薄玻璃切成 3 块用胶布粘连成可以开闭的盖子。到乡村民屋附近采集蚂蚁窝，回来后让蚂蚁稍微安静之后，在饲养器中的第一间先放进一些泥土后，迅速从窝中先捡出数个蚁王放到此间，再放入一定数量的工蚁和兵蚁，再放入一些蚁卵、幼虫和蛹及少许泥土。有的工蚁迅速用前足牵着蚁王到泥土中央，有的工蚁很快也叼着卵、幼虫和蛹，移到有蚁王的附近，并迅速筑巢。好几只兵蚁，围着蚁巢面朝外，用两后腿站立着，像哨兵一样，守卫着蚁巢内各成员。一些工蚁会叼着"垃圾"到巢外小室角落的"垃圾堆"。第二天，大部分蚂蚁都在蚁巢，只有一两只出来走。三四天后即可在此饲养器另一端小室放些绦虫节片。一些工蚁会通过通道，爬过饲养器中间小室，到放绦虫节片小室，叼了节片回蚁巢中，把节片咬碎，饲喂蚁王和蚁蛹。这些过程，都可透过玻璃片盖观察到，有趣极了。

1960 年 9～10 月，饲养人居住的厨房附近的一种肉食性蚂蚁（*Cardiocondyla nuda* Mayer），获得感染成功。人工感染 10 窝蚂蚁，感染后 22～38 天从蚂蚁腹腔均查到西里伯瑞氏绦虫成熟拟囊尾蚴，将它们感染实验室小白鼠，3 天后从小鼠肠中查到已具西里伯瑞氏绦虫头节和吻钩特征的虫体。本种绦虫病患者以小孩幼儿居多，可能儿童误食蚂蚁的机会多些，也许幼儿的肠管细嫩更接近鼠肠，更适合虫体的着生和发育。

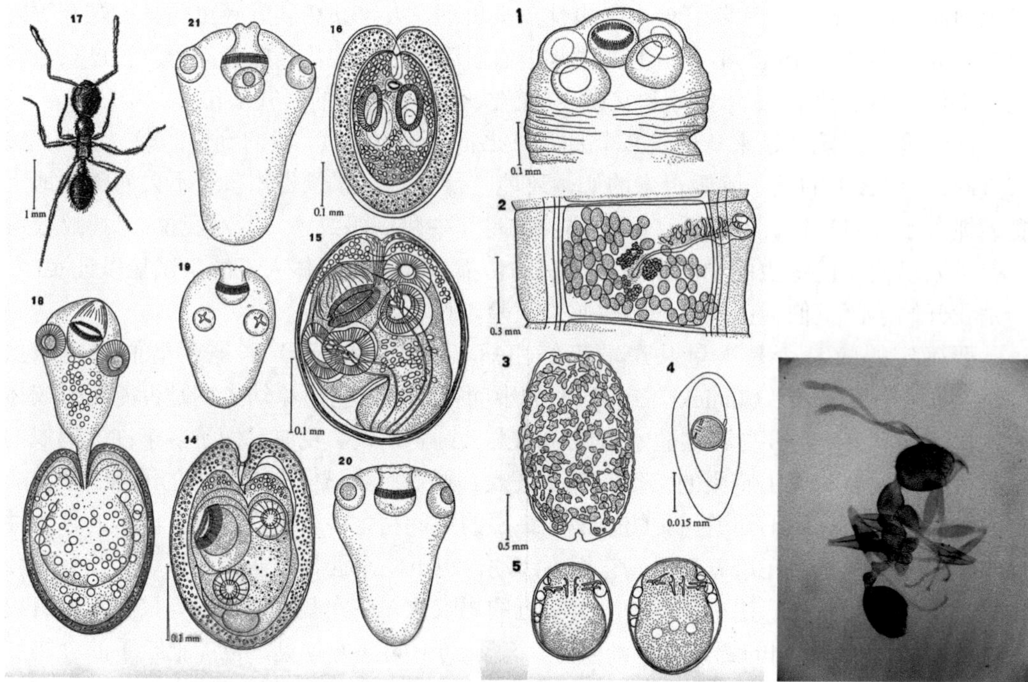

左图：西里伯瑞氏绦虫在实验蚂蚁及实验小白鼠体内发育全过程；右图：实验蚂蚁

此项工作发表的文章如下。

唐仲璋, 唐崇惕. 1964. 西里伯瑞氏绦虫在中间宿主体内的发育及其流行与分类问题的考察. 寄生虫学报, 1(1): 1-16.

1962 年，在“三年困难时期”结束、“科学春天”降临之时，中国科学院动物学会在广州召开了一次盛大的学术会议，父亲参加了这个会议，见到了许多老朋友和学生。在会上，父亲报告了我们刚研究结束的“人鼠共患西里伯瑞氏绦虫病原在媒介蚂蚁（中间宿主）体内发育的研究”，引起学者们巨大兴趣。当天广州的《羊城晚报》立即报道了“父女共同解决科学难题”的详细消息。我以后多次参加动物学会的学术会议，总有许多同志围着我，问养蚂蚁的问题，听我讲“蚂蚁社会”的趣事！这是我科学生涯中，在寄生虫领域打得很响的“一炮”，享尽风光！

5. 胰脏吸虫的研究

1957 年我从上海华东师范大学调回福州福建师范学院生物系工作，作为父亲的助手。他首先跟我谈了许多项在世界科学上没有解决的、人兽共患病的重要问题。其中一大问题，就是“胰脏吸虫病的传播媒介（病原第二中间宿主）是什么”的问题。有关这类吸虫的第一中间宿主（贝类宿主）是陆地螺蛳（蜗牛）这全世界未知的问题，就是父亲多年跟踪羊群进行研究和实验发现的。于 1950 年撰文发表，誉满全球寄生虫学界，多国寄生虫学专著全文转载。1957 年我回来，父亲跟我谈诸科学问题时，他提了此类吸虫的第二中间宿主（此病的传播媒介）为何物还是未知数，他说需要解决这一重要问题。

当时知道在我国南方农村流行的胰脏吸虫病的病原有两种：腔阔盘吸虫［*Eurytrema coelomaticum*（Giard et Billet，1892）Looss，1907］和胰阔盘吸虫［*Eurytrema pancreaticum*（Janson，1889）Looss，1907］。其贝类宿主是阔纹蜗牛（*Bradybaena similaris* Ferussec）和中华蜗牛（*Cathaica ravida sieboldtiana* Pfeiffer）。

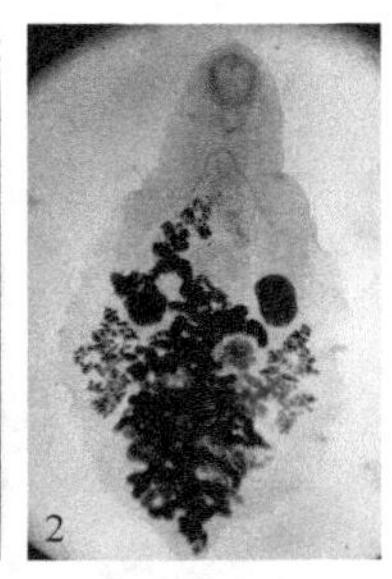
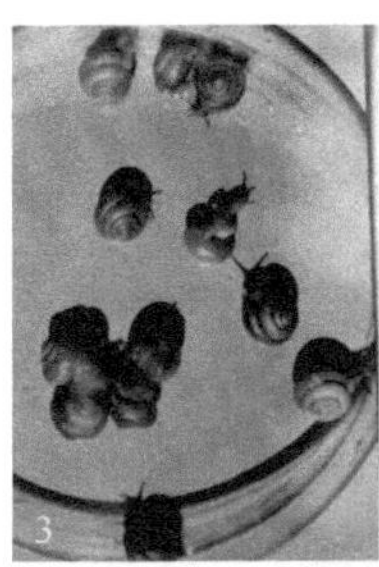
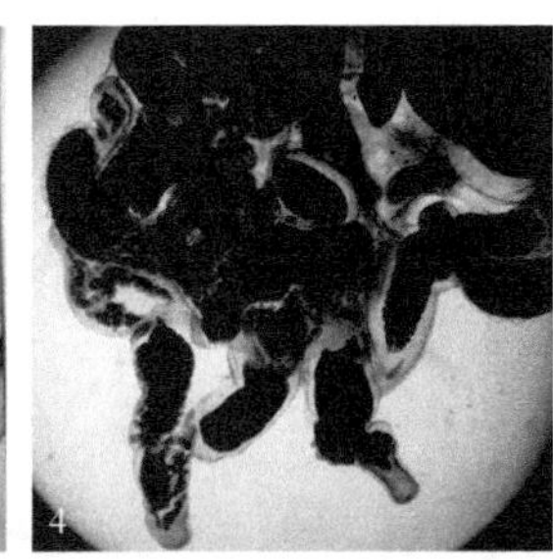

图 1：胰阔盘吸虫患牛肿大的病变胰脏，内充满许多此种成虫；图 2：腔阔盘吸虫成虫；图 3：胰脏吸虫第一中间宿主陆地螺蛳；图 4：在胰脏吸虫阳性陆地螺蛳体内的胰脏吸虫未成熟子胞蚴

1957 年，我在从事人鼠共患的西里伯绦虫病媒介和血吸虫类问题研究的同时，也开始了胰吸虫第二中间宿主的探讨。在实验室用瓦罐养采集来的蜗牛，每天给它们清理卫生和饲养工作需要费很大力气，就和年轻的技工吴芳振一起在校园里用砖头建了一个“蜗牛饲养室”，放进去许多采集来的蜗牛，结果每次放进去的蜗牛逐渐地都爬走了，如此忙了数年都不成功。后来知道在福州北门外有一乳牛场，初次到此乳牛场时，牛场工作人员告诉我：“这场里的牛常生病，病牛瘦弱不产奶，都要淘汰掉，但再买新牛不久也一样得病。”我对所有乳牛进行粪检，发现乳牛胰吸虫感染率高达 70%左右。我在乳牛场采集蜗牛，多数是阔纹蜗牛，少数是中华蜗牛，剖检此两种蜗牛，均查到感染有胰吸虫幼虫的阳性蜗牛。此时已是 1964 年了。

左图：福州北门外胰吸虫病乳牛场；右图：吉林省双辽草原父亲（中）和赵辉元教授（左）、文场长（右）

1964 年夏天，父亲接受吉林省畜牧兽医研究所所长赵辉元教授的邀请，到吉林省四平市，到靠近内蒙古边界的双辽草原进行胰脏吸虫病的考察，父亲带了母亲和我，以及汪溥钦先生、技工吴芳振一起前去，在辽阔的草原上工作了一个夏天，该草原的文场长天天陪着我们在无边的大草原上采集蜗牛。有一天傍晚，在草原上采集的人都走了，我

还在自以为是归途的地上找蜗牛，见到文场长还跟在我后面走着，原来我是走在相反方向的路上，他不放心，一直跟着我，我深受感动。在北方走路不是按前后左右而是按太阳来辨东西南北的。这次在双辽草原调查，很有收获，查到胰阔盘吸虫（*Eurytrema pancreaticum*）的贝类宿主丽螺类 *Ganesella stearnsii* Pilsbry，和其体内的胰阔盘吸虫的幼虫期。工作结束时，我听到赵先生对父亲说："你把闺女留在我这里，继续研究下去"，父亲笑而不答。那个夏天父母亲和我都非常快乐，父亲和赵先生亲密无间，一有空他们一起吟诗作赋。离开双辽草原，赵先生和一些同志带我们去特种生物研究所参观，看到成群的丹顶鹤、许多珍贵的动物，还有人参培育地等，增长不少知识。

左图：我们在双辽草原采集蜗牛，吴芳振（左）站着；右图：我和父母亲在双辽草原上

1964 年秋天我们从双辽草原回来后，我还继续日本血吸虫病异位问题实验工作，取得结果时已到了 1965 年。本来想再以北门外的乳牛场为基地进一步进行胰吸虫第二中间宿主此病传播媒介的调查研究，但此时全国各地已开展"四清社会主义教育运动"。我和学校里的一些师生一起下放到闽北顺昌农村，参加"四清运动"直到 1966 年 5 月回来，接着开始"文化大革命"运动。实验室关闭了，父亲进了"牛栏"，我成了"可教育的子女"调离寄生动物研究室到植物生理教研室，参加运动。

1970 年我们学校"清队运动"结束，学校"下马"，父亲调到厦门大学工作，我被下放到闽西霞浦县沙江公社古县乡。我作为工作组的成员，任务是带领都是年轻小伙子的第八生产队，开展农业生产。大家认为不好带的这帮小伙子，却和我很合得来。我和他们搞劳动生产，搞得热火朝天。冬天我也赤脚和他们一起到古县城墙外的一个大池塘挖塘泥，许多人站在城墙上看热闹，我们把塘泥挑到农田施肥；春天我负责替他们管理在几个塑料棚里的"卷秧"，每天挑水浇灌，秧苗长得非常好；小伙子们喜气洋洋地插了秧，可是不久来了"倒春寒"寒流，已插的秧冻死了；我再次为他们管理重播稻种的塑料棚里的"卷秧"，再进行插秧；夏粮和秋粮都获得丰收，大家高兴地收割入仓。在农村生活我感觉很快乐，都不想再回去作知识分子了。1972 年 6 月我被调到厦门大学工作，又要回城了，大家依依不舍地煮饺子送别我。可惜，离开四十多年来我都没机会再到霞浦沙江古县，去看望那些我从来没忘记他们说过的话和不同年龄的乡亲们，当年的小伙子们都已成为超过"花甲"的老人了!

我到厦门后，1972～1974 年我和父亲及研究室同志们一起下乡，开展闽南一带的寄生虫病的调查和科研工作。漳州步文乡有几个儿童比赛生吃池塘里的小鱼，患了华支睾吸虫病，死了一个孩子，我们进驻该乡对全乡人进行粪便检查，查出许多患者，让当地医师给患者驱虫治疗。工作结束，乡里开欢送会，登台献艺，第二天敲锣打鼓地用卡车把我们送回到学校。我又一次领受了农民的朴素而真诚的感情。不久，又得知晋江县流行鸡鸭嗜眼吸虫病，家家户户的鸡鸭都得病死亡，我们研究室的同志全体又到那里开展流行病学调查和病原发育生物学的研究，历时两年。1974 年暑假，此项课题我和陈清泉与林秀敏在福州进行，结束了他们回去，我留在福州，把显微镜和解剖镜等器具拿回在福州的家中，雇一位年轻小伙子替我每天到北门外我当年已发现有胰脏吸虫病流行的乳牛场采集各种昆虫，我在家中一一检查直翅目（Orthoptera）长触角的食肉性的各种昆虫，一天数百只，多天都无结果。我常记得父亲当工作没有结果时喜欢说的“月亮常在夜半才出来的” 这一句鼓励的话。终于有一天，把数百只昆虫检查到傍晚，就在余下的几只昆虫中的一只螽斯科（Tettigoniidae）的草螽体内检出吸虫囊蚴，其结构与胰吸虫及早期的童虫相似，我高兴得跳起来。立即打电报给在厦门的父亲，第二天他就带着在中学念书的我的两个儿子唐亮和陈东来到福州。父亲一进门，立即看我放在显微镜上的标本，高兴地说：“对，就是这个，逖，你延续了爸爸的科学生命。”这句话我铭记终生，比获所有科学奖都更珍贵。第二天，我带他们去北门外乳牛场采集。当地的草螽是红脊草螽［*Conocephalus*（*Xiphidion*）*maculatus* Le Guillou］；我们连续多天集中采此草螽收集囊蚴，我们买了一只山羊羔，用囊蚴感染羊羔，唐亮把家中的一架木制儿童车改制装羊羔，由火车运回厦门，养在家中。4 个月后解剖羊羔，从它胰脏检获数千条腔阔盘吸虫。

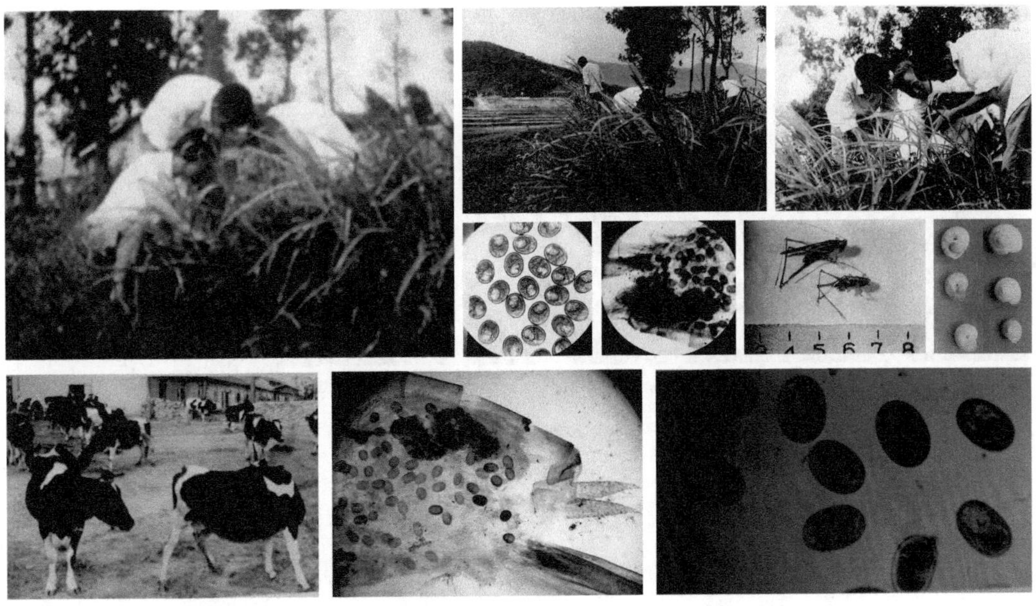

上行三图：父亲与我及我儿子亮、东捕捉红脊草螽；中行四图（从右至左）：阔纹蜗牛、红脊草螽、草螽尾部其体内含腔阔盘吸虫囊蚴、解剖出的腔阔盘吸虫囊蚴；下行三图（从左至右）：乳牛场、红脊草螽尾部其体内含腔阔盘吸虫囊蚴、解剖出的腔阔盘吸虫囊蚴

此项工作结束后发表的文章如下。

唐仲璋, 唐崇惕. 1975. 牛羊胰脏吸虫病的病原生物学及流行学的研究. 厦门大学学报(自然科学版), (2): 54-90.

唐仲璋, 唐崇惕. 1977. 牛羊二种阔盘吸虫及矛形双腔吸虫的流行病学及生物学的研究. 动物学报, 23(3): 267-283.

1975 年冬天全国遭遇强寒流袭击。1976 年福建省北部山区浦城县畜牧局林统民同志来，声称该县各公社两千多头耕牛死亡，经剖检全是胰吸虫病的患牛，请我去了解看看当地此病的感染情况。当年夏天我带两人去浦城各公社进行所有耕牛粪检调查，发现极高的感染率，有的地方 100%感染，并发现当地耕牛感染的胰吸虫是支睾阔盘吸虫（*Eurytrema cladorchis* Chin，Li & Wei，1965）。应当作其媒介感染情况调查，从阔纹蜗牛体内查到胰吸虫幼虫，但其形态结构与腔阔盘吸虫的完全不同。关于它的第二中间宿主昆虫传播媒介，我初以为也是草螽，采集草螽做感染试验，结果失败。到耕牛放牧地观看，见草地上有很多针蟀（*Nemobius caibae* Shir.），它和草螽属同一亚目的昆虫。我们捉了一批针蟀养着，同时让许多小孩子替我们采集蜗牛，一粒蜗牛给 5 分钱作报酬。孩子们积极性很高，包括还穿开裆裤的儿童在内都参加，晚上提着灯去引蜗牛从洞里出来。那个穿开裆裤的儿童是抓蜗牛能手，他采集最多。乡干部对我说："这些孩子像抓特务那样抓蜗牛。"我再解剖蜗牛，又获得不少此吸虫的成熟子胞蚴，用它们饲食针蟀一批，我亲自饲养这些针蟀，一路保护带回厦门。经解剖观察，果然，这小针蟀是支睾阔盘吸虫的第二中间宿主，经感染试验证实是此病害的传播媒介。此项工作，我在浦城工作了两个夏天（1976～1977 年）才结束。

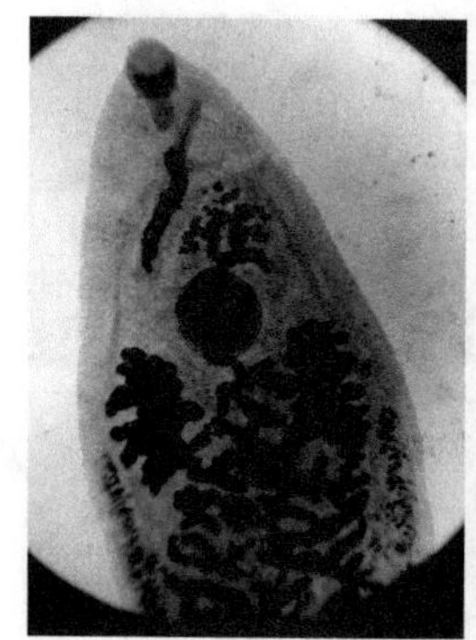

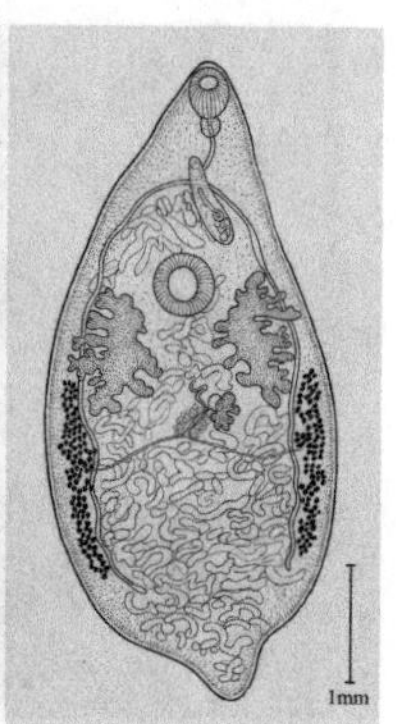

左右图：支睾阔盘吸虫成虫；中图：针蟀、耕牛放牧地。

发表的文章如下。

唐崇惕, 林统民, 林秀敏. 1978. 牛羊胰脏枝睾阔盘吸虫的生活史研究. 厦门大学学报（自然科学版), (4): 104-117.

唐崇惕, 林统民. 1980. 福建北部山区耕牛枝睾阔盘吸虫病的研究. 动物学报, 26(1): 42-51.

1976 年末，我们学校科研处转来一封由黑龙江呼伦贝尔盟畜牧兽医研究所（该盟原属内蒙古，"文化大革命"期间划归黑龙江，"文化大革命"结束后，又回归内蒙古）发来的一张公函，称要派两人来我校生物系跟唐仲璋教授及我学习人兽共患胰吸虫病

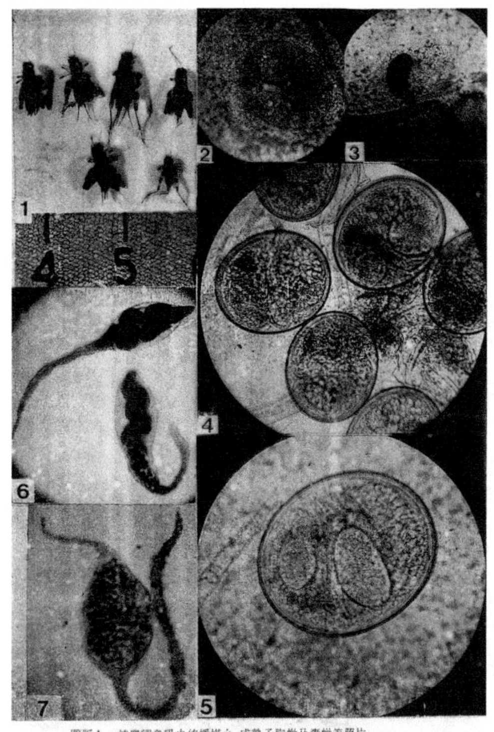

图版1.　枝睾阔盘吸虫传播媒介、成熟子胞蚴及囊蚴等照片
1. 针蟀　2—3. 囊蚴在不适宜昆虫宿主体内被杀死情况　4—5. 成熟囊蚴　6. 枝睾阔盘吸虫成熟子胞蚴　7. 腔阔盘吸虫成熟子胞蚴

左图：第一横行从左到右为小针蟀及在红脊草螽体内被杀灭的支睪阔盘吸虫的子胞蚴残体；第二横行从左到右为支睪阔盘吸虫的成熟子胞蚴在小针蟀体内发育成熟的囊蚴；第三横行从左到右为腔阔盘吸虫的成熟子胞蚴和在红脊草螽体内发育成熟的囊蚴

原生物学的研究。父亲立刻答应了。不久该研究所就来了年轻的汉族吕洪昌和蒙古族钱玉春同志，在我实验室学习。第二年（1977 年）4 月末，他们研究室主任崔贵文同志（满族）亲自来拜访我父亲，他到我家中和我父亲交谈数天。我上班去，不在家中，只知道父亲问了许多感兴趣的内蒙古人文风情的情况。最后，这位老崔同志才说明来意，内蒙古科尔沁草原的羊群在 1975 年冬天寒流来袭中，死了几百万只羊，剖检，全是胰吸虫病羊。他请求让我去帮助了解一下病原、媒介、羊群感染的季节和地点等问题。父亲满口答应他，到我下班回来才告诉我这件事。我知道后，也很高兴，我高兴的是，我可以去从小就读“苏武牧羊北海边十九年”的故事和唱的歌的地方去，晚上激动得睡不着。以后去了才知道，我到的地方离苏武牧羊的地方还很远，他是在西伯利亚、贝加尔湖的地方。

1997 年 6 月下旬，我带助手陈美和浦城的林统民一起乘火车离开厦门，去上海、哈尔滨，赴海拉尔。没有直达火车，沿途中都要再买车票转车。在上海逗留时间，我首先和在上海的同班好友们相聚；到华东师范大学看望张作人老师和师母；去著名的寄生虫学家吴光先生府上看望他，他正重病发作中，不能见客，我留言：回来时再来拜望；最后去我大师兄叶英先生家中看望历尽坎坷的他，因为要赶火车去哈尔滨，只能匆匆谈几句话，我说回来时再来看他。没想到，一个多月后，吴光先生和叶英先生都先后作古。

在哈尔滨期间，受到农业部哈尔滨畜牧兽医研究所领导们的款待，参加他们单位到太阳岛游览、聚餐、观看横渡牡丹江游泳比赛等活动，尽兴而归。第二天坐上开往海拉尔的火车，途经开始建设的大庆城市，用两个火车头拉着上了“高高的兴安岭”，到达山顶停车时下车，我看到了在苏联文学中常提到的白桦树，激动不已。第二天才到达海拉尔，在主人的安排下，我们一行住进盟公署宾馆后院的一座宿舍楼，房屋一切都好，只是床板上有会咬人的许多臭虫。

万里外内蒙古的来客。左图：崔贵文（前排中）、吕洪昌（后排右 1）、钱玉春（后排右 2）；小孩是我侄儿唐晖，他活泼好客，对小钱叔叔说再来时给他带只小马来；右图：大家照相时我侄女唐昇站在门口观看害羞地不敢近前，我心不忍，特意牵她过来与爷爷哥哥一起和客人们拍了一张照片

海拉尔是呼伦贝尔盟的首府，我们要去调查的地点，不是在包括大兴安岭及其南北坡、面积有两个福建省大的呼伦贝尔草原，而是在大兴安岭余脉科尔沁草原中的兴安盟扎赉特旗。在他们准备行装的几天中，研究所的同志们对我们很热情，有几位同志用卡车领我们去看广阔平坦的呼伦贝尔草原，他们告诉我这里及黑龙江的许多地名都是满语的译音，如海拉尔是“草原益母草之花”，哈尔滨是“晒渔网的地方”，等等。当我们的车开到高地时，看海拉尔这小城，在这广袤的一望无边大草原中，确像一朵“益母草之花”。这大草原包括有鄂温克旗、旧巴尔虎旗（陈旗）、新巴尔虎左旗（东旗）、新巴尔虎右旗（西旗）4 个旗县的草地。

左图：努力玛扎布（后排左 2）等蒙古族朋友带我和林统民（后排右 1）及陈美（前排右 2）观看草原景色；右图：我在呼伦贝尔草原上工作前后 40 年，这里成为我的第二故乡

在海拉尔逗留数天后，我们一起乘火车去扎赉特旗。中国科学院动物研究所贝类研究室主任刘月英研究员知道我来此，也带了陈德牛等几位研究人员来到此地做贝类调查，报告非常热闹。扎赉特旗是在科尔沁草原，全是丘陵地带，董玉成同志开辆三轮摩托车，老崔坐在车后座，我坐在车右侧的车兜中到各地去找蜗牛。我从福建带来一些蜗牛壳，遇见人就示此蜗牛问："有见此'海抹拉'（蒙古语）吗"？个个都摇头说"没见过"，如此，跑了半个月。终于有一天遇到一位年纪不轻的过路人，他说年少时在"某地"有见到过。我们立即驱车前去，果然在那里捡到两个陆地螺蛳壳。我们大喜而归，当晚我们全体饮酒庆贺，第二天全体出动到那里寻找，又找到了十几粒此贝壳。逐渐地，我们了解了此螺蛳的栖息地是在两山之间沼泽地的"塔头"（土堆）上。两山之间也形成很宽广的湿润草原，科尔沁草原的生态环境完全不同于平坦的呼伦贝尔草原，也有了完全不同的小生物、寄生虫病原和媒介。我们选择了牛羊每年外出"舔碱"要经过的如此生态地点，开始进行当地胰吸虫病流行学调查和病原发育生物学的研究。刘月英一队到其他各地继续调查，也有所收获。整整一个月，我们查清了当地胰吸虫是胰阔盘吸虫（*Eurytrema pancreaticum*），找到了贝类媒介是枝小丽螺（*Ganesella virgo* Pilsbry）；昆虫媒介是中华草螽（*Conocephalus chinensis* Redt.）。我们还做了昆虫阶段和终宿主羊羔的人工感染试验（羊羔感染后打上记号半年后剖检），完全证实我们工作无误。

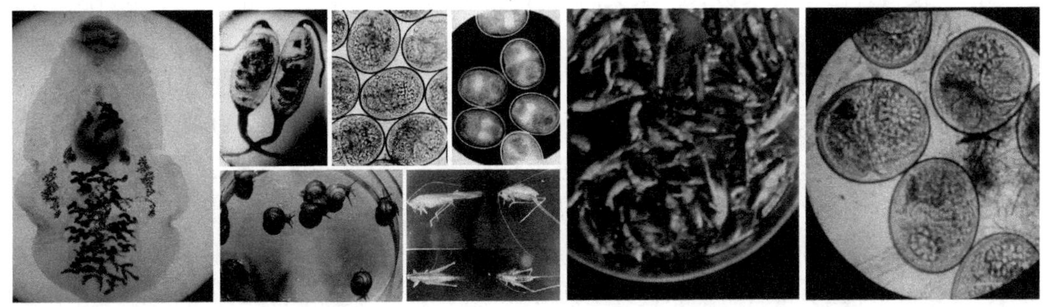

左图：胰阔盘吸虫成虫；中五图：上，胰阔盘吸虫成熟的子胞蚴和囊蚴；
下，中间宿主枝小丽螺和红脊草螽；右二图：红脊草螽和其体内的胰阔盘吸虫囊蚴

此项工作发表的文章如下。

唐崇惕，崔贵文，董玉成，王永良，努力玛扎布，吕洪昌，林统民，张翠萍，陈美，孙国君，钱玉春. 1979. 黑龙江省胰阔盘吸虫(*Eurytrema pancreaticum*)的生物学研究. 厦门大学学报 (自然科学版), (2): 131-142.

唐崇惕，崔贵文，董玉成，王永良，努力玛扎布，吕洪昌，张翠萍，陈美，孙国君，钱玉春. 1979. 黑龙江省扎赉特旗牛羊胰阔盘吸虫病流行病学及病原生物学的研究. 动物学报, 25(3): 234-243.

在此之后，十多年间我有空的时候，还继续与崔贵文及他助手吕洪昌、钱玉春同志对胰阔盘吸虫的问题进行研究。例如，我们对科尔沁草原的科右前旗，开展了绵羊胰阔盘吸虫病流行学调查与实验研究；我们与在上海的中国寄生虫病研究所病原室主任、我

大学同班好友何毅勋研究员，合作观察了胰阔盘吸虫成虫体表亚显微结构；我们在研究人畜共患的肝脏双腔吸虫问题的同时，与内蒙古兴安盟畜牧兽医站站长顾嘉寿高级兽医师及他助手李庆峰等，合作研究了内蒙古科尔沁草原山区绵羊胰脏吸虫和双腔吸虫的病原生物学及驱虫问题的研究。此阶段发表的文章如下。

唐崇惕, 陈美, 唐亮, 崔贵文, 吕洪昌, 钱玉春. 1983. 内蒙科右前旗绵羊胰阔盘吸虫病流行学调查与实验研究. 动物学报, 29(2): 163-169.

唐崇惕, 崔贵文, 钱玉春, 何毅勋. 1985. 中华双腔吸虫与胰阔盘吸虫成虫体表亚显微结构的观察. 动物学报, 31(4): 387.

顾嘉寿, 刘日宽, 李庆峰, 王喜民, 达林台, 唐崇惕, 唐仲璋. 1990. 内蒙古大兴安岭南麓山区绵羊胰阔盘吸虫及中华双腔吸虫流行病学的调查. 中国兽医科技, (3): 15-16.

顾嘉寿, 刘日宽, 李庆峰, 王喜民, 达林台, 唐崇惕, 唐仲璋. 1990. 内蒙古大兴安岭南麓山区绵羊胰阔盘吸虫及中华双腔吸虫流行病学的调查. 动物学报, 36(1): 98-99.

唐崇惕, 崔贵文, 顾嘉寿. 1992. 内蒙科尔沁草原山区绵羊胰脏吸虫和双腔吸虫的病原生物学研究. 武夷科学, 9: 173-180.

刘日宽, 李庆峰, 达林台, 顾嘉寿, 唐崇惕. 1992. 羊群驱虫治疗胰吸虫病和双腔吸虫病流行区环境中二吸虫病原存在情况的观察. 武夷科学, 9: 181-188.

胰脏吸虫病和双腔吸虫病，都是内蒙古科尔沁草原牛羊严重的地方慢性寄生虫病。崔贵文同志于 1982 年被提拔就任呼伦贝尔盟常务副盟长之后，很重视学术交流，在海拉尔四次接待外国学者来访（三次美国学者，一次日本学者），并都召开学术讲座。同时仍然很关心这些病害。他分别于 1983 年 12 月和 1984 年在呼伦贝尔盟畜牧兽医研究所举办了两次“寄生虫学专业学习班”，组织了两次培训班，通知内蒙古自治区各盟及东北三省相关单位，从各地来参加培训的学员很多。我作为主讲，系统地介绍了寄生虫蠕虫（吸虫类、绦虫类和线虫类及一些媒介）的生物学特点和流行病学的知识。这两次都在同一冬季，我就在非常寒冷的呼伦贝尔过冬，有快乐，也有岁末想家的悲伤，尤其到晚上看到窗外许多楼房“万家灯火明亮”，想着家中年迈的父母和年少的儿子，特别难受。同志们特意准备的年夜饭，许多同志献歌助兴，可是当我听到一位同志唱《在那桃花盛开的地方》著名歌曲时，我禁不住哭了而离席。回到住处一夜痛哭，第二天眼皮肿了都不敢见人。

左图：1983 年寄生虫专业学习班成员；右图：1984 年寄生虫专业学习班成员

左图：我讲课的教室，那天讲的是绦虫类病原；右图：我与崔贵文同志在呼伦贝尔盟兽医研究所大门留影

在呼伦贝尔盟工作之余，也有快乐的时光，欣赏了北国春夏秋冬的风光。秋天在呼伦贝尔盟畜牧兽医研究所里，就能看到秋分瑟瑟、满地金黄色落叶的小路；夏天在草原上，工作之余和几位好友穿着蒙古族服装，坐着草原小车，开心地拍照；严冬去满洲里工作的时候，首次零距离地看到苏联国土；高兴地在“国门”边关拍照。而严冬时刻，室内很暖和而室外大雪纷飞，气温在零下二十多摄氏度，我和同志们特意从实验室到

蒙古族桂荣从日本归来常来看我们，草原上我们也着蒙古族装，她与我和崔贵文等

秋天我们在草原上；在研究所内，树叶金黄，我与李民所长（左）及崔贵文副盟长（右）

冬天白雪纷飞，我和工作小组同志小钱、小吕、小康、小唐，特意下楼照张相

楼下门外拍个雪景照，至今看此照片，还觉得好笑；5 月，我在实验室内看窗外的杨树，树叶每天快速地长大，而庭院里到处是杨树花在纷飞。呼伦贝尔北国是“长冬无夏，春秋相连”，过去多年是如此，而近两三年来，不知为何，夏天中午炎热也有好几天。不过，2018 年初海拉尔夜间气温在零下四十多摄氏度，白天气温也在零下二十多摄氏度，还是万里雪飘的晶莹世界。工作完成后大家会聚餐，蒙古族小钱的《敖包相会》是必有的节目。当时拍的一些照片留作纪念。

冬天去满洲里看中苏边界雄伟的“国门”，看西伯利亚，大家都全部穿冬装

工作圆满结束之后，一定有快乐的晚餐，大家一定会听到蒙古族小钱的《敖包相会》歌曲

这个项目结束后，1986 年我应美中学术交流委员会和美国科学院的邀请，到美国讲学访问 3 个月。3 种胰脏吸虫的发育生物学、媒介和流行病学问题，是讲授内容之一；在我编写的《中国吸虫学》中，也包括了这些内容。我对我国这三种胰脏吸虫的发育生物学、媒介和流行病学问题，研究完全结束，前后工作跨越也达二十余年。其中的甜酸苦辣都经历过，如今回味，都只有美好的回忆！

左图：1986 年在美国讲学访问；右图：《中国吸虫学》（第二版） 付印前在计算机上修改

发表论文目录如下。

唐仲璋, 唐崇惕. 1975. 牛羊胰脏吸虫病的病原生物学及流行学的研究. 厦门大学学报（自然科学版）, (2): 54-90.

唐仲璋, 唐崇惕. 1977. 牛羊二种阔盘吸虫及矛形双腔吸虫的流行病学及生物学的研究. 动物学报, 23(3): 267-283.

唐崇惕, 林统民, 林秀敏. 1978. 牛羊胰脏枝睾阔盘吸虫的生活史研究. 厦门大学学报（自然科学版）, (4): 104-117.

唐崇惕, 林统民. 1980a. 福建北部山区耕牛枝睾阔盘吸虫病的研究. 动物学报, 26(1): 42-51.

崔贵文, 吕洪昌, 张翠萍, 王永良, 钱玉春, 努力玛扎布, 唐崇惕, 陈美, 林统民, 董玉成, 孙国君. 1979. 应用血防“846”等药物驱除羊只胰阔盘吸虫的试验报告. 兽医科技资料, (1): 21-29.

唐崇惕, 崔贵文, 董玉成, 王永良, 努力玛扎布, 吕洪昌, 林统民, 张翠萍, 陈美, 孙国君, 钱玉春. 1979. 黑龙江省胰阔盘吸虫 (*Eurytrema pancreaticum*) 的生物学研究. 厦门大学学报（自然科学版）, (2): 131-142.

唐崇惕, 崔贵文, 董玉成, 王永良, 努力玛扎布, 吕洪昌, 张翠萍, 陈美, 孙国君, 钱玉春. 1979. 黑龙江省扎赉特旗牛羊胰阔盘吸虫病流行病学及病原生物学的研究. 动物学报, 25(3): 234-243.

唐崇惕, 林统民. 1980. 福建北部山区耕牛枝睾阔盘吸虫病的研究. 动物学报, 26(1): 42-51.

唐崇惕, 陈美, 唐亮, 崔贵文, 吕洪昌, 钱玉春. 1983. 内蒙科右前旗绵羊胰阔盘吸虫病流行学调查与实验研究. 动物学报, 29(2): 163-169.

唐崇惕, 崔贵文, 钱玉春, 何毅勋. 1985. 中华双腔吸虫与胰阔盘吸虫成虫体表亚显微结构的观察. 动物学报, 31(4): 387.

唐崇惕, 唐仲璋, 陈美, 崔贵文. 1987. 腔阔盘吸虫尾蚴及后蚴穿刺腺等腺体的组织化学及其功能的初步研究. 动物学报, 33(2): 155-161.

顾嘉寿, 刘日宽, 李庆峰, 王喜民, 达林台, 唐崇惕, 唐仲璋. 1990. 内蒙古大兴安岭南麓山区绵羊胰阔盘吸虫及中华双腔吸虫流行病学的调查. 中国兽医科技, (3): 15-16.

顾嘉寿, 刘日宽, 李庆峰, 王喜民, 达林台, 唐崇惕, 唐仲璋. 1990. 内蒙古大兴安岭南麓山区绵羊胰阔盘吸虫及中华双腔吸虫流行病学的调查. 动物学报, 36(1): 98-99.

唐崇惕, 崔贵文, 顾嘉寿. 1992. 内蒙科尔沁草原山区绵羊胰脏吸虫和双腔吸虫的病原生物学研究. 武夷科学, 9: 173-180.

刘日宽, 李庆峰, 达林台, 顾嘉寿, 唐崇惕. 1992. 羊群驱虫治疗胰吸虫病和双腔吸虫病流行区环境中二吸虫病原存在情况的观察. 武夷科学, 9: 181-188.

6. 研究了 15 年人兽共患双腔吸虫病原问题的经历

双腔类吸虫（*Dicrocoelium* spp.）原本是牛羊的寄生虫，寄生在肝脏、胆管胆囊，虫数常常很多，使它们消瘦甚至死亡。此类寄生虫也可寄生于人体致病，严重的也可致命，人体病例自古至今在世界各地时有报道。有关此类吸虫的生活史和传播媒介的问题历经欧美各国多位著名寄生虫学家数十年不断地探讨研究，才得知它们幼虫期需要有两个中间宿主的参与才能完成无性生殖世代的发育。它们的第一中间宿主陆地螺蛳首先在欧洲德国被阐明，第二中间宿主蚂蚁（*Formica fusca*）首先在美国发现。双腔类吸虫世界性分布。在我国，长江以北从东北到西北许多省份都有此类吸虫的分布。我们经过调查的内蒙古科尔沁草原、吉林省的双辽草原、山西省的安泽、山东省的滨州及青海省和新疆维吾尔自治区等地，均有很严重的流行区，对畜牧业危害极大。

人畜共患的双腔吸虫病，过去学者认为只有一种病原，认为虫体形态及生殖腺结构会变异。长期国内外有关教科书仍把矛形双腔吸虫［*Dicrocoelium lanceatum*（Rud.，1803）Stiles et Hassall，1896］和枝双腔吸虫［*Dicrocoelium dendriticum*（Rud.，1819）Looss，1899］列为同物异名种类，甚至认为寄生在人兽的双腔吸虫都是一个虫种。两睾丸前后列可以变成斜列到并列。

我开始研究这一问题是因为要证实父亲说的一句话。1965 年山西省畜牧兽医研究所张学斌同志给我父亲寄来两张玻片标本，一张是矛形双腔吸虫，另一张是枝双腔吸虫。信中说："世界公认此两吸虫是形态变异的同一种吸虫，为什么在山西见到有它们单独的流行区？"父亲当时坐在椅子上，看了信后对我说："它们一定不是同一虫种。"不久，我就下乡参加"四清"运动，接着"文化大革命"开始。1977 年内蒙古呼伦贝尔盟畜牧兽医研究所崔贵文同志来邀请我去科尔沁草原解决胰脏吸虫病流行学问题。到达扎赉特旗 7 月下旬开始调查工作，到 8 月末结束。那地方也是双腔吸虫的流行区，从羊体内肝脏检出许多睾丸并列的双腔吸虫。我记着父亲说过的话，很想同时对此问题进行探讨。我在所有采集到的枝小丽螺（*Ganesella virgo* Pilsbry）体内检查到胰脏吸虫的幼虫期，一直没有见到双腔吸虫的幼虫期，非常遗憾。在收拾行装准备离开的时候，夜间做梦已回到家，自责"没解决问题为何就回来了"？醒来时很庆幸自己还没回去。当天，我立即发一电报给山西省畜牧兽医研究所张学斌同志，说想到山西看看双腔吸虫流行区，很快得到回复欢迎我去。内蒙古的工作结束后，我到辽宁当时还在铁岭的沈阳农学院探望我三舅父舅妈，又到北京科学院动物研究所处理一些公务后才去山西太原找张学斌同志。山西安泽县兽医站站长申泽民同志来带我去在晋东南的安泽县，是时已到 9 月末。

我又出钱向孩子们收购蜗牛，不久我就收到许多蜗牛。我将它们解剖，找到了双腔吸虫的幼虫期，用兽医站的一个很简单的单筒显微镜，我看到了双腔吸虫具长尾的尾蚴。为何 1977 年秋天在内蒙古科尔沁草原很严重的双腔吸虫流行区，检查许多陆地螺找不到其幼虫期？以后的工作阐明了原因：那里是高寒地带，每年 6 月之前，螺体内双腔吸虫的成熟尾蚴及“黏球”，都已排光，未成熟的子胞蚴紧缩，到第二年春天才继续发育。1978 年夏天我又带队去山西安泽县进行调查工作，在那里没有找到枝双腔吸虫，没能进行我想要解决的问题，但申泽民同志给我留下深刻印象。与申泽民同志等合作的工作，我发表的文章两篇，由他申报我作为合作者，获得山西省科技进步奖二等奖 1 项。

左图：1978 年在太行山上，去安泽途中（从左到右为申泽民、崔贵文、唐崇惕、张翠萍、陈美）；
右图：在安泽，我（左 1）和申泽民（左 2）与牧民们一起到放牧场采集

1978 年从早春到深秋，我连续先去科尔沁草原，后到山西安泽，再回科尔沁草原，要解决三个问题。首先在早春我赶到科尔沁草原，收购了大量枝小丽螺解剖检查，终于在 6 月之前查到当地双腔吸虫的成熟尾蚴。在解剖螺蛳过程，我能透过螺壳看到螺体内器官变位来区别双腔吸虫幼虫期的发育程度。我留下幼虫期发育最成熟的阳性螺，放在铺有纱布的小瓷器中带回卧室，对一起工作的同志们笑谈：“我有特异性功能眼睛，我检的这些螺会排黏球”。我早晨 4 点起来将它们清洗，罩上湿纱布，到 7 点早餐之后，回卧室查看，见到从螺体排出的薄膜透明的“黏球”，把它们放在已经备好的黑玉蚂蚁（*Formica gagates*）窝中立即有蚂蚁围拢吸吃，之后检查这些蚂蚁得到囊蚴。用这些蚂蚁饲食小羊羔，过一段时间解剖羊羔，获得全是两睾丸并列的双腔吸虫，定名为中华双腔吸虫（*Dicrocoelium chinensis* Tang et Tang，1978）。关于蚂蚁种名问题，我在间隙时间特意到北京中国科学院动物研究所、上海中国科学院昆虫研究所、浙江大学，找有关昆虫学家请教，都无果，他们只研究白蚂蚁不研究黑蚂蚁。最后我到北京中国科学院图书馆，借了两本蚂蚁分类书籍带回阅读并观察我们蚂蚁的结构，判断是新种而定名为黑玉蚂蚁。当年去山西，是要解决当地双腔吸虫的种类问题，已如上述。最后当山西工作结

束后已深秋，我又回到兴安盟乌兰浩特市，想找流行区蚂蚁天然感染的中华双腔吸虫囊蚴。科右前旗兽医站刘世珍站长知道我需要大量的流行区蚂蚁，他动员全站同志开卡车到在乌兰浩特市附近的归流河流行区，挖掘十多麻袋的蚂蚁窝，回来大家一起挑出很多蚂蚁，我将它们碾碎用淡生理盐水冲洗过滤，获得大量中华双腔吸虫的囊蚴。再做羊的感染试验，获得大量中华双腔吸虫的同样结果。科尔沁草原只有中华双腔吸虫，没有其他种的双腔吸虫。

1978 年详细观察中华双腔吸虫整个生活史各阶段个体结构，并做了蚂蚁和羊的人工感染试验，证明人兽共患的双腔吸虫的形态及两睾丸的位置，是固定不变的，世界东西方学者原来认为它们会变的论点，是错误的。

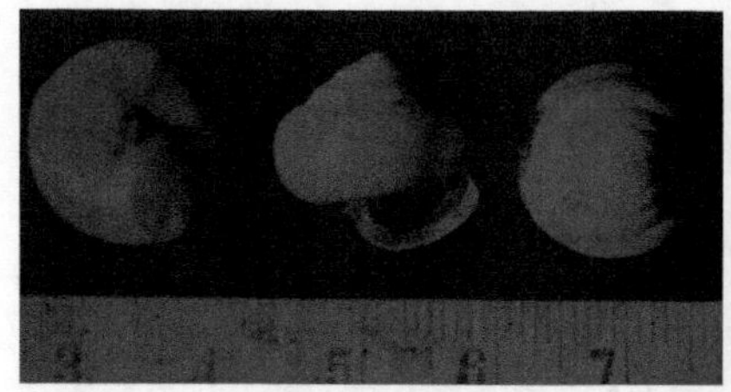

左图：枝小丽螺标本；中图及右图：枝小丽螺和排出的中华双腔吸虫的黏球

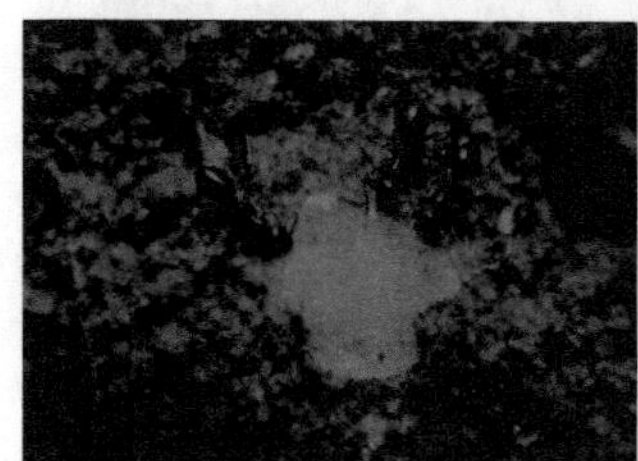
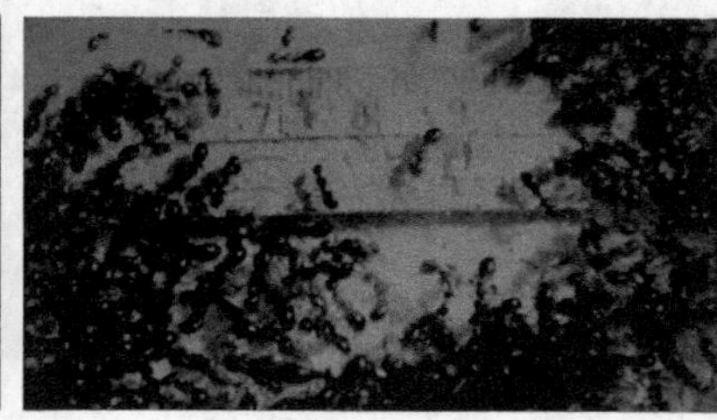
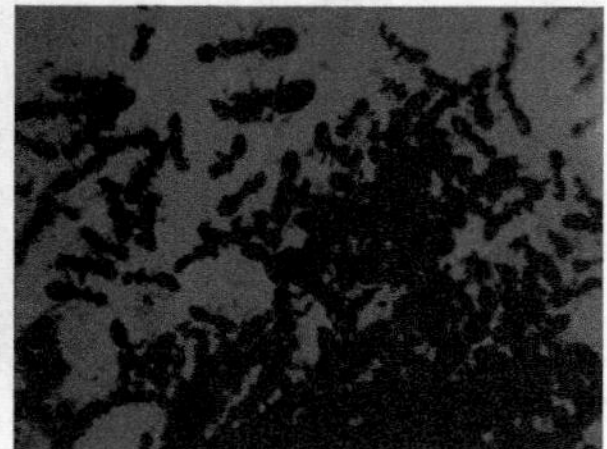

左图：黑玉蚂蚁在吃已破开的黏球；中图及右图：黑玉蚂蚁标本

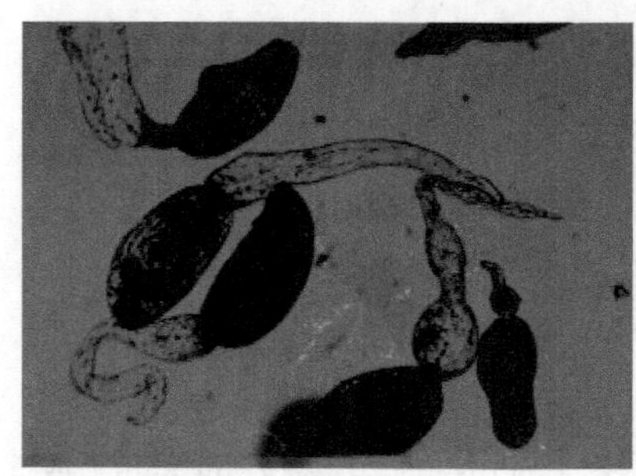

左图：双腔吸虫尾蚴；中图：阳性黑玉蚂蚁头部切片示双腔吸虫脑虫在神经节中；
右图：中华双腔吸虫成虫

双腔吸虫黏球是由成熟尾蚴黏液腺分泌含糖蛋白的黏液包裹着大量尾蚴而成。黏球从螺体排到外界，立即引来蚂蚁吸食。其中尾蚴到蚂蚁肠管很快都脱去尾部钻过蚂蚁肠壁到腹腔内各部位发育形成囊蚴。少数后蚴常到蚂蚁头部神经节寄生，称为脑虫（brain worm）。有脑虫的蚂蚁行为失常，停留在巢外咬住草叶不动，牛羊吃草时很容易将它们吞食下去而受感染。检查人工感染后半年多的实验蚂蚁，78.6%都有脑虫。在实验室内人工感染的蚂蚁窝可保持一年多，将实验蚂蚁喂饲实验羊，获得双腔吸虫的成虫，说明阳性蚂蚁及其体内的双腔吸虫囊蚴的生命力很强。

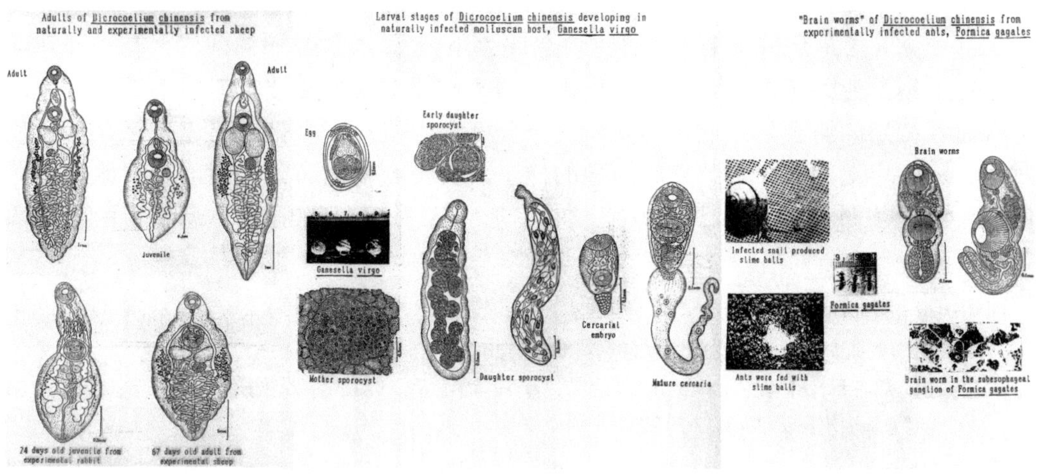

中华双腔吸虫生活史各期：童虫、成虫、虫卵、胞蚴、尾蚴、中间宿主和后蚴

有关中华双腔吸虫生物学、媒介和流行病学等问题，以后还继续做些工作，发表了数篇文章如下。

唐仲璋, 唐崇惕. 1978. 福建双腔科吸虫及六新种的记述. 厦门大学学报（自然科学版), (4): 64-80.

唐仲璋, 唐崇惕, 崔贵文, 申泽民, 张学斌, 吕洪昌, 陈美, 张翠萍. 1979. 中华双腔吸虫的生活史. 厦门大学学报（自然科学版), (3): 105-121.

唐崇惕, 刘世珍, 崔贵文, 姚胜, 刘日宽. 1979. 科右前旗中华双腔吸虫昆虫媒介的调查. 厦门大学学报（自然科学版), (4): 137-140.

唐崇惕, 唐仲璋, 崔贵文, 申泽民, 张学斌, 吕洪昌, 陈美, 张翠萍. 1980. 牛羊肝脏中华双腔吸虫的生物学研究. 动物学报, 26(4): 346-355.

唐崇惕, 唐仲璋, 唐亮, 崔贵文, 吕洪昌, 钱玉春. 1983. 内蒙古东部地区绵羊中华双腔吸虫生物学和流行病学的研究. 动物学报, 29(4): 340-349.

1979 年我应新疆维吾尔自治区畜牧兽医研究所齐普生研究员的邀请，去他们那里进行双腔吸虫病的流行学问题。我带了两位博士研究生（曹华、潘沧桑）和一位进修生（史志明），一起坐火车三天四夜到乌鲁木齐。沿途领会到“春风不度玉门关”和车到临近吐鲁番远处观看“火焰山”的景观。这些风景我前所未见，看了也非常新奇。我带了材料在火车上工作，很快过了这三天的时间。

我们到了乌鲁木齐，知道调查的地点就在附近白杨沟天山上。齐普生研究员非常热情，他带了几位同志和我们一起上山。由一位哈萨克族中年男子做向导，他走在最前面，我一直跟他走在一起，他还特意砍根树枝给我做拐杖，后来我还带回福建留作纪念。

从在海拔 2000 米的森林草原到海拔 3000 米高山草甸之间的牧场中，进行矛形双腔吸虫生物学及流行病学的调查工作。住在海拔 2000 米牧民冬季居住的房子，他们夏季已转移到海拔 3000 米的高山草甸牧场放牧了。虽然是夏天，我们亲历了“早穿棉袄午着纱，围着火炉吃西瓜”的滋味，每天野外工作，傍晚回来赶快跑到厨房穿上军大衣，在炉灶边吃西瓜。新疆早晨较迟天亮，晚上到 11 点天还没黑。在白杨沟一个夏天的工作，只查到矛形双腔吸虫和当地的贝类宿主。工作很艰难，但也很快乐，有一位大约是从塔城来的年轻人，名叫“小王”，参加我们的队伍。有一天到高山草甸采集，他到了再上去经年不化雪域的“雪线”采了几枝雪莲回来送我，非常好看而且特别的清香。我非常喜欢而且十分感动，我也一直带回福建，保存了很长时间。这位小王和那位哈萨克族向导的样子，我至今依然印象深刻，不知他们现在何方。40 年岁月，他们也已到 70 岁左右了吧！我们一夏天的工作，总结了两篇文章如下。

唐崇惕, 唐仲璋, 齐普生, 多常山, 李启荣, 曹华, 潘沧桑. 1981. 新疆绵羊矛形双腔吸虫病病原生物学的研究. 厦门大学学报 (自然科学版), 20(1): 115-124.

唐崇惕, 唐仲璋, 齐普生, 多常山, 李启荣, 曹华, 潘沧桑. 1981. 新疆白杨沟绵羊矛形双腔吸虫的研究. 动物学报, 27(3): 265-273.

左图：新疆的双腔吸虫；中图：我在白杨沟山下；右图：曹华、史志明、潘沧桑与我在天山上

左图：1979 年我们在天山森林草原中，后排右边为齐普生，他左侧是他儿子；
右图：我与维吾尔族妇女（中）和哈萨克族妇女（右）在天山上，她们盛情招待我

左图及中图：我与潘沧桑、史志明、曹华在天山森林草原访问哈萨克族一家人；右图：20 世纪 80 年代我（右 2）与齐普生（右 1）在西安的寄生虫学术会议上愉快相见

我知道了青海省牛羊的双腔吸虫病非常严重，与青海省畜牧兽医研究所王奉先研究员联系，在 1981～1982 年两年夏天，我都去青海西宁，与王奉先等同志合作，对青海省不同地方的牛羊感染情况及流行学进行调查。1982 年春天我儿子（老二）唐亮从厦门大学生物系寄生虫学专业毕业，成绩优秀，学校党委曾鸣书记指示将他留校，并指定他作我的助手。于是，1982 年夏天他跟随我一起去青海。两年夏天在青海高原跑了乐都、循化、民和等多个不同民族（藏族、回族等）的县，进行采集和检查。牛羊感染非常严重，从一头牛、一只羊的肝脏里取出的双腔吸虫数量是以千万计。有中华双腔吸虫、枝双腔吸虫、矛形双腔吸虫和客双腔吸虫（*Dicrocoelium hospes* Looss，1907）4 种不同双腔吸虫。从陆地螺也查出不同形态结构及组织化学反应的尾蚴，就是查不到蚂蚁的感染。青海高原地形严峻，许多地方无法上去，车也不通，只有海拔高达 4000 多米的乐都，有路可走。我没有高山不良反应，总是和向导走在前面，向后看见王奉先气喘呼呼地艰难行走，真难为他了。由于青海野外作业条件困难重重，无法继续工作，只好另外找地点。在青海工作总结三篇文章如下。

唐崇惕, 唐亮, 唐仲璋. 1984. 青海高原中华双腔吸虫等四种双腔吸虫成熟尾蚴的扫描电镜比较观察. 动物学报, 30(2): 227-230.

唐崇惕, 唐亮, 王奉先, 石海宁, 赛琴, 文占元, 罗亚琴. 1985. 青海高原牛羊双腔吸虫病病原生物学的初步调查. 动物学报, 31(3): 254-262.

唐崇惕, 唐仲璋, 唐亮, 崔贵文. 1987. 青海高原二种双腔吸虫尾蚴腺体组织化学的比较研究. 动物学报, 33(4): 341-346.

后来，我又去过青海西宁两次，都是一些会议的事，我都要到青海湖和唐古拉山看看。中国科学院西北高原生物研究所《兽类学报》主编，美丽的罗晓燕（回族）无微不至地照顾我。当年一起合作的同志都已离开那里，王奉先一家退休回四川成都老家，当年很年轻的石海宁，也已出国学习成了专家，在一次国内学术会议上见到他，他在加拿大和美国与唐亮交往密切。他告诉我他亲人都在青海，经常回青海。

1984 年之后，探知山东省牧区羊群患有双腔吸虫病，经人介绍认识了山东滨州地区畜牧兽医研究所王玉茂同志，连续几年在那里进行调查研究，从多地点调查结果，发现山东滨州地区的董家村是单独感染矛形双腔吸虫流行区，高梅村是单独感染枝双腔吸虫流行区。贝类宿主为四齿间齿螺（*Metadonta tetrodon*），蚂蚁宿主是中华蚂蚁（*Formica sinica*)。这两村落，从四齿间齿螺查出的各幼虫期，其结构十分不同，已经出现与它们成虫相近的特征。从螺蛳排出的黏球，与中华双腔吸虫的薄膜黏球完全不同，外壁很厚，尤其是矛形双腔吸虫的黏球壁特别坚韧。从两地蚂蚁查到的囊蚴也有差异。

左图：在青海我（中）与王奉先研究员（右）等同志前往调查研究地点途中；右图：我与儿子唐亮在青海一调查地点，远处有一牦牛，山岩壁缝中见有双壳类贝壳，说明古代这里是海底

左图：我（左1）与王奉先（左2）、赛琴（中）、唐亮（右1）在乐都山顶放牧地采集；右图：与左图同时同地，示石海宁（右1）在其中，他和唐亮互换拍照

1992年，我与合作者进行人工感染试验，地点避开山东，实验室设在呼伦贝尔海拉尔市。崔贵文副盟长在盟宾馆为我们安排了一间宽大有套间的房间。吕洪昌替我到科尔沁草原采集枝小丽螺并到没有中华双腔吸虫流行地方，挖掘十几窝黑玉蚂蚁回来；吕尚民、王玉茂在山东滨州地区董家村矛形双腔吸虫流行区和高梅村枝双腔吸虫流行区各采集一批四齿间齿螺到海拉尔分别放着。我从不同地点螺蛳获得了3种吸虫的黏球，感染黑玉蚂蚁，不仅获得了3种吸虫的不同囊蚴，而且发现山东的两种在黑玉蚂蚁产生不同的宿主特异性。用此3种吸虫黏球感染的蚂蚁分别感染了3只羊羔，数月后从3只实验羊肝脏分别获得大量中华双腔吸虫、矛形双腔吸虫和枝双腔吸虫的成虫。此项工作野外

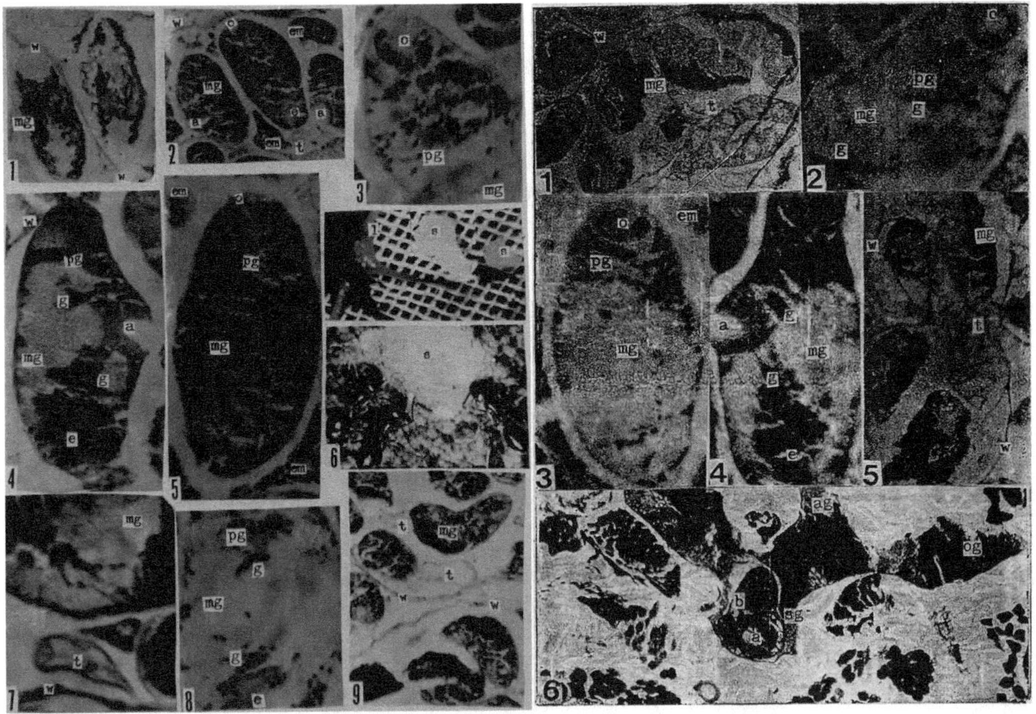

青海省不同双腔吸虫种类的尾蚴腺体组织化学不同的颜色反应

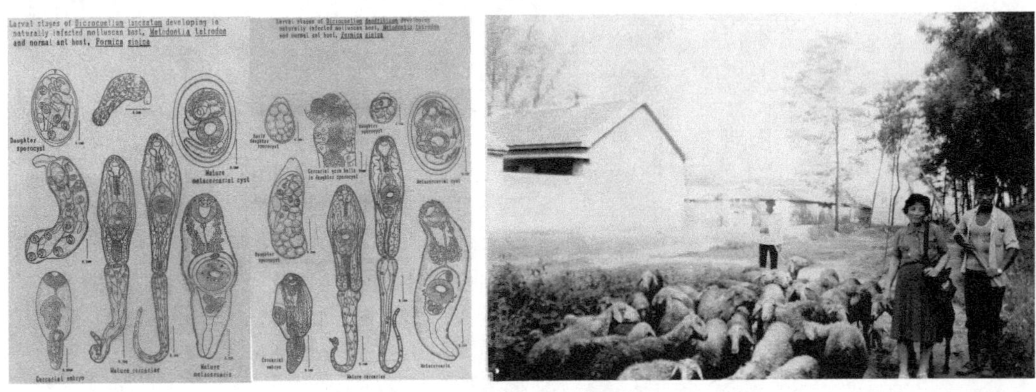

左图：左侧为矛形双腔吸虫幼虫期，右侧为枝双腔吸虫幼虫期；右图：我与牧人羊群

左图：我和小吕（左）、小王（右）在羊群放牧地采集螺蛳和蚂蚁窝；
右图：我在查看羊群放牧地的蚂蚁窝巢

调查观察和人工感染试验相结合，一直做到 1992 年才结束，整整 15 年才证实父亲预言“它们是不同的种类”的准确无误。物种各从其类，各有它独特的规律性。最后总结 3 篇文章如下。

唐崇惕, 唐仲璋, 崔贵文, 吕尚民, 吕洪昌, 王玉茂, 邵明杰. 1993. 我国牛羊双腔类吸虫的继续研究 (Trematoda: Dicrocoeliidae). I. 牛羊双腔类吸虫虫种问题的研究及成虫特点的比较观察. 寄生虫与医学昆虫学报, 创刊号: 1-8.

唐崇惕, 唐仲璋, 崔贵文, 吕尚民, 王玉茂. 1995. 我国牛羊双腔类吸虫的继续研究 (Trematoda: Dicrocoeliidae). II. 矛形双腔吸虫与枝双腔吸虫的幼虫期比较. 寄生虫与医学昆虫学报, 2(2): 70-77.

唐崇惕, 唐仲璋, 崔贵文, 吕洪昌, 吕尚民, 王玉茂, 邵明杰. 1997. 我国牛羊双腔类吸虫的继续研究 (Trematoda: Dicrocoeliidae). III. 三种双腔吸虫后蚴在异常蚂蚁宿主体内发育的观察. 动物学报, 43(1): 61-67.

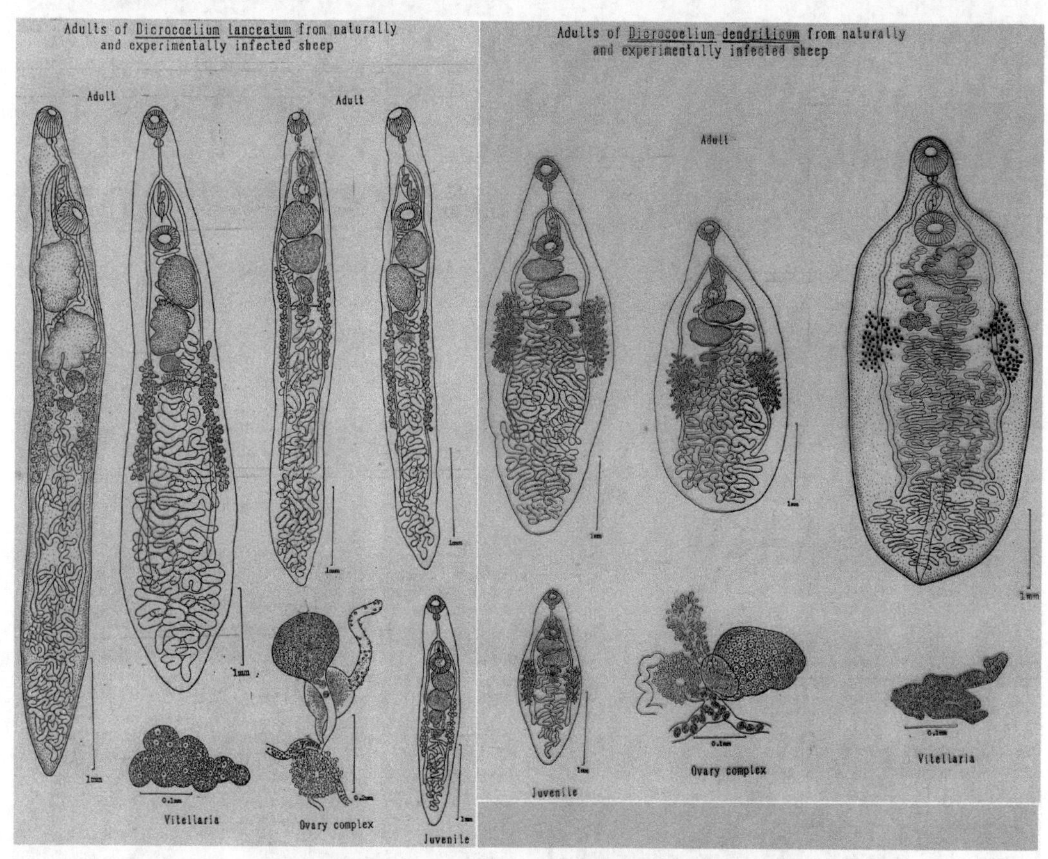

左图：矛形双腔吸虫童虫、成虫及卵巢附近生殖器官的结构；
右图：枝双腔吸虫童虫、成虫及卵巢附近生殖器官的结构

1992 年坂本司教授回到海拉尔参观我们的试验工作，是因为 1991 年我应日本国家科学促进会邀请，到日本讲学访问 3 个月，是坂本司教授一直陪同。与他熟悉了，我离开日本时邀请他第二年来参观。

左右两图：1992 年夏天，在海拉尔呼伦贝尔盟宾馆做 3 种双腔吸虫昆虫宿主人工感染试验

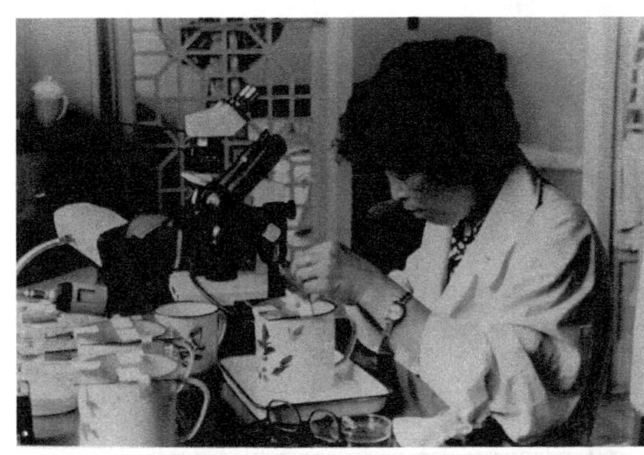

左图：我在卧室工作；右图：父亲经常与我讨论工作问题，我完成此项工作后他去世了

左右两图：1992 年夏天，日本坂本司终身教授到海拉尔访问，并参观了我正在做的实验，我送了他几块固定在固定液中的中华双腔吸虫的黏球，他非常高兴。呼伦贝尔盟研究所李民所长（左图左 3）与呼伦贝尔盟崔贵文副盟长（右图左 3）分别接待了他

我在日本讲学访问期间，还包括到日本自然保护区一个鹿场，对鹿群感染双腔吸虫病进行考察。我们回到岩手大学后，鹿场送来十头鹿的新鲜肝脏。我将它们全部剖开检查，100%感染有双腔吸虫，共获数千条虫子，只有一个与中国及世界已报道的不同的双腔吸虫虫种。虫子窄长，两个巨大睾丸并列在腹吸盘下方，我将它们全部染色制成许多玻片标本。我把全部玻片标本交给坂本司教授，只向他要了一盒 50 片装的此双腔吸虫，带回中国珍藏在我的标本橱中。我建议坂本司教授可定名为“日本双腔吸虫”，以

后我没有再过问此事，我与坂本司教授友好通信交往 20 多年至今。

左图：日本自然保护区中的鹿场；右图：鹿场严重感染的日本双腔吸虫

1992 年我在海拉尔与坂本司教授及内蒙古的同志们约好第二年夏天，坂本司教授先到厦门拜访我父亲，然后我与他再来呼伦贝尔草原合作工作。坂本司教授 1993 年 7 月 20 日到达厦门，当时父亲已病重在医院，我请他第二天到医院看望。可是，父亲于 21 日清晨离世，坂本司教授参加了父亲于 25 日举行的遗体告别，后参观了我的实验室，不久他独自北上去内蒙古。

左图：我陪坂本司教授在我父亲灵堂前；右图：坂本司教授在我实验室

有关我国 3 个重要的人兽共患双腔吸虫的发育生物学、媒介种类、各流行区的流行病学问题研究工作完成之后，由于我在检查黑玉蚂蚁时从它们体内见到可使蚂蚁致命的索科线虫（Mermithidea）。很长一段时间在科尔沁草原，与兴安盟兽医站顾嘉寿站长及他助手李庆峰调查黑玉蚂蚁感染索科线虫的情况及其虫种的生物学问题，发现此线虫是一新虫种，命名为中华二索线虫（*Amphimermis chinensis* Tang et al.，1999），并见索线虫幼虫在黑玉蚂蚁体内发育成熟从蚂蚁体内腹部弹出情景。此阶段发表的文章如下。

唐崇惕, 顾嘉寿, 李庆峰. 1999. 内蒙古科尔沁草原黑玉蚂蚁巢窝中华二索线虫及黑玉蚂蚁索幼虫的观察. 四川动物, 18(4): 152-156.

唐崇惕. 2005. 蚂蚁与人类寄生虫病. 中国媒介生物学及控制杂志, 16(3): 165-168.

左图：我与顾嘉寿（左 1）、李庆峰（右 1）等在归流河草地上采集黑玉蚂蚁窝，午间休息；
右图：我与兴安盟兽医站的同志们在室内挑拣黑玉蚂蚁

20 世纪 80 年代在厦门相聚 （从左到右：唐崇惕、熊光华、唐仲璋、顾嘉寿、李庆峰、吕尚民）

7. 人畜共患双腔吸虫病媒介蚂蚁的研究

双腔类吸虫（*Dicrocoelium* spp.）原本是牛羊的寄生虫，寄生在它们的肝脏、胆管胆囊，虫数常常很多，使它们消瘦甚至死亡。此类寄生虫也可寄生人体致病，严重的也可致命，人体病例自古至今在世界各地时有报道。有关此类吸虫的生活史和传播媒介的问题历经欧美各国多位著名寄生虫学家数十年不断的探讨研究，才得知它们幼虫期需要有两个中间宿主的参与才能完成无性生殖世代的发育。它们的第一中间宿主陆地螺蛳首先在欧洲德国被阐明，第二中间宿主蚂蚁（*Formica fusca*）首先在美国被发现。双腔类吸虫世界性分布。在我国，长江以北从东北到西北许多省份都有此类吸虫的分布。我经过调查的内蒙古科尔沁草原、吉林省的双辽草原、山西省的安泽、山东省的滨州及青海省和新疆维吾尔自治区等地，均有很严重的流行区，对畜牧业危害极大。

人畜共患的双腔吸虫病，过去学者认为只有一种病原，认为虫体形态及生殖腺结构会变异。至今国内外有关教科书仍把矛形双腔吸虫［*Dicrocoelium lanceatum*（Rud.，1803）Stiles et Hassall，1896］和枝双腔吸虫［*Dicrocoelium dendriticum* （Rud.，1819）Looss，1899］列为同物异名种类。我们从我国不同地区有不同形态结构双腔吸虫独立流行区的存在，受到启示，对我国在内蒙古、山东、山西、青海和新疆的3种主要双腔吸虫病原：中华双腔吸虫（*Dicrocoelium chinensis* Tang et Tang，1978）、枝双腔吸虫和矛形双腔吸虫，进行了野外流行学调查及实验室人工感染各病原的全程生活史的试验观察。发现它们的幼虫期各具独特结构，而且实验所获各种子代成虫与它们亲代成虫的形态结构一致无变异。尤其是第二中间宿主蚂蚁对不同虫种有特异性反应。矛形双腔吸虫和枝双腔吸虫，在山东滨州的蚂蚁宿主是中华蚂蚁（*Formica sinica*）。我们曾携带山东两种吸虫的阳性螺到内蒙古，用从其中排出含尾蚴（cercaria）的黏球（slime ball）分别人工感染内蒙古中华双腔吸虫媒介黑玉蚂蚁（*Formica gagates*）的阴性蚁，结果矛形双腔吸虫约95%的后蚴（metacercaria）被黑玉蚂蚁淋巴细胞杀死，只有5%的后蚴可以发育成熟，而枝双腔吸虫后蚴可在其体内顺利发育成熟。这一系列的工作结果说明这3种病原各是独立种。

双腔吸虫黏球是由大量成熟尾蚴黏液腺分泌含糖蛋白的黏液包裹着尾蚴而成。当黏球从陆地螺宿主排到外界，立即引来蚂蚁吸食它们同时吃进了许多尾蚴。各尾蚴到蚂蚁肠管很快都脱去尾部穿钻过蚂蚁肠壁到其腹腔变成后蚴，在腹腔内各部位发育形成囊蚴。少数后蚴常到蚂蚁头部神经节寄生，称为脑虫（brain worm）。检查人工感染后半年多的阳性蚂蚁，78.6%都有脑虫。在实验室内，人工感染的蚂蚁窝可保持一年多，将实验蚂蚁喂饲实验羊，仍然获得双腔吸虫的成虫，说明阳性蚁及其体内的双腔吸虫囊蚴的生命力很强。

21世纪初全国各地专家光临寒舍

因为有脑虫的蚂蚁行为失常，常常不动地停留在巢外，或咬住草叶不动，因此牛羊在野外吃草时很容易将它们吞食下去而受感染。牛羊患畜肝脏中虫数有数百、数千或数万，在青海许多流行区，牛羊该吸虫病的感染强度常以万计。如此行为失常的阳性蚁如粘在人们的食物上而被吃下，虫体同样可以到达人的胆管进入肝脏而得病。最早双腔吸虫人体感染是在欧洲因尸体检查一个 10 岁牧羊女而被发现的。

蚂蚁种类非常多，生活环境非常广泛，如高山、平原、农地、草原、地下、树上、人居室内，等等地方都可见到蚂蚁。不同生态环境有不同种类蚂蚁，同种蚂蚁可见于不同地区。蚂蚁作为本文所述两类寄生虫的中间宿主而成为这些疾病的传播媒介，除此之外，也还会有其他疾病与蚂蚁有关。蚂蚁四处寻食搬运东西，会否沾染和传播有害的细菌病毒之类病原，有机会均可研究。

有关此课题的全部论文目录如下。

唐仲璋, 唐崇惕. 1975. 牛羊胰脏吸虫病的病原生物学及流行学的研究. 厦门大学学报 (自然科学版), (2): 54-90.

唐仲璋, 唐崇惕. 1977. 牛羊二种阔盘吸虫及矛形双腔吸虫的流行病学及生物学的研究. 动物学报, 23(3): 267-283.

唐仲璋, 唐崇惕. 1978. 我国牛羊双腔吸虫病. 厦门大学学报 (自然科学版), (2): 13-30.

唐仲璋, 唐崇惕. 1978. 福建双腔科吸虫及六新种的记述. 厦门大学学报 (自然科学版), (4): 64-80.

唐仲璋, 唐崇惕, 崔贵文, 申泽民, 张学斌, 吕洪昌, 陈美, 张翠萍. 1979. 中华双腔吸虫的生活史. 厦门大学学报 (自然科学版), (3): 105-121.

唐崇惕, 刘世珍, 崔贵文, 姚胜, 刘日宽. 1979. 科右前旗中华双腔吸虫昆虫媒介的调查. 厦门大学学报 (自然科学版), (4): 137-140.

唐崇惕, 唐仲璋, 崔贵文, 申泽民, 张学斌, 吕洪昌, 陈美, 张翠萍. 1980. 牛羊肝脏中华双腔吸虫的生物学研究. 动物学报, 26(4): 346-355.

唐崇惕, 唐仲璋, 齐普生, 多常山, 李启荣, 曹华, 潘沧桑. 1981. 新疆绵羊矛形双腔吸虫病病原生物学的研究. 厦门大学学报 (自然科学版), 20(1): 115-124.

唐崇惕, 唐仲璋, 齐普生, 多常山, 李启荣, 曹华, 潘沧桑. 1981. 新疆白杨沟绵羊矛形双腔吸虫的研究. 动物学报, 27(3): 265-273.

唐崇惕, 唐仲璋, 唐亮, 崔贵文, 吕洪昌, 钱玉春. 1983. 内蒙古东部地区绵羊中华双腔吸虫生物学和流行病学的研究. 动物学报, 29(4): 340-349.

唐崇惕, 唐亮, 唐仲璋. 1984. 青海高原中华双腔吸虫等四种双腔吸虫成熟尾蚴的扫描电镜比较观察. 动物学报, 30(2): 227-230.

唐崇惕, 唐亮, 王奉先, 石海宁, 赛琴, 文占元, 罗亚琴. 1985. 青海高原牛羊双腔吸虫病病原生物学的初步调查. 动物学报, 31(3): 254-262.

唐崇惕, 崔贵文, 钱玉春, 何毅勋. 1985. 中华双腔吸虫与胰阔盘吸虫成虫体表亚显微结构的观察. 动物学报, 31(4): 387.

唐崇惕, 唐仲璋, 唐亮, 崔贵文. 1987. 青海高原二种双腔吸虫尾蚴腺体组织化学的比较研究. 动物学报, 33(4): 341-346.

顾嘉寿, 刘日宽, 李庆峰, 王喜民, 达林台, 唐崇惕, 唐仲璋. 1990. 内蒙古大兴安岭南麓山区绵羊胰阔盘吸虫及中华双腔吸虫流行病学的调查. 中国兽医科技, (3): 15-16.

顾嘉寿, 刘日宽, 李庆峰, 王喜民, 达林台, 唐崇惕, 唐仲璋. 1990. 内蒙古大兴安岭南麓山区绵羊胰阔盘吸虫及中华双腔吸虫流行病学的调查. 动物学报, 36(1): 98-99.

唐崇惕, 崔贵文, 顾嘉寿. 1992. 内蒙科尔沁草原山区绵羊胰脏吸虫和双腔吸虫的病原生物学研究. 武夷科学, 9: 173-180.

刘日宽, 李庆峰, 唐崇惕, 等. 1992. 羊群驱虫治疗胰吸虫病和双腔吸虫病流行区环境中二吸虫病原存在情况的观察. 武夷科学, 9: 181-188.

唐崇惕, 唐仲璋, 崔贵文, 吕尚民, 吕洪昌, 王玉茂, 邵明杰. 1993. 我国牛羊双腔类吸虫的继续研究 (Trematoda: Dicrocoeliidae). I. 牛羊双腔类吸虫虫种问题的研究及成虫特点的比较观察. 寄生虫与医学昆虫学报, 创刊号: 1-8.

唐崇惕, 唐仲璋, 崔贵文, 吕尚民, 王玉茂. 1995. 我国牛羊双腔类吸虫的继续研究 (Trematoda: Dicrocoeliidae). II. 矛形双腔吸虫与枝双腔吸虫的幼虫期比较. 寄生虫与医学昆虫学报, 2(2): 70-77.

唐崇惕, 唐仲璋, 崔贵文, 吕洪昌, 吕尚民, 王玉茂, 邵明杰. 1997. 我国牛羊双腔类吸虫的继续研究 (Trematoda: Dicrocoeliidae). III. 三种双腔吸虫后蚴在异常蚂蚁宿主体内发育的观察. 动物学报, 43(1): 61-67.

唐崇惕, 顾嘉寿, 李庆峰. 1999. 内蒙古科尔沁草原黑玉蚂蚁巢窝中华二索线虫及黑玉蚂蚁索幼虫的观察. 四川动物, 18(4): 152-156.

唐崇惕. 2005. 蚂蚁与人类寄生虫病. 中国媒介生物学及控制杂志, 16(3): 165-168.

8. 贝类及禽类的吸虫病研究

1974 年，我的老同学、在厦门大学海洋系从事海洋生物及贝类育苗等方面科教工作的许振祖老师，有一天到我实验室对我说："从福建到山东各省沿海养殖缢蛏的蛏埕发生病害，在闽南一带滩涂也非常严重几乎颗粒无收，要我去看看。"我对他说我是研究人兽共患病的，没有研究海洋贝类的疾病。他笑着对我说："研究人兽共患病是为贫下中农服务，研究这些海洋贝类病是为贫下中渔服务，同样重要。"并给了我看了一张缢蛏体内的一种吸虫幼虫期的照片，有许多胞蚴和尾部两侧有毛的尾蚴。他说当地渔民认为这些寄生虫可能是鸭子或海鸟传播的，要我一定去看看，帮助解决，我被他说服了。临走前，父亲看了振祖给的蛏体内吸虫幼虫期的照片，对我说："这不是鸟类吸虫的幼虫期，是鱼类的吸虫"，给我指出了方向，以后调研工作的结果，证明了父亲的判断准确，免走了弯路。

我和老同学振祖第一次去在九龙江口称为"西边"的村庄，两人手拎塑料桶、显微镜、放大镜及一些实验室工作必需用品，坐一段火车到郭坑小站下来，各乘一辆自行车的后座，到达称为"西边"目的地。我住在该村当时革委会办公室里的一个房间，窗口对着一户村民家的大门。早晨我正在窗口边桌子上工作时，看到对面村民家一个十几岁女孩手拿着一个白色米袋，要外出的样子，但她一直站在门口的大树下不动。在那口粮不足的年代，我心想："她一定是要去哪一家借粮食，但迈不开步。"我立刻回想抗日战争中我们家在邵武，父亲的工资收入不够家用，家中经常断粮，到月末，都要外出到母亲朋友家借贷，我从来不肯去都是我的大妹崇骞出去借钱买米下锅的悲惨情景。这女孩的样子我感同身受。至今 40 多年过去了，这个梳着两条长辫子的女孩的样子还一直留在我心上。当时在村里我们在食堂炖饭吃，那时大家生活都一样艰苦，但我们的工作照样开展。首先要对那里 20 多个蛏埕的缢蛏（*Sinonovacula constricta* Lamark）感染情况

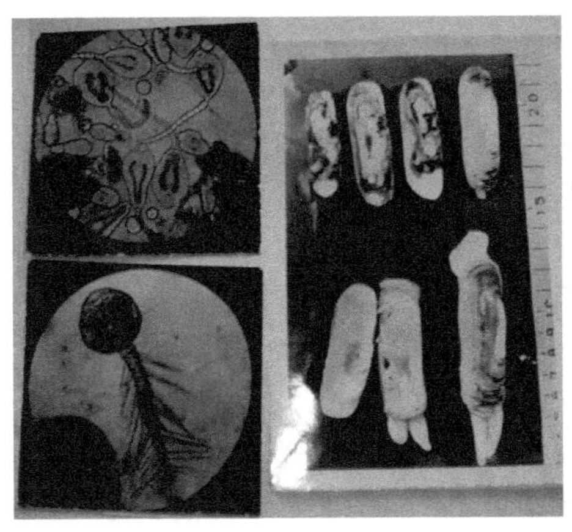

左图：左边，病蛏体内的病原幼虫期及尾蚴，右边上，病蛏，右边下，健康蛏；右图：我们在蛏埕查看

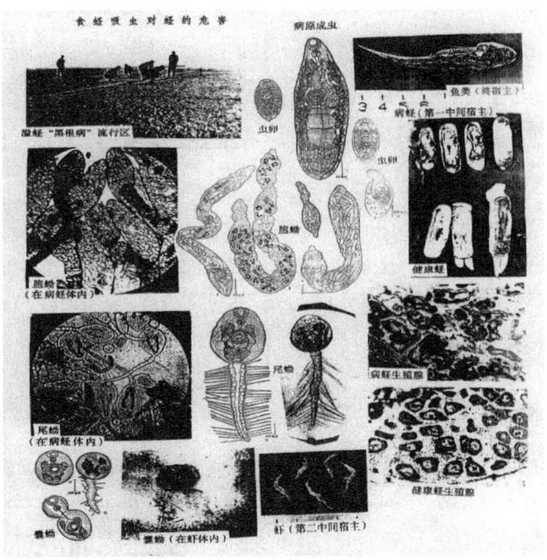

左图：我同学许振祖（左）和当地的黄满洁同志（中）带我到蛏埕查看病蛏情况；
右图：研究完成，示病原全部生活史各期、终宿主、中间宿主及病蛏体内生殖腺受害情况

许振祖教授在西边的鱼苗养殖研究基地，阿兴（右 2）捞取鱼苗给我（右 3）看

进行调查。村民们先带我们到海边蛏埕看病蛏。经过调查，发现病情确实非常严重，所有蛏埕的缢蛏都有感染，有的蛏埕感染率高达 90%以上，几乎会颗粒无收，尤其在高潮区比低潮区严重。经过一个夏天的调查研究，完成了病原生活史研究工作后，才解开这个谜，病原是一种新属新种的吸虫，当时定名为缢蛏泄肠吸虫（*Vesicocoelium solenphagum* Tang，Xu et al.，1975）。虾虎鱼等鱼类是这病原的终宿主，缢蛏是它第一中间宿主（贝类宿主），小虾和鱼苗是第二中间宿主。虾虎鱼等鱼类粪便中的虫卵被缢蛏吃了而受感染。低潮区每天两次潮水的冲刷，其底下是砂质底，虾虎鱼等鱼类粪便中的病原虫卵，被潮汐冲走，在这区域蛏埕的缢蛏受感染的机会减少：而在高潮区，每个月只有在阴历初三和十八附近几天，潮水才能冲刷到，那里蛏埕是泥质底，鱼类粪便中的虫卵不易被冲掉，所以缢蛏受感染的机会很多。我们建议他们，在高潮区只种一年蛏很快收获受害不大，二年蛏种在低潮区，受感染不多；同时，在蛏埕附近的虾虎鱼等多种鱼类都是肉食类鱼类，很有营养，可以多多捕食，可减少病原的传播。此项研究，连续二三年，第二年我进行该流行区的流行学研究，一位称为“阿兴”的小青年，每个月送各种我要检查的材料到厦门给我，整整一年。振祖还比较了健康缢蛏和病蛏的生殖腺，发现病蛏的生殖腺被损害的情况。我们共发表了 3 篇文章。

唐崇惕, 许振祖, 黄满洁, 卢淑莲. 1975. 福建九龙江口北港缢蛏寄生虫病害的初步研究. 厦门大学学报 (自然科学版), (2): 162-177.

许振祖, 唐崇惕. 1977. 全人工育苗研究缢蛏生殖腺的初步研究. 厦门大学学报(2): 83-92.

唐崇惕, 许振祖. 1979. 九龙江口缢蛏泄肠吸虫病病原生物学研究. 动物学报, 25(4): 336-345.

此后，我和那里的同志也成为好朋友，我会带一些研究生到那边做课题调查，阿兴来厦门，总要带一些“头水紫菜”给我品尝。现在在厦门餐厅宴会，“虾虎鱼汤”是一道上等佳肴。

在这一段时间，传来在泉州和龙海一带郊区，家家户户养的鸡鸭禽类都得病，因眼睛内感染了一种吸虫而暴发得病死亡的消息，要求我们研究室去解决。父亲带了我和陈清泉、林秀敏、翁玉麟等几位同志前去。父亲很快鉴定出来是患：鸡嗜眼吸虫（*Philophthalmus gralli* Mathis *et* Leger）病。我和父亲研究了此吸虫奇特的生活史：了解他们家的鸡都涝取田间的浮萍为饲料，鸭子都在田间寻食。我们采集了那里水域和田间的螺类，水田里有许多瘤拟黑螺（*Melanoides tuberculata* Müller）和另一种小一点的黑螺（*Thiara* sp.），我检查了采到的所有螺，发现它们感染有一种吸虫幼虫期，包括 3 种不同特征的大小雷蚴和长尾尾蚴，尾蚴会附在水草上结囊形成囊蚴，用此囊蚴饲食刚孵出的小鸡，一段时日后就可从它们的眼睛里找到鸡嗜眼吸虫，确定上述两种螺是此吸虫的贝类宿主。翁玉麟老师建议用 95%的酒精滴眼驱虫有效。我们还调查了从闽南到福州各地禽类养殖场，均有此病流行，而且感染率甚高。鸡鸭眼睛感染此吸虫为何瘦弱致死？我回学校后进行多次鸡的感染试验，看到这小虫不只寄生在一个位置，可以在左眼、右眼、鼻腔、咽、口腔之间通行无阻。更严重的是，已经是较大的鸡鸭，受感染后身体逐渐明显地衰弱瘦小、两腿无力，最后死亡。这只是病态，在禽体内如何产生这样严重结果的病理过程，尚有待后人详细去研究探讨。各种禽鸟普遍感染此类吸虫，人游泳时也可被感染。在广州华南农业大学任教，我已故的大师姐，许鹏如教授，调查了多种鸟类，对这类吸虫的分类作了很详尽的报道。

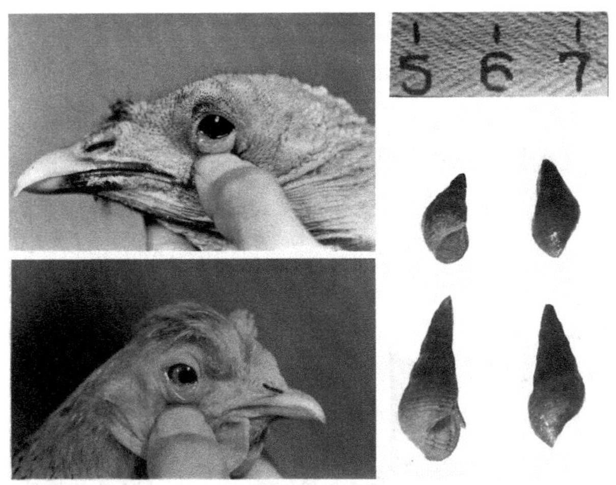

左侧：患鸡眼中的鸡嗜眼吸虫；右侧：黑螺（上）和瘤拟黑螺（下）

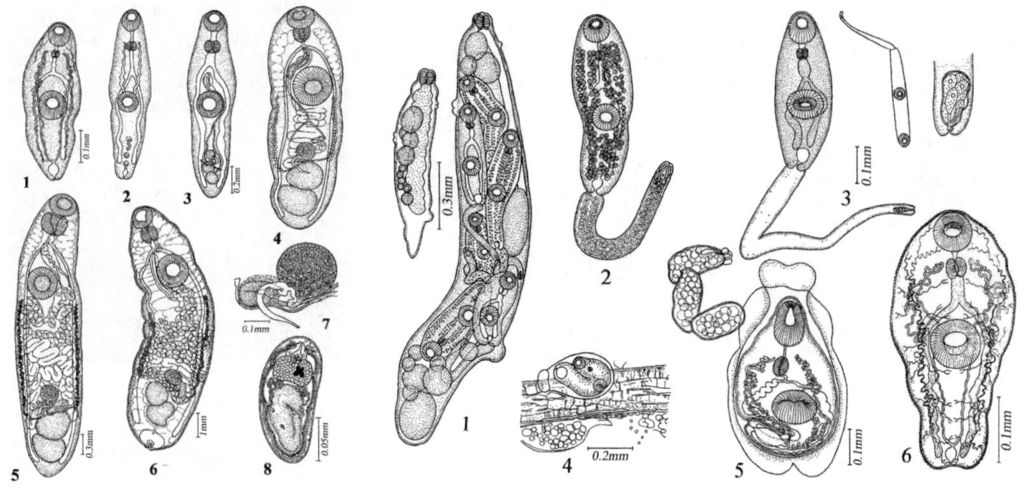
从左到右示鸡嗜眼吸虫的童虫、成虫、卵巢附近结构、虫卵、母雷蚴、子雷蚴、尾蚴、在水草上结囊的囊蚴、脱囊后的后蚴排泄管系统结构

发表的文章如下。

唐仲璋，唐崇惕. 1979. 福建嗜眼科吸虫种类的记述. 厦门大学学报, 1: 99-106.
唐仲璋，唐崇惕，陈清泉，等. 1980. 福建省家禽嗜眼吸虫的研究. 动物学报, 26(3): 232-242.

1983 年初，我接到香港大学动物学系主任、著名的贝类专家莫顿教授的邀请，要我参加他们三年一度的“国际海洋生物研究会”，要我研究解决世界卫生组织要求解决的“从南美洲引进热带鱼而带来香港并在香港及新界大量繁殖的人体曼氏血吸虫媒介双脐螺有无携带此血吸虫病原情况的问题”。我于当年 5 月初去香港赴会。到达的当天晚间参加欢迎酒会，大家拿着饮料杯子在大厅里随便行走，与熟悉的人谈天。我见到负责海洋贝类的莫顿教授和负责淡水贝类的杜慬（Dujin）教授两人站在一起，我走过去与他们打招呼，我对他们说我除检查各处的双脐螺之外，还需要检查与它们在一起的当地其他扁螺类。莫顿教授回答我：“WHO interesting on Biomphalaria（世界卫生组织的兴趣是双脐螺），”我只简单回答“I need control（我需要对照）”后就走开了，这是我首次见到莫顿教授有些不客气的对话。香港大学动物学系对这样的国际研究会很重视，事先都一次次地发“会议进程通知”，其中有一次要参加者列出工作所需的仪器、器皿、药品等物件，事先把所有东西送到设在乌溪沙的“野外实验室”每一个人的桌子上，而且规定每次参加后都要交一篇调查结果的科学论文。大家到香港大学的第二天，他们安排汽车送我们到乌溪沙。这次研究会内地来参加的人包括有在北京中国科学院动物研究所、青岛中国科学院海洋研究所、厦门大学、在厦门的海洋三所等单位的 9 位研究人员，其中有我第三次相遇且是好朋友的刘月英研究员。之前第一次是她曾到厦门拜望我父亲，午餐家中有一碗红糟田螺，父亲戏言请贝类学家吃贝类。1977 年我与她曾各自组队一起到内蒙古科尔沁草原工作一段时间。我很高兴与她在香港重逢。

左图：1983 年我第一次参加在香港举行的“国际海洋生物研究会”的国内参加者；
右图：我与中国科学院动物研究所贝类室主任刘月英研究员

到乌溪沙后，我每天上午野外采集贝类，下午检查，发现有阳性螺时将其各单独放在一个培养皿里，晚上逐个观察其中各幼虫期并绘图，每天都要忙到半夜两点多才能收工。这次调查，我采集了香港和新界 20 多个地点的双脐螺和其他扁螺类共 1 万多粒，其中双脐螺和其他扁螺类各占一半。两周调查结果从当地的扁螺类查出 20 多种吸虫幼虫期，而双脐螺全部是阴性（说明这外来种尚未适应作为香港地区扁螺类的寄生虫的宿主），当然也不会有曼氏血吸虫的幼虫，因为我国没有这个病原。

每天晚上，莫顿教授总是在各实验室来回走动，每当我在绘画找到的吸虫幼虫期时，他常会站在我旁边看看。到工作快结束的一天晚上，我还在画图，他很友好地对我说：“下一次国际研究会时请你来研究海洋贝类的寄生吸虫，好吗？”我微笑点头作答。此后莫顿教授对我很友好，从 1986～1993 年每三年一次的研究会都邀请了我，并且多次给了我与会的经费，我买了香港大学出版的关于香港各种动物的精美的著作带回，莫顿教授笑着看我把许多钱都买了书。此后我多次赴香港都从事海水贝类吸虫幼虫期的调查，也发现了多种寄生在海洋贝类的吸虫幼虫期。每次研究会全体开预备会时，莫顿教授都动员与会者出去采样品时，见到贝类都替我带回，他自动替我鉴定螺种写好各学名后给我。我每天可收到很多螺种，所以在我家中保存的许多海洋贝类，都有正规的学名。

左图：1983 年我在香港野外采集各种要检查的贝类；
右图：在我的工作位置台上有香港大学预先准备的我所必需的仪器等材料

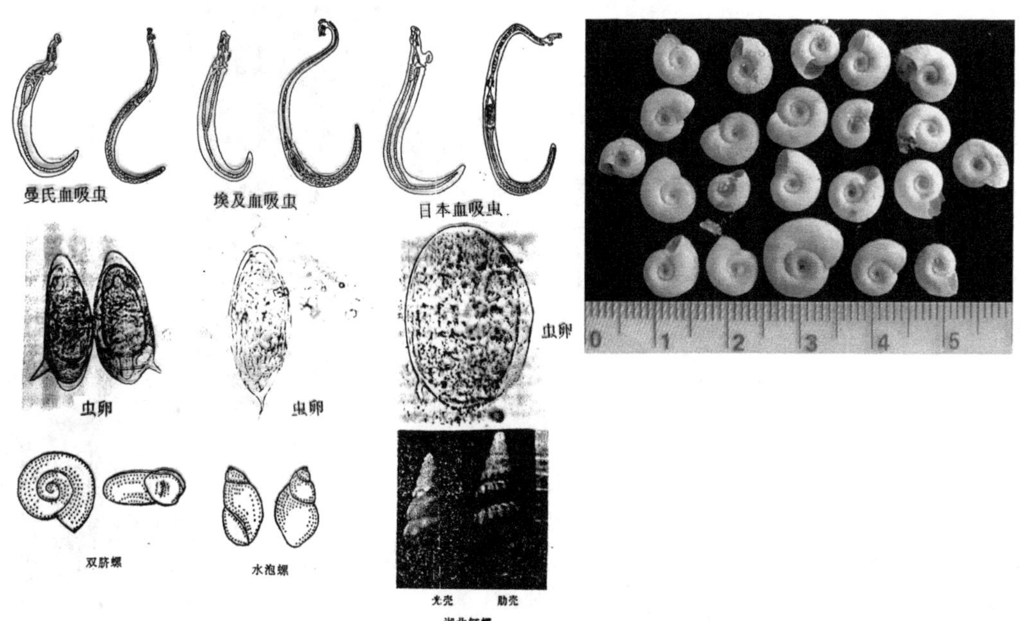

左半边是 3 种人体血吸虫成虫、虫卵、贝类宿主，右上角是香港的双脐螺

1992 年莫顿教授来到厦门，带了他们学校高级讲师威廉博士，特意来到我在厦门的家，拜访我父亲，看了我父亲有关贝类作为寄生虫病原的中间宿主和传播媒介的著作，两人交谈甚欢。1993 年 7 月 21 日父亲去世，莫顿教授知道了，当年 11 月香港大学动物系建成了海洋研究基地，规格很高，他特意邀请我去看。我到达的当天晚上他和助手请我晚餐，他流着泪谈我的父亲，并安排他的博士生黄勤（她是 1977 年考入厦门大学我

专业的好学生）陪伴照顾我，并让威廉博士协助我进行了一项“同种海螺在不同生态海域感染吸虫类群的比较调查”，一个月的工作获得有趣结果，他看了我写的文章并替我投稿 *Asian Marine Biology* 刊物发表。1996 年，我又一次被邀请到香港大学，不是做调查，而是参加一个学术会议，还让我当了一单元的主持人。1999 年也许是最后一次的研究会，我虽然又收到邀请，但那时我在呼伦贝尔草原忙着肝包虫病流行学的调研工作，因工作繁忙没赴会。

我非常欣赏莫顿教授这样邀请各国海洋生物各领域专家参加有序的短期集体工作，每次结束后一定出版研究结果文集专号，累积了一地区相关科学资料的做法。他科学家的精神和严谨办事作风，我很欣赏也很怀念！前几年他从英国来厦门参加海洋三所的一个学术活动，我特意到会场看望他，他比过去苍老些，我送他一本《中国吸虫学》，里面就有以他名字命名的香港海洋贝类里的吸虫，他上台作了一个学术报告，内容是在香港召开的多次“国际海洋生物研究会”的过程，还指着照片中的我向与会者介绍。

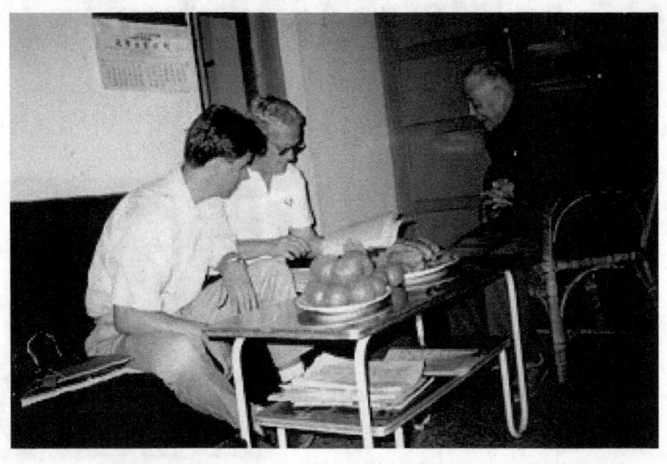

1992 年夏天莫顿教授（中）与威廉博士（左）在我家与我父亲（右）讨论贝类及寄生虫病关系的问题

左图：1990 年我在应邀去香港大学参加学术活动时的船上；
右图：1996 年我在香港大学召开的海洋生物学学术会议台上主持一个报告会

我在（左 7）“国际海洋生物研究会”的一次集体照，莫顿教授在后排左 1

我又一次在香港大学“国际海洋生物研究会”的野外实验室工作

发表的文章如下。

Tang Chong-ti (唐崇惕). 1985. A survey of *Biomphalaria straminae* (Dunker, 1848) (Planorbidae) for trematode infection, with a report on larval flukes from other Gastropoda in Hong Kong. Proceedings of the Second International Workshop on the Malacofauna of Hong Kong and Southern China, Hong Kong, 1983(B. Morton and D. Dudgeon Eds.), Hong Kong: Hong Kong University Press: 393-408.

唐崇惕. 1989. 香港淡水及海产贝类感染吸虫幼虫期的调查研究. 动物学报, 35(2): 196-204.

Tang Chong-ti (唐崇惕). 1990. Philophthalmid larval trematodes from Hong Kong and the coast of south China. Proceedings of the Second International Marine Biological Workshop, Hong Kong, 1986. Hong Kong: Hong Kong University Press: 213-232.

Tang Chong-ti (唐崇惕). 1990. Further studies on some cercariae of molluscs collected from the shores of Hong Kong. Proceedings of the Second International Marine Biological Workshop: The Marine Flora and Fauna of Hong Kong and Southern China, Hong Kong, 1986. Hong Kong: Hong Kong University Press: 233-257.

Tang Chong-ti (唐崇惕). 1992. Some larval trematodes from marine bivalves of Hong Kong and freshwater bivalves of coastal China. Proceedings of the Fourth International Marine Biological Workshop, 11-29 April 1989, Hong Kong. Hong Kong: Hong Kong University Press: 17-28.

Tang C. C. (唐仲璋), Tang Chong-ti (唐崇惕). 1992. A new species of Cercarioides (Trematoda: Heterophyidae) from Fujian with a discussion on its distribution. Proceedings of the Fourth International Marine Biological Workshop, 11-29 April 1989, Hong Kong. Hong Kong: Hong Kong University Press: 29-35.

Tang Chong-ti (唐崇惕). 1995. Spatial variation in larval trematode infections of populations of Nodilittorina trochoides and *Nodilittorina radiata* (Gastropoda: Littorinidae) from Hong Kong. Asian Marine Biology, 12: 18-26.

本文全部论文目录如下。

唐崇惕, 唐仲璋. 1976. 福建腹口吸虫种类及生活史的研究. 动物学报, 22(3): 263-278.

唐崇惕, 许振祖, 黄满洁, 卢淑莲. 1975. 福建九龙江口北港缢蛏寄生虫病害的初步研究. 厦门大学学报 (自然科学版), (2): 162-177.

许振祖, 唐崇惕. 1977. 全人工育苗研究缢蛏生殖腺的初步研究. 厦门大学学报, (2): 83-92.

唐崇惕, 许振祖. 1979. 九龙江口缢蛏泄肠吸虫病病原生物学研究. 动物学报, 25(4): 336-345.

唐仲璋, 唐崇惕. 1981. 长劳管吸虫的生活史研究. 动物学报, 27(1): 64-74.

唐崇惕, 史志明, 曹华, 关家震, 潘沧桑. 1983. 福建南部海产鱼类的吸虫. I. 半尾科 (Hemiuridae) 种类. 动物学报, 8(1): 33-42.

唐仲璋, 唐崇惕. 1979. 福建嗜眼科吸虫种类的记述. 厦门大学学报, 1: 99-106.

唐仲璋, 唐崇惕, 陈清泉, 等. 1980. 福建省家禽嗜眼吸虫的研究. 动物学报, 26(3): 232-242.

Tang Chong-ti (唐崇惕). 1985. A survey of *Biomphalaria straminae* (Dunker, 1848) (Planorbidae) for trematode infection, with a report on larval flukes from other Gastropoda in Hong Kong. Proceedings of the Second International Workshop on the Malacofauna of Hong Kong and Southern China, Hong Kong, 1983, (B. Morton and D. Dudgeon Eds.). Hong Kong: Hong Kong University Press: 393-408.

唐崇惕, 唐仲璋, 曹华, 唐亮, 崔贵文, 钱玉春, 吕洪昌. 1986. 内蒙科尔沁草原淡水螺吸虫期的调查研究. 动物学报, 32(4): 335-343.

唐仲璋, 唐崇惕. 1989. 福建省数种杯叶科吸虫研究及一新属三新种的叙述 (鹗形目: 杯叶科).动物分类学报, 14(2): 134-144.

唐崇惕. 1989. 香港淡水及海产贝类感染吸虫幼虫期的调查研究. 动物学报, 35(2): 196-204.

Tang Chong-ti (唐崇惕). 1990. *Philophthalmid larval* trematodes from Hong Kong and the coast of south China. Proceedings of the Second International Marine Biological Workshop, Hong Kong, 1986. Hong Kong: Hong Kong University Press: 213-232.

Tang Chong-ti (唐崇惕). 1990. Further studies on some cercariae of molluscs collected from the shores of Hong Kong. Proceedings of the Second International Marine Biological Workshop: The Marine Flora and Fauna of Hong Kong and Southern China, Hong Kong, 1986. Hong Kong: Hong Kong University Press: 233-257.

Tang Chong-ti (唐崇惕). 1992. Some larval trematodes from marine bivalves of Hong Kong and freshwater bivalves of coastal China. Proceedings of the Fourth International Marine Biological Workshop, 11-29 April 1989, Hong Kong. Hong Kong: Hong Kong University Press: 17-28.

Tang C. C. (唐仲璋), Chong-ti Tang (唐崇惕). 1992. A new species of Cercarioides (Trematoda: Heterophyidae) from Fujian with a discussion on its distribution. Proceedings of the Fourth International Marine Biological Workshop, 11-29 April 1989, Hong Kong. Hong Kong: Hong Kong University Press: 29-35.

Tang Chong Ti (唐崇惕). 1995. Spatial variation in larval trematode infections of populations of *Nodilittorina trochoides* and *Nodilittorina radiata* (Gastropoda: Littorinidae) from Hong Kong. Asian Marine Biology, 12: 18-26.

9. 漫长的泡状棘球肝包虫问题的研究

1984 年我在内蒙古呼伦贝尔草原进行淡水螺感染各种吸虫类幼虫情况的调查，快结束的时候，我想对草原的鼠类做一调查，看有没有泡状肝包虫的感染。于是我就和与我合作的已当呼伦贝尔盟副盟长的崔贵文同志商量，准备了几个大桶，装上 10%的福尔马林，请盟草原站的同志秋天草原灭鼠时，替我们把鼠写上地点、泡在这装有福尔马林的桶中，我明年再来时检查。1985 年夏天，我再来呼伦贝尔草原时，就看到他们从东旗、西旗、陈旗、鄂温克旗 4 个旗县草原，按我要求有两桶已被福尔马林固定的各种老鼠，共有 2000 多只。草原站鼠类专家，一位很和气的蒙古族的年轻人，名叫“红心”，替我鉴定了鼠名，共 7 种，其中布氏田鼠（*Microtus brandti*）是此草原主要鼠类，就有 2635 只，检查结果，此种鼠泡状肝包虫的感染率高达 2.43%（林宇光先生带队在宁夏调查鼠类，听说感染率只有 0.03%左右），而越冬成鼠的感染率高达 6.6%（42/630 只）。

左图：呼伦贝尔草原；右图：草原上肝包虫流行区

左图：吕尚民协助我点数各种鼠数；右图：我逐个检查所获的各种草原鼠的内脏

我在呼伦贝尔盟 4 个旗的布氏田鼠查到如此高感染率的泡状多房棘球肝包虫（Alveolar *multilocularis*）之后，需要找它的成虫。呼伦贝尔草原的狗不生吃食物，也不会去吃草原上的老鼠，而且牧民也不允许人们屠宰狗，我们无法检查狗有无此绦虫成虫感染。草原上常有沙狐（*Vulpes corsac*）出没，崔贵文副盟长立即领着助手在草原上追捕沙狐，捕获 2 只。

解剖从其小肠中就找到多房棘球绦虫（*Echinococcus multilocularis* Leuckart，1863）成虫。

第一、第二行为呼伦贝尔草原上的布氏田鼠及其洞穴，第三行为沙狐

我把从沙狐和布氏田鼠查到的相关的成虫和幼虫各期观察、绘图，并找来幼虫寄生在牛羊、成虫可寄生在狗的细粒棘球绦虫［*Echinococcus granulosus*（Batsch，1786）］成虫一起比较观看。工作一个夏天到秋季来临，我收拾行装南返回到家，给父母亲看我的这些东西，父母亲都非常高兴。父亲立刻找资料，根据我绘的图和测量的数据，确定我在呼伦贝尔草原查到的这个多房棘球绦虫，是 Rausch 教授于 1954 年在北美洲阿拉斯加找到的西伯利亚棘球绦虫（*Echinococcus sibiricensis* Rausch et Schiller，1954），后被德国绦虫学权威福格尔认为是欧洲的多房棘球绦虫（*Echinococcus multilocularis* Leuckart，1863）在北美洲的亚种，多房棘球绦虫西伯利亚亚种［*Echinococcus multilocularis sibiricensis*（Rausch et Schiller，1954）Vogel 1957］。我们都非常奇怪，北美洲的虫种如何会到我国的呼伦贝尔草原来？欧洲的多房棘球绦虫有没有也到此地？虽然为这项工作发表了 1 篇文章，但我心中一直悬挂着这件事。

唐崇惕，崔贵文，钱玉春，等. 1988. 内蒙古呼伦贝尔草原多房棘球蚴病病原的调查. 动物学报，34(2): 172-179.

在父亲去世后 4 年，即 1997 年，我终于申请到了“内蒙古呼伦贝尔草原泡状棘球绦虫生态分布的研究”这一个国家自然科学基金重点项目，来研究这一问题。一共只有 90 万元人民币，新疆维吾尔自治区地方病防治研究所柴君杰研究员的一个相近似的项目，附在这重点项目中，规定基金中 1/3（30 万元）要给他们，我们一共只有 60 万元与呼伦贝尔盟畜牧兽医研究所同志们合作，时间 4 年。2001 年，项目 4 年到期之后，我又申请了 1 项国家自然科学面上基金，大约 20 多万，工作到 2007 年课题完满结束，历时 10 年。

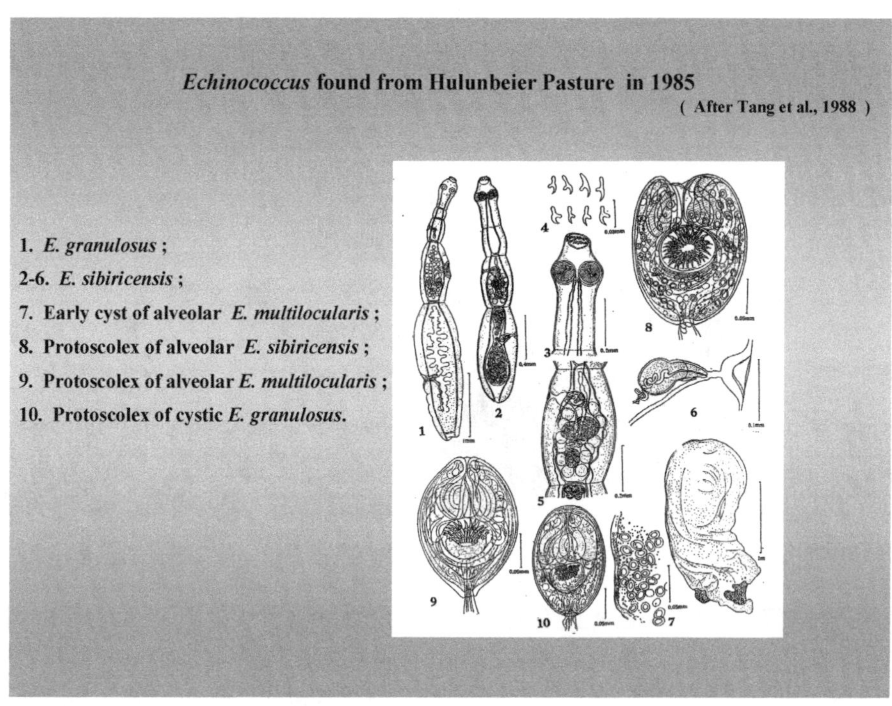

Echinococcus found from Hulunbeier Pasture in 1985
(After Tang et al., 1988)
1. *E. granulosus*;
2-6. *E. sibiricensis*;
7. Early cyst of alveolar *E. multilocularis*;
8. Protoscolex of alveolar *E. sibiricensis*;
9. Protoscolex of alveolar *E. multilocularis*;
10. Protoscolex of cystic *E. granulosus*.

1988 年发表此项研究文章的图版

在这 10 年中，我趁着每年都有机会去美国，常特意去西雅图华盛顿大学拜访美国功勋终身教授、世界最著名绦虫学者、西伯利亚棘球绦虫（*Echinococcus sibiricensis* Rausch et Schiller，1954）的发现者劳施教授和夫人弗吉尼亚。他们非常热情接待我，他们俩都会手拿鲜花到机场接我，劳施教授执意替我拉行李箱。每次都接我到

劳施教授和夫人的家。左图：清晨我与他们在房子附近的树林里散步；
右图：1986 年我受美中学术交流委员会邀请到华盛顿大学讲学访问和日本学者首次到此作客

他们在一个条状海岛上的家中住。后来劳施教授把他在学校的存书搬回家放在我常住的那个房间，我再去时，他们就在家附近一个宾馆开个房间给我住，白天我就整天在他们家中。

1998 年我们开始工作，在此前一年，呼伦贝尔草原发生鼠间鼠疫，1986 年我们检查的 4 个旗中的陈旗（旧巴尔虎旗）及鄂温克旗的草原中，所有布氏田鼠等老鼠都逃光了，找不到鼠类。只有东旗、西旗（新巴尔虎左、右旗）还有鼠类。这一年适逢我国东北遭百年不遇的大洪水，草原常被水淹了。劳施教授和夫人与我约好，他们也参加我们的工作一段时间。我带了博士研究生邹朝忠一起先到海拉尔做准备工作。

左图：1998 年夏呼伦贝尔盟新巴尔虎右旗草原被洪水淹没；右图：我与邹朝忠等从西旗回来

不久，劳施教授和夫人也各提着简便行李箱，万里迢迢从美国来到海拉尔，我到机场接他们。劳施教授和夫人整天参加我们野外作业和室内检查布氏田鼠的工作。他们在海拉尔逗留 1 个月，这个月检查的布氏田鼠也不少，不知什么缘故一直都是阴性的（劳施教授检查鼠，弗吉尼亚记录，每检查 1 只，都要报结果，听到的都是阴性）。弗吉尼亚本来受人之托要在野外采些活样品带到实验室处理，当地由于预防鼠疫不准许带活材料进室内，很遗憾我婉拒了，他们很大度就接受了。同时他们还为洪灾捐了款。

左图：劳施教授和夫人到达海拉尔机场；右图：我们课题组部分成员与劳施教授和夫人在内蒙古呼伦贝尔盟畜牧兽医研究所大门前合影

左图：我们在研究所实验楼前；右图：我和劳施教授与弗吉尼亚在实验室

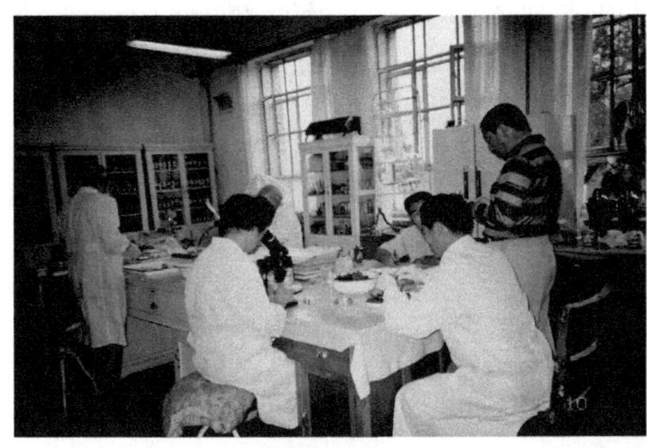

左图：劳施教授与弗吉尼亚和我们在实验室工作；右图：我们课题组成员

很快一个月过去了，他们没有任何收获，就要回美国去，崔贵文副盟长领着他的助手带他们去看像海洋一样宽大的达莱湖（又称呼伦池），品尝鱼宴和“生鱼片”，临行前又为他们送行。我们在海拉尔期间是住在盟农业银行招待所，所长原来就是该行很有素养的高级职工，向来对我们都很客气，记得有一年“教师节”他还特意为我举行了庆祝晚宴。这次劳施教授和夫人在此住宿期间，他们都非常周到地招待。临行时，所长领着服务员在招待所门口给他们送行，并合影留念。他们所作所为都足以示好，“中美两国人民友谊流长”。

左图：崔贵文副盟长（左 2）等送行晚宴；右图：招待所所长（右 1）等临别送行

我送劳施教授和夫人乘机去北京，一起住在西直门旅馆（呼伦贝尔盟办事处），他们还请我在旅馆附近一家“日本料理”吃晚餐。第二天早上我送他们上了去日本的班机，他们由那里转机回美国西雅图。我在机场买了一套上、中、下三本史林编著的《红墙往事》叙述清朝历史，很好看，消磨了 8 小时，到傍晚才又乘机回海拉尔。

我回到海拉尔之后，继续检查捕获的所有布氏田鼠。从它们肝脏查到的所有病灶，分别切下固定带回厦门切片观察。同时向猎人购买沙狐小肠，分别清洗检查，寻找成虫，并进行小白鼠的人工感染试验、实验鼠肝脏病灶与天然感染的布氏田鼠肝脏病灶组织切片的比较等科学工作。实验小白鼠传代接种数以千计。这样工作多年，结果证明：在内蒙古呼伦贝尔草原存在世界 3 种成虫结构不同、幼虫在中间宿主体内产生病理变化完全不同的，3 个独立的病原种类：欧洲的多房棘球绦虫［*Echinococcus multilocularis* Leuckart，1863（Europe Type）］、北美洲的西伯利亚棘球绦虫［*Echinococcus sibiricensis* Rausch et Schiller，1954（Alaska Type）］和苏联的苏俄棘球绦虫（*Echinococcus russicensis* Tang et al.，2007）。

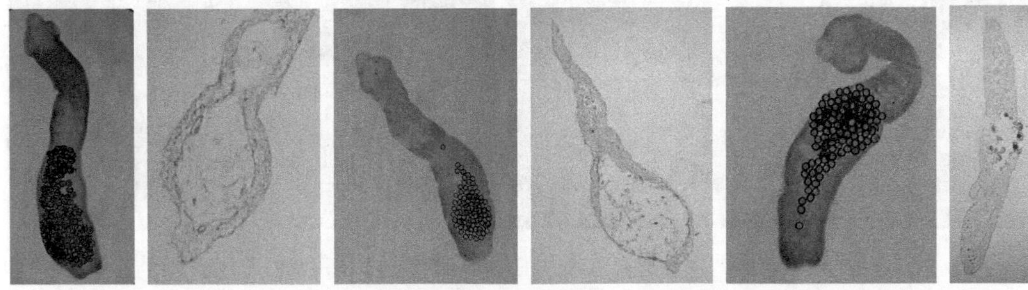

从左到右：多房棘球绦虫、西伯利亚棘球绦虫、苏俄棘球绦虫的成虫及其切片

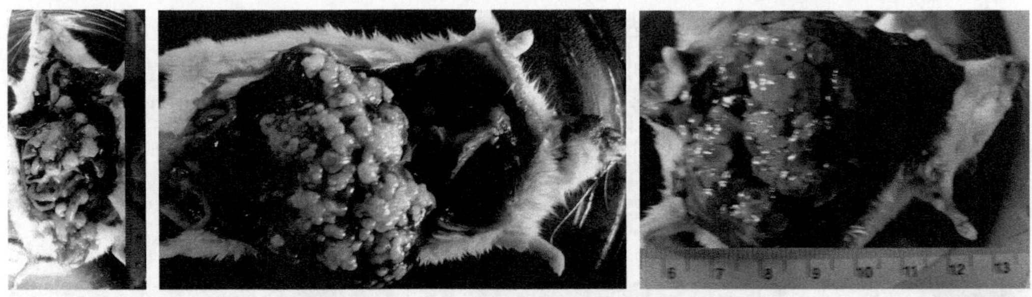

从左到右：多房棘球绦虫、西伯利亚棘球绦虫、苏俄棘球绦虫的人工感染小白鼠

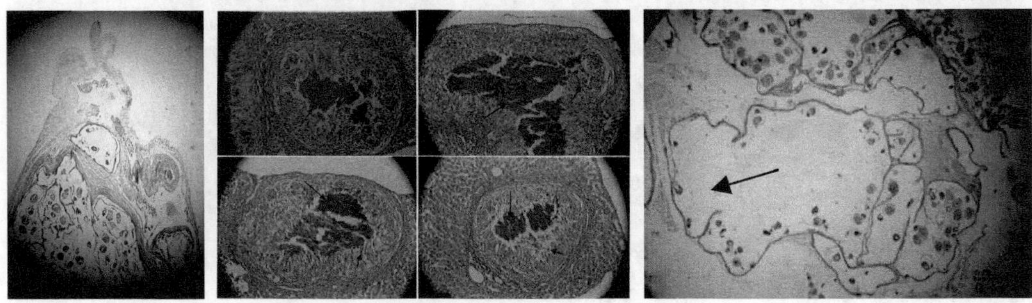

从左到右：多房棘球绦虫、西伯利亚棘球绦虫、苏俄棘球绦虫小白鼠病灶切片

3 虫种总结文章如下。

唐崇惕, 崔贵文, 钱玉春, 康育民, 彭文峰, 王彦海, 吕洪昌, 陈东. 2006. 我国内蒙古大兴安岭北麓泡状肝包虫种类的研究. I. 多房棘球绦虫 (*Echinococcus multilocularis* Leuckart, 1863). 中国人兽共患病学报, 22(12): 1089-1094.

唐崇惕, 崔贵文, 钱玉春, 康育民, 彭文峰, 王彦海, 吕洪昌, 陈东. 2006. 我国内蒙古大兴安岭北麓泡状肝包虫种类的研究. II. 西伯利亚棘球绦虫 (*Echinococcus sibiriensis* Rausch et Schiller, 1954). 中国人兽共患病学报, 23(5): 419-426.

唐崇惕, 康育民, 崔贵文, 钱玉春, 王彦海, 彭文峰, 吕洪昌, 陈东. 2007. 我国内蒙古大兴安岭北麓泡状肝包虫种类的研究. III. 苏俄棘球绦虫 (*Echinococcus russicensis* sp. nov.). 中国人兽共患病学报, 23(10): 957-964.

在多年我对此课题工作期间，我每年去美国时，都会去一趟西雅图，看望劳施教授和夫人并汇报工作情况，他们对此工作进展很高兴。

2010 年我和儿子陈东（左 1）、学生李庆峰（左 2）、张浩（右 1）及合作者崔贵文（右 2）再次来到疫区

我们工作的结果也得到新疆医学院温浩院长的认可，他在新疆医院入住的泡状肝包虫病患者中，检出不同的病原。2011 年世界第四届肝包虫会议在新疆乌鲁木齐举行，我应邀参加，并在主席台就座。闭幕式时，我正患肠胃型感冒，发烧、呕吐，在台上意外地接受了国际肝包虫病协会主席授予我“在棘球绦虫领域杰出生物学研究奖”的奖牌和证书。

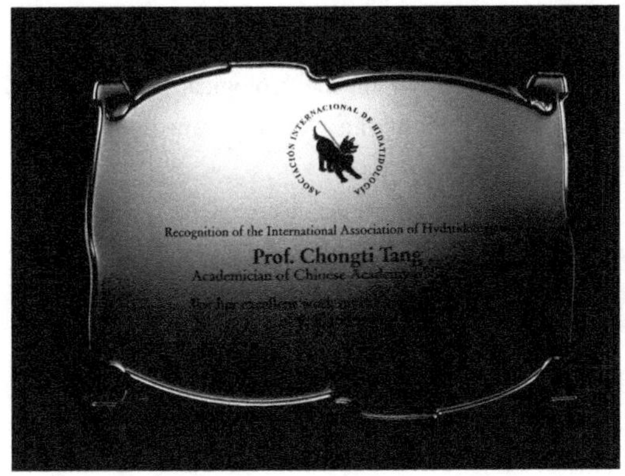

“在棘球绦虫领域杰出生物学研究奖”的奖牌和证书

2011 年在新疆乌鲁木齐我（前左 4）参加国际包虫病学会中国分会常委会会议

论文目录如下。

唐崇惕, 崔贵文, 钱玉春, 等. 1988. 内蒙古呼伦贝尔草原多房棘球蚴病病原的调查. 动物学报, 34(2): 172-179.

唐崇惕, 等. 2000. Notes on a primary polycystic metacestode found from gerbil *meriones unguiculatus* in Hulunbeier Pasture.northeastern China. 中华医学杂志.

唐崇惕, 唐亮, 钱玉春, 崔贵文, 康育民, 吕洪昌, 舒利民. 2001. 内蒙古东部新巴尔虎右旗泡状肝包虫病原种类及流行学调查. 厦门大学学报(自然科学版), 40(2): 503-511.

唐崇惕, 唐亮, 康育民, 吕洪昌, 钱玉春. 2001. 内蒙古东部鄂温克旗草场鼠类感染泡状棘球蚴情况的调查. 寄生虫与医学昆虫学报, 8(4): 220-226.

唐崇惕, 陈晋安, 唐亮, 崔贵文, 钱玉春, 康育民, 吕洪昌. 2001. 内蒙古西伯利亚棘球绦虫和多房棘球绦虫泡状蚴在小白鼠发育的比较. 实验生物学报, 34(4): 261-268.

唐崇惕, 陈晋安, 唐亮, 崔贵文, 吕洪昌, 钱玉春, 康育民. 2001. 西伯利亚棘球绦虫和多房棘球绦虫泡状蚴在长爪沙鼠体内发育的比较. 地方病通报, 16(4): 5-8, 120-122.

唐崇惕, 陈晋安, 唐亮, 崔贵文, 吕洪昌, 钱玉春, 康育民. 2002. 内蒙古呼伦贝尔泡状蚴(*Alveolaris hulunbeierensis*)结构的观察.中国人兽共患病杂志, 18(1): 8-11.

唐崇惕, 王彦海, 崔贵文. 2003. 内蒙古多囊蚴, *Polycystia neimonguensis* sp. nov. 新种记述. 中国人兽共患病杂志, 19(4): 14-18.

Tang C T (唐崇惕), Qian Y C(钱玉春), Kang Y M (康育民), Cui G W (崔贵文), Lu H C (吕洪昌), Shu L M (舒利民), Wang Y H (王彦海), Tang L (唐亮). 2004. Study on the ecological distribution of alveolar *Echinococcus* in Hulunbeier Pasture of Inner Mongolia, China. Parasitology 128: 187-194.

Tang Chong-ti (唐崇惕), Wang Yan-hai (王彦海), Peng Wen-feng (彭文峰), Tang Liang (唐亮), Chen Dong (陈东). 2006. Alveolar *Echinococcus* species from *Vulpes corsac* in Hulunbeier, Inner Mongolia, China, and differential developments of the metacestodes in experimental rodents. J. of Parasitology, 92(4): 719-724.

唐崇惕, 崔贵文, 钱玉春, 康育民, 彭文峰, 王彦海, 吕洪昌, 陈东. 2006. 我国内蒙古大兴安岭北麓泡状肝包虫种类的研究. I. 多房棘球绦虫 (*Echinococcus multilocularis* Leuckart, 1863). 中国人兽共患病学报, 22(12): 1089-1094.

唐崇惕, 崔贵文, 钱玉春, 康育民, 彭文峰, 王彦海, 吕洪昌, 陈东. 2006. 我国内蒙古大兴安岭北麓泡状肝包虫种类的研究. II. 西伯利亚棘球绦虫 (*Echinococcus sibiriensis* Rausch et Schiller, 1954). 中国人兽共患病学报, 23(5): 419-426.

唐崇惕, 康育民, 崔贵文, 钱玉春, 王彦海, 彭文峰, 吕洪昌, 陈东. 2007. 我国内蒙古大兴安岭北麓泡状肝包虫种类的研究. III. 苏俄棘球绦虫 (*Echinococcus russicensis* sp. nov.). 中国人兽共患病学报, 23(10): 957-964.

10. 我对血吸虫问题的研究

我最早认识血吸虫病的问题是在大学念书时，听父亲上课讲述东西方前辈科学家互相启发，对人体3种血吸虫病病原和它们传播媒介发现的动人研究历史，而知道这3种人体最重要的血吸虫病原及它们的传播媒介名称：日本血吸虫［日本裂体吸虫 *Schistosoma japonicum*（Katsurada，1904）Stiles，1905；媒介：钉螺 *Oncomelania hupensis*］、埃及血吸虫［埃及裂体吸虫 *Schistosoma haematobium*（Bilharz，1852）Weinland，1858；媒介：水泡螺 *Bulinus* spp.］、曼氏血吸虫［曼氏裂体吸虫 *Schistosoma mansoni* Sambon，1907；媒介：双脐螺 *Biomphalaria* spp.］。在实验中，知道了有关日本血吸虫生活史观察的系列操作方法。

父亲早在1932～1950年，在福建最严重的日本血吸虫疫区（福清县）进行了详细的流行病学的调查，使福建省1975年在我国首批消灭了血吸虫病。1993年福建省卫生防疫站李友松研究员等特意到厦门拍录相关工作总结。一个月后父亲离世。父亲1932年大学毕业，带病开始科学研究工作，就是从事福建省血吸虫病的研究，而就在为福建省消灭了血吸虫病作总结中去世！

左图：20世纪80年代父亲在家写作；中图：1932年父亲（右3）在福清埔尾乡血吸虫病重疫区发现媒介钉螺，由美国分类学家定名为“唐氏钉螺（*Katayama tangi*）”；右图：福清埔尾的雌雄血吸虫及晚期患者

我1957年从上海调回福州时，父亲跟我谈了许多尚未解决的问题中，最重要的就是血吸虫病的问题：当时不断报道的“异位日本血吸虫病例”即医务界在医治血吸虫病患者中不断发现有血吸虫成虫寄生在非正常位置，如脑部、生殖腺卵巢、皮肤等。父亲说：“人体血吸虫病的病原成虫是在门静脉血管系统内，怎么会到别的位置去？”还有，当时在我国南北方都流行在水稻田里会得“血吸虫性皮炎”，在北方东北一带是由牛羊的血吸虫尾蚴侵入引起。在南方是在水稻田里养鸭子的人得此病的特别多，他们都说是

“鸭姆涎”（鸭唾液）引起的。父亲说：“这里有几个问题需要解决：一个是我们福建这个鸭子的血吸虫是什么种类？它的整个生活史怎样？中间宿主贝类是什么？同时这些血吸虫幼虫在人体产生血吸虫性皮炎的机理如何？”为了这几个“问号”我工作了好几年，一一解决。我首先研究的是附近的“鸭子血吸虫”问题。

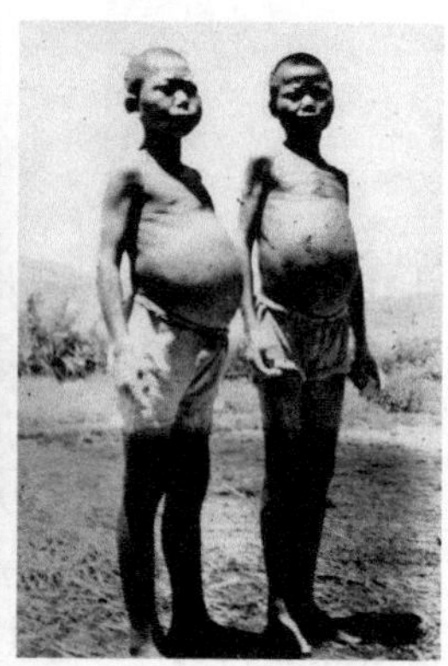

20世纪30年代福建福清县埔尾乡。左图：不同年龄血吸虫病晚期患者；
右图：双胞胎两兄弟患者

1993年6月21日父亲去世前整一个月。左图：福建省卫生防疫站李友松研究员（后排左）和尹怀志技师（后排）为福建省消灭血吸虫病作总结来厦门给唐仲璋院士拍录像；右图：他们帮我和父亲拍张照片

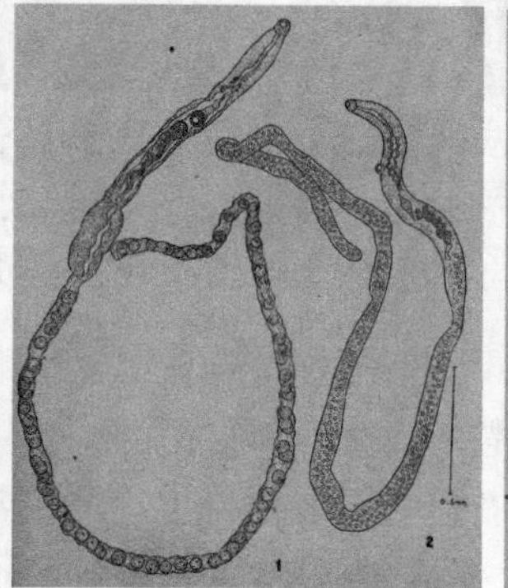
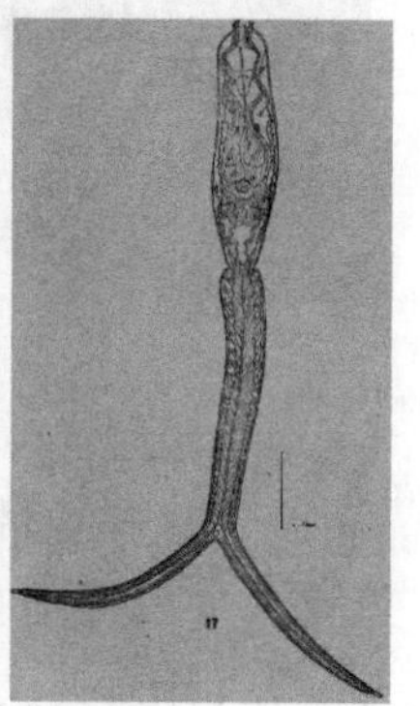

左3图：在水稻田饲养鸭子，鸭子在附近水塘游，查出的传播媒介（鸭子血吸虫的中间宿主）椎实螺；
中图：鸭子血吸虫的雄虫和雌虫；右图：鸭子血吸虫的尾蚴，此尾蚴是使人产生皮炎的病原

我开始和研究室的年轻技工吴芳振去学校附近有鸭群的水田采各种螺类，回来一一在解剖镜下剖检。以后每天由芳振替我到处去采螺，我终于从椎实螺［*Lymnaea*（*Radix*）*plicatula* Benson］体内发现了血吸虫的尾蚴。用此尾蚴人工感染刚孵出的雏鸭，饲养多天以后，从小鸭子的肝门静脉和肠系膜静脉等血管里找到血吸虫的雌雄虫。父亲经分类学的详细比较，确定是毛毕属（*Trichobilharzia*）中的一个新种，为表达对血吸虫类研究有巨大贡献的包鼎成教授的尊敬，定名为包氏毛毕吸虫（*Trichobilharzia paoi* Tang et Tang，1962）。1979 年我去新疆野外工作，回来时特意绕道四川，先到成都看望胡孝素教授，再到重庆看望前辈包鼎成教授，他们都非常热情地接待我。在重庆我很想看一看包鼎成教授发现的与南美洲人体曼氏血吸虫（*Schistosoma mansoni*）很相近的中华血吸虫（*Schistosoma chinensis*）。瘦小的包教授无奈地告诉我："我所有标本在'文化大革命'中被'造反派'全毁掉了。"第二年，就听到包鼎成教授去世的消息，我有幸在他还在世时见到他一面！

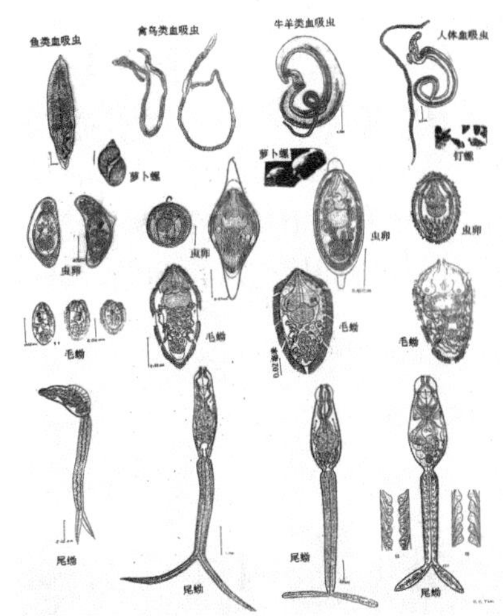

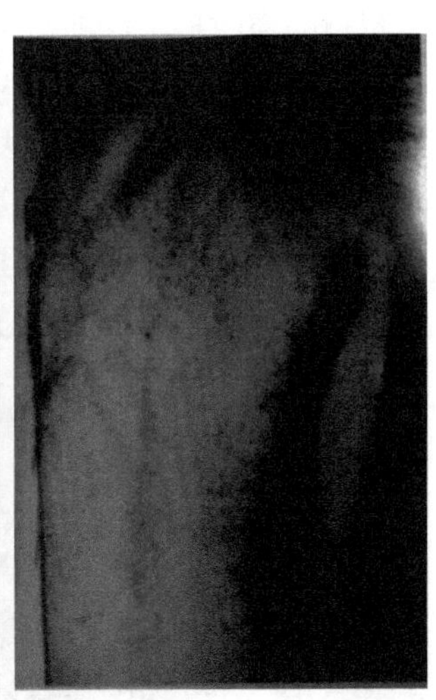

左图：鱼类、鸟类、牛羊、人体的血吸虫，有相似的生活史发育阶段；
中图：内蒙古寄生牛羊的东毕血吸虫；右图：人体产生的血吸虫性皮炎的皮肤疹

在解决了鸭子的毛毕血吸虫的发育生物学问题后，我就用此吸虫的尾蚴感染实验室饲养的小白鼠，观察"血吸虫性皮炎"产生的机理问题。把实验小白鼠分成四组：一次感染、二次感染、三次感染、四次感染，感染后各组小白鼠用乙醚麻醉解剖，将感染位置的皮肤固定、埋蜡、切片、染色制片，在显微镜下比较观察。观察到被感染的小白鼠白细胞增生，尤其是在感染部位白细胞侵润非常严重；而且，感染次数增加，症状一次比一次严重。结论：血吸虫性皮炎是一种由异类血吸虫尾蚴引起的"过敏性症状"。这项包括鸭子包氏毛毕血吸虫的发育生物学研究及血吸虫性皮炎机理探讨的结果，发表了1 篇文章。

唐仲璋, 唐崇惕. 1962. 产生皮肤疹的家鸭血吸虫的生物学研究及其在哺乳动物的感染试验. 福建师范学院学报, (2): 1-44.

有关由牛羊的土耳其斯坦东毕吸虫［*Orientobilharzia turkestanicum*（Skrjabin，1913）Dutt et Srivastava，1955］尾蚴引起严重的稻田皮炎情况，我是在1964年夏天和父母亲一起去吉林省双辽草原进行胰脏吸虫病流行学调查结束，回到长春稍休息后，再由赵辉元教授等同志领我去吉林省九台县朝鲜族居住区看到的。稻田里全部都是朝鲜族妇女们在劳动，不见男人。她们下田前把裙子下边往上扎在腰间，手臂和脚、小腿都用塑料膜包扎，以预防被东毕血吸虫尾蚴侵袭。中午劳动结束，她们走到地上，放下裙子、脱掉手脚上的塑料膜，就可见到手脚已有“皮炎”的痕迹。朝鲜族妇女非常勤劳，她们回家做家务，出去打水，一个个都是把装水的大水坛顶在头上回来。男人们也许有男人们的事要做。

我第二次接触土耳其斯坦东毕吸虫危害的情况，是在1979年夏天。我应新疆畜牧兽医研究所齐普生研究员的邀请，到新疆白杨沟天山上在海拔2000～3000米的森林草原和草甸，合作进行人兽共患的肝脏双腔吸虫病流行学调查工作。工作结束后，我又被伊犁州的畜牧兽医站非常热情的站长（祖籍广西，壮族）等同志来乌鲁木齐邀请到伊犁去进行一些工作。我带了两位研究生曹华和潘沧桑一起和他们坐大汽车走了两天才到美丽的伊犁城。他们是要我去与苏联交界的察布查尔，那里有一个很大的奶牛场发生了东毕血吸虫病，奶牛不仅生病拉稀而且都不产奶了，要我去解决那里此病的感染地点和传播媒介的问题。我们采集了奶牛放牧地的各种贝类，结果在一种萝卜螺（*Radix* sp.）发现大量东毕血吸虫尾蚴，感染率有的高达50%；我在此工作是协助他们解决问题，自己不总结数据撰写论文。

左图：1. 我们在察布查尔奶牛放牧地寻找贝类，我后右是潘沧桑；2. 查出的传播媒介萝卜螺；3. 我示萝卜螺，右为曹华；4. 我示萝卜螺给伊犁州畜牧兽医站同志们看，站长位于中间。右图：是左图4的放大

20世纪80年代初，我在内蒙古呼伦贝尔草原和科尔沁草原相继发现土耳其斯坦东毕血吸虫病流行区，开展了病原分类、流行学及虫卵孵化等问题的研究。

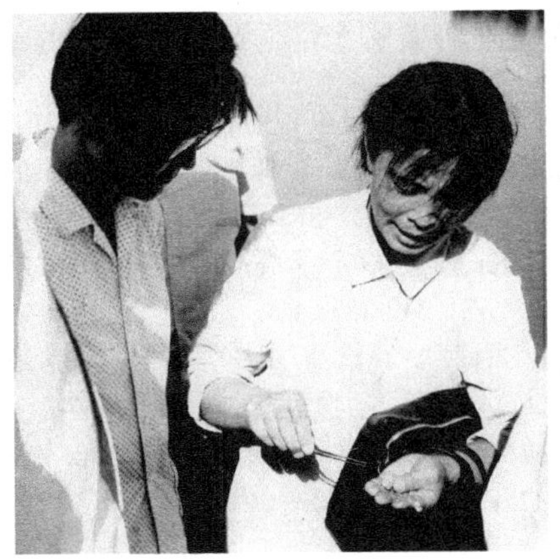

左图：我示察布查尔奶牛血吸虫病媒介萝卜螺给当地维吾尔族小姑娘看；中图：一直陪着我的伊犁州畜牧兽医站女同志看我手上的萝卜螺；右图：我和两位学生与伊犁州畜牧兽医站站长及站内三位同志相聚在伊犁河畔

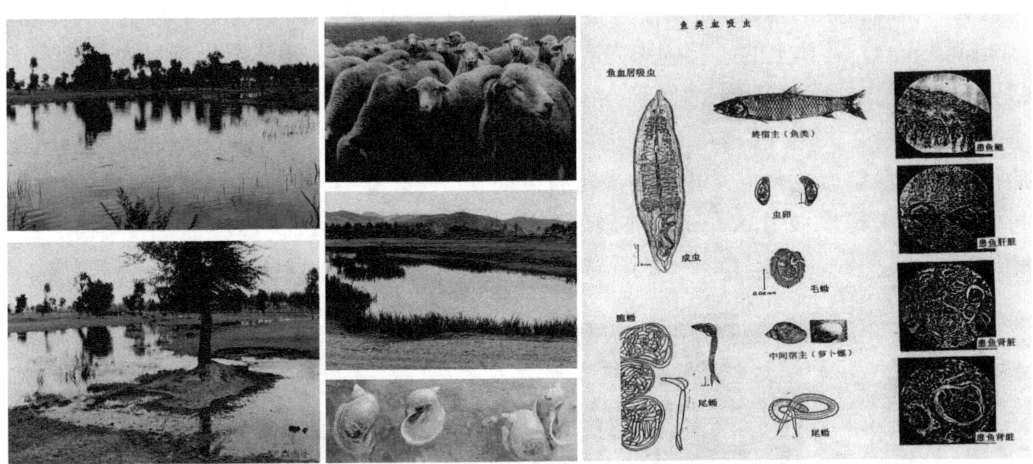

左4图：内蒙古科尔沁草原和呼伦贝尔草原牛羊感染土耳其斯坦东毕血吸虫的水泡和传播媒介耳萝卜螺等；右图：内蒙古科尔沁草原和呼伦贝尔草原常见的水泡地贝类，也有鱼类血吸虫（血居吸虫）

左图：我（右）陪美中学术交流学者美国斯坦福大学巴施教授（中）到内蒙古呼伦贝尔盟考察东毕血吸虫病，副盟长崔贵文研究员（左）接待；右图：崔贵文引领我们（后排中）到草原流行区考察

有关血吸虫性皮炎及我在内蒙古东部对此病原研究的结果，发表的论文如下。

唐仲璋, 唐崇惕. 1976. 中国裂体科血吸虫和稻田皮肤疹. 动物学报, 22(4): 341-360.

唐崇惕, 崔贵文, 钱玉春, 何毅勋. 1983. 土耳其斯坦东毕吸虫的扫描电镜观察. 动物学报, 29(2): 159-162.

唐崇惕, 唐仲璋, 曹华, 唐亮, 崔贵文, 钱玉春, 吕洪昌. 1983. 内蒙古东部绵羊土耳其斯坦东毕吸虫的研究. 动物学报, 29(3): 249-255.

唐崇惕, 崔贵文, 钱玉春, 吕尚民, 吕洪昌. 1990. 内蒙古科尔沁草原绵羊不同虫龄土耳其斯坦东毕吸虫及虫卵孵化的实验观察. 动物学报, 36(4): 366-376.

唐崇惕, 唐仲璋, 曹华, 唐亮, 崔贵文, 钱玉春, 吕洪昌. 1986. 内蒙科尔沁草原淡水螺吸虫期的调查研究. 动物学报, 32(4): 335-343.

有关人体日本血吸虫病患者的病原异位问题，我用了数年时间才解决。做了多种实验动物的感染试验，都不成功。最后，采取用大量血吸虫尾蚴做“急性感染”的方法，才成功地从实验小白鼠和兔子体上多处异常部位发现血吸虫的病原；继续进行了其产生此情况的机理试验的探讨。是由于过多的尾蚴在同一部位进入终宿主体内后的“裂体婴”（schistosoma），其体上的“穿刺腺内容物”还剩余许多，它们很容易地通过各通路到达宿主肝脏，穿过肝门静脉末梢血管，在宿主肝脏中进入肝静脉而经“后大静脉”进入宿主的血液系统“大循环”而分散到宿主体内各异常寄生部位。在 1965 年完成这项研究后，我就下乡参加社会主义教育的“四清运动”一年，接着“文化大革命”开始，中断科学研究近十年！“文化大革命”前最后一项研究工作的结果，于 1973 年的《动物学报》刊出。

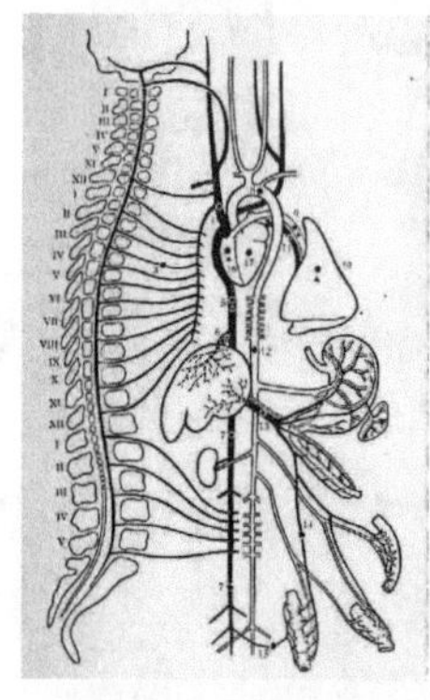

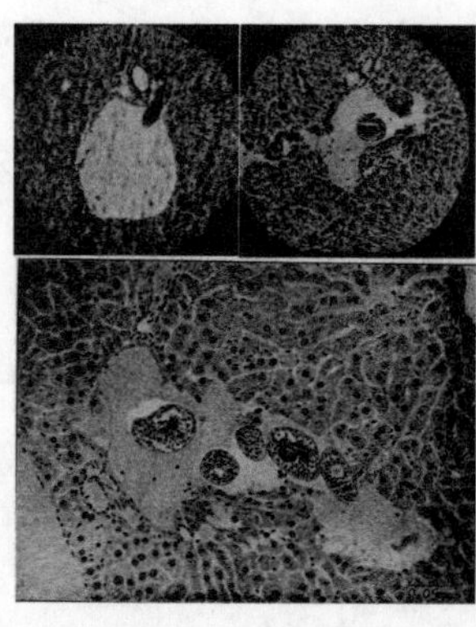

左图：实验动物被日本血吸虫异位寄生的部位（有标记处）；中图：实验兔子肝脏切片示：日本血吸虫裂体婴正在穿刺肝门静脉血管、冲出血管到肝组织中和进入肝静脉的情况；右图：父亲和我在观察切片标本

本项研究发表的文章如下。

唐仲璋, 唐崇惕, 唐超. 1973. 日本血吸虫成虫和童虫在终末宿主体内异位寄生的研究. 动物学报, 19(3): 219-244.

唐仲璋, 唐崇惕, 唐超. 1973. 日本血吸虫童虫在终末宿主体内迁移途径的研究. 动物学报, 19(4): 323-340.

20 世纪五六十年代，香港从南美洲进口各种观赏的热带鱼，在水草中携带来了南美洲人体曼氏血吸虫（曼氏裂体吸虫 *Schistosoma mansoni* Sambon，1907）的中间宿主（传播媒介）藁杆双脐螺［*Biomphalaria straminea*（Dunker，1848）(Planorbidae)］。此螺种入侵到香港野外，在新界各乡村大量繁殖曼延。1983 年在香港召开“国际海洋生物研究会”，主持人是香港大学动物学系主任、著名的贝类学家莫顿教授。世界卫生组织要求他们对此外侵的藁杆双脐螺有无携带曼氏血吸虫病原进行调查，莫顿教授邀请了我参加此研究会。我采集了 20 多个乡村、20 多种扁螺类，检查了 5000 多粒藁杆双脐螺和 5000 多粒其他扁螺约 20 种，获得意外科学性成绩。我白天野外采集，下午回来检查各螺，所有“阳性螺”所含的吸虫幼虫要绘画，天天都工作到半夜 2 点。每晚莫顿教授总是在我们野外实验室里来回走动，他也常来看我画的各种小虫子的图。到工作快结束时，有一天晚上他来到我的工作台前，对我说：“下一次的研究会，我再请你来参加，研究海洋贝类的寄生吸虫，好吗？”我笑着点点头。果然从 1983 年一直到 1996 年，每三年一次的“海洋生物国际研究会”他都请我参加。1999 年我进行内蒙古草原肝包虫研究很忙，他们邀请，我无法参加。不同国家的科学家也一样可成好朋友，莫顿教授有来厦门公事，一定都会要求见我，1992 年他来厦门，特意拜访了我父亲，他们进行了很愉快的学术交谈。1993 年父亲去世，11 月莫顿教授邀请我去香港散心，宴请我时，流着泪谈我父亲。他让香港大学讲师威廉博士与我合作一项研究：同一种贝类在不同海域其寄生吸虫种类的比较，也有很好结果。他退休回英国后还来厦门一次，我们在厦门海洋三所的学术会议上，又见了一次面。我送他一本我和父亲著的《中国吸虫学》，里面就有不少在香港发现的种类。在这里先示 1983 年首次在香港从事曼氏血吸虫媒介藁杆双脐螺调查结果的一文，其他另文叙述。

Tang Chong-ti (唐崇惕). 1985. A survey of *Biomphalaria straminae* (Dunker, 1848) (Planorbidae) for trematode infection, with a report on larval flukes from other Gastropoda in Hong Kong. Proceedings of the Second International Workshop on the Malacofauna of Hong Kong and Southern China, Hong Kong, 1983, (B. Morton and D. Dudgeon Eds.). Hong Kong: Hong Kong University Press: 393-408.

1986 年和 1988 年我分别到美国和法国进行学术交流，我交流的问题包括人体血吸虫病的病原生物学和流行病学，很受欢迎。

20 世纪 80 年代后期，有一天湖南省寄生虫病防治研究所年轻的张仁利同志，他拿着一些东洞庭湖的钉螺来到实验室找我，说：“这些钉螺里有一种不是叉尾的吸虫尾蚴，我们想它们可能是什么鸟类的寄生虫，请您看看。”我让他解剖给我看。他立即解剖几粒钉螺，很快就找到他所说的那种尾蚴。我在显微镜下看了一下，见此尾蚴有两个眼点，整个尾部有一长列薄膜状的“尾鳍”。我就对张仁利说“这不是鸟类的寄生虫，是鱼类的寄生虫，它还有第二中间宿主也是鱼类。你可以到市场买几条金鱼来试一下”，他出去一会儿就拿回好多条金鱼。我让他再压几粒带来的钉螺，把有此尾蚴的螺内脏放到金鱼缸水中。第二天上午，我在放大镜下观察金鱼，在鱼的皮下和鳍间就有不少“有眼点的尾蚴体部”。他们高兴地回去了。第二年他们邀请我到他们研究所解决此种吸虫的生活史问题，我带了助手邵鹏飞一起去。我对他们说 “这吸虫的终末宿主一定是食肉性的鱼，到市场买几条这类的鱼来解剖”，一会儿，他们就拎着一条大鲶鱼（*Parasilurus asotus*），解剖开，在它的胃肠黏膜上就有许多有两眼点成虫、童虫及和尾蚴体部相像的早期童虫。成虫和童虫也可见到两大睾丸在两肠管的外侧，我知道了这是外睾类吸虫（*Exorchis* sp.）。这个夏天就在天气酷热的岳阳我替他们把此吸虫的全程生活史各期研究出来并绘了图。我认定这吸虫是新种，建议他们可为其定名为洞庭湖外睾吸虫新种，连同其生活史情况给予报道。我告诉他们：“我是你们邀请我来帮助你们的，不是我的课题，论文不要署上我的名字”[张仁利，等. 1993. 洞庭湖外睾吸虫及其生活史. 动物学报，19（2）：124-129.]。同时我也告诉他们：“钉螺感染这无害的吸虫蚴虫，也许就可以防止日本血吸虫的再感染，你们可以开展血吸虫病媒介钉螺的生物控制。”

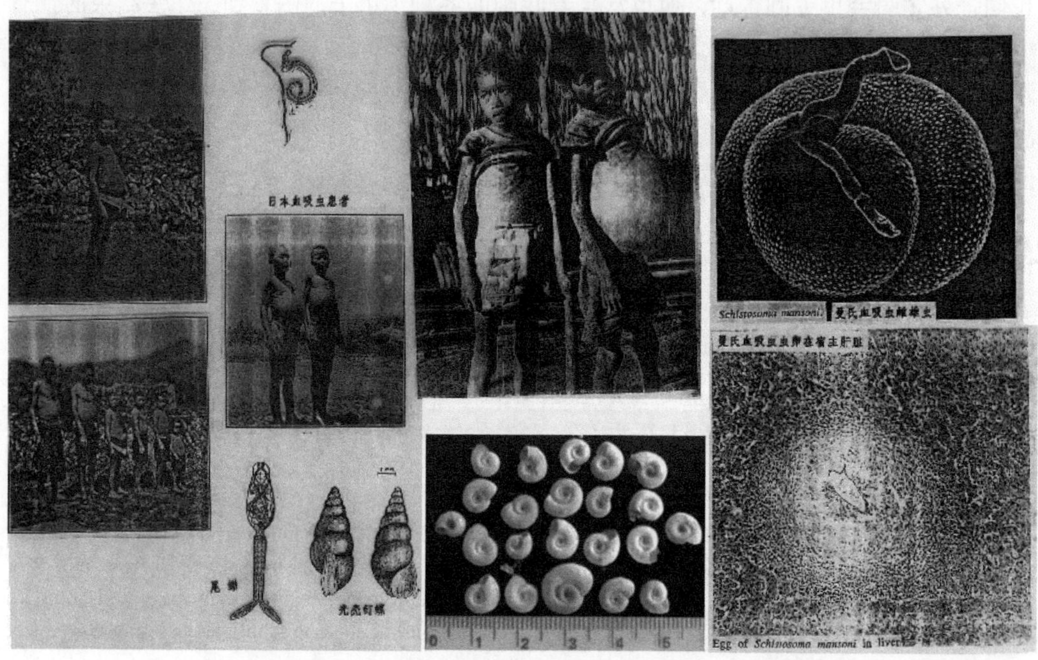

两种人体血吸虫病的病原、传播媒介和患者：左侧为日本血吸虫病，
右侧为曼氏血吸虫病

左图：1986 年访问美国斯坦福大学，报告我国血吸虫病等问题；
右图：1988 年在法国，报告血吸虫问题

这个夏天非常热，但工作很愉快。湖南省寄生虫病防治研究所的同志们都非常热情，周达人所长和夫人姚超素研究员多次请我到他们家作客。在所长家客厅，我第一次看到著名的郑板桥写的“难得糊涂”，深有感触。工作结束后大家还领我们看了岳阳和洞庭湖的一些名胜古迹，增长了不少见识。

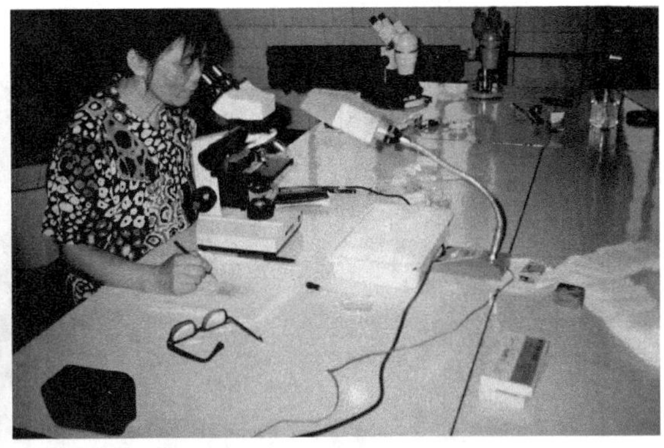

左图：我（左3）、邵鹏飞（右3）与姚超素（左2）、张仁利（右2）等相讨研究问题；右图：我在工作

左图：我和周达人所长及其夫人姚超素；右图：我（左4）等在周所长（右4）和姚超素（右2）家作客

我在野外疫区进行人兽共患吸虫类疾病流行病学调查工作多年。例如，胰脏吸虫病和双腔吸虫病，它们的贝类宿主都是同种的陆地螺蛳。从来未见在一个螺个体内有此两种吸虫蚴虫期同时存在的情况，我对此现象常有“为什么”的问号在脑中。今见血吸虫病媒介钉螺，体内多种其他吸虫的蚴虫，而第二中间宿主和终宿主都是和钉螺一起生活在同一水域中，可以探究一下同一钉螺给它感染两种不同吸虫的毛蚴，结果会如何？因此，我曾鼓励岳阳的湖南省寄生虫病防治研究所的同志可以进行此外睾吸虫是否能生物控制钉螺不受血吸虫蚴虫的感染试验，我回到学校后就开始计划用福建的叶巢外睾吸虫虫卵感染钉螺后再感染血吸虫的试验，但我首先需要把叶巢外睾吸虫的全程生活史研究清楚才能进行。我的助手（原是我的学生）王云，她数次替我到福州买鲶鱼解剖后把需要的材料带回厦门，找到许多叶巢外睾吸虫，将其虫卵感染了几批钉螺。得出结果：接下来我又需要先观察钉螺单独受外睾吸虫感染体内情况，需要在感染后不同时间，将实

验钉螺固定埋蜡切片、染色制片，再观察。我的博士生舒利民协助我此项工作。发现外睾吸虫蚴虫能对钉螺激发很强的反应免疫，这在其他种中没见过。

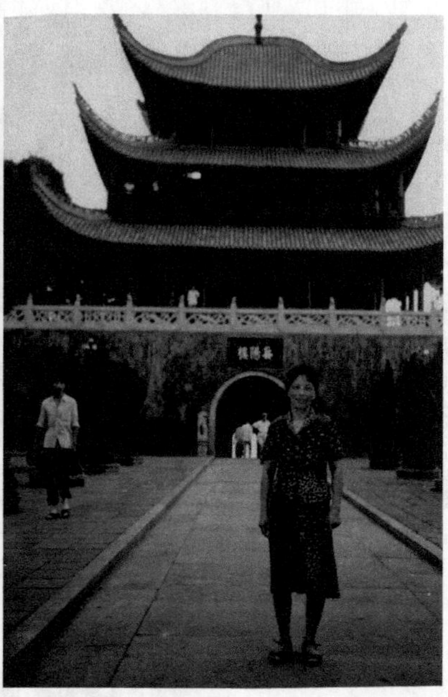

左图：姚超素（后排左2）、张仁利（前左1）与我（后排右2）及同志们出游；
右图：我在著名的岳阳楼前

我正式开始从事日本血吸虫病原及媒介生物研究是在2006年末，我拿着学校的介绍信，带3位博士研究生郭跃、姜谧和王逸难一起出发去湖南长沙，到省、常德地区有关单位访问血吸虫病流行情况，最后介绍我们到在西洞庭湖的汉寿县动物防疫监督所。所长彭晋勇等同志热情地接待我们，我们的实验室就设在他们所内。我们连续几年的秋季都要到汉寿，进行野外调查及各项试验工作。实验钉螺每粒都全切片染色制片，逐片检查。结果发现所有先感染外睾吸虫后不同时间再感染血吸虫，百分之百的血吸虫蚴虫在钉螺体内被杀灭。洞庭湖之后还到江西鄱阳湖调研。这工作做到2018年，共发表12篇论文如下。

唐崇惕，王云. 1997. 叶巢外睾吸虫幼虫期在湖北钉螺体内的发育及生活史的研究. 寄生虫与医学昆虫学报, 4(2): 83-87.

唐崇惕，舒利民. 2000b. 外睾吸虫幼虫期的早期发育及贝类宿主淋巴细胞的反应. 动物学报, 46(4): 457-463.

唐崇惕，郭跃，王逸难，姜谧，卢明科，彭晋勇，武维宝，李文红，陈东. 2008. 湖南目平湖钉螺血吸虫病原生物控制资源调查及感染试验. 中国人兽共患病学报, 24(8): 689-695.

Tang chong-ti, Lu Ming-ke, Guo Yue, Wang Yi-nan, Peng Jin-yong, Wu Wei-bao, Li Wen-hong, Bart C. Weimer, Chen Dong. 2009. Development of larval *Schistosoms japonicum* block in *Oncomelania hupensis* by pre-infection with larval *Exorchis* sp. The Journal of Parasitology, 95(6): 1321-1325.

唐崇惕，卢明科，郭跃，陈东. 2009. 日本血吸虫幼虫在钉螺及感染外睾吸虫钉螺发育的比较. 中国人兽共患病学报, 25(12): 1129-1134.

唐崇惕，卢明科，郭跃，王逸难，陈东. 2010. 日本血吸虫幼虫在先感染外睾吸虫后不同时间钉螺体内被生物控制效果的比较. 中国人兽共患病学报, 26(11): 989-994.

唐崇惕, 郭跃, 卢明科, 陈东. 2012. 先感染外睾吸虫的钉螺其分泌物和血淋巴细胞对日本血吸虫幼虫的反应. 中国人兽共患病学报, 28(2): 97-102.

唐崇惕, 卢明科, 陈东. 2013. 目平外睾吸虫日本血吸虫不同间隔时间双重感染湖北钉螺螺体血淋巴细胞存在情况的比较. 中国人兽共患病学报, 29(8): 735-742.

唐崇惕, 黄帅钦, 彭午弦, 卢明科, 彭文峰, 陈东. 2014. 湖北钉螺被目平外睾吸虫与日本血吸虫不同间隔时间感染后分泌物的检测与分析. 中国人兽共患病学报, 30(11): 1083-1089.

Huang Shuaiqin, Cao Yunchao, Lu Mingke, Peng Wenfeng, Lin Jiaojiao, Tang Chongti, Tang Liang. 2017. Identification and functional characterization of *Oncomelania hupensis* Macrophage migration inhibitory factor involved in the snail host innate immune response to the parasite *Schistosoma japonicum*. International Journal for Parasitology, 47(2017): 485-499.

Huang Shuaiqin, Theerakamol Pengsakul, Cao Yunchao, Lu Mingke, Peng Wenfeng, Lin Jiaojiao, Tang Chongti, Tang Liang. 2018. Biological activities and functional analysis of macrophage migration inhibitory factor in *Oncomelania hupensis*, the intermediate host of *Schistosoma japonicum*. Fish and Shellfish Immunology, 74: 133-140 .

唐崇惕, 卢明科, 彭文峰, 陈东. 2018. 钉螺感染目平外睾吸虫的分泌物及其杀灭不同时间再感染日本血吸虫幼虫的进一步观察. 中国人兽共患病学报, 34(2): 93-98.

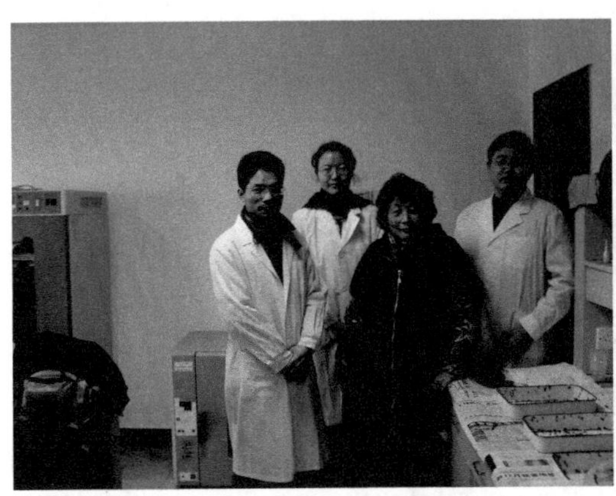
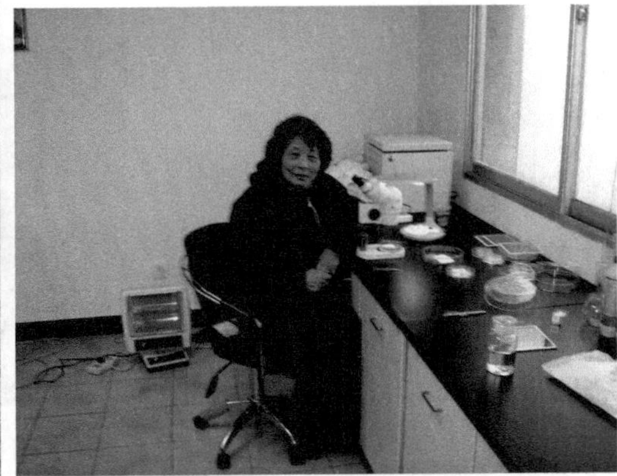

左图：我与3位博士生（从左到右：郭跃、王逸难、姜谧）在汉寿县动物防疫监督所实验室，桌上是从目平湖血吸虫病疫区采回的钉螺；右图：我和我的工作桌子

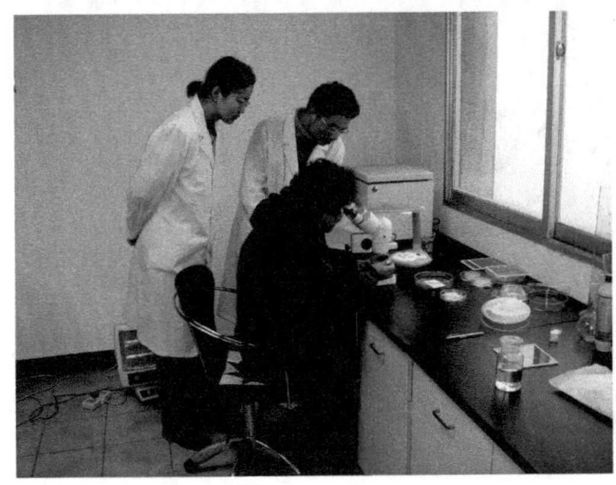
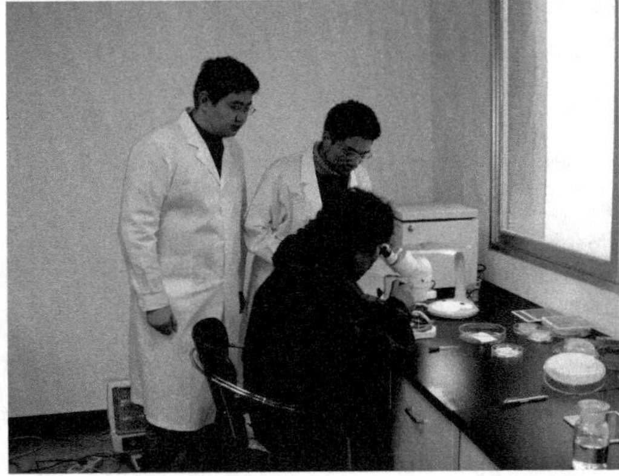

左图：王逸难和郭跃看我正在观察钉螺内容物；右图：姜谧和郭跃看我正在观察的钉螺情况

从 2012 年到现在（2018 年），我已开始让新来的 5 位研究生们进行“应用微观方法探讨被外睾吸虫先感染的各组钉螺都能杀灭全部再感染的日本血吸虫蚴虫的内在机理的各种问题”，现在已毕业 4 位，还有 1 位今年（2018 年）毕业。他们都很努力工作，都在他们所进行的问题有所说明。首先，我换了另一个血吸虫病疫区，2012 年，我带新来的两位博士生 Kyassir Abdemageed Sulieman（苏丹）、Theeraamol Pengsakul（泰国）、1 位硕博连读研究生黄帅钦和女硕士生彭午弦，一起去江西九江星子县鄱阳湖血吸虫病疫区这一新的工作地点开展同一项研究课题的工作。后来又来了 1 位硕士生曹云超参加此工作。

我父亲从 1932 年开始研究我国血吸虫病问题，我从 1957 年开始参加父亲的这一课题的方方面面，至今（2018 年）整 85 年，尚未结束。还有许多新问题应该继续工作。如今我已到快超过耄耋之年了，已无力再进行进一步的工作。有望我的学生中及许多有志于此的年轻人，能继续做出更好的工作。我感到欣慰的是，我父母亲的儿孙们都很励志，在不同领域都有很好的发展，他们可以继续工作，有慰我父母亲在天之灵。

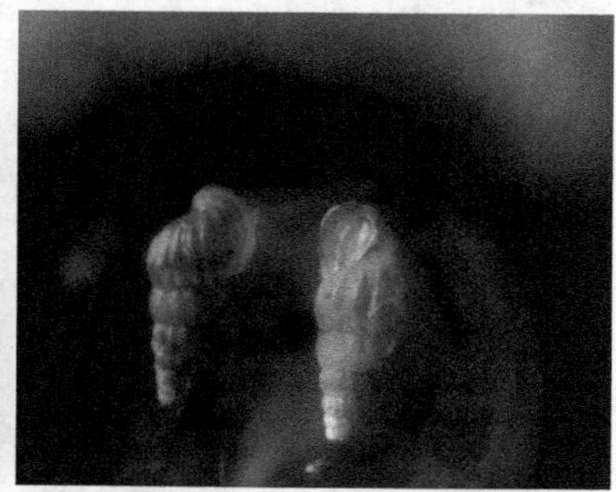

左图：我和研究生，从左到右为彭午弦、黄帅钦、苏丹的 Kyassir Abdemageed Sulieman、泰国的 Theeraamol Pengsakul 在江西九江星子县血吸虫病防治站；中图：我和 4 位研究生在实验室工作；右图：当地钉螺

左图：我和已年迈的父亲在一起探讨问题；右图：我三儿陈东的儿子陈旻和我的父亲（他的太爷）在一起欢笑

左图：左侧我父亲 1948 年在美国约翰·霍普金斯大学学习，右侧 2014 年我孙子陈旻和我二儿唐亮女儿唐恺鸥也在美国约翰·霍普金斯大学读研究生学位，特意站在他们太爷站的地方摄影；中图：我孙子陈旻获得博士学位时，又到他太爷站的地方留影纪念太爷；右图：我和小弟崇嵘的外孙女丽沙，她自幼喜爱太爷的书

11. 我对其他寄生虫问题的研究

我开始做科学研究时，父亲对我说："人生岁月有限，做科学研究应当做你研究领域中最重要、最迫切需要解决的问题，在理论上是世界上没有人解决过的问题。"我即按此理念从事寄生虫科学研究，首先是 1953 年在大学三年级和何毅勋、熊光华、张天祺同学一起在导师唐仲璋教授指导下作毕业论文（班氏丝虫和马来丝虫两病原发育生物学和流行病学的调查研究），1957 年，我从上海华东师范大学生物系调回福建师范学院生物系作父亲的助手，父亲给我提出四个方面都是对人兽共患需要解决的重要问题。对这些问题的探讨过程，我见父亲对"吸虫分类系统关键性的门类"很感兴趣，抽空研究观察。于是，我也协助父亲做了多项这方面的工作，同样着重进行它们发育生物学的观察，我在实验室饲养各种小动物。虽然一般人认为这是"脱离实际"的问题，常受人批评，我们仍然对吸虫类系统发生中，在"单殖吸虫类"和"复殖吸虫类"之间的"盾盘吸虫类" 进行研究。[他与 Faust 为它建立了盾盘亚纲：Aspidogastrea（Mouticelli，1892）Faust and Tang，1936]。同时，对复殖吸虫类中在"前口类"之前的"腹口类"的种类及个体发育生物学的情况，都是父亲和我在重要课题进行之余，抽空进行详细研究。这对庞大复殖类吸虫的了解很有好处，也让我获益终生。发表了如下一些工作。

唐崇惕, 唐仲璋. 1959. 东亚尾胞吸虫 (Halipegus) 生活史研究及其种类问题. 福建师范学院学报 (自然科学版), (1): 141-159.

唐仲璋, 唐崇惕. 1964. 两种航尾属吸虫: 鳗航尾吸虫和黄氏航尾吸虫的生活史和分类问题. 寄生虫学报, 1(2): 137-152.

唐崇惕, 林秀敏. 1973. 福建真马生尼亚吸虫 (*Eumasenia fukienensis* sp. nov.) 新种描述及其生活史的研究. 动物学报, 19(2): 117-129.

唐崇惕, 唐仲璋. 1976. 福建腹口吸虫种类及生活史的研究. 动物学报, 22(3): 263-278.

唐仲璋, 唐崇惕. 1981. 长劳管吸虫的生活史研究. 动物学报, 27(1): 64-74.

唐仲璋, 唐崇惕. 1982. 枝腺科 (Lecithodendri idae Odhner) 吸虫一新属新种. 武夷科学, (2): 60-64.

唐仲璋, 唐崇惕. 1989. 福建省数种杯叶科吸虫研究及一新属三新种的叙述 (形目: 杯叶科). 动物分类学报, 14(2): 134-144.

唐仲璋, 唐崇惕. 1990. 一些福建爬行类的寄生吸虫. 从水到陆——刘承钊教授诞辰九十周年纪念文集. 蛇蛙研究丛书, 1: 196-203.

唐仲璋, 唐崇惕. 1992. 卵形半肠吸虫的生活史研究. 动物学报, 38(3): 272-277.

唐仲璋, 唐崇惕. 1992. 蚴形属吸虫一新亚属新种 Cercarioides (Eucercarioides) hoeplii subgen and sp. nov.. 武夷科学, 9: 91-98.

唐仲璋, 唐崇惕. 1993. 中口短咽吸虫 *Brachylaima mesostoma* (Rud., 1803) Baer, 1933 的生活史研究 (Trematoda: Brachylaimidae). 动物学报, 39(1): 13-18.

首先我们对成虫寄生在鱼类肠管中的腹口吸虫进行调查和研究。它们属于复殖类吸虫（个体发育过程有在终末宿主体内成虫的有性生殖和在中间宿主体内几个世代的无性生殖）。但它们的形态特征和对人类健康关系密切的所有“前口类”的很不一样。腹口吸虫成虫的“口”和肠管是长在身体的腹部，身体前端是形态各异的“附着器”；它们第一中间宿主只有双壳贝类，幼虫期形态奇特。第二中间宿主是小鱼。我们在 20 世纪 50 年代，从福州许多鱼类查到十多种形态结构有差异的腹口吸虫成虫；也检查了各种双壳贝类，找到许多种形态奇特的腹口吸虫幼虫期。在实验室养了鱼和贝类，对一些腹口吸虫进行了全程生活史的研究，为此工作多年。无独有偶，所谓“英雄所见略同”，华东师范大学的朗所教授也专注地研究腹口类吸虫，我们都不知道。1963 年在北京的全国寄生虫学术会议上，朗所教授也带来他和他助手李慧珠的一篇腹口类吸虫分类文章，其中有多种与我们的相同。父亲和朗所先生非常友好地讨论这些新种定名问题，避免同样种类给了不同名称。朗所先生很客气，一定要把我们做了生活史研究的前睾近似牛首吸虫和福州道弗吸虫让给我们定，最后，其中 2 新属 4 新种由他们定，1 新属 5 新种由我们定。彼此都没有像有些人，为一个新种的定名争吵不休。朗所先生是我在华东师范大学生物系工作时的领导前辈，我很钦佩他。我离开华东师范大学后，有出差外地经过上海时，一定都要回华东师范大学看看大家。有一次朗所先生请张作人先生和大家晚宴，专门吃大闸蟹，非常高兴，尽欢而散。80 年代在成都的一次学术会议上，见到很衰弱的

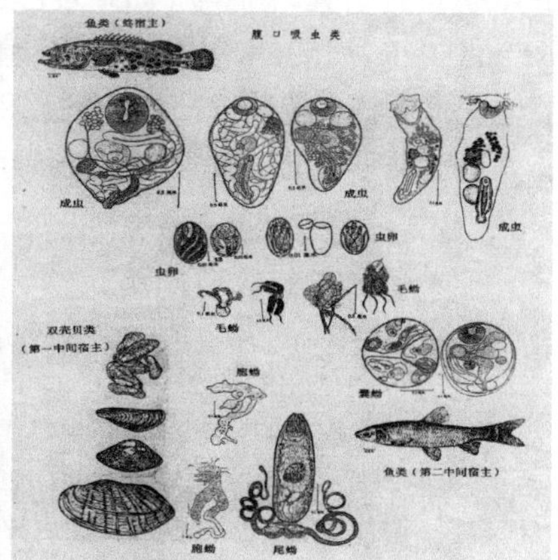

左图：我和父亲在野外工作之余，做鱼类等的检查；右图：腹口吸虫生活史三阶段的宿主，发现不同种类的腹口吸虫成虫、毛蚴、胞蚴和尾蚴，形态结构均与前口类吸虫不同，但规律性是一致的

朗所先生，这是我最后一次见到他。会议结束时他单独到早年念书地方去看看，大约心有感触，回来突发心脏病，请医生急救治愈。我们离会同去机场，他回上海我去南京，我预感以后可能见不到他了，在机场与他合照一张照片。果然不久，就听到他去世的消息。

1948 年父亲到美国约翰·霍普金斯大学学习，1950 年因新中国成立，他赶紧回国，不久父亲在福州调查鸟类寄生虫，从树麻雀（*Passer montanus saturatus* Stejneger）直肠两侧的盲囊找到一种吸虫，经观察是一新属新种的吸虫，为纪念美国约翰·霍普金斯大学的业师科特·威廉·沃尔特（Cort William Walter）教授，命名为柯氏柯吸虫（*Cortrema corti* Tang，1951）（n. gen. n. sp.），这是父亲对老师的深切怀念。后来，日本著名学者山口左仲（Yamaguti）为此吸虫建立新科为柯氏吸虫科（Cortrematidae Yamaguti，1958）。在 20 世纪 50 年代那特殊时期，用美国学者名字命名新属新种，是忌讳的，国内学人要求将它改名为“长劳管吸虫”，因为此吸虫有很长的劳氏管。在 60 年代初，我在主题工作之余，检查麻雀内脏，在其直肠两侧的盲囊里找到柯氏柯吸虫，我想试试看此吸虫幼虫期能否在小椎实螺［*Lymnaea*（*Fossaaria*）*ollula* Gould］体内发育，就用此吸虫卵饲食小椎实螺，没想到，一试就成功了，观察了在螺体内发育的全过程：母胞蚴、子胞蚴、尾蚴和囊蚴，奇特的是，这种吸虫的成熟尾蚴能在子胞蚴体内形成囊蚴，麻雀只要吃了天然感染此吸虫的小椎实螺，就受到感染。福州田野小椎实螺非常多，所以麻雀的感染率也非常高。这个意外收获，父亲非常高兴。此工作直到 1981 年才发表论文，论文题目虽用改动的名称，而在文中叙述仍然用其原来的科学名称。

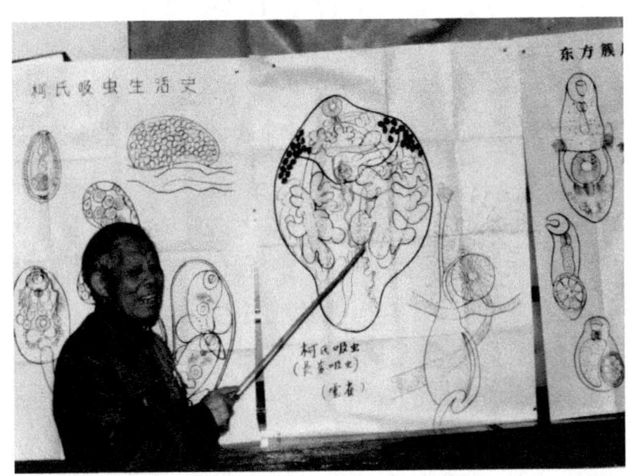

“文化大革命”后，父亲在厦门大学生物系动物学专业班给学生上课讲柯氏吸虫的发育

我和父亲在 1959 年发表的《东亚尾胞吸虫（Halipegus）生活史研究及其种类问题》，是 1956 年我还在上海华东师范大学生物系工作，暑假回家来福州，到父亲实验室进行的工作，完成了前人没有解决的全程发育生物学的问题，观察了它在两栖蛙类终宿主、在第一中间宿主平卷贝和在第二中间宿主剑水蚤体内发育的全过程。这是我在父亲指导下继血丝虫毕业论文之后进行寄生虫发育生物学全过程的第二项科学研究，是有关吸虫类发育生物学的第一项研究，给我此后数十年的研究工做打下坚实的基础。

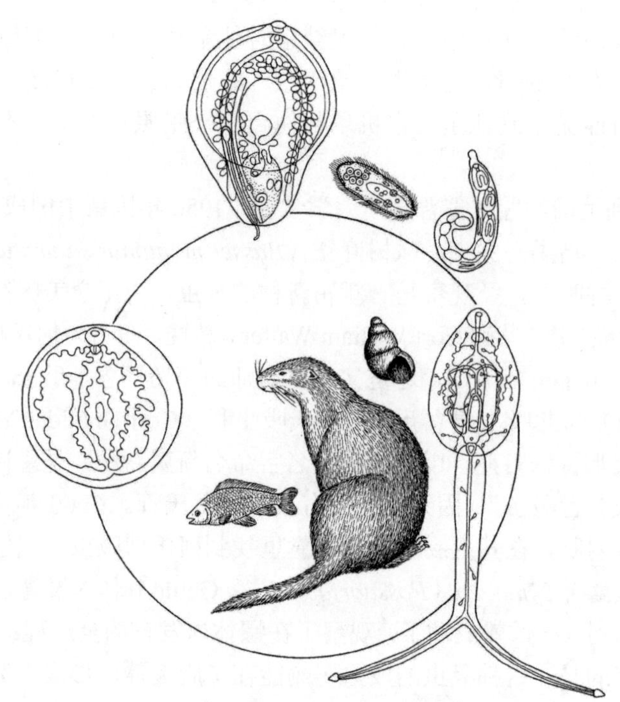

我协助父亲研究了杯叶科的盖状前冠吸虫的病原生活史及其宿主，
其终宿主是人居的猫、狗等，我们发现了水獭是它的野生宿主

我跟随父亲从事发育生物学研究的面较广，涉及蠕虫类的吸虫类、绦虫类和线虫类，包括从野外采到的和在实验室内进行人工感染过程所获的所有材料，积累了许多宝贵的数万份标本，许多同行都知道我们家的“宝贝”，都特意来家参观。美国著名的劳施教授和夫人也到我们家中，看了所有珍藏物，劳施教授赞叹地说：“Family treasure（家庭宝藏）!”

我们家这许多标本，母亲有一半功劳。“文化大革命”之前，母亲近30年都是每天和父亲一起去实验室，参加实验操作，收集标本和制作标本。母亲工作非常精细，制作整体染色标本，非常小的虫子她都能使它不变形、颜色清晰地做成永久封片的标本。切片标本，也一样做得完整无缺。我们外出野外调查，她都常一起去。她的工作成绩超过一个正式的实验师。她数十年没有任何报酬、发表文章没有她的名字，却无端遭实验室内一些有高学历无知年轻人的妒忌仇恨。“文化大革命”中对无公职的她也进行打击，母亲从此就不再到我们实验室，但在家中还尽力帮助父亲和我做许多事情。

21世纪初中国疾病预防控制中心寄生虫病预防控制所和中国农业科学研究院上海兽医研究所一些领导同志提出要进行“重要寄生虫虫种资源标准化整理、整合与共享试点”的合作，邀请我参加。有一次几十位合作单位同志来到厦门，到我住在8楼的家，参观我家珍藏的图书和标本，热闹异常。

这合作项目于2017年11月荣获上海市科学技术奖一等奖，他们友好地把厦门大学与我放在首位。

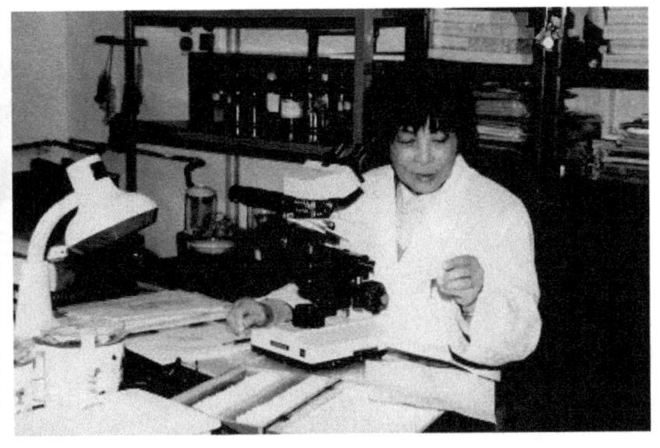

左图：1964 年我们与福建医学院教师、晋江医院医师及在北京首都医学院任教的师姐陈佩惠（左 3）一起在晋江一带进行华支睾肝吸虫病媒介调研工作，母亲（前右 2）随队参加；右图：我在实验室观察做好的永久保存的标本

左图：厦门大学南校门；右图：大家到我在东区的家参观，许多位在旁边的同志没能照在照片中

世界之大，物种之多，不可想象，除了对人类有危害的人畜（及野生动物）共患的蠕虫类病原之外，所有植物和食用菌类也有被多种线虫寄生致病。还有许多人类可以利用，对许多农作物害虫及寄生虫病媒介进行生物控制的索科线虫，都是很重要的问题，都有专家学者作为专门方向终生研究。我研究的主要方向是“人畜共患蠕虫病”，但我的兴趣比较广泛，有时间有条件时，对上述这些群类也做了一些工作，增加了一些有趣的知识。

20 世纪 70 年代初，我刚从农村调到厦门大学工作，“文化大革命”还没结束，专业工作万般尚无头绪，我就采集一些经济作物，在放大镜下检查它们的根部，就发现多种寄生线虫，也观察它们的发育生物学情况，很有收获且发表了两篇文章。1977 年我们动物学专业招生，班上每位学生都要进行毕业论文的工作，我给我二儿唐亮和欧秀（后来成为我儿媳、我孙女恺鸥的母亲，可惜因白血病在美国最好的医学条件下治疗 7 年，都无法治好而早逝）的毕业论文的题目，就是食用菌的寄生线虫。他们努力工作，也发表了一篇文章。我们历届招收的研究生，从事研究生论文，都是让他们独立进行某些有重要性蠕虫类的调查研究，也各自都有收获完成毕业论文，单独发表文章。有参加我的工作的，就共同署名。

上海市科学技术奖

证 书

为表彰上海市科技进步奖获得者，特颁发此证书。

项目名称：我国重要寄生虫虫种资源库的构建与应用

获 奖 者：厦门大学

奖励等级：一等奖

上海市人民政府

2016年11月25日

证书号：20164018-1-D10

完成单位：

厦门大学（唐崇惕）

中国疾病预防控制中心寄生虫病预防控制所（周晓农）

中国农业科学研究院上海兽医研究所（黄兵）

中国农业科学研究院兰州兽医研究所（罗建勋）

第二军医大学（朱淮民）

东北农业大学（宋铭忻）

江苏大学（陈盛霞）

沈阳农业大学（段玉玺）

中山大学（吴忠道）

福建省疾病预防控制中心（李莉莎）

中国农业科学院蜜蜂研究所（周婷）

唐崇惕. 1981. 福建南部植物线虫的研究. I. 垫刃目的种类. 动物学报, 27(4): 345-353.

唐崇惕. 1981. 福建南部植物线虫的研究. II. 杆形目的种类. 动物学报, 28(2): 157-164.

唐亮, 欧秀. 唐崇惕. 1983. 福建南部植物线虫的研究. III. 厦门蘑菇线虫病害的观察. 动物学报, 29(2): 170-179.

唐崇惕, 史志明, 曹华, 关家震, 潘沧桑. 1983. 福建南部海产鱼类的吸虫. I. 半尾科 (Hemiuridae) 种类. 动物分类学报, 8(1): 33-42.

我在内蒙古呼伦贝尔草原进行人畜共患的寄生虫病研究，一次在工作间隙空余时间，我想看看草原农业区和大兴安岭各种经济作物感染植物线虫的情况。我和工作合作者崔贵文、吕洪昌及钱玉春一起乘坐他们单位的小面包车，去了高高的大兴安岭。由于沿途采集各种经济作物根部，收集作物样品，中途在野外非常简陋的“客栈”过夜。第二天傍晚到达半山目的地，就已领略了大兴安岭别有风味的情趣。我们来回花三四天时间，回来后将样品逐一进行检查，发现线虫种类和数量竟然非常之多，没有时间细细观察研究，至今这固定保存的标本还在。

左图：去大兴安岭途中过夜的客栈；右图：在大兴安岭半山上的住宿地

合作者崔贵文（右 2）、钱玉春（右 1）、吕洪昌（左 2）在沿途采集各种作物样品

协助父亲的学生年已花甲的陈果先生，进行对黏虫生物控制用的索科线虫（Mermithidae）的观察中，也得到学习和启发。在科尔沁草原进行人兽共患中华双腔吸虫（*Dicrocoelium chinensis*）研究时，发现其第二中间宿主（传播媒介）是黑玉蚂蚁（*Formica gagates*）。我常常看到有索科线虫从这蚂蚁体中弹出，蚂蚁被致死。我也考虑可以利用这种索科线虫对此蚂蚁窝巢进行生物控制，于是很长一段时间，我和兴安盟兽医站顾嘉寿站长、李庆峰同志在科尔沁草原研究黑玉蚂蚁巢窝中的索科线虫。我们带着午餐到草地挖蚁窝，带回来挑蚂蚁，找这索科线虫雌雄虫。经过观察和分类研究，是中华二索线虫（*Amphimermis chinensis* Tang et al.，1999）新种。我们还观察了它的发育及黑玉蚂蚁索幼虫等问题。这也是一个另一方向庞大的课题，需要人力去开展，我完成这项工作发表一篇文章之后，由于“呼伦贝尔草原泡状棘球肝包虫种类和生态分布”重点项目主要课题开始进行，肝包虫课题进行近十年，接下来进行“日本血吸虫病原在传播媒介钉螺体内被生物控制”的大项目，又十余年。至今已耄耋之年，对索科线虫虽有兴趣却已无法继续工作。

唐崇惕, 顾嘉寿, 李庆峰. 1999. 内蒙古科尔沁草原黑玉蚂蚁巢窝中华二索线虫及黑玉蚂蚁索幼虫的观察. 四川动物, 18(4): 152-156.

左图：和顾嘉寿站长等在科尔沁草原采集蚁窝；右图：从蚁窝中找有索线虫的黑玉蚂蚁

20 世纪 90 年代，我国许多地方的松树都感染了“松材线虫病”。起因听说是由于南京紫金山一单位从日本进口一批电器，把包装的木板箱丢在外边，木板中携带有松材线虫幼虫的中间宿主“天牛”飞到山中的松树上，感染了松树。使整个山的松树都枯萎死亡。由此传染到有松树的各省，开始时整片的松林发红，最后全部死亡砍掉。我也注意到这一问题，查资料，找病虫，只能算涉足松材线虫，没有深入。但于 1999 年 5 月我受邀请参加了“全国松材线虫病专家考察”活动，开幕式在安徽合肥，第二天一早两辆车出发，考察了安徽马鞍山、南京紫金山，中午在途中吃午饭，饭后到浙江象山，象山的松材线虫病非常严重，连着几座山整座山的松树都感染了，像火烧山似的发红，我们都下车观察木材中的线虫和媒介天牛。我带有固定药液，采了不少标本，最后一个才上车。

左侧：上下图示象山县被松材线虫感染不同程度的松林诸山远景，严重的全片呈红色；
右侧：上图示奉化健康的松林，下图示从象山松材线虫病树采集到的媒介天牛成虫和幼虫

结束了在象山县的考察，我们的车开到渡船上，相当长的时间才过了江。按计划车就要开去浙江舟山，结果就在刚过了江的时候，我听到坐在我旁边来自北京的教授（我上车时，他还看我整理标本）的呼吸声音异常，我赶紧告诉领队的队长，大家来看他的时候我赶紧离座，大家让他躺下而他失去了知觉。大家和随队的医生给予施救无效，车立即开到途中一个医院，进行急救亦无效。从县城赶来的领导和医生专家也无法挽回，宣告已死亡。此时天已黑了，大家在那里举行一个简单的“遗体告别”后，都带着沉重心情默默无声地坐上车离开那个医院。通知：考察结束不去舟山了，车开到浙江奉化，在奉化休息3天。奉化山清水秀，没有感染松材线虫病的松树，在奉化参观游览了3天，大家逐渐地从那“意外”事件的困境中解脱出来。最后到杭州开总结会。这段时间我正在进行肝包虫重点项目，对松材线虫问题无法继续开展研究。

在象山县采集从山上运下来的松材线虫病树，可见其中的病灶和天牛

左图：在合肥的开幕式（我在左3）；右图：在杭州的总结会（我在前排右3）

论文目录如下。

唐崇惕, 唐仲璋. 1959. 东亚尾胞吸虫 (Halipegus) 生活史研究及其种类问题. 福建师范学院学报 (自然科学版), (1): 141-159.

唐仲璋, 唐崇惕. 1959. 福建白蛉 (*Phlebotomus fukienensis* sp. nov.) 新种的描述. 福建师范学院学报 (自然科学版), (1): 161-176.

唐仲璋, 唐崇惕. 1962. 福建省一新种并殖吸虫 (*Paragonimus fukienensis* sp. nov.) 的初步报告. 福建师范学院学报, (2): 245-261.

Tang C C (唐仲璋), Lin Y K (林宇光), Wang P C (汪溥钦), Chen P H (陈佩惠), Tang C T (唐崇惕)等, 1963. Clonorchiais in south Fukien with species reference to the discovery of crayfishes as second intermediate host. Chinese Medical Journal, 82(9): 545-562.

唐仲璋, 唐崇惕. 1964. 两种航尾属吸虫: 鳗航尾吸虫和黄氏航尾吸虫的生活史和分类问题. 寄生虫学报, 1(2): 137-152.

唐崇惕, 林秀敏. 1973. 福建真马生尼亚吸虫 (*Eumasenia fukienensis* sp. nov.) 新种描述及其生活史的研究. 动物学报, 19(2): 117-129.

唐崇惕, 唐仲璋. 1976. 福建腹口吸虫种类及生活史的研究. 动物学报, 22(3): 263-278.

唐崇惕, 唐超. 1978. 福建环肠科吸虫及鸭嗜气管吸虫的生活史研究. 动物学报, 24(1): 91-106.

唐仲璋, 唐崇惕. 1979. 福建嗜眼科吸虫种类的记述. 厦门大学学报 (自然科学版), (1): 99-106.

唐仲璋, 唐崇惕, 陈清泉, 林秀敏, 翁玉麟, 何玉成. 1980. 福建省家禽嗜眼吸虫的研究. 动物学报, 26(3): 232-241.

唐仲璋, 唐崇惕. 1981. 长劳管吸虫的生活史研究. 动物学报, 27(1): 64-74.

唐崇惕. 1981. 福建南部植物线虫的研究. I. 垫刃目的种类. 动物学报, 27(4): 345-353.

唐崇惕. 1981. 福建南部植物线虫的研究. II. 杆形目的种类. 动物学报, 28(2): 157-164.

唐仲璋, 唐崇惕. 1982. 枝腺科 (Lecithodendri idae Odhner) 吸虫一新属新种. 武夷科学, (2): 60-64.

唐崇惕, 史志明, 曹华, 关家震, 潘沧桑. 1983. 福建南部海产鱼类的吸虫. I. 半尾科 (Hemiuridae) 种类. 动物分类学报, 8(1): 33-42.

唐亮, 欧秀, 唐崇惕. 1983. 福建南部植物线虫的研究. III. 厦门蘑菇线虫病害的观察. 动物学报, 29(2): 170-179.

唐仲璋, 唐崇惕. 1989. 福建省数种杯叶科吸虫研究及一新属三新种的叙述 (形目: 杯叶科). 动物分类学报, 14(2): 134-144.

唐仲璋, 唐崇惕. 1990. 一些福建爬行类的寄生吸虫, 从水到陆——刘承钊教授诞辰九十周年纪念文集. 蛇蛙研究丛书, 1: 196-203.

唐仲璋, 唐崇惕. 1992. 卵形半肠吸虫的生活史研究. 动物学报, 38(3): 272-277.

唐仲璋, 唐崇惕. 1992. 蚴形属吸虫一新亚属新种 *Cercarioides* (*Eucercarioides*) *hoeplii* subgen and sp. nov.. 武夷科学, 9: 91-98.

唐仲璋, 唐崇惕. 1993. 中口短咽吸虫 *Brachylaima mesostoma* (Rud., 1803) Baer, 1933 的生活史研究 (Trematoda: Brachylaimidae). 动物学报, 39(1): 13-18.

唐崇惕, 顾嘉寿, 李庆峰. 1999. 内蒙古科尔沁草原黑玉蚂蚁巢窝中华二索线虫及黑玉蚂蚁索幼虫的观察. 四川动物, 18(4): 152-156.